普通高等教育“十二五”规划教材
全国高职高专园林类专业规划教材

园林病虫害防治

佘德松　李艳杰　主编

科 学 出 版 社
北　京

内 容 简 介

本教材为国家社会科学基金“十一五”规划（教育科学）“以就业为导向的职业教育教学理论与实践研究”课题的子课题“以就业为导向的高等职业教育园林类专业教学整体解决方案设计与实践研究”的研究成果之一。

教材共6章。第1～4章为基础部分，分别介绍园林植物病虫害的鉴别、发生规律、防治措施。第5、6两章为应用部分，分别介绍了园林植物常见害虫和常见病害的防治。本书在结构上，遵循教学做合一的教学理念，将实训操作和理论知识有机地结合在一起；在内容选择上，以点带面，突出了当前园林生产上常见的病虫害问题。

本教材语言简洁，内容全面，图文并茂，可作为高等职业教育林业技术和农业技术类专业学生的教材，也可供园林、景观、观赏园艺、林业等相关行业的科研、生产工作者使用与参考。

图书在版编目(CIP)数据

园林病虫害防治/佘德松，李艳杰主编. —北京：科学出版社，2011.7
（普通高等教育“十二五”规划教材·全国高职高专园林类专业规划教材）
ISBN 978-7-03-031805-3

Ⅰ.①园… Ⅱ.①佘… ②李… Ⅲ.①园林植物—病虫害防治—高等职业教育—教材 Ⅳ.①S436.8

中国版本图书馆CIP数据核字(2011)第131852号

责任编辑：何舒民/责任校对：马英菊
责任印制：吕春珉/封面设计：北京美光制版有限公司

科学出版社 出版
北京东黄城根北街16号
邮政编码：100717
http://www.sciencep.com
北京市京宇印刷厂 印刷
科学出版社发行 各地新华书店经销
*
2011年8月第 一 版 开本：787×1092 1/16
2020年8月第五次印刷 印张：21
字数：490 000

定价：59.00元
（如有印装质量问题，我社负责调换〈北京京宇〉）
销售部电话 010-62134988 编辑部电话 010-62137154（VA03）

《园林病虫害防治》
编写成员

主　　编：　佘德松　李艳杰
副 主 编：　陈　友　王志龙　黄　瑛
编写人员：　（以姓氏笔画为序）
　　　　　　王志龙　冯福娟　李幼君　李艳杰　佘德松
　　　　　　陈　友　陈志生　黄　瑛

序 Preface

随着现代生产力的发展和人民生活水平的提高，人们对生活的追求将从数量型转为质量型，从物质型转为精神型，从户内型转为户外型，生态休闲正在成为人们日益增长的生活需求。就一个城市来说，生态环境好，就能更好地吸引人才、资金和物资，处于竞争的有利地位。因此，建设生态城市已成为城市竞争的焦点和经济社会可持续发展的重要基础。目前许多城市提出建设“生态城市”、“花园城市”、“森林城市”的目标，城市园林建设越来越受到重视，促进了园林行业的蓬勃发展；与此同时，社会主义新农村建设、规模村镇建设与改造，都促使社会对园林类专业人才需求日益增加。从事园林工作岗位的高技能人才和生产一线的技术管理型人才的培养，特别是与园林景观设计、园林工程招投标文件编制、工程预决算、园林工程施工组织管理、苗木生产经营与管理、园林植物租摆、园林植物造型与装饰、园林工程养护管理等职业岗位相适应的高技能人才的培养，自然就成为园林类高等职业教育关注和着力的重点。

2007 年 12 月，我们组织了 9 所院校，在上海召开了预备会议。与会人员在如何进行园林专业的教学改革和课程改革，以及教材建设等方面交换了意见，并决定以宁波城市职业技术学院环境学院的研究工作为基础，结合国家社会科学基金“十一五”规划（教育科学）“以就业为导向的职业教育教学理论与实践研究”课题（BJA060049）的子课题“以就业为导向的高等职业教育园林类专业教学整体解决方案设计与实践研究”，组织全国相关院校，对园林类专业的教学整体解决方案设计及教材建设进行系统研究。为了有效地开展这项工作，组建了以卓丽环（上海农林职业技术学院）为课题组长，祝志勇（宁波城市职业技术学院环境学院）、成海钟（苏州农业职业技术学院）、关继东（辽宁林业职业技术学院）、周兴元（江苏农林职业技术学院）、周业生（广西生态工程职业技术学院）、朱迎迎（上海城市管理职业技术学院）、贺建伟（国家林业局职业教育研究中心）、何舒民（科学出版社职教技术出版中心）为副组长的课题研究领导团队。

2008 年 5 月，课题组在上海农林职业技术学院和宁波城市职业技术学院环境学院召开了第二次会议；2009 年 1 月在北京召开了第三次会议。会议在深刻理解本专业人才培养目标、就业岗位群、人才培养规格的基础上，构建了课程体系，并认真剖析每门课程的性质、任务、课程类型、教学目标、知识能力结构、工作项目构成、学习情境等，制订了每门课程的教学标准，确定了教材编写大纲，并决定开发立体化教材。全国有23所高等职业院校的50多位园林技术和园林工程技术专业的教师、企业人员和行业代表参加了课题研究。

三次会议后，在课程推进的过程中，课题组成员以课题研究的成果为基础，对园林类专业系列教材的特色、定位、编写思路、课程标准和编写大纲进行了充分讨论与反复修改，确定了首批启动23本（园林技术专业12本、园林工程技术专业11本）教材的编写，并计划2010年底完成。主编、副主编和参加编者由全国具有该门课程丰富教学经验的专家学者、一线教师和部分企业人员担任。

本套教材是该课题成果的重要组成部分。教材的开发与编写宗旨是按照教育部对高等职业教育教材建设的要求，以职业能力培养为核心，集中体现专业教学过程与相关职业岗位工作过程的一致性。

本套教材的特点是紧密结合生产实际，体现园林类专业“以就业为导向，能力为本位”的课程体系和教学内容改革成果，理论基础突出专业技能所需要的知识结构，并与实训项目配合；实践操作则大多选材于实际工作任务，采用任务驱动与案例分析结合的方式，旨在培养实际工作能力。在内容上对单元或项目有总结和归纳，尽量结合生产或工作实际进行编写，做到整套教材编写内容上的衔接有序，图文并茂，其内容能满足高职高专相关专业教学和职业岗位培训的应用。

希望我们的这些工作能够对园林类专业的教学和课程改革有所帮助，更希望有更多的同仁对我们的工作提出意见和建议，为推动和实现园林类专业教学改革与发展做出我们应有的贡献。

卓丽环

2009年8月

前言

Foreword

本书是在国家社会科学基金“十一五”规划（教育科学）课题“以就业为导向的职业教育教学理论与实践研究”课题的子课题“以就业为导向的高等职业教育园林类专业教学整体解决方案设计与实践研究”的基础上，在课题组专家团队指导下，根据高职园林类专业毕业生的服务面向和就业岗位及职业能力要求编制完成的。

园林病虫害防治能力是园林企业植物生产与养护岗位所必需的职业能力之一。“园林病虫害防治”课程依据工作过程系统化设计思路，以完成园林植物生产与养护岗位的典型工作任务，来学习和掌握园林病虫的识别与防治所需的基本知识和技能。根据园林病虫识别与防治工作的过程，即根据危害状和病虫形态确定病虫种类→根据园林病虫的发生规律制定防治方案→掌握有利时机实施园林病虫防治技术为主线，来组织和安排序列化教学内容。整个课程划分为基础与应用两大模块。基础模块包括：园林昆虫鉴别、园林病害诊断、园林病虫发生规律、园林病虫综合治理四部分学习内容；应用模块包括：园林常见虫害识别与防治、园林常见病害诊断与防治两部分学习内容。

在教材编写过程中，我们力图体现实践性和“做中学”理念，全书共安排了 49 个实验实训项目，并力图使理论与实践有机结合。在内容选择上以发生普遍的园林植物病虫种类为重点，兼顾南北方常见病虫，以增强教材的普适性，并尽可能将近年来新发现的危害严重的园林病虫害编入教材，以适应园林植物生产实际的需要。基于专业的针对性和篇幅的考虑，本教材没有将园林病虫标本采集、病原菌分离培养等内容编入教材；但我们在课程网站上保留了相关内容，以便满足拓展学习的需要。

本教材由丽水职业技术学院佘德松负责确定编写大纲、编写思路与统稿工作。全书共 6 章，绪论和第 1 章由丽水职业技术学院佘德松编写，第 2 章由辽宁林业职业技术学院李幼君负责编写，第 3 章由云南林业职业技术学院陈友编写，第 4 章由宁波城市职业技术学院王志龙、丽水职业技术学院冯福娟编写，第 5 章由辽宁林业职业技术学院李艳杰、温州科技职业技术学院黄瑛编写，第 6 章由丽水职业技术学院陈志生编写。

园林病虫害防治是一门实践性很强的课程，因此建议：在基础模块教学时，实施边讲边练、教学做一体化教学，教师讲解基本的知识、技能，学习应用这些基本知识、技能进行鉴别。在应用模式教学时，实施现场教学，让学生了解园林病虫原生态的状况，并开展真实的防治作业。

本课程课时分配建议如下：

《园林病虫害防治》课时分配建议表　　单位：学时

序号	内　　容	理论教学	课内实训	现场教学	小计
1	园林昆虫鉴别	8	10		18
2	园林植物病害鉴别	6	8		14
3	园林植物病虫害发生规律与测报	4	4		8
4	园林植物病虫害的综合治理	4	6		10
5	常见园林植物害虫的防治	4		6	10
6	常见园林植物病害的防治	4		4	8
合　计		30	28	10	68

本书在编写过程中得到了课题组和编委会同仁的指导和帮助，得到了丽水职业技术学院各级领导的大力支持，同时我们也参考了有关资料与著作，在此谨向他们和相关作者表示衷心的感谢！

由于编者水平有限，再加上编写时间仓促，教材中难免有不足之处，敬请读者批评指正。

编者
2011年3月27日

目 录

第3章 园林植物病虫害发生规律与测报

第4章 园林植物病虫害的综合治理

第5章 常见园林植物害虫的防治

绪　论

0.1 园林植物病虫害防治的重要意义

园林植物是适用于园林绿化的植物材料，包括木本和草本的观花、观叶或观果植物，以及适用于园林、绿地和风景名胜区的防护植物与经济植物。园林植物的作用不仅表现在绿化、美化环境和调节气候的效果上，且在陶冶人的情操、传播文化上也起很大的作用。如作为行道树的银杏、悬铃木、雪松等有遮阳、降热、挡风、吸尘、减少噪声、净化空气等功能；如高洁的玉兰、纷繁的樱花、翠绿的樟树、婀娜的椰树、挺拔的水杉、万紫千红的草花、绿油油的草坪，即使是在大厦林立、繁杂喧嚣的都市，也会给人以风景无限、人生美好的感受。

但是，园林植物在其生长发育过程中，常会遭受各种病虫害的危害，而使其功能得不到充分的发挥，甚至给人们的工作、生活带来麻烦。病虫害常导致花草、树木生长不良，根、茎、叶、花、果出现坏死斑，或发生畸形、凋萎、腐烂以及形态残缺不全、落叶、枯枝、根腐等现象，降低了花木的质量，使其失去观赏价值及绿化效果，甚至引起整株死亡。

在我国因病虫害而使园林植物遭受重大损失的事例并不鲜见。如我国 12 种（类）重要花卉，几乎都有几种病毒病，有的已严重影响花卉生产和出口，有的出口的鲜切花因带有病毒病，不但被销毁，而且还要赔偿。杭州西湖的柳树是一道亮丽的风景线，但因遭受根朽病的危害，柳树不断枯死，每隔几年就要换种一批。1967 年上海市中山北路一带，柳毛蚜大量发生，柳叶变黑，其排泄物如蒙蒙细雨，既影响观赏又影响人们的生活。松材线虫病、松毛虫的危害使大面积的松林毁灭，这是人们最熟悉的事例。此外，月季黑斑病、山茶炭疽病、香石竹叶斑病，以及天牛、小蠹、“五小”（蚜虫、蚧虫、粉虱、蓟马、叶螨）等都是园林植物上的重要病虫害。

0.2 园林植物病虫害防治的主要内容和任务

园林植物病虫害防治是一项复杂的系统工程，主要包括如下内容：

(1) 有害生物的鉴别。主要研究各类有害生物的形态结构和分类，这是做好园林植物病虫害防治的基础。

(2) 有害生物的生长发育和习性。主要研究有害生物的生殖方式、生活周期、发育特点和行为习性，找出其薄弱环节，以便更好地控制其危害。

(3) 有害生物的发生、发展规律及预测、预报。主要研究个体与种群或侵染危害与周围环境条件的关系，找出有害生物发生发展的规律，预测有害生物的发生期、发生量和危害程度，从而为有效控制有害生物奠定基础。

(4) 有害生物的控制策略与技术。目前国内外普遍采用的控制策略是有害生物的综合治理（IPM）。在有害生物控制的实践中，往往是植物检疫、园林技术措施、物理防治、化学防治、生物防治等多种技术措施综合、有机的运用。

园林植物病虫害防治的基本任务，是在正确判定危害园林植物的因素（特别是生物因素），并在充分掌握其发生、发展规律的基础上，以生态学原理作为指导，以可持续控制为目标，灵活、正确、综合运用法规、园林技术、生物、物理和化学等手段把有害因素控制在人们能够忍受的范围内，确保园林植物健康生长和功能的正常发挥。

0.3　园林植物病虫害发生与防治的特殊性

1. 园林植物种类的多样性决定了园林植物病虫害种类的多样性

我国园林植物资源丰富，品种繁多，在风景区、公园、庭园及城市街道绿化中，为了达到四季花香，常年绿树成荫，园林工作者常将花、草、树木和其他地被物等巧妙而科学地配置在一起，形成一个独特的园林生态环境，这就给各种病菌、害虫提供了适宜的生态位，发生的病虫种类就多。根据1984年国家城乡建设环境保护部组织进行的对全国43座大中城市园林植物病虫害调查结果，园林植物病害有5500种，虫害8260种。近年来，园林事业得到了迅猛发展，应用于园林绿化的植物种类也有了很大的扩展，绿化面积连番增长，因此，园林植物病虫害种类还要多得多。

特别是由于国际园林植物种类的频繁交流，新的园林植物种类不断引进，带来了新的病虫种类，有的造成了非常大的损失。如严重危害100余种花卉植物的毁灭性食叶害虫美洲斑潜蝇、南美斑潜蝇和危害发财树、一品红等22科植物的蛀干害虫蔗扁蛾，从国外传入我国仅几年时间便遍及全国大部分省市。另外，松材线虫病、松突圆蚧、椰心叶甲、美国白蛾、温室粉虱等都是从国外传入的。

2. 脆弱的人工生态系统导致园林植物病虫害发生普遍且严重

城镇（风景区、公园、庭园、街道）是园林植物的主要栽植区，城镇环境是人工建造的特殊的生态环境，城镇环境与园林植物病虫害之间的一种脆弱的生态关系，助长了园林植物病虫害发生。园林植物方面，大多数植物品种都经过了长期的人工驯化，抗逆性减退；有的树龄高，已进入生长衰退时期，抗病虫能力减弱；有的因过度人工整形，生长不良。环境方面，土壤坚实，透气性差，土层薄，生长空间狭窄，空气污染严重，光照不足，气温高，粉尘多，水分缺，创伤多，不利于园林植物健康生长。栽培方面，既有露天栽培、又有温室栽培，既有土地栽培、又有水体栽培、盆栽、室内盆栽，利于病虫避开不宜生长的场所、时间，使得园林病虫互相传播、终年危害。不合理的植物配置，为病虫的发生创造了有利条件，如桧柏与海棠的混植、松栎混交，为梨桧锈病、松栎锈病等的转主寄生提供了条件。

3. 园林植物病虫害防治标准要求高，防治技术实施难

某些园林植物以其古老、稀有、奇特和纪念意义而显得十分珍贵，如黄山的迎客松、天坛公园的古柏、颐和园的古松和许多游览胜地的名树古木。当这些具有特殊价值的珍贵树种，受到病虫危害后，需要采取特殊手段不惜代价地进行抢救。

城市人口密集，公园、风景区、街道游（行）人众多，采用常规的喷药防治，虽能快速、直接消灭某些病虫害，但有些农药不但污染花木，影响美观，而且还可能污染环境，影响人类的健康。因此，改进栽培技术措施，将病虫害防治贯彻于花木养护的各个环节，创造不利于病虫害发生的环境条件，和逐步推广应用生物防治措施，对控制园林植物病虫害的发生显得更为重要。

0.4　园林植物病虫害防治工作的发展概况

世界各国开展园林病虫害防治工作大多在20世纪初，我国对园林病虫害较为系统的研究开始于20世纪70年代末80年代初。1984年由原城乡建设环境保护部下达的《全国园林植物病虫害、天敌资源普查及检疫对象研究》课题，组织了全国44个大中城市的园林植物保护工作者参加了这项调查研究工作，历时3年得以完成。通过这次普查，初步摸清了我国园林病虫害的种类、分布、危害程度、园林害虫天敌的种类等，并初步提出了我国园林植物病虫害检疫对象的建议名单，为今后进一步开展主要病虫害的管理研究奠定了基础。近年来，随着园林事业的蓬勃发展，园林病虫害的研究也不断深入，对危害我国园林植物较为严重的有害生物开展了专项研究，如松材线虫、杨树蛀干害虫等；对危害花木的病虫的专题研究报告也日益增多，并出版了许多有关草坪、观赏植物、城市绿化树木病虫防治的专著。

1992年6月联合国“世界环境与发展大会”的召开，标志着人类对环境与发展关系的认识有了一个质的飞跃，提出了一些有害生物管理的新策略和新思路，主要有植物保健、生态管理、有害生物可持续控制等。这些策略和思路在观念上是一个飞跃，其关键在于把以前对有害生物的被动“防治”变为充分利用和完善园林生态系统、促进其防疫机能，实现主动“预防”。从规划上动脑筋，从园林植物与环境的关系出发，设计一个能够有效降低病虫发生几率的方案；从栽培上下功夫，选用良种壮苗，加强水肥管理，清除害源，从基础上降低病虫的发生几率；从技术上做文章，运用高新技术和现代手段，以尽可能小的环境和经济代价获取尽可能好的病虫控制效果。

0.5　园林植物病虫害防治课程的学习方法

1. 提高认识，培养兴趣

园林植物病虫害防治是园林植物生产过程中一个重要环节，关系园林绿化的成败和绿化效果的发挥，学习园林病虫害防治课程，掌握科学防治园林植物病虫害的理论与方法，对保证园林植物的可持续生产具有十分重要的作用。兴趣是最好的老师，观察和研究自然，识别病虫种类，探索病虫的发生规律，发现自然界中的一个又一个奥秘，也是十分有趣的，园林植物病虫害防治课程的学习为我们打开了观察自然界的又一个窗口。

2. 理解理论，注重实践

没有理论指导的实践是盲目的实践，离开实践的理论是一种空洞无用的理论。园林植物病虫害防治是一门具有广泛理论基础的实践性很强的应用科学，我们必须坚持理论与实践相统一的原则，从实践中学习，在学习中实践。要识别某一种害虫或病害，除了课堂教学外，更重要的是要到野外作实地考察。要掌握害虫的生活史，最好的办法就是进行室内人工饲养，通过饲养不但能对该虫的各个虫态有初步的认识，而且掌握其孵化、蜕皮、化蛹、羽化等变态过程，还可以发现害虫的嗜食寄主植物、部位、食量等习性，这样获得的知识往往印象深刻，有的甚至终生难忘。

3. 抓住重点，举一反三

园林植物病虫害种类虽然种类繁多，但按其发生危害的频率和严重程度大体上可分为三类，第一类称为常发性病虫，这类病虫发生量大，发生频率也高，如不及时有效地防治会造成严重的损失；第二类为偶发性病虫，通常情况下发生的数量很小，无须进行防治，但在某些特殊的情况下（例如气候条件特别适宜、自然控制作用的丧失等）发生数量较大，亦须组织防治；第三类为次要性病虫，这种病虫发生数量较小，达不到防治标准。在园林植物病虫害防治课程学习上，重点无疑应在第一类病虫上。如果对常发性的主要病虫的发生规律及防治技术研究的比较清楚，那么对第二、三类病虫就能起到触类旁通的作用。

4. 主动学习，教学相长

随着社会、经济的发展，园林事业发展迅猛，有大量的园林植物种类被引进或引种驯化，因而新的病虫也被不断地发现，病虫防治的新技术也不断地涌现，我们要利用各种学习途径，特别是充分利用网络资源主动学习，及时掌握新知识。教学过程是一个师生互动过程，教师要积极的提出问题，引导学生去思考，学生要积极主动地去发现问题，促进教师认真地钻研教学内容，做到教学相长。

本章小结与习题

本章小结

- 绪论
  - 园林病虫害防治的重要意义
  - 园林病虫害防治的主要任务和内容
  - 园林病虫害发生与防治的特殊性
  - 园林病虫害防治工作的发展概况
  - 园林病虫害防治课程的学习方法

拓展学习资源推荐

徐明慧，等．园林植物病虫害防治．北京：中国林业出版社，1993.

复习思考题

1. 学习园林病虫害防治课程有什么现实意义？
2. 园林病虫害防治与其他植物病虫害防治比较有何特殊性？
3. 园林病虫害防治工作的发展趋势如何？
4. 你将如何进行园林植物病虫害防治课程的学习？

第1章 园林昆虫鉴别 

教学目标

1. 掌握昆虫的特征，能正确认识昆虫。
2. 了解昆虫的外部形态，能正确判别昆虫附肢、附器的类型。
3. 理解变态概念，能区分不同昆虫的变态类型，能正确判别昆虫的虫态类型。
4. 具备昆虫分类的一般知识，能正确鉴别常见园林昆虫所属的目、科。
5. 了解昆虫标本采集制作的方法，能正确采集昆虫标本，能制作昆虫干制标本和酒精液浸渍标本。

1.1 昆虫的特征

昆虫属于动物界、节肢动物门的一个纲，即昆虫纲（Insecta 或 Hexapoda）。因此，昆虫既具有节肢动物所共有的特征，又具有不同于节肢动物门中其他各纲的特征。

1.1.1 节肢动物门的特征

节肢动物门的特征如下：

- 体躯分节，体躯由一系列体节组成。
- 整个体躯最外面被有一层含几丁质的外骨骼。
- 有些体节上生有成对的分节附肢。
- 体腔即为血腔，循环器官——背血管位于身体的背面。
- 中枢神经系统位于身体腹面。

1.1.2 昆虫纲的特征

昆虫纲的特征（图 1-1）如下：

- 成虫体躯分头部、胸部、腹部 3 个体段。
- 头部具有 1 对触角和 3 对口器附肢，通常还具有复眼和单眼，因而是昆虫感觉和取食的中心。

- 胸部由3个体节组成，生有3对足，大多数昆虫在成虫期一般还生有2对翅，因而是运动的中心。
- 腹部通常由9～11个体节组成，内含大部分内脏和生殖系统，腹末多数具有转化成外生殖器的附肢，因而是昆虫生殖和代谢的中心。
- 昆虫在一生的生长发育过程中，通常需经过一系列显著的内部及外部形态上的变化（即变态），才能转变为性成熟的成虫。

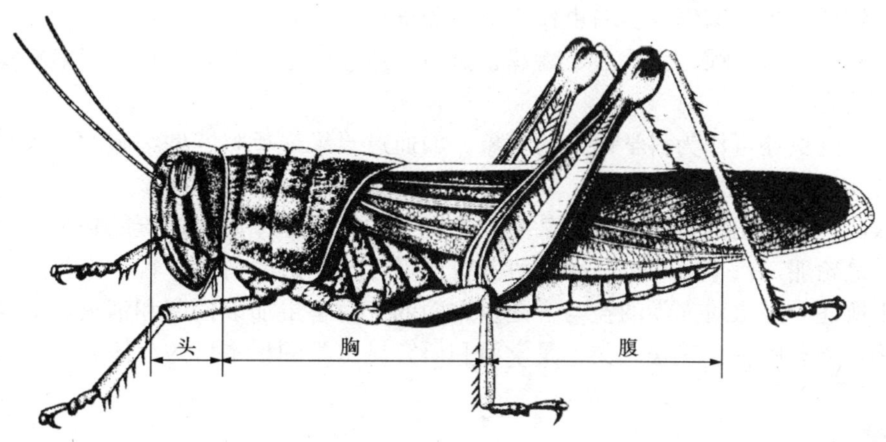

图 1-1　昆虫纲的特征

1.1.3　昆虫与人类的关系

昆虫与人类的关系十分复杂，构成这种复杂关系的主要原因之一是昆虫食性的异常广泛。据估计，昆虫中有48.2%的种类是植食性的；有28%是捕食性的，捕食其他昆虫；有2.4%是寄生性的，寄生在其他动物体外和体内；有17.3%是腐生性的，取食腐败的生物有机体。这个估计大致上划分出了昆虫“益”与“害”的大致轮廓，但这只不过是个自然现象，而人类的益害观是从对人的经济利益的观点出发的，因而要复杂得多。

1. 昆虫的有害方面

(1) 农林害虫　损害农业作物及植物，重要的农林害虫约计有1万种。

(2) 卫生害虫　蚤、蚊、蝇、虱、臭虫等，不但直接吸取人或家畜的血液，而且还能传播多种疾病。

2. 昆虫的有益方面

(1) 工业原料资源昆虫　家蚕和柞蚕等吐的丝，白蜡虫分泌的白蜡，紫胶虫分泌的紫胶，五倍子蚜产生的五倍子，从胭脂虫中提取的洋红等，都是重要的天然工业原料。

(2) 传粉昆虫　蜂类、蝇类、蛾类、蝶类和某些甲虫等，多以植物的花蜜和花粉为食料，能起到为作物传授花粉的作用，从而可以提高作物的结实率和产量。

(3) 天敌昆虫　在自然界中有很多捕食性和寄生性昆虫，它们多以其他小形动物（其中主要是害虫）为食料，被称为天敌昆虫。如瓢虫类、草蛉类、食蚜蝇类和胡蜂、赤眼蜂、茧蜂、姬蜂、寄蝇等。

(4) 药用昆虫　很多昆虫或其产品，是名贵的营养补品或中药材。如蜜蜂的蜂蜜和王浆、从芫菁科昆虫体内提取的芫菁素、鳞翅目幼虫被一种真菌寄生后生成的子实体——“冬虫夏草”、蝉蜕等。

(5) 腐食昆虫　一些昆虫以动植物尸体、残骸或排泄物为食料，被称为腐食性或粪食性昆虫，它们可以帮助人类清洁环境，成为地球上最大的“清洁工”，如蜣螂、埋葬甲等。

(6) 食用昆虫　蝉、蜂（幼虫和蛹）、蚁卵、蝗虫、蚕蛹等。

(7) 饲料昆虫　家蝇和黄粉虫作为家畜的饲料。

(8) 观赏昆虫　蝶、萤火虫、蟋蟀、螽斯等色彩鲜艳，形态奇特、图案精美，鸣声动听，会发荧光。

此外，昆虫还可作为科学研究的对象。如通过对果蝇唾腺巨型细胞的巨大染色体的研究，遗传学得以迅速发展；蜻蜓、蜉蝣可作为指示昆虫，用来检测水质污染的程度；家蝇可作为农药生物测定的重要材料；某些水生昆虫的流线型体型、蜻蜓的翅型、昆虫复眼的构造等，是轮船、汽车、飞机、照相机等机械设计与制造的仿生材料。

综上所述，昆虫对人类的益与害是多方面的。对害虫加以控制和消灭，对益虫加以保护和利用，兴利除害，造福人类，是学习和研究昆虫学的根本目的和任务。

实验实训 1　双目实体显微镜的使用与昆虫特征的观察

实训目标

1. 了解实体显微镜的结构，能正确使用实体显微镜。

2. 掌握昆虫的特征，能正确区分昆虫与相近的小动物。

实训用具与材料

实体显微镜、放大镜、镊子、解剖针、培养皿。蝗虫、虾、蜘蛛、马陆、蜈蚣等。

实训内容和方法

1. 实体显微镜

实体显微镜用双目观察，工作距离大，视野宽广，被观察物呈正视立体放大像，便于在镜下进行显微操作，是园林植物病虫害观察的重要工具。

实体显微镜虽有很多类型，但基本结构相似。实体显微镜由镜架部分和光学部分组成。镜架部分包括：镜座、镜柱、载物台；光学部分包括：镜筒、目镜、物镜。此外，有的附有照明装置（图 1-2）。

实体显微镜的使用方法如下：

1）实体显微镜安放在明亮位置，或采用照明装置使视野内清晰明亮。

2）选择倍数。根据标本大小，选用不同的放大倍数。观察小的昆虫或细的特征时选用高倍的目

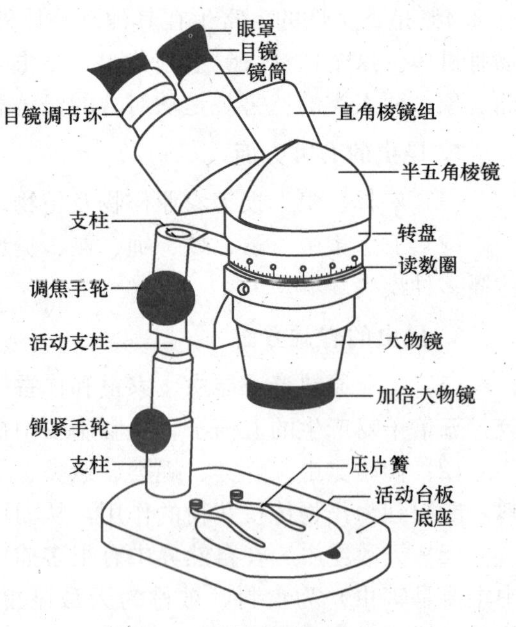

图 1-2　实体显微镜构造

镜、物镜；观察大的昆虫或较显著的特征时，选用低倍的接目镜、物镜，所放大的倍数为目镜、物镜的放大倍的乘积。如目镜为16×，物镜为2.5×，则放大倍数为16×2.5＝40×。

3）调整好目镜间距后，即可将镜头部分在支柱上调节到左眼能看清物像，再转动右镜筒的视度圈，使右眼和左眼同样看清物像，然后再转动调焦螺旋使物像清楚，方能正式进行工作。

4）观察标本若为小型昆虫或幼虫时，或将虫体置于皿底敷以棉花的小型培养皿内，注以清水、酒精或甘油等进行观察，则效果更佳。

实体显微镜使用时应注意的问题：

1）调焦距。首先应了解使用镜的明视工作距离，即物镜与观察物的距离有多大。先粗调后细调，先低倍后高倍来寻找观察物。调焦螺旋内的齿轮有一定的上下活动范围，扭不动时不强扭，谨防损坏齿轮。

2）放大倍数的选择。放大倍数一般是按物镜倍数与目镜倍数的乘积计算的，但在选择高倍率放大时，应选择高倍率物镜为主，当最高倍物镜仍不能解决问题时，再选择高倍率目镜。这是因为目镜放大的是虚像，对提高分辨率不起作用。

3）照明与背景。物像越放大，光线越暗。这是因为亮度是放大倍数的平方的函数之故。观察物的表面投光角度与成像的清晰度密切相关，应予以注意。此外背景的衬托也与物像的清晰度有关，使用者应在实践中细心体会。

2. 昆虫一般形态特征观察

(1) 昆虫的特征观察

1）观察蝗虫头部，分节现象消失，为一完整坚硬的头壳。其上生有复眼1对，单眼3个，2复眼内侧还着生有触角1对，头的下方有口器。

2）胸部分前、中、后胸3节。各胸节具胸足1对，在中后胸背面各有1对翅。

3）腹部11节。雌性蝗虫第8～9节的腹板上生有产卵器。

(2) 昆虫与相近小动物的区别

从体躯分段、眼、触角、翅、足等方面比较蝗虫与蜈蚣、马陆、蜘蛛、虾等小动物的区别。

实训作业☞

1. 试述实体显微镜的使用步骤。
2. 列表比较昆虫与相近小动物的区别（表1-1）。

表1-1　昆虫与相近小动物的区别

名称	体躯分段	触角	眼	翅	足
蝗虫					
蜈蚣					
马陆					
蜘蛛					
虾					

1.2　昆虫体躯的构造

1.2.1　昆虫体躯的一般构造

体躯指的是昆虫的整个身体，它由许多环节连接而成，每个环节就叫做体节，整个体躯由18～20个体节组成，各体节按其功能的不同又趋向于分段集中，因而构成了头、胸、腹三个体段。

昆虫的体壁大部分骨化为骨板，形成外骨骼。各体节的骨化区，依其所在的体面分别命名为：背板、腹板和侧板。骨板常在适当的部分向里褶陷，褶陷的部位在外表留下的狭槽，称为沟，由沟可将骨板划分为若干小片，称为骨片，这些骨片按其所在骨板，分别称为背片、腹片和侧片。两相邻骨片相对继续骨化后骨片间留下的一条膜质线叫缝。

1.2.2　昆虫的头部

头部是昆虫最前面的一个体段。着生有 1 对复眼、1 对触角，有的还有 2～3 个单眼等感觉器官和 1 个取食的口器，是昆虫感觉和取食的中心。

1. 头壳的构造

昆虫的头部是一完整的体壁高度骨化的坚硬颅壳，没有分节的痕迹，但是有一些与分节无关的后生的沟。由于头壳上沟缝的存在，把头壳分成若干区（图 1-3）。

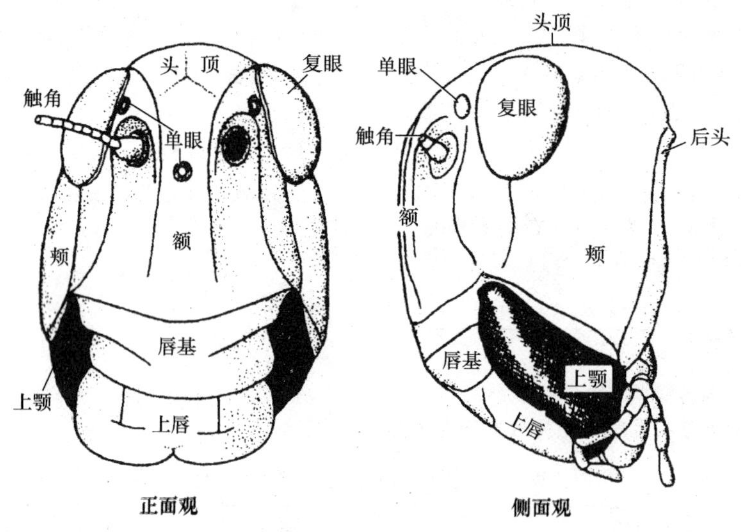

图 1-3　棉蝗的头部

2. 昆虫的头式

昆虫的头部的形式常以口器在头部着生的位置而分成三类（图 1-4）：

下口式　口器向下，约与身体的纵轴垂直。如蝗虫、黏虫等。

前口式　口器向前，与身体纵轴平行。如步行虫、草蛉幼虫等。

后口式　口器向后斜伸，与身体纵轴成一锐角，不用时常弯贴在身体腹面。如蝽象、蝉、蚜虫等。

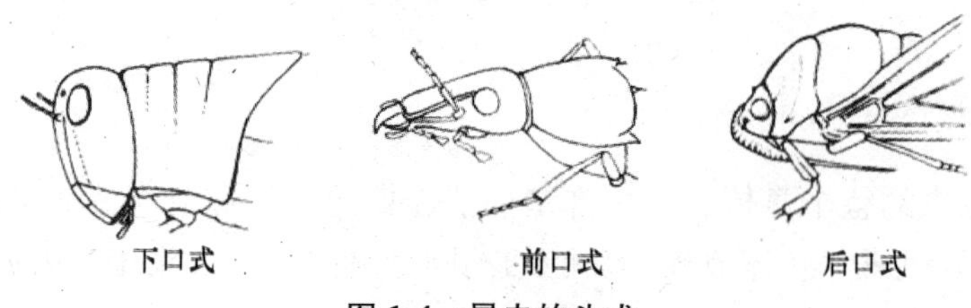

图 1-4　昆虫的头式

3. 头部的附肢、附器

(1) 触角 大多数昆虫都具有1对触角。触角一般着生在头部的额区，有的位于复眼之前，有的位于复眼之间。触角的主要功能是感觉，在寻找食物和配偶上起触觉、嗅觉和听觉作用。

触角的构造 触角是分节的构造，由基部向端部通常可分为柄节、梗节和鞭节3部分（图1-5）。柄节是触角基部的一节，短而粗大，着生于触角窝内，四周有膜相连。梗节是触角的第二节，较柄节小。鞭节是触角的端节，又由许多亚节组成，一般昆虫触角的变化是在梗节和鞭节上。

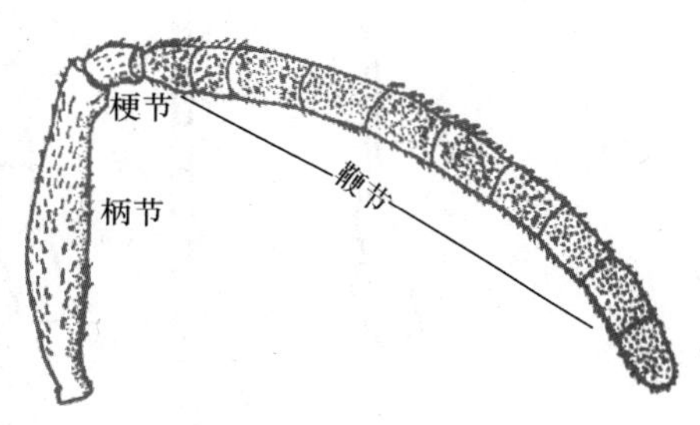

图1-5 触角的基本构造

触角的类型 触角的变化主要发生在鞭节部分，其形状因种类不同而变化很大，大致可分为下列常见基本类型（图1-6）：

刚毛状 触角很短小，基部1、2节稍粗，鞭节纤细，类似刚毛。如蝉、蜻蜓的触角。

丝状 或称线状。触角细长如丝，鞭节各亚节大致相同，向端部逐渐变细。如蝗虫、叶甲的触角。天牛的触角因各节加粗、加长，形似鞭子，又称鞭状。

念珠状 或称串珠状。触角各节大小相似，近于球形，整个触角形似一串佛珠。如白蚁的触角。

锯齿状 或简称锯状。鞭节的各亚节向一侧突出成三角形，整个触角形似锯条。如芫菁和叩头虫雄虫的触角。

栉齿状 或称梳状。鞭节各亚节向一侧突出成梳齿，整个触角形如梳子。如绿豆象雄虫等的触角。

羽毛状 又称双栉齿状。鞭节各亚节向两侧突出成细枝状，整个触角形如篦子或羽毛。如大蚕蛾、家蚕蛾的触角。

膝状 又称肘状或曲肱状。柄节特别长，梗节短小，鞭节由若干大小相似的亚节组成。柄节与鞭节之间呈膝状或肘状弯曲。如胡蜂、象甲的触角。

具芒状 触角较短，一般分为3节，端部一节膨大，其上生有一刚毛状的构造，称为触角芒，芒上有时还有许多细毛。如蝇类的触角。

环毛状 除触角的基部两节外，鞭节的各亚节环生一圈细毛，愈靠近基部的细毛愈长，渐渐向端部逐减。如蚊类的触角。

棒状 或称球杆状。鞭节基部若干亚节细长如丝，端部数节逐渐膨大如球，全形像一棒球杆。如蝶类的触角。

锤状 类似球杆状，但较短小，端部数节突然膨大，末端平截，形状如锤。如部分瓢甲、郭公甲等的触角。

鳃片状 鞭节的端部数亚节（3～7个亚节）延展成薄片状叠合在一起，状如鱼鳃。如金龟甲的触角。

(2) 复眼和单眼

复眼 昆虫的成虫和不全变态的若虫及稚虫一般都具有1对复眼。复眼位于头部的侧

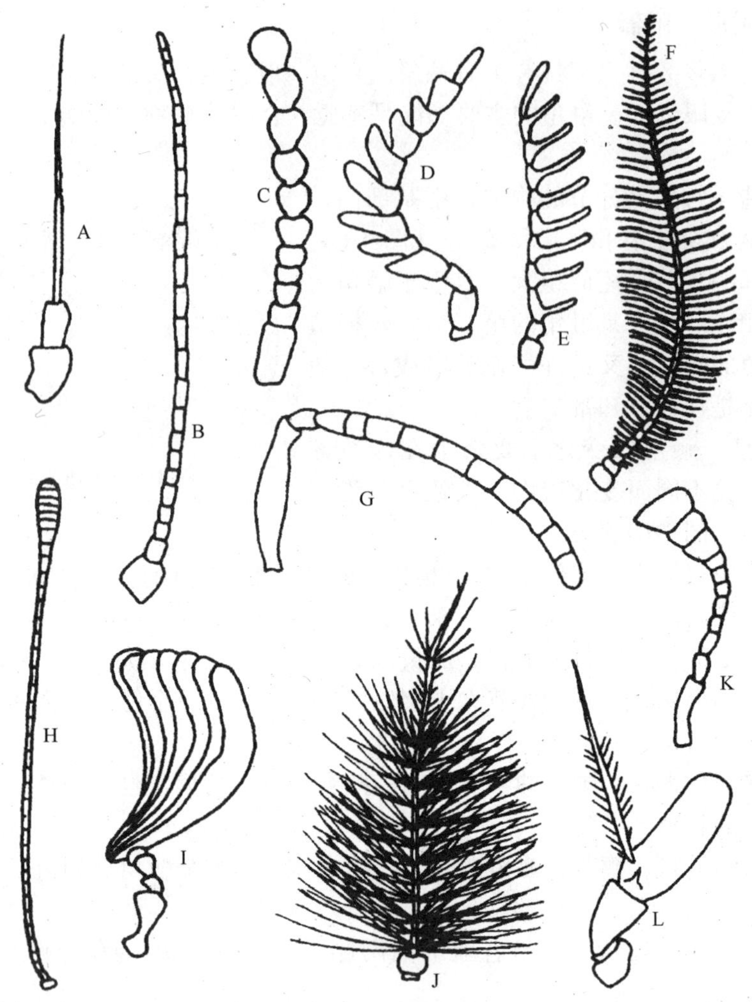

图 1-6 昆虫触角类型

A. 刚毛状 B. 丝状 C. 念珠状 D. 锯齿状 E. 栉齿状 F. 羽毛状
G. 膝状 H. 棒状 I. 鳃片状 J. 环毛状 K. 锤状 L. 具芒状

上方（颅侧区），大多数为圆形或卵圆形，也有的呈肾形（如天牛）。低等昆虫、穴居昆虫及寄生性昆虫的复眼常退化或消失。复眼是由若干个小眼组成的。

单眼 昆虫的单眼又可分为背单眼和侧单眼两类。背单眼一般为成虫和不完全变态的若虫所具有，着生于额区上端两复眼之间，一般 2～3 个。侧单眼为全变态类幼虫所具有，位于头部的两侧，数目变化大，1～7 对不等。单眼只能辨别光的方向和强弱，而不能形成物像。背单眼具有增加复眼感受光线刺激的反应，某些昆虫的侧单眼能辨别光的颜色和近距离物体的移动。

(3) 昆虫的口器 口器是昆虫的摄食器官，一般由上唇、上颚、下颚、下唇和舌 5 部分组成。上唇和舌属于头壳的构造，上颚、下颚和下唇是头部的 3 对附肢。各种昆虫因食性和取食方式不同，形成了不同的口器类型。

咀嚼式口器 上唇是衔接在唇基前缘的一块双层薄片。上颚是 1 对锥状坚硬的物体，

不分节，分基部的磨区和端部的切区两部分，用以切断和磨碎食物。下颚是 1 对分节的构造，可分成 5 个部分：轴节、茎节、内颚叶、外颚叶、下颚须，主要用于握持和推进食物，下颚须有感觉作用。下唇是由类似于下颚的一对物体愈合而成的，也分 5 个部分：前颏、后颏、侧唇舌、中唇舌和下唇须，主要用于托挡食物，下唇须有感觉作用。舌是由头部体壁扩展而来的一个袋状物构造，主要用于运送和吞咽食物，舌壁上有很密的毛带和感觉器，可司味觉（图 1-7）。

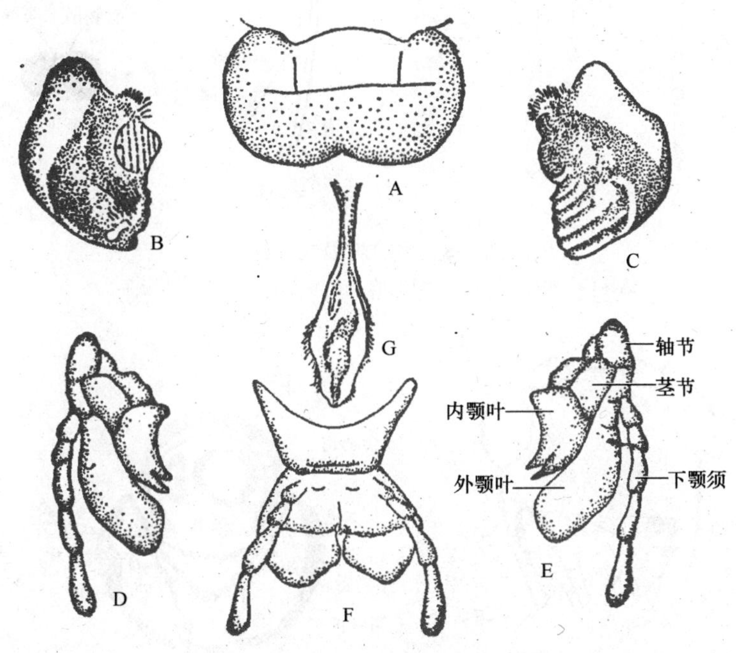

图 1-7 咀嚼式口器

A. 上唇 B、C. 上颚 D、E. 下颚 F. 下唇 G. 舌

刺吸式口器 刺吸式口器不仅具有吮吸液体食物的构造，而且还具有刺入动植物组织的构造，因而能刺吸植物的汁液或动物的血液。半翅目、同翅目及双翅目蚊类等的口器属于刺吸式口器。刺吸式口器的主要特点是：上颚和下颚延长，特化为针状的构造，称为口针；下唇延长成分节的喙，将口针包藏于其中，食窦和前肠的咽喉部分特化成强有力的抽吸机构——咽喉唧筒（图 1-8）。

锉吸式口器 锉吸式口器为蓟马类昆虫所特有，能吸食植物的汁液或软体动物的体液，少数种类也能吸人血。锉吸式口器具有一个短小的喙，由上唇、下唇组成，喙内藏有舌和左上颚口针及 1 对下颚口针（图 1-9）。

嚼吸式口器 嚼吸式口器兼有咀嚼固体食物和吸食液体食物两种功能，为一些高等蜂类所特有。

虹吸式口器 虹吸式口器为多数鳞翅目成虫所特有。

舐吸式口器 舐吸式口器为双翅目蝇类所特有，如家蝇、花蝇、食蚜蝇等。

几种幼虫的口器 许多昆虫的幼期常常由于取食方式和生活环境与成虫不同，口器的构造也发生了变异。鳞翅目幼虫的口器属于变异咀嚼式口器，取食固体食物；脉翅目幼虫

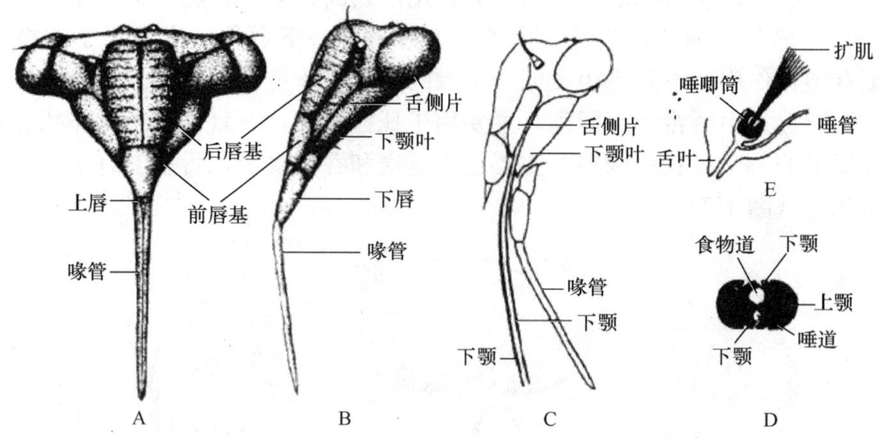

图 1-8　蝉的刺吸式口器

A～C. 蝉的口器整体　D. 喙的横切面　E. 唧筒纵切面

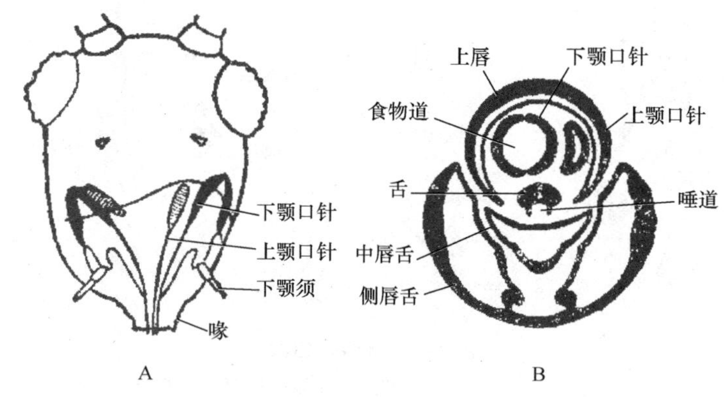

图 1-9　锉吸式口器

A. 蓟马头部正面观　B. 喙横切面

的口器为捕吸式口器或称双刺吸式口器；蝇蛆的口器为刮吸式口器。

实验实训 2　昆虫头部的构造及附肢附器类型观察

实训目标

1. 熟悉昆虫头部的一般构造，能确定昆虫头部附肢、附器的位置。

2. 掌握咀嚼式口器、刺吸式口器的构造，能识别昆虫口器的类型。

3. 掌握昆虫触角的构造，能判断昆虫触角类型。

实训用具与材料

实体显微镜、放大镜、镊子、解剖针、培养皿。

蝗虫、蝉、步甲及口器、触角类型标本。

实训内容和方法

1. 昆虫头部一般构造

观察蝗虫头部的分节、附肢附器的着生位置和沟缝。

2. 昆虫的头式观察

观察蝗虫、蝉、步甲的头部，根据口器着生位置判断各属何种头式。

3. 昆虫口器的类型观察

(1) 咀嚼式口器

观察蝗虫口器各部分的构造，并用镊子轻轻拨动，观察其活动方向，思考口器各部分在取食过程中的作用。

(2) 刺吸式口器

观察蝉的口器。在前唇基下方有1三角形小片，为上唇。喙则演变成长管状的喙，内藏有由上、下颚所特化成的4根口针。思考蝉刺吸植物汁液的过程。

(3) 其他口器类型

观察凤蝶、蓟马、蝇、蜜蜂成虫及蛾、蚜蛳、蛆等幼虫的口器构造。

4. 昆虫触角的观察

取蝗虫观察其触角分柄节、梗节、鞭节3部分。取粉蝶、螽斯、家蝇、蜜蜂、白蚁、金龟甲、蝉、雄芫菁、叩甲、大蚕蛾、蚊、瓢虫的触角进行观察，判别其类型。

实训作业☞

记录供试标本所属头式、口器、触角类型（表1-2）。

表1-2 供试标本头式、口器、触角类型

序号	虫名	头式类型	口器类型	触角类型

1.2.3 昆虫的胸部

1. 胸部的基本构造

昆虫胸部由3个体节组成，由前向后依次分别称为前胸、中胸和后胸。每一胸节各具足1对，分别称为前足、中足和后足。大多数昆虫在中、后胸上还各具有1对翅，分别称为前翅和后翅。中、后胸由于适应翅的飞行，互相紧密结合，具发达的内骨骼和强大的肌肉。中、后胸又称为具翅胸节或简称翅胸。昆虫胸部每一胸节都是由4块骨板构成，根据其在胸节上的位置分别为背板、腹板和两个侧板。骨板按其所在胸节而各有其名称，如前胸背板、中胸侧板、后胸腹板等。各骨板又被若干沟划分成一些骨片，这些骨片也各有名称，如小盾片、基腹片等，其形状、大小常作为昆虫分类的依据。

2. 胸部的附肢、附器

(1) 胸足

胸足的构造 昆虫的胸足是胸部行动的附肢，着生在各节的侧腹面，基部与体壁相连，形成一个膜质的窝，称为基节窝。成虫的胸足一般由6节组成，自基部向端部依次分为基节、转节、腿节、胫节、跗节和前跗节（图1-10）。

基节 基节是胸足的第1节，常较短粗，多呈圆锥形。

转节 转节是足的第2节，一般较小，转节一般为1节，只有少数种类如蜻蜓等的转节为2节。

腿节 腿节常为足中最强大的一节，末端同胫节以前后关节相接，腿节和胫节间可作较大范围活动，使胫节可以折贴于腿节之下。

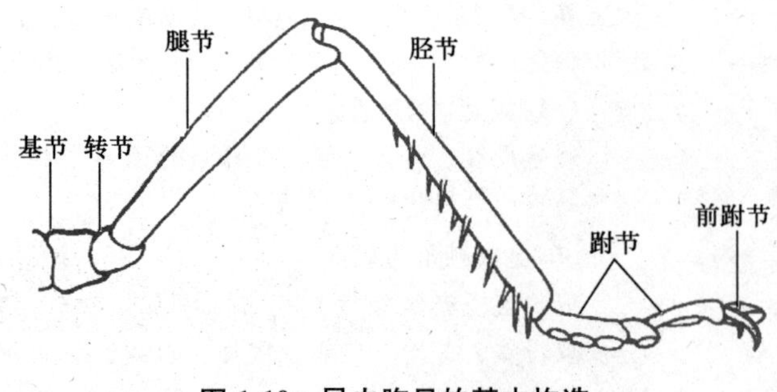

图 1-10　昆虫胸足的基本构造

胫节　胫节通常较细长，比腿节稍短，边缘常有成排的刺，末端常有可活动的距。

跗节　跗节通常较短小，分为 2～5 个亚节，各亚节间以膜相连，可以活动。有的昆虫如蝗虫等的跗节腹面有较柔软的垫状物，称为跗垫，可用于辅助行动。

前跗节　前跗节是足的最末一节，在一般昆虫中，前跗节退化而被两个侧爪所取代。

胸足的类型　昆虫胸足的原始功能为行动器官，但在各类昆虫中，由于适应不同的生活环境和生活方式，而特化成了许多不同功能的构造。常见的昆虫胸足类型有以下几种（图 1-11）：

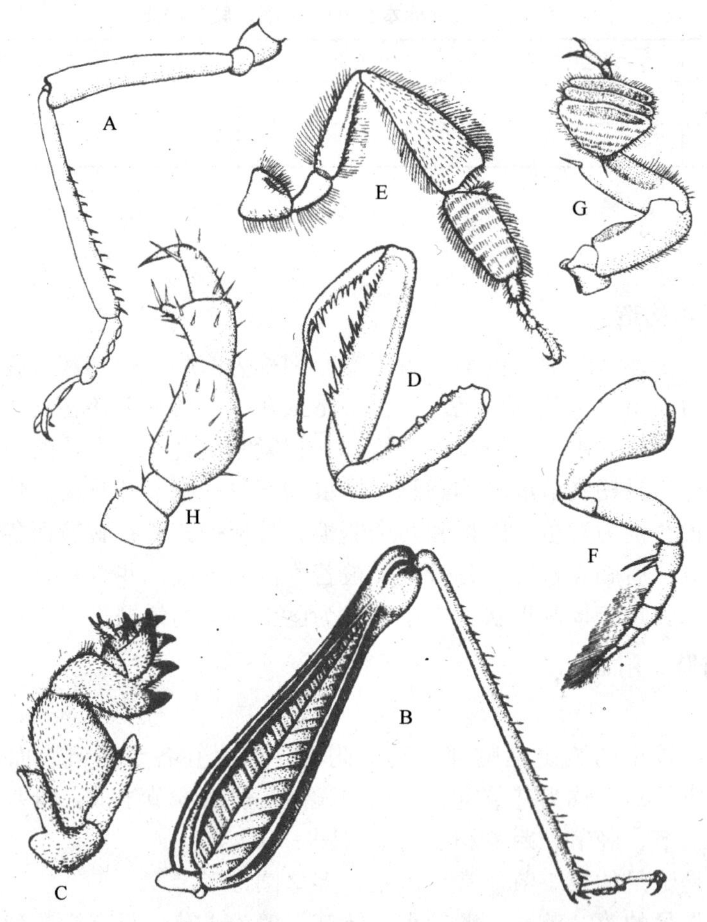

图 1-11　昆虫胸足的类型

A. 步行足　B. 跳跃足　C. 开掘足　D. 捕捉足
E. 携粉足　F. 游泳足　G. 抱握足　H. 攀援足

步行足　步行足是昆虫中最普通的一类胸足，一般比较细长，适于步行（图 1-11-A）。如步甲的足。

跳跃足　跳跃足的腿节特别发达，跳跃足多为后足所特化，用于跳跃（图 1-11-B）。如蝗虫、螽斯的后足。

开掘足　开掘足形状扁平，粗壮而坚硬（图 1-11-C）。如蝼蛄、金龟子等在土中活动的昆虫的前足。

捕捉足　捕捉足的基节通常特别延长，用以捕捉猎物、抓紧猎物，防止其逃脱（图 1-11-D）。如螳螂、螳蛉、猎蝽等的前足。

携粉足　携粉足是蜜蜂类用以采集和携带花粉的构造，由工蜂后足特化而成(图 1-11-E)。

游泳足　游泳足多见于水生昆虫的中、后足，呈扁平状，生有较长的缘毛，用以划水（图 1-11-F）。如龙虱、仰蝽、负子蝽的后足。

抱握足　抱握足为雄性龙虱所特有。前足跗节特化为吸盘状，在交配时用于挟持雌虫（图 1-11-G）。

攀援足　攀援足为虱类所特有。各节较粗短，胫节端部有一指状突起，与跗节及呈弯状的前跗节构成一个钳状构造，能牢牢夹住人、畜的毛发（图 1-11-H）。

(2) 翅

翅的基本构造　昆虫的翅通常呈三角形，具有 3 条边和 3 个角。翅展开时，靠近头部的一边，称为前缘；靠近尾部的一边，称为内缘（或后缘）；在前缘与内缘之间、同翅基部相对的一边，称为外缘。前缘与内缘间的夹角，称为肩角；前缘与外缘间的夹角，称为顶角；外缘与内缘间的夹角，称为臀角。为了适应折叠和飞行，昆虫的翅常有 3 条褶将翅面划为 4 个区，翅基部三角形的区域称为腋区，腋区外面的褶称为基褶；从腋区外角发出的臀褶和轭褶将腋区外的翅面划分为臀前区、臀区和轭区（图 1-12）。

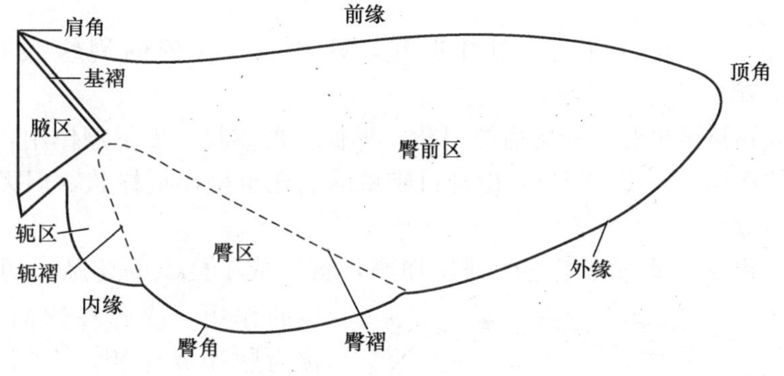

图 1-12　昆虫翅的分区

翅的类型　昆虫翅的主要作用是飞行，一般为膜质。但不少昆虫由于长期适应其生活条件，前翅或后翅发生了变异，或具保护作用，或演变为感觉器官，质地也发生了相应变化。根据质地和翅面上的被覆物，昆虫的翅可分为以下几种类型（图 1-13）。

膜翅　翅的质地为膜质，薄而透明，翅脉明显可见（图 1-13-A），如蜂类、蜻蜓的前

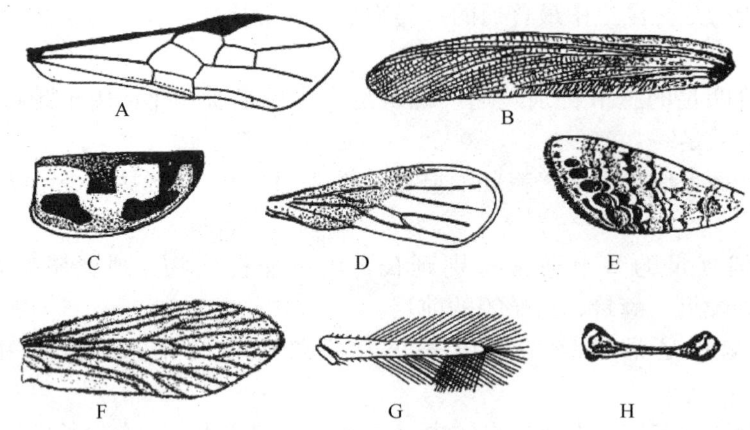

图 1-13　昆虫翅的类型

A. 膜翅　B. 复翅　C. 鞘翅　D. 半鞘翅　E. 鳞翅　F. 毛翅　G. 缨翅　H. 平衡棒

后翅；甲虫、蝗虫、蝽的后翅。

复翅　又称覆翅。翅质地较坚韧似皮革，翅脉大多可见，但一般不司飞行，平时覆盖在体背和后翅上，有保护作用（图 1-13-B）。蝗虫等直翅目昆虫的前翅属此类型。

鞘翅　翅质地坚硬如角质，翅脉不可见，不司飞翔作用，用以保护体背和后翅（图 1-13-C）。甲虫类的前翅属此类型。

半鞘翅　翅的基半部为皮革质，端半部为膜质，膜质部的翅脉清晰可见（图 1-13-D）。蝽类的前翅属此类型。

鳞翅　翅的质地为膜质，但翅面上覆盖有密集的鳞片（图 1-13-E），如蛾、蝶类的前、后翅。

毛翅　翅的质地也为膜质，但翅面上覆盖一层较稀疏的毛（图 1-13-F），如石蛾的前、后翅。

缨翅　翅的质地也为膜质，翅脉退化，翅狭长，在翅的周缘缀有很长的缨毛（图 1-13-G），如蓟马的前、后翅。

平衡棒　双翅目昆虫和雄蚧的后翅退化，形似小棍棒状，无飞翔作用，但在飞翔时有保持体躯平衡的作用（图 1-13-H），捻翅目雄虫的前翅也呈小棍棒状，但无平衡体躯的作用，称为拟平衡棒。

翅的脉相　翅面在分布有气管的部位加厚，就形成了昆虫的翅脉。翅脉对翅面起支架的作用。翅脉在翅面上的分布形式称为脉序或脉相。人们对现代昆虫和古代昆虫化石的翅脉加以分析、比较，归纳概括为模式脉序，作为鉴别和描述昆虫脉序的标准(图 1-14)。

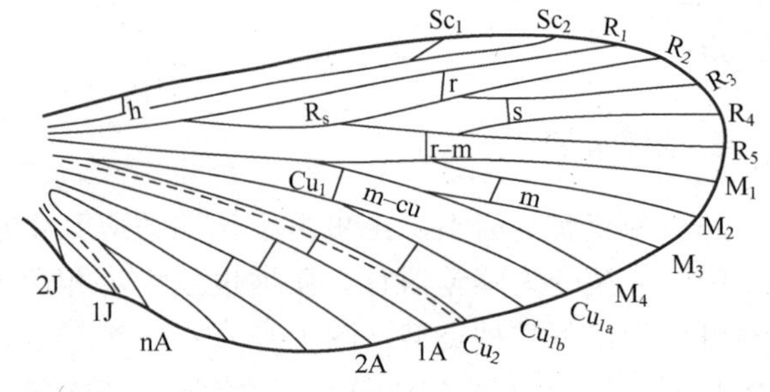

图 1-14　昆虫的假想模式脉相

翅脉可分为纵脉和横脉两种。纵脉是从翅基部伸向翅边缘的脉，有前缘脉（C）、亚前缘脉（Sc）、径脉（R）、中脉

(M)、肘脉（Cu)、臀脉（A)、轭脉（J)；横脉是两条纵脉之间的短脉，常用相连接的二条纵脉的名称来命名，常见的有肩横脉（h)、径横脉（r)、径分横脉（s)、径中横脉（r-m)、中横脉（m)、中肘横脉（m-cu）等。

翅室是翅面被翅脉划分成的小区。翅室四周完全为翅脉所封闭的，称为闭室；有一边不被翅脉封闭而向翅缘开放的，则称为开室。翅室的名称就以它前缘的纵脉名称来表示。

翅的连锁器 前翅发达并用作飞行器官，后翅不发达的昆虫，如同翅目、鳞翅目、膜翅目等，在飞行时，后翅必须以某种构造挂连在前翅上，用前翅来带动后翅飞行，二者协同动作。将昆虫的前、后翅连锁成一体，以增进飞行效率的各种特殊构造称为翅的连锁器。昆虫前、后翅之间的连锁方式主要有以下几种类型（图 1-15)。

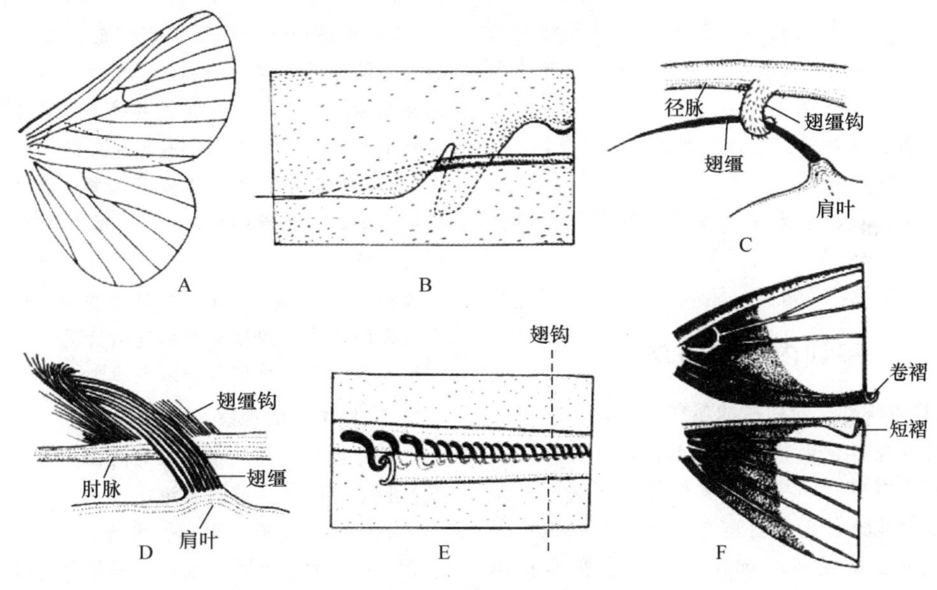

图 1-15 昆虫翅的连锁

A. 翅抱连锁 B. 翅轭连锁 C、D. 翅缰连锁 E. 翅钩连锁 F. 翅卷褶连锁

翅抱连锁 蝶类和一些蛾类（如枯叶蛾等），前后翅之间虽无专门的连锁器，但其后翅肩角膨大，并且有短的肩脉突伸于前翅后缘之下，以使前、后翅在飞翔过程中紧密贴接和动作一致。这类连锁也称膨肩连锁或贴合式连锁（图 1-15-A）。

翅轭连锁 低等的蛾类如蝙蝠蛾科中的某些种类，前翅轭区的基部有一指状突起，称为翅轭，飞行时伸在后翅前缘的反面，前翅臀区的一部分叠盖在后翅上，将后翅夹住，以使前后翅保持连接（图 1-15-B）。

翅缰连锁 在后翅前缘基部有 1 根或几根强大刚毛，称为翅缰，在前翅反面翅脉上有 1 簇毛或鳞片，称为翅缰钩。飞翔时翅缰插人翅缰钩内以连接前后翅（图 1-15-C、D)。大部分蛾类属此种连锁方式。

翅钩连锁 在后翅前缘中部生有 1 排向上及向后弯曲的小钩，称为翅钩，在前翅后缘有 1 条向下卷起的褶，飞行时翅钩挂在卷褶上，以协调前、后翅的统一动作（图 1-15-E)。膜翅目蜂类即属此种连锁方式。

翅卷褶连锁　在前翅的后缘近中部有 1 向下卷起的褶，在后翅的前缘有 1 段短而向上卷起的褶，飞翔时前、后翅的卷褶挂连在一起，使前、后翅动作一致（图 1-15-F）。如部分半翅目、同翅目昆虫等即属此种连锁方式。

实验实训 3　昆虫胸部的构造及附肢附器类型观察

实训目标

1. 熟悉昆虫胸部的一般构造，能确定附肢附器的位置。

2. 掌握昆虫翅的构造，能区分翅的三缘、三角、三褶、四区；能判断翅的类型；能判断翅的连锁器类型。

3. 掌握昆虫足的构造，能判断足的类型。

实训用具与材料

实体显微镜、放大镜、镊子、解剖针、培养皿、毛笔、煤油。

蝗虫、夜蛾、足翅类型标本。

实训内容和方法

1. 昆虫胸部一般构造的观察

取蝗虫观察昆虫的胸部由前、中、后胸 3 个体段组成。观察前、中、后胸的连接情况。观察每个胸节的构造，比较前胸与中后胸的构造有何不同。观察三对足、二对翅分别着生在哪个胸节上。

2. 昆虫翅的观察

1）取夜蛾的翅，认识翅的 3 条边、3 个角和 4 个区。

2）用镊子小心取下夜蛾的前、后翅，注意它们的翅间连锁方式。尔后，将翅置于培养皿中，滴几滴煤油浸润，用毛笔在解剖镜下将鳞片刷去，与教材上的模式脉相图相比较辨认各脉。

3）观察金龟子、蝽象、家蝇、蓟马、石蛾、蝗虫、蜜蜂、夜蛾的翅，注意它们的质地以及翅上的附属物。

4）用镊子朝身体前方自然拉动天蛾、凤蝶、蝉、蜂的前翅，观察后翅的连动情况，仔细观察前后翅连锁装置，判别连锁器的类型。

3. 昆虫足的观察

取蝗虫的前足观察昆虫的足由基节、转节、腿节、胫节、附节、前附节组成。

取蝼蛄、螳螂、蝗虫、蜜蜂、水龟甲、步甲、龙虱，观察它们的前足或后足各属何类型。

实训作业

记述供试标本所属的翅、足的类型（表 1-3）。

表 1-3　供试标本所属的足、翅类型

序号	虫名	胸足类型	翅的类型

1.2.4　昆虫的腹部

1. 腹部的基本构造

昆虫腹部的原始节数应为 12 节，但在现代昆虫的成虫中，一般成虫腹节 10 节。腹部

节间伸缩自如，并可膨大和缩小，以帮助呼吸、蜕皮、羽化、交配、产卵等活动。腹节有发达的背板和腹板，但没有像胸节那样发达的侧板。在多数种类的成虫中，腹部的附肢大部分都已退化，但第 8、9 腹节常保留有特化为外生殖器的附肢。

2. 腹部的附肢

腹部的附肢附器主要有外生殖器和尾须。雌虫的外生殖器称为产卵器，雄性外生殖器称为交配器。

(1) 外生殖器

雌性外生殖器 基本构造：雌性外生殖器着生于第 8、9 腹节上，是昆虫用以产卵的器官，故称为产卵器。它是由第 8、9 腹节的生殖肢特化而成的。产卵器一般为管状构造，通常由 3 对产卵瓣组成。着生在第 8 腹节上的 1 对产卵瓣称为腹产卵瓣，着生在第 9 腹节有 2 对产卵瓣分别称为内产卵瓣和背产卵瓣（图 1-16）。

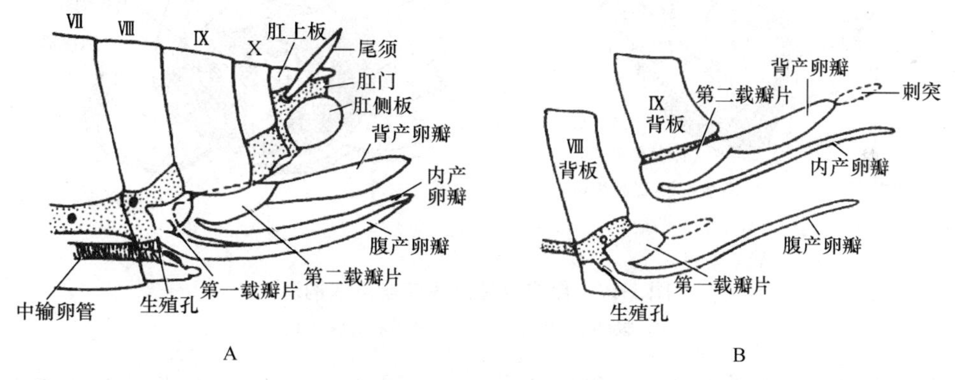

图 1-16 昆虫产卵器模式图

A. 腹部末端数节的侧面观，示产卵器与生殖节的关系 B. 两生殖节（已分开）侧面观

产卵器的类型如下：

直翅目昆虫的产卵器 产卵器主要是由腹瓣和背瓣组成的。蝗虫类的产卵瓣略呈锥状，将卵产在土内适当的位置。螽斯和蟋蟀类的产卵器为刀状、剑状或矛状，长而坚硬，可将卵产于植物组织或土壤中。

同翅目昆虫的产卵器 同翅目昆虫中除蚜虫类、蚧类外，都有发达的产卵器。产卵器主要由内产卵瓣和腹产卵瓣组成，背产卵瓣形成产卵器鞘，以包藏产卵器。产卵时，产卵器从鞘中脱出，将卵产于植物组织内。

膜翅目昆虫的产卵器 膜翅目昆虫产卵器的构造与同翅目昆虫基本相似。姬蜂类等寄生蜂的产卵器十分细长，可将卵产于寄主体内，胡蜂、蜜蜂等的产卵器呈针状，基部与毒液腺相通，特化成能注射毒汁的螯针。这类产卵器通常已失去产卵作用。

鳞翅目、鞘翅目、双翅目昆虫的产卵器 这些目的雌虫没有由附肢特化的产卵瓣，只是由腹部末端几节变细，构成伪产卵器。所以这类昆虫的卵只能产在缝隙或动植物体表面。

根据昆虫产卵器的形状和构造的不同，不仅可以了解害虫的产卵方式和产卵习性，从而采取针对性的防治措施，同时还可作为重要的分类特征，以区分不同的目、科和种类。

雄性外生殖器　多数雄性昆虫的交配器由将精子输入雌体的阳具及交配时挟持雌体的 1 对抱握器两部分组成。但构造较为复杂而且多有变化。

基本构造：阳具包括一个阳茎和 1 对位于基部两侧的阳茎侧叶。阳茎多是单一的骨化管状构造，昆虫进行交配时插入雌体的器官。抱握器大多属于第 9 腹节的附肢。抱握器的形状有很多变化，常见的有宽叶状、钳状和钩状等。抱握器多见于蜉蝣目、脉翅目、长翅目、半翅目、鳞翅目和双翅目昆虫中。有些昆虫的抱握器十分发达，而有些种类则没有特化的抱握器（图 1-17）。

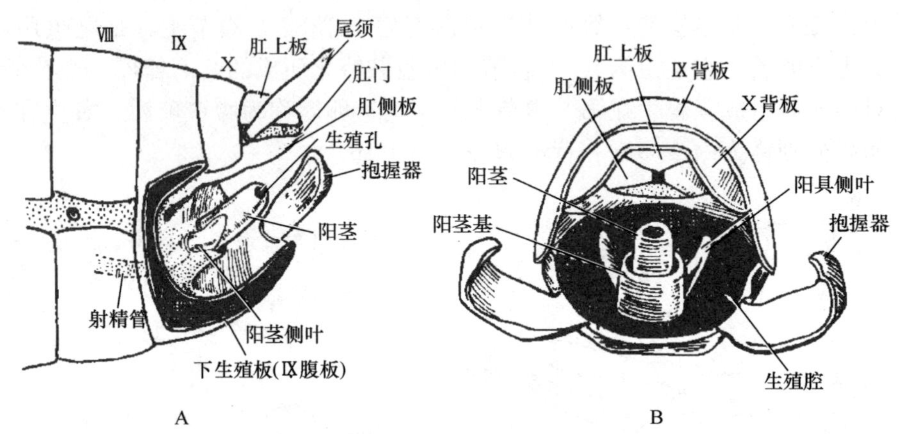

图 1-17　昆虫雄性外生殖器基本构造

A. 腹部末端侧面观　B. 腹部末端后面观

各类昆虫的交配器构造复杂，种间差异也十分明显，但在同一类群或虫种内个体间比较稳定，因而可作为鉴别虫种的重要特征。

（2）尾须　尾须是由第 11 腹节附肢演化而成的 1 对须状外突物，存在于部分无翅亚纲和有翅亚纲中的蜉蝣目、蜻蜓目、直翅类及革翅目等较低等的昆虫中。尾须的形状变化较大，有的不分节，有的细长多节呈丝状，有的硬化成铗状。尾须上生有许多感觉毛，具有感觉作用。但在革翅目昆虫中，由尾须骨化成的尾铗，具有防御敌害和帮助折叠后翅的功能。

实验实训 4　昆虫腹部的构造及附肢附器类型观察

实训目标

1. 熟悉昆虫腹部的构造，能确定附肢附器的位置。

2. 了解昆虫外生殖器的构造，能识别不同类型的产卵器。

3. 熟悉尾须的构造。

实训用具与材料

实体显微镜、放大镜、镊子、解剖针、培养皿。

蝗虫、各种产卵器类型标本；蛾类雄性外生殖器玻片标本。

实训内容和方法

1. 以蝗虫为材料，观察昆虫腹部的一般构造

观察蝗虫腹部的节数，注意从背腹两面数有何不同；观察腹节之间的连接，用镊子轻轻拉腹

末，能否伸缩？观察各腹节的构造，与胸部比较有什么不同？观察尾须和外生殖器的着生位置；观察腹部第1节两侧的听器，腹部1～8节的气门。

2. 昆虫腹部的外生殖器

1）雌性外生殖器——产卵器：以雌性蝗虫为例，观察产卵器的基本构造；观察蟋蟀、蝉、胡蜂、姬蜂等昆虫的产卵器，注意其形态结构和功能的变化。取鞘翅目、双翅目、鳞翅目等昆虫，观察腹部末端的伪产卵器。

2）雄性外生殖器——交配器：以雄性蝗虫、夜蛾为例，观察雄性外生殖器的基本构造及变化。

3. 昆虫尾须形态观察

观察蝗虫腹部最后一节两侧有一对三角形或略长的物体，就是蝗虫的尾须。观察蝼蛄、蠼螋的尾须。

实训作业

记述供试标本所属产卵器的类型（表1-4）。

表1-4 供试标本所属产卵器类型

序 号	虫 名	产卵器类型

1.3 昆虫的变态与昆虫的各虫态

昆虫的个体发育是指由卵发育到成虫的全过程。

1.3.1 变态及其类型

昆虫自卵中孵出后，在胚后发育过程中，要经过一系列外部形态和内部组织器官等方面的变化才能转变为成虫，这种现象称为变态。

昆虫在进化过程中，随着成虫与幼虫体态的分化、翅的获得，以及幼虫期对生活环境的特殊适应和其他生物学特性的分化，形成了各种不同的变态类型。与园林植物关系密切的昆虫的变态类型主要为不（完）全变态、（完）全变态。

（1）不（完）全变态　其特点是：个体发育过程中经过卵期、幼虫期和成虫期三个虫期。幼虫期的翅在体外发育。这类昆虫的幼体（称为若虫）和成虫在外部形态和生活习性上大体相似，不同之处是翅未发育完全、生殖器官尚未成熟（图1-18）。如直翅目、等翅目、半翅目、同翅目、缨翅目昆虫的变态。

（2）（完）全变态　其特点是：个体发育经过卵期、幼虫期、蛹和成虫期4个发育阶段。幼虫在化蛹蜕皮时，各器官芽形成的构造同时翻出体外，因此蛹已具备有待羽化时伸展的成虫外部构造。这类昆虫的幼虫与成虫，不但外部形态和内部器官与成虫不同，而且生活习性也常常不同（图1-19）。如鞘翅目、鳞翅目、脉翅目、膜翅目、双翅目昆虫的变态。

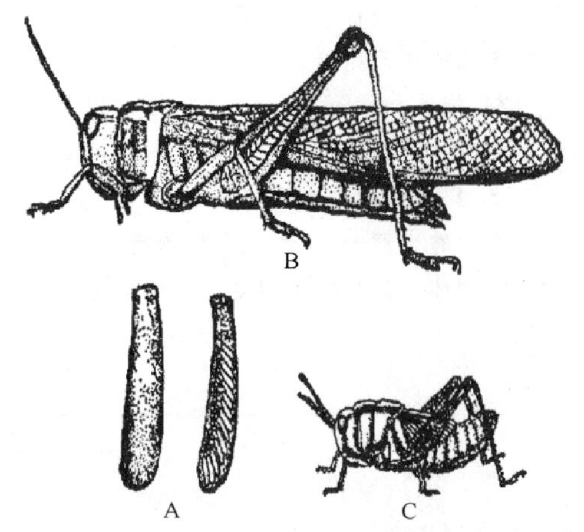

图 1-18　昆虫不完全变态

A. 卵袋及其剖面　B. 成虫　C. 若虫

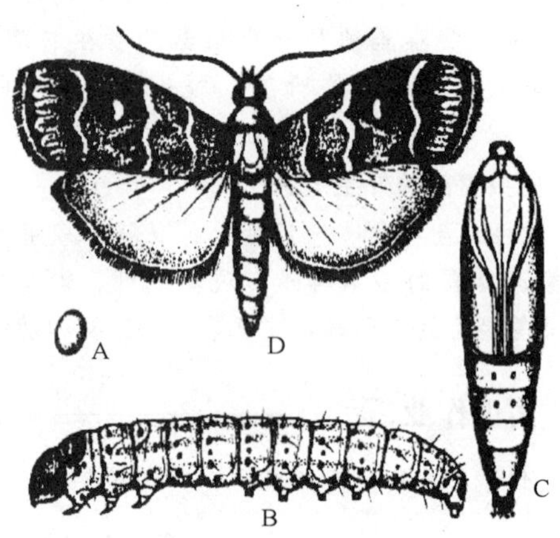

图 1-19　昆虫的完全变态

A. 卵　B. 幼虫　C. 蛹　D. 成虫

1.3.2　昆虫的各虫态

1. 卵

(1) 卵的类型　昆虫卵的大小、形状、产卵方式因种类不同而异，因而在鉴别昆虫种类和害虫防治上都具有一定的实践意义。

昆虫卵的大小种间差异很大，较大者如蝗卵，长 6～7mm，而葡萄根瘤蚜的卵则很小，长度仅 0.02～0.03mm。

昆虫卵的形状也是多种多样的（图 1-20），常见的为卵圆形和肾形，此外还有半球形、球形、桶形、瓶形、纺锤形等。草蛉类的卵有一丝状卵柄，蜉蝣的卵上有多条细丝，蝽的卵还具有卵盖。有些昆虫在卵壳表面有各种各样的脊纹，或呈放射状（如一些夜蛾），或在纵脊之间还有横脊（如菜粉蝶），以增加卵壳的硬度。

卵初产时一般为乳白色，此外还有淡黄色、黄色、淡绿色、淡红色、褐色等，至接近孵化时，通常颜色变深。

(2) 产卵方式　昆虫的产卵方式多种多样，有单个分散产的，有许多卵粒聚集排列在一起形成各种形状的卵块的。有的将卵产在物体表面，有的产在隐蔽的场所甚至寄主组织内。

2. 幼虫

昆虫幼虫或若虫从卵内孵化、发育到蛹（全变态昆虫）或成虫（不全变态昆虫）之前的整个发育阶段，称为幼虫期或若虫期。

幼虫期的显著特点是大量取食，获得营养，进行生长发育，生长速率是惊人的，芳香木蠹蛾的幼虫在 3 年的生长期内，体重增长 7.2 万倍。对园林害虫来说，幼虫期是主要危害时期，也是防治的重点虫期。

(1) 孵化　昆虫胚胎发育到一定时期，幼虫或若虫冲破卵壳而出的现象，称为孵化。初孵化的幼虫，体壁的外表皮尚未形成，身体柔软，色淡，抗药能力差。一些夜蛾、天蛾等的初孵幼虫，常有取食卵壳的习性。有些种类在幼虫孵化后，并不马上开始取食活动，

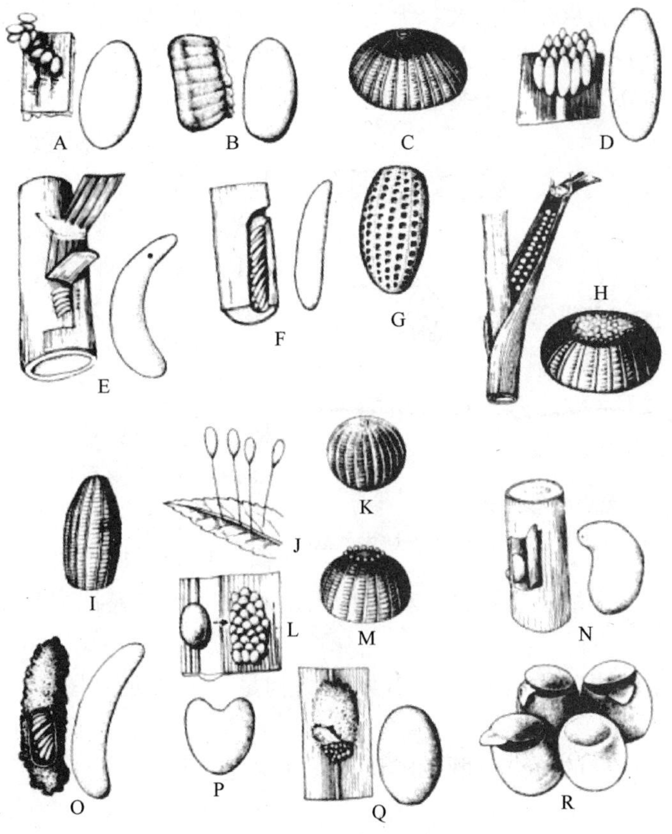

图 1-20 昆虫卵的类型

A. 椭圆形 B. 椭圆形卵粒及其卵块 C. 半球形 D. 长椭圆形 E. 香蕉形 F. 长椭圆形 G. 花生形 H. 扁球形 I. 瓶形 J. 具柄形 K. 圆球形 L. 椭圆形卵粒与鱼鳞形卵块 M. 鱼篓形 N. 肾形 O. 长椭圆形 P. 马蹄形 Q. 椭圆形、黄豆形卵块 R. 桶形

而常常停息在卵壳上或其附近静止不动。

(2) 生长和蜕皮 幼虫体外表有一层坚硬的表皮限制了它的生长，所以当生长到一定时期，就要形成新表皮，脱去旧表皮，这种现象称为蜕皮。脱下的旧表皮称为蜕。幼虫的生长与蜕皮呈周期性的交替进行，每蜕皮一次身体即有一定程度的增大。

从卵内孵化出的幼虫称为第一龄幼虫，又称初孵幼虫，以后每脱一次皮增加 1 龄，即虫龄＝蜕皮次数＋1。相邻两龄之间的历期，称为龄期。最后一次蜕皮后变成蛹（若虫则变为成虫）。昆虫蜕皮次数，种间各异，但同种昆虫是相对稳定的。如直翅目和鳞翅目幼虫一般蜕皮 4 或 5 次，金龟幼虫和草蛉幼虫蜕皮 2 次，瓢虫幼虫蜕皮 3 次。

(3) 幼虫的类型

同型幼虫 不全变态的所有渐变态类昆虫的幼虫。其幼体除具有翅芽和未完全发育成熟的生殖器官外，体型和外部构造如口器、感觉器官、胸足等，内部构造如消化道、神经系统等，以及食性、习性、栖境等与成虫都大致相同，故将此类幼虫称为同型幼虫，或通称为若虫。

异型幼虫 全变态类的所有昆虫的幼虫。其幼虫在体形、内部和外部器官构造，以及习性、栖境等方面都与成虫差异很大，无复眼，故特称为异型幼虫，或通称为幼虫。

全变态昆虫种类多，幼虫形态差异显著。根据胚胎发育的程度以及在胚后发育中的适应与变化，又可将其分为以下 4 个类型（图 1-21）。

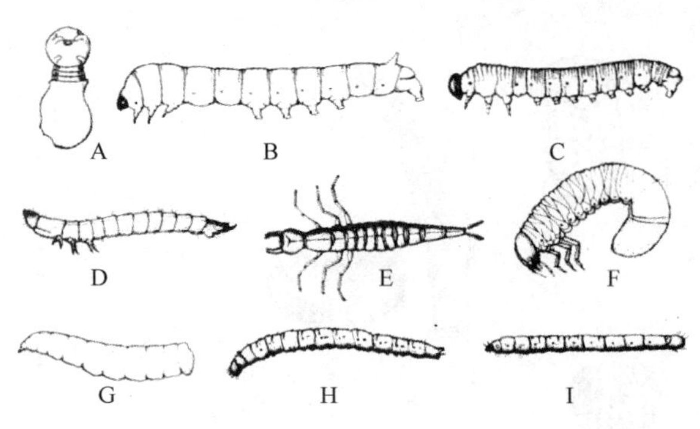

图 1-21　昆虫的幼虫类型

A. 原足型　B、C. 多足型　D～F. 寡足型　G～I. 无足型

原足型　原足型幼虫的主要特点是，其幼虫在胚胎发育早期孵化，虫体的发育尚不完善，胸部附肢仅为突起状态的芽体，有的种类腹部尚未完全分节（图 1-21-A）。如膜翅目中的寄生蜂类幼虫。

多足型　多足型幼虫的主要特点是，除具胸足外，还具有数对腹足。如鳞翅目和膜翅目的叶蜂类幼虫。鳞翅目幼虫有腹足 2～5 对，腹足末端具有趾钩，称为蠋型幼虫。而膜翅目叶蜂类幼虫的腹足多于 5 对，其末端不具趾钩，称为伪蠋型幼虫。也有人把多足型幼虫通称蠋型幼虫（图 1-21-B、C）。

寡足型　寡足型幼虫的主要特点是有发达的胸足，无腹足（图 1-21-D～F）。如金龟甲、瓢虫的幼虫。

无足型　无足型幼虫的特点是既无胸足，又无腹足（图 1-21-G～I）。如蝇、天牛、叩甲的幼虫。

3. 蛹期

蛹是全变态类昆虫在胚后发育过程中，由幼虫转变为成虫时，必须经过的一个特有的静止虫态。蛹的生命活动虽然是相对静止的，但其内部却进行着将幼虫器官改造为成虫器官的剧烈变化。

（1）前蛹和蛹　末龄幼虫蜕皮化蛹前停止取食，为安全化蛹，常寻找适宜的化蛹场所，有的吐丝作茧，有的建造土室等。随后，幼虫身体缩短，体色变淡，不再活动，此时称为前蛹。在前蛹期内，幼虫表皮已部分脱离，成虫的翅和附肢等已翻出体外，只是被末龄幼虫表皮所包围掩盖。待脱去末龄幼虫表皮后，翅和附肢即显露于体外，这一过程即称为化蛹。自末龄幼虫脱去表皮起至变为成虫时止所经历的时间，称为蛹期。

蛹的抗逆力一般都比较强，且多有保护物或隐藏于隐蔽场所（图 1-22），所以许多种类的昆虫常以蛹的虫态躲过不良环境或季节，如越冬等。

（2）蛹的类型　根据蛹的翅和触角、足等附肢是否紧贴于蛹体上，以及这些附属器官能否活动和其他外形特征，可将蛹分为离蛹、被蛹和围蛹 3 种类型（图 1-23）。

离蛹　又称为裸蛹。其特点是翅和附肢除在基部着生外与蛹体分离，可以活动，腹部各节间也能自由扭动，一些脉翅目和毛翅目的蛹甚至可以爬行或游泳（图 1-23-A）。长翅目、鞘翅目、膜翅目等的蛹均为此种类型。

被蛹　其特点是翅和附肢都紧贴于身体上，不能活动，大多数腹节或全部腹节不能扭动（图 1-23-C）。鳞翅目、鞘翅目的隐翅虫、双翅目的虻、瘿蚊等的蛹均属此类，其中以

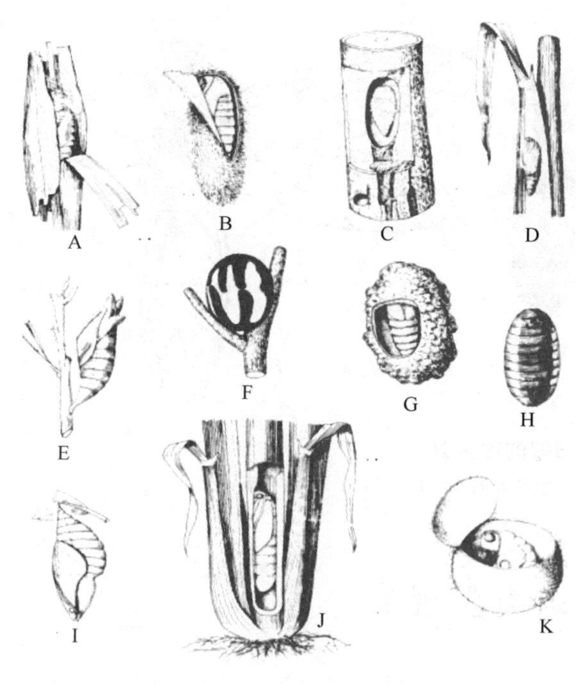

图 1-22 蛹及其保护物

A. 叶苞 B. 鳞翅目丝茧 C. 树干 D. 叶梢 E. 丝带及丝垫 F. 石灰质茧 G. 土茧 H. 幼虫体壁 I. 丝垫 J. 茎干 K. 膜翅目丝茧

鳞翅目的蛹最为典型。

围蛹 围蛹为双翅目蝇类所特有。围蛹体实为离蛹，但是在离蛹体外被有末龄幼虫未脱去的蜕。如蝇类幼虫将第3龄脱下的表皮硬化成为蛹壳，第4龄幼虫就在蛹壳里，成为不吃不动的前蛹，前蛹再经蜕皮即形成离蛹，而脱下的皮又附加在第3龄幼虫的皮下(图 1-23-B)。

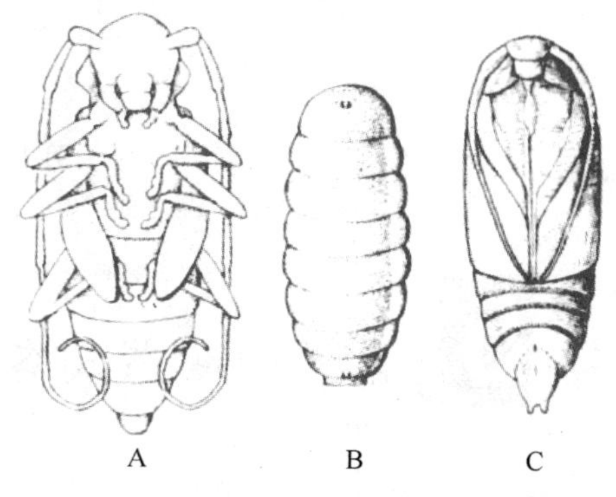

图 1-23 蛹的类型

A. 离蛹（天牛） B. 围蛹（蝇） C. 被蛹

4. 成虫

成虫是昆虫个体发育的最后一个虫态和最高级阶段，该虫态具有判别系统发生和分类地位的固定特征，感觉器官和运动器官达到最高度的发展，是完成生殖和使种群得以繁衍的阶段。昆虫发育到成虫期，雌雄性别已明显分化，具有生殖能力，所以成虫的一切生命活动都是围绕着生殖而展开的，主要任务是交配、产卵、繁殖后代。成虫期是性成熟并具有生育能力的时期，是唯一具有飞行能力的虫态，感觉器官较发达。成虫从它的前一虫态（蛹或末龄若虫）蜕皮而出的现象，称为羽化。

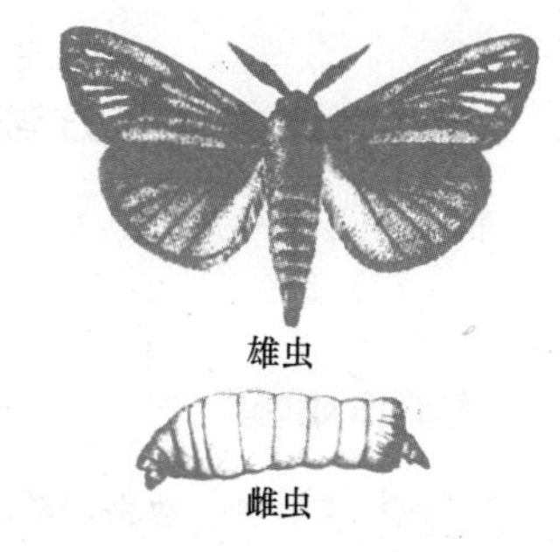

图 1-24 柳蓑蛾的雌雄二型现象

(1) 雌雄二型 昆虫雌雄个体之间除内、外生殖器官（第一性征）不同外，许多种类在个体大小、体型、体色、构造等（第二性征）方面也常有很大差异，这种现象称为雌雄二型（图 1-24）。如袋蛾、部分尺蛾等昆虫。

(2) 多型现象 指同种昆虫在同一性别的个体中出现不同类型分化的现象。这种现象主要出现在成虫期，但有时也可以出现在幼虫期。常见于白蚁、蜜蜂等昆虫中（图 1-25）。

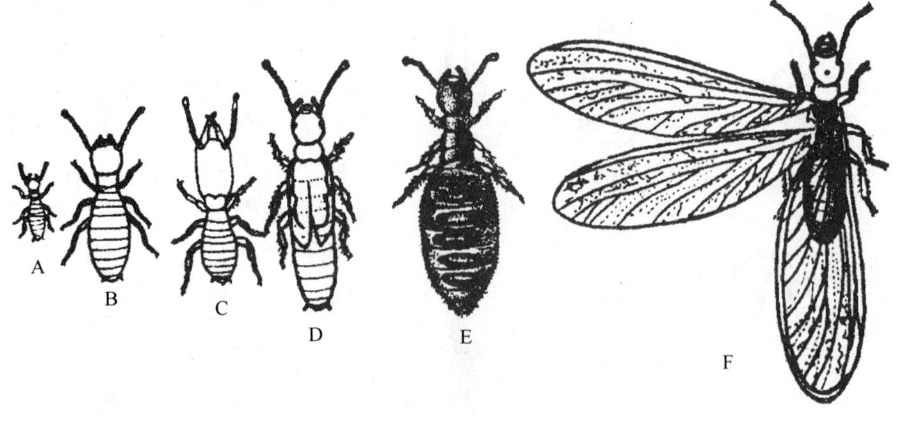

图1-25　白蚁的性多型

A. 若虫　B. 工蚁　C. 兵蚁　D. 生殖蚁若虫　E. 蚁后　F. 有翅型

实验实训 5　昆虫的变态及各虫态类型观察

实训目标

1. 掌握昆虫变态类型的特点，能正确判断不全变态和全变态。

2. 了解昆虫卵的构造、类型及产卵方式。

3. 掌握各类昆虫幼虫、蛹的特点，能判别常见昆虫幼虫、蛹的类型。

实训用具与材料

实体显微镜、放大镜、镊子、解剖针、培养皿。

各类卵、幼虫、蛹标本。袋蛾、白蚁的生活史标本。

实训内容和方法

1）取一个洗净的蝗卵，在镜下观察其形态结构。

2）观察柑橘凤蝶、斜纹夜蛾、蚱蝉、茶翅蝽象、球坚蚧、螳螂、蝗虫、大青叶蝉、草蛉、天牛等昆虫的卵，了解产卵方式，保护特点及形态特征。

3）取原足型、多足型（蛾蝶类、叶蜂类）、寡足型（蛴螬、金针虫、瓢虫）、无足型（天牛、虻类、蛆）等各类代表昆虫的幼虫，观察其腹足的有无、对数、头部的发达程度等内容，归纳出幼虫的类型。

4）取具有代表性昆虫的蛹，观察离蛹、被蛹、围蛹的构造特点。

5）取袋蛾、白蚁生活史标本，观察袋蛾雌雄的形态区别，白蚁的蚁王、蚁后、长翅生殖蚁、短翅生殖蚁等多型现象。判断其变态类型。

实训作业

记述供试标本所属的幼虫、蛹的类型（表1-5）。

表1-5　供试标本所属幼虫、蛹类型

序　号	虫　名	幼虫类型	蛹的类型

1.4 园林昆虫主要类群

1.4.1 昆虫分类基本知识

1. 分类阶元

昆虫属动物界（Animalia）节肢动物门（Arthropoda）中的昆虫纲（Insecta）；纲以下的单位和其他动物一样采用一系列的阶元，首先以血缘关系的亲疏分为若干目（Order），目以下又分成科（Family），科以下分属（Genus），属以下又分种（Species）；为了详尽起见，在纲、目、科、属下设“亚”（Sub-）级，如亚纲（Subclass）、亚目（Suborder）、亚科（Subfamilia）、亚属（Subgenus）；也有在目、科上加“总”（Super-级），如总目（Superorder）、总科（Superfamily）等。

目前地球上已知的昆虫约100余万种，未命名的更多。如此众多的种类，必须有科学的分类系统，才能对它们进行正确的识别、分类和利用。

分类阶元	分类单元
界（Kingdom）	动物界（Animalia）
门（Phylum）	节肢动物门（Arthropoda）
纲（Class）	昆虫纲（Insecta）
目（Order）	鳞翅目（Lepidoptera）
科（Family）	螟蛾科（Pyralidae）
属（Genus）	绢野螟属（*Diaphania*）
种（Species）	黄杨绢野螟（*D. perspectalis*）

2. 命名法

（1）双名法　一种昆虫的种名（种的学名）由两个拉丁词构成，第1个词为属名，第2个为种名，即“双名”。如菜粉蝶（*Pieris rapae* L.）。分类学著作中，学名后面还常常加上定名人的姓。但定名人的姓氏不包括在双名内。

（2）三名法　1个亚种的学名由3个词组成，即属名 + 种名 + 亚种名，即在种名之后再加上1个亚种名，就构成了“三名”。如东亚飞蝗［*Locusta migratoria manilensis* (Meyen)］。

种级学名印刷时常用斜体，以便识别。属名的第1个字母须大写，其余字母小写，种名和亚种名全部小写；定名人用正体，第1个字母大写，其余字母小写。有时，定名人前后加括号，表示种的属级组合发生了变动。种名在同一篇文章中再次出现时，属名可以缩写。

3. 昆虫纲的分类系统

（1）分类依据　昆虫分类的依据主要有形态学特征、生物学和生态学特征、地理学特征、生理学和生物化学特征、细胞学特征、分子生物学特征。根据目前的分类科学水平，主要采用的是形态特征。分亚纲和目所应用的主要特征是翅的有无、形状、对数、质地，口器的类型，触角、足、腹部附肢的有无及类型。

（2）昆虫纲的分类　昆虫在高级阶元的分类上，分歧较大。我国著名的昆虫分类学家蔡邦华教授将昆虫纲分为两个亚纲（即无翅亚纲和有翅有纲），34个目。

4. 园林植物昆虫主要目介绍

与园林生产关系密切的主要目有：直翅目、等翅目、半翅目、同翅目、缨翅目、脉翅目、鳞翅目、鞘翅目、双翅目、膜翅目十个目（图1-26）。

（1）直翅目 Othoptera（图1-26-A）　包括蝗虫、蟋蟀、螽斯、蝼蛄等。

体中至大型。口器咀嚼式。复眼发达，通常具单眼3个。触角丝状。有翅或无翅，前翅狭长，为复翅，后翅膜质，停息时呈折扇状纵折于前翅下。后足为跳跃足或前足为开掘足；跗节2～4节。雌虫多具发达的产卵器，呈剑状、刀状或凿状。雄虫通常有听器或发音器。渐变态。产卵在土中或植物组织中，多以卵越冬。多数植食性。

本目的许多种类是园林植物的害虫。

（2）等翅目 Isoptera（图1-26-B）　通称白蚁。

体小至中型，3～10mm，蚁后可长达60～70mm或更长，白色、淡黄或暗色。触角念珠状。口器咀嚼式。有翅型有2对翅，膜质、长形，前后翅大小形状和脉序都很相似。跗节4～5节。尾须短。渐变态。多型性，营群体生活，为真正的社会性昆虫。

危害建筑物、树木、农作物、电缆等。

（3）半翅目 Hemiptera（图1-26-D）　通称蝽象。

体小至大型。单眼2个或无。触角3～5节。口器刺吸式，下唇延长形成分节的喙，喙通常4节，从头部的前端伸出。前胸背板大，中胸小盾片发达。前翅为半鞘翅；后翅膜质。多数种类在后胸侧板近中足基节处有臭腺孔。附节一般3节。渐变态。卵多鼓形。大多陆生，少数水生。多数是植食性害虫，危害方式主要以口针直接刺吸植物叶、果等的汁液，使叶片出现褪绿斑点、果实畸形或植株生长不良；少数（如猎蝽、花蝽等）为捕食害虫的益虫。

（4）同翅目 Homoptera（图1-26-E）　包括蝉、叶蝉、蚜虫、蚧虫、木虱、粉虱等。

体微小至大型。触角刚毛状或丝状。口器刺吸式，从头的后方伸出，喙通常3节。前翅革质或膜质，后翅膜质，静止时平置于体背上呈屋脊状，有的种类无翅。有些蚜虫和雌性介壳虫无翅，雄介壳虫后翅退化成平衡棒。渐变态，而粉虱及雄蚧为过渐变态。两性生殖或孤雌生殖。植食性，刺吸林木汁液，造成生理损伤，并可传播病毒或分泌蜜露，引起煤污病。

（5）缨翅目 Thysanoptera（图1-26-C）　通称蓟马。

体微小至小型；口器锉吸式；翅狭长，膜质透明，缘毛长，翅脉退化，最多2～3条纵脉；产卵器管状或锯状。过渐变态。多为植食性，少数为捕食性，捕食蚜虫、介壳虫、螨类、粉虱及其他蓟马。

（6）脉翅目 Neuroptera（图1-26-G）　包括草蛉、蚁蛉、螳蛉、粉蛉、水蛉等。

头下口式，咀嚼式口器。前胸常短小。两对翅的形状、大小和脉相都很相似。前、后翅均为膜质，翅脉密而多，呈网状，在边缘多分叉。少数种类翅脉少而简单。完全变态。均为捕食性，捕食蚜虫、蚂蚁、叶螨、介壳虫等软体昆虫及各种虫卵。

（7）鳞翅目 Lepidoptera（图1-26-H）　包括蝶类和蛾类。是昆虫纲的第二大目。

成虫体小至大型，触角有丝状、羽毛状或球杆状；口器虹吸式，具由下颚的外颚叶形

成的喙管，不用时卷曲于头下。许多蛾类成虫口器退化；翅一般 2 对，前后翅均为膜质，翅面覆盖鳞片，并形成各种花纹。跗节 5 节。完全变态。幼虫大多为植食性。成虫取食花蜜，一般不直接危害植物，且有助于植物的授粉。一般所指危害期是指幼虫阶段。

（8）鞘翅目 Coleoptera（图 1-26-F） 通称甲虫，是昆虫纲中最大的一目。

体微小至大型，体壁坚硬。一般无单眼。触角一般 11 节，形状多样。口器咀嚼式。前翅坚硬、角质为鞘翅；后翅膜质。跗节数目变化很大。完全变态。既有许多植食性害虫（金龟子、叶甲、象甲等），又有捕食性天敌（步甲、虎甲、多数瓢甲等），还有粪食性益虫（屎壳螂）。

（9）双翅目 Diptera（图 1-26-J） 包括蝇、蚊、虻、蠓等。

微小至大型。触角线状、具芒状、环毛状等。口器刺吸式、刮吸式或舐吸式等。仅生 1 对前翅，膜质，后翅退化成平衡棒。幼虫无足型，一般头小且内缩。围蛹（蝇）或被蛹（蚊）。完全变态。食性复杂，有植食性、腐食性、捕食性和寄生性等。本目有许多卫生害虫（家蝇、蚊子等）和天敌昆虫（食虫虻、寄蚜蝇等），也有植食性害虫（花蝇、实蝇等）。

（10）膜翅目 Hymenoptera（图 1-26-I） 包括蜂类和蚂蚁等。

体微小至大型。触角多于 10 节，有丝状、膝状等。口器咀嚼式或嚼吸式。翅两对，膜质，翅脉少。跗节 5 节，有的足特化为携粉足。腹部第 1 节与后胸连接处常形成细腰。雌虫产卵器发达。完全变态。幼虫多足型、寡足型和无足型等。蛹为离蛹。捕食性、寄生性或植食性。本目昆虫除社会性昆虫蜜蜂、蚂蚁外，多数为捕食性（土蜂、蛛蜂、胡蜂等）或寄生性（小蜂、姬蜂、茧蜂等）益虫，仅叶蜂类、树蜂类、茎蜂类为植食性害虫。

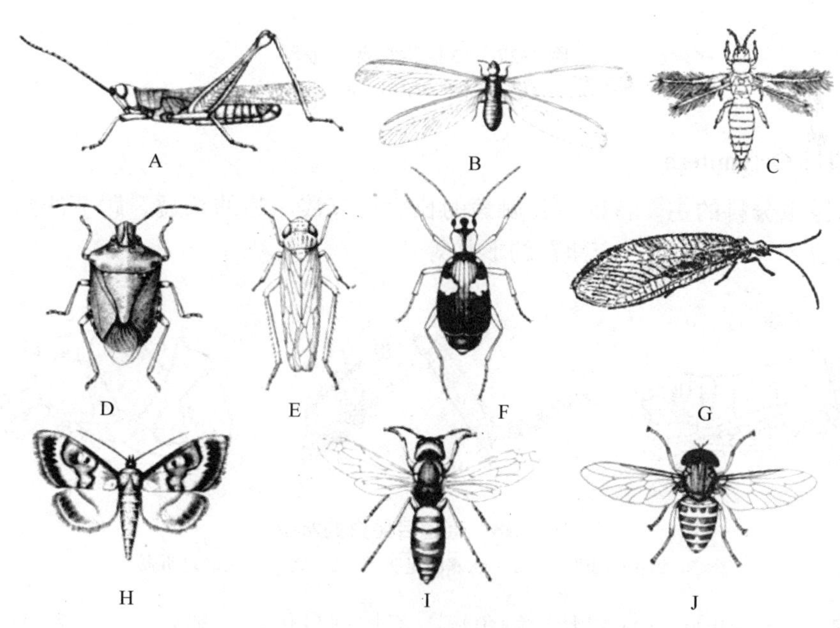

图 1-26 园林昆虫常见目

A. 直翅目 B. 等翅目 C. 缨翅目 D. 半翅目 E. 同翅目
F. 鞘翅目 G. 脉翅目 H. 鳞翅目 I. 膜翅目 J. 双翅目

1.4.2　园林昆虫主要科

1. 等翅目 Isoptera

等翅目昆虫分科的主要分类特征有：额腺的有无，前胸背板与头部宽的比较，前胸背板的形状，前后翅鳞的大小等。

（1）白蚁科 Termitidae　有额腺。前胸背板窄于头部，多呈扁平形，在兵蚁中前胸背板呈马鞍形。有翅型的前、后翅鳞等长，前后翅鳞不能接触。跗节 4 节。尾须 1、2 节（图 1-27-A～C）。以土栖为主。重要的园林害虫有黑翅土白蚁［*Odontotermes formosanus* (Shiraki)］。

（2）鼻白蚁科 Rhinotermitidae　有额腺。工蚁和兵蚁前胸背板扁平，窄于头。有翅型的前翅鳞大于后翅鳞，前后翅鳞接触。跗节 4 节。尾须 2 节（图 1-27-D～F）。土木栖。重要的园林害虫有家白蚁［*Coptotermes formosanus* Shiraki］。

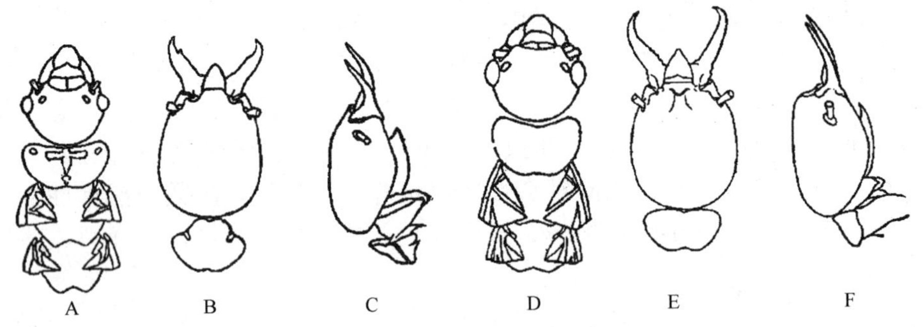

图 1-27　白蚁科与鼻白蚁科

A～C. 白蚁科　D～F. 鼻白蚁科

2. 直翅目 Orthoptera

直翅目昆虫分科的主要特征有：触角的长短与节数，翅的长短，跗节的数目，足的类型，听器的位置（图 1-28），产卵器的形状等。

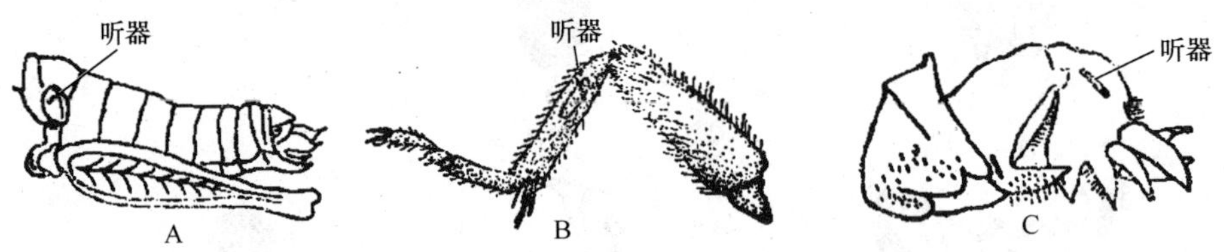

图 1-28　直翅目昆虫的听器

A. 蝗虫的腹听器　B. 蟋蟀的足听器　C. 蝼蛄退化的足听器

（1）蝗科 Locustidae　体粗壮。触角短，不长过身体，一般丝状，少数种类为剑状或锤状。前胸背板发达，盖住中胸。三对足的跗节均为 3 节，后足为跳跃足。产卵器粗短，凿状。听器在腹部第一节两侧（图 1-29-A）。重要的园林害虫有短额负蝗［*Atractomorpha*

sinensis Bolivar]。

(2) 螽斯科 Tettigonuridae 触角比身体长，端部尖细。产卵器扁而阔，刀状。跗节 4 节。尾须长，不分节。雄性能发音，发音器在前翅基部。前足胫节基部有听器（图 1-29-B)。一般植食性，有时肉食性。卵扁平，产在植物组织内。重要的园林害虫有绿螽斯 [*Holochlora nawae* Mats et. Shiraki]。

(3) 蟋蟀科 Gryllidae 体粗壮，色暗。触角比身体长，丝状。雄性能发音，发音器在前翅基部。听器在前足胫节基部。跗节 3 节。产卵器细长，针状或矛状。尾须长（图 1-29-C)。重要的园林害虫有油葫芦 [*Gryllus testaceus* Walk]。

(4) 蝼蛄科 Gryllotalpidae 触角较身体短。前足为典型的开掘足；跗节 2、3 节。前翅短，后翅宽并纵卷，其末端伸出腹末呈尾状。听器在前足胫节上，退化成一小黑点。产卵器不外露。尾须长（图 1-29-D)。常见的园林害虫有东方蝼蛄 [*Gryllotalpa orientalis* Burmeister]。

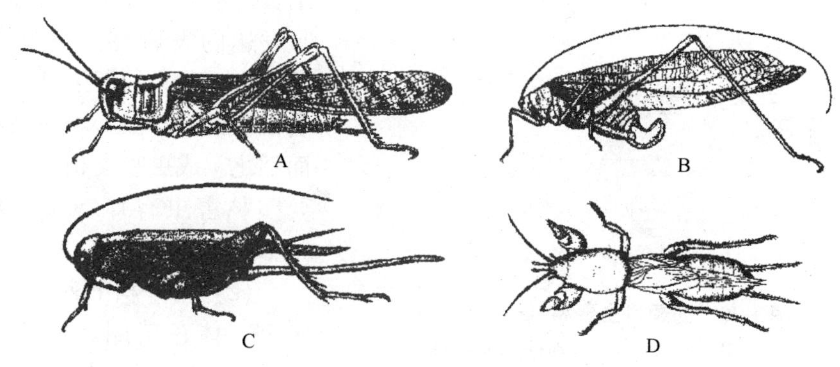

图 1-29 直翅目主要科

A. 蝗科 B. 螽斯科 C. 蟋蟀科 D. 蝼蛄科

实验实训 6 等翅目、直翅目主要科形态特征观察

实训目标

1. 掌握直翅目分科的主要特征，能鉴别与园林生产相关的直翅目主要科。

2. 掌握等翅目分科的主要特征，能鉴别与园林生产相关的等翅目主要科。

3. 能编制简单的昆虫分科检索表。

实训用具与材料

实体显微镜、放大镜、镊子、解剖针、培养皿。

鼻白蚁科、白蚁科、蝗科、螽斯科、蟋蟀科、蝼蛄科标本。

实训内容和方法

1. 等翅目主要科特征观察

取白蚁标本镜下观察：体色，头部的额腺，触角类型，具翅型前后翅大小、形状、翅脉的比较，翅基部的肩缝，翅鳞，兵蚁的前胸背板形状等。

2. 直翅目主要科特征观察

观察蝗虫、蝼蛄、螽斯、蟋蟀标本，注意它们的触角类型、口器类型、前胸背板的形状、前翅类型、后翅翅形、足的类型、跗节数目、产卵器的形状、听器的有无及位置、尾须的长短等。

实训作业

1. 试编制供试标本分科双项式检索表。
2. 列表比较蝗虫、蝼蛄、螽斯、蟋蟀四个科的特征。

3. 同翅目 Homoptera

同翅目昆虫分科主要特征有：触角的类型与节数，单眼的数目与排列，胫节上刺和距的排列，跗节的数目，肛环的有无，腹管的有无等。

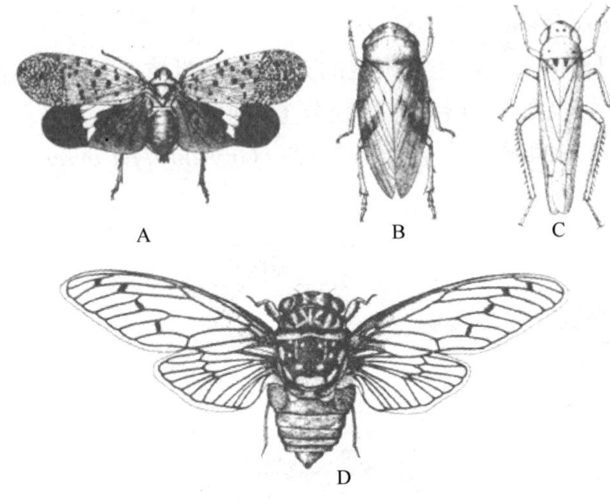

图 1-30　同翅目主要科（一）

A. 蜡蝉科　B. 沫蝉科　C. 叶蝉科　D. 蝉科

（1）蝉科 Cicadidae　体中至大型。触角刚毛状。具 3 个单眼。前足开掘式，股节常具齿或刺，后足股节细长，不会跳。雄虫腹部第一节腹面具发达的发音器。雌虫产卵器发达（图 1-30-D）。幼期生活在土壤中，吸食植物根部汁液，若虫老熟后钻出地面羽化。成虫吸食植物枝干汁液。重要园林害虫有蚱蝉［*Cryptotympana atrata*（Fabricius）］。

（2）蜡蝉科 Fulgoridae　体中至大型，体色美丽。头圆或伸长似象鼻状。触角刚毛状。前翅端区脉多分叉，横脉多呈网状。后翅臀区翅脉也呈网状（图 1-30-A）。重要的园林害虫有斑衣蜡蝉［*Lycorma delicatula*（White）］。

（3）叶蝉科 Cicadellidae　体小至中型。触角刚毛状。前翅革质，后翅膜质。后足胫节具两列刺（图 1-30-C）。重要的园林害虫有小绿叶蝉［*Empoasca flavescens*（Fabricius）］。

（4）沫蝉科 Cereopidae　体小至中型。触角刚毛状。后足胫节中部有 1、2 个粗刺，端部有一群刺（图 1-30-B）。若虫能分泌泡沫，俗称“泡泡虫”。重要的园林害虫有朴沫蝉［*Cnemidanomia lugubris*（Lethierry）］。

（5）木虱科 Chermidae　体小型。触角丝状、端部分叉。翅脉简单无横脉，前翅 R、M、Cu 共柄（图 1-31-A、B）。重要的园林害虫有梧桐木虱［*Carsidara limbata*（Enderlein）］。

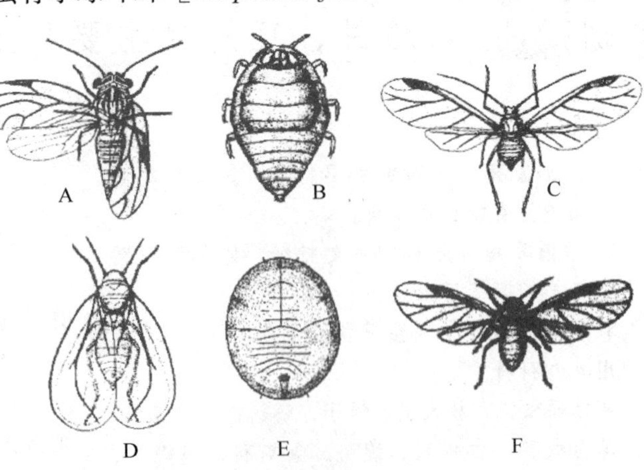

图 1-31　同翅目主要科（二）

A、B. 木虱科　C. 蚜科　D、E. 粉虱科　F. 绵蚜科

（6）粉虱科 Aleyrodidae 体微小，被有白色蜡质。触角丝状。翅脉简单，前翅仅有三条脉（R、M、Cu），后翅有一条脉（图 1-31-D、E）。重要的园林害虫有黑刺粉虱［*Aleurocanthus spiniferus*（Quaintance）］。

（7）蚜科 Aphididae 体小型。触角一般 6 节，丝状，感觉圈为圆形或卵形。腹管和尾片发达（图 1-31-C）。园林上重要的害虫有橘二叉蚜［*Schizaphis aurantiae*（Fosc.）］。

（8）绵蚜科 Eriosomatidae 体小型，通常有发达的蜡腺，分泌白色绵状的蜡质。触角丝状，触角的次生感觉孔呈横带状或不规则的圆环状。前翅中脉减少或不分叉。腹管退化成盘状或完全没有（图 1-31-F）。园林上重要的害虫有苹果绵蚜［*Eriosoma lanigerum* Hausm］。

（9）绵蚧科 Margarodiae 体微小型。雌体通常椭圆形，分节明显，体壁有有弹性，外被有绵状蜡丝；肛门周围无明显的肛环及刺毛；腹部有气门 2～8 对（图 1-32-A、B）。园林上重要害虫有吹绵蚧［*Icerya purchasi* Mask.］。

（10）粉蚧科 Pseudococcidae 体微小型。雌成虫同绵蚧科相似，但体壁通常柔软，被有蜡粉，有时身体侧面的蜡粉突出成线状；腹部末节有 2 瓣状突起，其上各有 1 根刺毛；有肛环和肛环刺毛；没有腹气门（图 1-32-C、D）。常见的园林害虫有康氏粉蚧［*Pseudococcus comstocki*（Kuwana）］。

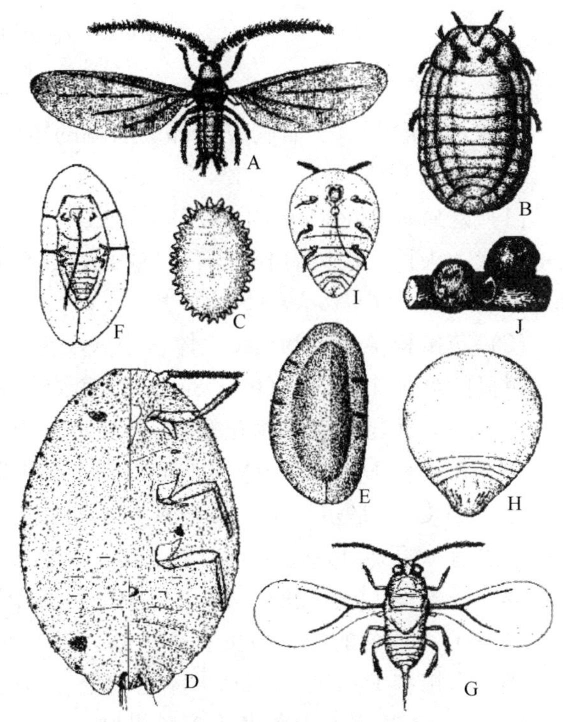

图 1-32 同翅目主要科（三）

A、B. 绵蚧科 C、D. 粉蚧科 E、F、J. 蚧科 G、H、I. 盾蚧科

（11）蚧科 Coccidae 体微小型。雌体圆形或长卵形、扁平或隆起成半球形或圆球形，体壁坚硬或富弹性，裸露或被有蜡；体背不分节。无腹气门；腹末有深的裂缝，肛门上盖有 2 块三角形的骨片（图 1-32-E、F、J）。重要的园林害虫有红蜡蚧［*Ceroplastes rubens* Maskell］。

（12）盾蚧科 Diaspididae 体微小型。若虫及雌虫都被有介壳，介壳上有早龄若虫所脱的皮，呈盾状。雌体常圆形或长形，腹部无气门，最后几节愈合成臀板，无肛环、肛板和肛板刺毛（图 1-32-G、H、I）。重要的园林害虫有月季白轮盾蚧［*Aulacaspis rosarum* Borchsenius］。

4. 半翅目 Hemiptera

半翅目昆虫分科的主要特征如下：

触角 一般为丝状，4～5 节。

喙 喙一般 3、4 节。

翅 前翅半鞘翅，加厚的基部由革区和爪区组成，膜质的端部为膜区。膜区上有翅脉，翅脉的数目和排列用于分科。有些种类革片前缘有一窄带，称为缘区，有的科革区端

部有一楔区。网蝽前翅质地均一，多网纹。后翅膜质，翅脉明显（图1-33）。

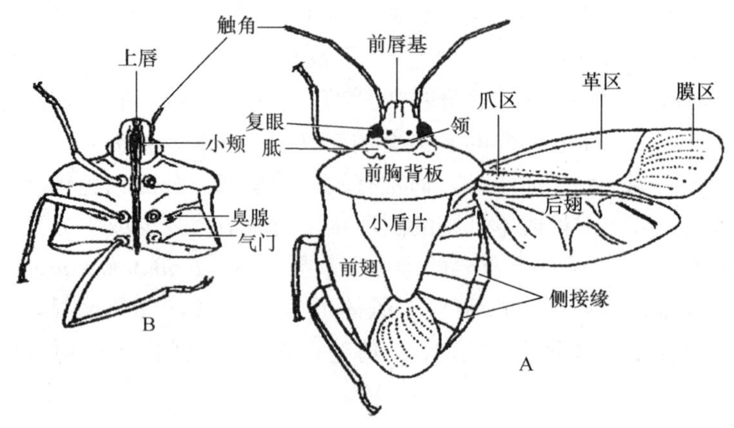

图1-33　半翅目成虫特征

A. 体背面　B. 体腹面观

臭腺　一般开口于后胸或腹部最前端的腹面。

半翅目主要科：

（1）网蝽科 Tingidae　俗名为军配虫、白纱娘。体小而扁。前胸背版中央常向上突出成一罩状。头顶、前胸背板及前翅具网状花纹（图1-34-A）。园林上重要害虫有杜鹃冠网蝽［*Stephanitis pyriodes*（Scott）］。

（2）花蝽科 Anthocoridae　体微小或小型。通常有单眼。前翅具明显楔片，膜质部分有不明显的纵脉1～2条（图1-34-B）。捕食蚜虫、木虱、蓟马、螨类、鳞翅目卵及初孵幼虫。重要的天敌昆虫有微小花蝽［*Orius minutus*（Linnaeus）］。

（3）盲蝽科 Miridae　体型小至中型。无单眼。前翅有楔片，有1、2个闭室，但无翅脉（图1-34-C）。是多种草、果树及林木害虫，有些种类捕食小虫、螨类、虫卵。重要的园林害虫有绿盲蝽［*Lygocoris lucorum*（Meyer-Dür）］

（4）长蝽科 Lygaeidae　体小至中型。有单眼。前翅无楔片，有4、5条不明显得纵脉（图1-34-D）。重要的园林害虫有小长蝽［*Nysius ericae*（Schilling）］。

（5）红蝽科 Pyrrhocoridae　体型中型，体色红色或黑色。喙4节，不弯曲。前翅膜区基部有2、3个基室，由此发出多条纵脉。前翅革区通常有两个黑斑（图1-34-E）。园林上重要的害虫有二点红蝽［*Physopelta cincticollis* Stål］。

（6）猎蝽科 Reduviidae　小至中型，红色或黑色。头小而有颈。喙3节，粗短而弯曲，不贴于腹部。前胸背板上有一横沟。前翅膜区基部有2个基室，由此发出2条纵脉（图1-34-F）。捕食性，是园林重要的天敌昆虫，常见的有黄足猎蝽［*Sirthenea flavipes*（Stål）］。

（7）缘蝽科 Coreidae　体小至大型，扁平或狭长，褐色或绿色。触角4节，喙4节。中胸小盾片小，短于前翅爪片。前翅膜区基部有1条横脉，由此发出多条分叉或平行的纵脉。不少种类前胸后缘有尖突，或后足腿节与胫节或其中一节膨大（图1-34-G）。园林植物上常见的有纹须同缘蝽［*Homoeocerus striicornis* Scott］。

（8）蝽科 Pentatomidae　体小至大型，扁平椭圆形，体色变化大。触角一般5节，喙

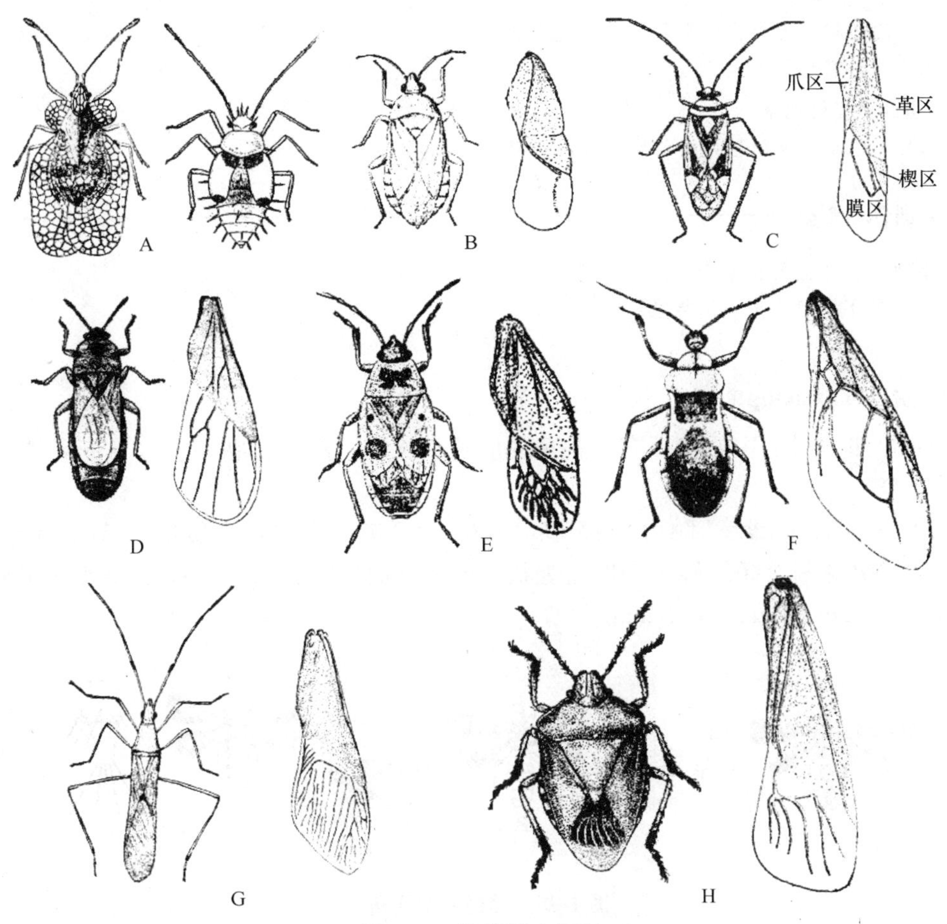

图 1-34 半翅目主要科

A. 网蝽科 B. 花蝽科 C. 盲蝽科 D. 长蝽科 E. 红蝽科 F. 猎蝽科 G. 缘蝽科 H. 蝽科

4 节。中胸小盾片大，超过前翅爪片。前翅膜区基部有 1 条横脉，由此发出多条纵脉(图 1-34-H)。常见的园林害虫有茶翅蝽［*Halyomorpha halys* (Stål)］。

实验实训 7 同翅目、半翅目主要科形态特征观察

实训目标

1. 掌握同翅目分科的主要特征，能鉴别与园林生产相关的同翅目主要科。

2. 掌握半翅目分科的主要特征，能鉴别与园林生产相关的半翅目主要科。

3. 能编制简单的昆虫分科检索表。

实训用具与材料

实体显微镜、显微镜、放大镜、镊子、解剖针、培养皿。

蝉科、叶蝉科、蜡蝉科、沫蝉科、木虱科、粉虱科、蚜虫类、蚧虫类、蝽科、缘蝽科、猎蝽科、花蝽科、盲蝽科、长蝽科、红蝽科、网蝽科标本。

实训内容和方法

1. 同翅目主要科观察

观察蚱蝉、叶蝉、蚜虫、蚧、粉虱、木虱等成虫标本，注意头式、喙分节及伸出位置、触角类

型、前胸背板的形状及大小、中胸盾片的形状，跗节数，翅的质地，产卵器等。

2. 半翅目主要科观察

取蝽类标本，观察半翅目主要科的特征，注意头式、喙的分节、触角类型、复眼及单眼的位置和形状、前翅革质部分分区、膜区翅脉特征、臭腺孔的有无、位置及形状等。

实训作业

1. 编制供试标本分科检索表。
2. 列表比较半翅目主要科的特征。

5. 缨翅目 Thysanoptera

缨翅目昆虫分科的主要特征有：触角的形状、长短，翅的形状与脉序，产卵器的有无及形态等。

(1) 蓟马科 Thripidae　触角 6～8 节，末端 1、2 节形成端刺，第 3、4 节上有感觉器。翅狭而尖，前翅常有 2 条纵脉。产卵器锯状，向下弯曲（图 1-35-A、B）。重要的园林害虫有烟蓟马［*Thrips tabaci* Lindeman］。

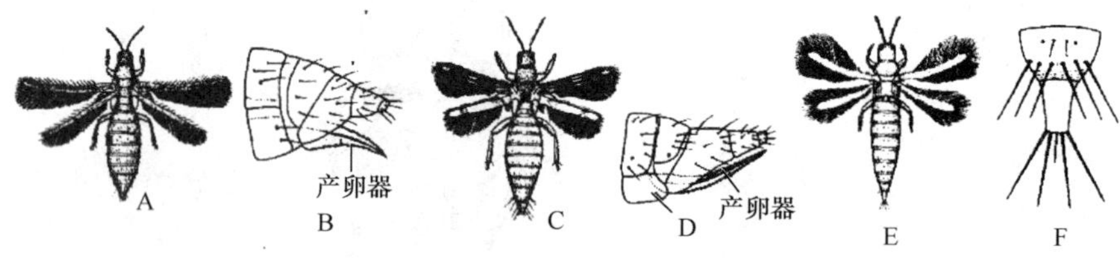

图 1-35　缨翅目主要科

A、B. 管蓟马科　C、D. 纹蓟马科　E、F. 蓟马科

(2) 纹蓟马科 Aeolothripidae　触角 9 节。前翅宽，末端圆，围有缘脉，翅上常有暗色斑纹。产卵器锯状，向上弯曲（图 1-35-C、D）。园林植物上常见的有横纹蓟马［*Aelothrips fasciatus* (Linneaus)］。

(3) 管蓟马科 Phloeothripidae　体黑色或暗褐色，翅白色、烟煤色或有斑纹。触角 8 节，少数 7 节。腹部末节管状，后端较狭，生有较长的刺毛，无产卵器。翅表面光滑无毛，前翅没有翅脉（图 1-35-E、F）。重要的园林害虫有榕管蓟马［*Gynaikothrips uzeli* Zimmermann］。

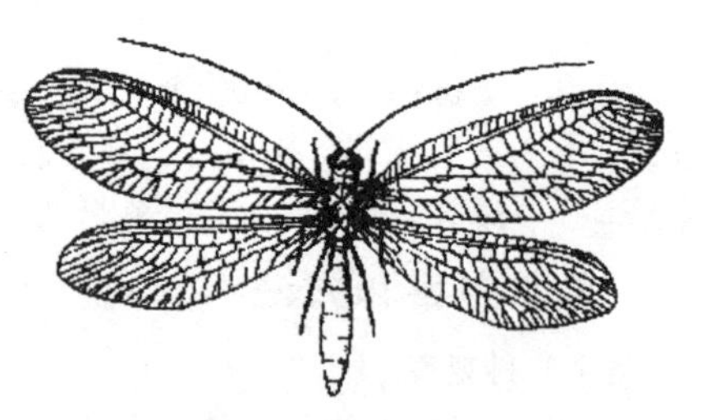
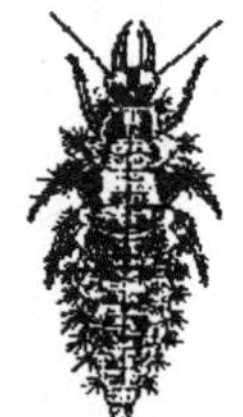

图 1-36　草蛉科

6. 脉翅目 Neuroptera

脉翅目昆虫分科主要特征有：触角的形态与长短，足的类型，翅的脉序等。

草蛉科 Chrysopidae　多为中型昆虫，体细长，柔弱，体色草绿、黄色、灰白色。复眼有金色光泽。触角丝状，较体长。前后翅的形状和脉序相似，翅透明，前缘区有 30 条以下的横脉，不分叉（图 1-36）。

幼虫称为蚜蛳，体长形，两端尖，胸部和腹部两侧长有毛瘤，前口式。卵长圆形，有丝质长柄，单个或几个产在叶片、树皮等处。草蛉科不少种类已应用于生物防治中。常见的种类有大草蛉［*Chrysopa septempunctata* Wesmael］。

7. 鞘翅目 Coleoptera

鞘翅目昆虫分科主要特征（图 1-37）：

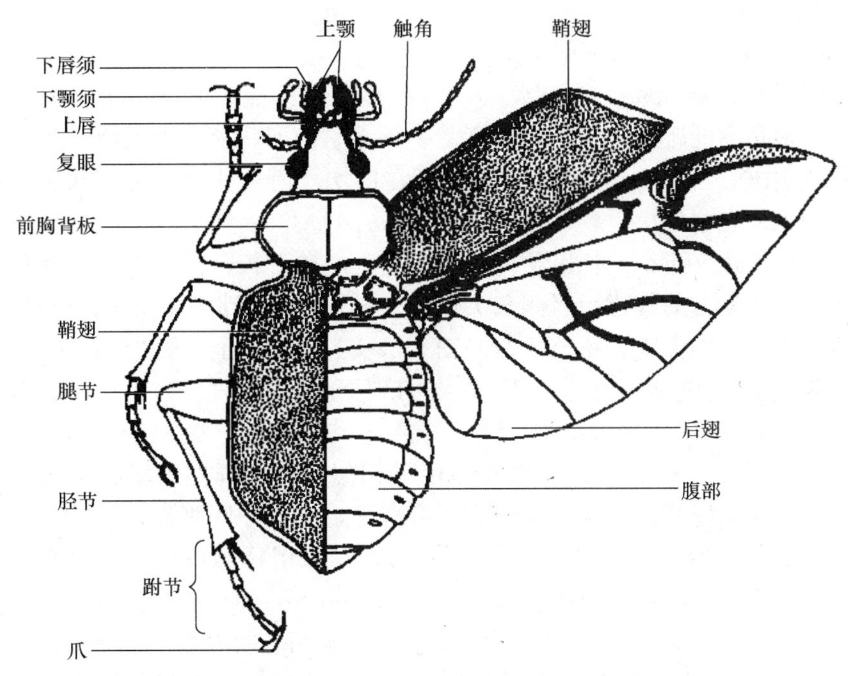

图 1-37 鞘翅目的特征

头喙 在象甲科中头前部额区延长成喙，口器着生在喙的端部。

触角 触角类型主要有线状、念珠状、锯齿状、栉齿状、棍棒状、锤状、膝状、鳃片状等。

背侧缝 前胸背侧缝的有无是区分肉食亚目与多食亚目的重要特征。

足的类型及跗式 常见足的类型有步行足、游泳足、抱握足、开掘足、跳跃足等。跗节（图 1-38）在 3～5 节之间变化，跗式为 5-5-5，5-5-4，3-3-3 等。芫菁科的跗式为 5-5-4，称为异跗类。有些甲虫倒数第 2 跗节非常小，倒数第 3 节相对较大，且呈“U”字形，这时跗节数好像比它们的实际节数少了 1 节，若为 5 节就称为隐 5 节或拟 4 节，如天牛和叶甲的足；若为 4 节就称为隐 4 节或拟 3 节，如瓢虫的足。

翅 前翅为鞘翅，鞘翅的长短、形状、质地各不相同。后翅为膜质，折叠在鞘翅下，后翅的脉相有多种类型。

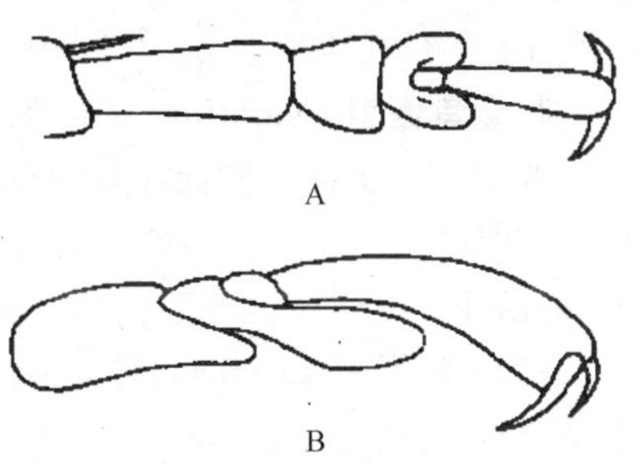

图 1-38 鞘翅目昆虫的跗节类型

A. 隐 5 节（拟 4 节） B. 隐 4 节（拟 3 节）

腹部 第 1 腹板的形状是分亚目的重要特征。在肉食亚目中，后足基节向后延伸，将第 1 腹板切为两个部分，在多食亚目中，后足基节不把第 1 腹板完全切开。腹部可见腹板数目在不同类群间也有变化。

鞘翅目主要科：

(1) 步甲科 Carabidae　小型至大型，多为黑色或褐色带有金属光泽。头较前胸狭，前口式。触角间的距离大于唇基宽度（图 1-39-B）。跗节 5 节。多为捕食性，少数种类植食性。成虫和幼虫栖息于砖石、落叶、土中，昼伏夜出。常见的捕食性种类有中华广肩步甲［*Calosoma maderae chinenses* Kirby］。

(2) 虎甲科 Cicindelidae　中等大小，体色鲜艳并具金属光泽。头较前胸大，复眼突出，前口式。触角间的距离小于唇基宽度。上颚大呈镰刀状交叉于头前。跗节 5 节（图 1-39-A）。成虫能作短距离飞行，白天活动，喜在田坎、河边捕食小虫；幼虫穴居，捕食小虫和蜘蛛。常见的有中华虎甲［*Cicindela chinensis* DeGeer］。

(3) 叩甲科 Elateridae　体小至中型，体色暗，多为灰、褐、棕色。触角锯齿状。前胸发达，能上下活动，前胸背板后侧角尖锐，与鞘翅相接不紧密。前胸腹板突尖锐，插入中胸腹板的凹沟内，能弹跳。跗节 5 节（图 1-39-D）。幼虫通称为“金针虫”，体细长，多为黄色或黄褐色，多生活于土中，以植物的地下部分为食。常见的有细胸锥尾叩甲［*Agriotes subvittarus* Motshulsky］。

(4) 吉丁甲科 Buprestidae　成虫与叩甲科相似，体色鲜艳，多具金属光泽。前胸背板后侧角较钝，与鞘翅紧密相接。前胸腹板突扁平，嵌入中胸腹板的凹沟内，不能动。前胸与中胸紧密相连，不能上下活动（图 1-39-C）。幼虫俗称爆皮虫，在树木形成层中蛀食成曲折的隧道。常见的园林害虫有合欢吉丁［*Chrysochroa fulminaus* Fairmaire］。

(5) 金龟科 Scarabaeidae　体小至大型，坚硬。触角一般 10 节，鳃片状。前胸发达。前足开掘足，跗节 5 节。腹末数节常露出于鞘翅外。幼虫通称为蛴螬，体柔软多皱，呈“C”字形弯曲，可分粪食性和植食性两大类，后者生活于土壤中是重要的地下害虫。金龟科分许多亚科，与园林植物关系密切的有以下三个亚科，这些亚科有些学者作为科来对待。

鳃金龟亚科 Melolonthinae　多暗，黑色或棕色。三对足跗节上的两爪大小相等，或后足爪相似（图 1-39-F）。成虫取食植物叶片，幼虫为地下害虫。常见的园林害虫有毛黄齿爪鳃金龟［*Holotrichia trichophora* (Fairmaire)］。

丽金龟亚科 Rutelinae　体小至中型，鲜艳，具蓝、绿、黄等金属光泽。前胸背板常有膜质边缘。跗节两爪不等长，至少后足如此，后足胫节上有 2 端距。（图 1-39-G）。成虫取食植物叶片，幼虫为地下害虫。园林上常见的铜绿异丽金龟［*Anomala corpulenta* Motschulsky］。

花金龟亚科 Cetoniinae　又称花潜亚科。体中至大型，体色鲜艳，体背较扁而广，多具星状花斑。头部的侧面在复眼前方有明显的凹入。三对足跗节上的两爪大小相等。鞘翅基部外缘凹入（图 1-39-H）。成虫常取食花果。园林上常见的有小青花金龟［*Oxycetonia jucunda* Falder］。

(6) 象甲科 Curculionidae　体微小至大型。头部延伸成喙状，喙长短不一。触角膝状，末端 3 节呈锤状。跗节隐 5 节。幼虫体柔软，肥胖而弯曲，无足（图 1-39-J）。成虫和幼虫均为植食性，危害植物的根、茎、花果实及种子。成虫不善飞。成虫、幼虫取食时，一般蛀入植物组织内。园林上常见的有臭椿沟眶象［*Eucryptorrhynchus brandti* (Harold)］。

(7) 小蠹科 Scolytidae 体小，体长很少超过 9mm，圆筒形，色暗。触角短而成锤状。头部为前胸背板所覆盖。前胸背板大，常长于体长的 1/3，与鞘翅等宽。前足胫节外缘具成列小齿（图 1-39-I）。成虫和幼虫蛀食树皮和木质部，构成各种图案的坑道系统。园林上常见的有柏肤小蠹［*Phloeosinus aubei* Perris］。

(8) 叶甲科 Chrysomelidae 体小型至中型，椭圆形，体鲜艳或有金属光泽，有金花虫之称。头前口式或下口式。复眼卵圆形。触角 11 节，线状或末端稍膨大，长不及体长之半。跗节隐 5 节（图 1-39-L）。幼虫寡足型，身体中部或近后端处较肥大而稍隆起。成虫和幼虫均为植食性，主要食叶，少数蛀茎或咬根。成虫常在叶片上危害，幼虫除在叶面取食外，还可潜叶、入土食根。常见的园林植物害虫有柳圆叶甲［*Plagiodera versicolora* (Laicharting)］。

(9) 天牛科 Cerambycidae 体小型至大型，大多体长形略扁，体色多样。复眼一般肾形，围绕在触角基部。触角 11 节，一般超过体长或与体等长。前胸背板侧缘常有侧刺突。跗节隐 5 节（图 1-39-M）。幼虫多为乳白色，无足型。成虫多白天活动，在树缝和植物组织内产卵，取食植物柔嫩部分。幼虫多蛀食树木的根和树干，深入到木质部，形成不规则的隧道，隧道孔通向外面。重要的园林植物害虫有星天牛［*Anoplophora chinensis* (Förster)］。

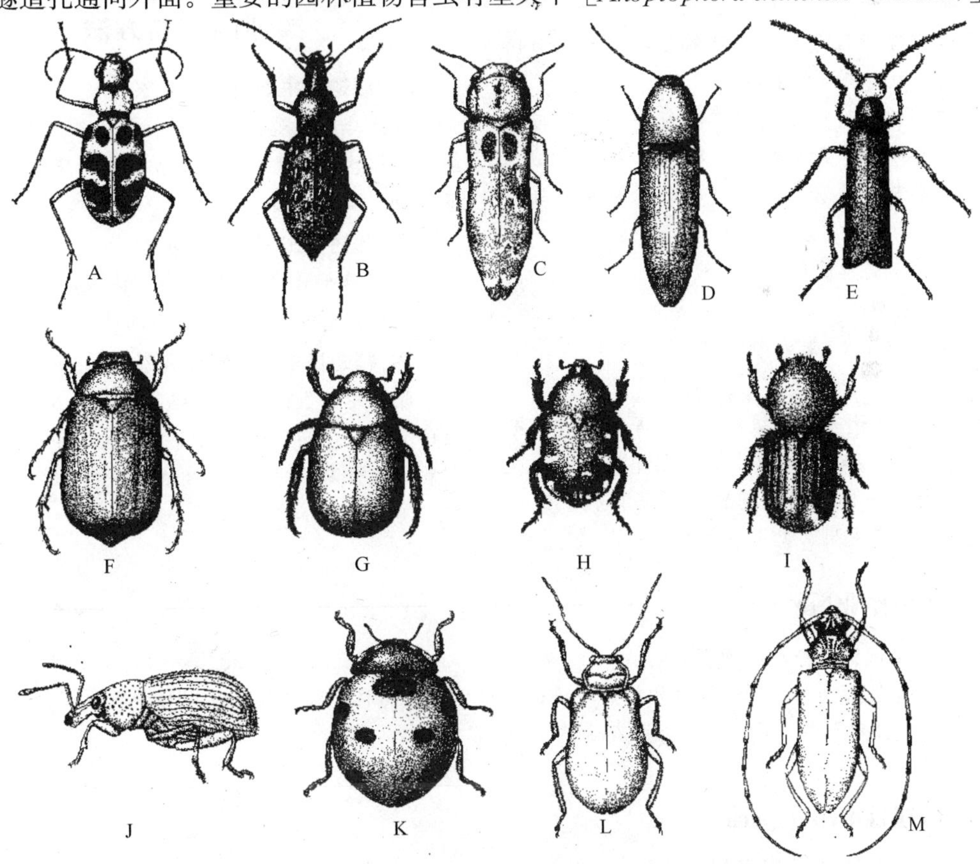

图 1-39 鞘翅目主要科

A. 虎甲科 B. 步甲科 C. 吉丁甲科 D. 叩甲科 E. 芫菁科 F. 鳃金龟亚科 G. 丽金龟亚科 H. 花金龟亚科 I. 小蠹科 J. 象甲科 K. 瓢甲科 L. 叶甲科 M. 天牛科

（10）瓢甲科 Coccinellidae　体小型至中型，半球形或长卵形，体色多变，有金属光泽，鞘翅上常有红、黄、黑等斑纹。头小，部分嵌入前胸。触角 11 节，棒状。足常不超出体缘。跗节隐 4 节（图 1-39-K）。幼虫活泼，体上常有枝刺、毛瘤、毛突等或覆盖有绵状蜡质分泌物。大多数种类成、幼虫捕食蚜虫、介壳虫、粉虱等，如七星瓢虫［*Coccinella septempuctata* Linnaeus］。少数种类危害植物，如马铃薯瓢虫［*Henosepilachna vigintioctomaculata* (Motschulsky)］

（11）芫菁科 Meloidae　体长形，体壁柔软。头大而能活动，下口式，头后部收缩如颈状。触角 11 节，线状，雄有触角中间有几节，膨大。前胸狭，鞘翅末端分开，不能完全切合。跗节 5-5-4（图 1-39-E）。复变态。成虫植食性，幼虫以蝗卵为食。园林上常见的害虫有红头豆芫菁［*Epicauta ruficeps* Llliger］。

实验实训 8　缨翅目、脉翅目、鞘翅目主要科形态特征观察

实训目标

1. 掌握缨翅目分科的主要特征，能鉴别与园林生产相关的缨翅目主要科。
2. 掌握脉翅目分科的主要特征，能鉴别与园林生产相关的脉翅目主要科。
3. 掌握鞘翅目分科的主要特征，能鉴别与园林生产相关的鞘翅目主要科。
4. 能编制简单的昆虫分科检索表。

实训用具与材料

实体显微镜、放大镜、镊子、解剖针、培养皿。

蓟马科、管蓟马科、纹蓟马科、草蛉科、叶甲科、天牛科、小蠹科、叩甲科、吉丁甲科、鳃金龟亚科、丽金龟亚科、花金龟亚科、芫菁科、瓢虫科、虎甲科、步甲科、象甲科标本。

实训内容和方法

1. 缨翅目主要科特征观察

取蓟马成虫观察主要科特征，注意口器类型，前后翅形状、有无缘毛、有无翅脉，斑纹，跗节特征，产卵器形状等。

2. 脉翅目主要科特征观察

取草蛉标本在镜下观察：头式，口器、翅类型，比较两对翅的形状、大小和脉相。

3. 鞘翅目主要科特征观察

取鞘翅目供试标本观察：前翅的质地，口器、触角类型，前胸背板背侧缝的有无，第一腹板有无被后足基节窝分隔，跗节数的变化等。

实训作业☞

1. 编制供试标本分科检索表。
2. 列表比较蓟马科、管蓟马科和纹蓟马科；等翅目与脉翅目；瓢甲科、叶甲科和天牛科；吉丁甲科与叩甲科；鳃金龟亚科、丽金龟亚科和花金龟亚科。

8. 鳞翅目 Lepidopera

鳞翅目昆虫分科主要特征如下。

触角的类型　一般有线状、单栉齿状、双栉齿状、球杆状等。

翅脉　前后翅翅脉明显不同，前翅 R 脉分五支，但后翅 Rs 不分支，R_1 通常与 Sc 愈

合，1A 与 2A 合并，在许多情况下，M 脉基部退化，造成翅中央部分一个大翅室，叫中室（图 1-40）。

翅面的斑纹 翅面有各种条纹，最常见的贯穿前后翅面的横带有：基横线、内横线、中横线、外横线、亚缘线和缘线。另外还有基斑、基纹、楔形斑、环形斑、肾形斑、中斑、顶纹、臀纹、亚肾斑等（图 1-41）。

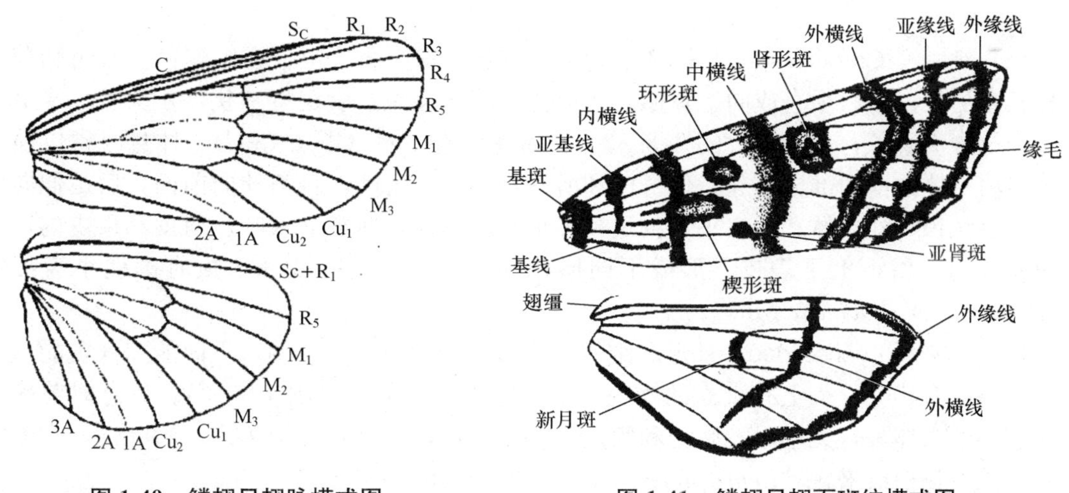

图 1-40 鳞翅目翅脉模式图　　图 1-41 鳞翅目翅面斑纹模式图

翅的连锁器 一般有 3 种类型：翅抱、翅缰、翅轭。

幼虫特征

幼虫腹足的对数 幼虫一般有 5 对腹足，着生在第 3 至第 6 腹节和第 10 腹节上，最后一对腹足称训臀足。尺蛾科幼虫只有 2 对腹足，着生在第 6、10 腹节上。

趾钩的类型 腹足端部有趾钩，常见的趾钩类型有：最原始的腹足趾钩为单行或多行，较一致的单序环。较进化腹足趾钩有横带、单序到二序或多序、缺环、中带等(图 1-42)。

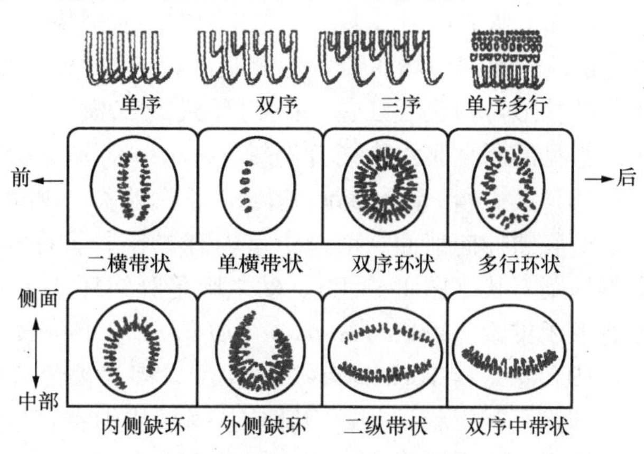

图 1-42 鳞翅目幼虫腹足的趾钩

体壁衍生物 常见的有刚毛、各种类型的毛瘤和毛疣。天蚕蛾科体壁突出成枝刺，天蛾科有一尾角。凤蝶科第 1 胸节背面有一丫腺，毒蛾科第 6、7 腹节背面有一可翻缩的腺体。

鳞翅目主要科：

(1) 木蠹蛾科 Cossidae 中到大型蛾类。前后翅中脉主干与分叉在中室内完全发达。前翅胫脉造成一小翅室。没有喙管（图 1-43-A）。幼虫蛀食树木中，通常白色、黄色或红色。体肥胖。趾钩 2～3 序，环式。园林中常见的害虫有芳香木蠹蛾东方亚种［*Cossus cossus orientalis* Gaede］。

（2）豹蠹蛾科 Zeuzeridae　特征同木蠹蛾科，但后翅 Rs 与 M_1 分离极远，下唇须极短（图 1-43-B）。幼虫钻蛀树干。常见的有咖啡豹蠹蛾［*Zeuzera pyrina* Linn.］。

（3）辉蛾科 Hieroxestida　小型或微小型蛾。头顶的鳞片平滑倒伏，触角纤毛状，喙短小。翅披针形，前翅的脉有些退化，后翅的缘毛极长。足基节平扁而光滑，后足胫节多长毛束。腹部较扁（图 1-43-E）。危害园林植物最著名的是蔗扁蛾［*Opogona sacchari* (Bojer)］。

（4）细蛾科 Gracillariidae　极微小蛾类，有灰、褐、金、银、铜等颜色。触角和前翅一样长或更长。下唇须直或向上弯曲。翅极狭，端部尖锐。后翅特别狭，矛头状。缘毛很长。前翅中室直长，占翅长度的 2/3～3/4；后翅没有中室（图 1-43-C）。休息时常以前足和中足将身体的前面部分竖起，使身体和所站物面成一角度，触角伸向前面，后足伸向后方，极易认识。幼虫体和头扁平，胸足和腹足一般退化，通常潜入叶、树皮和果皮内，通常只吃叶肉，留下上下表皮，形成不同形状的图案。常见的园林害虫有国槐小潜细蛾［*Phllonorycter acaciella* Mn.］。

（5）潜蛾科 Lyonetiidae　外形和细蛾很相似。触角第一节很阔，下面能凹入，能盖住复眼，边缘有栉毛。头上有直立的鳞毛。下唇须短小，下垂（图 1-43-F）。休息时前翅尖端上翘。幼虫体扁，无单眼，胸足和腹足完整或退化，如有则趾钩单列。潜叶性。常见的园林害虫有杨白纹潜蛾［*Leucoptera susinella* Herrich-Schaffer］。

（6）鞘蛾科 Coleophoridae　小型蛾类，暗色。下唇须正常，无下颚须。前翅狭长而尖；后翅缘毛很长，$Sc+R_1$ 不与 Rs 合并。幼虫细长，色暗，趾钩单序或无。幼虫初孵时啃食叶肉，当叶肉蛀空时便居于鞘中，并负鞘爬行（图 1-43-H）。如欧洲落叶松鞘蛾［*Coleophora laricella* Hübner］。

（7）麦蛾科 Gelechiidae　小形或极小形蛾，色暗淡。触角第一节上有刺毛排成梳状。下唇须向上弯曲，伸过头顶，末节细尖。前翅狭长，端部尖锐。后翅后缘倾斜或凹入，像菜刀。前后翅通到翅端的 2 条翅脉基部合成 1 条，成叉状。前后翅都有长缘毛（图 1-43-G）。幼虫圆柱形，白色或红色，趾钩环式或二横带式，2 序。卷叶或钻蛀危害，少数潜叶危害。常见的园林害虫有杨背麦蛾［*Anacampsis populella* (Clerk)］。

（8）巢蛾科 Hyponomeutidae　小形蛾类，和麦蛾科很相似，但触角第一节上无梳状刺毛。下唇须伸向前面。前翅中室内有中脉主干的痕迹存在，中室外的脉都不成叉状。后翅阔不呈菜刀状（图 1-43-D）。幼虫腹足趾钩环式，一般吐丝结巢群居为害。常见的园林害虫有卫矛巢蛾［*Yponomeuta polytigmellus* Felder］。

（9）卷蛾科 Tortricidae　体小型，多为褐色或棕色；前翅近方形，肩区发达，静止时两翅合拢呈钟罩状；前翅翅脉均从基部或中室直接伸出，Cu2 从中室下缘近中部分出。幼虫趾钩为环式，通常 2 序或 3 序（图 1-44-A）。幼虫多为卷叶危害，有的种类蛀茎、潜叶。常见的园林害虫有苹黑痣小卷蛾［*Rhopobota naevana* (Hübner)］。

（10）螟蛾科 Pyralididae　体细长，小至中型；下唇须相当长伸出在头前或向上弯曲。翅三角形；后翅 $Sc+R_1$ 与 Rs 在中室前缘平行或在中室中部有一段愈合或中室外部愈合或接近。幼虫体细长，趾钩 2 序（很少单序或 3 序），排成缺环（图 1-44-B）。幼虫常生活在隐藏场所，卷叶、缀叶或蛀茎、蛀果危害。常见的园林害虫有黄杨绢野螟［*Diaphania*

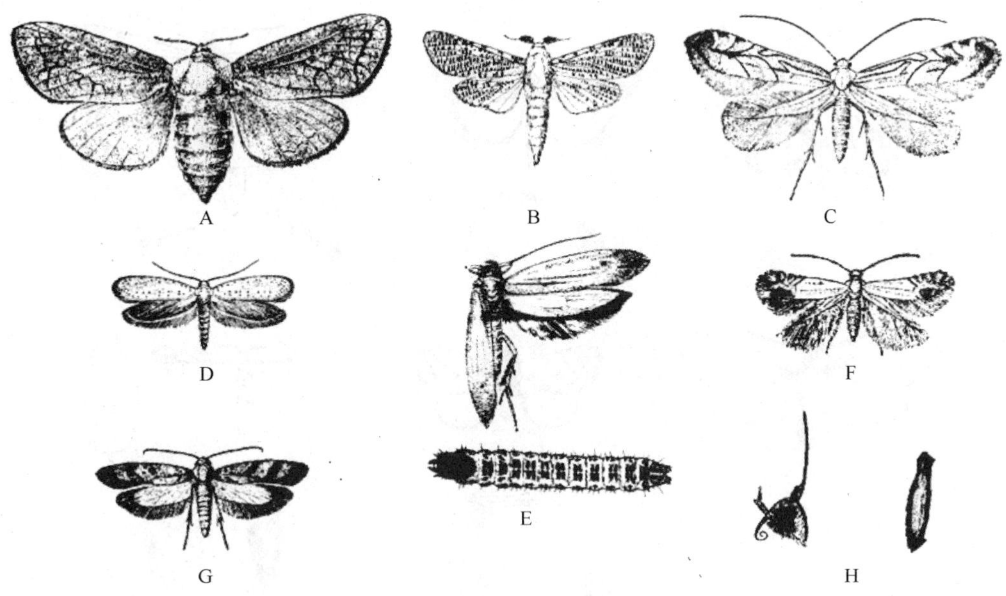

图 1-43 鳞翅目主要科（一）

A. 木蠹蛾科 B. 豹蠹蛾科 C. 细蛾科 D. 巢蛾科 E. 辉蛾科 F. 潜蛾科 G. 麦蛾科 H. 鞘蛾科

perspectalis (Walker)]。

(11) 透翅蛾科 Aegeridae 体狭长，蜂状，白天活动。触角纺锤状。翅狭长，除边缘及翅脉上外，翅的大部分透明，没有鳞片。腹部末端有特殊的扇状鳞簇。幼虫趾钩单序二横带。幼虫钻蛀在木本植物枝条或茎内（图 1-44-C）。常见的园林害虫有白杨准透翅蛾[*Paranthrene tabaniformis* Rottenburg]。

(12) 斑蛾科 Zygaenidae 多数种类颜色美丽，有的有金属光泽。多白天活动，只能作短距离缓慢飞行。触角丝状或棍棒状，雄虫为栉齿状。翅薄，中室内有中脉主干，后翅 $Sc+R_1$ 与 Rs 接触或连有横脉。幼虫体粗短、纺锤形，毛瘤上被稀疏长刚毛，趾钩为单序中带（图 1-44-D）。幼虫食叶。常见的园林害虫有重阳木锦斑蛾[*Histia rhodope* Cramer]。

(13) 蓑蛾科 Psychidae 体小型到中型，雌雄异型。雄性触角双栉齿状，具翅，翅面被稀疏鳞毛和鳞片，少斑纹，中室内有分支的 M 脉主干，M_2 和 M_3 脉共柄；雌虫通常无翅，幼虫状，触角、口器和足有不同程度退化，羽化后仍留在巢袋内交尾和产卵。幼虫能营造可携带的巢袋，幼虫老熟后，将巢袋固定于小枝上，封口，并在其内化蛹（图 1-44-F）。为重要的食叶性害虫，常见的有大袋蛾[*Euneta variegate* Snellen]。

(14) 刺蛾科 Limacodidae 体小到中型，粗短，色彩常鲜艳，鳞毛蓬松。头被稠密的鳞片。翅短宽，三角形，顶角钝，后翅宽圆，与前翅等宽或略窄。幼虫粗短，体有带螯毛的毛瘤或枝刺，头小，能缩入前胸内，食叶危害，幼虫在石灰质茧中化蛹（图 1-44-E）。常见园林害虫有褐边绿刺蛾[*Parasa consocia* Walker]。

(15) 尺蛾科 Geometridae 体小型到大型，触角线状、齿状或双栉齿状，雄性较粗；下唇须上举或平伸。翅宽，常有细波纹，前、后翅斑纹往往相连。后翅 $Sc+R_1$ 在近基部

图 1-44 鳞翅目主要科（二）

A. 卷蛾科 B. 螟蛾科 C. 透翅蛾科 D. 斑蛾科 E. 刺蛾科 F. 袋蛾科 G. 尺蛾科

与 Rs 靠近或愈合，造成一小基室。飞翔力弱，静止时一般四翅平展。有的种类无翅。幼虫细长，通常仅第 6 节和第 10 节具腹足，行动时一曲一伸，故称尺蠖（图 1-44-G）。常有明显的拟态。趾钩中列式或缺环式，2 序或 3 序。幼虫食叶危害。常见的园林害虫有国槐尺蛾［*Semiothisa cinerearia* Bremer］。

（16）枯叶蛾科 Lasiocampidae 体粗壮，小至大型，多灰色或褐色，体、足、复眼多毛。触角在两性中均为双栉齿状。翅宽大，前翅 Rs 通常与 M_1 脉共柄，M_2 与 M_3 脉共柄至少基部靠近。后翅肩区发达，常有 2 条或多条肩脉。无翅缰。喙退化（图 1-45-A）。幼虫粗壮，多长毛，前胸在足的上方有 1 或 2 对突起。趾钩 2 序，中列式。幼虫食叶危害。常见的园林害虫有杨枯叶蛾［*Gastropacha populifolia* Esper］。

（17）夜蛾科 Noctuidae 粗壮多毛，中至大型。触角丝状，但有时雄蛾为双栉齿状。前翅狭，三角形，密被鳞片，形成各种色斑。后翅比前翅阔，多为白色或灰色，少数为黄色、橙色或红色。下唇须上曲。后翅 $Sc+R_1$ 与 Rs 在中室基部有短距离的愈合，造成一小形基室（图 1-47-5）。幼虫通常粗壮，少毛，颜色较深，腹足通常 4 对，少数 3 对或 2 对，趾钩中列式，单序，如为缺环式，则缺口很大，为环的 1/3 以上（图 1-45-B）。幼虫大多

数植食性，且为多食性，食叶、蛀茎、钻果危害。常见的园林害虫有斜纹夜蛾［*Spodoptera depravata*（Butler）］。

（18）舟蛾科 Notodontidae　中至大型，粗壮。口器不发达。雄蛾触角双栉齿状，雌蛾多为丝状。后翅 $Sc+R_1$ 与中室平行，不接触，有时在中室近 1/4 或 1/2 处有一短脉相连。幼虫臀足退化或成枝状，栖息时头尾举起似舟状（图 1-45-C）。常见的园林害虫有杨扇舟蛾［*Clostera anachoreta*（Fabricius）］。

（19）毒蛾科 Lymantriidae　体密被鳞片，小至大型。喙常退化。触角通常双栉齿状。前翅通常宽阔；后翅圆形，通常与前翅等宽，$Sc+R_1$ 脉在中室前缘 1/3 处与中室接触或

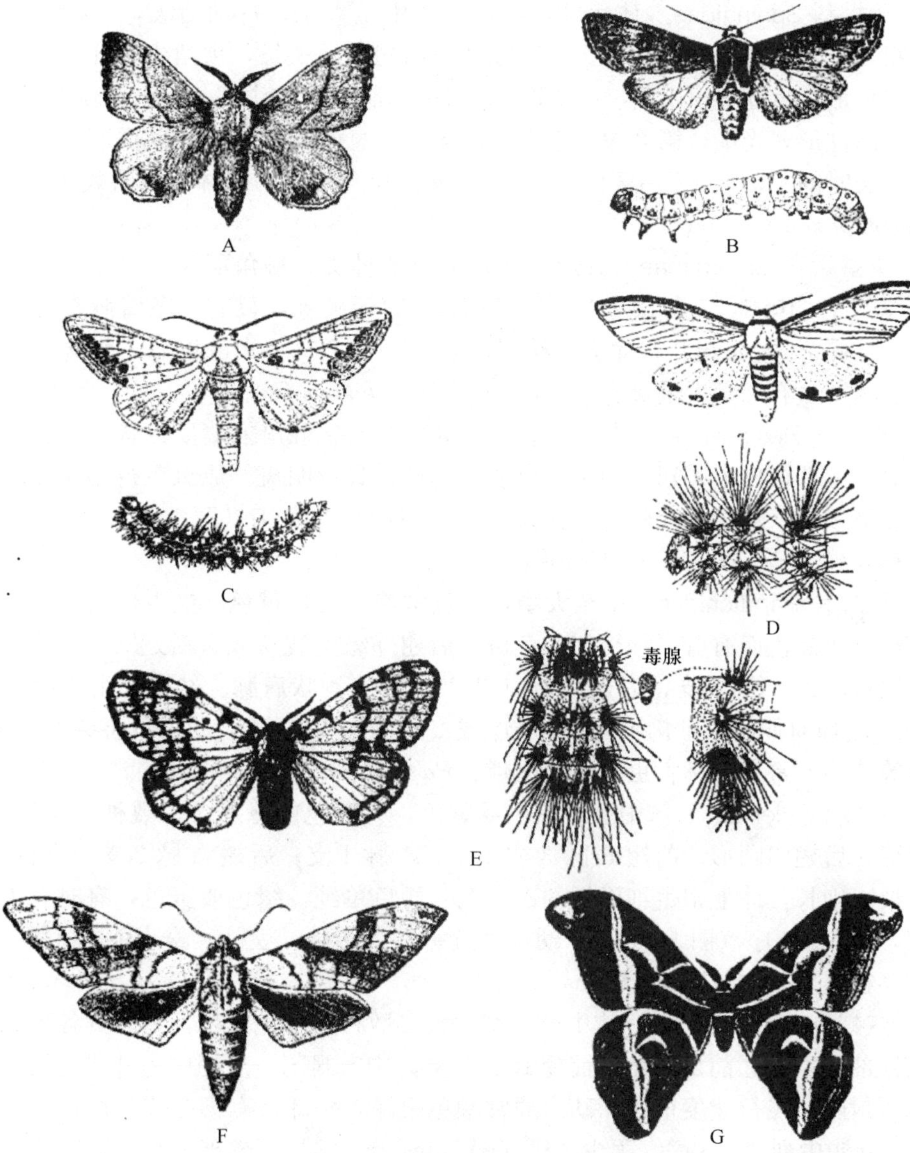

图 1-45　鳞翅目主要科（三）

A. 枯叶蛾科　B. 夜蛾科　C. 舟蛾科　D. 灯蛾科　E. 毒蛾科　F. 天蛾科　G. 天蚕蛾科

接近，然后又分开。休息时多毛的前足伸出在前面，特别显著。雌性腹部末端常有毛丛。有些种类雌性无翅。幼虫被长毛，毛成毛丛或毛刷，毛的长短不一致，有毒，第 6、第 7 腹节有翻缩腺，趾钩单序中列式（图 1-45-E）。常见园林害虫有舞毒蛾［*Lymantria dispar*（Linnaeus）］。

（20）灯蛾科 Arctiidae　体小至大型，色彩鲜艳，常为白色、黄色或红色，有黑点斑。触角双栉齿状或线状。后翅 $Sc+R_1$ 与 Rs 在基部愈合，几乎延达中室之半（图 1-45-D）。幼虫体上生有浓密而长短一致的长毛。幼虫食叶。园林上重要的害虫有美国白蛾［*Hyphantria cunea*（Drury）］。

（21）天蛾科 Sphingidae　体粗壮，纺锤形，中至大型，行动活泼，飞翔能力强。触角线状，粗短，末端弯曲呈小钩状。胸部强壮。前翅大而狭长，顶角尖，外缘很斜，后翅短小，近三角形。后翅 $Sc+R_1$ 与中室平行，有一横脉与中室中部相连（图 1-45-F）。幼虫大而粗壮，圆柱形，光滑，第 8 腹节上有 1 尾角，休息时常将身体的前面部分高举起，头缩起向下，长时间不动，趾钩中列式 2 序。幼虫食叶。常见的园林害虫有霜天蛾［*Psilogramma menephron*（Cramer）］。

（22）天蚕蛾科 Saturniidae　大形或特别大形的种类。触角羽毛状。无翅缰。前翅只 3～4 条径脉。后翅第 1、2 条脉（$Sc+R_1$ 与 Rs）间无横脉，只有一条臀脉，有的种类有尾突（图 1-45-G）。幼虫粗壮，体上多枝刺，第 8 腹节上有一大的尾角，趾钩中列式，二序。常见园林害虫有绿尾大蚕蛾［*Actias selene ningpoana* Felder］。

（23）弄蝶科 Hesperiidae　体小至中型，粗壮多毛。触角末端呈钩状。前、后翅的翅脉各自分离，无共柄现象。翅多为黑褐色或茶褐色，具透明斑。成虫飞行迅速。幼虫纺锤形，前胸瘦呈颈状。幼虫常吐丝缀叶作苞，并在苞内食叶危害（图 1-46-A）。常见的园林害虫有香蕉弄蝶［*Erionota torus* Evans］。

（24）凤蝶科 Papilionidae　中至大型，体色鲜艳，底色黄色（极少数白色）或绿色而有黑色斑纹，或黑色而有蓝、绿、红的色斑。后翅外缘呈波状或有后翅 M_3 部分边缘扩展而成的燕尾；前翅 A 脉 2 支；后翅 A 脉 1 支，肩部有钩状肩脉。幼虫光滑无毛，前胸背板具 Y 腺，受惊时伸出，趾钩中列式，3 序或 2 序（图 1-46-B）。幼虫危害芸香科、樟科、伞形花科等植物。常见园林害虫有柑橘凤蝶［*Papilio xuthus* Linnaeus］。

（25）粉蝶科 Pieridae　体中型，白色或黄色，有黑色的缘斑，少数种类有红色斑点。前翅三角形，后翅卵圆形。前翅 R 脉 3 或 4 支，A 脉 1 支；后翅 A 脉 2 支。飞行较缓慢。幼虫圆柱形，细长，体上密生细而短的次生毛，颜色单纯，绿色或黄色，有时有纵线。趾钩中列式，2 序或 3 序（图 1-46-C）。幼虫多危害十字花科、豆科、蔷薇科等植物。常见园林害虫有菜粉蝶［*Pieris rapae* Linnaeus］。

（26）蛱蝶科 Nymphalidae　体中至大型，大多数种类颜色鲜艳，翅表具各种艳丽的色斑。触角锤部特别大。前足退化。前翅 R 脉 5 支，中室封闭。后翅中室开式或为 1 条不明显的小脉所封闭。飞行速度很快。幼虫通常颜色很深，头部常有突起或棘刺，体上生有成对的枝刺，趾钩中列式，3 序，很少 2 序（图 1-46-D）。常见园林害虫有茶褐樟蛱蝶［*Charoxes bernardus* Fabricius］。

（27）眼蝶科 Satiridae　体小至中型，体色多暗淡。翅上常有眼状斑纹或圆斑纹，反

面比正面更清晰。前翅基部有1～3脉特别膨大。前足退化折在胸下不用于行走。幼虫体纺锤形，前胸和末端瘦削而中部肥大，头比前胸大，分为2瓣或有2个显著的角状突起。趾钩中列式，单序，2序或3序（图1-46-E）。常见园林害虫有白斑眼蝶[*Penthema adelma* Felder]。

（28）灰蝶科Lycaenidae 体小而纤细，美丽，有灰、蓝、绿等色，并具金属光泽。触角有白色的环。眼的周围白色。后翅无肩脉，常具纤细的燕尾，但无翅脉伸入。雌蝶前足正常，雄蝶前足跗节退化（图1-46-F）。成虫飞行速度较缓慢。幼虫体扁而短，蛞蝓型。幼虫多植食性，少数为肉食性，捕食介壳虫及同翅目昆虫。常见的园林害虫有曲纹紫灰蝶[*Chilades pandava*（Horsfield)]。

图1-46 鳞翅目主要科（四）

A. 弄蝶科 B. 凤蝶科 C. 粉蝶科 D. 蛱蝶科 E. 眼蝶科 F. 灰蝶科

实验实训 9 鳞翅目主要科形态特征观察

实训目标

1. 掌握鳞翅目成虫分科的主要特征，能鉴别与园林生产相关的鳞翅目主要科成虫。

2. 掌握鳞翅目幼虫分类的主要特征，能鉴别与园林生产相关的鳞翅目主要科幼虫。

实训用具与材料

实体显微镜、放大镜、镊子、解剖针、培养皿。

木蠹蛾科、豹蠹蛾科、辉蛾科、潜蛾科、细蛾科、鞘蛾科、巢蛾科、麦蛾科、袋蛾科、刺蛾科、螟蛾科、卷蛾科、尺蛾科、斑蛾科、夜蛾科、舟蛾科、毒蛾科、透翅蛾科、天蛾科、大蚕蛾科、枯叶蛾科、灯蛾科、凤蝶科、粉蝶科、眼蝶科、弄蝶科、蛱蝶科、灰蝶科的成虫及幼虫标本。

鳞翅目主要科标本。

实训内容和方法

1. 鳞翅目主要科成虫特征观察

取蛾蝶类成虫标本观察：口器、触角类型，翅的质地及被覆物，翅面上的斑纹与线条，翅脉的变化，翅的连锁方式等。

2. 鳞翅目主要科幼虫特征观察

取蛾蝶类幼虫观察：体形、体色，腹足对数，趾钩类型，体毛的类型等。

实训作业

1. 编制供试标本分科检索表。
2. 列表比较枯叶蛾科与凤蝶科，舟蛾科与夜蛾科，卷蛾科与螟蛾科的成、幼虫。

9. 双翅目 Diptera

双翅目昆虫分科主要特征：

触角　蚊类触角线状或环毛状，蝇类触角具芒状，虻类触角第三节延长并分成数个亚节呈牛角状（图1-47）。

复眼的大小　左右复眼在背面接触的叫“合眼式”，否则叫“分眼式”。

口器　蚊类口器为刺吸式，蝇类口器为舐吸式，虻类口器为刮吸式。

足的爪间突　爪间突在大多数科中为刚毛状或无，但在少数科中大、膜状，外形类似爪垫。

翅　翅的构造与翅脉（图1-48）。

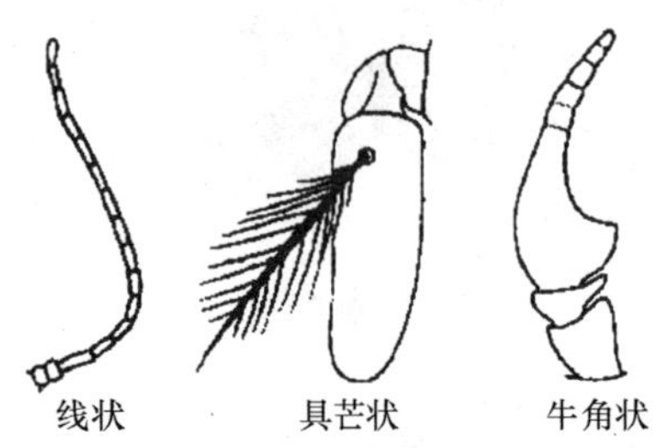

图1-47　双翅目的触角

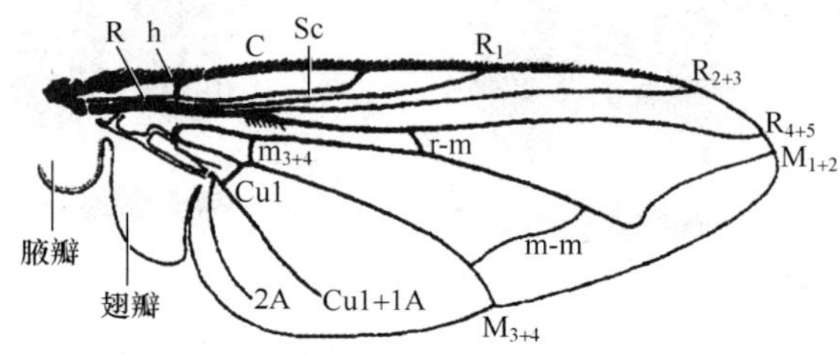

图1-48　双翅目蝇类的翅

幼虫　蚊类幼虫为全头无足型，蝇类幼虫为无头无足型，虻类幼虫为半头无足型。

双翅目主要科：

（1）瘿蚊科 Cecidomyiidae　体微小，纤细。触角念珠状，每节环生放射状细毛。复眼发达，或左右愈合成一个。前翅阔，翅脉极少，纵脉只有3～5条。伪产卵器短或极长，能伸缩（图1-49-A）。幼虫纺锤形，体色鲜艳，红色、橘黄色、粉红色或黄色，头很退化，中胸腹板上通常有一突出的“剑骨片”。幼虫捕食性、腐食性或植食性。植食性的种类中很多能够造成虫瘿。常见的园林害虫有柳瘿蚊［*Rhabdophaga salicis* Schrank］。

（2）食蚜蝇科 Syrphidae　体中型，常有黄、黑相间的横纹，似蜂。触角3节，具芒状。眼大，雄的合眼式。翅外缘有与边缘平行的横脉。R与M脉间有一条伪脉（图1-49-B）。幼虫蛆形，长而略扁，前端尖，后端截形。幼虫为捕食性，捕食蚜、蚧、叶蝉、蓟马等，为重要的天敌昆虫。常见的有黑带食蚜蝇［*Episyrphus balteatus* De Geer］。

(3) 潜蝇科 Agromyzidae 体微小至小型；体色淡黄、绿或淡黑色。触角具芒状，触角芒生于背面基部。翅大，C 脉处只有一个折断处，Sc 脉退化或与 R 脉合并，R 脉 3 分支直达翅缘。腹部扁平，雌虫第七节长而骨化，不能伸缩（图 1-49-C）。幼虫蛆式，体侧有很多微小的色点。幼虫植食性，多潜食叶肉，形成各种形状的隧道。园林上常见的有美洲斑潜蝇［*Liriomyza sativae* Blanchard］。

(4) 花蝇科 Anthomyiidae 体小型或中型，黑色、灰色或暗灰色。眼大，雄的两眼几乎在中间接触。中胸背板有一条完整的盾间沟划分为前后 2 块。腋瓣大。翅脉全是直的，直达翅的边缘（图 1-49-D）。幼虫蛆式，圆柱形，后端截形，有 6～7 对突起。幼虫绝大多数腐食性，有些种类植食性。常见的园林害虫有毛笋泉蝇［*Pegomya phyllostachys* Fan］。

(5) 寄蝇科 Tachinidae 大多中型，暗灰色带褐色斑纹，鬃毛多而明显。触角具芒状，触角芒光滑或具短毛。后小盾片发达，露出在小盾片外成一圆形的突起（图 1-49-E）。幼虫蛆形，圆柱形，末端截形，分节明显。幼虫寄生性，多数种类寄生在鳞翅目幼虫的蛹上。常见的有松毛虫狭颊寄蝇［*Carcelia rasella* Baranov］。

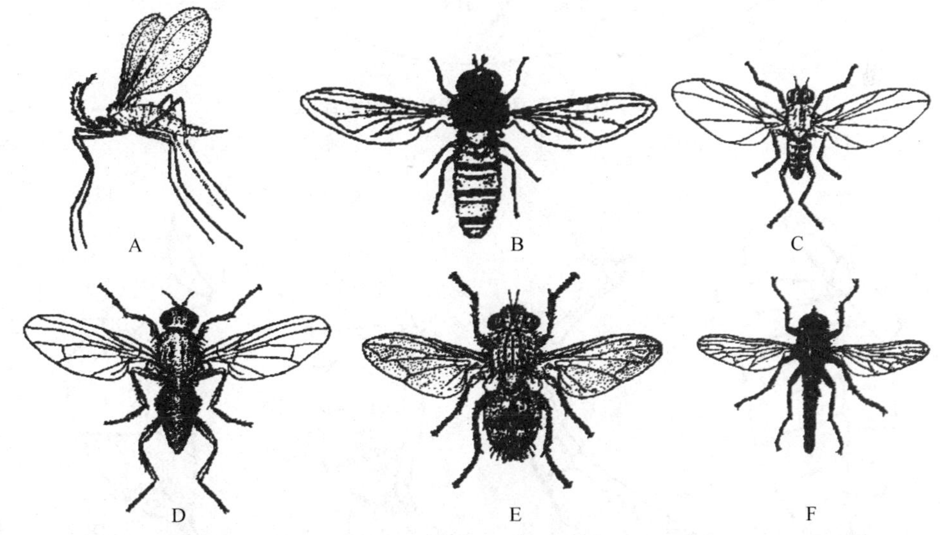

图 1-49 双翅目主要科

A. 瘿蚊科 B. 食蚜蝇科 C. 潜蝇科 D. 花蝇科 E. 寄蝇科 F. 食虫虻科

(6) 食虫虻科 Asilidae 体小至大型，细长。头大，头顶凹陷。胸部粗，足粗长。触角末节具端刺；喙细长而尖硬。爪间突刺状（图 1-49-F）。成、幼虫均为捕食性。常见的有中华盗虻［*Cophionopoda chinensis* Fabr.］。

10. 膜翅目 Hymenoptera

膜翅目昆虫分科主要特征：

触角 触角的类型有线状、膝状、棍棒状、栉齿状、念珠状等。

前胸背板的大小 是否和前翅基部的骨片-肩板接触。

翅 翅脉和翅室的变化，翅痣的有无（图 1-50）。

基节和腿节发育的程度，转节的节数，胫节端距的数目。

胸部和腹部　胸部和腹部连接的情形，是否收缩成腰（图 1-51）。

雌性产卵器　雌性产卵器着生位置及形状。

幼虫类型　无足型、多足型。

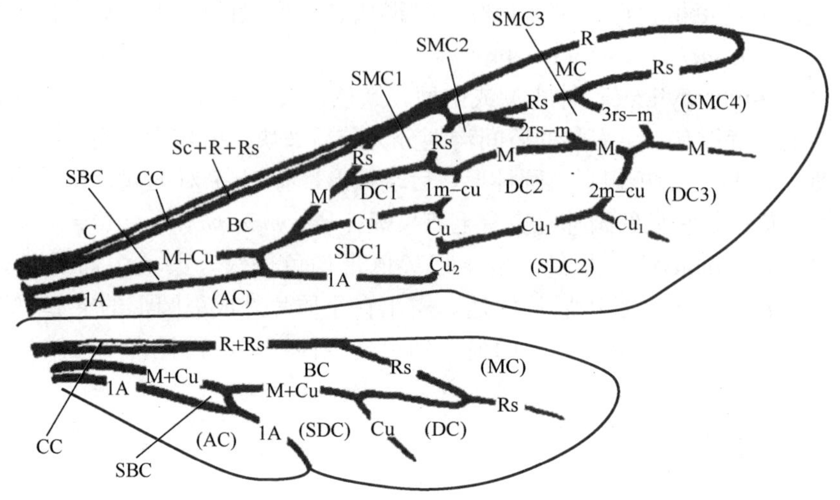

图 1-50　膜翅目的翅脉及翅室命名

AC. 臀室　BC. 基室　CC. 前缘室　DC. 盘室　MC. 缘室　SBC. 亚基室　SDC. 亚盘室　SMC. 亚缘室

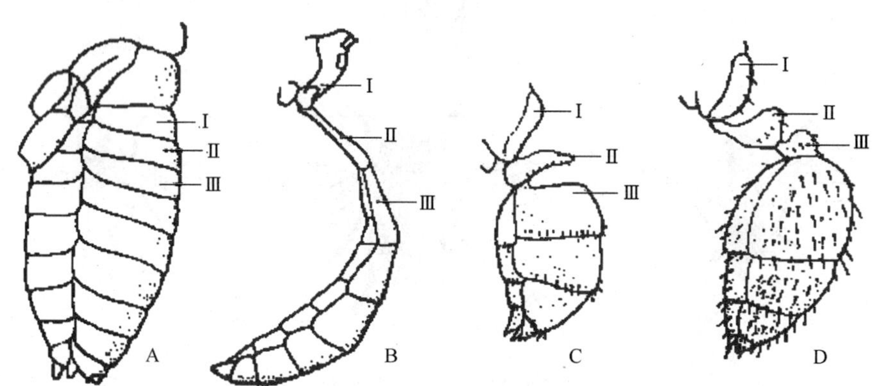

图 1-51　膜翅目胸腹部的连接

A. 广腰　B. 细腰　C. 腹部第二节呈结状　D. 腹部第二、三节呈结状

膜翅目主要科：

（1）叶蜂科 Tenthredinidae　体粗壮，中等大小，腹部没有收缩成细腰。触角丝状或棒状。前胸背板后缘深深凹入。前翅有短粗的翅痣，翅上具 1、2 个缘室。前足胫节有 2 个端距。产卵器扁，锯状。幼虫多足型，体光滑，多皱纹，腹足通常 6～8 对，腹足上无趾钩（图 1-52-A）。幼虫食叶。常见的园林害虫有樟叶蜂［*Mesoneura rufonota* Rohwer］。

（2）三节叶蜂科 Argidae　体小而粗壮。触角 3 节，第三节最长，雄触角有时裂开为 2 叉。前足胫节具 2 端距（图 1-52-B）。幼虫有腹足 2～8 对，食叶。常见的园林害虫有蔷薇叶蜂［*Arge geei* Rohwer］。

（3）茎蜂科 Cephidae　体小细长，腹部没有腰。触角线状，前胸背板后缘平直。前翅

翅痣狭长。前足胫节只有1距。腹部两侧扁。产卵器短，能收缩（图1-52-C）。幼虫无足，表皮有皱纹，白色，腹部末端有尾状突起。幼虫蛀食植物茎干。常见的有梨茎蜂［*Janus pyri* Okamoto et Muramatsu］。

（4）树蜂科 Siricidae　大型的种类，多有黑色、黄色或褐色组成的斑纹。体长，圆柱形。头阔，有颈，触角长，约为身体的1/2。前胸背板后缘凹入很深。翅狭长，翅上常有色斑。腹部细长，产卵器略长，伸出身体末端，外有包鞘，能刺入树干产卵（图1-52-D）。幼虫白色，没有腹足及末节的尾状突起。幼虫蛀干。常见的园林害虫有黑顶扁角树蜂［*Tremer apicalis* Matsumura］。

（5）姬蜂科 Ichneumonidae　体小到大型，细长。触角16节以上，呈丝状。前胸背板两侧延伸和肩板接触。前翅有明显的翅痣，翅端部第二列翅室的中间一个特别小，称为小室，在小室下面有一条横脉叫做第二回脉。腹部细长，长度为头胸长的2～3倍。雌虫腹部末节腹面纵裂开，产卵器可从末节前伸出（图1-52-E）。幼虫寄生于鳞翅目、鞘翅目、双翅目、膜翅目、脉翅目等全变态类昆虫的幼虫和蛹，是重要的天敌昆虫。常见的有广黑点瘤姬蜂［*Xanthopimpla pumctata*（Fabricus）］。

（6）茧蜂科 Braconidae　小型或微小型。形态与姬蜂科相似，区别在于：前翅有2个盘室，不具有小翅室，无第二回脉；腹部第2、3节背板愈合（图1-52-F）。幼虫寄生于鳞翅目、鞘翅目、双翅目昆虫，也寄生于半翅目、长翅目昆虫，幼虫老熟时在寄主体外结白色丝茧化蛹。是重要的天敌昆虫。常见的有桃瘤蚜茧蜂［*Ephedrus persicai* Froggatt.］。

（7）小蜂科 Chalcididae　体小型，常为黑色种类，无金属光泽。触角膝状，分为5个部分：柄节、梗节、环节、7节的索节和膨大的棒节。翅脉退化，翅痣很小。后足腿节膨大，胫节弯曲呈弧形（图1-53-A）。幼虫多寄生于鳞翅目或双翅目，少数寄生于鞘翅目、膜翅目和脉翅目。是重要的天敌昆虫。常见的有广大腿小蜂［*Brachymeria lasus*（Walker）］。

（8）赤眼蜂科 Trichogrammatidae　本科昆虫身体微小，不足1mm。触角膝状，两复眼多为红色，两对翅的翅脉退化，翅面上有排列成行的纤毛（图1-53-D）。幼虫在其他昆虫的卵中生活，是重要的天敌昆虫。常见的有松毛虫赤眼蜂［*Trichogramma dendrolimi* Mats.］。

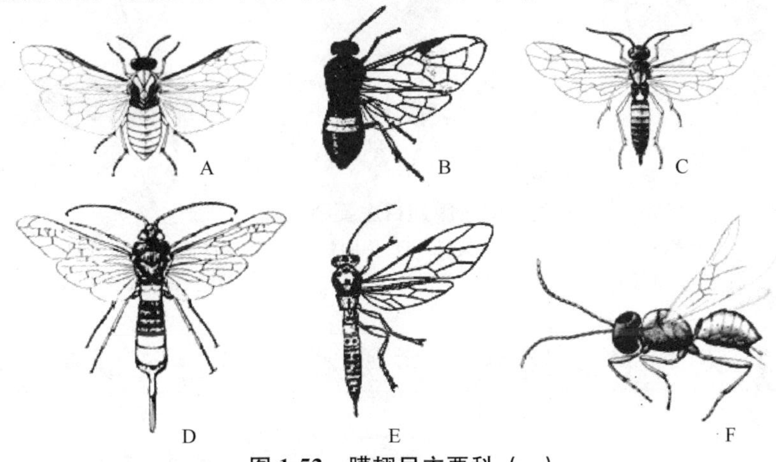

图1-52　膜翅目主要科（一）

A. 叶蜂科　B. 三节叶蜂科　C. 茎蜂科　D. 树蜂科　E. 姬蜂科　F. 茧蜂科

（9）蚁科 Formicidae　体小，黑色、褐色、黄色或红色，腹部第一节或第一、二节成为小型的结。触角膝状。翅脉简单。胫节有发达的距，前足距大而成梳状（图 1-53-C）。蚁科昆虫均有多态性，有“社会组织”。有些种类肉食性，有些种类植食性。

（10）胡蜂科 Vespidae　体中型到大型，长形，黄色或红色，有黑色或褐色的斑或带。头和胸部一样阔。眼大。上颚强，有齿。触角细长，略呈膝状。前胸背板向后延伸到达肩板。中足有2短距。翅狭长，休息时能纵褶起。前翅有3亚缘室，第一盘室狭长。后翅没有臀叶或很小（图 1-53-B）。有简单的“社会组织”，常做纸质的吊钟状或片状的蜂窝。成虫捕食鳞翅目幼虫，可用于生物防治。常见的有中国胡蜂［*Vespa mandarinia* Smith］。

（11）泥蜂科 Sphecidae　也叫细腰蜂，腹部第一节呈细长的腹柄。通常黑色，并有黄色、橙色或红色的斑纹。头大，横阔。复眼大。前胸背板不接触肩板。足细长，前足适于开掘，中足胫节有2距。翅狭，有3个亚缘室。腹柄明显，腹部呈纺锤形，扁平（图 1-53-E）。常猎捕鳞翅目幼虫与直翅目昆虫作为子代的贮粮。常见的有黑泥蜂［*Sphex umbrosus* Christ.］。

（12）蜜蜂科 Apidae　体小到大型，多毛。复眼椭圆形，有毛。触角膝状。前胸背板不伸达肩板。前中足胫节各有1个端距，后足胫节光滑，没有距，扁平有长毛，末端和毛形成花粉篮，跗节第一节扁而阔，内侧有短刚毛几列，形成花粉刷。前翅狭，有3个亚缘室，前缘室极长，长约为宽的4倍。腹部近椭圆形，体毛较少，有螯针（图 1-53-F）。有很高的“社会组织”。是重要的传粉昆虫。常见的有中国蜜蜂［*Apis cerana* Fabr.］。

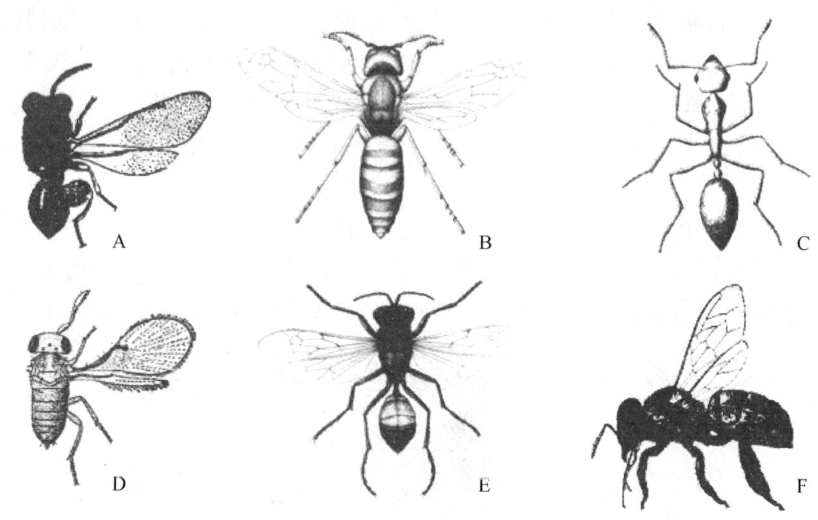

图 1-53　膜翅目主要科（二）

A. 小蜂科　B. 胡蜂科　C. 蚁科　D. 赤眼蜂科　E. 泥蜂科　F. 蜜蜂科

实验实训 10　双翅目、膜翅目主要科形态特征观察

实训目标

1. 掌握双翅目分科的主要特征，能鉴别与园林生产相关的双翅目主要科。

2. 掌握膜翅目分科的主要特征，能鉴别与园

林生产相关的膜翅目主要科。

能识别双翅目、膜翅目主要科的主要形态特征。

实训用具与材料

实体显微镜、显微镜、放大镜、镊子、解剖针、培养皿。

潜蝇科、花蝇科、食蚜蝇科、寄蝇科、食虫虻科、瘿蚊科、叶蜂科、三节叶蜂、茎蜂科、树蜂科，茧蜂科、姬蜂科、小蜂科、赤眼蜂科、胡蜂科、蜜蜂科、泥蜂科、蚁科标本。

实训内容和方法

1. 双翅目主要科特征观察

取蚊、蝇、虻标本以镜下观察：复眼的大小，触角、口器的类型；平衡棒的形状。

2. 膜翅目主要科特征观察

取蜂、蚁标本在镜下观察：翅的质地，前后翅的连锁方式，口器类型，并胸腹节，产卵器是否外露，后翅的基室数目。

实训作业

1. 编制供试标本分科检索表。
2. 列表比较潜蝇科与花蝇科，食蚜蝇科与寄蝇科，叶蜂科与蜜蜂科，姬蜂科与茧蜂科。

本章小结与习题

本章小结

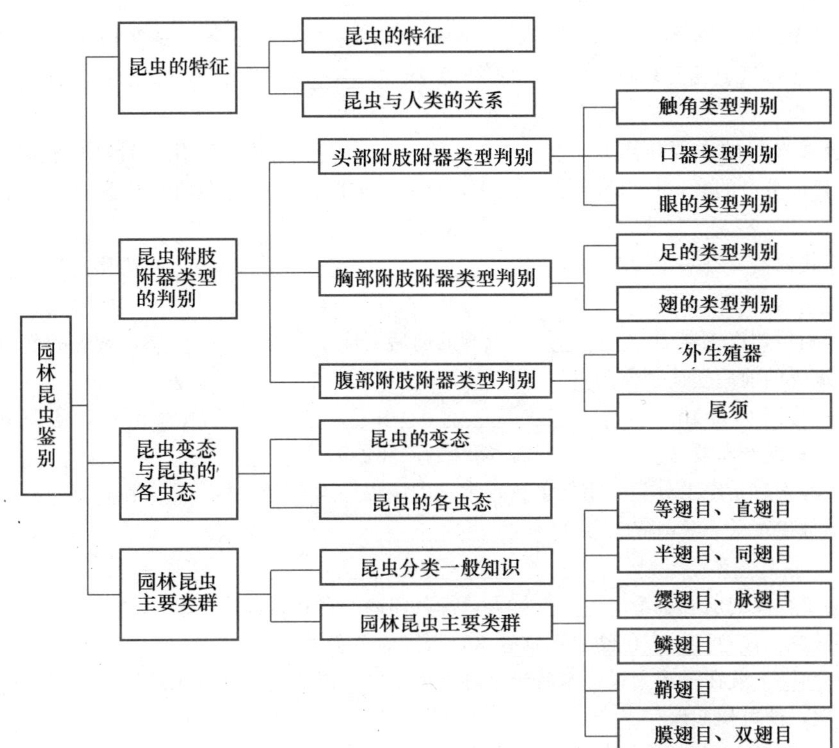

拓展学习资源

1. 彩万志，等．普通昆虫学．北京：中国农业大学出版社，2001.

2. 丁爱云．植物保护学实验．北京：高等教育出版社，2004.

3. 王卫国，等．农作物植保员．北京：中国农业出版社，2004.

复习思考题

(一) 填空题

(1) 昆虫的头部由于口器着生位置不同，头部的形式也发生相应变化，可分为 3 种头式：__________、__________、__________。

(2) 昆虫翅的连锁机构有__________、__________、__________、__________和__________等 5 种。

(3) 蝴蝶触角________状；口器是________；足是________；翅是________；属于________变态。

(4) 昆虫的生殖方式可分为__________、__________、__________、__________和__________ 5 种类型。

(5) 实体显微镜的放大倍数是__________和__________放大倍数的乘积。

(6) 蟒象触角为__________状；口器是__________；足是__________；翅是__________；属于__________变态。

(7) 蝗虫触角为__________状；口器是__________；足是__________；翅是__________；属于__________变态。

(8) 天牛触角为__________状；口器是__________；足是__________；翅是__________；属于__________变态。

(9) 昆虫的单眼又可分为__________和__________两类。__________一般为成虫和不完全变态的若虫所具有，着生于额区上端两复眼之间，一般 2～3 个。__________为全变态类幼虫所具有，位于头部的两侧，数目变化大，1～7 对不等。

(10) 刺吸式口器的主要特点是：__________和__________延长，特化为针状的构造，称为口针；__________延长成分节的喙，将口针包藏于其中，食窦和前肠的咽喉部分特化成强有力的抽吸机构——咽喉唧筒。

(11) 锉吸式口器具有一个短小的喙，由__________、__________组成，喙内藏有舌和__________口针及 1 对__________口针。

(12) 蝉的前后翅连锁器为__________，天蛾的前后翅连锁器为__________，蜜蜂的前后翅连锁器为__________，蝴蝶的前后翅连锁器为__________。

(13) 昆虫的产卵器由__________、__________和__________三部分组成，螽斯的产卵器为__________状，蝉的产卵器为__________状，胡蜂的产卵器为__________状。

(14) 昆虫检索表是昆虫分类的重要工具，常见的昆虫检索表有__________和__________两类。

(15) 与园林生产关系密切的主要目有：__________、__________、__________、__________、__________、__________、__________、__________、__________和__________十个目。

(16) 活幼虫在浸泡前应饥饿__________天，待其体内的食物残渣排净后用__________煮杀、表皮伸展后投入保存液内。注意______色幼虫不宜煮杀，否则体色会迅速改变。

(17) __________液在浸渍大量标本后半个月更换一次，以防止虫体变黑或肿胀变形，以后酌情再更换__________次，便可长期保存。

(18) 昆虫生活史标本制作，按照昆虫的发育顺序，即__________、__________、__________、__________及__________，安放在一个标本盒内，在标本盒的左下角放置标签即可。

(二) 单项选择题

(1) 蝗虫的后足是（　　）

A. 跳跃足　　B. 开掘足　　C. 游泳足　　D. 步行足

(2) 有一昆虫，已经脱了三次皮，请问该昆虫应处在几龄？（　　）

A. 2 龄　　B. 3 龄　　C. 4 龄　　D. 5 龄

(3) 蝗虫的前翅是（　　）

A. 膜翅　　B. 鞘翅　　C. 半鞘翅　　D. 覆翅

(4) 蝉的口器是（　　）

A. 咀嚼式口器　　B. 刺吸式口器　　C. 虹吸式口器　　D. 舐吸式口器

(5) 螳螂的前足是（　　）

A. 开掘足　　B. 步行足　　C. 捕捉足　　D. 跳跃足

(6) 蜜蜂的后足是（　　）

A. 开掘足　　B. 步行足　　C. 捕捉足　　D. 携粉足

(7) 蝼蛄的前足是（　　）

A. 开掘足　　B. 步行足　　C. 捕捉足　　D. 跳跃足

(8) 蝶和蛾的前后翅都是（　　）

A. 膜翅　　B. 半鞘翅　　C. 鳞翅　　D. 鞘翅

(9) 蝶和蛾的口器是（　　）

A. 刺吸式口器　　B. 虹吸式口器　　C. 嚼吸式口器　　D. 舐吸式口器

(10) 甲虫的前翅为（　　）

A. 膜翅　　B. 半鞘翅　　C. 鞘翅　　D. 鳞翅

(11) 蝽象的前翅是（　　）

A. 膜翅　　B. 半鞘翅　　C. 鞘翅　　D. 鳞翅

(12) 蜂的前后翅是（　　）

A. 膜翅　　B. 半鞘翅　　C. 鞘翅　　D. 鳞翅

(13) 蝇的后翅是（　　）

A. 膜翅　　B. 半鞘翅　　C. 覆翅　　D. 平衡棒

(14) 蝗虫的变态属于（　　）

A. 半变态　　B. 渐变态　　C. 过渐变态　　D. 全变态

(15) 蝶和蛾属于（　　）

A. 半变态　　B. 渐变态　　C. 过渐变态　　D. 全变态

(16) 蝇的幼虫属于（　　）

A. 原足型　　B. 寡足型　　C. 多足型　　D. 无足型

(17) 触角和附肢等胶贴在蛹体上，不能活动，腹节多数或全部不能扭动，这种蛹为（　　）

A. 离蛹　　B. 被蛹　　C. 围蛹　　D. 裸蛹

(三) 多项选择题

(1) 昆虫的触角可分为哪几节？（　　）

A. 基节　　B. 柄节　　C. 梗节　　D. 鞭节

E. 跗节　　F. 胫节

(2) 下列昆虫的幼虫属于寡足型幼虫的有（　　）

A. 金龟子　　B. 叶蜂　　C. 蛾　　D. 瓢虫

(3) 昆虫触角的功能有（　　）
A. 味觉　B. 听觉　C. 嗅觉　D. 触觉

(4) 下列昆虫的幼虫属于无足型幼虫的有（　　）
A. 蝇　B. 姬蜂　C. 蛾　D. 瓢虫

(5) 鞘翅目的代表昆虫有（　　）
A. 天牛　B. 瓢虫　C. 金龟子　D. 步甲

(6) 膜翅目的代表昆虫有（　　）
A. 蜜蜂　B. 蚂蚁　C. 白蚁　D. 家蝇

(7) 双翅目的代表昆虫有（　　）
A. 蚊　B. 蚂蚁　C. 牛虻　D. 家蝇

(8) 直翅目的代表昆虫有（　　）
A. 蝗虫　B. 蝼蛄　C. 蟋蟀　D. 螽斯

(9) 同翅目的代表昆虫有（　　）
A. 蝉　B. 叶蝉　C. 介壳虫　D. 粉虱

(10) 蝗虫的听器着生在（　　）
A. 头部　B. 胸部　C. 腹部第一节　D. 前足

(11) 下列昆虫属于渐变态的是（　　）
A. 蝗虫　B. 蝉　C. 蛑象　D. 金龟子

(12) 下列昆虫属于全变态的是（　　）
A. 蜂　B. 蝉　C. 蝶　D. 金龟子

(13) 下列昆虫的幼虫属于寡足型幼虫的有（　　）
A. 蝇　B. 叶蜂　C. 蛾　D. 瓢虫

(14) 下列昆虫的幼虫属于多足型幼虫的有（　　）
A. 蝶　B. 叶蜂　C. 蛾　D. 蜜蜂

(15) 下列昆虫的蛹属于被蛹的有（　　）
A. 蝇　B. 蝶　C. 蛾　D. 瓢虫

(16) 蝗虫的口器由以下几部分组成？（　　）
A. 唇基　B. 上唇　C. 上颚　D. 下颚
E. 下唇　F. 舌　G. 唧筒

(17) 在昆虫模式脉相中纵脉有（　　）
A. 前缘脉　B. 亚前缘脉　C. 径脉　D. 中脉
E. 肘脉　F. 臀脉　G. 轭脉

（四）判断题

(1) 有一昆虫，咀嚼式口器，鞘翅，前足为开掘足。该昆虫应属蝼蛄科昆虫。（　　）
(2) 所有昆虫都同时具有单眼和复眼。（　　）
(3) 背单眼为成虫全变态的幼虫所有。（　　）
(4) 侧单眼为成虫和全变态幼虫所有。（　　）
(5) 昆虫都具有三对胸足和两对翅。（　　）
(6) 有一昆虫，咀嚼式口器，覆翅，后足为跳跃足，产卵器剑状。该昆虫应属蝗科昆虫。（　　）
(7) 同种昆虫的同一性别成虫具有 2 种或更多种不同类型的个体的现象叫性二型现象。（　　）
(8) 昆虫在成虫期不需要取食。（　　）
(9) 成虫是昆虫一生中的最后一个阶段，主要任务是交配和产卵。（　　）

(10) 幼虫期是昆虫唯一的取食时期。(　　)

(11) 实体显微镜显示的是观察物的立体形象。(　　)

(12) 绝大多数园林昆虫是有害的，都是我们的防治对象。(　　)

(13) 螨类不是昆虫。(　　)

(14) 在选择高倍率放大时，应以选择高倍率物镜为主，当最高倍物镜仍不能解决问题时，再选择高倍率目镜。(　　)

(15) 各类昆虫的交配器构造复杂，种间差异也十分明显，但在同一类群或虫种内个体间比较稳定，因而可作为鉴别虫种的重要特征。(　　)

(16) 初孵化的幼虫，体壁的外表皮尚未形成，身体柔软，色淡，抗药能力差。(　　)

(17) 昆虫展翅的要求是前翅后缘成一条直线，后翅自然压在前翅下面。(　　)

(五) 简答题

(1) 昆虫口器类型有哪些？了解口器构造特点对指导防治有何意义？

(2) 昆虫纲（成虫）的形态特征是什么？

(3) 为什么幼虫期是害虫防治的重要时期？

(4) 刺吸式口器和咀嚼式口器比较，有哪些特点？

(5) 半翅目昆虫和同翅目昆虫有哪些相同和不同的地方？

(6) 鳞翅目幼虫和叶蜂幼虫有哪些区别？

(7) 昆虫的不全变态和全变态的主要区别是什么？

(8) 昆虫翅的分区及各部分的名称是怎样的？

(9) 昆虫的分类阶元有哪些？基本的分类阶元是什么？

(10) 昆虫标本采集的注意事项有哪些？

(11) 昆虫针插标本制作的步骤及要点？

(12) 昆虫展翅标本制作的步骤和要点？

(六) 习题

(1) 比较蝗科、螽斯科、蝼蛄科、蟋蟀科在触角、翅、足、听器、产卵器等方面的区别。

(2) 比较鼻白蚁科与白蚁科的区别。

(3) 比较蝽科、缘蝽科、网蝽科的区别。

(4) 比较蓟马科、管蓟马科、纹蓟马科的区别。

(5) 比较天牛科、叶甲科、瓢甲科的区别。

(6) 比较夜蛾科、舟蛾科的区别。

(7) 比较食蚜蝇科与寄蝇科的区别。

(8) 比较姬蜂科与茧蜂科的区别。

(9) 比较叶蝉科与沫蝉科的区别。

(10) 比较等翅目有翅成虫与脉翅目成虫的区别。

(11) 试编制包括有白蚁、鼻白蚁、蝼蛄、蝗虫、蝉、叶蝉、缘蝽、蝽、丽金龟、鳃金龟、叶甲、天牛、夜蛾、螟蛾、凤蝶、蛱蝶、叶蜂、茎蜂、食蚜蝇、寄蝇等二十个科的分科（亚科）双项式检索表。

(七) 连线题

请用直线将对应的昆虫科名与昆虫特征连接起来。

(1) 蝗 科	A. 触角末端有 2 条长短不一的刚毛，前翅基部有 1 条由 R、M、Cu 合成的基脉。
(2) 蓟马科	B. 体背隆起成半球形，鞘翅上常有红、黄、黑等斑纹，跗节隐 4 节。

（3）缘蝽科　　C. 体粗壮，触角中部粗，末端弯成细钩。

（4）木虱科　　D. 腹部无细腰，触角丝状，前胸背板后缘深凹，有粗短的翅痣，前足胫节有 2 端距。

（5）瓢甲科　　E. 外形似蜜蜂，翅上有 1 条“伪脉”位于 R 与 M 之间。

（6）吉丁甲科　　F. 翅狭长、周缘具长缨毛，产卵器锯状。

（7）夜蛾科　　G. 体两侧缘略平行，触角 4 节，喙 4 节。

（8）叶蜂科　　H. 后足跳跃足，听器在第一腹节两侧，产卵器粗短、凿状。

（9）食蚜蝇科　　I. 前胸腹板的大型后突，嵌于中胸腹板的凹陷内，不能活动。

（10）天蛾科　　J. 后翅 $Sc+R_1$ 与 Rs 在中室基部仅有一点接触，又复分开。

第2章 园林植物病害鉴别

教学目标

1. 能正确认识园林植物病害，会区别侵染性病害与非侵染性病害。
2. 了解园林植物病原真菌的形态，能正确鉴别真菌的主要类群。
3. 了解其他侵染性病原的一般性状，明确其所引起病害的症状特点。
4. 能进行病原菌的分离培养。
5. 能进行病害的诊断。
6. 会制作园林植物病害蜡叶标本。

2.1 园林植物病害的基本知识

2.1.1 园林植物病害的含义

园林植物在生长发育和储运过程中，由于受到环境中物理化学因素的非正常影响，或受其他生物的侵染，导致生理、组织结构、形态上产生局部或整体的不正常变化，使植物的生长发育不良，品质变劣，甚至引起死亡，造成经济损失和降低绿化效果及观赏价值，这种现象称为园林植物病害。

园林植物遭受其他生物侵袭或不适宜环境条件的影响后，首先是正常的生理程序发生改变，继而导致植物组织结构和外部形态产生一系列的变化，表现出病态。这一系列逐渐加深和持续发展的过程，称为病理变化过程，或简称病理程序。它与生物因素或非生物因素引起的损伤是不同的。如害虫和动物咬伤、机械损伤、风折、雪压和火灾等伤害没有引起植物发生病理变化过程，不能称为病害，而称为伤害或损伤。

园林植物病害的定义是从人类的经济观点而言的。如有些园林植物，虽然受其他生物或不良环境因素的侵染和影响，表现出某些“病态”，但却增加了它们的经济和观赏价值，如碎锦郁金香、月季品种中的“绿萼”是由病毒和植原体侵染引起的；羽衣甘蓝是食用甘蓝叶的变态。这些虽然都是“病态”植物，由于提高了经济和观赏价值，人们将这些“病态”植物视为观赏园艺中的名花或珍品，因此，不被当作病害。

2.1.2　园林植物病害的病原

园林植物病害必须要有植物和引起植物发病的因素。直接引起植物病害发生的因素称为病原，间接因素则称为诱因。病原按其性质可分为生物性病原和非生物性病原两大类。

生物性病原主要是指以园林植物为寄生对象的一些有害生物，主要有真菌、病毒、细菌、植原体、寄生性种子植物、线虫、寄生藻和螨类等，通常将这类病原也称为病原物或寄生物。如属于菌类的（真菌及细菌）又称为病原菌；被病原物寄生的植物称为寄主。凡由生物性病原引起的园林植物病害因其都能相互传染，故称为传染性病害或侵染性病害，也称寄生性病害。由于该类病害病原复杂，因此是园林植物病害研究重点。

非生物性病原是指一切不利于园林植物正常生长发育的环境因素，包括气候、土壤、营养和有毒有害物质等多种因素。如温度过高引起叶片、树干及果实的日灼；低温引起冻害；土壤水分不足引起植物枯萎；营养元素不足引起各种缺素症；空气和土壤中的有毒化学物质对植物毒害等。凡由非生物性病原引起的园林植物病害是不能互相传染的，故称为非侵染性病害或非传染性病害，也叫生理病害。

2.1.3　园林植物病害的发生因素

园林植物侵染性病害的发生是植物与病原在特定的外界环境条件下相互斗争，最后导致植物生病的过程。所以，影响植物病害发生的基本因素是：病原、寄主植物和环境条件，即植物病害发生的三要素，也称植物病害的三角关系。在侵染性病害中，病原物的侵染和寄主的反侵染活动，始终贯穿于植物病害的全过程。在这一过程中，病原物与寄主之间的相互作用无不受外界环境条件的制约。当环境条件有利于植物生长而不利于病原物的活动时，病害就难以发生或发展缓慢，甚至病害过程终止，植物仍保持健康状态，或受害轻微；反之，病害就能顺利发生或迅速发展，植物受害也重。如潮湿温暖有利于大多病原菌病害的发生，而控制媒介昆虫则能减轻病毒和植原体病害的流行。因此，植物侵染性病害形成的过程，是寄主和病原物在外界条件影响下相互作用的过程。病原物、寄主植物、环境条件三者的关系如图 2-1。

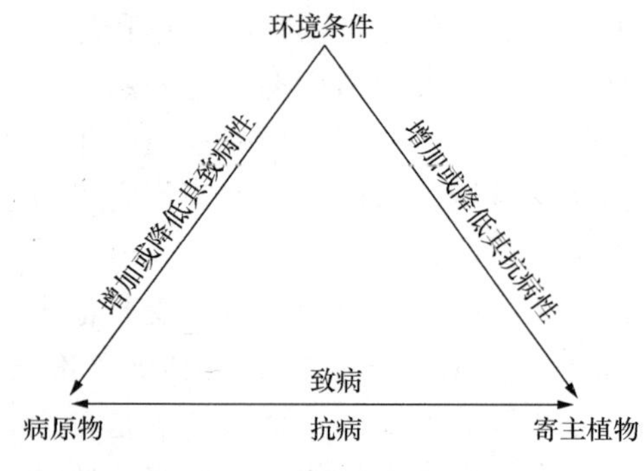

图 2-1　植物病害的三角关系

病原物的存在及其大量繁殖和传播是植物侵染性病害发生发展的重要因素。因此，消灭或控制病原物的传播蔓延是防治植物病害的重要措施。

园林植物非侵染性病害是各种不利的外界环境因素引起的植物病害，所以发病因素包括两个方面：一是某种不适宜的环境条件，二是园林植物对这种环境条件忍受的程度，即病原与植物之间的二元关系。如果不利的环境条件超越了植物本身的适应能力，必然导致园林植物非侵染性病害的发生。同时非侵染性病害又是侵染性病害的先导或与侵染性病害同时危害园林植物。

在病害的消长过程中，人的作用（社会因素）也非常重要。人可以抑制或助长病害的发生发展，许多病害都是人为因素传播的。因此，植物病害受种种自然因素和社会因素的影响。

2.1.4　园林植物病害的症状

园林植物生病以后，会使正常的生理程序发生改变，最终导致植物组织结构和外部形态病变。植物生病后外部形态表现出来的不正常特征称为病害的症状。症状按性质分为病状和病征。

生病植物本身的不正常表现称为病状，病原物在发病部位的特征性表现称为病征。通常病害都有病状和病征，但也有例外。非侵染性病害不是由病原物引发的，因而没有病征。侵染性病害中也只有真菌、细菌、寄生性种子植物有病征，病毒、类病毒、植原体所致的病害无病征。也有些真菌病害没有明显的病征，在识别病害时应加以注意。

无论是非侵染性病害还是侵染性病害，都是由生理病变开始，随后发展到组织病变和形态病变。因此，症状是植物内部一系列复杂病理变化在植物外部的表现。各种植物病害的症状均有一定的特征和稳定性，对于植物的常见病和多发病，可以依据症状进行诊断。

园林植物病害的病状可划分为变色、坏死、萎蔫、畸形、流脂流胶五种类型（图 2-2）。园林植物病害的病征主要有粉状物、霉状物、点（粒）状物、蕈体、膜状物或线状物、脓状物等类型（图 2-3）。

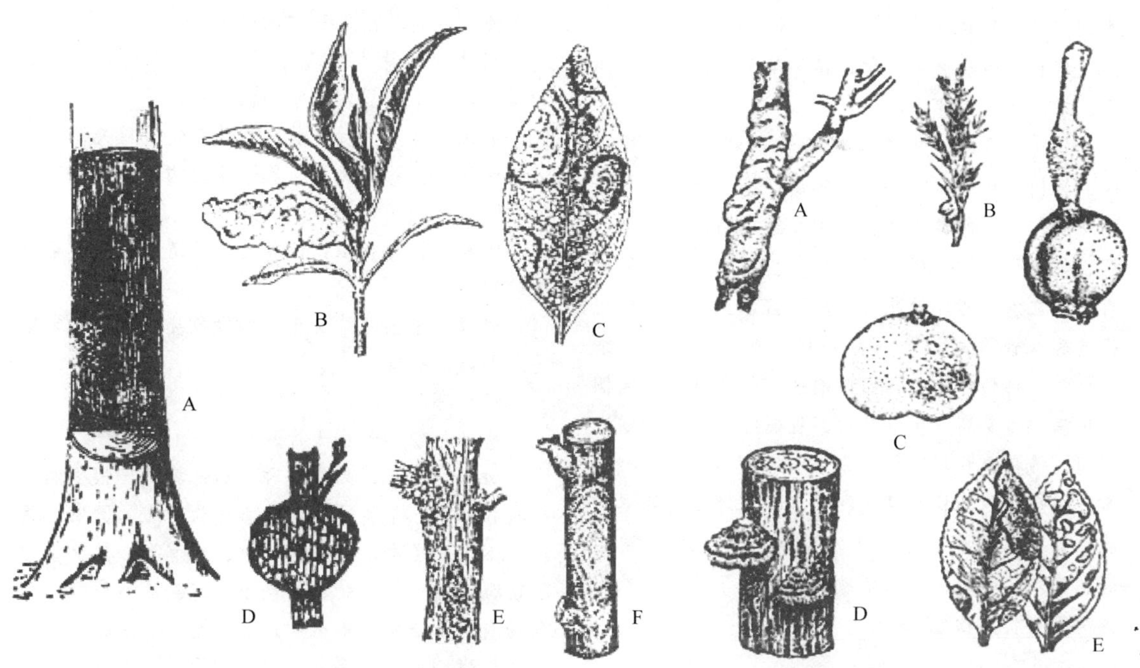

图 2-2　病害的病状举例

A. 腐朽　B. 皱缩　C. 叶斑　D. 肿瘤　E. 溃疡　F. 干腐

图 2-3　病害的病征举例

A. 膜状物　B. 锈状物　C. 粉霉状物　D. 蕈体　E. 粒状物

有的病害只有病状没有可见的病征，如全部非侵染性病害、病毒病害。也有些病害病状非常明显，而病征不明显，如变色病状、畸形病状和大部分病害发生的早期。也有些病害病征非常明显，病状却不明显，如白粉类病征，霉污类病征，早期难以看到寄主的特征性变化。

病害的症状并不是固定不变的，即使是同一种病原物所引起的病害，寄生在不同的寄主上或同一寄主不同的器官、不同的发育阶段，其症状也常常有差异；同一病害，往往前期症状和后期症状表现不同；环境条件或栽培条件的改变，也影响同一病害症状的变化。此外有些不同的病原物可引起相似的病害症状，因此，单凭症状来鉴定病害并不完全可靠，尚需配合其他方法（病原物显微镜检查、分离培养和接种试验等），才能做出正确的诊断。

实验实训 11 园林植物病害常见症状类型观察

实训目标

1. 掌握园林植物病害主要病状的特征，能识别常见病状类型。

2. 掌握园林植物病害主要病征的特征，能识别常见病征类型。

实训用具与材料

双目体视显微镜、扩大镜等用具。症状类型挂图、多媒体幻灯片等。

杨树花叶病、珍珠绣线菊黄化病、栀子黄化病、樟树黄化病、郁金香碎锦病、杨灰斑病、菊花褐斑病、金叶榆炭疽病、柑橘青绿霉病、杨树腐烂病、梨树干腐病、杨树溃疡病、柑橘溃疡病、园林行道树立木腐朽、菊花青枯病、苗木立枯病、杨树根癌病（冠瘿病）、柳树根结线虫病、凤仙花根结线虫病、柳杉枝干细菌性肿瘤病、竹丛枝病、泡桐丛枝病、枣疯病、桃缩叶病、杜鹃叶肿病、柑橘疮痂病、桃树流胶病、松流脂病、大叶黄杨白粉病、柳叶榕煤污病、杨叶锈病、禾谷类草坪植物的黑粉病、葡萄霜霉病、橡皮树灰霉病、果实根霉腐烂病、花木膏药病、花木紫纹羽病、君子兰细菌性软腐病等症状实物标本。

实训内容和方法

用肉眼或扩大镜观察每种标本的症状，仔细观察各种典型病状和病征标本，明确不同症状特点及其所属类型。

1. 园林植物病害的病状类型观察

仔细观察供试标本，识别以下园林植物病害的病状类型，注意病斑的形状、大小、颜色、质地等。

（1）变色

植物感病后，由于叶绿素的形成受到抑制或破坏而使叶片表现出不正常的颜色。

花叶 叶片上出现深绿与浅绿色相间或相嵌的斑块，边缘明显。观察杨树花叶病。

黄化 叶片全叶发黄。如营养缺乏或失调可以引起珍珠绣线菊黄化病、栀子黄化病；植物类菌原体可以引起樟树黄化病。

斑驳 花叶相似，但其轮廓不清晰，观察郁金香碎锦病。

褪绿 整张叶片比正常的绿色要浅，如氮素缺乏所引起的病害。

（2）坏死

病部组织局部或大片死亡。

斑点 叶片、果实或种子局部坏死。根据病斑形状和颜色，常将这一类病害分为角斑、圆斑、褐斑、漆斑、黑斑、红斑、轮纹、炭疽等，其上常出现粉霉状物、锈状物、黑色小点或黏液等病征。观察杨灰斑病、菊花褐斑病、金叶榆炭疽病。

腐烂 腐烂主要分为湿腐和干腐。多汁的组织受害后常发生湿腐。观察柑橘青绿霉病；腐烂组织崩溃过程中的水分迅速丧失或组织坚硬则形成干腐，观察杨树腐烂病和梨树干腐病。

溃疡 受病枝干皮层的局部坏死，病部周围常隆

起，中央凹陷开裂。观察杨树溃疡病、柑橘溃疡病。

腐朽 根、干或木材腐朽变质，可分为白腐、褐腐、海绵状腐朽和蜂巢状腐朽等。观察园林行道树立木腐朽。

(3) 萎蔫

植物的整株或局部因脱水而枝叶下垂的现象。

青枯 枝条或整个树冠的叶片凋萎、脱落或整株枯死，植株失水迅速仍能保持绿色的称青枯，观察菊花青枯病。

枯萎或黄萎 植物失水后不能保持绿色的称枯萎或黄萎。观察苗木立枯病。

(4) 畸形

植物局部组织受病原物激素类物质的刺激作用而表现的异常生长。

癌肿（肿瘤） 植物的根、主干或枝条局部组织增生形成。观察杨树根癌病（冠瘿病）、柳树根结线虫病、凤仙花根结线虫病、柳杉枝干细菌性肿瘤病等。

丛枝 顶芽生长被抑制，侧芽大量增生成簇状，节间缩短，叶片变小，观察竹丛枝病、泡桐丛枝病和枣疯病。

变形 植物被害后，器官肿大，卷曲皱缩。观察桃缩叶病和杜鹃叶肿病。

疮痂 植物叶片或果实上局部细胞增生形成木栓化的小突起，表面粗糙，称为疮痂。观察柑橘疮痂病。

(5) 流脂流胶

树干上有脂状物或胶状物。

观察桃树流胶病、松流脂病。

2. 园林植物病害的病征类型观察

仔细观察供试标本，识别以下园林植物病害的病征类型，注意病斑及病原物的形状、大小、颜色、质地等。

(1) 粉状物

直接产生于植物表面、表皮下或组织中，以后破裂而散出。

白粉状物 观察大叶黄杨白粉病，可看到受病部位表面有一层白色粉状物，其上散生针头大小的黑色颗粒状物。

煤污状物 观察油茶、毛白杨、柳叶榕煤污病，病部表面为一层烟煤状物所覆盖。

锈粉状物 观察松针锈病、杨叶锈病、梨锈病，受病部位出现锈黄色的粉状物或内含黄粉的泡状物及毛状物。

黑粉状物 观察禾谷类草坪植物的黑粉病和黑穗病，在病部形成菌瘿，瘿内产生的大量黑色粉末状物。

(2) 霉状物

植物病原真菌的菌丝体和繁殖体在病部表面产生各种颜色的霉层。

霜霉 多生于叶背，由气孔伸出的较为密集的白色至灰白色霉状物，观察葡萄霜霉病；

青霉 观察柑橘绿霉病，病部有一层青绿色的霉状物。

灰霉 观察橡皮树灰霉病，病部有一层鼠灰色霉状物。

黑霉 观察果实根霉腐烂病，病部有一层黑色霉状物。

(3) 点（粒）状物

病部产生形状、大小、色泽和排列方式各不相同的黑色点状或小颗粒状物，大多暗褐色至褐色，针尖至米粒大小，一般半埋或全部埋藏在组织表皮下，不易与组织分离。观察兰花炭疽病、樟树炭疽病、杨树腐烂病等。也有的全部暴露在病部表面，容易从病组织上脱落。观察阔叶树白粉病后期病斑上产生的黑褐色闭囊壳。

(4) 蕈体

树干、根或木材腐朽后，常常产生马蹄形、蘑菇形、扇形等各种蕈体。

观察木层孔菌等子实体。如行道树立木腐朽菌。

(5) 膜状物或线状物

病部产生紫色或灰色的膏药状菌膜或菌丝体平行构成的绳索状物。

观察花木膏药病，枝干上有无膏药状菌膜，观察紫纹羽病根部有无红褐色菌索。

(6) 脓状物

细菌性病害在病部溢出的含有细菌菌体的脓状黏液，一般呈露珠状，或散布为菌液层，在气候干燥时，会形成黄褐色菌膜或胶粒。

观察君子兰细菌性软腐病等标本，有无脓状黏液或黄褐色胶粒？

实训作业

1. 试述园林植物病害症状在病害诊断上的意义，并举例说明病状和病征区别。要求结合本次实训所用标本举实例说明。

2. 将观察结果填入表 2-1。

表 2-1　园林植物病害症状类型观察结果记载表

编号	病害名称	发病部位	病状类型	病征类型	病原类别

2.2　园林植物非侵染性病原

由不适宜的非生物因素直接引起的病害称非侵染性病害。它和侵染性病害的区别在于没有病原物的侵染，在植物的不同个体之间不能互相传染，所以又称为非侵染性病害或生理性病害。引起园林植物的非侵染性病害的病原因子有很多，主要可归为营养失调、土壤水分不匀、温度不适、有害物质对大气、土壤和水的污染等，这些因素有的是单独起作用，但常常是配合起来引起病害。

2.2.1　营养失调

植物在正常生长发育过程中需要氮、磷、钾、钙、硫、镁等大量元素；铁、硼、锰、锌等微量元素，当营养元素缺乏或过剩、或者各种营养元素的比例失调、或者由于土壤的理化性质不适宜而影响了这些元素的吸收，任何一种缺素症都会影响花木的正常生长发育和观赏效果。

植物对土壤营养元素的吸收是受土壤理化性质的综合因素影响。土壤的理化性质不适宜，如低温会降低植株根的呼吸作用，直接影响根系对氮、磷、钾的吸收。土壤干燥、土壤溶液的浓度过高，温度高、空气湿度小、土壤水分蒸发快、酸性土壤中易发生钙的缺乏。

发生缺素症，常通过改良土壤和补充所缺乏营养元素治疗。但值得注意的是一般情况下，植物必需的主要元素过量不会引起病害，但微量元素的量超过一定限度，特别是硼、锰、铜等对植物的毒害较大。所以补充营养要适宜。

2.2.2　土壤水分失调

水分是植物生长不可缺乏的条件。水直接参加植株体内各种物质的合成和转化，也是维持细胞膨压、溶解土壤中矿物质养料、平衡体温的因素。水分在植物体内的含量可达80%～90%以上，水分的缺乏或过多及供给失调都会对植物产生不良影响。

在土壤干旱缺水的条件下，会引起叶片变黄、焦枯，早期落叶，会使植物的营养生长受到抑制，营养物质的积累减少而降低品质，造成落花和落果，缺水严重时，植株萎蔫，甚至整株枯死。

土壤中水分过多，俗称涝害，造成氧气供应不足，使植物的根部处于窒息状态。最后导致根部变色或腐烂，地上部叶片变黄、落叶、落花等症状。木本植物中，悬铃木、合欢、女贞、青桐、板栗、核桃等树木易受涝害。如女贞受水淹后，蒸腾作用立刻下降，12天后植株便死亡，而枫杨、杨树、柳树、乌桕等树木及火炬松的幼苗对水涝有很强的耐力和抗性。

空气湿度过低的现象通常是暂时的，很少直接引起病害。但如果与大风、高温结合起来，会导致植株大量失水，造成叶片焦枯、果实萎缩或暂时或永久性的植株萎蔫，如干热风。

所以，出现水分失调现象时，要根据实际情况，适时适量灌水，注意及时排水。浇灌时尽量采用滴灌或沟灌，避免喷淋和大水漫灌。

2.2.3 温度不适宜

温度是植物生理生化活动赖以顺利进行的基础。各种植物的生长发育有它们各自的最低、最适和最高的温度，超出了它们的适应范围，植物代谢过程将受到阻碍，就可能发生病理变化而发病，造成不同程度的损害。不适宜的温度包括高温、低温、变温三个方面的变化。

高温可使植物的茎、叶、果受到伤害，通称为灼伤。在自然条件下，高温往往与强光照相结合，所以高温灼伤一般都是表现在植物器官的向阳面。在苗圃，夏季的高温常使土壤表面温度过高，而引起幼苗茎基部灼伤。如银杏苗木茎基部受到灼伤后，茎腐病菌便趁机而入，因而夏季高温造成银杏苗木茎基腐病严重。在荫处，当气温超过32℃时，新移栽的铁杉、紫藤和绣球花等花木，也容易受到高温的伤害。预防苗木的灼伤可采取适时的遮荫和灌溉以降低土壤温度。

低温的影响主要是冷害和冻害，多数发生在秋季的早霜、春季的晚霜季节。冷害也称寒害，是指0℃以上的低温所致的病害。喜温植物当气温低于10℃时，就会出现冷害，其最常见的症状是变色、坏死、表面斑点等。如木本植物出现的芽枯、顶枯。冻害是0℃以下的低温所致的病害。冻害的症状主要是幼茎或幼叶出现水渍状暗褐色的病斑，之后组织逐渐死亡，严重时整株植物变黑，枯干死亡。而冬季的反常低温对一些长绿观赏植物及落叶花灌木等未充分木质化的嫩梢、叶片同样引起冻害。针叶树受冻害，一般表现为针叶先端枯死并呈红褐色。

低温还能引起苗木冻拔害，尤以新栽植的苗木易受其害，其原因是土壤中的水分结冰，冰柱体积不断增大，将表层土壤抬起，苗木则不能随之复位，如经数次冻拔，苗木则可被拔出而与土壤分离遭受损害。这在我国南北地势较高的山区都有发生。

剧烈的变温对植物的影响往往比单纯的高、低温的影响更大。如昼夜温差过大，可以使木本植物的枝干发生灼伤或冻裂，这种症状多见于树木的向阳面。如龟背竹插条上盆后不久，若从16℃条件下转到35℃的温度48小时，会导致新生出的叶片变黑并腐烂，这是由于快速升温造成的，对这种快速升温敏感的植物还有喜林芋、橡皮树和香龙血树等盆栽植物。树木干部受到冻害，常因外围收缩率大于内部而引起树干纵裂，这种现象多发生于树干中下部南面和西南面，主要是昼夜温差较大所致，如华北、山东、辽宁一带普遍发生的杨树干破腹病。树干涂白是保护树木免受日灼伤和冻害的有效措施。

2.2.4　光照不适宜及通风不良

光照的影响包括光强度和光周期。光照不足通常发生在温室和保护地栽培的情况下，导致植物徒长，影响叶绿素的形成和光合作用，植株黄化，组织结构脆弱，容易发生倒伏或受到病原物的侵染。光照过强很少单独引起病害，一般都与高温干旱相结合，引起日灼病和叶烧病。

按照植物的光周期现象将它们分为长日照、短日照和中性植物。温室光照长短不适宜，可以延迟或提早园林花卉植物的开花和结实，给生产造成很大的损失。

因此，我们应根据植物的习性加以养护。喜光植物，宜种植在向阳避风处，如梅花、桃花、仙人掌类、月季、荷花、菊花、牡丹、美人蕉、长春花等。而耐荫植物，喜阴湿环境，忌阳光直射，所以应种植在背阴环境中，花圃、温室花卉均应置荫棚下养护。如杜鹃、万年青、巴西铁树、兰花、绿巨人、桂花、夹竹桃等。

另外无论是露地栽培还是温室栽培，植株种植过密，不但通风不好，湿度也会加大，叶缘易积水，会使植株叶片相互摩擦出现伤口，尤其在昼夜温差大时，易在花瓣上凝结露水，诱发霜霉病和灰霉病的发生。如蝴蝶兰喜通风干燥条件，通风不良的温室易造成高温、高湿、闷热的环境，诱发根系腐烂。

所以，植株栽植密度或花盆摆放密度都应合理。适宜的株行距有利于通风、透气、透光，改善环境条件，提高植物生长势，并造成不利于病菌生长的条件，减少植物病害的发生。

2.2.5　土壤酸碱度不适宜

许多园林植物对土壤酸碱度要求严格，若酸碱度不适宜易表现各种缺素症，并诱发一些侵染性病害的发生。如我国南方多为酸性土壤，易缺磷、缺锌；北方多为石灰性土壤，易发生缺铁性黄化病。因为微碱性环境利于病原细菌的生长发育，在偏碱的砂壤土，樱花、月季、菊花根癌病易发生；中性或碱性土壤，一品红根茎腐烂病、香豌豆根腐病发病率较高。土壤酸碱度较低时，利于香石竹镰刀菌枯萎病的发生。

为使土壤保持适宜的酸碱度，确保植物健壮生长，调节土壤 pH 值，灌溉用水也应加以注意。如杜鹃、山月桂以雨水或泉水浇灌为好，不宜用含有盐碱之水。盆栽花卉如用自来水浇灌，最好在容器中存放几天后再用。碱性土壤增施有机肥，种植绿肥，是解决缺铁症的有效措施；发病初期，喷 0.2%硫酸亚铁加 0.1%柠檬酸液，或加 0.3%柠檬铁铵有一定效果。在酸性土壤按 1t/hm^2 或 1～2kg/株的用量增施钙镁磷肥，调整土壤至微酸性。

2.2.6　药害和有毒物质的污染

空气中存在的有毒物质，也能引起植物病害。空气中污染物主要有硫化物、氟化物、氯化物、氮氧化合物、臭氧、粉尘及带有各种金属元素的有毒气体，园林植物受害后，表现出病害的特征，通常称为烟害。大气污染物对植物的危害是由多种因素所决定的。首先

决定于有害气体的浓度及作用延续时间，同时也取决于受害植物的种类和它的发育时期以及外界环境条件等。大气污染物除直接对植物生长产生不良影响外，同时还降低了植物的抗病力。

空气中的氟化物主要来自炼铝厂、磷肥厂、钢铁厂和玻璃厂等。氟化物危害的典型症状，是受害植物叶片顶端和叶缘处出现灼烧现象。这种伤害的颜色因植物种类而异，在叶的受害组织与健康组织之间有一条明显的红棕色带。如唐菖蒲对氟化物最敏感，受污染后首先是叶尖产生灼烧现象，然后逐渐向下延伸；因此，有些国家利用它作为环境监测的植物材料。

硫化物是我国大气污染中较为主要的污染物。当植物受到二氧化硫危害时，在叶缘、叶尖等部位的叶脉间出现不规则形失绿的花斑，或坏死斑呈红棕色或深褐色。若受害严重时，全叶亦枯死，表现出的特征通常称为烟害。如百日草在二氧化硫浓度为 10^{-6}时，经6h熏气，1周后，叶片大部分坏死。针叶树受害，常从针叶尖端开始，逐渐向下发展，呈红棕色或褐色坏死。杜鹃、蔷薇对二氧化硫敏感，持续1h叶上出现坏死斑叶皱缩。美人蕉、仙人掌类、丁香、桂花、广玉兰、松柏等对二氧化硫有较强抗性。

当氯化氢对植物危害时，表现的症状是危害植株下部叶片，使叶片产生褪色斑，严重时全叶漂白，枯卷，甚至脱落。伤斑多分布于叶脉间，但受害组织与正常组织间无明显界限。有些植物受氯化物危害后会出现其他颜色的伤斑，如枫杨和绣球呈棕褐色；广玉兰呈红棕色。对氯化物敏感性强的植物有水杉、枫杨、樟子松等；而银杏、紫藤、刺槐、丁香、蒲葵、山桃等抗性强。

另外空气中粉尘过多，附着在植物叶片上，影响光合作用。

此外，农药、化肥、植物生长调节剂等使用不当，浓度过大或条件不适宜，可使花木发生不同程度的药害或灼伤，叶片常产生白化、斑点、或枯焦脱落，植株畸形等，特别是花卉柔嫩多汁部分最易受害。如波尔多液使用时期不适宜或硫酸铜和生石灰的比例不恰当，植物会产生药害，表现症状为叶片灼伤，落花等；喷施矮壮素、多效唑等植物生长调节剂浓度过高会严重抑制植物生长等；除草剂使用浓度不当，使苗木叶黄化，甚至死亡。农药在土壤中积累到一定浓度，也可使植物根系受到毒害，影响生长，甚至死亡。

当今社会，人类活动对于环境的影响日益增强，园林植物是伴随着城市发展由人类栽培和管护的一类植物，它们不像森林那样处于天然的生长环境，而是在一个喧闹多变的、旨在方便人类的、对植物来说并不友好的环境中生长，因此，最易遭受人类活动的影响和压力而导致生长不良，甚至死亡。由人类生产和生活等各种活动对植物产生的不利影响而导致的病害，统称为人类压力病害。上述危害只是其中的一部分，这一类非侵染性病害，随着现代工业化和城市化的不断发展，有日益增多和加剧的趋势。

非侵染性病害不但直接给植物造成严重的损失，削弱了植物对某些侵染性病害的抵抗力，同时也为许多病原生物开辟了侵入途径，容易诱发侵染性病害。相反，侵染性病害也会削弱植物对外界环境的适应能力。

为防止有毒有害物质对花木的危害，应合理使用农药和化肥，在城镇工矿区应注意选择抗烟性较强的花卉和树木进行绿化，加强园林保护管理，改善园林植物生长发育的环境条件。

实验实训 12　园林植物非侵染性病害的诊断

实训目标

掌握常见园林植物非侵染性病害的症状特点，能进行非侵染性病害一般性诊断。

实训用具与材料

用具：显微镜、挑针、蒸馏水、载玻片、保湿器、扩大镜、多媒体幻灯片等用具。

材料：杜鹃缺铁病、菊花缺氮症、苹果或其他植物黄化病、银杏小叶病、一品红缺钾症、菊花缺锌症、植物缺水萎蔫病、君子兰沤根病、杨树日灼病、刺五加、丁香除草剂药害、桧柏寒害等病害的标本。

实训内容和方法

非侵染性病害的诊断方法包括现场调查诊断、症状观察诊断、病原显微诊断和排除诊断等。

1. 园林植物非侵染性病害现场观察诊断

田间绿地调查时注意调查病害发生的普遍性和严重程度。用目测法观察发生地树种组成、寄主品种、田间分布、发病时期、发病快慢等；了解病害的发生与气候、土壤理化性、农药等环境条件、栽培管理的影响。

根据植物病害特点区别是虫害、伤害还是病害。虫害、伤害没有病理变化过程，而植物病害却有病理变化过程。然后区别是非侵染性病害还是侵染性病害。非侵染性病害田间分布特点是：在同一时间病害发生面积较大，发病时间短；病害田间分布较均匀，发病程度可由轻到重，但没有由点到面的过程即没有发病中心；发病部位在植株上分布比较一致。根据上述特点即可初步确定植物病害类型。而后进行植物病害种类鉴定，仔细观察病害的症状特点。

2. 园林植物非侵染性病害症状观察诊断

通过肉眼或借助放大镜观察病害症状。非侵染性病害症状特点是：病斑上有病状无病征，病斑不规则；病株表现为全株性发病（除高温日灼和药害病原能引起局部病变外），如缺素症、水害、寒害、旱害等；主要病状类型有变色、枯死、落花落果、畸形和生长不良等。掌握这些特点便可区别生理病害与病原物引起的病害。下面几种常见的生理病害症状类型观察：

(1) 营养失调病害观察

缺氮　植株矮小，分枝较少，叶稀疏，色变淡或黄化、早落。如植物生长不良。

缺磷　植株矮小，叶片蓝绿且略带紫色，开花小而少。观察香石竹缺磷症。

缺钾　叶缘、叶尖干枯，开花晚。观察一品红缺钾症。

缺钙　幼嫩叶片的叶尖和叶缘坏死，植株矮小，根系的生长受到抑制。观察月季、菊花缺钙症。

缺镁　从植株下部老叶片开始褪绿，出现黄化，逐渐向上部叶片蔓延。观察栀子缺镁症。

缺铁　可使植物发生黄叶病。病株新叶变为黄色，或黄白色，叶脉及两侧仍为绿色，严重时，顶端叶片焦枯。如苹果缺铁性黄叶病、杜鹃缺铁病。

缺锌　植物缺锌时典型症状为嫩枝顶部簇生许多小叶片，因此称为“簇叶病”或“小叶病”。观察银杏、苹果小叶、病菊花缺锌症标本。叶狭小，黄绿色，叶缘向上枯焦，树冠稀疏。

缺硼　芽丛生或畸形、萎缩。

(2) 水分失调危害观察

植物缺水性萎蔫　观察植物缺水性萎蔫的标本或幻灯片。其症状特点为引起叶片凋萎、黄化、落叶、落花等现象。

土壤水分过多，透气性不好，叶片水渍状、根系腐烂　如观察君子兰沤根病新鲜标本或幻灯片。

(3) 温度不适危害观察

高温日灼　温度过高，常使植物的茎、叶、果等组织产生灼伤。灼伤主要发生在植株的向阳面。如在树木枝干上树皮龟裂，木质部外露的溃疡状病斑；叶片、果实上形成白色或褐色干斑等，观察杨树破腹病、君子兰叶日灼病或其他植物组织的高温日灼标本或幻灯片。

低温冻害　低温引起植物冷害、寒害、冻害。冻害是0℃以下的低温所致的病害。而冬季的反常

低温对一些长绿观赏植物及落叶花灌木等未充分木质化的嫩梢、叶片同样引起冻害。桧柏幼树冬季受冻害，主要是冬季风寒造成，症状表现为小树的一侧枝叶枯死并呈红褐色。观察桧柏冻害标本或幻灯片。

(4) 有害物质危害观察

除草剂药害　使用农药除草剂时，施用方法不合理或施用浓度过高等都会对植物造成伤害。观察刺五加、丁香除草剂药害标本或幻灯片。表现症状叶片黄化，严重时枯焦。

非侵染性病害除上述一般性诊断方法外，必要时还可切取病组织，表面消毒后，置于保温（25～28℃）条件下诱发。如经24～48小时仍无病征发生，可初步确定该病不是病原菌引起的病害，而属于非侵染性病害或病毒病害。如果现场观察此病害发生分布规律与非侵染性病害特点相一致，可初步诊断为非侵染性病害。如果病原物不明显还需显微观察诊断；病毒病害需按植物病毒诊断方法来鉴定。

3. 显微组织诊断

必须用显微镜检查有没有病原生物，或用电子显微镜结合生物测定，确定是否有病毒感染。

4. 排除诊断

(1) 化学成分分析

主要用于缺素症与盐碱害等，通常是对病株组织或土壤进行化学分析，测定其成分、含量，并与正常值相比，查明过多或过少的成分，确定病原。

(2) 采取治疗措施排除病因

如缺素症可在土壤中增施所缺元素或对病株喷洒、注射、灌根治疗。根腐病若是由于土壤水分过多引起的，可以开沟排水，降低地下水位以促进植物根系生长。如果病害减轻或恢复健康，说明病原诊断正确。

(3) 人工诱发，种植指示植物

根据初步分析的可疑原因，人为提供类似发病条件，诱发病害，观察表现的症状是否相同。此法适于温度、湿度不适宜、元素过多或过少、药物中毒等病害。如种植在疑为缺乏该种元素园林植物附近，观察其症状反应，借以鉴定园林植物是否患有该元素缺乏症。

实训作业

1. 叙述园林植物非侵染性病害的一般性诊断方法。
2. 每人提交一份校园、花圃、苗圃等场所的园林植物非侵染性病害名录。

2.3 园林植物病原真菌

2.3.1 真菌的一般形态

在园林植物侵染性病害中，病原真菌引起的病害种类和数量最多，约占植物病害种类的70%以上，真菌是最重要的植物病原类群。

真菌是真菌界生物的统称。真菌具有细胞壁和真正的细胞核，属真核生物，其营养体为单细胞或丝状体；以各种类型的无性、有性孢子或菌丝体繁殖；没有叶绿素，不能进行光合作用，属于异养生物。

真菌在其生长发育过程中会出现多种形态，个体发育分为营养阶段和繁殖阶段。即真菌先经过一定时期的营养生长，然后形成各种复杂的繁殖结构，产生各种孢子。

1. 真菌的营养体

(1) 菌丝及类型　真菌进行营养生长的菌体称为营养体。典型的营养体为纤细多枝的丝状体。单根细丝称为菌丝，菌丝可不断生长分枝，许多菌丝集聚在一起，称为菌丝体。菌丝通常呈管状，直径5～6μm，管壁无色透明。有些真菌的细胞质中含有各种色素，菌丝

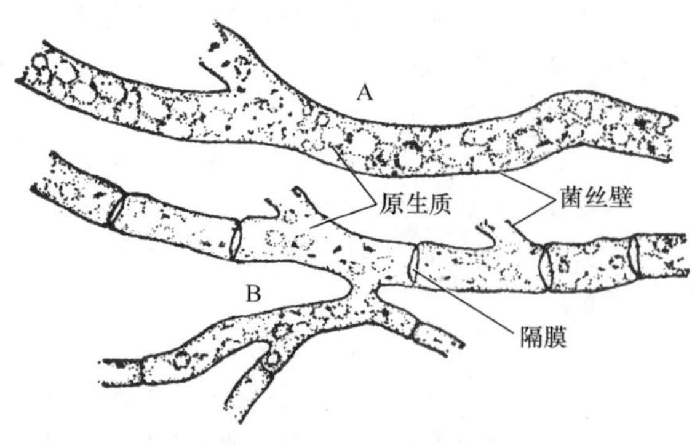

图 2-4　真菌的营养菌丝
A. 无隔菌丝　B. 有隔菌丝

体就表现不同的颜色，尤其老龄菌丝体。高等真菌的菌丝有隔膜，称为有隔菌丝。低等真菌的菌丝一般无隔膜，称为无隔菌丝（图 2-4）。菌丝一般由孢子萌发产生的芽管生长而成，以顶部生长和延伸。菌丝每一部分都潜存着生长的能力，每一断裂的小段菌丝在适宜的条件下均可继续生长。

(2) 菌丝体及变态类型　菌丝体是真菌获得养分的结构，寄生真菌以菌丝侵入寄主的细胞间或细胞内吸收营养物质。生长在细胞间的真菌，特别是专性寄生菌，还可在菌丝体上形成特殊机构，即吸器（图 2-5），伸入寄主细胞内吸收养分和水分。吸器的形状多样，因真菌的种类不同而异，有掌状、丝状或分枝状、指状、瘤状等。有些真菌还有假根，其形状如高等植物的根，但结构简单与菌丝对生，可从基物中吸收营养。

有些真菌的菌丝在一定条件下发生变态，交织成各种形状的特殊结构，如菌核、菌索、菌膜和子座等（图 2-6）。它们对于真菌的繁殖、传播以及增强对环境的抵抗力有很大作用。

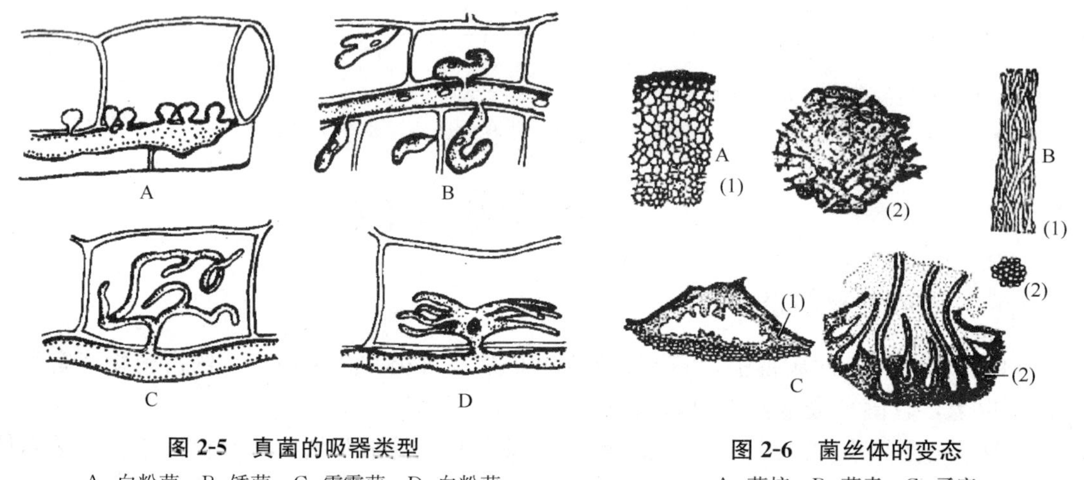

图 2-5　真菌的吸器类型
A. 白粉菌　B. 锈菌　C. 霜霉菌　D. 白粉菌

图 2-6　菌丝体的变态
A. 菌核　B. 菌索　C. 子座

2. 真菌的繁殖体

真菌经过营养生长后，即进入繁殖阶段，形成各种繁殖体进行繁殖。大多数真菌只以一部分营养体分化为繁殖体，其余营养体仍然进行营养生长，少数低等真菌则以整个营养体转变为繁殖体。真菌的繁殖方式分为无性繁殖和有性繁殖，无性繁殖产生无性孢子，有性繁殖产生有性孢子。任何产生孢子的组织或结构统称为子实体。

(1) 无性繁殖及无性孢子的类型　无性繁殖是指不经过两个性细胞或性器官的结合而产生新个体的繁殖方式。无性繁殖产生的孢子称无性孢子，有六种类型：芽孢子、粉孢子

(节孢子)、厚垣孢子(厚壁孢子)、游动孢子、孢囊孢子、分生孢子(图 2-7)。

真菌的无性孢子在一个生长季节中，可以重复产生、重复侵染，为再侵染来源，但其对不良环境的抵抗力较弱。

(2) 有性繁殖及有性孢子的类型　有性繁殖是指真菌通过性细胞或性器官的结合而产生孢子的繁殖方式。有性繁殖产生的孢子称为有性孢子。真菌的性细胞称为配子，性器官称为配子囊。经过有性繁殖产生孢子的叫有性孢子，主要有：卵孢子、接合孢子、子囊孢子、担孢子(图 2-8)。

真菌的有性孢子多数一个生长季节产生一次，且多产生在寄主植物生长后期，它有较强的生活力和对不良环境的忍耐力，常是越冬的孢子类型和次年病害的初侵染来源。

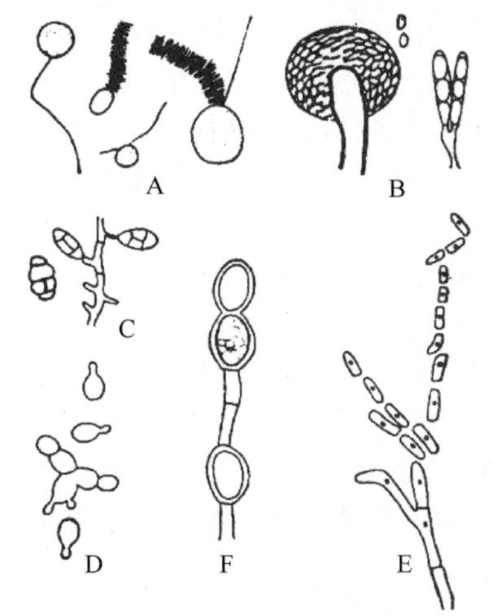

图 2-7　真菌无性孢子的类型

A. 游动孢子　B. 孢囊孢子　C. 分生孢子　D. 芽孢子　E. 粉孢子　F. 厚垣孢子

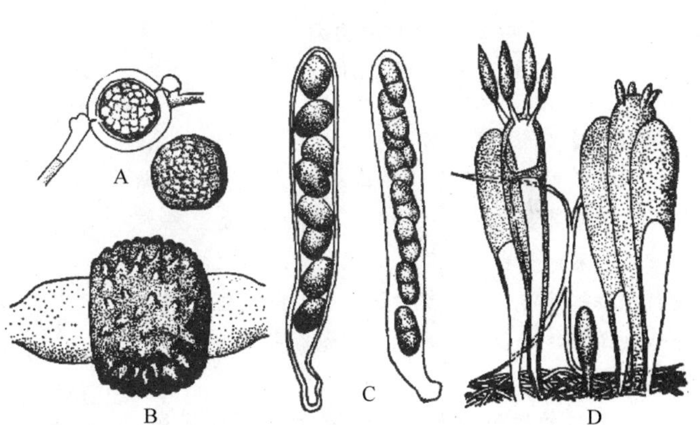

图 2-8　真菌的有性孢子类型

A. 卵孢子　B. 接合孢子　C. 子囊孢子　D. 担孢子

实验实训 13　显微镜使用及园林病原真菌的形态观察

实训目标

了解显微镜的构造，能使用显微镜观察病原物。掌握临时玻片的制作方法，能制作临时玻片。掌握真菌的子实体、有性繁殖、无性繁殖产生的各种类型孢子的特点，能区分常见孢子类类型。

实训用具与材料

载玻片、盖玻片、解剖针、刀片、表面皿、手持扩大镜、蒸馏水、纱布、吸水纸、擦镜纸、剪刀、镊子、乳酚油、二甲苯、解剖镜、放大镜、显微镜。

阔叶树白粉病菌、葡萄霜霉病、丁香褐斑病，芍药褐斑病等标本或装片；无性子实体和有性子实体等玻片标本；菌丝体变态类型教学标本，根霉纯培养平板、榆树炭疽病菌的纯培养平板。

实训内容和方法

1. 显微镜的使用方法及注意事项

显微镜的种类很多，结构也很复杂，但无论那种显微镜，其结构都是由光学系统和机械装置两大部分组成。光学系统包括物镜、目镜和照明装置(聚光器、反射镜、光源、滤光器)；机械装置主要包括镜座、镜臂、载物台、镜筒、物镜转换器及调焦装置（图 2-9）。

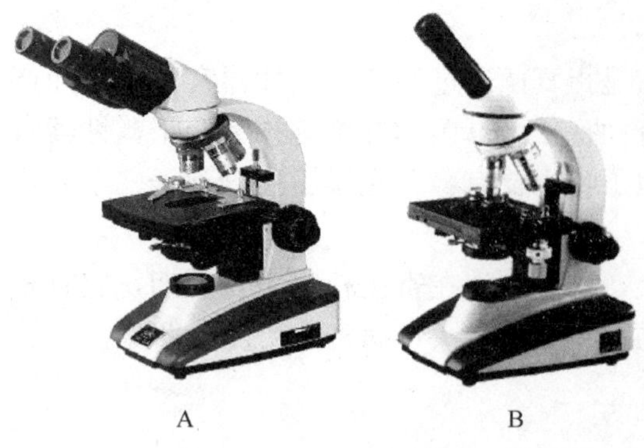

图 2-9　生物显微镜

A. 双目　B. 单目

(1) 显微镜的使用方法

观察前的准备工作　显微镜使用前应根据说明书的要求先检查一下它的各个部件是否完整和正常，并对载物台、目镜、物镜及聚光器上端透镜进行必要的清洁工作。然后进行必要的调整，特别是合轴调节，即目镜、物镜、聚光器中心要在一条轴线上。

显微镜的对光操作　先把显微镜正对光源，让反射镜镜面充分接受射来的光，把聚光器上升到它上端透镜平面稍低于载物台平面的高度。将低倍镜转到工作位置上，在载物台上放一标本片，把聚光器下的可变光阑开到最大，调节反射镜，使光线透过标本进入物镜。调焦到看清标本后去掉标本片，再仔细调节反射镜，使视野得到最亮和最均匀的照明。目前生产的显微镜大多带有人工光源，因此对光步骤可以省略。

聚光器与物镜的配合操作　完成照明和调焦后，取下目镜，直接向镜筒中看，把聚光器下的可变光阑关到最小，再慢慢地开大，开到它的口径与视野的直径恰好一样大。然后安上目镜，选用适当的滤片，即可进行观察。每转换一次物镜，都要随着进行一次这样的配合操作。

滤光片的选择　为了防止耀眼和减轻眼睛疲劳，增进分辨率及增大明暗反差，应选用合适的滤光片。通常的观察中，黄绿色、绿色和蓝绿色的滤光片最有用。对于单色标本和无色标本用绿色的滤光片能观察得最清楚。对两色和三色的标本，用黄绿色或蓝绿色的滤光片能观察的最清楚。

观察操作　在完成上述步骤之后，便可放上待检的标本片在载物台上，进行调焦和观察。观察时可以边移动标本片，寻找所要观察的对象；一边连续用细调焦螺旋调焦。观察时，先用低倍物镜进行观察，然后将观察部分移到视野中央，更换高倍物镜进行观察。

清洁　观察操作结束后要做好显微镜的清洁工作。

显微镜的各部分还原到使用前位置　观察完毕应把聚光器下降约 1cm。把物镜转离光轴，使镜筒下端正好对在两处物镜之间。把载物台上的标本移动架移到适当位置，以免任何一物镜的前端碰到其上。把反光镜转到垂直方向，以减少灰尘粘在上面。

(2) 使用显微镜应注意的事项

1) 使用显微镜前要用镜头纸擦拭镜头灰尘，避免用手指或其他纸来擦抹显微镜镜头，以免损坏镜头。

2) 用接目镜观察时，切不可用粗调节器将载物台快速向上移动应慢而轻地转动粗调节器。如果载物台向上移至不动时，请不要强旋转粗调节器，避免用力过猛，使物镜与玻片突然接触，压碎玻片标本，磨损镜头。

3) 观察时必须按顺序进行。先用低倍镜找到被观察物，再依次改用高倍镜，当使用 10 倍物镜头时，用粗调节器慢慢向上移动载物台，直至找到被观察物，然后将镜臂左侧有个粗动限位器顺时搬动，把载物台位置固定。这时粗调节器就不能旋转使用了，需要微调节器来调整高倍镜头的焦距，目的就是避免物镜头和切片标本接触，造成切片标本与镜头损坏。

4) 从载物台上取出切片时，必须先降低载物台，再取下切片标本。不得随意转动粗调节器和细调节器，使用时旋转频率要慢，转不动时不要强旋转，以免损坏仪器内部齿轮。

2. 临时玻片标本制作方法

临时玻片标本制作步骤如下：

清洗玻片　将盖玻片、载玻片用水清洗干净，用纱布擦干。

取材　将载玻片平放在实验台上，在玻片中央加一滴蒸馏水或乳酚油，用镊子或移植环取病组织离析材料放在蒸馏水或乳酚油中。

加盖玻片 然后用镊子夹住盖片，把盖玻片的一边先与载玻片的水滴（乳酚油）边沿接触，盖片的另一侧还是用镊子顶住，再慢慢的放下另一边，使盖玻片与载玻片之间充满水，如有气泡，要掀起盖片，重新放置（图2-10）。用吸水纸仔细吸去盖玻片四周溢出的浮载剂（注意浮载剂过多会使观察物出现晃动不稳定现象），即制成一张临时玻片。

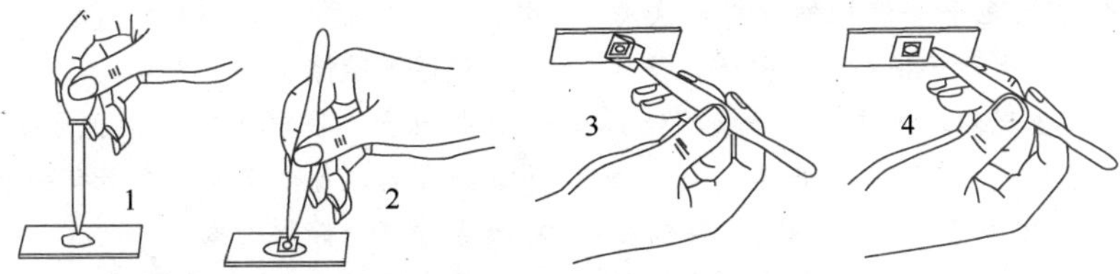

图2-10 临时玻片制作基本步骤图

常见临时玻片制作，如涂、撕、粘、挑、压和切片等，可以根据病原物的类型选择使用，其制作方法如下：

涂抹法 细菌和酵母菌的培养物常用涂抹法制片。将细菌或酵母菌的悬浮液均匀地涂在洁净的载玻片上，在酒精灯火焰上烘干、固定，再加盖玻片封固。加盖玻片前还可进行染色处理，使菌体或鞭毛着色而易于观察。

撕取法 用小金属镊子仔细撕下病部表皮制成临时玻片。

粘贴法 将塑料胶带纸剪成边长5mm左右的小块（注意胶带上不要印有指印），使胶面朝下贴在病部，轻按一下后揭下制成玻片。

挑取法 用挑针从病组织或基物（如培养基）上挑取表面的霉状物、粉状物或孢子团制成玻片。

组织透明法 将少量病组织材料切成细丝后放在载玻片上，滴加乳酚油后在酒精灯上徐徐加热至蒸气出现。如此处理数次使组织透明，冷却后加盖玻片进行镜检。此法可以观察到病原物在寄主内的原有状态。

压碎法 检查幼根中的病菌，可用压碎后检查的方法。将病组织的一小部分放在一干净载玻片上的浮载剂液滴中央，盖上盖玻片，轻轻挤压，病组织压碎后，仔细擦去多余的浮载剂，即制成一张临时玻片。

3. 园林植物病原真菌的形态观察

（1）真菌营养体观察

菌丝体

无隔菌丝 在根霉菌纯培养的平板上挑取少许菌丝体、制片镜检，可见到无横隔膜的菌丝，为长管状，有分枝。

有隔菌丝 取丝核菌或有隔菌丝玻片标本镜检，可见到有横隔膜的菌丝，把菌丝分成为多细胞。分隔处稍有缢缩，菌丝无色或稍有色。

菌丝体的变态类型

菌核 是由菌丝交织组成的内白外黑的块状物。观察大型菌核茯苓标本，菌核形状不规则外黑内白、干后较硬。

菌索 是由多数菌丝并列交织而成的绳索状物，多为黑褐色也有的为黄白色。一般生在树皮下，根部或木材中。观察蜜环菌的菌索标本。菌索黑褐色，菌丝体纵横连接成绳索状。观察杨树根紫纹羽病标本，注意紫色菌索，它是由无数菌丝并列而成，是休眠阶段的变态。

菌丝片 菌丝体若生长在腐朽的木材裂缝中时被压成片状，即为菌丝片，菌丝片有白色也有黄褐色。观察阔叶树腐朽材标本。

子座 观察轮层炭球菌标本：大型子座、黑色、质地炭质化、寄生在柞树的枯枝干上，腐生菌、近球型，剖开纵切面，可见到子座内有同心环纹，着生分生孢子梗和分生孢子或黑色烧瓶状的子囊壳。观察蛹虫草标本，子座棒状，橘红色，顶端膨大着生子囊。

吸器观察 取白粉病或霜霉病菌的吸器装片镜检，观察吸器的形态，比较吸器与假根有什么不同。

（2）真菌繁殖体观察

无性繁殖体

孢子囊和孢囊孢子 从黑根霉的纯培养平板中挑取少许菌丝和小黑色球状物制成临时玻片标本进行镜检，可见到呈水平生长的匍匐枝，伸入基质内的假根，在假根上方生有 1～4 根直立不分枝的孢子囊梗，孢子囊梗顶端膨大近球形的囊轴。每个孢子囊梗顶生一个球形孢子囊，孢子囊内含有大量的孢囊孢子。孢囊孢子圆形或椭圆形，无色。

分生孢子梗和分生孢子　镜检橘青霉或灰霉菌玻片标本，可见到分生孢子梗和分生孢子。分生孢子梗是由菌丝特化出现的，分枝或不分枝，分生孢子着生在分生孢子梗顶端，侧生或串生。

分生孢子盘和分生孢子　镜检核桃枝枯病菌的玻片标本：可见到分生孢子梗密集于盘状组织中，着生在盘的底部，梗短，在分生孢子梗顶端产生大量的分生孢子，分生孢子暗色椭圆形。分生孢子盘上部有裂口。

分生孢子器和分生孢子　取芹菜叶枯病菌玻片标本观察镜检，可见到分生孢子器和分生孢子。分生孢子器扁圆球形，有孔口，器内有很多针形，有横隔、无色的分生孢子。

粉孢子　取大叶黄杨白粉病病部上的白色粉状物，制片镜检观察粉孢子形态、颜色、孢子是否串生。

厚垣孢子　从榆树炭疽病菌的纯培养中，挑取少许孢子制成临时玻片镜检。可见厚垣孢子是菌丝体在恶劣条件下，分裂成许多段每段菌丝细胞原生质浓缩，细胞壁加厚而变成的一个休眠孢子。

有性繁殖体

卵孢子　观察腐霉有性孢子装片，可见到圆形的藏卵器，每个藏卵器内含有一个卵孢子，在藏卵器上缠绕着棒形雄器。

接合孢子　观察根霉属接合孢子玻片标本，镜检可见表面突起的大型孢子，即是接合孢子，其两端各连一较肥大的配子囊柄。

子囊和子囊孢子　观察盘菌的切片标本，镜检可见多数长筒形囊状物排列一层，每个囊中有 8 个椭圆形孢子。囊状物为子囊，孢子为子囊孢子，子囊平行排列呈层为子囊子实层。

担子和担孢子　观察伞菌子实体切片标本，镜检可见菌褶的两侧由许多担子排列而成的担子子实层。担子棒状，担子顶端有 4 个小柄，每小柄上有一个担孢子，椭圆形。

实训作业

绘制黑根霉菌、丝核菌、灰霉菌和盘菌的形态图，并标注各部位名称。

2.3.2　园林植物病原真菌的生活史

真菌从孢子萌发开始，经过一定的营养生长和繁殖阶段，最后又产生同 1 种孢子的过程，称为真菌的生活史或发育循环。如梨桧锈病菌的性孢子和锈孢子于 4～6 月相继在梨树的叶片上出现，锈孢子成熟后侵染桧柏，第二年的 3～4 月在桧柏上产生冬孢子角，其上的冬孢子萌发后侵染梨树的叶片、叶柄或幼果等，4～6 月在梨树上再次出现性孢子和锈孢子阶段。

典型的真菌生活史包括无性阶段和有性阶段（图 2-11）。真菌的有性孢子在适宜的条件下萌芽，产生芽管，伸长后，发育成菌丝体，在寄主细胞间或细胞内吸取养分，生长蔓延，经过一定的营养生长后，产生无性繁殖器官，并生成无性孢子飞散传播，无性孢子再萌发，又形成新的菌丝体，并扩展繁殖，这就是真菌发育过程中的无性阶段。在一个生长季节中，这样无性繁殖往往可以发生若干代，无性孢子繁殖量大，常成为园林植物病害发生流行的重要原因。当环境条件不适宜或是真菌发育后期，则进行有性繁殖。从菌丝体上开始形成两性交配细胞，两性细胞经质配进入双核阶段，再经核配形成双倍体的细胞核，又经过减数分裂形成含有单倍体细胞核的有性孢子，有性孢子萌发再产生菌丝体。有性孢子一年只发生一次，数量较少，常是休眠孢子，经过越冬或越夏后，次年再行萌发，成为初次侵染的来源。也有一些真菌能以菌核、厚垣孢子的形态越冬。

但是，在有些真菌的生活史中，并不是都具有有性和无性两个阶段。如半知菌只有无性阶段，而多数担子菌只有有性阶段。此外，真菌的有性阶段也不都是在营养生长的后期才出现，有些同宗配合的真菌，它们的有性阶段和无性阶段可以在整个生活过程中同时并存，在营养生长的同时产生有性孢子和无性孢子，如某些霜霉目的真菌。

许多真菌在整个生活史中可以产生两种或两种以上的孢子，称为多型现象，如典型锈菌类可以产生五种孢子类型。多种植物病原真菌在一种寄主上就可以完成生活史称为单主寄生；而有些植物病原真菌必须在两个亲缘关系完全不同的寄主上才能完成其生活史，称为转主寄生，如梨胶孢锈菌的冬孢子和担孢子产生在桧柏上，性孢子和锈孢子则产生在梨树上。

综上所述，真菌的生活史是真菌的个体发育和系统发育的过程。研究真菌的生活史，在园林植物病害防治中有着重要的意义。

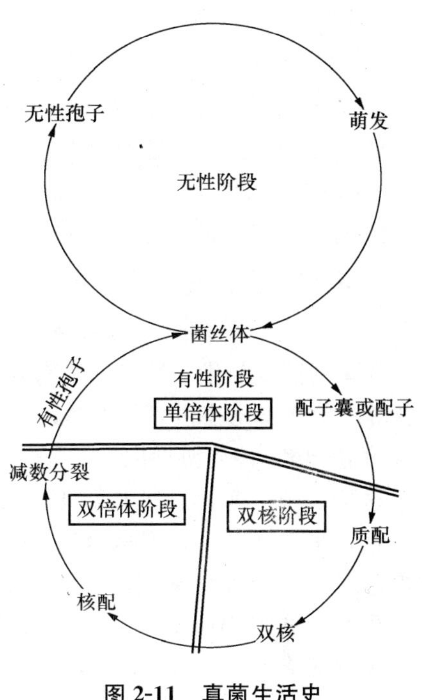

图 2-11　真菌生活史

2.3.3　园林植物病原真菌的主要类群

1. 真菌的分类和命名

关于真菌的分类地位和体系，历来就有许多不同的见解。目前按多数人所接受的安斯沃思（Ainsworth）（1973）的真菌分类系统，将真菌独立成为一界，即真菌界，按照真菌界下面分粘菌门和真菌门。真菌门下分五个亚门，即鞭毛菌亚门、接合菌亚门、子囊菌亚门、担子菌亚门和半知菌亚门。现将 Ainsworth G. C 的分类系统用检索表形式介绍如下：

1. 无性阶段产生游动孢子；有性阶段产生卵孢子 …………………………… 鞭毛菌亚门（Mastigomycotina）
1. 无性阶段不产生游动孢子 ……………………………………………………………………… 2
2. 有有性阶段 ……………………………………………………………………………………… 3
2. 无有性阶段，无性阶段产生分生孢子或不产生孢子 …………………… 半知菌亚门（Deuteromycotina）
3. 有性阶段产生接合孢子 ………………………………………………… 接合菌亚门（Zygomycotina）
3. 无接合孢子 ……………………………………………………………………………………… 4
4. 有性阶段产生子囊孢子 ………………………………………………… 子囊菌亚门（Ascomycotina）
4. 有性阶段产生担孢子 …………………………………………………… 担子菌亚门（Basidiomycotina）

真菌各级的分类单元是界、门、亚门、纲、亚纲、目、科、属、种。种是真菌最基本的分类单元。

真菌的命名和其他生物一样也采用双名法，前一个名称为属名，后一个名称为种名，学名之后为命名人的姓氏，假如原学名被更改，则将原命名人放在学名的括弧内，在括弧后再加更名人，如 *Pythium aphanidermatum*（Eds.）Fitzp.（瓜果腐霉菌）。

有些真菌有两个学名，这是因为最初命名时只发现无性阶段，后来发现了有性阶段时又另外命名。按国际命名法，每一种真菌只能有1个学名，这个学名应当指它的有性阶段，例如油茶炭疽病菌的有性阶段学名为 *Glomerella cingulata*（Stonem.）Spauld. et Schrenk，无性阶段的学名为 *Colletotrichum camelliae* Mass.，通常用前一个作正规的学名。但因为有些菌的有性阶段很少发现，从实际出发，也有采用无性阶段学名的。

2. 园林植物真菌的主要类群

（1）鞭毛菌亚门（Mastigomycotina）　鞭毛菌是一类最低等的真菌。有1100种以上，大多数为两栖或陆生，潮湿环境有利于生长发育。大部分是腐生菌，少数为寄生，个别为活体营养生物。其形态发育特点是，营养体是无隔多核的菌丝体，有分枝；无性繁殖的产孢结构为游动孢子囊，内生游动孢子；有性繁殖的产孢结构为雄器和藏卵器，有性孢子为卵孢子。

这类真菌引起园林植物病害的症状有腐烂、斑点、猝倒、流胶等。如易引起果实腐烂变褐色，呈软腐状，病部表面有白色绵毛状物或灰白色霜状霉层；茎基和根部被害使皮层变褐色腐烂；叶片危害引起斑点，病斑较大，暗褐色，圆形，水渍状；由霜霉菌引起的病斑常受叶脉的限制而呈多角形，后期在病斑上长出白色至灰白色霜状霉层。一般在低温多雨，潮湿多雾，昼夜温差大的气候条件下，病害容易流行。引起园林植物病害的重要病原菌有霜霉目（Peronosporales）中的腐霉菌、疫霉菌、霜霉菌等。

（2）接合菌亚门（Zygomycotina）及其所致病害的特点　接合菌亚门的真菌有1056种以上。其主要特征是：营养体是具有分枝的无隔多核的菌丝体，高等的接合菌菌丝有隔膜。有些菌丝形成匍匐丝、假根、吸器、吸盘等。无性繁殖形成孢子囊，产生不能游动的孢囊孢子，有性繁殖为配子囊接合形成的接合孢子。接合菌大多数是腐生菌，广泛分布于土壤和粪肥上，能引起植物贮藏器官的霉烂，只有少数寄生于植物上引起病害。本亚门真菌与园林植物病害有关的接合菌为毛霉目（Mucorales）的根霉属和毛霉属。

（3）子囊菌亚门（Ascomycotina）　子囊菌亚门是真菌中最大的类群，种类多，28 000种以上。该真菌有腐生的和寄生的。其主要特征是：营养体除酵母菌为单细胞外，均为分枝发达的有隔菌丝体；菌丝体有各种变态类型，如子囊果的包被、菌核、子座等。无性繁殖主要产生各种类型的分生孢子，分生孢子着生在分生孢子梗束上或分生孢子盘、分生孢子器内，即无性子实体组织中。有性繁殖产生子囊和子囊孢子，子囊内一般含有8个子囊孢子，但也有少于或多于8个的。

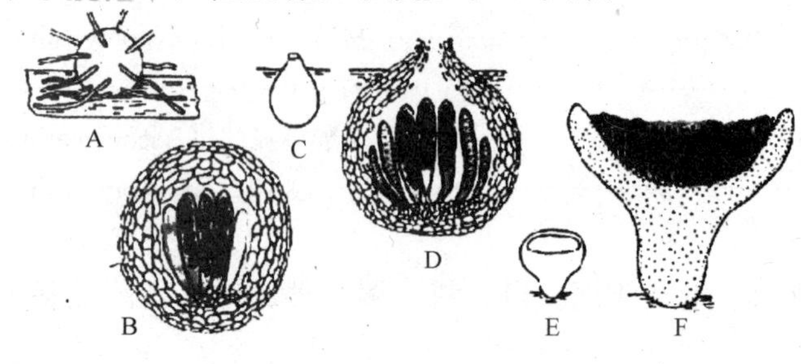

图2-12　子囊果类型
A、B. 闭囊壳　C、D. 子囊壳　E、F. 子囊盘

有些子囊菌的子囊是裸生在菌丝体上或寄主植物表面，但大多数子囊是着生在由菌丝体（或与寄主植物组织体）常交织在一起形成各种结构的组织体内，即子实体，也称为子囊果；子囊果根据不同形态分4种类型（图2-12）：子囊层外面的保护组织是完全封闭的，不留孔口，子囊果球形，称闭囊壳；子囊

果球形或瓶状、顶端有小孔口的称子囊壳；子囊果盘状或杯状、顶部开口大的称子囊盘；子囊着生在由子座组织消解而成的空腔内，称子囊腔。是否形成子囊果及子囊果的类型为子囊菌的重要分类依据。

本亚门真菌与园林植物病害有关的重要子囊菌有：外囊菌目（Taphrinales）外囊菌属的真菌；白粉菌目（Erysiphales）白粉菌类的真菌；小煤炱菌目（Meliolales）小煤炱属的真菌；球壳菌目（Sphaeriales）黑腐皮壳属和小丛壳属的真菌；座囊菌目（Dothideales）煤炱属的真菌；格孢腔菌目（Pleosporales）的葡萄座腔菌属的真菌；星裂盘菌目（Phacidiales）的散斑菌属的真菌；柔膜菌目（Helotiales）核盘菌属的真菌等，是重要的园林植物病原菌。

实验实训 14 鞭毛菌、接合菌、子囊菌亚门真菌主要类群形态观察

实训目标

掌握真菌分类的主要特征，能区分鞭毛菌亚门，接合菌亚门、子囊菌亚门；掌握各亚门中与园林植物病害有关的主要类群的形态特征，能利用显微镜鉴别各亚门的主要属。

实训用具与材料

显微投影仪、显微镜、多媒体教学设备、扩大镜、解剖针、镊子、刀片、小木板、通草、载片、盖片、浮载剂（蒸馏水或乳酚油）、擦镜纸、吸水纸等。

园林植物病害新鲜标本、各种植物病原真菌的分离培养物及装片标本，园林植物真菌病害教学标本；园林植物病害及病原菌挂图、多媒体课件及病原菌鉴定参考资料书籍等。

实训内容和方法

1. 鞭毛菌亚门 (Mastigomycotina)

腐霉属（*Pythium*） 无性繁殖在菌丝顶端或中间形成球形或不规则形的游动孢子囊，成熟后一般不脱落，萌发时产生游动孢子。有性生殖在藏卵器内形成1个卵孢子（图2-13）。观察瓜果腐霉菌（*P. aphanidermatum*）。

疫霉属（*Phytophthora*） 孢囊梗很短，单生，菌丝状；孢子囊洋梨形，顶端有乳头状突起（图2-14）。观察牡丹疫腐病菌（*P. parasitica*）。

霜霉属（*Peronospora*） 菌丝在寄主细胞间生长，产生吸器伸入细胞内吸收营养。孢囊梗自气孔伸出，单生或丛生，呈二叉状锐角分枝，分枝末端尖细。孢子囊卵圆形（图2-15）。孢囊梗和孢子囊在寄主叶背面病斑处形成白色霜状霉层，故称为霜霉病。观察蔷薇霜霉菌（*P. sparsa*）引起月季霜霉病、菊花霜霉病等。

2. 接合菌亚门 (Zygomycotina)

根霉属（*Rhizopus*） 分布广的腐生菌。菌丝发达有分枝，能产生假根或匍匐丝。孢囊梗从匍匐丝上产生，与假根对生，顶端产生孢子囊，内生孢囊孢子椭圆形。接合孢子球形，表面有瘤状突起，黑色（图2-16）。观察匐枝根霉。

毛霉属（*Mucor*） 形态与根霉相近，区别点是无匍匐枝和假根。同样引起多种园林植物种实、球茎、鳞茎等器官的腐烂发霉。

3. 子囊菌亚门 (Ascomycotina)

外囊菌属（*Taphrina*） 无子囊果，子囊裸生，在寄主组织表面呈栅栏状排列，产生一层白粉，子囊内有8个孢子（图2-17）。观察桃缩叶病的畸形外囊菌（*T. deformans*）。

白粉菌目（Erysiphales） 以吸器伸入表皮细胞吸取养料。子囊果为闭囊壳，外部长有不同形状的附属丝。子囊1至多个，椭圆形；子囊孢子2～8个，椭圆形。无性阶段由菌丝分化成直立的分生孢子梗，顶端串生分生孢子。附属丝的形态和闭囊壳内子囊的数目是白粉菌分类的重要依据，与园林植物病害有关的常见七个属（图2-18）：

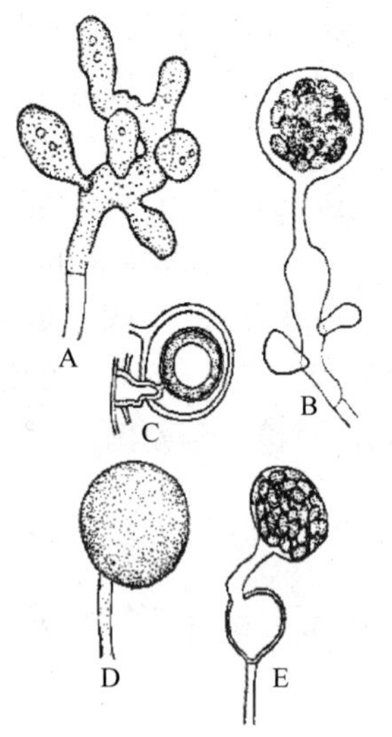

图2-13 腐霉属

A. 姜瓣形孢子囊 B. 孢子囊萌发形成排孢管及泡囊 C. 雄器及藏卵器 D. 球形孢子囊 E. 孢子囊萌发

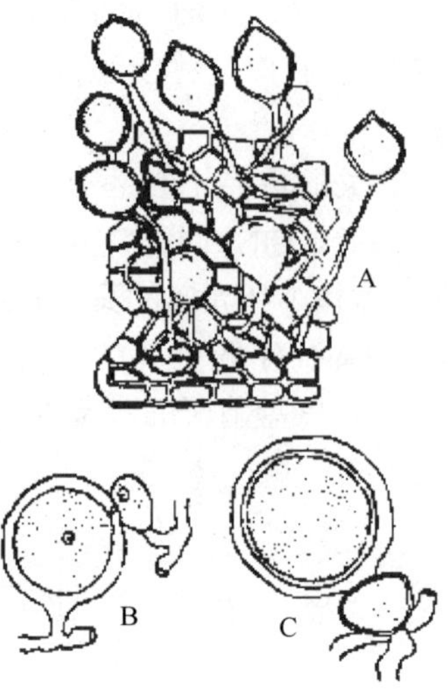

图2-14 疫霉属

A. 孢囊梗及孢子囊 B. 雄器侧位 C. 雄器下位

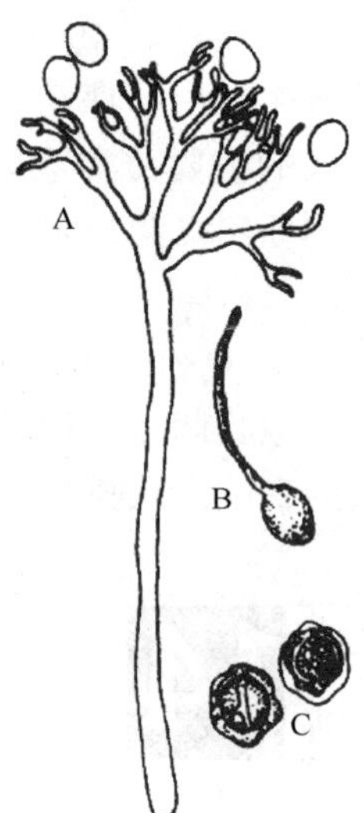

图2-15 霜霉属

A. 孢子囊和孢囊梗 B. 孢子囊萌发 C. 卵孢子

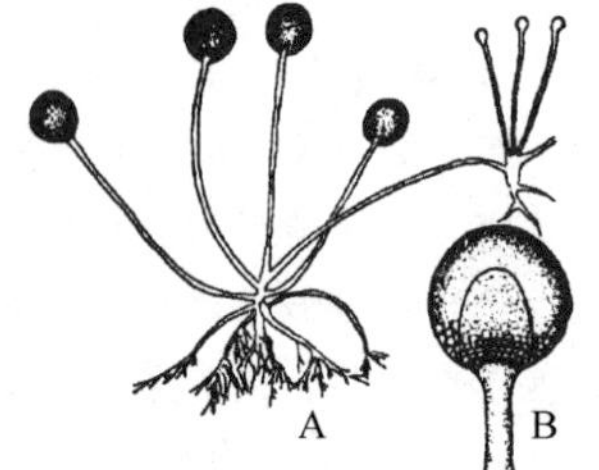

图2-16 根霉属

A. 孢囊梗、假根及匍匐丝 B. 孢囊梗放大、示囊轴

图2-17 外囊菌属

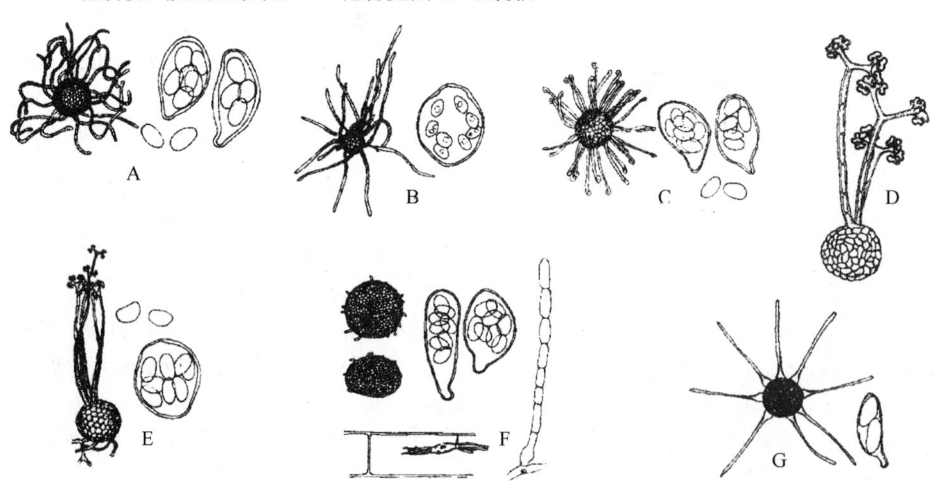

图2-18 白粉菌目主要属

A 白粉菌属 B. 单丝壳属 C. 钩丝壳属 D. 叉丝壳属 E. 叉丝单囊壳属 F. 布氏白粉菌属 G. 球针壳属

白粉菌目主要属检索表

1. 闭囊壳内只有一个子囊 …………………………………………………………………………………… 2
1. 闭囊壳内有多个子囊 ……………………………………………………………………………………… 3
2. 附属丝柔软、呈丝状 ………………………………………………………… 单丝壳属（*Sphaerotheca*）
2. 附属丝较硬，呈双叉分枝 ……………………………………………… 叉丝单囊壳属（*Podosphaera*）
3. 附属丝呈丝状或末端分叉状 ……………………………………………………………………………… 4
3. 附属丝附坚硬，末端呈钩状或针状 ……………………………………………………………………… 6
4. 附属丝分叉状 …………………………………………………………………… 叉丝壳属（*Microsphaera*）
4. 附属丝丝状 ………………………………………………………………………………………………… 5
5. 附属丝短菌丝状，分生孢子梗基部膨大呈近球形 ……………………… 布氏白粉菌属（*Blumeria*）
5. 附属丝丝状，一般长于 ………………………………………………………………… 白粉菌属（*Erysiphe*）
6. 附属丝末端卷曲呈钩状 ………………………………………………………………… 钩丝壳属（*Uncinula*）
6. 附属丝基部膨大，末端针状 ……………………………………………………… 球针壳属（*Phyllactinia*）

观察刺槐叉丝壳菌（*M. robiniae*）、榛球针壳菌（*P. corylea*）、白叉丝单囊壳菌（*P. leucotricha*）、蔷薇单丝壳菌（*Sphaerotheca pannsa*（Wallr.）Lev.）、樱花叉丝单囊壳菌（*P. tridactyla*）、禾布氏白粉菌（*B. graminis*）、丁香叉丝壳菌（*M. syringae*）、漆树钩丝壳（*Uncinula verici-ferae*）等。

小煤炱属（*Melioala*） 菌丝体寄生于寄主表面，黑色，有附着枝和刚毛。附着枝为双细胞。子囊果球形，子囊束生于黑色闭囊壳基部；子囊孢子椭圆形，暗褐色，2～4个隔膜（图2-19）。观察茶生小煤炱（*M. camellicola*）。

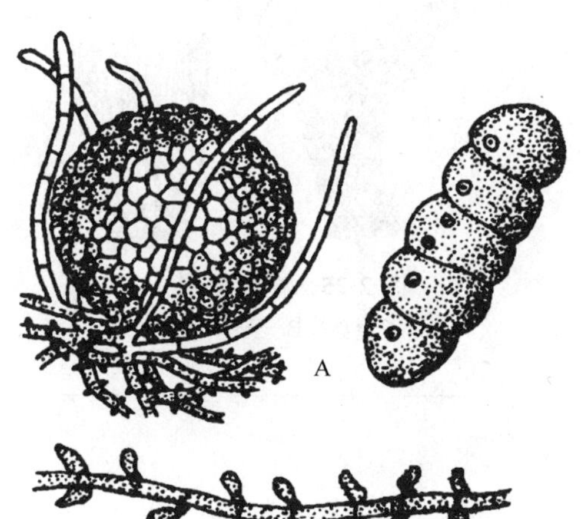

图 2-19　小煤炱属

小丛壳属（*Glomerella*） 子囊壳产生在菌丝层上或半埋于子座内，没有侧丝；子囊孢子单细胞，无色（图2-20）。观察围小丛壳（*G. cingulata*）。

图 2-20　小丛壳属

黑腐皮壳属（*Valsa*） 子座黑色，子囊壳埋生在子座中，颈较长，孔口外露，聚生。子囊棍棒状。子囊孢子单胞，腊肠形（图2-21）。观察杨树腐烂病菌（*V. sordida*）。

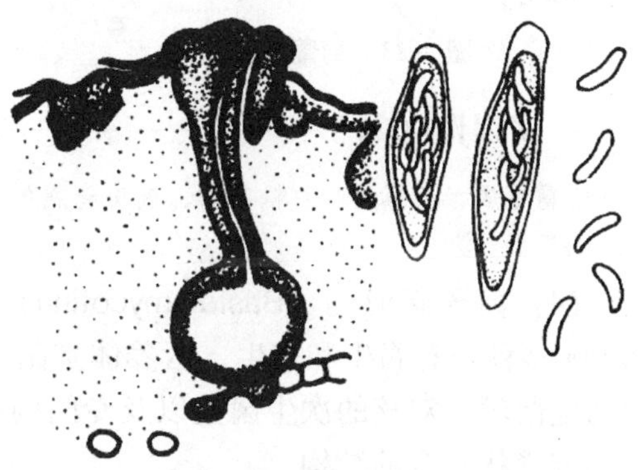
图 2-21　黑腐皮壳属

煤炱属（*Capnodium*）　菌丝由圆形细胞联成串珠状，暗褐色，是植物枝叶表面的腐生物，通常以介壳虫或蚜虫分泌的蜜汁为营养来源，由于表生的黑色菌丝体层影响植物光合作用，使多种园林植物易发生煤污病（图 2-22）。观察柳煤污病菌（*C. salicinum*）。

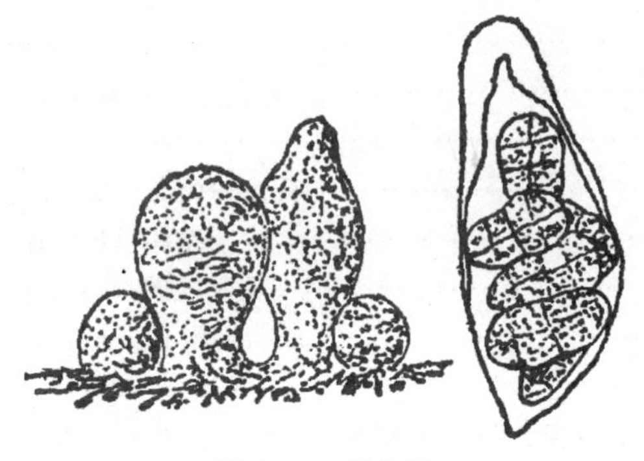

图 2-22　煤炱属

葡萄座腔菌属（*Botryosphaeria*）　7 子座发达，垫状，黑色，后突破基物外露；子囊棍棒形，有短柄；子囊孢子 8 个，单胞，无色，卵圆形至椭圆形（图 2-23）。观察杨树溃疡病菌［*B. dothidea* (Mong. ex Fr)］。

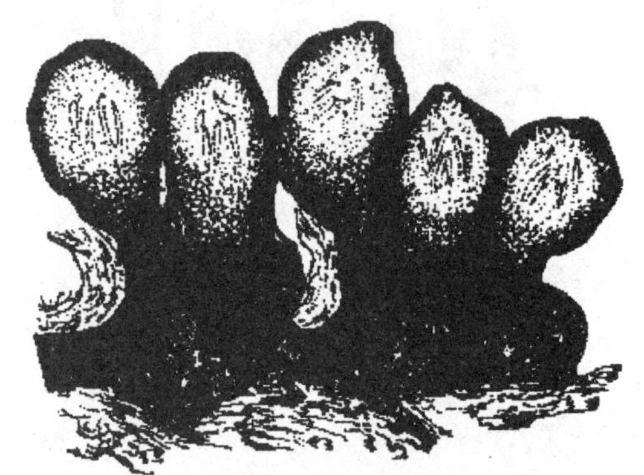

图 2-23　葡萄座腔菌属

散斑壳属（*Lophoderminm*）　子囊盘椭圆形，漆黑色，中心有一条纵裂线。子囊棒状。子囊孢子线形，单胞（图 2-24）；其分生孢子器和子囊盘都于春季形成。观察松针散斑壳菌（*L. pinastri*）。

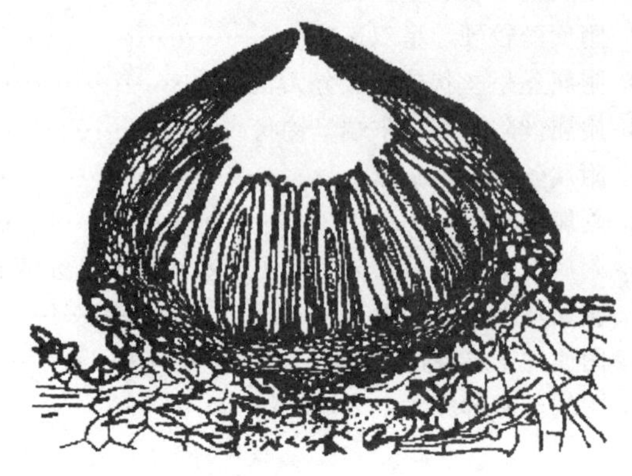

图 2-24　散斑壳属

核盘菌属（*Sclerotinia*）　菌核长圆形鼠粪状，初期白色，成熟时黑色，子囊果为子囊盘，由菌核产生，有长柄，有一层子囊子实层；子囊间有侧丝；子囊棍棒状无色，内有 8 个子囊孢子卵圆形，单孢无色。大多数核盘菌不产生无性孢子（图 2-25）。观察核盘菌（*S. sclerotiorum*）。

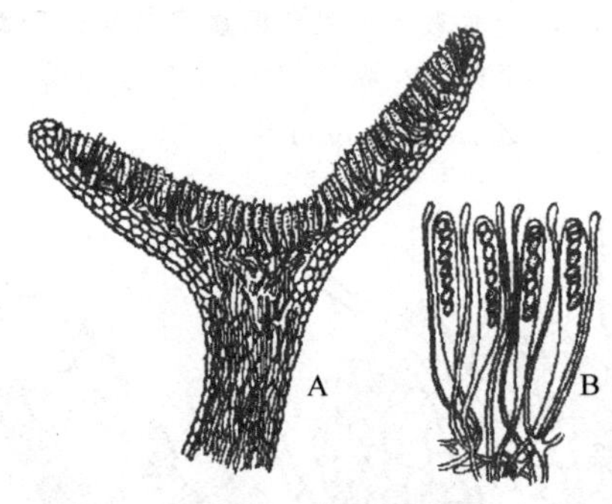

图 2-25　核盘菌属

A. 子囊盘　B. 子囊与侧丝

实训作业

绘霜霉属、根霉属、白粉菌属、散斑壳属的形态图。

（4）担子菌亚门（Basidiomycotina）　担子菌是真菌中最高等的一个亚门，现已知 16 000多种，有腐生和寄生。营养体是菌丝发达的有隔菌丝体，菌丝有三种类型：即单核的初生菌丝、双核的次生菌丝以及专门构成担子果的三生菌丝。许多担子菌在双核菌丝上还形成锁状联合的结构。

无性阶段除锈菌和黑粉菌外，大多数担子菌不进行无性繁殖。黑粉菌可以产生芽孢子，锈菌的夏孢子相当于分生孢子。

有性阶段除锈菌外，一般担子菌没有性器官。多数高等担子菌都是依靠菌丝联合产生双核菌丝，通过营养阶段后，由营养菌丝顶端直接形成担子，担子上产生4个单倍体的担孢子。多数担子菌有伞状、贝壳状或马蹄状的担子果，这类担子菌大都腐生，许多是食用菌和药用菌，如平菇、猴头菇、木耳、银耳、灵芝等，极少数为园林植物病原物，引起植物枝干腐朽、根腐病等；而少数如锈菌和黑粉菌没有担子果，在寄主植物病斑上形成成堆的冬孢子，是寄生高等植物的活体营养生物，分别引起多种植物的黑粉病和锈病。

担子菌根据担子有隔或无隔、担子果有或无，以及裸果还是被果等性状进行分类。本亚门真菌与园林植物病害关系密切的重要病原菌有锈菌目（Uredinales）的柄锈菌属、多胞锈菌属、胶锈菌属、鞘锈菌属和栅锈菌属的真菌；黑粉菌目（Ustilaginales）的黑粉菌属的真菌；木耳目（Auriculariales）的卷担子菌属的真菌；外担子菌目（odasidiales）的外担子菌属的真菌。

（5）半知菌亚门（Deuteromycotina） 已知半知菌真菌以有17 000种，植物真菌病害，约有一半是半知菌引起的。本亚门的真菌在自然界中个体发育不进入有性阶段或有性阶段尚未发现，只进行无性阶段繁殖，所以称为半知菌或不完全菌。当发现其有性阶段时，大多数属于子囊菌，极少数属于担子菌，个别属于接合菌。

半知菌的主要特征是：营养体多数为发达的有隔菌丝体，菌丝体可以形成菌核、子座等结构；无性繁殖产生各种类型的分生孢子，少数不产生孢子；典型繁殖方式是从菌丝体上分化出分生孢子梗，其上产生分生孢子；分生孢子梗着生在营养菌丝体上或聚生在一定结构的子实体上。按分生孢子梗着生的形式，其无性繁殖的子实体分为四类：即孢梗束、分生孢子座、分生孢子器、分生孢子盘（图2-26）。

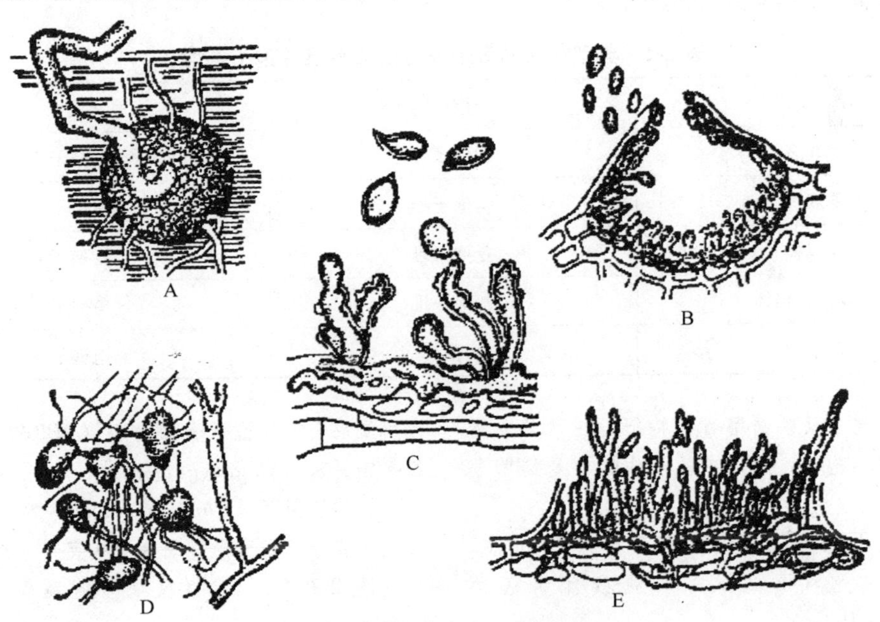

图2-26 半知菌的子实体及菌核

A. 分生孢子器外形 B. 分生孢子器剖面 C. 分生孢子梗 D. 菌丝与菌核 E. 分生孢子盘

半知菌陆生，腐生或寄生。园林植物病原菌常引起种实霉烂和苗木枯死、叶斑、炭疽和疮痂，树木枝条枯死及主干溃疡等病害。本亚门真菌与园林植物病害关系密切的重要病原菌有：无孢目（Agonomycetales）的丝核菌属，丝孢目（Moniliales）的粉孢属、葡萄孢属；瘤座孢目（Tudercularariales）的镰刀菌属；黑盘孢目（Melanconiales）的炭疽菌属、放射孢属、盘二孢属；球壳孢目（Sphaeropsidales）的叶点霉属。

实验实训15　担子菌、半知菌亚门真菌主要类群形态观察

实训目标

掌握各亚门中与园林植物病害有关的主要类群的形态特征，能利用显微镜鉴别各亚门的主要属。

实训用具与材料

用具：显微投影仪、显微镜、多媒体教学设备、扩大镜、解剖针、镊子、刀片、小木板、通草、载片、盖片、浮载剂（蒸馏水或乳酚油）、擦镜纸、吸水纸等。

材料：园林植物病害新鲜标本、各种植物病原真菌的分离培养物及装片标本，园林植物真菌病害教学标本；园林植物病害及病原菌挂图、多媒体课件及病原菌鉴定参考资料书籍等。

实训内容和方法

1. 担子菌亚门　(Basidiomycotina)　真菌

（1）锈菌类

锈菌不形成担子果，在发育和形态上有许多特殊之处。典型的锈菌要经过5个发育阶段，并相应产生5种孢子类型（图2-27）。有单核的担孢子、性孢子和双核的锈孢子、夏孢子、冬孢子。这五种孢子产生的先后时间顺序是：性孢子、锈孢子、夏孢子、冬孢子、担孢子。锈菌生活史的五个发育阶段分别用罗马数字0、Ⅰ、Ⅱ、Ⅲ、Ⅳ表示（表2-2）。

表2-2　典型锈菌的五个发育阶段和五种孢子类型

发育阶段	产孢结构	孢子
0单核	性孢子器	性孢子
Ⅰ双核	锈孢子器	锈孢子
Ⅱ双核	夏孢子堆	夏孢子
Ⅲ双核二倍体	冬孢子堆	冬孢子
Ⅳ单核	初菌丝	担孢子

由于冬孢子反映锈菌目的特征，并且多数锈菌都能形成冬孢子，所以冬孢子的性状是锈菌分类的主要依据。

柄锈菌属（*Puccinia*）　冬孢子有柄，双细胞，夏孢子单细胞（图2-28-A）。观察秆锈病菌（*P. graminis* Pers.）。

栅锈菌属（*Melampsora*）　冬孢子单生细胞，无柄，排列成整齐的一层，着生于寄主表皮细胞下或角质层下，夏孢子表面有刺（图2-28-B）。观察松柳栅锈菌（*M. larici-epitea*）。

多胞锈菌属（*Phragmidium*）　冬孢子3至多细胞，壁厚，表面光滑或有瘤状突起，柄的基部膨大（图2-28-C）。观察玫瑰多胞锈菌（*P. rosae-multiflorae*）

胶锈菌属（*Gymnosporangium*）　无夏孢子阶段，冬孢子双胞，有长柄，遇水膨胀胶化（图2-28-D）。

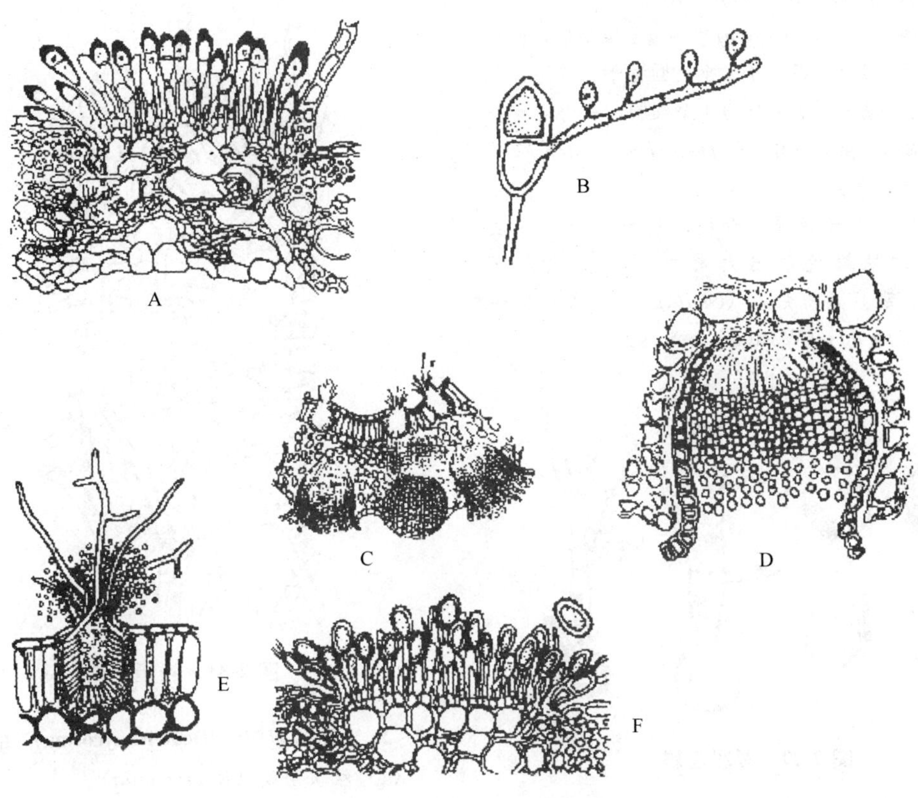

图 2-27　锈菌的各种孢子

A. 冬孢子堆和冬孢子　B. 冬孢子萌发　C. 性孢子器和锈孢子器
D. 锈孢子器　E. 性孢子器　F. 夏孢子堆和夏孢子

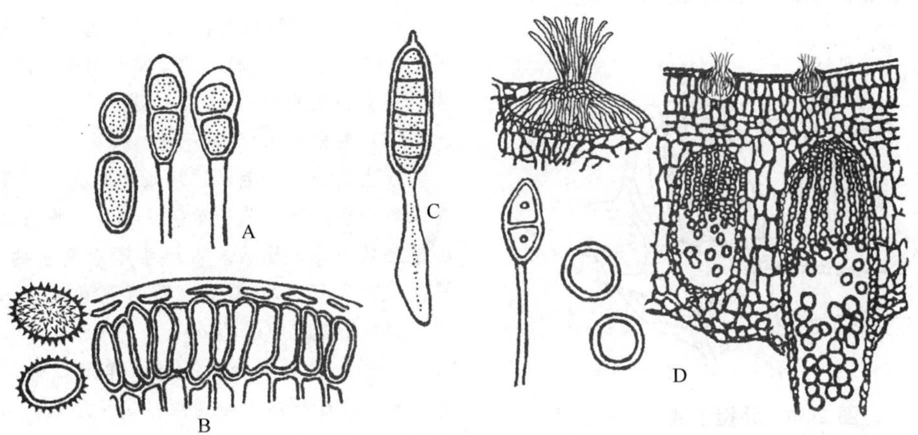

图 2-28　锈菌主要属

A. 柄锈属　B. 栅锈属　C. 多胞锈属　D. 胶锈属

观察梨胶锈菌（*G. haraeanum* Syd）。

鞘锈菌属（*Coteosporium*）　冬孢子堆小型，产生在表皮下，微隆起。冬孢子无柄，圆柱形、单胞，无色，顶壁厚，萌发时本身分为 4 个细胞，成为内生担子。观察油松黄壁鞘锈菌（*C. phellodendri* Kom.）。

（2）黑粉菌类

主要危害草坪花序，表现症状草坪花序变成灰白色，后期黑色散出大量的黑色粉状孢子（图 2-29）。观察黑粉菌属（*Ustilago*）的条形黑粉菌［*U. striiformis*（Westend.）Niessl］。

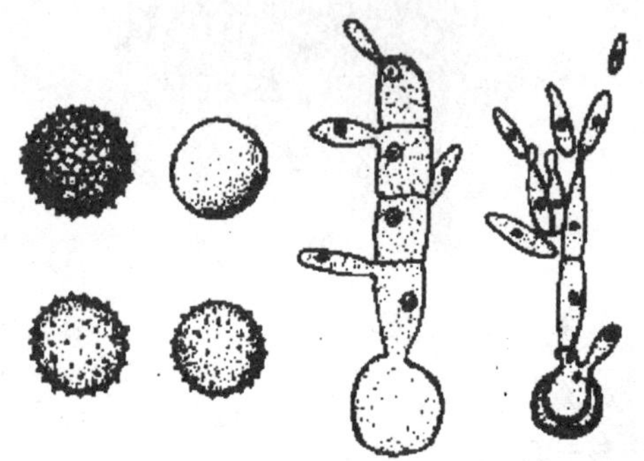

图 2-29　黑粉菌属

（3）外担子菌类

它们无担子果，担子裸生在寄主受害部的表面形成灰白色绒状子实层，常见病原菌为外担菌属（*Exobasidium*）的真菌（图 2-30）。观察杜鹃半球外担菌（*Exobasidium rhododendri* Cram）。

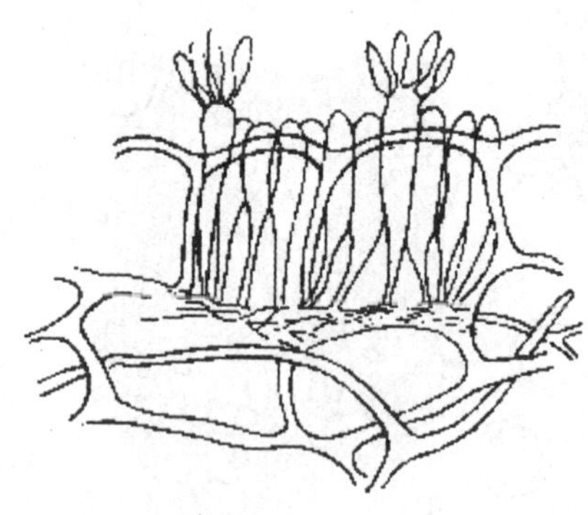

图 2-30　外担子菌

（4）卷担子菌（*Helicobasidium*）

担子果平伏膜质，毛绒状，紫红色（图 2-31）。观察紫卷担子菌［*H. purpureum*（Tul.）pat.］。

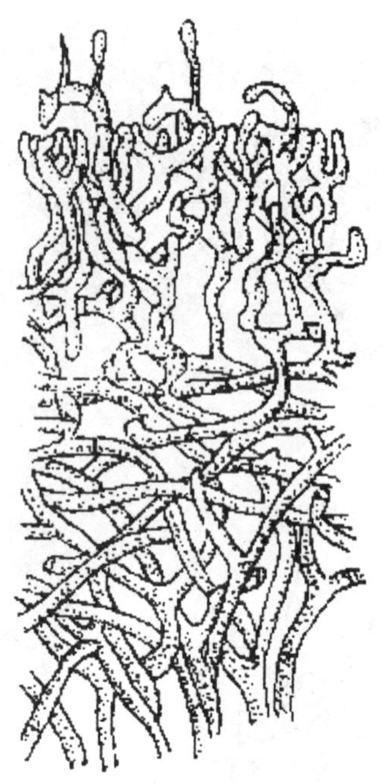

图 2-31　卷担子属

2. 半知菌亚门（Deuteromycotina）的真菌

（1）丝核菌属（*Rhizoctonia*）

菌丝褐色，多为近直角分枝，在分枝处有缢缩。菌核褐色或黑色，表面粗糙，形状不一。不产生分生孢子（图 2-32-A）。观察立枯丝核菌（*R. solani* Kuhn.）。

（2）小核菌属（*Sclerotium*）

产生较有规则的圆形或扁圆形菌核，表面褐色至黑色，内部白色，菌核之间无菌丝相连（图 2-32-B）。观察花木白绢病（*S. rolfsii* Sacc.）。

（3）葡萄孢属（*Botrysis*）

分生孢子梗无色，顶端细胞膨大呈球形，上面有许多小梗，分生孢子单胞、无色、椭圆形，着生小梗上聚成葡萄穗状。常产生不规则状的小菌核，黑色（图 2-33-A）。观察灰葡萄孢菌（*B. cinerea*）。

（4）粉孢属（*Oidium*）

如菌丝表面生分生孢子，单胞，椭圆形，串生。分生孢子梗丛生与菌丝区别不显著。如瓜叶菊白粉病、月季白粉病菌等（图 2-33-B）。

（5）轮枝孢属（*Verticillium*）

分生孢子梗轮状分枝，孢子卵圆形、单生。如大丽花黄萎病、茄黄萎病菌等（图 2-33-C）。

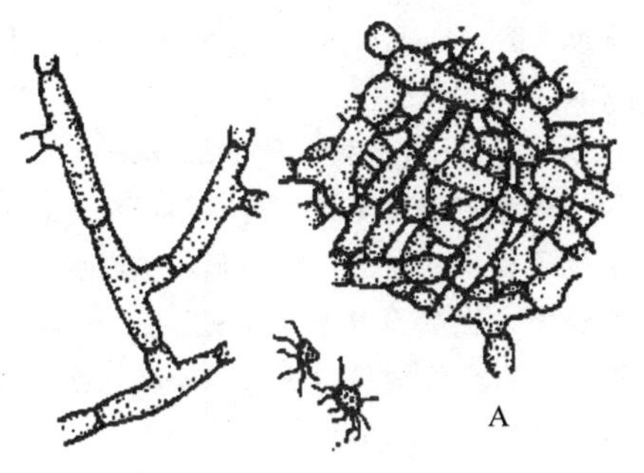

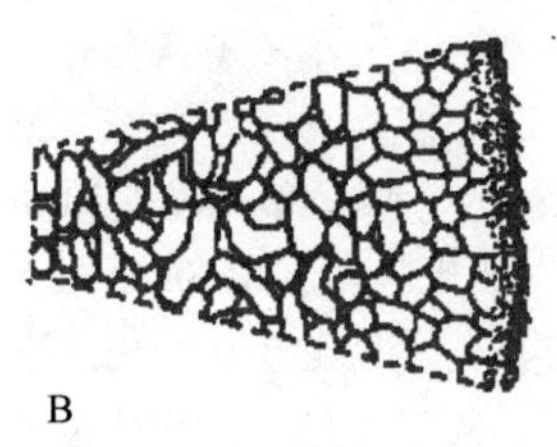

图 2-32 半知菌无孢目主要属

A. 丝核菌属 B. 小核菌属

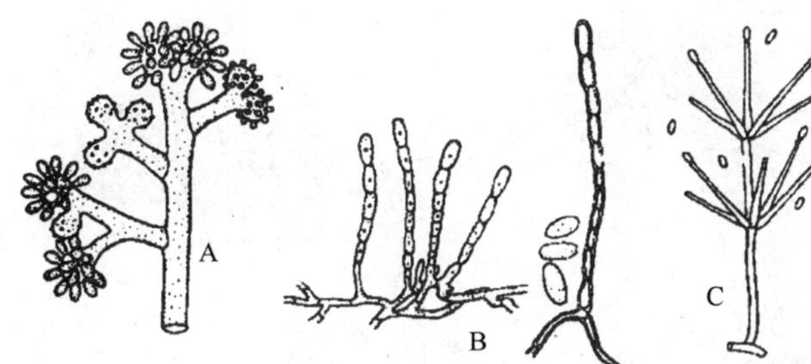
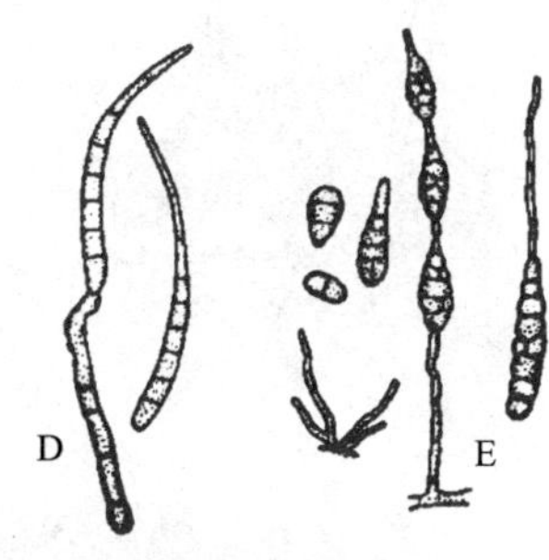

图 2-33 半知菌丝孢目主要属

A. 葡萄孢属 B. 粉孢属 C. 轮枝孢属 D. 尾孢属 E. 链格孢属

(6) 尾孢属 (*Cercospora*)

分生孢子梗黑褐色，不分枝，顶端着生分生孢子。分生孢子线形，多胞，有多个横隔膜。如樱花褐斑病、丁香褐斑病、桂花叶斑病、杜鹃叶斑病菌等（图 2-33-D）。

(7) 链格孢属（交链孢属）(*Alternaria*)

分生孢子梗深色，顶端单生或串生分生孢子。分生孢子多胞，具纵、横隔膜成砖格状，孢子长圆形或棒形，顶端尖细，串生，很多是常见的腐生菌。如香石竹叶斑病、圆柏叶枯病菌等（图 2-33-E）。

(8) 镰孢菌属 (*Fusarium*)

分生孢子梗无色聚集形成垫状的分生孢子座。该属真菌通常产生两种类型分生孢子，一种大型分生孢子多细胞镰刀形，无色，两端尖，稍弯；另一小型分生孢子单胞卵圆形，无色（图 2-34）。观察尖镰孢菌（*F. oxysporium* f. sp. Perniciosu）。

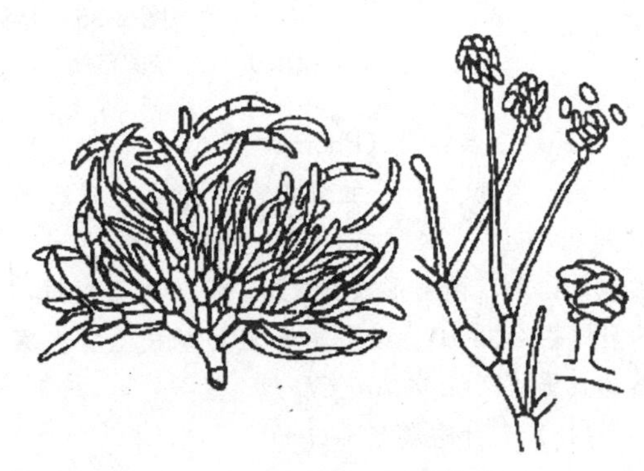

图 2-34 镰孢菌属

(9) 炭疽菌属 (*Colletotrichum*)

分生孢子盘生于寄主表皮下，有褐色具分隔的刚毛；分生孢子梗及分生孢子无色，单胞，长椭圆形或新月形（图 2-35-A）。观察兰炭疽菌（*C. orchidaerum* Allesoh.）。

(10) 痂圆孢属 (*Sphaceloma*)

分生孢子盘半埋于寄主组织内，分生孢子较小，单胞，无色，椭圆形，稍弯曲。观察葡萄黑痘病、柑橘疮痂病菌等（图 2-35-B）。

(11) 盘多毛孢属 (*Pestalotia*)

分生孢子多胞，两端细胞无色，中部细胞褐色，顶端有 2～3 根刺毛（图 2-35-C）。观察山楂灰斑病菌等。

（12）盘二孢属（*Marssonina*）

分生孢子盘极小，分生孢子卵圆形或椭圆形，无色，双细胞，大小不等，上大下小，分隔处缢缩（图 2-35-D），观察杨生盘二孢［*M. brunnea*（Ell. ex Ev.）Magn］=（*M. populicola* Miura）。

（13）放线孢属（*Actinonema*）

病斑黑色，边缘呈放射状。分生孢子盘生于寄主表皮下，藏于放射状分枝的菌丝层下，分生孢子长椭圆形，无色，双细胞，分隔出略缢缩，弯曲似新月形（图 2-35-E）。观察蔷薇放线孢菌［*Actinonema rosae*（Lib.）-Fr.］。

（14）叶点霉属（*Phyllosticta*）

分生孢子器黑色，扁球形至球形，有孔口，分生孢子极小，卵形或椭圆形，单细胞，无色。寄生性较强，主要危害叶片，引起叶斑病，病斑近圆形，有明显的病缘（图 2-36-A）。观察桂花赤叶斑病菌（*P. osmanthi*）。

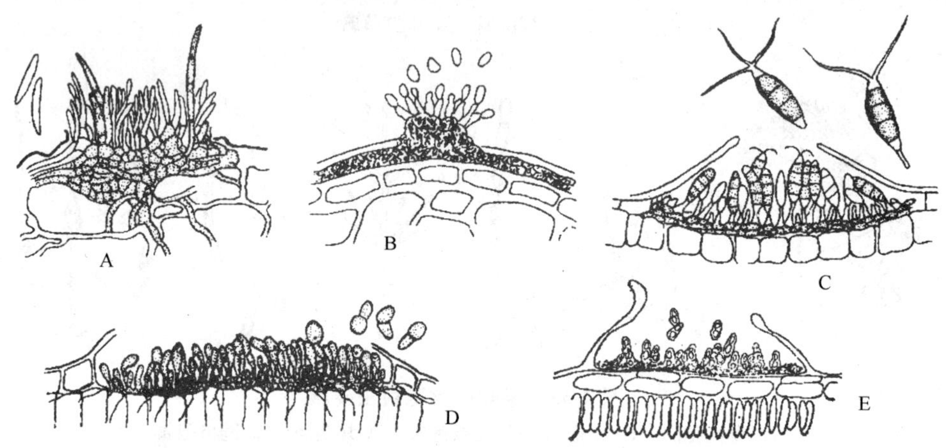

图 2-35　半知菌黑盘孢目主要属

A. 炭疽菌属　B. 痂圆孢属　C. 盘多毛孢属　D. 盘二孢属　E. 放线孢属

（15）茎点霉属（Phoma）

孢子器埋生于寄主组织内或处露，有明显或不明显的孔口，外壁暗色。分生孢子小，无色，单细胞，卵形，椭圆形或长方形。分生孢子梗短，不明显（图 2-36-B）。多寄生于植物茎枝上。观察山茶茎点霉（*P. camelliae Cke*）。

（16）壳针孢属（*Septoria*）

分生孢子器暗色，散生，近球形，生于病斑内，孔口露出。分生孢梗短，分生孢子无色、多胞，细长至线形（图 2-36-C）。观察菊花褐斑病等。

（17）壳囊孢属（*Cytospora*）

子座瘤形或球形，位于寄主韧皮部内。孢子器位于子座内，不规则地分成数室，有一个共同的出口。分生孢子梗排列紧密，呈栅栏状。分生孢子，单胞，无色，腊肠形（图 2-36-D）。观察杨树腐烂病菌金黄壳囊孢［*C. chrysosperma*（Pers. Fr.）］。

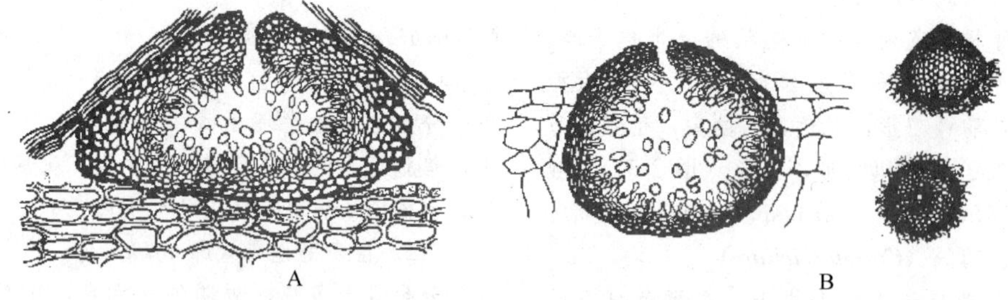

图 2-36　半知菌球壳孢目主要属

A. 叶点霉属　B. 茎点霉属

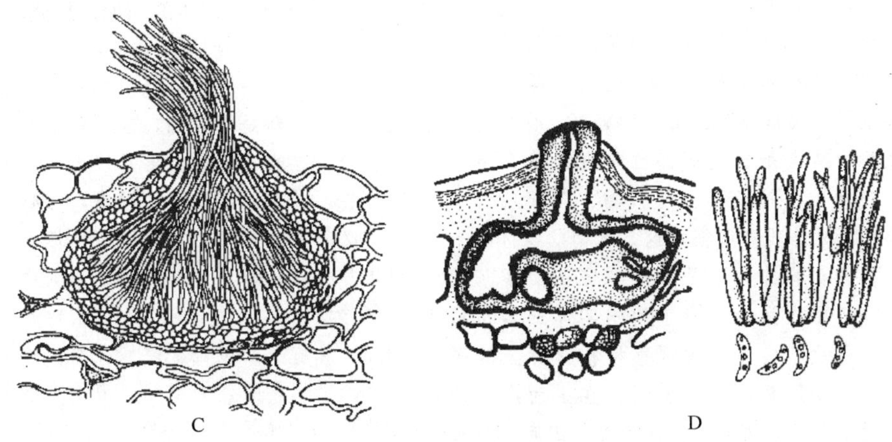

图 2-36 半知菌球壳孢目主要属（续）

C. 壳针孢属 D. 壳囊孢属

实训作业

1. 绘丝核菌属、放线孢属的形态图。
2. 阐述真菌五个亚门的主要特点（可用表格形式说明）。

实验实训 16 园林植物真菌病害的诊断

实训目标

能进行园林植物真菌病害的现场诊断、症状诊断和镜检诊断；熟悉新病害诊断的程序，能进行病原的分离、培养、接种。

实训用具与材料

显微镜、放大镜、小喷雾器、载片、盖片、三角瓶、镊子、修枝剪、吸水纸、擦镜纸、无菌水、刀片、甘油明胶剂、加拿大胶等。

实训内容和方法

1. 园林真菌病害发生状况及发生环境的考察分析

调查诊断是鉴定园林真菌病害的基础，只有通过实地调查和访问才能搜集大量有关真菌病害诊断、鉴定的材料，从而为确定病害、病原菌的性质提供科学的依据。

调查诊断、鉴定时，首先应区别伤害、虫害和病害。如果是病害，再区别是侵染性病害，还是非侵染性病害。园林植物真菌病害是侵染性病害，所以病株在绿地、苗圃等分布特点是：一般在群体间发生不集中，往往是点发性、零散，有发病中心，病株周围有健康株，是从点到面扩展的过程，有传染性，发病时间、发病部位、表现的症状也不尽相同。另外病害一旦发病，所有的防治措施，只能控制病害的进一步发展和流行，对于病株均是无法治愈的。

然后进行详细调查，其内容包括：发病历史、危害树种、危害部位、病害来源，病害发生时期，病害发展速度、病害绿地、田间分布情况，环境因子，人为活动等进行综合分析。确定病害的类型之后，进一步症状诊断。

2. 园林真菌病害症状特点观察

掌握各种病害的典型症状是迅速诊断林木病害的基础。一般可用肉眼和扩大镜加以识别，利用症状观察可以诊断多种病害，特别是各种常见病和症状特征十分显著的病害，症状观察就可诊断识别，其识别诊断步骤。

首先确定被害树种的受害部位，然后观察病害典型症状特点，最后确定病害的性质。由真菌引起的病害主要症状是坏死、腐烂和萎蔫，少数为畸形，最显著的特点是在发病部位常有肉眼可见的霉状物、粉状物、粒状物、锈状物、伞状物、菌核、菌膜和菌索等典型病征，这是真菌病害区别于其他病害的重要标志，也是进行病害田间诊断的主要依据。但要注意有的病害的子实体产生在枯枝落叶上，在秋季应多注意观察枯枝落叶上的子实体，同时还要注意区分腐生真菌在上面产生的子实体。对于常见的病害，根据病害在田间的分布和症状特点，可以基本确定是哪一类病害。

鞭毛菌亚门的许多真菌，如腐霉菌、疫霉菌等，大多为土壤习居菌，常引起植物根部和茎基部的腐烂或苗期猝倒病，湿度大时往往在病部生出白色的棉絮状物。高等的鞭毛菌如霜霉菌、白锈菌，都是专性寄生菌，引致叶斑和花穗畸形。霜霉菌在病部表面形成霜状霉层，白锈菌形成白色的疱状突起等病征。

接合菌亚门真菌主要引起园林植物种实霉烂、球根、鳞茎腐烂、果软腐和花腐等，在病部腐烂处表面形成毛状的黑色霉层。

许多子囊菌及半知菌引起的病害，一般在植物的器官上形成明显的病斑，并在发病部位产生各种颜色的霉状物或小黑点、白粉状物等病征。它们大多是兼性寄生菌。但白粉菌类则是专性寄生菌，常在植物表面形成粉状的白色或灰白色粉层，后期霉层中夹有小黑点即闭囊壳。

担子菌中的黑粉菌和外担子菌都是兼性腐生菌，锈菌是专性寄生菌，在病部形成黑色、灰白色、锈黄色粉状物的病征。腐朽菌在病部形成伞状物。

掌握了真菌病害的症状特点后，在田间病害诊断时可以利用某类病害的症状变化规律快速、准确做出判断。

如果病菌的特征尚无法用肉眼观察到，可采用保湿培养的方法：将病组织用清水洗净表面灰层后放入垫有湿滤纸的培养皿内，置于温度 24～28℃下培养，经过 2～5d，病部就会出现病菌的菌丝体或子实体。需要注意的是，应将所观察到的真菌与腐生菌区别开来，否则影响鉴定工作。

3. 园林真菌病害的病原菌显微观察

有些植物真菌病害相同症状可能由不同病原引起，或相同病原也可能引起不同类型症状。为了检验野外诊断是否正确，因此有必要进行病原显微镜检查。显微镜检查主要是确定受病部位有无病原菌存在，并鉴定病原菌的种类，为此，在野外调查中，必须注意采集带有病原菌的标本。然后制作临时玻片标本，采用挑取病原菌的制片法和病组织徒手切片法（参看实验实训 15 临时玻片标本制作）制片、最后在显微镜下镜检观察，可看到真菌形态特征。根据子实体的形态、孢子的形态、大小、颜色及着生情况等与文献资料进行对比，即可鉴定。对于大多数常见的真菌类病害，通过田间症状观察结合室内病原菌的形态学镜检既可作出准确的诊断和鉴定。

综上述园林真菌病害识别诊断的三种方法，再查阅一般地区性植物病害资料如教科书、植保手册、病害调查名录、真菌分类等，核对症状特征、病原菌特点、地理分布范围、危害寄主植物名称等，便可确定所见病例的性质，病原菌和病害名称。

4. 园林植物真菌病害的接种

当发现新的真菌病害时，最可靠的办法是进行柯赫氏试验，即利用人工培养基，从病组织中分离纯化菌种，接种到相同的健康寄主上。如果被接种的寄主产生了与原先发病植株相同的症状，并再次分离出相同的病原菌，则可以确定该病菌就是真正的病原。

从植物病组织上分离得到的微生物，要想证明它是否为病原物，就需要进行接种试验。特别是鉴定一种新病害就更需要做此项工作。

(1) 人工接种方法

接种的方法是根据病菌在自然条件下侵入的方式和途径设计的。真菌病害都采用伤口或无伤接种，常用的人工接种方法有：

喷雾法　将孢子（或菌丝）悬浮液喷洒在寄主表面，病菌可以从气孔、伤口和表皮直接侵入。叶背气孔数目一般比叶正面的多，对于从气孔侵入的病菌，则应注意喷洒叶背；对于从伤口侵入的病菌，喷洒前应用细砂土或金刚砂摩擦叶面，使叶表稍损伤；叶面有蜡质的，接种时可用湿布将蜡质层擦去。

喷粉法　是将一定量的干孢子与滑石粉混匀

后，放在小喷粉器中喷洒在潮湿的植物表面的接种法。滑石粉的量一般是孢子量的10倍左右。如白粉菌和锈菌等的接种。

涂抹法 涂抹法是先用手指蘸水摩擦叶片，去掉蜡质层，使表面有一薄层水膜，然后将孢子涂抹在上面的接种法。

喷雾、喷粉和涂抹接种后的植物，必须保湿约24h左右，使病菌孢子能萌发侵入。

注射法 是将病菌孢子悬浮液用注射器注入寄主生长点或幼嫩部分的接种法。

针刺法 是指用灭菌的针刺伤寄主植物组织，然后将病菌接种在伤口内或用灭菌的针蘸菌脓刺伤寄主组织的接种法。此法用于伤口侵入的病菌。如块茎、果实、块根等的腐烂病菌。

(2) 操作步骤

苗木立枯病的接种——喷雾法

1) 取立枯病病菌丝核菌、镰刀菌、瓜果腐霉的纯培养，用无菌水配成孢子和菌丝悬浮液，使悬浮液中的孢子在显微镜的低倍视野中有10个左右。然后，将此悬浮液装入小喷雾器中。

2) 取处理过的刺槐种子250粒（无病），50粒喷镰刀菌孢子悬浮液，50粒喷丝核菌菌丝悬浮，50粒喷瓜果腐霉菌菌丝悬浮，100粒喷洒清水，作为对照。分别栽种到4个浅盘中，湿沙培养。

3) 将上述种子放在同样的恒温恒湿箱中培养，进行正常管理。逐日观察症状，记载发病情况。

杨树腐烂病的接种——针刺法 取新鲜杨树枝条一个，洗净，用脱脂棉蘸70%的酒精少许，在接种部位涂拭消毒，晾干后，用灭菌的解剖针刺伤，用灭菌的接种环挑取少许腐烂病菌的纯培养，接种在刺伤的部位。另选一处刺伤后不接种病菌，作为对照。每个枝条可做3～5个重复。然后，将枝条放在保湿器中，放入25℃的恒温箱中。逐日观察症状，记载发病情况。或用消毒刀切开皮层，然后在每一伤口上滴入孢子液2～3滴，待孢子液充分吸入后敷以湿棉花，并用塑料布包扎，保湿48h后，去掉保湿包扎物，定期观察发病情况。

在对病害进行人工接种时，应详细记载接种日期、地点、方法、寄主和病原菌的详细信息。接种后要定期进行观察，详细记载发病情况和病害症状特点等（表2-3）。

表2-3 植物病害人工接种记录卡

接种情况	接种日期：	接种地点：	接种方法：
	接种后的管理：		
寄主植物	寄主种类：	品种：	抗病性：
	生育期：	接种部位及生育期：	
病原物	病原菌名称：	病原形态：	
	培养基种类及培养方法：		
	培养温度及培养时期：		
症状特点	潜育期：	严重度：	
	症状：早期	中期	末期
	对产量或品质的可能影响：		

实训作业

1. 简述园林真菌病害识别与病原菌鉴定的基本方法。
2. 编写野外实训园林植物真菌病害名录，并描述典型症状特点及所致病原。
3. 简述接种过程及结果，填写植物病害人工接种记录卡。

2.4　园林植物其他侵染性病原

2.4.1　园林植物病原细菌

植物细菌病害分布很广，目前已知的植物病害细菌有 300 多种，我国发现的有 70 种以上。细菌病害主要见于被子植物，松柏等裸子植物上很少发现。

细菌属于原核生物界，细菌门，为单细胞生物。其遗传物质分散在细胞质内，没有核膜包围而成的细胞核。细胞质中含有小分子的核蛋白体，没有线粒体、叶绿体等细胞器。它们的重要性仅次于真菌和病毒。如引起的园林植物病害主要有桃细菌性穿孔病、花木青枯病和根癌病等。

1. 病原细菌的一般性状

(1) 细菌的形态结构　细菌的形态有球状、杆状和螺旋状。植物病原细菌大多为杆状，因而称为杆菌，两端略圆或尖细。菌体大小为 0.5～0.8μm×1～3μm。

细菌的构造简单，由外向内依次为黏质层或荚膜、细胞壁、细胞质膜、细胞质、由核物质聚集而成的核区，细胞质中有颗粒体、核糖体、液泡等内含物。植物病原细菌细胞壁外有黏质层，但很少有荚膜（图 2-37）。

绝大多数植物病原细菌从细胞膜长出细长的鞭毛，伸出细胞壁外，是细菌运动的工具。鞭毛通常为 3～7 根，最少为 1 根。生在菌体一端或两端的，称极毛，着生在菌体周围的称周毛（图 2-38）。鞭毛的有无、数目和着生位置是细菌分类的重要依据之一。

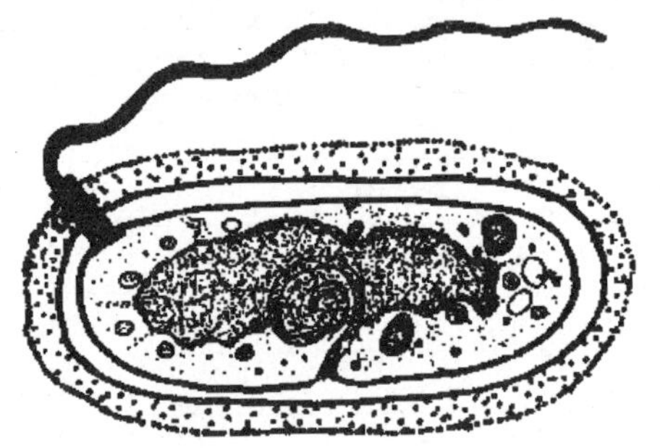
图 2-37　细菌的一般构造

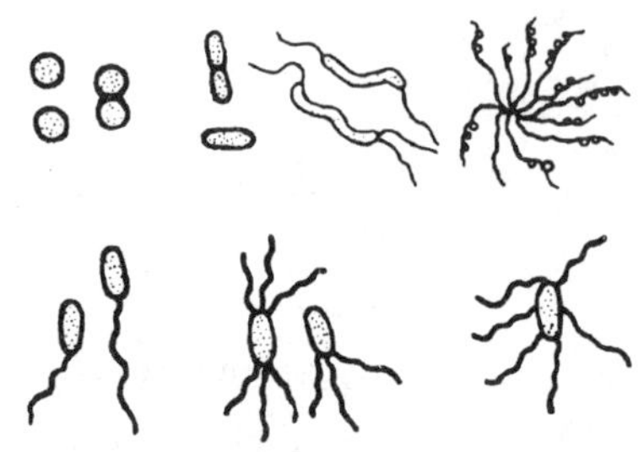
图 2-38　细菌鞭毛的着生方式

植物病原细菌一般不产生芽孢，但有少数细菌可以生成芽孢。芽孢对光、热、干燥及其他因素有很强的抵抗力。通常煮沸消毒不能杀死全部芽孢，必须采用高温、高压处理或间歇灭菌法才能杀灭。

(2) 细菌的繁殖　细菌的繁殖方式很简单，一般是裂殖，即细菌的细胞生长到一定限度时，在菌体中部产生隔膜，随后分裂成 2 个大小相似的新个体。细菌繁殖的速度很快，在适宜条件下 1h 分裂 1 次至数次；有的只要 20min 就能分裂 1 次。

(3) 生理特性　大多数植物病原细菌对营养的要求不严格，可在一般人工培养基上生长繁殖。在固体培养基上形成各种形状和颜色的菌落，通常以白色和黄色的菌落为多。这

是细菌分类的重要依据。菌落边缘整齐或粗糙，胶黏或坚韧，平贴或隆起；颜色有白色、灰白色或黄色，也有褐色等。

植物病原细菌生长繁殖的最适温度一般为26～30℃，多数细菌在33～40℃时停止生长；能耐低温，即使在冰冻条件下仍能保持生活力；对高温较敏感，通常在50℃左右处理10min，多数细菌死亡。大多数植物病原菌都是好气性的，在中性或微碱性（pH 7.2）的基物上生长良好。

（4）染色反应　细菌的个体很小，一般在光学显微镜下观察必须进行染色才能看清。染色方法中最重要的是革兰氏染色法，它还具有重要的细菌鉴别作用。即将细菌制成涂片后，用结晶紫染色，然后用碘液处理，再用95%酒精脱色。如不能褪色则为革兰氏阳性反应；能褪色则为革兰氏阴性反应。植物病原细菌革兰氏染色反应大多是阴性，只有棒杆菌属细菌是阳性。

2. 植物病原细菌的主要类群

植物病原细菌根据鞭毛的有无、数目、着生的位置、培养性状及革兰氏染色反应等性状，将主要的植物病原细菌分别归入5个属，它们分别是假单胞杆菌属、黄单胞杆菌属、欧氏杆菌属、野杆菌属和棒杆菌属。

（1）假单胞杆菌属（*Pseudomonas*）　革兰氏染色反应阴性，极生3、4根鞭毛。在人工培养基上，菌落灰白色，有的呈荧光。病菌主要引起斑点和条斑。如天竺葵、桅子花叶斑病、丁香疫病等。

（2）黄单胞杆菌属（*Xanthomonas*）　革兰氏染色反应阴性，极生一根鞭毛。在人工培养基上，菌落为黄色。由黄单胞杆菌引起的病害有桃细菌性穿孔病、柑橘溃疡病等。

（3）欧氏杆菌属（*Erwinia*）　革兰氏染色反应阴性，周生多根鞭毛。在人工培养基上，菌落为白色。该属细菌引起腐烂，如鸳尾细菌性软腐病等。

（4）野杆菌属（*Agrobacterium*）　革兰氏染色反应阴性，少数没有鞭毛，有鞭毛的为周生；在人工培养基上菌落为白色。该属的病菌主要引起花木毛根病和果树根癌病等。

（5）棒杆菌属（*Clavibacter*）　革兰氏染色反应阳性，多数没有鞭毛，少数有极鞭。在人工培养基上菌落呈奶黄色。病菌寄生于维管束组织内，引起萎蔫症状。如菊花、大丽花青枯病等。

实验实训 17　园林植物病原细菌所致病害症状观察及诊断

实训目标

掌握细菌病害的各种症状类型，能判断园林植物病害是否细菌性病害；能运用革兰氏染色法区分革兰氏阳性和阴性菌。

实训用具与材料

显微镜、扩大镜、载玻片、盖玻片、接种环、酒精灯、擦镜纸、香柏油、二甲苯、石炭酸复红染色液、革兰氏染色液、纱布、吸水纸、蒸馏水滴瓶、95%酒精、碘液等。多媒体系统设备。

植物细菌病害标本或新鲜材料：杉木细菌性叶枯病、核桃果实黑斑病、菊花青枯病、桉树青枯病、丁香疫病、桃冠瘿病、新疆杨根癌病、杨树细菌性溃疡病、桃叶细菌性穿孔病等病害症状标本；丁香疫病菌（假单胞杆菌）、鸢尾细菌性软腐病、大白菜软腐病菌（欧氏杆菌）、马铃薯环腐病菌（棒杆菌）菌种纯培养。

实训内容和方法

1. 细菌病害的症状观察

植物细菌病害的症状类型主要以组织坏死、腐烂、萎蔫、畸形较为常见。

（1）坏死：斑点、叶枯、穿孔和溃疡

主要发生在叶片、果实和嫩枝干上。引起植物局部组织坏死而形成斑点或叶枯。发病初期，病斑常呈现半透明的水渍状，其周围形成黄色的晕圈，后期病斑组织坏死呈褐色至黑色，有的形成穿孔。观察杉木细菌性叶枯病、核桃黑斑病、桃树细菌性穿孔病、丁香疫病标本。有些细菌寄生在枝干韧皮部引起溃疡斑，如杨树细菌性溃疡病病害标本。

（2）腐烂

观察鸢尾细菌性软腐病、马铃薯环腐病病害标本。植物多汁的组织受细菌侵染后，通常表现腐烂症状，常见的有花卉的鳞茎、球根软腐病，如鸢尾细菌性软腐病球茎褐色腐烂、马铃薯环腐病为块茎褐色环腐。

（3）枯萎

观察菊花青枯病、桉树青枯病征状标本。细菌侵入维管束组织后，植物输导组织受到破坏，引起整株枯萎，受害的维管束组织变褐色。

（4）畸形

观察桃树、新疆杨冠瘿病实物标本。有些细菌侵入植物后，引起根或枝干局部组织过度生长形成畸形肿瘤。

2. 植物病原细菌病征的简易诊断——检查有无喷菌现象

多数植物细菌病害，受害组织初期多为半透明的水渍状或油渍状，在坏死斑周围，常可见黄色的晕圈；在雨后或潮湿条件下，植株表面或在维管束中有乳白色或污黄色黏性的菌脓，这是诊断细菌性病害的重要依据。故在实验室内常用保湿方法培养疑难的植物细菌病害，通过室内制片显微镜检病组织中有大量细菌群体成云雾状从组织中溢出。是区别细菌性病害与其他病害的简单方法。

操作步骤：

1）用具表面消毒：所用器械，如刀片、剪刀、玻片、镊子等物，要经过70%酒精棉球擦洗。

2）截取病组织：取杉木细菌性叶枯病新鲜标本为例。选择新发生的病斑，或是剪取病斑边缘的病健交界处的病组织约为5mm大的方块进行检验。

3）病害组织表面清洗：应在流水下冲洗病斑组织块，洗掉表面的腐生菌，然后再用无菌水冲洗两遍。

4）制片：取洁净的载玻片，在酒精灯焰上灼烧灭菌，待凉；将冲洗的病组织块，在玻片上用刀片切取病健相间的组织数块，然后在玻片上滴1%蛋白胨液（或无菌水）一大滴，盖上盖玻片，用尖镊略压盖玻片，将病组织中的菌脓压出组织外。补足或吸去多余的水。

5）镜检：在显微镜下观察病组织的切面，视野光线不宜太强。注意在患病组织的切面处有大量细菌群体成云雾状从组织中溢出。

6）为证明观察无误，用健康组织按同样方法作镜检为反证。

以上是区别细菌性病害与其他病害的简单方法。

3. 植物病原细菌革兰氏染色和形态观察

革兰氏染色法是细菌染色中一种很重要的鉴别染色法。细菌先经碱性染料着色，用媒染剂处理后，以脱色剂脱色，最后复染。若细菌仍保持原来的染料颜色，称为革兰氏阳性细菌；如被脱色剂脱色，染上了复染染料的颜色，则称为革兰氏阴性细菌，利用革兰氏染色法可将所有细菌区分为这两大类。

操作过程为：涂片→干燥→固定→结晶紫染色→水洗→碘液媒染→水洗→吸干→95%酒精脱色→水洗→吸干→蕃红复染→水洗→干燥→镜检。

1）涂片：在干净的载玻片两端各滴1滴无菌蒸馏水备用。分别从大白菜软腐病、马铃薯环腐病病部菌落上挑取适量细菌，分别放入载玻片两端水滴中，用挑针搅匀涂薄，风干。

2）固定：将涂片在火焰上通过两次，使菌膜干燥固定，并写上标记。

3）染色：在固定的菌膜上分别加1滴龙胆紫液，染色1min；用水洗数秒，用碘液冲去余下的水；再加1滴碘液染色1min；水洗数秒，用吸水纸吸干，但不能损害菌苔涂片；用95%酒精脱色10～20s；水洗数秒，用吸水纸吸干；滴加碱性品红复染10s；水洗，用吸水纸吸干。

4）油镜使用方法：细菌形态微小，必须用油镜观察。先将玻片依次用低倍、高倍镜找到观察部

位，然后在细菌涂面上滴1滴香柏油，再将油镜转下使其浸入油滴中，使油镜轻触玻片，观察时用微调螺旋调动到观察物像清晰为止。镜检完毕后，用擦镜纸沾少许二甲苯轻擦油镜头，除去镜头上的香柏油。

5）镜检：细菌形态观察。按油镜使用方法分别观察革兰氏染色的制片。革兰氏阳性菌呈紫色或蓝黑色，革兰氏阴性菌呈红色（表2-4）。

注意事项：

在做染色实验时，应注意以下几点：

1）用接种环取菌种时，宜取少许，量不能太大。否则，染色后细菌重叠在一起，影响观察效果。

2）固定时，温度不宜过高，以玻片背面触及手背皮肤不觉烫为度。

3）用95%酒精褪色时，应将玻片微微摇动，使酒精分布均匀。这一步是革兰氏染色法的关键，必须严格掌握好酒精脱色度。如脱色过度，则把阳性菌误认为阴性菌；如脱色不够，则把阴性菌误认为阳性菌。

4）严格掌握各个环节所需的时间，以免影响染色结果。

表2-4 细菌革兰氏染色制片镜检结果

病　名	主要症状	革兰氏染色反应	菌体形态特点	菌落特征
马铃薯环腐病菌	块茎褐色环腐	阳性＋	棒形、无鞭毛	乳白色有光泽
鸢尾细菌性软腐病	球茎腐烂褐色	阴性－	短杆状，周生鞭毛	灰白

实训作业

1. 列表总结所观察的园林植物细菌病害标本的症状特点。
2. 简述细菌革兰氏染色及形态显微观察操作过程。以鸢尾细菌性软腐病菌（白菜软腐病菌）、马铃薯环腐病菌为例。

2.4.2 园林植物病原植原体

1. 植原体的一般性状

植原体（类菌原体；MLO）是原核生物界软壁菌门柔膜菌纲植原体属（*Phytoplasma*）的一类生物。软壁菌门中与植物病害有关的统称为植原体，共包括植原体属和螺原体属（*Spiroplasma*），后者基本形态为螺旋形，只有3个种，寄生于双子叶植物。植原体属与园林植物关系密切，常见的病害有泡桐丛枝病、枣疯病、桑萎缩病、矮牵牛黄化病、牡丹丛枝病、仙人掌丛枝病天竺葵丛枝病等均为本属所致。

植原体形态结构介于细菌与病毒之间，外层无细胞壁，只有3层结构的单位膜组成的原生质膜包围，厚度约7～8nm。细胞内只有原核结构，包括颗粒状的核糖体和丝状的DNA。其形态在寄主细胞内为球形或椭圆形或不规则形，有的形态发生变异如蘑菇形或马蹄形。植原体大小约为200～1000nm（图2-39）。繁殖方式为二均分裂、出芽生殖和形成小体后再释放出来等3种形式繁殖的。在实验室内，植原体能透过细菌滤器，能在人工培养基上培养，没有革兰氏染色反应。如三叶草变叶病的植原体在人工培养基上产生典型的“荷包蛋”状的菌落。植物植原体对四环素类药物非常敏感，而对青霉素等抗菌素类不敏感，有抗药性。植原体大量存在于韧皮部疏导组织筛管和管胞细胞内中，通过筛板孔移动，从而侵染整个植株，属系统侵染。

2. 植原体的症状特点

植原体造成的植物病害都是系统侵染的病害。它们侵入植物后，主要寄生在植物韧皮

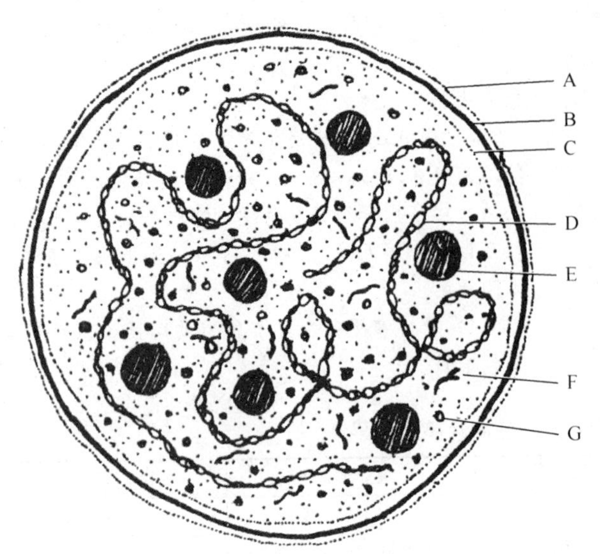

图 2-39　植原体模式图

A～C. 三层膜　D. 核酸链　E. 核糖体　F. 蛋白质　G. 细胞质

部的筛管和管胞细胞中，有时也在韧皮部的薄壁细胞中发现。植原体病害的症状是全株性的，危害园林植物的主要症状类型有丛枝（包括丛芽、花变叶），其次为黄化以及带化、瘿瘤、僵果、萎缩、花变叶等。丛枝上的叶片常表现失绿、变小、发脆等特征。如翠菊黄化病、天竺葵、仙人掌、泡桐、刺槐、松类等丛枝病。

植原体对四环素药物敏感，在植物引起黄化病时，施用四环素类药物后，可明显的是植物症状减轻，甚至恢复正常；而病毒、生理引起的植物黄化病施用四环素药物则不能减轻症状或恢复正常。因此常利用这一特性作为诊断植原体与病毒、生理病害的重要手段。

3. 植原体病害的防治原则

由于植原体可以通过带病的无性繁殖材料、嫁接或菟丝子、昆虫传播和传染。所以控制这类病害，必须切断传播途径，防治园林植物五小害虫。选用不带病的无性繁殖材料，对嫁接工具进行消毒，注意铲除菟丝子。植原体对四环素类药物非常敏感，化学防治可选用此类农药。可用作树干注射和浸泡种子、苗木和接穗。

2.4.3　园林植物病原病毒

病毒（virus）是非细胞结构的分子寄生物。是包被在蛋白保护性衣壳中，只能在寄主细胞内完成自身复制的核酸分子。病毒寄生植物，有的引起病害；有的对寄主基本没有影响，例如许多寄生花卉植物的病毒则为人们所利用。因此，只有侵染植物而又引起病害的病毒才是植物病原病毒，有时简称为植物病毒。植物病毒引起的病害数量和危害性仅次于真菌。目前发现的病毒病已超过 700 种，其中树木、花卉病毒病达 400 种以上。园林植物中几乎每种花卉植物都有 1 至几种病毒病。有些病毒病已成为影响我国花卉栽培、生产和外销的重要原因之一。如 20 世纪 80 年代我国引进的香石竹、仙客来、郁金香等花卉病毒病逐年加重，有些生产基地导致毁种；另外我国的水仙花、大丽花、菊花、串红、月季、山茶花等多种花卉病毒病也有日益严重的趋势。由于病毒病在 1～3 年生的花卉、苗木上不显症状，人们对植物病毒病的控制了解的甚少，所以给检疫和防治带来了很大的难度。因此在花木生产和培育中，必须高度重视和加强对植物病毒病的研究和防治。

1. 植物病毒的一般性状

(1) 病毒的形态结构　病毒形态比细菌还小，只有在电子显微镜下才能观察到病毒粒体。基本形态为粒体，大部分病毒的粒体为多面体球状、杆状和线状（图 2-40），少数为

弹状等。不同类型的病毒粒体大小差异很大。大小是以纳米（nm）来计算（$1nm=10^{-9}m$）。如唐菖蒲银条斑病毒线条状，长750nm；大丽花花叶病毒多面体球状，直径50nm。

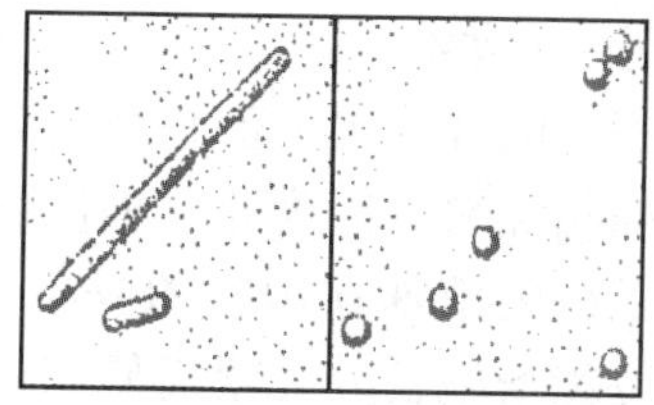
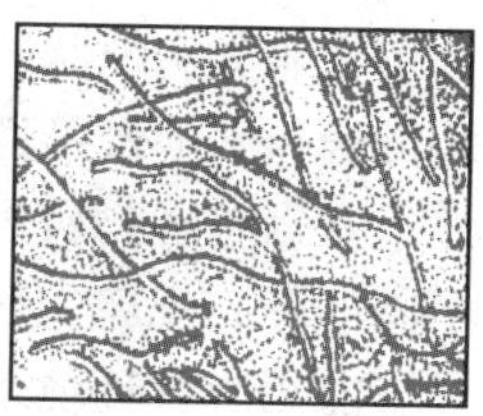
图 2-40 植物病毒形态

绝大多数病毒粒体结构是由核酸和蛋白质两大部分组成。蛋白质在外形成衣壳，核酸在内，形成轴心。大部分植物病毒的核酸是核糖核酸（RNA），个别种类是脱氧核糖核酸（DNA）。RNA为单链，少数是双链的。核酸携带着病毒的遗传信息，使病毒具有传染性。

（2）病毒的增殖　病毒是活养生物（专性寄生菌），只能存在于活体细胞中，迄今还没有发现能培养病毒的合成培养基。病毒具有很高的增殖能力，它的增殖方式是采取核酸样板复制方式。首先是病毒本身的核酸（RNA）与蛋白质衣壳分离，在寄主细胞内可以分别复制出与它本身在结构上相对应的蛋白质和核酸，然后核酸进入蛋白质衣壳中形成新的病毒粒子。病毒在增殖的同时，也破坏了寄主正常的生理活动，从而使植物表现症状。

（3）病毒的寄生性与致病性　病毒的寄生性和寄生专化性不完全符合。一般对寄主选择性不严格，因此它的寄主范围很广。如烟草花叶病毒能侵染36科的236种植物。不少植物感染某种病毒后不表现症状，其生长发育和产量不受显著的影响，这表明有的病毒在寄主上只具有寄生性而不具有致病性。这种现象称为带毒现象，被寄生的植物称为带毒体。

（4）病毒对外界条件的稳定性　病毒对外界条件的影响有一定的稳定性。不同的病毒对外界环境影响的稳定性不同，这种特性可作为鉴定病毒的依据之一。主要表现在以下几个方面：

致死温度（失毒温度）　即把病株组织的榨出液在不同温度下处理10min内使病毒失去传染力的处理温度称为该病毒的致死温度。病毒对温度的抵抗力比其他微生物高，也相当稳定，一般在55～70℃。不同病毒具有不同的致死温度。

稀释终点　即将病株组织的榨出液用无菌水稀释，超过一定限度时，便失去传染力，这个最大稀释度称为稀释终点。病毒的稀释终点与病毒汁液的浓度有关，浓度越高，稀释终点也越大，而病毒的浓度往往受栽培条件、寄主植物的状况所影响。因此，同一病毒的稀释终点不一定相同，稀释终点只能作为鉴定病毒的参考指标。

体外保毒期　即病株组织的榨出液在室温（20～30℃）下能保持其侵染力的最长时间称为病毒的体外保毒期。不同植物病毒在体外保持致病力的时间长短不一，有的只有几小时或几天，有的可长达一年以上。

对化学物质的反应　病毒对杀菌剂如升汞、酒精、甲醛、硫酸铜等有较强的抗性，但肥皂等除垢剂可使许多病毒失去毒力。

2. 植物病毒病害的症状特点

植物病毒病大部分属于系统侵染的病害，即全株发病。症状以叶部和嫩枝表现的最为明显，但病毒很少进入种子。主干及地下部分虽然也有病毒存在，但很少表现出受害的症状。常见的植物病毒病状可分为三种类型：变色、坏死、畸形。

植物病毒病征状的另一重要特点是：只有明显的病状，而无病征。这在诊断上有助于将病毒病与其他侵染性病害区分开来。但是植物病毒病的病状却易于生理病害，特别是缺素症、有毒有害物质污染相混淆。因为非侵染性病害也不表现病征，但二者在自然条件下有不同的分布规律。病毒病的植株在田间的分布多是分散的，病株的周围有健康的植株，并且不能因改善环境条件和增施营养元素而使病株恢复健康。而生理病害是成片发病，通过增加营养和改善环境条件后，可能使病株恢复健康。

植物细胞感染病毒后，内部最为明显的变化是在表现症状的表皮细胞内形成内含体，内含体的形状很多，有风轮状、变形虫形、近圆形的，也有透明的六角形、长条状、皿状、针状、柱状等形状。有些在光学显微镜下就可观察到。

植物受到病毒感染后，病毒虽然在植物体内增殖，但由于环境条件不适宜而不表现显著的症状；甚至原来已表现的症状也会暂时消失，这种现象称为隐症现象，或称症状潜隐。如高温可以抑制许多花叶病毒病的症状。这一阶段的带毒体最易被人忽视，往往成为病害传播和侵染来源，给防治工作带来一定的困难。

3. 病毒病害的防治原则

病毒病害与其他侵染性病害比较，更加难以防治。由于植物病毒的寄主范围广，对化学药剂抵抗性较强，所以在防治上存在一定的复杂性和局限性。主要防治途径有以下几个方面：

1）选用无病繁殖材料。这一措施对无性繁殖栽培的苗木、花卉特别重要。选用无病植株的枝条和幼苗作为接穗和砧木，避免嫁接传毒。由于病毒在植物中一般不进入生长点，利用植物的芽和生长点进行组织培养可获得无病苗木。

2）减少侵染来源。带病的植株是病毒病的主要传染来源。由于病毒的寄主范围广，所以除草消灭野生寄主是防治病毒病的重要途径。

3）防治媒介昆虫。

4）培育抗病品种。品种的抗性要注意两个方面，包括对病毒本身的抗性和对传毒虫媒的抗性。

5）病株治疗。用温水处理带病的种苗和无性繁殖材料，可以杀死其中病毒。用干扰核酸代谢的化学物质来防治病毒，也会获得显著效果。

实验实训 18　园林植物植原体和病毒病害的诊断

实训目标

能识别植物病原病毒、植原体、线虫、寄生性植物、螨类等所致病害症状特点；会用显微方法鉴定病毒包涵体、线虫种类、螨类等。

实训用具与材料

显微镜、表面皿、蒸馏水、刀片、凹玻片、盖片、挑针、纱布、滤纸等。

杨树花叶病、扶桑花叶病、鹅掌财黄化病、枣疯病、泡桐丛枝病、松丛枝病、桑寄生、槲寄生、牵牛花菟丝子、漆树毛毡病、葡萄毛毡病、番茄条纹病、苹果绣果病、仙客来、菊花矮化病毒病、烟草花叶病毒等症状标本。新鲜水仙茎线虫、仙客来根结线虫、菊花叶枯线虫、草坪叶线虫等病害标本或照片。松材线虫、病毒包涵体玻片标本；多媒体课件。

实训内容和方法

1. 园林植物植原体病害特点观察诊断

1）有条件的可现场观察泡桐丛枝病的症状。从局部枝条开始，腋芽和不定芽大量萌发，发出许多细弱小枝，节间变短，叶序紊乱，叶片黄而小，有的呈不明显的花叶状。病枝上的小枝又可抽出小枝，如此重复多次，以致枝叶丛生，状似鸟巢。由于小枝多直立，因而在冬季落叶后呈扫帚状。

2）观察枣疯病、泡桐丛枝病、松丛枝病的病状表现及病原课件。

2. 园林植物病毒病害特点观察诊断

（1）症状观察

变色 是最常见的症状，主要是由于叶绿素的形成受到干扰或破坏引起的。主要包括花叶、黄化两种。

花叶 叶片的色泽不均匀，由性状不规则的深绿、浅绿黄绿或黄色部分相间而形成杂色，不同颜色部分的轮廓很清楚。如变色部分是不规则的圆形，轮廓不明显的称谓斑驳。花叶的早期症状是明脉，即叶脉颜色变浅呈透明状。观察杨树花叶病、扶桑花叶病标本，注意叶片颜色的变化，厚薄是否均匀。

黄化 叶片局部变为黄色条斑。观察鹅掌财黄化病标本。

坏死 是感病植物的某些组织或器官的死亡。在叶片上的坏死称为枯斑，在茎秆和果实上的坏死称为条纹或条斑。观察番茄条纹病（果实和茎秆上的症状），苹果锈果病标本，注意受害部位和枯死症状。

畸形 受病植物全株或部分器官表现各种畸形，包括卷叶、蕨叶、矮化、肿瘤等。观察仙客来、菊花矮化病毒病标本。

（2）植物病毒内含体观察

取感染烟草花叶病毒的烟草植株，用尖头镊子轻轻撕取叶背主脉处褪绿部位的表皮1、2片，用水做附载剂，加盖玻片，再显微镜下观察，在表皮细胞内，尤其是在表皮毛状体中更容易看到六角形的结晶体。

用无病的烟草叶片以同样方法制片，进行观察比较。

或取病毒包涵体玻片标本镜检观察细胞内的多角形结晶体。

植物病毒性病害时常与一些非侵染性病害相混淆，因此，诊断时应注意病害在田间的分布，发病与土势、土壤、施肥等的关系：发病与传毒昆虫的关系、症状特征及其变化、是否有由点到面的传染现象等而进行诊断。

实训作业☞

填写园林植物病害调查诊断结果（表2-5）。

表2-5 绿地园林植物一般病害的诊断和鉴定结果 日期： 年 月 日

地点（地块）	植物品种	病害名称	诊断依据（病害症状）	备 注
例： 校园前庭	加拿大杨	花叶病	叶片出现褪绿斑点，在叶脉两侧黄绿相间，叶脉和叶柄上有紫红色坏死斑，叶脉呈半透明状。无病征。初步诊断杨树花叶病毒病	由于花叶病征状很典型，故初步判断得出结果。但仍需观察病原鉴定。或摩擦诱发试验
……	……	……	……	……

2.4.4 园林植物病原线虫

线虫是一类低等动物，属线形动物门线虫纲。在自然界种类多，分布广。多数腐生，少数可寄生在园林植物上引起植物线虫病害。我国园林植物线虫病有百余种，虽然只占病害的2.11%，但在局部地区危害性较大。如仙客来、牡丹、月季等花卉根结线虫病；菊花、珠兰的叶枯线虫病；水仙茎线虫病、松树线虫病等，使植物生长衰弱、根部畸形；同时，线虫还能传播其他病原物，如真菌、病毒、细菌等，使植物引发复合性侵染，加剧病害的严重程度。此外，还有利用线虫捕食真菌、细菌的。

1. 线虫的一般性状

线虫体呈圆筒形，细长，两头稍尖。寄生在植物上的线虫都是非常微小的，一般体长在 0.5～2mm 之间，宽为 0.03～0.05mm 左右。大部分线虫两性异体同形。少数线虫两性异形，雌虫发育近球形或梨形，体壁常无色透明或呈乳白色。线虫体结构分为头、颈、腹和尾 4 部分（图 2-41）。

线虫的生活史分为卵、幼虫、成虫 3 个发育阶段。除少数可营孤雌生殖外，绝大多数是产卵繁殖。多数线虫在 3～4 周内完成一个生活史，一年可繁殖几代。植物寄生线虫大多生活在 15cm 以内的土壤耕作层。最适于线虫发育的温度为 20～30℃，最适宜的土壤温度为 10～17℃；多数线虫在砂壤土中容易繁殖和侵染植物；线虫以卵在植物组织或土壤中越冬，被动传播是线虫的主要传播方式，传播主要通过灌溉水、土壤、人的操作活动等，所以远距离传播主要是种子、球根和花木的调运来实现的。

植物病原线虫都是活养寄生物，不能人工培养。线虫的寄生方式有外寄生和内寄生。外寄生的线虫虫体大部分留在植物体外，仅以头部穿刺入植物组织内吸取食物，如绝大多数危害草坪草根系的线虫；内寄生的线虫虫体则全部进入植物组织内，如园林植物花卉线虫病大多数是内寄生型，花卉根结线虫病、水仙、郁金香茎线虫病，大丽花、菊花叶线虫病等。也有少数线虫内、外兼寄生。

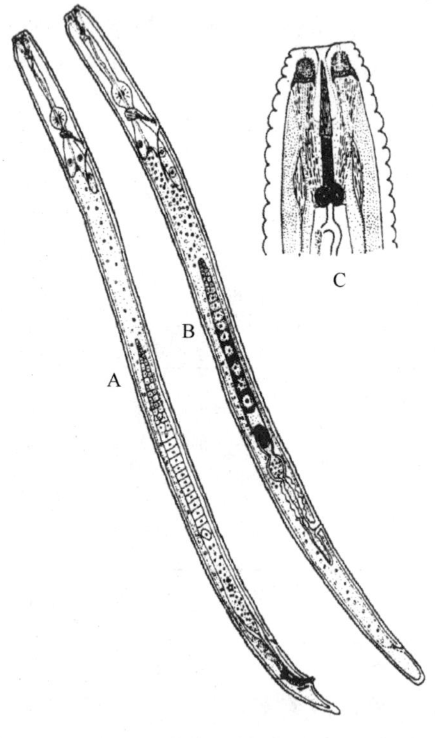

图 2-41　线虫的形态和结构

A. 雄虫　B. 雌虫　C. 头部

2. 园林植物线虫病的症状特点

植物受线虫危害后，可以表现局部性症状和全株性症状。局部性症状多出现在地上部分，如顶芽坏死、茎叶卷曲、叶瘿、种瘿等；全株性病害则表现为地上部营养不良、植株矮小、生长衰弱、发育迟缓、叶色变淡等；地下部形成根结、根部坏死或根腐等症状。

3. 植物病原线虫的主要类群

线虫为动物界、线虫门的低等动物。门下设侧尾腺纲和无侧尾腺纲。多属于侧尾腺纲中的垫刃目。植物寄生线虫危害园林植物的主要类群有：

(1) 根结线虫属（*Meloidogyne*）　雌雄异型，雌成虫梨形。内寄生，危害园林植物的根系，植物根部的虫瘿是根结线虫危害的典型症状。如仙客来、四季海棠、鸡冠花、牡丹、栀子、月季、桂花、法桐及柳树等多种花木的根结线虫病。

(2) 茎线虫属（*Ditylenchus*）　雌雄同型，均为线状。多为内寄生，可危害茎、叶、花等器官，

引起组织坏死腐烂域植株矮化。如水仙、郁金香、福禄考茎线虫病。

(3) 滑刃线虫属（*Aphelenchoides*） 雌雄同型，均为线状，多为内寄生，少数外寄生。侵害园林植物的芽和叶，引起枯斑和凋萎，也能侵害花，引起花朵干枯或畸形。如菊花、翠菊、大丽花叶线虫病；唐菖蒲、水仙、扶桑、杜鹃等花木线虫病。

(4) 短体线虫属（*Pratylenchus*） 雌雄同型，均为圆筒形，蠕虫状，体长不超过1mm，迁移型内寄生线虫，危害植物的根，引起细胞死亡。根的外部变褐色，有不规则长形病斑。如百合、水仙、金鱼草、蔷薇、樱花、仁果、核果类花卉和树木的根腐线虫病。

4. 园林植物线虫病的防治原则

(1) 植物检疫 有些重要的线虫在我国尚未发现，应采取过关检疫措施，有效防止这些线虫传入我国。

(2) 轮作和间作 植物寄生线虫大多是专性寄生的，它们的卵和幼虫在土壤中存活的时间有限，用非寄主作物或树种进行轮作和间作，可以达到防治的目的，轮作的期限应根据线虫在土壤中存活期而定。在美国曾发现在桃园中间作猪屎豆能降低根瘤线虫的密度。

(3) 种苗处理 有些线虫是在种子或苗木中越冬并由种苗传播，带有线虫的树苗可用热力处理。如受根结线虫侵害的桑苗，在48～52℃的温度下处理20～30min，即可杀死根瘤中的线虫。

(4) 土壤处理 土壤是线虫活动的主要场所，土壤处理是防治植物线虫病的传统方法。土壤处理通常有药剂处理和热处理两种方法。目前常用的杀线虫剂有氯化苦、克线磷、呋喃丹等。热处理土壤多采用干热法，温室可用蒸汽加热土壤。

实验实训 19 园林植物病原线虫的分离与病害诊断

实训目标

掌握病原线虫分离的基本原理，能从土壤和植物组织中分离线虫。

实训用具与材料

显微镜、解剖镜、恒温箱、三角瓶、灭菌培养皿、解剖剪、小镊子、移植环、酒精灯、70%酒精、95%酒精、灭菌水、滤纸、蜡笔、标签、胶水、火柴、玻璃漏斗（直径10～15cm）、铁架台、橡皮管、弹簧夹、尖嘴玻璃管、网筛、不锈钢浅盘、挑针、凹穴玻片等。

新鲜植物线虫病害标本。

实训内容和方法

1. 植物病原线虫的分离

线虫是低等动物，它们的分离方法与植物的其他病原生物不同。在植物线虫病害研究中，不仅要采集病变组织作标本，还必须考虑采集病根、根际土壤和大田土样进行分离鉴定。

(1) 直接观察分离

对胞囊线虫、根结线虫等植物根部寄生的线虫，可在解剖镜下用挑针直接挑取虫体观察，对一些个体稍小的如茎线虫等，可在解剖镜下用尖细的竹针或毛针将线虫从病组织中挑出来，放在凹穴玻片上的水滴中作进一步观察和鉴定。

(2) 漏斗分离法

漏斗分离操作简便，不需复杂设备，适合分离能运动的线虫，是目前从植物材料中分离线虫比较好的方法。其缺点是漏斗内特别是橡皮管道内缺氧，不利于线虫活动和存活，所获线虫悬浮液不干净，分离时间较长。

分离装置是将玻璃漏斗（直径10～15cm），架在铁架台上，下面接一段（约10cm左右）橡皮管，橡皮管上夹一个弹簧夹，其下端橡皮管上再接一段尖嘴玻璃管。

具体分离步骤如下：

1）在漏斗中加满清水，将带有线虫的植物材料剪碎，用单层纱布包裹，置于盛满清水的漏斗中。

2）经过4～24h，由于趋水性和本身的重量，线虫离开植物组织，并在水中流动，最后都沉降到漏斗底部的橡皮管中，打开弹簧夹，放取底部约5mL的水样到小培养皿中，其中就含有寄生在样本中大部分活动的线虫。

3）将培养皿置解剖镜下观察，可挑取线虫制作玻片或作其他处理，如果发现线虫数量少，可以经离心（1500rpm，2～3min）沉降后再检查；也可以在漏斗内衬放一个用细铜纱制成的漏斗状网筛，将植物材料直接放在网筛中。

漏斗分离法也适用于分离土壤中的线虫，方法是在漏斗内的网筛上放上一层细纱布或多孔疏松的纸，上面加一薄层土壤样本，小心加水漫过后静置过夜。

（3）培育分离法

对于用漏斗分离法不易分离到的线虫，仙客来根结线虫的雄性成虫等，可采用培育分离法。将病根采回后洗去表面土粒，放在培养皿中湿润的滤纸上培育3天，用少量清水冲洗组织和皿底，检查水中线虫，或将组织放在有螺旋盖的玻瓶中，加入几毫升清水，盖不要旋紧，在室温（20～25℃）下培育3天，然后加50mL清水，并盖紧盖子并轻轻震荡，后倒出悬浮液使其顺序通过40目和325目的筛网，用小水流轻轻冲洗325目网筛背面，收集到计数皿或烧杯中，直接检查或离心后检查。

提示：从土壤中得到病根后要马上冲洗和培育。因为24h后，有50%的线虫会从根里爬出，冲洗时便被冲掉了。

（4）浅盘分离法

用两只不锈钢浅盘套放在一起，上面一只是筛盘，它的底部是筛网，网目大小为10目/2.5cm^2，下面一只浅盘略大些是盛水盘（底盘）。也可在培养皿上放置一个稍小的做成浅盘状的金属网，网与培养皿底部保持一定距离。

将特制的线虫滤纸放在筛盘中用水淋湿，上面再放一层餐巾纸，供分离的土样或材料放在餐巾纸上，在两盘之间隙缝中加水浸没材料，在室温（20℃以上）下保持8d，材料中的线虫大都能穿过滤纸而进入托盘水中，收集浅盘中的水样通过二个小筛子（上层为25目粗筛，下层为400目细筛）。线虫大多集中在下层筛上，可用小水流冲洗到计数皿中。

浅盘法比漏斗法好，它可以分离到较多的活虫，而且泥沙等杂物较少。

2. 园林植物线虫病害特点观察诊断

（1）症状观察

园林植物线虫病害的主要症状表现为以下两种类型：

全株性症状　植株生长衰弱矮小，发育缓慢，叶色变淡，甚至萎黄，类似缺肥，营养不良的现象。这种症状主要是根部受线虫危害所致。

取水仙茎线虫病标本观察根部症状，可见球茎组织坏死腐烂，剖开病球茎可见到受害球茎有深褐色的环，鳞片浅黄色，空隙中包含许多线虫。

取仙客来根结线虫病标本观察根部症状，可见受害球茎上有瘤状物，根部的侧根、须根变成粗肿状态，其上有根结小瘤状物褐色，切开根瘤，在剖面上可见有发亮的白色点粒，为线虫体。

局部性症状　由于线虫取食时寄主细胞受到线虫唾液（内含毒素）的刺激和破坏作用，常引起各种异常的病变，其中最明显的是叶瘿瘤、丛根及茎叶扭曲、有黑褐色条斑等畸形症状。

取新鲜草坪叶线虫病标本观察其症状特点，可见叶茎部扭曲、有黑褐色条斑。

取菊花叶枯线虫病标本观察危害状，危害菊的叶片，使叶片组织变深褐色和坏死。

（2）病原物观察与鉴定

观察仙客来根结线虫（*Meloidogyne incognita* Chtwood.）形态特征　直接分离镜检。用刀片剖开根结，然后用挑针挑取白色点粒为雌虫体。制片观察，可见到雌雄异型，雄虫体小蠕虫形，尾短而钝圆；雌虫体大鸭梨形，无色透明。

观察水仙茎线虫（*Ditylenchus. destructer*）形态特征　直接分离镜检。

用刀片剖开病鳞茎，挑取少组织于载玻片的水滴中，加盖玻片镜检。可见到雌雄同型、线形，雌虫稍微粗大；尾端尖细。

实训作业

1. 比较植物病原线虫各种分离方法的优缺点。
2. 试述浅盘分离法技术。

2.4.5 寄生性种子植物

种子植物绝大多数是具有叶绿素、能进行光合作用的自养生物。但也有少数植物由于叶绿素缺乏或根系退化，必须依赖其他植物生存的寄生物，称为寄生性种子植物。寄生性种子植物都是严格的寄生物，依据它对寄主植物的依赖程度，可分为半寄生和全寄生两类。

半寄生性种子植物为桑寄生科，这些植物的叶片有叶绿素，可以进行光合作用，以吸根伸入寄主木质部，与导管相连吸取寄主体内的矿质元素和水分。如北方常见的有槲寄生冬青危害杨、柳、榆、果树等植物，南方常见的有桑寄生植物危害山茶、石榴、木兰、梧桐、蔷薇科等植物。

全寄生性种子植物有菟丝子科和列当科，这种植物的根、叶均已退化，没有叶绿素，只保留茎和繁殖器官，以吸器伸入寄主植物体内，并与寄主植物的输导组织导管和筛管相连，以吸取寄主的水分、无机盐和有机营养物质。如常见的有菟丝子属植物危害草本花卉和木本花卉植物。

根据寄生部位不同，寄生性种子植物还可分为茎寄生和根寄生。寄生在植物地上部分的为茎寄生，如菟丝子、桑寄生等；寄生在植物地下部分的为根寄生，如列当等。

寄生性种子植物都是双子叶植物。已知约有2500多种，分属于12个科。其中最常见和危害最大的有桑寄生科、菟丝子科和列当科等。主要分布热带及亚热带地区。在园林植物花卉、树木上最常见的是菟丝子科和桑寄生科。

防治寄生性种子植物应勤检查，勤清除是最有效的手段，主要是减少侵染来源；冬季深耕，使菟丝子种子深埋土中，不能萌发；在生产季节进行花圃地检查，发现菟丝子立即清除，以免蔓延。用生物制剂“鲁保一号”、五氯酚钠，防治效果较好。

2.4.6 螨类

螨类属于节肢动物门蛛形纲，俗称四足螨、锈壁虱。虫体微小，乳白至浅黄褐色，多呈圆形或长卵圆形，近头部有2对足，腹部略细，尾部侧生两根细长的刚毛（图2-42）。虫体大多隐匿在螨瘿中，刺吸多种园林花木嫩枝叶，引起阔叶树叶部的毛毡病、瘿瘤病等。受害叶片上出现黄白色或浅褐色隆起的毛毡状病斑，为叶表皮细胞受病原物刺激后增生伸长的结果，而且刺激细胞产生色素。由于多数茸毛相聚成毡状，故称毛毡病。严重时可使叶片卷曲。此外，还能传播病毒。

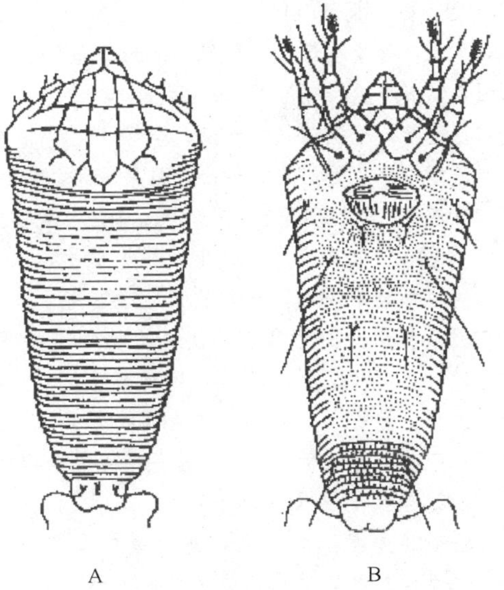

图2-42 瘿螨的形态

A. 背面观 B. 腹面观

实验实训20 园林植物寄生性种子植物、螨类所致病害的诊断

实训目标

能识别植物病原病寄生性植物、螨类等所致病害症状特点；能鉴别常见园林植物寄生性种子植物害和螨类所致病害。

实训用具与材料

显微镜、表面皿、蒸馏水、刀片、凹玻片、盖片、挑针、纱布、滤纸等。

标本、照片：桑寄生、槲寄生、牵牛花菟丝子、漆树毛毡病、葡萄毛毡病等病害标本。多媒体课件。

实训内容和方法

1. 寄生性种子植物的症状观察

观察以下三个属的代表标本，区别它们的形态特征。

（1）桑寄生属（*Lorathus*）

半寄生。常绿小灌木、老枝有凸起灰黄色皮孔，小枝梢被暗灰色短毛；叶互生，卵圆形至长椭圆状卵形，长3～8cm，宽2～5cm，先端钝圆，全缘，羽状叶脉明显；有叶柄；花两性、聚伞花序生叶腋，花冠狭管状，先端4裂，浆果椭圆形，有瘤状突起。取山杨桑寄生标本观察。

（2）槲寄生属（*Viscum*）

常绿半寄生小灌木，高30～60cm。茎枝圆柱形，黄绿色，节明显，节上2叉状分枝。单叶对生，生于枝端，无柄，长椭圆状披针形，全缘。花单性异株，生于枝端或分叉处；花被钟形；浆果球形，橙红色，富有黏液质。取柳槲寄生（冬青）标本注意观察。

桑寄生、槲寄生为半寄生性种子植物，以吸根伸入寄主植物木质部，与导管相连吸取寄主体内的矿质元素和水分进行危害，使寄主植物提早落叶，次年放叶迟，叶变小，延迟开花或不开花，易落果或不结果，被寄生处肿大，木质部纹理紊乱，出现裂缝或空心，易风折，严重时枝条枯死或全株枯死。

（3）菟丝子属（*Cuscuta*）

全寄生藤茎草本植物，寄生缠绕于寄主植物上。藤茎丝线状，黄白色或稍带紫红色。根和叶退化为鳞片状，无叶绿素。茎叶均呈黄色，花常白色或黄色，球形花序。蒴果近球形、褐色（图2-43）。

取牵牛花、大豆菟丝子标本观察。为中国菟丝子（*Cuscuta chinensis* Larnb）危害。茎较细，直径1mm以下，黄色。花柱头为头状，蒴果球形，内含种子2～4粒，种子较小。

菟丝子为全寄生性种子植物，以吸器伸入寄主植物体内，并与寄主植物的输导组织导管和筛管相连，以吸取寄主的水分、无机盐和有机营养物质进行危害，使寄主植物被藤茎缠绕，枝叶紊乱不伸展，枝条常有缢痕，生长不良。幼苗被害严重时，可全株枯死。

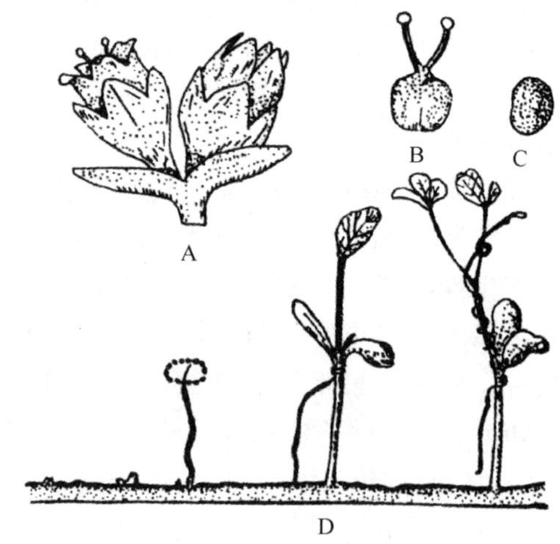

图2-43 菟丝子种子萌发及侵害方式

A. 花 B. 雌蕊 C. 种子
D. 种子萌发及侵染寄主过程

寄生性种子植物的识别比较简单，不论是全寄生还是半寄生性种子植物均与寄主植物有显著的形态区别。危害寄主植物时，营半寄生的种子植物都是常绿的，能开花结果。当寄主植物落叶后，很明显树干上有几簇丛生的小枝梢。营全寄生的菟丝子类呈金黄色或略带紫红色丝状藤茎，常缠绕寄主的部分枝条，甚至整个树冠，一眼就可看到。

2. 植物病原螨类诊断

瘿螨属（*Eriophyes*）

身体蠕虫形，狭长。极微小，长约0.1毫米左右。足2对，前肢体段背板成盾状，后肢体段延长，分为很多环纹。受害叶片上出现黄白色或浅褐

色隆起的毛毡状病斑，为叶表皮细胞受瘿螨刺激后增生伸长的结果，而且刺激细胞产生色素。由于多数茸毛相聚成毡状，故称毛毡病。

取漆树毛毡病（*Eriophyes* sp.）或葡萄毛毡病（*Eriophyes vitis*）标本，观察危害症状。可见叶背病斑上的毛毡状物，浅黄褐色或红褐色。再用新鲜标本带有毛毡物的病斑做徒手切片，镜检观察螨类形态。

实训作业☞

调查校园及周边的寄生性种子植物和螨类所致的病害。

本章小结与习题

本章小结

- 园林病害鉴别
  - 园林病害的基本知识
    - 园林病害的含义
    - 园林病害的病原
    - 园林病害的症状
    - 园林病害的发生
  - 园林的非侵染性病原
    - 营养失调
    - 土壤水分失调
    - 温度不适宜
    - 光照不适宜及通风不良
    - 土壤酸碱度不适宜
    - 药害及有毒物质的污染
    - 园林非侵染性病害诊断
  - 园林病原真菌
    - 真菌一般形态
    - 真菌的生活史
    - 真菌的主要类群
      - 鞭毛菌亚门
      - 接合菌亚门
      - 子囊菌亚门
      - 担子菌亚门
      - 半知菌亚门
    - 园林真菌病害的诊断
  - 园林其他侵染性病原
    - 细菌及所致病害诊断
    - 植原体及所致病害诊断
    - 病毒及所致病害诊断
    - 线虫及其他所致病害诊断

拓展学习资源

1. 陆家云 . 植物病害诊断 . 第 2 版 . 北京：中国农业出版社，1997.
2. 邵力平 . 真菌分类学 . 北京：中国林业出版社，1984.
3. 裘维蕃等 . 植物病毒学（第三版）. 北京：中国农业出版社，2001.

复习思考题

（一）名词解释

损伤　寄主　非侵染性病原　症状　病征　菌丝体　无性繁殖　子实体　真菌的生活史　转主寄生　半知菌　病程　系统侵染

（二）填空题

（1）生物性病原是指以园林植物为寄生对象的一些有害生物。主要有_______、_______、_______、植原体、类病毒、寄生性种子植物、线虫、寄生藻类、螨类等。通常将这类病原称为_____或_____，如属于菌类的（真菌，细菌）又称为______。

（2）凡是由生物因子引起的植物病害都能相互传染，有侵染过程，称为__________或__________，也称寄生性病害。

（3）由非生物因子引起的植物病害都是没有传染性，没有侵染过程，称为__________或__________，也称生理性病害。

（4）真菌的发育可分为______与______两个阶段。

（5）真菌菌丝体的变态类型有______、______、______、______、______。

（6）真菌的繁殖方式分为______和______，分别产生______、______。

（7）真菌门分为 5 个亚门：______、______、______、______和______。

（8）白粉菌的菌丝体和分生孢子为____色，寄生在植物的叶片、嫩梢、花器、果实的体表上形成一层________状物，故引起的病害通称________。

（9）有的锈菌必须经过两种不同的植物才能完成其生活史，此现象称________。

（10）植物病毒病在症状上只有明显的______，不出现________。

（11）植物病毒病的初侵染源主要是________、________、________、________。

（12）细菌的繁殖方式是________。

（13）根据寄生性种子植物对寄主植物的依赖程度，又将分为________和________。

（14）菟丝子与寄主植物接触时形成________，伸入寄主。

（15）真菌侵入途径包括________、________和________三种方式。

（16）细菌侵入途径只包括________和________两种方式。

（17）病毒只能从________侵入。

（18）病原物在寄主体内的扩展范围，只限于________附近，称为局部侵染。

（三）选择题

（1）不属于园林植物病害的是（　　）。

A. 杨树烂皮病　　B. 丁香白粉病
C. 郁金香碎色病　　D. 丁香花叶病

（2）植物病害的症状可分为病状和病征，属于病征特点的是（　　）。

A. 丁香白粉病病部出现一层白色粉状物和许多黑色小颗粒状物
B. 杨树根癌病，病部根茎肿大，形状为大小不等的瘤状物
C. 丁香花斑病，叶斑为褐色花斑或轮状圆斑
D. 果腐病，表现病部腐烂，果实畸形

（3）生理病害是因环境条件不适宜而所致，全部属于生理病害的是（　　）。

A. 植物缺素症、冻拔、毛白杨破腹病

B. 杨树腐烂病、螨类病害

C. 动物咬伤、机械损伤、菟丝子害

D. 害虫刺伤，风害

（4）全为非浸染性病原的是（　　）。

A. 寄生性种子植物、线虫、土壤、营养

B. 气候因子、有害化学物质、土壤、营养等

C. 刺吸性害虫、螨类、有害化学物质

（5）真菌的繁殖方式为（　　）

A. 裂殖　　B. 复制

C. 二均分裂　　D. 无性和有性

（6）子囊菌有性阶段产生（　　）

A. 游动孢子　　B. 卵孢子　　C. 孢囊孢子　　D. 子囊孢子

（7）樱桃袋果病的病原菌为（　　）。

A. 白粉菌　　B. 霜霉菌　　C. 外囊菌　　D. 座囊菌

（8）菌丝体特化出的分生孢子梗顶端着生（　　）。

A. 孢囊孢子　　B. 游动孢子　　C. 子囊孢子　　D. 分生孢子

（9）白粉菌引起阔叶树植物的白粉病，其同一病征为（　　）。

A. 白色粉状物和小黑颗粒　　B. 霜霉状物

C. 白色丝状物　　D. 小黑点

（10）在自然界中，有很多真菌只发现无性态，而有性态还没有发现，这类真菌称为（　　）。

A. 接合菌　　B. 鞭毛菌　　C. 子囊菌　　D. 半知菌

（11）园林植物真菌病害的主要病征是（　　）。

A. 菌脓、枯萎、小叶、缩叶

B. 猝倒、立枯、腐烂、枯枝

C. 粉状物、霉状物、疱状物、毛状物、盘状物、粒状物、点状物

D. 肿瘤、萎蔫、溃疡、花叶、畸形

（12）植物病原细菌形态都为（　　）。

A. 球状　　B. 螺旋状　　C. 杆状

（13）植物细菌病害的病征是（　　）。

A. 菌脓　　B. 霉状物　　C. 粉状物

（四）判断题

（1）病害的三角关系指病原、植物和环境条件之间的相互关系（　　）。

（2）植物病害引起的萎蔫可以恢复（　　）。

（3）大多数锈菌为活体寄生物（　　）。

（4）真菌是一种真核生物，不含叶绿素的完全自养型生物（　　）。

（5）病毒主要是由核酸和蛋白质组成（　　）。

（6）病毒、真菌和细菌都具有一样的细胞结构（　　）。

（7）植物病毒是一种专性寄生物（　　）。

（8）植物病毒侵入途径是微伤口（　　）。

（9）植物线虫只危害植物的地下部（　　）。

(10) 植物线虫都是专性寄生物（　　）。

(11) 由病毒引起的病害只有病征（　　）。

(12) 生理病害是由生物引起的病害，它们不传染（　　）。

(五) 问答题

(1) 园林植物侵染性病害是怎样发生的（如何理解病害三因素的关系）?

(2) 园林植物病害的症状类型及特点是什么?

(3) 如何区分侵染性病害和非侵染性病害?

(4) 园林植物细菌病害的特点是什么?

(5) 简述园林植物侵染性病害的诊断的方法。

(6) 简答植物病原真菌造成的病害有哪几种病征类型? 应如何制片镜检?

(7) 试述植物真菌、细菌、病毒、寄生性线虫病害的症状特点及侵染特点。

(8) 园林植物病害标本采集要点有哪些? 如何制作、保存蜡叶病害标本?

第3章 园林植物病虫害发生规律与测报 

教学目标 ☞

1. 了解昆虫的行为及其在害虫防治上的应用。
2. 了解昆虫与环境的关系，会应用有效积温法则。
3. 了解侵染性病害的发生规律，能利用发生规律开展病害防治工作。
4. 了解病虫测报的一般方法，能进行病虫的发生期预测。
5. 了解病虫调查的一般方法，能进行病虫的专题调查。

3.1 昆虫的行为与生活史

3.1.1 昆虫的常见行为

昆虫与外界联系的所有方式都要通过各种行为表现出来。人们通过对昆虫各种行为的研究、把握，可以正确地进行虫情调查、预测预报，并利用昆虫的行为，采取有效措施防治有害昆虫，保护有益昆虫。

1. 休眠和滞育

昆虫在1年的生长发育过程中，常出现暂时停止发育的现象，即所谓的越冬和越夏，这种现象从其本身的生物学和生理学特性来看，可分为休眠和滞育两类。

休眠是昆虫在不良环境条件下发育临时停止的现象，当不良环境条件消除后，即可恢复正常的生命活动。休眠发生在炎热的夏季称越夏，休眠发生在严寒的冬天称为越冬。各种昆虫休眠的虫态不一，有些昆虫需要在一定的虫态或虫龄休眠，东亚飞蝗在卵期休眠。有些昆虫在不同地区以不同的虫态休眠，如小地老虎在北京以卵越冬，在长江流域以蛹或老熟幼虫越冬，在广西南宁以成虫越冬。

滞育是由于环境条件和昆虫的遗传特性造成昆虫生长发育暂时停止的现象。在自然情况下，当不利的环境条件还远未到来之前，就进入滞育了，而且一旦进入滞育，即使给予最适宜的环境条件，昆虫也不能马上恢复正常的生命活动。季节性的光周期长短和各种昆虫对光周期的反应是引起昆虫滞育的主要原因，其次是温度、湿度、食物等，引起和解除滞育的所有外界因子必须通过内部激素的分泌来实现。滞育有一定的遗传稳定性，而且都有固定的滞育虫态。如樟叶蜂以老熟幼虫在 7 月上、中旬于土中滞育，至第 2 年 2 月上、中旬才恢复正常的生长发育。

了解昆虫休眠和滞育特性及害虫的越冬虫态和场所，可以预测害虫发生和危害时期，对开展越冬期防治有直接的指导意义。

2. 昆虫的食性与取食行为

食性即昆虫的取食习性。昆虫在其历史演化过程中，对食物形成一定的选择性，按昆虫食物的性质，可将昆虫分为：

植食性昆虫　以植物活体为食的昆虫。

肉食性昆虫　以动物活体为食的昆虫。

腐食性昆虫　以动物、植物残体或粪便为食的昆虫。

杂食性昆虫　既以植物或动物为食，又可腐食的昆虫。

根据食物的范围可将昆虫的食性分为：

多食性　以多种非近缘科的动植物为食的昆虫，如刺蛾、棉蚜等。

寡食性　以 1 个科或几个近缘科的动植物为食的昆虫，如小菜蛾、马尾松毛虫。

单食性　只以 1 种动植物为食的昆虫，如三化螟。

昆虫的食性具有它的稳定性，但也有一定的可塑性。我们必须掌握园林害虫的食性，这不仅同防治直接相关，而且可以帮助我们掌握它们的来龙去脉。对园林害虫的天敌昆虫而言，掌握它们的食性是生物防治中选择天敌种类的重要依据。

3. 昆虫的趋性

趋性就是昆虫对各种刺激物所引起的反应。根据刺激物可分为趋光性、趋化性、趋温性等；根据对刺激物的趋向和背向两种反应，分为正趋性和负趋性。

趋光性　是昆虫通过视觉器官对光线刺激所引起的趋向活动。

趋化性　是昆虫通过嗅觉器官对化学物质刺激所表现的趋向活动。

趋温性　是昆虫通过感觉器官对温度刺激所所表现的趋向活动。

利用昆虫的趋性来检疫、测报和防治害虫已是植保工作者的重要手段。但不论那种趋性，往往都是相对的，对刺激的强度和浓度都有一定程度的选择性。

4. 昆虫的群集性

昆虫的群集性是指同种昆虫的大量个体高密度地聚集在一起的习性。利用害虫的群集性，我们可以采取人工捕杀和针对性地施药进行控制。

5. 昆虫的假死

假死性是指昆虫在受到突然刺激时，身体蜷缩，静止不动或从原停留处突然跌落下来呈死亡之状，稍停片刻又恢复常态而离去的现象。对有假死性的害虫，可以用骤然振落的方法，加以捕杀，如金龟子、叶甲、黏虫等。

6. 昆虫活动的昼夜节律

昆虫活动的昼夜节律是指昆虫活动在长期的进化过程中形成了与自然中昼夜变化规律相吻合的节律，即生物钟或昆虫钟。绝大多数昆虫的活动，如飞翔、取食、交配等，甚至有些

昆虫的孵化、羽化等，均有固定的昼夜节律。在白天活动的昆虫称为日出性或昼出性昆虫，如瓢虫、蜻蜓、螳螂等捕食性昆虫和蝶类。夜间活动的昆虫称为夜出性昆虫，如大多数的蛾类。只在弱光下（如黎明、黄昏）活动的昆虫称弱光性昆虫，如蚊子、金龟甲等。自然中昼夜长短是随季节变化的，所以许多昆虫的活动节律也有季节性。人们可以利用昆虫活动的昼夜节律来有针对地选择防治时间及防治措施，控制害虫，保护天敌。比如，为防治金龟甲成虫，我们通常选择在傍晚施药，既保证了用药的有效性，又能很好的避免杀伤天敌。

3.1.2 昆虫的世代与生活史

1. 昆虫的世代

昆虫自卵或幼体离开母体到成虫性成熟产生后代为止的个体发育周期，称为 1 个世代。各种昆虫完成 1 个世代所需的时间不同。昆虫在 1 年内发生固定代数或完成 1 代需要固定时间的特性叫化性，1 年只发生 1 代的叫一化性，如竹笋夜蛾、红脚绿金龟等；1 年发生 2 代的叫二化性，如白尾安粉蚧；1 年发生 3 代以上的称多化性，如 1 年完成 5 个世代的棉卷叶野螟；而把 2 年以上才完成 1 个世代的称为部化性。昆虫的化性除因昆虫的种类不同外，还与昆虫所在的地理位置、环境因子有密切的关系。

1 年发生多代的昆虫，由于成虫发生期长和产卵期长，幼虫孵化先后不一，在一个地区内同时出现同一种昆虫的不同虫态，造成上下世代间相互重叠的现象，称为世代重叠。

对 1 年发生 2 代或多代的昆虫，划分世代顺序均以卵期开始，依据先后出现的次序称第 1 代、第 2 代……但应注意跨年虫态的世代顺序：习惯上，越冬的卵就是次年的第 1 代卵；而以其他虫态越冬的，为前一年的最后 1 代，叫做越冬代。如黄刺蛾，以老熟幼虫越冬，那么 2009 年越冬的幼虫就称为越冬代幼虫，到次年化蛹、羽化变成成虫后产下的卵才称为第 1 代。

2. 昆虫的生活史

昆虫在 1 年中发生世代及生长发育的状况称年生活史或生活年史，即昆虫从越冬虫态（卵、幼虫、蛹或成虫）越冬后复苏起，至翌年越冬复苏前的全过程。了解害虫的生活史，掌握害虫的发生规律，是害虫预测预报和防治害虫的可靠依据。为了清楚地描述昆虫在 1 年中的生活史特征，除可以采用文字进行描述外，还可以用图表（表 3-1）来表示。

表 3-1 樟叶蜂年生活史

时间 / 代	1月	2月	3月	4月	5月	6月	7月	8月	9月	10月	11月	12月
	上中下	上中下	上中下	上中下	上中下	上中下	上中下	上中下	上中下	上中下	上中下	上中下
越冬代	▲▲▲	▲▲▲	▲▲▲	▲▲ +++								
第 1 代				●●● —— △	● —— △△ +++							
第 2 代					●●●	● ——— △	— △△△	△△△	△△△	△△△	△△△	△△△

图注：●卵，—幼虫，△蛹，▲越冬蛹，+成虫。

3.2 昆虫与环境

昆虫的发生发展除与本身的生物学特性有关外，还与环境条件有密切的关系。构成昆虫生存环境条件的各种因素，称为生态因子。生态因子包括气候因素、土壤因素、生物因子和人为因子。研究昆虫个体生长、发育、繁殖、分布与环境因素的关系，揭示昆虫种群数量变化的消长规律，有助于充分发挥人的主观能动性，有计划地采用各种有效措施创造不利于害虫、有利于植物生长的环境条件，从而有效地控制害虫的大发生，是害虫预测预报和综合防治重要的理论基础。

3.2.1 影响昆虫生活的环境因子

1. 气候因子

气候因素与昆虫的生命活动有着极其密切的关系。气候因素主要有温度、湿度、降水、光、风等，其中起主要作用的是温度和湿度，它们不仅影响昆虫的生长发育、繁殖和发育周期，而且决定昆虫的地理分布界限。

(1) 温度的影响　昆虫是变温动物，体温随环境温度的高低而变化。昆虫调节体温的能力较差，其生命活动所需的热能主要来源于太阳辐射热和体内新陈代谢所产生的代谢热，其热能散失的途径主要是通过体壁向外传导、辐射和伴随水分的蒸发而散失。昆虫在进化过程中对温度产生了一定的适应性，每一种昆虫的生命活动都要求一定的温度范围，这一温度范围称适宜温区（或有效温区）。不同昆虫的适应温区不同，根据多数昆虫对温度的适应情况，可划分为 5 个温区（表 3-2）。

表 3-2　昆虫对温度的适应范围

<table>
<tr><th>温度/℃</th><th colspan="2">温　区</th><th>昆虫对温度的反应</th></tr>
<tr><td>60……
50……</td><td colspan="2">致死高温区</td><td>部分蛋白质，酶系统破坏，短时间造成死亡</td></tr>
<tr><td>40……</td><td colspan="2">停育高温区</td><td>死亡决定于高温强度和持续时间</td></tr>
<tr><td>30……</td><td>最高有效温度
高适温区</td><td rowspan="3">适宜温区
（有效温区）</td><td>随温度升高，发育速度反而减慢</td></tr>
<tr><td>20……</td><td>最适温区</td><td>死亡率最小，繁殖力最大，发育速度近最快</td></tr>
<tr><td>10……</td><td>低适温区
最低有效温度</td><td>发育速度最慢，繁殖力较低，或不能繁殖</td></tr>
<tr><td>0……</td><td colspan="2">停育低温区</td><td>代谢过程最慢，引起生理功能失调，死亡决定低温强度和持续时间</td></tr>
<tr><td>−10……
−20……
−30……
−40……</td><td colspan="2">致死低温区</td><td>原生质结冰，组织破坏而死亡</td></tr>
</table>

(2) 湿度的影响　昆虫对湿度的要求依种类、发育阶段和生活方式不同而有差异。最适宜范围一般在相对湿度70%～90%，湿度过高或过低都会延缓昆虫的发育，甚至造成死亡。如松干蚧的卵，在相对湿度89%时孵化率为99.3%；相对湿度36%以下，绝大多数卵不能孵化；相对湿度100%时，虽然孵化，但若虫不能钻出卵囊而死亡（表3-3）。但一些刺吸式口器害虫如介壳虫、蚜虫、叶蝉等对大气湿度的变化并不敏感，即使大气非常干燥，也不会影响它们对水分的要求，天气干旱时寄主汁液浓度增大，提高了营养成分，有利于害虫繁殖，所以这类害虫往往在干旱时危害严重。

表3-3　日本松干蚧卵的孵化与湿度的关系

相对湿度/%	卵的孵化率/%	相对湿度/%	卵的孵化率/%
低于36	绝大部分不能孵化	89	99.3
54.6	72.4	100	卵虽能孵化，但若虫均死于卵囊中
70.3	95.7		

(3) 降雨的影响　降雨不仅影响环境湿度，也直接影响害虫的发生数量，其作用大小常因降雨时间、降雨强度和降雨次数而定。春季雨后有助于一些在土壤中以幼虫或蛹越冬的昆虫顺利出土；而暴雨则对一些小型害虫如蚜虫、初孵介壳虫有很大的冲杀作用，从而大大降低虫口密；阴雨连绵不但影响一些食叶害虫的取食活动，且易造成致病微生物的流行。

(4) 温、湿度的综合影响　在自然界中温度和湿度总是同时存在、相互影响、综合起作用的。而昆虫对温度、湿度的要求也是综合的，不同温湿度组合，对昆虫的孵化、幼虫存活、成虫羽化、产卵及发育历期均有不同程度的影响。例如大地老虎卵在不同温湿度下的生存情况（表3-4）。

表3-4　大地老虎卵在不同温、湿度组合下的死亡率

温度/℃ \ 死亡率/% \ 相对湿度/%	50	70	90
20	36.67	0	13.5
25	43.36	0	2.5
30	80.00	7.5	97.5

在高温高湿和高温低湿下，大地老虎卵的死亡率都较大；温度20～30℃、相对湿度50%的条件下，对其生长均不利，其适宜温湿度条件为温度25℃、相对湿度70%左右。所以，我们在分析害虫消长规律时，不能单根据温度或相对湿度某一项指标，而是要注意温、湿度综合影响作用，常采用温湿度系数来表示。温、湿度系数是指相对湿度与平均温度的比值，或降雨量与平均温度的比值。

公式为

$$Q=\frac{RH}{T}\quad 或\quad Q=\frac{M}{T}$$

式中，Q——温湿度系数；

RH——相对湿度；

M——降雨量，mm；

T——平均温度,℃。

(5) 光的影响　昆虫的生命活动和行为与光的性质、光强度和光周期有密切的关系。光是一种电磁波，因波长的不同而显示不同的颜色。昆虫辨别不同波长光的能力与人的视觉不同，人眼可见光波一般在 770～400nm，对于大于 800nm 的红外光、小于 400nm 的紫外光，人眼均看不见。昆虫则可以看见 700～250nm 的光波，尤其对 330～400nm 的紫外光有强烈的趋性，黑光灯诱杀害虫就是根据这个原理设计的。还有蚜虫对 550～600nm 的黄色光有反应，所以白天飞翔时可利用“黄色诱板”进行诱集。光强度的变化主要影响昆虫的昼夜节律、交尾产卵、取食栖息、聚集行为和体色。光周期是指昼夜交替时间在一年中的周期性变化。许多昆虫对光周期的年变化反应非常明显，表现出昆虫的季节生活史、滞育特征、世代交替，蚂蚁、蚜虫的季节性多型现象等。光周期是昆虫滞育的主导因素。引起昆虫种群 50%左右个体进入滞育的光周期界限，称为临界光周期。

(6) 风的影响　风和气流对昆虫的生长发育虽无直接作用，但可以影响空气的温度和湿度，从而对昆虫的生长发育产生间接作用。此外，风还影响昆虫的活动，特别是昆虫的扩散和迁移受风的影响较大，风的强度、速度和方向直接影响其扩散和迁移的频度、范围和方向。有资料表明，许多昆虫能借风力传播到很远的地方，如蚜虫可以借风力迁移 1220～1440km。

2. 土壤因子

土壤是昆虫的一个特殊生态环境，很多昆虫的生活都与土壤有密切的关系。如蝼蛄、蟋蟀、蛴螬、叩头甲等苗圃害虫，有些终生在土中生活，有的大部分虫态是在土中度过。许多昆虫于温暖季节在土壤外面活动，冬季即到土中越冬。

土壤的理化性状，如土壤的温度、湿度、机械组成、有机质成分及含量、酸碱度等，直接影响在土中生活昆虫的生命活动。一些地下昆虫往往随土壤温度变化而上下移动。秋天土温下降时，土内昆虫向下移动；春天土温上升时，则向上移动到适温的表土层；夏季土温较高时，又潜入较深的土层中。在 1 昼夜之间也有一定的活动规律，如蛴螬、小地老虎夏季多于夜间或清晨上升到土表危害，中午则下降到土壤下层。生活在土中的昆虫，大多对湿度要求较高，当湿度较低时会因失水而一些其生命活动。掌握昆虫的这些习性后，可以通过土壤复垦、施肥、灌溉等各种措施，改变土壤条件，达到控制害虫的目的。

3. 生物因子

(1) 食物的影响　昆虫和其他动物一样，必须利用植物或其他动物所制成的有机物以取得生命活动过程所需要的能源，食物的质量和数量直接影响昆虫的生长、发育、繁殖和寿命。食物数量充足、质量高，则昆虫生长发育快、生殖力强、自然死亡率低；相反则生长、发育和生殖都受到抑制。有没有必需的食物，关系到能不能在这个生境中生存；存在的食物是否适合昆虫需要，又关系到这个生境中昆虫的种群数量。

(2) 天敌的影响　通过捕食或寄生使昆虫死亡的生物统称为昆虫的天敌。害虫天敌是

影响害虫数量的一个重要因素。天敌的种类很多，主要包括：引起昆虫感病死亡的病毒、真菌、细菌等病原微生物；以昆虫为食的螳螂、瓢虫、寄生蜂等天敌昆虫和蜘蛛、鸟类、青蛙等有益动物。

4. 人为因子

人类的活动对昆虫的繁殖、活动和分布影响很大。归纳起来表现在四个方面：

(1) 人为改变生态系统对昆虫的影响　植树、栽植草坪、兴建公园、引进推广新品种等园林绿化活动导致当地生态系统发生改变，从而影响了昆虫的物种多样性和种群的兴衰。

(2) 人为改变昆虫群落的影响　贸易的频繁和植物种苗的调运不可避免地扩大了昆虫的地理分布范围。一方面，一些危险性害虫传入新地区，造成了极其严重的危害，如美国白蛾、地中海实蝇、椰心叶甲等；另一方面，有目的地引进和利用益虫又可以抑制害虫的发生和危害，如各国引进澳洲瓢虫，成功地控制了吹绵蚧的危害。

(3) 园林技术措施应用对昆虫的影响　人们通过运用中耕除草、灌溉施肥、整形修剪、培育抗虫品种等园林技术措施，增强了植物的生长势，恶化了害虫的适生环境和繁殖条件，大大减轻了受害程度。

(4) 采取防控措施对昆虫的影响　各种物理因素和防虫器械以及化学农药等防控措施的科学运用，直接杀灭了大量害虫，保障了园林植物的正常生长发育和观赏效果。但是，不恰当地运用这些防控措施又常常会引起某些害虫猖獗危害。

3.2.2 有效积温法则

昆虫同其他生物一样，完成其不同的发育阶段（如卵、各龄幼虫、蛹、成虫产卵前期或1个世代等）需要积累一定的热能，即发育所经历的时间与该时间内平均温度的乘积为一常数，称为积温常数。因为昆虫只有达到发育起点以上的温度才开始发育，在发育起点以上的温度称为有效温度，有效温度的总和就是有效积温，有效积温常数

$$K=N(T-C) \quad 或 \quad N=\frac{K}{T-C}$$

式中，K——有效积温常数，日度；

N——发育所需的时间（历期），d；

T——环境温度，℃；

C——发育起点温度，℃。

又：发育速度以 V 表示，则，$V=\frac{1}{N}$，如果将 N 改为 V，则可得到

$$K=\frac{T-C}{V} \quad 或 \quad V=\frac{T-C}{K} \quad 或 \quad T=C+KV$$

有效积温法则应用主要有以下几个方面。

1. 推算昆虫发育起点温度和有效积温常数

发育起点温度 C 和有效积温常数 K 可以通过实验观察求得：将一种昆虫的某一虫期置于两种不同温度条件下进行饲养，记录发育所需要的时间，设两个温度分别为 T_1 和

T_2，完成发育所需的时间为 N_1 和 N_2，根据 $K=N(T-C)$，得到

$$K = N_1(T_1 - C) \quad ①$$

$$K = N_2(T_2 - C) \quad ②$$

因①=②=K，得 $N_1(T_1-C)=N_2(T_2-C)$，即

$$C = \frac{N_2T_2 - N_1T_1}{N_2 - N_1}$$

将计算得到的 C 值带入式①或式②即可求得 K 值。

例： 国槐尺蠖卵在27.2℃下，经历4.5d孵出幼虫，在19℃条件下，经历8d孵化，根据积温公式，就可求得尺蠖卵的发育起点温度

$$C = \frac{8\times 19 - 4.5\times 27.2}{8 - 4.5} = \frac{29.6}{3.5} = 8.5(℃)$$

卵期的有效积温常数

$$K = 8\times(19 - 8.5) = 84(\text{日度})$$

或

$$K = 4.5\times(27.2 - 8.5) = 84(\text{日度})$$

为了得到更可靠的结果，可用3个以上的温度处理，采用最小自然乘法进行推算，导出公式如下

$$K = \frac{n\sum VT - \sum V\sum T}{n\sum V^2 - \left(\sum V\right)^2}$$

$$C = \frac{\sum V^2\sum T - \sum V\sum VT}{n\sum V^2 - \left(\sum V\right)^2}$$

式中，n—处理个数。

2. 估测昆虫在某地区可能发生的世代数

知道了某种昆虫在完成1个世代的有效积温（K），再利用当地常年温度的资料，统计出当年对该虫的有效积温总和（K_1），便可推算出这种昆虫在该地区每年可能发生的世代数（N）。

$$N = \frac{K_1}{K}$$

例： 已知黏虫完成1个世代的有效积温为685.2日度（K），发育的起点温度为9.6℃（各发育虫态发育起点温度的平均值）。根据气象资料，在成都地区对于黏虫发育的有效积温是2876.6日度（K_1），那么黏虫在成都地区每年的可能发生的世代数

$$N = \frac{K_1}{K} = \frac{2876.6}{685.2} = 4.2$$

即估计黏虫在成都地区每年发生为4至5代。

3. 预测害虫发生期

知道了一种昆虫或某个虫期的有效积温和发育起点温度后，便可根据公式 $N=\dfrac{K}{T-C}$ 进行发生期预测。

例：已知黏虫卵的发育起点温度为13.1℃，卵期有效积温为45.3日度，产卵后的平均气温为20℃，则卵到幼虫孵化需要天数

$$N=\frac{K}{T-C}=\frac{45.3}{20-13.1}=6.56\ (\mathrm{d})$$

即气温为20℃时，黏虫卵将于6～7d后孵化。

4. 控制昆虫的发育进度

在人工繁殖利用寄生蜂防治害虫时，根据释放日期的需要，便可根据公式 $T=\frac{K}{N}+C$ 计算出室内饲养寄生蜂的需要温度，通过调节温度来控制其发育进度，保证在合适的日期释放到田间。

例：正在繁殖一批松毛虫赤眼蜂，要求20d后释放成蜂，已知松毛虫赤眼蜂的发育起点温度为10.34℃，有效积温为161.36日度，那培养温度应为

$$T=\frac{K}{N}+C=\frac{161.36}{20}+10.34=18.4℃$$

即，把培养温度控制在18.4℃，这些松毛虫赤眼蜂就可以在20d后羽化释放。

5. 预测害虫地理上的分布北限

对于某种昆虫，如果 $N=\frac{K_1}{K}<1$，也就是说，在该地全年的有效积温总和不能满足该虫完成1个世代所需的积温，则这种昆虫在该地区1年内不能完成1个世代。如果该虫不是多年发生一个世代的昆虫，这将成为该虫地理发布的限制。有效积温对于了解昆虫的发育规律、害虫预测、预报和利用天敌开展防治工作具有重要意义。但有效积温法则也具有一定的局限性。主要表现在：

①有效积温法则只考虑了温度条件，其他因素如湿度、食物等也有很大的影响，但都没考虑进去；

②有效积温法则是以温度温度与发育速率呈直线关系为前提的，而事实上，在整个适温区内，温度与发育速率的关系是呈“S”形的曲线关系，无法显示高温延缓发育的影响；

③该法则的各项数据一般都是在实验室恒温条件测定的，与外界变温条件下生活的昆虫发育情况也有一定的差距；

④对某些有滞育现象的昆虫，利用该法则计算其发生代数或发生期就难免有误差。

3.3 园林侵染性病害的侵染循环

植物病害的侵染循环是指从前一个生长季节开始发病，到下一个生长季节再度发病的过程。侵染循环一般包括以下几个环节：初侵染和再侵染、病原物的越冬和病原物的传播（图3-1）。

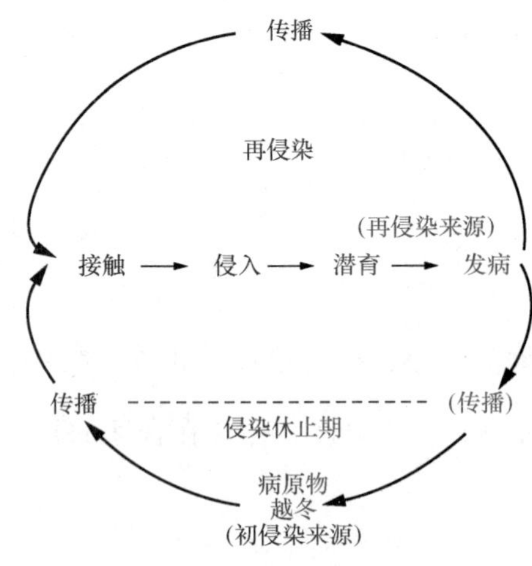

图3-1　病害侵染循环示意图

3.3.1　病原物的越冬（夏）

病原物越冬期间处于休眠状态，是其侵染循环中最薄弱的环节，加之潜育场所比较固定集中，较易控制和消灭。因此，掌握病原物的越冬方式、场所和条件，对防治植物病害具有重要意义。病原物越冬场所主要有以下几种。

1. 种苗和其他繁殖材料

带病的种子、苗木、球茎、鳞茎、块根、接穗和其他繁殖材料，是病菌、病毒和植物菌原体等远距离传播和初侵染的主要来源。如百日菊黑斑病、百日菊细菌性叶斑病、瓜叶菊病毒病、天竺葵碎锦病毒病等。由此而长成的植株，不但本身发病，而且成为苗圃、田间、绿地的发病中心，通过连续再侵染不断蔓延扩展，甚至造成病害流行。

2. 有病植物

病株的存在，也是初侵染来源之一。多年生植物一旦染病后，病原物就可在寄主体内定殖，成为次年的初侵染来源。如枝干锈病、溃疡病、根癌病等。感病植物是病原细菌越冬的重要场所。病原真菌可以营养体或繁殖体在寄主植物体内越冬。由于园林植物栽种方式的多样化，使得有些植物病害连年发生。温室花卉病害，常是次年露地栽培花卉的重要侵染来源，如花卉病毒病和白粉病等。

3. 发病植物残体

有病的枯枝、落叶和病果，也是病原物越冬场所。次年春天，产生大量孢子成为初侵染来源，如多种叶斑病菌都是在落叶上越冬的。

4. 土壤和有机肥

对于土壤传播的病害或植物根部病害来说，土壤是最重要的或唯一的侵染来源。病原物以厚垣孢子、菌核、菌索等在土壤中休眠越冬，有的可存活数年之久。如苗木紫纹羽病菌。还有的病原物以腐生的方式在土壤中存活，如引起幼苗立枯病的腐霉菌和丝核菌。一般细菌在土壤内不能存活很久，当植物残体分解后，它们也渐趋死亡。此外，在肥料中常混有未经腐熟的病株残体成为侵染来源。

综上所述，查明病原物的越冬场所加以控制或消灭，是防治植物病害争取主动的有力措施。如对在病株残体上越冬的病原物，可采取收集并烧毁枯枝落叶，或将病残组织深埋土内的办法消灭病原物。种子、苗木、球茎、鳞茎、块根和其他繁殖材料带菌时，需加强植物检疫，进行种子处理、苗木消毒，杜绝病害扩大蔓延。铲除锈病的转主寄住，切断其侵染循环，控制锈病的发生。实行土壤消毒、苗圃轮作和施用腐熟的有机肥料是防止土壤、肥料大量带菌的重要措施。

3.3.2　病原物的传播

病原物越冬或越夏后，必须传播到寄主植物上才能发生初次侵染及后来的再侵染。病

原物的传播是侵染循环各个环节联系的纽带。它包括从有病部位或植株传到无病部位或植株，从有病地区传到无病地区。通过传播植物病害得以扩展蔓延和流行。因此，了解病害的传播途径和条件，设法杜绝传播，可以中断侵染循环，控制病害的发生与流行。

1. 气流传播

真菌病害的孢子主要由气流传播。孢子数量很多、体小质轻，能在空中飘浮。风力传播孢子的有效距离依孢子性质、大小及风力的大小而不同。有的可达数千公里远，大多数真菌的孢子则降落在离形成处不远的地方。病原物传播的距离并不等于病菌侵染的有效距离，大部分孢子在传播途中死亡，活孢子在传播途中如遇不到合适的感病寄主和适宜的环境条件也不能侵染。因而传播的有效距离还是有限的，如梨桧锈病菌孢子传播的有效距离是5km左右。红松疱锈病菌孢子传播的有效距离只有几十米。借气体传播的病害防治较困难，除注意消灭当地越冬的病原体以外，更要防止外地传入的病原物的侵染，必要时需要大面积联防，才能取得更好的防效。

2. 雨水传播

雨水和流水的传播作用是使混在胶质物中的真菌孢子和细菌得以溶化分散，并随水流和雨水的飞溅作用来传播。土壤中的根癌细菌可以通过灌溉水来传播，雨水还可将空中悬浮或移动的孢子打落在植物体上。水流传播不及气流传播远。一般来说，在风雨交加的情况下病原物传播最快。

3. 动物传播

危害植物的害虫种类多，数量大，也是病毒、植原体和真菌、细菌、线虫病害的传播媒介。传毒昆虫不仅能携带病原物，而且在危害植物时，把病原物接种到所造成的伤口中去。如松褐天牛传播松材线虫病。

4. 人为传播

人类活动在病害的传播上也非常重要。人类通过园艺操作和种苗及其他繁殖材料的远距离调运而传播病害。如某些潜伏在土壤中的病原物，在翻耕或抚育时常通过操作工具传播。许多病毒和植物菌原体可以借嫁接、修剪而传播。松材的大量调运，加速了松材线虫病的扩展和蔓延。加强植物检疫，是限制人为传播植物病害的有效措施。

3.3.3 初侵染和再侵染

越冬以后的病原物，在植物开始生长发育后进行的第一次侵染，称为初侵染。在同一个生长季节中，初侵染以后发生的各次侵染，称为再侵染。在植物的一个生长季节中，只有一个侵染过程的病害，称单病程病害。如梨桧锈病。在植物的一个生长季节中，有多个侵染过程的病害，称多病程病害。大多数植物病害都有再侵染，这类病害潜育期较短，如果条件有利，常常通过连续不断的再侵染，发展蔓延，扩大危害，引起病害流行，如月季黑斑病、菊花斑枯病和各种白粉病。

植物病害的潜育期和再侵染有密切的关系。病害的潜育期短，再侵染的机会就多。环境条件有利于病害的发生而缩短了潜育期，就可以增加再侵染的次数。如月季黑斑病的潜育期大约7～10d，在一个生长季节有多次再侵染；而芍药红斑病潜育期约1个月，再侵染次数就少。病害有无再侵染与防治有密切的关系，对只有初侵染的病害，只要清除越冬病原物，消灭初侵染源就可使病害得到防治。对于有再侵染的病害，除清除越冬病原物外，及时铲除发病中心，消灭再侵染源，是行之有效的防治措施，同时，还要注意通过采用药剂保护或治疗来解决再侵染问题。

3.4 园林病虫预测预报

3.4.1 园林害虫的预测

园林害虫的预测是根据园林植物害虫的生物学、生态学特性和近期害虫及其天敌的发生情况，结合当地物候和气象预报资料进行综合分析，正确推断园林害虫未来的发生发展趋势。害虫预测的内容主要是掌握害虫种群在一定时间和空间的变动规律，即预测害虫数量的变动在时间和空间方面的表现。准确的害虫预测是贯彻“预防为主，综合治理”方针的重要措施，是正确组织指导防治工作的基础和依据。

按照预测期限的长短划分为短期预测、中期预测和长期预测：短期预测通常根据害虫前一二个虫态的发生时期和数量预测后一二个虫态的发生时期和数量。预测期限较短，仅在一个世代或半年以内。中期预测通常根据上一个世代的发生情况，预测下一个世代的发生情况。预测期限随虫种而异，1年发生1代的虫种为1年，1年发生几代的则为1个月或1个季度。长期预测通常由年末或年初预测下一年或全年发生动态和危害程度。一般根据越冬后或年初测报对象的越冬虫口基数及气象预报等资料进行预测。按照害虫种群数量在一定时间和空间内的变化动态、性质和防治要求，又分为发生期预测、发生量预测、分布蔓延预测和危害程度预测。影响害虫发生的各种因素在短期内易于掌握，因此，目前常用的是发生期和发生量的中、短期预测。

1. 园林害虫发生期预测

主要是预测某种害虫某一虫态出现的始、盛、末期，以便确定防治的最佳时期。一个虫态在某一地区最早出现的时间，称为始见期；出现数量达一个虫态总数的50%时，称为盛期；一个虫态出现的最后时间，称为末期或终期。这种方法常用于预测一些防治时间性强，而且受外界环境影响较大的害虫。如钻蛀性、卷叶性害虫以及龄期越大越难防治的害虫。这种预测目的明确，方法简便，生产需要，使用最广。一般常用的预测方法如下：

(1) 物候法 物候是指自然界各种生物现象出现的季节性规律。昆虫的生长发育受自然气候直接影响，各种害虫的某一虫期也是在一定节令出现，且与其他动物、植物或农事活动之间表现出间接的相关性，以此相关性作危害虫发生期的预测标志，称为物候预测法。如小麦吸浆虫有所谓“小麦抽穗，吸浆虫出土展翅”之说，棉蚜有“花椒发芽，棉蚜孵化；芦苇起锥，向棉田迁飞”和“柳絮遍地扬花，棉蚜长翅搬家”之说，小地老虎有“桃花一片红，发蛾到高峰；榆钱落，幼虫多”之说。物候预测法简单已被群众接受，但应注意品种之间、树龄大小的差异。一般应连续观察数年掌握物候规律才更准确。

(2) 发育进度预测法　某种园林植物害虫的所有个体往往不是同时进入某一虫态，而是有先后之分。发育进度是指某种害虫的某一虫态个体数量在时间上的发布。人们通过对害虫发育进度的观察结果，参考当地气象预报的日、旬平均温度和相应的虫态历期，推算以后的虫态发育期即为发育进度预测。发育进度预测法可分为历期预测法和期距预测法。

历期预测法　历期预测法是通过对前一虫态发育进度（如化蛹率、羽化率、孵化率等）调查，当某虫态发育百分率达到16%、50%、84%即始盛期、高峰期和盛末期的数量标准时，分别加上当时气温下该虫态的发育历期，即可推测后一虫态的相应发生期。如预测小地老虎第2次卵孵化盛期，某年某地调查小地老虎第2次卵峰日为4月10日，气象预报4月中旬平均气温为14～15℃，根据小地老虎在不同温度条件下的卵历期资料可知，在14～15℃下卵孵化需要11～13d，预测其孵化盛期则为4月10日+11～13d，即4月21～23日。与田间实际孵化盛期4月22日基本吻合。

期距预测法　期距是指害虫各虫态的时间距离，在预测中常用的期距一般指盛期至盛期的天数。根据前一虫态或前一世代的发生期，加上期距天数就可以推测后一虫态或后一世代的发生期。

测定期距常用的方法有以下3种：

调查法　在绿地内选择有代表性的样方，在害虫某一虫态出现前几天开始进行定点取样，逐日或每隔2、3天调查1次，统计该虫态个体出现的数量及百分比。通过长期调查掌握各虫态的发育进度后，便可得到当地各虫态的历期。按下列公式进行统计：

$$\text{孵化率} = (\text{幼虫数或卵壳数} \div \text{总卵壳数}) \times 100\%$$

$$\text{化蛹率} = (\text{活蛹数} + \text{蛹壳数}) \div (\text{活幼虫数} + \text{活蛹数} + \text{蛹壳数}) \times 100\%$$

$$\text{羽化率} = \text{蛹壳数} \div (\text{活幼虫数} + \text{活蛹数} + \text{蛹壳数}) \times 100\%$$

诱测法　利用害虫的趋性及其他习性，分别采用相应的方法进行诱捕，逐日检查诱捕器中的虫口数量，就可以了解本地区害虫发生的始、盛、末期。根据这些基本数据，就可以推测以后各年各虫态或危害可能出现的日期。

饲养法　从野外采集一定数量的卵、幼虫或蛹，进行人工饲养，观察其发育进度，求得各虫态的发育历期。人工饲养时，应尽可能使室内环境接近自然环境，以减少误差。

(3) 有效积温预测法　根据有效积温公式：$K=N(T-C)$，通过试验，得到不同T值下的N值，然后用统计学方法就可以求出C值、K值。当知道某一虫态或龄期的C值和K值后，根据当地未来平均气温的预报值，通过有效积温公式的变换式$N=\frac{K}{T-C}$，便可预测出下一虫态的发生期。

例：棉铃虫产卵高峰日为8月6日，卵发育的有效积温常数K=56日度，发育起点温度为8.3℃，8月上旬的日均温为28℃，请预测卵孵化高峰日大约在哪天？

$$N = K/(T-C) = 56/(28-8.3) = 2.8\text{d}$$

那么，卵孵化高峰日=8月6日+2.8=8月8～9日。

2. 园林害虫发生量预测

发生量预测又称猖獗预测或大发生预测，就是运用科学的方法预测某种害虫下一虫期或下一虫态可能发生的数量或虫口密度，了解是否有大发生的趋势和是否达到防治指标，以确定是否开展防治工作，这种预测对具有爆发性危害的害虫极为重要。发生量预测的准确程度取决于是否确切掌握预测对象内在的生物学特性与外界环境主导因子的影响。一般需要长期积累资料，掌握害虫大发生的原因，才能为发生量预测提供可靠依据。

（1）有效虫口基数预测法　害虫的发生数量通常与前一世代的害虫基数密切相关，基数大，下一代发生可能就多，反之则少。很多害虫越冬后，早春进行有效基数的检查可作为第一代发生量预测的依据之一。这种方法对于 1 年 1 代或世代数少的害虫预测效果较好。根据害虫前一世代的有效基数，再根据害虫的繁殖能力、性比及死亡情况，来推测下一代的发生数量。通常应用下面公式计算：

$$P = P_0\left[\left(e \cdot \frac{f}{f+m}\right) \cdot (1-D)\right]$$

式中，P——繁殖量，即下一代的发生量；

P_0——下一代虫口基数；

e——每头雌虫的平均产卵量；

f——雌虫数量；

m——雄虫数量；

D——单位时间内的死亡率（包括卵、幼虫、蛹、成虫未生殖前）；

$1-D$——生存率，可为（$1-a$）（$1-b$）（$1-c$）（$1-d$），其中 a、b、c、d 分别为卵、幼虫、蛹、成虫生殖前的死亡率。

例： 某地 4 月上旬进行越冬代马尾松毛虫蛹期调查，平均每株 12 头，经解剖雌虫占总虫数的 45%，寄生率 20%。根据蛹中与产卵量的关系查得平均产卵量为 200 粒，卵期寄生率 30%，成虫生殖前的死亡率（包括迁移率）30%。1～2 龄幼虫死亡率 85%。预测第一代 3 龄幼虫发生量。

已知：$P_0=12$；$\frac{f}{m+f}=0.45$；$e=200$；$a=0.30$；$b=0.85$；$c=0.20$；$d=0.30$

求：P。

$$\begin{aligned}P &= P_0\left[\left(e \cdot \frac{f}{f+m}\right) \cdot (1-D)\right] \\ &= 12 \times 200 \times 0.45 \times (1-0.20)(1-0.30)(1-0.30)(1-0.85) \\ &= 12 \times 200 \times 0.45 \times 0.8 \times 0.7 \times 0.7 \times 0.15 \\ &= 12 \times 5.29 \approx 64(\text{头})\end{aligned}$$

害虫基数调查应在害虫数量比较稳定的时期进行。如食叶害虫在蛹期或越冬期，蛀干害虫的天牛则在新产卵刻槽稳定期进行虫口调查。在掌握害虫虫口波动的主要因子（天敌寄生率或捕食量、寄住植物被害状）以及害虫生殖指标（蛹重、产卵量、性比）等变化情况下，将这些材料综合分析即可做出相应预测。

（2）气候图预测法

气候图预测法就是利用害虫与环境条件中温湿度的相关性，预测某种害虫的发生趋势。昆虫属于变温动物，其种群数量变动受气候影响很大，有不少种类昆虫的数量变动受气候支配。应用此法来预测发生量，必须是以温湿度为其数量变动的主导因素的害

虫。另外，还必须积累足够的历史资料（至少要有5年以上的资料），并将这些资料进行比较，找出害虫大发生最适宜的温湿度范围，然后以此作为预测害虫大发生的依据。

在坐标纸上绘出直角坐标，横坐标表示相对湿度或降雨量，纵坐标表示温度，将某地某年每个月（旬）的平均温度和平均相对湿度（或降雨量）在坐标上标记成点，每点注明月份，然后按月序连成线，并将1月和12月也连起来得到的封闭曲线即为气候图。在同一直角坐标上将某害虫大发生最适宜的温湿度范围绘成一个正方形。这样，在同一坐标系上同时具有一个多边不规则的环境气候图和一个正方形的害虫气候图。两个图形重复的面积越大，说明该虫与当地的温湿度关系越密切，若以后再有类似的温湿度条件，该虫就可能大发生。

3.4.2 园林病害的预测

1. 园林病害预测的概念

根据病害流行的规律，结合对当地当时各种条件的分析，在病害发生前，运用科学方法准确推测今后一定时期内病害流行的可能性及其发展趋势，称为病害预测。搞好病害预测是贯彻“预防为主”方针的重要措施，也是选择防治时机的重要依据。

病害预测的种类：

根据预测的有效期分短期预测、中期预测和长期预测　短期预测是在一定地区内，于发病前几天乃至十几天发出的预测；中期预测是在发病前一两个月至一个季度发出的预测；长期预测是在发病前一个季度至半年发出的预测。长期预测可以预测病害流行的年份变化，中、短期预测可以预测病害流行的季节变化。影响病害流行的各种因素在短时期内易于掌握，种、短期预测准确性较高，故应用较广。

按照预测内容和预报量的不同可分为流行程度预测、发生期预测和损失预测等　流行程度预测是最常见的预测种类，预测结果可用具体的发病数量（发病率、严重度、病性指数等）作定量的表达，也可用流行级别作定性的表达，流行级别多分为大流行、中度流行（中度偏低、中等、中度偏重）、轻度流行和不流行，具体分级标准根据发病数量或损失率确定，因病害而异。发生期预测是估计病害可能发生时期的预测，多根据小气候因子预测病原菌集中侵染的时期，即临界期，以确定喷药防治的适宜时机，这种预测亦称为侵染预测。损失预测也称为损失估计，是根据病害流行程度预测减产量，损失预测结果可用以确定发病数量是否已接近或达到经济阈值。

2. 园林病害预测的方法

园林植物病害预测的方法，目前分为数理统计预测法（简称统计法）和实验生态生物学预测法（简称实验法）两种。

(1) 统计法　是利用统计学原理从病害发生的历史资料中找出环境因子与病害发生的内在联系，然后根据目前环境因子预测病害的发生情况。此法可以进行长时期的预测。其缺点是，如果选择预测因子不当，预测的准确性就较差。

(2) 实验法　是运用生态学、生物学和生理学的方法，通过预测圃观察、系统调查、孢子捕捉和人工培养等手段，来预测病害的发生期、发生量及危害程度的一种方法。这种方法比较繁琐，但准确性较高，是目前预测病害常用的方法。

预测圃观察　针对本地区流行的主要病害，栽植一些感病植物或固定一块圃地经常观察某种病害的发生发展情况，这就是预测圃观察。根据预测圃植物病害的发病情况可以推测园林植物病害发生的时期和条件，便于组织防治。

系统调查　在园林绿地中选择有代表性的地点进行定点、定株和定期调查，了解病害发生情况，分析病害发生条件，对未来病害发生动态作出较为准确的估计。

孢子捕捉　预测季节性比较强的靠气流传播的病害。在病害发生前，用一定大小的玻片，上面涂一层凡士林，放在容易接受孢子的地方，迎风放或者平放于一定的高度，定期取回镜检计数，进行统计分析，就能推测病害发生时期和方式程度。

人工培养　在病害没有发生之前，将花木容易感病或疑为有病部分，放在适宜发病的条件下进行培养、观察，以便掌握病害发生的始期和菌量。人工培养最常用的是保湿培养法。做法是：在玻璃杯里放少量清水或湿沙，或在培养皿内放一层滤纸并加水湿润，然后把要观察的花木组织插在水或湿沙中，或平放于滤纸上，注意使花木组织彼此互不遮掩，以利通风透光；将玻璃杯或培养皿放在适宜的环境下，逐日观察记载发病情况和已显症状的病组织所占的百分数，根据这些结果，就可以预测在自然情况下花木可能发病的大致情况。应用此法需做好消毒工作，防止杂菌污染和供试材料霉烂。

3.4.3　园林病虫害预报

由权威机构公开发布预测结果称为预报。根据《森林病虫害预测预报管理办法》（2002 年 7 月 18 日国家林业局发布）和《农作物病虫预报管理暂行办法》（1993 年 1 月 15 日农业部发布）的规定，病虫预报分为：短期预报，即离防治适期 10 天以内的预报；中期预报，即离防治适期 10 天以上的预报；长期预报，即离防治适期 30 天以上的预报。其中，对于预计将造成严重危害的或是突发性新发展的病虫，需要人们特别警惕抓紧防治的预报称为警报。

病虫预报和警报实行统一发布制度，由各级相关行政主管部门所属病虫测报机构发布，其他组织或个人均不得以任何方式擅自向社会发布病虫预报或警报。各级测报机构发布的病虫害预报要及时上传下达。病虫害预报的主要途径包括以下几方面。

1. 互联网发布预报结果

通过园林病虫害防治的专业网站或在园林绿化网站上开辟病虫害防治专栏，定期或不定期地发布病虫害预报信息和防治相关知识，或者通过电子邮件或 QQ 交流平台，定期或不定期的向园林植物养护公司发送病虫害预报信息和防治相关知识。

2. 电视、广播发布预报

结合气象预报，在病虫害高发期内，通过电视或广播向社会公开发布病虫害预报信息。

3. 报纸、杂志发布预报

通过报刊、杂志等平面媒体发布病虫害防治信息和防治知识。

4. 手机短信发布预报

园林行政管理部门建立园林绿化养护企业、事业单位病虫害预报防治手机短信平台，在病虫害发生高峰期，利用手机短信免费向园林病虫害防治的关键人群发送园林病虫害预报信息及防治技术。

3.5 园林植物病虫害的调查

园林植物病虫害调查的目的，在于提供有关病虫害种类、危害情况、分布区域和发生发展规律等资料。以便为病虫害的预测预报、确定防治对象和检疫对象、划定疫区和保护区、制定防治规划和检疫措施提供科学依据。此外，总结防治效果，选择抗病虫优良品种等，都需要借助于病虫害调查资料。因此，病虫害调查是园林植物病虫害研究工作的基础。

园林植物病虫害调查可分为普查和专题调查，专题调查一般是在普查的基础上进行的。在普查的过程中，对某些重要的病虫害也需要进行专题调查。

1. 普查

普查是在一定范围内（包括省、市、地区、县绿地或园林苗圃）进行普遍调查。调查的目的是了解当地病虫害的种类、分布、危害、发生的历史以及影响病虫害发生的主要因素等。普查范围要广，通过踏查来完成，调查的内容用目测法测定。

2. 专题调查

专题调查是专门对某一植物的病虫害或某一种病虫害进行的深入细致的调查。调查的目的是深入了解某一植物的病虫害或某一种病虫害的分布、发生原因、寄主范围、造成的损失、环境因素对其影响；寄主的抗病虫程度，以及防治效果等。专题调查的范围不一定要广，但调查的内容要精确细致，是在普查的基础上进行的。

实验实训 21 园林病虫害调查

实训目标

掌握园林昆虫调查的一般方法，能进行园林昆虫的调查，会进行调查数据的处理，能撰写调查报告。

实训用具与材料

采集箱、毒瓶、捕虫网、扩大镜、整枝剪、镊子、卷尺、剪刀、小刀、标本瓶、大烧杯、福尔马林、酒精、捕虫网、吸虫管、毒瓶、纸袋、采集箱、诱虫灯、笔记本、铅笔等。

实训内容和方法

调查方法包括准备工作、野外调查（外业工作）和调查资料整理（内业工作）三部分内容。

1. 准备工作

在调查工作开始之前，应先收集被调查地区的历史资料、自然地理概况、经济状况；拟定调查计划，确定调查方法；设计调查用表，准备好调查所用仪器、工具；做好调查人员的技术培训工作。

2. 野外调查

野外调查的程序一般分为踏查和详细调查。

(1) 踏查

踏查又称概况调查或线路调查，它是指在较大范围内以一个绿化区（或花圃、苗圃）为对象进行普遍的调查。目的是要了解卫生情况、病虫害种类、数量、分布、危害程度、危害面积、蔓延趋势和导致病虫害发生的一般原因，并提出防治措施建议。

踏查路线可沿人行道或自选的路线，用目测法边走边调查。踏查路线应通过有代表性的地段。走的面越大，了解到的情况也就越全面、越接近实际。踏查路线之间的距离一般为100～300m。

调查人员在进行作业时，应随时注意观察路线两侧30m范围内各项因子的变化。要设置几个调查点，每点选10～15株植物进行调查。必要时，结合目测可进行一定数量的实测，以便随时校正目测精度。调查主要花木的病虫害种类、分布及危害程度等情况，绘制主要病害分布草图，并填写踏查记录表（表3-5）。

调查的项目，首先是绿地概况，包括的主要因子有花木组成、平均高、平均直径、地形地势、土壤因子等；其次着重调查病虫害情况，记载病虫害种类、发育阶段、分布状况和花木受害程度等（表3-6）。

表 3-5　园林植物病害踏查记录表

调查日期									
调查地点									
绿地概况									
调查总面积									
受害面积									
卫生状况									
树　种	受害面积	病虫种类	危害部位	危害程度	分布状态	寄主情况	天敌种类	数量及寄生率	备　注

表 3-6　植物病（虫）害调查表

调查人：　　　　　　　　　　年　月　日

调查地点：	
病虫害名称：	发病（被害）率：
田间分布情况：	
寄主植物名称： 种子来源：	品种：
土壤性质： 含水量：	肥沃程度：
栽培特点： 灌、排水情况：	施肥情况：
病虫发生前温度和降雨：	病害盛发期温度和降雨：
防治方法：	防治效果：
群众经验：	
其他病虫害：	

病虫害的严重程度包括分布状态和危害程度。分布状态分单株分布（单株发生病虫害）；簇状分布（被害株3～10株成团）；团块状分布（被害株面积大小成块分布）；片状分布（被害面积达50～100m²）；大片分布（被害面积超过100m²）。危害程度常分轻微、中等、严重3级记载，分别用“+”、“++”、“+++”符号表示。分级标准常因病虫害种类的不同而异。最常用的分级法是：

根部和枝干部病虫害的受害程度，常以危害株数的百分率表示。受害率在10%以下为轻微；受害率在11%～24%为中等；受害率在25%以上为严重。

叶部病害的受害程度，以叶片被害片数的百分率表示。受害叶在15%以下为轻微；16%～25%为中等；26%以上为严重。

种实和花病虫害的受害程度，以种实或花被害个数百分率表示。受害种实或花在10%以下为轻微；11%～15%为中等；16%以上为严重。

花圃和苗圃还要了解土壤理化性质及主要微生物种类。

根据踏查所得资料，必须确定主要病虫害种类，初步分析花木衰萎和死亡的原因，并且把这些材料都归纳到工作草图中去。

(2) 详细调查

详细调查又称标准地调查或样地调查。它是在踏查的基础上，对主要的危害较重的病虫害种类设立样地进行调查。目的是精确统计病虫害数量、危害程度，并对病虫害的发生环境因素作深入的分析研究。

取样方法 在大面积调查绿地上病虫害发生情况时，不可能全面逐株进行调查，只能从中抽取一部分用来代表一般和估算总的情况，这些被抽取的部分就叫样地（标准地）。

取样应选择病害发生区内有代表性的地段。样方的确定应根据被调查绿地的大小、调查的目的、病害的种类、危害程度、分布情况而定。如要了解病害的危害程度，则应在轻微、中等、严重各种地段分别选设样方。在苗圃中调查病虫害发生程度，一般采用对角线式、棋盘式、抽行式、大五点式、Z字形式等方法来选定样地；对绿篱、行道树、多种花木配植的花坛等进行调查时，可采用线形调查或带状调查、随机选定样株调查或逐株调查。常用的取样方式如图3-2所示。

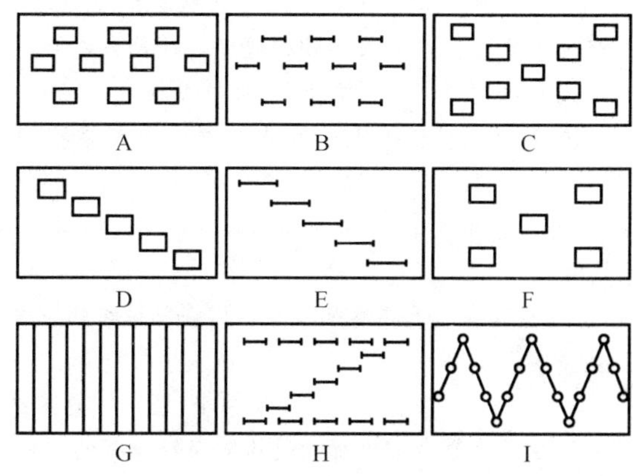

图3-2 取样示意图

A. 棋盘式（面积） B. 棋盘式（长度） C. 双对角线式（面积） D. 单对角线式（面积） E. 单对角线式（长度） F. 大五点式 G. 抽行式 H、I. 随机式

样地一般为正方形或长方形。其大小因调查对象和实际情况的变化而异。花卉、苗圃一个样地为0.5～1m²或1～2m长的条播带，样地内苗木应不少于100株。绿地、行道树的样地面积根据现场实际情况确定，样地内树木株数不少于50～100株。样地面积一般应占调查总面积的0.1%～0.5%，苗圃应适当增加。样地面积可进行实测或按树木株数推算。

查树木叶片或枝条发病程度样地上，可按机械抽样法隔株抽查，抽出一定数量样树（一般10～15株为宜），在每株样树的一定部位按机械抽样法抽取一定数量的样枝、样叶，进行调查和统计。例如，调查松落针病时，每株样树于树冠中部东、南、西、北四个方位选取侧枝上被害的针叶，采摘后混合，任取100～200根针叶，计算其中染病针叶数。

危害程度表示法

害虫的危害程度表示法 虫口密度是指单位面积或单个植株上害虫的平均数量，它表示害虫发生的严重程度；

单位面积虫口密度（头/m²）=调查总活虫数/调查总面积

每株（或种实）虫口密度＝调查总活虫数/调查总株（或种实）数

有虫株率指有虫株数占调查总株数的百分数，它表明害虫在园内分布的均匀程度。计算公式为：

有虫株率（%）＝有虫数/调查总株数×100%

病害的危害程度表示方法　发病程度是指病害发生的数量和严重程度。包括发病率和感病指数。它是估计病害损失的基础，在标准地调查时需要精确计算。

一般全株性的病害（如病毒、枯萎病、根腐病或细菌性青枯病等）或被害后损失很大的，采用发病株率表示。

知识拓展

发病率　是指感病株数占调查总株数的百分比。表明病害发生的普遍性，不反映病害的严重程度。其表示法为

发病率(%)＝感病株数/调查总株数×100%

很多病菌常常使有的植物发病轻，有的植物发病重甚至濒于死亡，采用发病率无法反映病害的严重程度。因此，在病害调查时，除统计发病率外，还需采用分级统计法统计病情指数。就是将样地内的发病植株按病情分为健康、轻、中、重、枯死等若干等级，一般常分Ⅴ级，并以数值0、1、2、3、4代表各级，统计出各级株数后，然后计算各级病株百分率及感病指数。

病情指数　病情指数又称感病指数，是反映植物发病程度（包括发病率和严重程度）的一个综合指标。计算方法是

病情指数＝[∑(该级病级株数×该级代表数值)/调查株数总和
×发病最重级的代表数值]×100。

病情指数越大，植株受害越重；病情指数越小，植株受害越轻。植株受害最重时病情指数为100；植株没受害时，病情指数为0。

调查时，可从现场采集标本，按病情轻重排列，划分等级。也可参考已有的分级标准，酌情划分使用。现将有关常见病害的分级标准列表（表3-7和表3-8）如下，仅供参考。

表3-7　叶、果、花病害分级标准

级　别	代表值	分　级　标　准
Ⅰ	0	健康
Ⅱ	1	(25%) 1/4以下花、叶、果感病
Ⅲ	2	(26%～50%) 1/4～1/2以下花、叶、果感病
Ⅳ	3	(51%～75%) 1/2～3/4以下花叶、果、感病
Ⅴ	4	(76%) 3/4以上花、叶、果感病至死亡

表3-8　枝干部病害分级标准

级　别	代表值	分　级　标　准
Ⅰ	0	健康
Ⅱ	1	病斑的横向长度占树干周长的1/5以下
Ⅲ	2	病斑的横向长度占树干周长的1/5—3/5

续表

级 别	代表值	分 级 标 准
Ⅳ	3	病斑的横向长度占树干周长的3/5以上
Ⅴ	4	全部感病或死亡

例： 设样地内松苗叶枯病发病情况调查如表3-9。

表3-9 松苗叶枯病发病情况调查统计表

级 别	分级标准	代表值	株 数
Ⅰ	无 病	0	37
Ⅱ	25%以下针叶发病	1	55
Ⅲ	26%～50%针叶发病	2	74
Ⅳ	51%～75%针叶发病	3	46
Ⅴ	76%以上针叶发病	4	12
合计			224

病情指数＝[∑(该级病级株数×该级代表数值)/调查株数总和×发病最重级代表数值]×100。

$$=[(37\times0+55\times1+74\times2+46\times3+12\times4)/(224\times4)]\times100$$

$$=43.4$$

3. 调查资料的统计与整理（内业工作）

（1）调查资料的计算

外业调查所获得的一系列数据必须经过整理计算，才能大体说明病虫害的数量和造成的危害水平。通常计算病害的发病率、病情指数、损失率等。

（2）调查资料的整理

1）鉴定病虫种类。

2）汇总、统计外业调查资料，进一步分析病虫发生的原因。

3）写出调查报告。内容一般包括以下几个方面：

- 调查地区的概况：包括自然地理环境、社会经济情况、绿地概况、园林绿化生产和管理情况及园林植物病害情况等。
- 调查成果的综述：包括主要花木的主要病虫害种类、危害程度和分布主要病虫害的发生特点，主要病虫害分布区域的综述，主要病虫害发生原因及分布规律，主要病虫害各论，天敌资源情况以及园林植物检疫对象和疫区等。
- 病虫害综合治理的措施和建议。
- 附录包括调查地区园林植物病虫害调查名录，天敌名录，主要病虫害发生面积汇总表，园林植物检疫对所在疫区面积汇总表，主要病虫害分布图。

4）调查原始资料装订、归档；标本整理、制作和保存。

本章小结与习题

本章小结

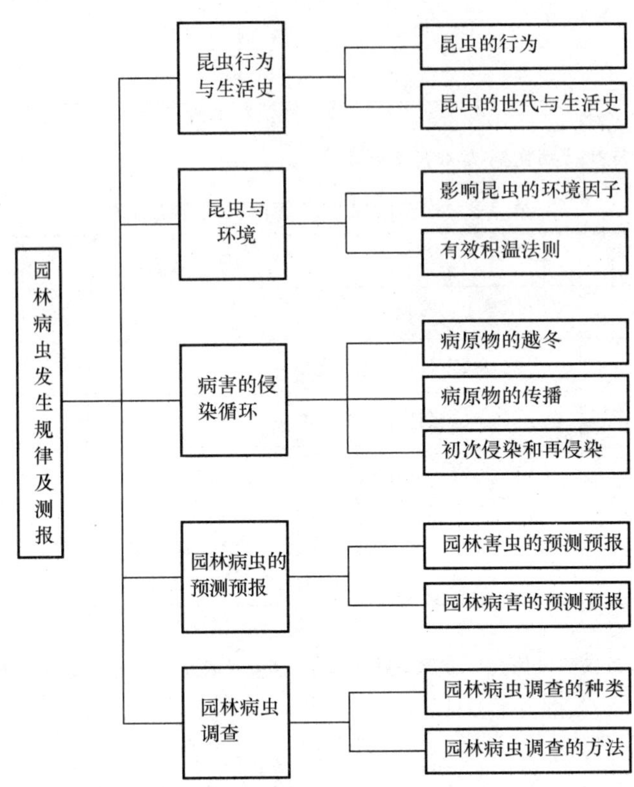

拓展学习资源

1. 张孝羲．昆虫生态及预测预报．北京：中国农业出版社，1985.
2. 许志刚．普通植物病理学．第二版．北京：中国农业出版社，1997.

复习思考题

（一）名词解释

昆虫昼夜节律性　夜出性昆虫　昼出性昆虫　弱光性昆虫　食性　单食性　多食性　趋光性　趋化性　趋温性　群集性　假死性　社会性　世代　化性　年生活史　休眠　滞育　温湿度系数　有效温度　有效积温常数　种群　初侵染　侵染循环　再侵染　物候预测法　历期预测法　气候图预测法

（二）填空题

（1）我们把以植物活体为食的昆虫称为________昆虫，而把以动物活体为食的昆虫称为________昆虫。

（2）根据刺激物可将昆虫的趋性分为________、________和________等；而根据昆虫对刺激物所引起的反应可将昆虫的趋性分为________和________。

（3）影响昆虫生活的环境因子有________、________、________和________四个方面。

（4）昆虫对温度的反应区域分为________、________、________、和________五个温区。

(5) 昆虫自卵或幼体离开母体到成虫性成熟产生后代为止的个体发育周期，称为__________。昆虫在1年内发生固定代数或完成1代需要固定时间的特性叫__________，1年只发生1代的叫__________；1年发生2代的叫__________；1年发生3代以上的称__________；而把2年以上才完成1个世代的称为__________。

(6) 病原物的越冬场所有__________、__________、__________和__________。

(7) 病原物的传播包括__________、__________、__________和__________。

(8) 按照预测期限的长短可将害虫预测分为__________、__________和__________；按照害虫种群数量在一定时间和空间内的变化动态、性质和防治要求，又可将害虫预测分为__________、__________、__________和__________。

(9) 预测害虫发生期常用的方法有__________法、__________法和__________法。

(10) 测定期距常用的方法有__________法、__________法和__________法。

(11) 预测害虫发生量常用的方法有__________法、__________法和__________法。

(12) 按照预测内容和预报量的不同可将园林植物病害预测分为__________预测、预测和__________预测。

(13) 园林植物病害预测的方法分为__________预测法和__________预测法。

(14) 园林植物病虫害预报的主要通过__________、__________、__________和__________发布预报。

(三) 是非判断题

(1) 休眠和滞育外在表现形式均为不吃不动、生长发育停滞，但休眠是由不良环境条件直接引起的，而滞育是昆虫长期适应不良环境条件的结果，具有一定的遗传稳定性。(　　)

(2) 昆虫的多食性是指能取食同一科内的所有植物。(　　)

(3) 某种昆虫在某地11月开始以卵越冬，翌年3月孵化，则这个卵是该虫在该地的上一年最后一代的卵。(　　)

(4) 用黄色黏虫板防治蚜虫是利用了蚜虫对330～400nm的紫外光有强烈趋性的特性。(　　)

(四) 问答题

(1) 昆虫的食性可分为哪几类？如何利用昆虫的食性来防治害虫？

(2) 如何利用昆虫的趋光性和趋化性来对害虫进行预测预报和防治？

(3) 研究昆虫生活史在害虫的防治上有何意义？

(4) 昆虫的休眠与滞育有什么共性和区别？

(5) 昆虫对温度的反应可划分为哪些温区？各温区对昆虫有些什么影响？

(6) 土壤对昆虫有什么影响？

(7) 食物对昆虫有什么影响？

(8) 光对昆虫有什么影响？

(9) 害虫的天敌有哪几类？常见的种类有哪些？

(10) 什么是有效积温法则？在生产上如何应用？

(11) 影响昆虫种群数量变动的内外因子有哪些？

(12) 绘出植物病害侵染循环模式图，并以文字说明侵染性病害的发展过程。

(13) 结合病原物的越冬场所，设计冬季病害防治方案。

(14) 园林植物侵染性病原的传播途径有哪些？它们分别传播什么病原。

(15) 预测害虫的发生期，有哪些主要方法？

(16) 预测害虫的发生量，有哪些基本方法？

(17) 植物病害的预测主要根据是什么？

(18) 园林病虫调查报告的主要内容有哪些?

(五) 计算题

(1) 已知竹织叶野螟卵的发育起点温度为 6.6℃，卵期有效积温为 124.2 日度，卵产下当时的平均温度为 20℃。求几天后可见幼虫发生?

(2) 经冬季调查，得知平均每株垂丝海棠上的褐边绿刺蛾茧有 10 个，褐边绿刺蛾的雌雄性比为 1∶1，每雌平均产卵 120 粒，卵期的死亡率为 11%，1～3 龄幼虫期的死亡率为 63%，蛹期死亡率为 43%，成虫生殖前的死亡率（包括迁移率）为 36%，预测第 1 代 4 龄幼虫的发生量?

(3) 校园发生杜英枝干腐烂病，调查发现健康（一级）的有 20 株，二级的有 15 株，三级的有 10 株，四级的有 5 株。请计算出校园杜英腐烂病的病情指数（调查时病害分为五级）。

第4章 园林植物病虫害的综合治理 

教学目标

1. 理解园林病虫综合治理的含义。
2. 了解园林病虫综合治理的主要措施。
3. 了解农药基本知识。
4. 能正确进行农药的配制和使用。
5. 能合理使用农药。
6. 会正确使用背负式喷雾喷粉机。

4.1 园林植物病虫综合治理的含义

4.1.1 综合治理的概念

园林植物病虫害的防治方法很多，各种方法均有其优点和局限性，单靠其中一种措施往往不能达到目的，有的还会引起不良反应。联合国粮农组织有害生物综合治理专家组对综合治理（简称IPM）下了如下定义：病虫害综合治理是一种方案，它能控制病虫的发生，它避免相互矛盾，尽量发挥有机的调和作用，保持经济允许水平之下的防治体系。

有害生物综合治理是对病虫害进行科学管理的体系。它从园林生态系统的总体出发，根据病虫和环境之间的相互关系，充分发挥自然控制因素的作用，因地制宜、协调应用必要的措施，将病虫害的危害控制在经济损失水平之下，以获得最佳的经济效益、生态效益和社会效益，达到“经济、安全、简便、有效”的准则。

4.1.2 综合治理的原则

1. 生态原则

病虫害综合治理从园林生态系统的总体出发，根据病虫和环境之间的相互关系，通过全面分析各个生态因子之间的相互关系，全面考虑生态平衡及防治效果之间的关系，综合解决病虫危害问题。

2. 控制原则

在综合治理过程中，要充分发挥自然控制因素（如气候、天敌等）的作用，预防病虫的发生，将病虫害的危害控制在经济损失水平之下，不要求完全彻底地消灭病虫。

3. 综合原则

在实施综合治理时，要协调运用多种防治措施，做到以植物检疫为前提、以园林技术防治为基础、以生物防治为主导、以化学防治为重点、以物理机械防治为辅助，以便有效地控制病虫的危害。

4. 客观原则

在进行病虫害综合治理时，要考虑当时、当地的客观条件，采取切实可行的防治措施，如喷雾、喷粉、熏烟等，避免盲目操作所造成的不良影响。

5. 效益原则

进行综合治理，目标是实现“三大效益”，即经济效益、生态效益和社会效益。进行病虫害综合治理的目标是以最少的人力、物力投入，控制病虫的危害，获得最大的经济效益；所采用措施必须有利于维护生态平衡，避免破坏生态平衡及造成环境污染；所采用的防治措施必须符合社会公德及伦理道德，避免对人、畜的健康造成损害。

4.2　综合治理的主要措施

4.2.1　植物检疫

植物检疫又称为法规防治，指一个国家或地区用法律或法规形式，禁止某些危险性的病虫、杂草人为地传入或传出或对已发生及传入的危险性病虫、杂草，采取有效措施消灭或控制蔓延。植物检疫与其他防治技术具有明显不同。首先，植物检疫具有法律的强制性，任何集体和个人不得违规。其次，植物检疫具有宏观战略性，不计局部地区当时的利益得失，而主要考虑全局长远利益。第三，植物检疫防治策略是对有害生物进行全面的种群控制，即采取一切必要措施，防止危险性有害生物进入或将其控制在一定范围内或将其彻底消灭。所以，植物检疫是一项最根本性的预防措施，是园林植物保护的一项主要手段。

植物检疫依据进出境的性质，可分为国家间货物流动的对外检疫（口岸检疫）和对国内地区间实施的对内检疫。对外检疫的任务是防止国外的危险性病虫传入，以及按交往国的要求控制国内发生的病虫向外传播，是国家在对外港口、国际机场及国际交通要道设立检疫机构，对物品进行检疫。对内检疫的任务在于将国内局部地区发生的危险性病虫封锁在一定范围内，防止其扩散蔓延，是由各省、市、自治区等检疫机构，会同交通运输、邮电、供销及其他有关部门根据检疫条例，对所调运的物品进行检验和处理。

虽然两者的偏重有所不同，但实施内容基本一致，主要有检疫对象的确定、疫区和非疫区的划分、植物及植物产品的检验与检测、疫情的处理。

1. 确定检疫对象

根据国际植物保护公约（1979）的定义，检疫性有害生物是指一个受威胁国家目前尚未分布，或虽然有分布但分布不广，对该国具有经济重要性的有害生物。根据这个定义，确定植物检疫对象的一般原则如下：必须是我国尚未发生或局部发生的主要植物的病虫害；必须是严重影响植物的生长和价值，而防治又是比较困难的病虫害；必须是容易随同植物材料、种子、苗木和所附泥土以及包装材料等传播的病虫害。

我国于 2006 年发布了全国农业植物检疫检疫性有害生物名单，2004 年发布了林业检

疫性有害生物名单，其中许多病虫与园林植物有关。

2. 划分疫区和非疫区（保护区）

疫区是指由官方划定、发现有检疫性病虫害危害并由官方控制的地区。而保护区则是指有科学证据证明未发现某种检疫性病虫害，并由官方维持的地区。疫区和保护区主要根据调查和信息资料，依据危险性病虫的分布和适生区进行划分，并经官方认定，由政府宣布。对疫区应严加控制，禁止检疫对象传出，并采取积极措施，加以消灭。对非疫区要严防检疫对象的传入，充分做好预防工作。

3. 植物及植物产品的检验与检测

植物检疫检验一般包括产地检验、关卡检验和隔离场圃检验等。

产地检验是指在调运植物产品的生产基地实施的检验。对于关卡检验较难检测的检疫对象常采用此法。产地检验一般是在危险性病虫高发流行期前往生产基地，实地调查应检危险性病虫及其危害情况，考查其发生历史和防治状况，通过综合分析做出决定。对于田间现场检测未发现检疫对象的即可签发产地检疫证书；对于发现检疫对象的则必须经过有效的处理后，方可签发产地检疫证书；对于难以进行处理的，则应停止调运并控制使用。

关卡检验是指货物进出境或过境时对调运或携带物品实施的检验，包括货物进出国境和国内地区间货物调运时的检验。关卡检验的实施通常包括现场直接检测和取样后的实验室检测。

隔离场圃检验是指对有可能潜伏有危险性病虫的种苗实施的检验。对可能有危险性病虫的种苗，按审批机关确认的地点和措施进行隔离试种，一年生植物必须隔离试种一个生长周期，多年生植物至少两年以上，经省、自治区、直辖市植物检疫机构检疫，证明确实不带有危险性病虫的，方可分散种植。

4. 疫情处理

疫情处理所采用的措施依情况而定。一般在产地隔离场圃发现有检疫性病虫，常由官方划定疫区，实施隔离和根除扑灭等控制措施。关卡检验发现检疫性病虫时，则通常采用退回或销毁货物、除害处理和异地转运等检疫措施。

除害处理是植物检疫处理常用的方法，主要有机械处理、温热处理、微波或射线处理等物理方法和药物熏蒸、浸泡或喷洒处理等化学方法。所采用的处理措施必须能彻底消灭危险性病虫和完全阻止危险性病虫的传播和扩展，且安全可靠、不造成中毒事故、无残留、不污染环境等。

实验实训 22 植物检疫证书的申办

实训目标

了解植物检疫证书办理的程序，能进行植物检疫证书的申办。

实训用具与材料

申办植物检疫证书的有关表格。

实训内容和方法

1. 申办植物检疫登记证

根据《实施办法》第十一条的规定，凡选育、生产、经营种子、苗木和其他应施检疫的植物、植物产品的单位和个人，必须到当地植物检疫机构办理《植物检疫登记证》。《植物检疫实施细则》第十八条规定“种苗繁殖单位和个人必须有计划地在无检疫对象分布地区建立种苗繁育基地”。

《植物检疫登记证》办理程序：

(1) 提出申请

选育、生产、经营种子、苗木等繁殖材料的单位和个人以及从事应施检疫的植物、植物产品批发经营的单位和个人到当地植物检疫站申请，认真填写申请表（表 4-1）。

(2) 接受审查

当地检疫站工作人员调查核实管理相对人所生产经营的种子、种苗及农产品有无危险性病、虫、杂草。

(3) 领取证书

从申请提出之日 7 日后，到当地植物检疫机构领取《植物检疫登记证》（表 4-2）。

表 4-1　植物检疫登记申请表

<table>
<tr><td>申请单位</td><td colspan="7"></td></tr>
<tr><td>申请人姓名</td><td></td><td>性别</td><td></td><td>年龄</td><td></td><td>文化程度</td><td></td></tr>
<tr><td>详细地址</td><td colspan="3"></td><td colspan="2">电话</td><td colspan="2"></td></tr>
<tr><td>生产经营地点</td><td colspan="7"></td></tr>
<tr><td>生产经营内容</td><td colspan="7"></td></tr>
<tr><td colspan="8">主管单位意见：
年　月　日</td></tr>
<tr><td colspan="3" rowspan="5">申请单位或个人：</td><td colspan="5">签发登记</td></tr>
<tr><td colspan="3">证号</td><td colspan="2"></td></tr>
<tr><td colspan="3">经办人</td><td colspan="2"></td></tr>
<tr><td colspan="3">发证日期</td><td colspan="2">年　月　日</td></tr>
<tr><td colspan="3">有　效　期</td><td colspan="2">年　月　日</td></tr>
<tr><td colspan="8">审批单位意见：
（印章）
负责人：　年　月　日</td></tr>
</table>

表 4-2　××省植物检疫登记证

<table>
<tr><td>
浙检登字（　　）第（　　）号
生产经营单位________________
生产经营内容________________
生产经营地点________________
单位法人代表________________
有效期限：壹年　　××省植物检疫站（章）
年　月　日
</td></tr>
</table>

注：登记证含正本、副本、登记卡各一份。

2. 接受产地检疫

产地检疫具体地说，就是对调动的植物、植物产品在生产期间调查是否发生有植物检疫对象，对调查未发现检疫对象的签发《产地检疫合格证》；调查发现检疫对象的，采取检疫消毒处理后检疫合格的控制使用，不能进行消毒处理的停止调运。经过产地检疫合格的种子、苗木等植物及其产品，在调运时不再检疫，只凭《产地检疫合格证》（表 4-3～表 4-5），换取《植物检疫证书》（表4-6）。

3. 植物调运检疫手续

（1）省间植物调动检疫手续

根据《植物检疫条例》第九、十条的规定，《植物检疫实施细则》和《植物检疫实施办法》对省间调运检疫的程序作了明确的规定：

1）调入单位或个人必须事先征得所在地的省级植物检疫机构或授权的植物检疫机构同意，并取得过《调运植物检疫要求书》。

表 4-3 种子、苗木产地检疫合格证

（共二联）第一联

有效期止： 年 月 日

检疫日期： 年 月 日（ ）检（ ）字第 号

作物名称		品种名称	
种植面积		种苗数量	千克（株）
种植单位（或户主）			
种植地点		种苗来源	
检疫结果	签发机关（章）		
备 注			

注：1）本证不作《植物检疫证》使用，不得转让，需调运时任此证在当地植物检疫站办理《植物检疫证书》。

2）本证第一联留存检疫机关备查，第二联交种子种苗繁育单位。

表 4-4 森林植物检疫要求书

编号：

调入单位或个人填写	申请单位（个人）		申请日期	年月日
	通信地址		电 话	
	森林植物及其产品名称		数量（重量）	
	调入地点			
	调入时间			
森检机构填写	要求检疫对象名单			
	其他危险性病、虫		森检机构专用章 森检员（签名） 年 月 日	
	备 注			

注：1）本要求书一式二联，第一联由调入单位（个人）交调出单位；第二联森检机构留存。

2）调出单位（个人）凭本要求书向所在地的省、自治区、直辖市森检机构或其委托的单位报检。

2）调出地省级植物检疫机构或其委托的植物检疫机构，凭调出单位或个人提供《调运植物检疫要求书》接受报检，并实施检疫。专职森检员依据所在地的疫情普查资料、产地检疫合格证和现场检疫、室内检疫的结果，确认是否带有国家级和省级补充林业检疫性有害生物或检疫要求书中提出的危险性林业有害生物。

3）调出地省级检疫机构或其授权检疫机构，按下列不同情况签发《植物检疫证书》：在无检疫对象发生地区调运植物、植物产品，经核实后签发《植物检疫证书》；在零星发生植物检疫对象的地区调运种子、苗木等繁殖材料时，应凭《产地检疫合格证》签发《植物检疫证书》；对产地植物检疫对象发生不清楚的植物、植物产品，必须按照国家规定规程进行检疫，证明不带植物检疫对象后，签发《植物检疫证书》；在上述调运检疫过程中，发现有检疫对象时，必须严格进行除害处理，合格后签发《植物检疫证书》，未经除害处理或处理不合格的，不准放行。

表 4-5　森林植物检疫报检单

<table>
<tr><td>报检人
（单位）</td><td></td><td>报检日期</td><td></td></tr>
<tr><td>地址</td><td></td><td>电话</td><td></td></tr>
<tr><td>森林植物及其
产品名称</td><td></td><td>产地</td><td></td></tr>
<tr><td>数量（重量）</td><td></td><td>包装</td><td></td></tr>
<tr><td>运往地点</td><td></td><td>存放地点</td><td></td></tr>
<tr><td>调出时间</td><td></td><td>运输工具</td><td></td></tr>
<tr><td colspan="4">调入省的检疫要求：</td></tr>
<tr><td colspan="4">检疫结果：

检疫员：
年　　月　　日</td></tr>
</table>

注：双线以上由报检人填写。

表 4-6 植物检疫证书（出省）

林（ ）检字

<table>
<tr><td>产 地</td><td colspan="3"></td></tr>
<tr><td>运输工具</td><td></td><td>包装</td><td></td></tr>
<tr><td>运 输 起 迄</td><td colspan="3">自 至</td></tr>
<tr><td>发货单位（人）及地址</td><td colspan="3"></td></tr>
<tr><td>收货单位（人）及地址</td><td colspan="3"></td></tr>
<tr><td>有 效 期 限</td><td colspan="3">自 年 月 日至 年 月 日</td></tr>
<tr><td>植 物 名 称</td><td>品 种（材种）</td><td>单 位</td><td>数 量</td></tr>
<tr><td></td><td></td><td></td><td></td></tr>
<tr><td></td><td></td><td></td><td></td></tr>
<tr><td></td><td></td><td></td><td></td></tr>
<tr><td></td><td></td><td></td><td></td></tr>
<tr><td>合 计</td><td></td><td></td><td></td></tr>
<tr><td colspan="4">签发意见：上列植物或植物产品，经（ ）检疫未发现森林植物检疫对象、本省（区、市）及调入省（区、市）补充检疫对象、调入省（区、市）要求检疫的其他植物病、虫，同意调运。

委托机关（森林植物检疫专用章） 签发机关（森林植物检疫专用章）

检 疫 员
签证日期 年 月 日</td></tr>
</table>

注：1）本证无调出地省森林植物检疫专用章（受托办理本证的须再加盖承办签发机关的森林植物检疫专用章）和检疫员签字（盖章）无效。

2）本证转让、涂改和重复使用无效。

3）一车（船）一证，全程有效。

4）调入地植物检疫机构，对来自发生疫情的县级行政区域的应检植物、植物产品或可能带有检疫对象的应检植物、植物产品可以进行复检。复检中发现问题的，应当与原签证植物检疫机构共同查清事实，分清责任，由复检的植物检疫机构按照《植物检疫条例》的有关规定予以处理。

（2）省内调运手续

省内调运可以不办理《调运植物检疫要求书》，其他与省间调运检疫手续相同。

报检 植物调运前，调出企业或个人向县级及以上森林植物检疫站提出检疫要求。

检验 县级及以上森林植物检疫站根据相关规定实施检验。

发证 经检验符合发放《植物检疫证书》要求的予以发证。

实训作业

种苗调运检疫证书的一般申办程序。

4.2.2　园林技术防治

园林技术防治是利用园林栽培技术来防治病虫害的方法，即创造有利于园林植物和花卉生长发育而不利于病虫害危害的条件，促使园林植物生长健壮，增强其抵抗病虫害危害的能力，是病虫害综合治理的基础。园林技术防治的优点是：防治措施结合在园林栽培过程中完成，不需要另外增加劳动力，因此可以降低劳动力成本，增加经济效益。其缺点是：见效慢，不能在短时间内控制暴发性发生的病虫害。

园林技术防治措施主要如下。

1. 选用无病虫种苗及繁殖材料

在选用种苗时，尽量选用无虫害、生长健壮的种苗，以减少病虫害危害。如果选用的种苗中带有某些病虫，要用药剂预先进行处理，如桂花上的矢尖蚧，可以在种植前，先将有虫苗木浸入氧化乐果或甲胺磷 500 倍稀释液中 5～10min，然后再种。当前世界上已经培育出多种抗病虫新品种，如菊花、香石竹、金鱼草等抗锈病品种，抗紫菀萎蔫病的翠菊品种，抗菊花叶线虫病的菊花品种等。

2. 苗圃地的选择及处理

一般应选择土质疏松、排水透气性好、腐殖质多的地段作为苗圃地。在栽植前进行深耕改土，耕翻后经过曝晒、土壤消毒后，可杀灭部分病虫害。消毒剂一般可用 50 倍的甲醛稀释液，均匀洒布在土壤内，再用塑料薄膜覆盖，约 2 周后取走覆盖物，将土壤翻动耙松后进行播种或移植。用硫酸亚铁消毒，可在播种或扦插前以 2%～3%硫酸亚铁水溶液浇盆土或床土，可有效抑制幼苗猝倒病的发生。

3. 采用合理的栽培措施

根据苗木的生长特点，在圃地内考虑合理轮作、合理密植以及合理配置花木等原则。从而避免或减轻某些病虫害的发生，增强苗木的抗病虫性能。有些花木种植过密，易引起某些病虫害的大发生，在花木的配置方面，除考虑观赏水平及经济效益外，还应避免种植病虫的中间寄主植物（桥梁寄主）。露根栽植落叶树时，栽前必须适度修剪，根部不能暴露时间过长；栽植常绿树时，须带土球，土球不能散，不能晾晒时间过长，栽植深浅适度，是防治多种病虫害的关键措施。

4. 合理配施肥料

(1) 有机肥与无机肥配施　有机肥如猪粪、鸡粪、人粪尿等，可改善土壤的理化性状，使土壤疏松，透气性良好。无机肥如各种化肥，其优点是见效快，但长期使用对土壤的物理性状会产生不良影响，故两者以兼施为宜。

(2) 大量元素与微量元素配施　氮、磷、钾是化肥中的三种主要元素，植物对其需要最多，称为大量元素；其他元素如钙、镁、铁、锰、锌等，则称为微量元素。在施肥时，强调大量元素与微量元素配合施用。在大量元素中，强调氮、磷、钾配合施用，避免偏施

氮肥，造成花木的徒长，降低其抗病虫性。微量元素施用时也应均衡，如在花木生长期缺少某些微量元素，则可造成花、叶等器官的畸形、变色，降低观赏价值。

（3）施用充分腐熟的有机肥　在施用有机肥时，强调施用充分腐熟的有机肥，原因是未腐熟的有机肥中往往带有大量的虫卵，容易引起地下害虫的暴发危害。

5. 合理浇水

花木在灌溉中，浇水的方法、浇水量及时间等，都会影响病虫害的发生。喷灌和“滋”水等方式往往加重叶部病害的发生，最好采用沟灌、滴灌或沿盆钵边缘浇水。浇水要适量，水分过大往往引起植物根部缺氧窒息，轻者植物生长不良，重则引起根部腐烂，尤其是肉质根等器官。浇水时间最好选择晴天的上午，以便及时降低叶片表面的湿度。

6. 球茎等器官的收获及收后管理

许多花卉是以球茎、鳞茎等器官越冬，为了保障这些器官的健康贮存，要在晴天收获；在挖掘过程中尽量减少伤口；挖出后剔除有病的器官，并在阳光下暴晒几天方可入窖。贮窖必须预先清扫消毒，通风晾晒；入窖后要控制好温度和湿度，窖温一般控制在5℃左右，湿度控制在70%以下。球茎等器官最好单个装入尼龙网袋内悬挂在窖顶贮藏。

7. 加强园林管理

加强对园林植物的抚育管理，及时修剪。例如，防治危害悬铃木的日本龟蜡蚧，可及时的剪除虫枝，以有效地抑制该虫的危害；及时清除被害植株及树枝等，以减少病虫的来源。公园、苗圃的枯枝落叶、杂草，都是害虫的潜伏场所，清除病枝虫枝，清扫落叶，及时除草，可以消灭大量的越冬病虫。尤其是温室栽培植物，要经常通风透气，降低湿度，以减少花卉灰霉病等的发生发展。

4.2.3 物理机械防治

利用简单的工具以及物理因素（如光、温度、热能、放射能等）来防治害虫的方法，称为物理机械防治。物理机械防治的措施简单实用，容易操作，见效快，可以作为病虫大发生时的一种应急措施。特别对于一些化学农药难以解决的害虫或发生范围小时，往往是一种有效的防治手段。

1. 人工捕杀

利用人力或简单器械，捕杀有群集性、假死性的害虫。例如，用竹竿打树枝振落金龟子，组织人工摘除袋蛾的越冬虫囊，摘除卵块，发动群众于清晨到苗圃捕捉地老虎以及利用简单器具钩杀天牛幼虫等，都是行之有效的措施。

2. 诱杀法

是指利用害虫的趋性设置诱虫器械或诱物诱杀害虫，利用此法还可以预测害虫的发生动态。常见的诱杀方法有：

（1）灯光诱杀　利用害虫的趋光性，人为设置灯光来诱杀防治害虫。目前生产上所用的光源主要是黑光灯，此外，还有高压电网灭虫灯。黑光灯是一种能辐射出360nm紫外线的低气压汞气灯，而大多数害虫的视觉神经对波长330～400nm的紫外线特别敏感，具有较强的趋性，因而诱虫效果很好。利用黑光灯诱虫，除能消灭大量虫源外，还可以用于开展预测预报和科学实验，进行害虫种类、分布和虫口密度的调查，为防治工作提供科学依据。

安置黑光灯时应以安全、经济、简便为原则。黑光灯诱虫时间一般在 5～9 月份，灯要设置在空旷处，选择闷热、无风、无雨、无月光的夜晚开灯，诱集效果最好，一般以晚上 9～10 时诱虫最好。由于设灯时，易造成灯下或灯的附近虫口密度增加，因此，应注意及时消灭灯光周围的害虫。除黑光灯诱虫外，还可以利用蚜虫对黄色的趋性，用黄色光板诱杀蚜虫及美洲斑潜蝇成虫等。

(2) 毒饵诱杀　利用害虫的趋化性在其所嗜好的食物中（糖醋、麦麸等）掺入适当的毒剂，制成各种毒饵诱杀害虫。例如，蝼蛄、地老虎等地下害虫，可用麦麸、谷糠等作饵料，掺入适量敌百虫或其他药剂制成毒饵来诱杀。所用配方一般是饵料 100 份、毒剂 1～2 份、水适量。另外诱杀地老虎、梨小食心虫成虫时，通常以糖、酒、醋作饵料，以敌百虫作毒剂来诱杀。所用配方是糖 6 份、酒 1 份、醋 2～3 份、水 10 份，再加适量敌百虫。

(3) 饵木诱杀　许多蛀干害虫如天牛、小蠹虫、象虫、吉丁虫等喜欢在新伐倒不久的倒木上产卵繁殖。因此，在成虫发生期间，在适当地点设置一些木段，供害虫大量产卵，待新一代幼虫完全孵化后，及时进行剥皮处理，以消灭其中害虫。例如，在山东泰安岱庙内，每年用此方法诱杀双条杉天牛，取得了明显的防治效果。

(4) 植物诱杀　或称作物诱杀，即利用害虫对某种植物有特殊嗜好的习性，经种植后诱集捕杀的一种方法。例如，在苗圃周围种植蓖麻，使金龟子误食后麻醉，可以集中捕杀。

(5) 潜所诱杀　利用某些害虫的越冬潜伏或白天隐蔽的习性，人工设置类似环境诱杀害虫。注意诱集后一定要及时消灭。例如，有些害虫喜欢选择树皮缝、翘皮下等处越冬，可于害虫越冬前在树干上绑草把，引诱害虫前来越冬，将其集中消灭。

3. 阻隔法

人为设置各种障碍，切断病虫害的侵害途径，称为阻隔法。

(1) 涂环法　对有上下树习性的害虫可在树干上涂毒环或涂胶环，从而杀死或阻隔幼虫。多用于树体的胸高处，一般涂 2～3 个环。

(2) 挖障碍沟　对于无迁飞能力只能靠爬行的害虫，为阻止其危害和转移，可在未受害植株周围挖沟；对于一些根部病害，也可以在受害植株周围挖沟，阻隔病原菌的蔓延，以达到防治病虫害传播蔓延的目的。

(3) 设障碍物　主要防治无迁飞能力的害虫。如枣尺蠖的雌成虫无翅，交尾产卵时只能爬到树上，可在上树前在树干基部设置障碍物阻止其上树产卵。

(4) 覆盖薄膜　覆盖薄膜能增产同时也能达到防病的目的。许多叶部病害的病原物是在病残体上越冬的，花木栽培地早春覆膜可大幅度地减少叶病的发生。因为薄膜对病原物的传播起了机械阻隔作用，覆膜后土壤温度、湿度提高，加速病残体的腐烂，减少了侵染来源。如芍药地覆膜后，芍药叶斑病大幅减少。

(5) 其他杀虫法　利用热水浸种、烈日暴晒、红外线辐射，都可以杀死在种子、果实、木材中的病虫。

实验实训23 频振式杀虫灯的安装与使用

实训目标

掌握黑光灯安装的一般办法，能正确安装和使用黑光灯。

实训用具与材料

频振式杀虫灯、电线、支架等。

实训内容和方法

1. 田间布局

杀虫灯田间布局一般有2种方法：一种是棋盘状分布，另一种是闭环状分布，实际生产中棋盘状分布较为普遍，闭环状分布主要针对某块危害严重的区域以防止虫害外延或者是试验需要此种特殊布局。另外，外界光源对频振式杀虫灯诱虫效果有抑制作用，安装时最好远离强光源，或适当加大布灯密度。

图4-1 频振式杀虫灯

2. 电源要求

每盏灯的电压波动范围要求在±5%之内，过高或过低都会使灯管不能正常工作，甚至造成毁坏。如果使用的电压为220V，离变压器较远，且当每条线路的灯数又较多时，为防止电压波动，最好使用三相四线，把线路中的灯平均接到各条相线上，使每盏灯都能保证在正常电压下工作。

3. 挂灯固定

在架灯处竖2根桩和1根横杆，或在木杆（或水泥杆）上牵出一横杆，用铁丝把灯上端的吊灯固定在横杆上，用固定的三角架挂灯则更加牢固。为防止刮风时灯具来回摆动和损坏，应用铁丝将灯具在木桩或三角支架上拴牢拉紧，然后接线。接线口要用绝缘胶布严密包扎，避免漏电。

4. 距离和高度

在各种设施较多的地方，两灯距离掌握在100m左右，若田间棚架及高秆作物少，两灯距离可掌握在120m左右。安装高度一般高出植物1～3m为宜，实际安装高度应结合当地情况、种植作物、诱捕的主要害虫决定。如低矮植物为主的草坪安装杀虫灯时，装灯高度以距离地面65cm左右为好，单灯杀虫面积可达1.7hm^2左右。

5. 使用时间

一般5月中旬安装、亮灯、捕虫，10月上旬或10月中旬结束使用每天亮灯时间应结合成虫特性、季节的变化确定，一般于傍晚开灯，5、6月份在6∶30～7∶30，7、8月份7∶00～7∶30，9～10月6∶30～7∶00，关灯在24∶00～1∶00较为适宜。

6. 加强管理

杀虫灯的电网要经常清扫才能保证诱杀效果，要求5～6月份每3天清扫1次电网、清理1次接虫袋，7、8月份每2天清扫1次电网、清理1次接虫袋，布（塑料）袋要经常检查，失落的要及时补上，防止出现无袋开灯诱捕，否则易造成灯下区域虫口密度特别高，危害特别重。

实训作业

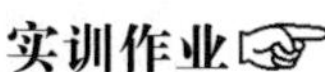

安装和使用频振式杀虫灯应注意哪些问题？

4.2.4 生物防治

用生物及其代谢产物来控制病虫的方法，称为生物防治。从保护生态环境和可持续发展的角度讲，生物防治是最好的防治方法。生物防治法不仅可以改变生物种群的组成成分，而且能直接消灭大量的病虫；对人、畜、植物安全，不杀伤天敌，不污染环境，不会引起害虫的再次猖獗和形成抗药性，对害虫有长期的抑制作用；生物防治的自然资源丰富，易于开发，且防治成本低，是综合防治的重要组成部分和主要发展方向。但是，生物防治的效果有时比较缓慢，人工繁殖技术较复杂，受自然条件限制较大。

1. 天敌昆虫的保护与利用

利用天敌昆虫来防治害虫，称为以虫治虫。天敌昆虫主要有两大类型：

捕食性天敌昆虫　捕食性天敌昆虫在自然界中抑制害虫的作用和效果十分明显。例如，松干蚧花蝽（*Elatophilus nipponenses*）对抑制松干蚧的危害起着重要的作用；紫额巴食蚜蝇（*Bacch pulchriforn* Austen）对抑制在南方各省区危害很重的白兰台湾蚜（*Formosa phismicheliae* T.）有一定的作用。据初步观察，每头食蚜蝇每天能捕食蚜虫107头。

寄生性天敌昆虫　主要包括寄生蜂和寄生蝇，可寄生于害虫的卵、幼虫及蛹内或体上。凡被寄生的卵、幼虫或蛹，均不能完成发育而死亡。有些寄生性昆虫在自然界的寄生率较高，对害虫起到很好的控制作用。

利用天敌昆虫来防治园林植物害虫，主要有以下三种途径。

(1) 天敌昆虫的保护　当地自然天敌昆虫种类繁多，是各种害虫种群数量重要的控制因素，因此，要善于保护利用。在方法实施上，要注意以下几点：

慎用农药　在防治工作中，要选择对害虫选择性强的农药品种，尽量少用广谱性的剧毒农药和残效期长的农药。选择适当的施药时期和方法或根据害虫发生的轻重，重点施药，缩小施药面积，尽量减少对天敌昆虫的伤害。

保护越冬天敌　天敌昆虫常常由于冬天恶劣的环境条件而大量减少，因此采取措施使其安全越冬是非常必要的。例如，七星瓢虫、异色瓢虫、大红瓢虫、螳螂等的利用，都是在解决了安全过冬的问题后才发挥更大的作用。

改善昆虫天敌的营养条件　一些寄生蜂、寄生蝇，在羽化后常需补充营养而取食花蜜，因而在种植园林植物时要注意考虑天敌昆虫蜜源植物的配置。有些地方如天敌食料缺乏时（如缺乏寄主卵），要注意补充田间寄主等，这些措施有利于天敌昆虫的繁衍。

(2) 天敌昆虫的繁殖和释放　在害虫发生前期，自然界的天敌昆虫数量少、对害虫的控制力很低时，可以在室内繁殖天敌昆虫，增加天敌昆虫的数量。特别在害虫发生之初，大量释放于林间，可取得较显著的防治效果。我国不少地方建立了生物防治站，繁殖天敌昆虫，适时释放到林间消灭害虫。我国以虫治虫的工作也着重于此方面，如松毛虫赤眼蜂（*Trichogramma dendrolimi* Matsrmura）的广泛应用，就是显著的例子。

天敌能否大量繁殖，决定于下列几个方面：首先，要有合适的、稳定的寄主来源或者能够提供天敌昆虫的人工或半人工的饲料食物，并且成本较低，容易管理；第二，天敌昆

虫及其寄主，都能在短期内大量繁殖，满足释放的需要；第三，在连续的大量繁殖过程中，天敌昆虫的生物学特性（寻找寄主的能力、对环境的抗逆性、遗传特性等）不会有重大的改变。

（3）天敌昆虫的引进　我国引进天敌昆虫来防治害虫，已有80多年的历史。据资料记载，全世界成功的约有250多例，其中防治蚧虫成功的例子最多，成功率占78%。在引进的天敌昆虫中，寄生性昆虫比捕食性昆虫成功的多。目前，我国已与美国、加拿大、墨西哥、日本、朝鲜、澳大利亚、法国、德国、瑞典等十多个国家进行了这方面的交流，引进各类天敌昆虫100多种，有的已发挥了较好的控制害虫的作用。例如，丽蚜小蜂（*Encarsia formosa* Gahan）于1978年底从英国引进后，经过研究，解决了人工大量繁殖的关键技术，在北方一些省、市推广防治温室白粉虱，效果十分显著；广东省从日本引进花角蚜小蜂（*Cocobius azumai* Tachikawa）防治松突圆蚧，已初步肯定其对松突圆蚧具有很理想的控制潜能，应用前景非常乐观；湖北省防治吹绵蚧的大红瓢虫，1953年从浙江省引入，这种瓢虫以后又被四川、福建、广西等地引入，均获得成功；1955年，我国曾从原苏联引入澳洲瓢虫（*Rodolia cardinalis*），先在广东繁殖释放，防治木麻黄的吹绵蚧，取得了良好的防治效果，后又引入四川防治柑橘吹绵蚧，防治效果也十分显著，50年来，该虫对控制介壳虫的发生发挥了重要的作用。

2. 生物农药的应用

生物农药作用方式特殊，防治对象比较专一且对人类和环境的潜在危害比化学农药要小，因此，特别适用于园林植物害虫的防治。

（1）微生物农药　以菌治虫，就是利用害虫的病原微生物来防治害虫。可引起昆虫致病的病原微生物主要有细菌、真菌、病毒、立克次氏体、线虫等。目前生产上应用较多的是病原细菌、病原真菌和病原病毒三类。

利用病原微生物防治害虫，具有繁殖快、用量少、不受园林植物生长阶段的限制、持效期长等优点。近年来作用范围日益扩大，是目前园林害虫防治中最有推广应用价值的类型之一。

病原细菌　目前用来控制害虫的细菌主要有苏云金杆菌（*Bacillusth uringiensis*）。苏云金杆菌是一类杆状的、含有伴孢晶体的细菌，伴孢晶体可通过释放伴孢毒素破坏虫体细胞组织，导致害虫死亡。苏云金杆菌对人、畜、植物、益虫、水生生物等无害，无残余毒性，有较好的稳定性，可与其他农药混用；对湿度要求不严格，在较高温度下发病率高，对鳞翅目幼虫有很好的防治效果。因此，成为目前应用最广的生物农药。

病原真菌　能够引起昆虫致病的病原真菌很多，其中以白僵菌（*Beauveria bassiana*）最为普遍，在我国广东、福建、广西等，普遍用白僵菌来防治马尾松毛虫（*Dendrolimusp unctatus* Walker），取得了很好的防治效果。

大多数真菌可以在人工培养基上生长发育，便于大规模生产应用。但由于真菌孢子的萌发和菌丝生长发育对气候条件有比较严格的要求，因此昆虫真菌性病害的自然流行和人工应用常常受到外界条件的限制，应用时机得当才能收到较好的防治效果。

病原病毒　利用病毒防治害虫，其主要优点是专化性强，在自然情况下，某种病原病毒往往只寄生一种害虫，不存在污染与公害问题，在自然界中可长期保存，反复感染，有的还可遗传感染，从而造成害虫流行病。目前发现不少园林植物害虫，如在南方危害园林植物的槐尺蠖、丽绿刺蛾、榕树透翅毒蛾、竹斑蛾、棉古毒蛾、樟叶蜂、马尾松毛虫、大袋蛾等，均能在自然界中感染病毒，对这些害虫的猖獗发生起到了抑制作用。各类病毒制剂也正在研究推广之中，如上海使用大袋蛾核型多角体病毒防治大袋蛾效果很好。

(2) 生化农药　指那些经人工合成或从自然界的生物源中分离或派生出来的化合物，如昆虫信息素、昆虫生长调节剂等，主要来自于昆虫体内分泌的激素，包括昆虫的性外激素、昆虫的脱皮激素及保幼激素等内激素。在国外已有 100 多种昆虫激素商品用于害虫的预测预报及防治工作，我国已有近 30 种性激素用于梨小食心虫、白杨透翅蛾等昆虫的诱捕、迷向及引诱绝育法的防治。

昆虫生长调节剂现在我国应用较广的有灭幼脲Ⅰ号、Ⅱ号、Ⅲ号等，对多种园林植物害虫如鳞翅目幼虫、鞘翅目叶甲类幼虫等具有很好的防治效果。

有一些由微生物新陈代谢过程中产生的活性物质，也具有较好的杀虫作用。例如，来自于浅灰链霉素抗性变种的杀蚜素，对蚜虫、红蜘蛛等有较好的毒杀作用，且对天敌无毒；来自于南昌链霉素的南昌霉素，对菜青虫、松毛虫的防治效果可达 90%以上。

3. 其他动物的利用

我国有 1100 多种鸟类，其中捕食昆虫的约占半数，它们绝大多数以捕食害虫为主。目前以鸟治虫的主要措施是：保护鸟类，严禁在城市风景区、公园打鸟；人工招引以及人工驯化等。如在林区招引大山雀（*Parus major* Linnaeus）防治马尾松毛虫，招引率达 60%，对抑制松毛虫的发生有一定的效果。

蜘蛛、捕食螨、两栖动物及其他动物，对害虫也有一定的控制作用。例如，蜘蛛对于控制南方观赏茶树（金花茶、山茶）上的茶小绿叶蝉［*Empoasca flavescens* (Fabricius)］起着重要的作用；而捕食螨对酢浆草岩螨［*Petrobia harti* (Ewing)］、柑橘红蜘蛛［*Panonychus citri* (Mrgregor)］等螨类也有较强的控制力。

4. 以菌治病

一些真菌、细菌、放线菌等微生物，在它的新陈代谢过程中分泌抗生素，杀死或抑制病原物。

4.2.5　化学防治

化学防治是指用农药来防治害虫、病害、杂草等有害生物的方法。化学防治是害虫防治的主要措施，具有收效快、防治效果好、使用方法简单、受季节限制较小、适合于大面积使用等优点。但也有明显的缺点，化学防治的缺点概括起来可称为“三 R 问题”，即抗药性（resistance）、再猖獗（rampancy）及农药残留（remnant）。由于长期对同一种害虫使用相同类型的农药，使得某些害虫产生不同程度的抗药性；由于用药不当杀死了害虫的天敌，从而造成害虫的再度猖獗危害；由于农药在环境中存在残留毒性，特别是毒性较大的农药，对环境易产生污染，破坏生态平衡。

4.3 农药使用技术

4.3.1 农药的基本知识

1. 农药的分类

农药的种类很多，按照不同的分类方式可有不同的分类方法。

(1) 按防治对象分类　农药可分为杀虫剂、杀菌剂、杀螨剂、杀线虫剂、杀鼠剂、除草剂等。

(2) 按照杀虫作用分类　根据杀虫剂对昆虫的毒性作用及其侵入害虫的途径不同，一般可分为：

胃毒剂　药剂随着害虫取食植物一同进入害虫的消化系统，再通过消化吸收进入血腔中发挥杀虫作用。此类药剂大都兼有触杀作用，如敌百虫。

触杀剂　药剂与虫体接触后，药剂通过昆虫的体壁进入虫体内，使害虫中毒死亡，如拟除虫菊酯类等杀虫剂。

内吸剂　药剂容易被植物吸收，并可以输导到植株各部分，在害虫取食时使其中毒死亡。这类药剂适合于防治一些蚜虫、蚧虫等刺吸式口器的害虫，如乐果、氧化乐果、久效磷等。

熏蒸剂　药剂由固体或液体转化为气体，通过昆虫呼吸系统进入虫体，使害虫中毒死亡，如氯化苦、磷化铝等。

特异性杀虫剂　这类药剂对昆虫无直接毒害作用，而是通过拒食、驱避、不育等不同于常规的作用方式，最后导致昆虫死亡，如樟脑、风油精、灵香草等。

(3) 按杀菌剂的性能　一般分为：

保护剂　在植物感病前（或病原物侵入植物以前），喷洒在植物表面或植物所处的环境，用来杀死或抑制植物体外的病原物，以保护植物免受侵染的药剂，称为保护剂。如波尔多液、石硫合剂、代森锰锌等。

治疗剂　植物感病后（或病原物侵入植物后），使用药剂处理植物，以杀死或抑制植物体内的病原物，使植物恢复健康或减轻病害。这类药剂称为治疗剂。许多治疗剂同时还具有保护作用。如多菌灵、甲基托布津等。

(4) 按照化学组成分类

无机农药　用矿物原料经加工制造而成，如砷素剂、氟素剂等。

有机农药　指由有机物合成的农药，如有机磷杀虫剂、有机氯杀虫剂、有机氮杀虫剂等，是目前应用最多的杀虫剂。

植物性农药　指用植物产品制造的农药，其中所含有的有效成分为天然有机物，如烟碱、鱼藤、除虫菊等。

微生物农药　目前广泛应用的拟除虫菊脂类农药就是模仿除虫菊而合成的。用微生物或其代谢产物所制造的农药，如白僵菌、青虫菌、BT 乳剂、杀蚜素等。

2. 农药的剂型

为了在防治时使用方便，生产上常将农药加工成不同剂型。

(1) 粉剂　在原药中加人惰性填充剂（如黏土、高岭土、滑石粉等），经机械磨碎为粉状，成为不溶于水的药剂。适合于喷粉、撒粉、拌种或用来制成毒饵。粉剂不能用来喷雾，否则易产生药害。

（2）可湿性粉剂　在原药中加入一定量的湿润剂和填充剂，通过机械研磨或气流粉碎而成。可湿性粉剂适于用水稀释后作喷雾用。其残效期较粉剂持久，附着力也比粉剂强，但易于沉淀，应在使用前及时配制，并且注意搅拌，使药液浓度一致，以保证药效及避免药害。

（3）乳油　在原药中加入一定量的乳化剂和溶剂制成透明的油状剂型，称为乳油，如敌敌畏乳油、甲胺磷乳油等。乳油可溶于水，经过加水稀释后，可以用来喷雾。使用乳油防治害虫的效果一般比其他剂型好，触杀效果高，残效期长。

（4）颗粒剂　原药加载体（黏土、玉米芯等）制成颗粒状的药物，称为颗粒剂。颗粒剂残效期长，用药量少，主要用于土壤处理。

（5）烟剂　由原药加燃烧剂、氧化剂、消燃剂制成，可以燃烧。点燃后，原药受热气化上升到空气中，再遇冷而凝结成飘浮状的微粒，适用于防治高大林木的害虫或温室中害虫。

3. 农药的毒性

农药的毒性是指农药对人、畜、鱼类等产生的毒害作用。毒性通常分为急性毒性与慢性毒性两种。急性毒性是指人畜接触一定剂量的农药后，能在短期内引起急性病理反应的毒性。急性毒性容易被人察觉。慢性毒性是指人、畜长期持续接触与吸人低于急性中毒剂量的农药后引起的慢性病理反应。慢性毒性还表现为对后代的影响，如产生致畸、致突变和致癌作用等。慢性毒性不易察觉，往往受到忽视，因而比急性毒性更危险。

通常所说的农药的毒性，指的是急性毒性，用致死中量（LD_{50}）或致死中浓度（LC_{50}）来表示。致死中量（LD_{50}）是指被试验的动物一次口服某药剂后，产生急性中毒，有半数死亡时所需要的该药剂的量，单位为 mg/kg。致死中量数值越大，表示毒性越小；数值越小，则表示毒性越大。一种农药的毒性程度，常用毒力和药效作比较和估价指标。毒力是指药剂本身对生物直接作用的性质和程度，是在室内一定条件下测定的，是固定的。药效是指药剂在综合条件下，对田间有害生物的防治效果受环境影响生物，其数值是不定的，一般用死亡率表示。毒力和药效相辅相成，毒力是药效的基础，药效是毒力在综合条件下的表现。一般来说，有药力才有药效，但有毒力不一定有药效。毒力与药效成正相关。

农药的毒性在我国按照原药对大白鼠产生急性中毒（LD_{50}）暂分为 3 级：

高毒，大白鼠口服致死中量小于 50mg/kg；

中毒，大白鼠口服致死中量为 50～500mg/kg；

低毒，大白鼠口服致死中量大于 500mg/kg。

4.3.2　农药的使用方法

（1）喷雾　是将乳油、水剂、可湿性粉剂，按所需的浓度加水稀释后，用喷雾器进行喷洒。其技术要点是：喷雾时，要求均匀周到，使植物表面充分湿润，但基本不滴水，即"欲滴未滴"；喷雾的顺序为从上到下，从叶面到叶背；喷雾时要顺风或垂直于风向操作。严禁逆风喷雾，以免引起人员中毒。

在喷雾的类型中，有一种称为超低容量喷雾。该剂型可直接利用超低容量喷雾器对原药进行喷雾。这种喷雾法用药量少，不需加水稀释，操作简便，工效高，节省劳动成本，

防治效果也好，特别适合于水源缺乏的地区使用。

(2) 拌种　是将农药、细土和种子按一定的比例混合在一起的用药方法，常用于防治地下害虫。

(3) 毒饵　是将农药与饵料混合在一起的用药方法，常用来诱杀蛴螬、蝼蛄、小地老虎等地下害虫。

(4) 撒施　是将农药直接撒于种植区，或者将农药与细土混合后撒于种植区的施药方法。

(5) 熏蒸　是将具熏蒸性农药置于密闭的容器或空间，以便毒杀害虫的用药方法，常用于调运种苗时，对其中的害虫进行毒杀或用来毒杀仓库害虫。

(6) 注射法、打孔注射法　注射法是用注射机或兽用注射器将药剂注入树体内部，使其在树体内传导运输而杀死害虫，多用于防治天牛、木蠹蛾等害虫；打孔注射法是用打孔器或钻头等利器在树干基部钻一斜孔，钻孔的方向与树干约呈 40°的夹角，深约 5cm，然后注入内吸剂药剂，最后用泥封口。可防治食叶害虫、吸汁类害虫及蛀干害虫等。

对于一些树势衰弱的古树名木，也可以用挂吊瓶法注射营养液，以增强树势。

(7) 刮皮涂环　距干基一定的高度，刮两个相错的半环，两半环相距约 10cm，半环的长度 15cm 左右。将刮好的两个半环分别涂上药剂，以药液刚下流为止，最后外包塑料薄膜。应注意的是：刮环时，刮至树皮刚露白茬；药剂选用内吸性药剂；外包的塑料薄膜要及时拆掉（约 1 周）。主要用于防治食叶害虫、吸汁害虫及蛀干害虫的初期阶段。

另外有地下根施农药、喷粉、毒笔、毒绳、毒签等方法。

总之，农药的使用方法很多，在使用农药时，可根据药剂本身的特性及害虫的特点灵活运用。

4.3.3 农药的稀释与计算

1. 药剂浓度表示法

目前我国在生产上常用的药剂浓度表示法有倍数法、百分浓度（%）和摩尔浓度法（百万分浓度法）。

倍数法是指药液（药粉）中稀释剂（水或填料）的用量为原药剂用量的多少倍或是药剂稀释多少倍的表示法，此种表示法在生产上最常用。生产上往往忽略农药和水的比重的差异，即把农药的比重看作 1。稀释倍数越大，误差越小。生产上通常采用内比法和外比法 2 种配法。用于稀释 100 倍（含 100）以下时用内比法，即稀释时要扣除原药剂所占的 1 份。如稀释 10 倍液，即用原药剂 1 份加水 9 份。用于稀释 100 以上时用外比法，计算稀释量时不扣除原药剂所占的 1 份。如稀释 1000 倍液，即可用原药剂 1 份加水 1000 份。

百分浓度（%）是指 100 份药剂中含有多少份药剂的有效成分。百分浓度又分为重量百分浓度和容量百分浓度。固体与固体之间或固体与液体之间，常用重量百分浓度，液体与液体之间常用容量百分浓度。

百万分浓度（10^{-6}）是指 100 万份药剂中含有多少份药剂的有效成分。一般植物生长调节剂常用此浓度表示法。

2. 浓度之间的换算

百分浓度与百万分浓度之间的换算：

$$百万分浓度(10^{-6}) = 百分浓度(不带 \%) \times 10000$$

倍数法与百分浓度之间的换算：

$$百分浓度(\%) = 原药剂浓度(不带 \%) / 稀释倍数$$

3. 农药的稀释计算

(1) 按有效成分计算

$$原药剂的浓度 \times 原药剂的重量(容积) = 稀释剂的浓度 \times 稀释剂的重量(容积)$$

求稀释剂重量

计算 100 倍以下时

$$稀释剂重量 = [原药剂重量(原药剂浓度 - 稀释药剂浓度)] / 稀释药剂浓度$$

例：用 40%福美砷可湿性粉剂 10kg 配成 2%稀释液，需加水多少？

计算：　$10 \times (40\% - 2\%) \div 2\% = 190(kg)$

计算 100 倍以上时

$$稀释剂重量 = (原药剂重量 \times 原药剂浓度) / 稀释药剂浓度$$

例：用 100mL80%敌敌畏乳油稀释成 0.05%浓度，需加水多少？

计算：　$100 \times 80\% \div 0.05\% = 160\ (kg)$

求用药量

$$原药剂重量 = (稀释药剂重量 \times 稀释药剂浓度) / 原药剂浓度$$

例：要配置 0.5%氧化乐果药液 1000mL，求 40%氧化乐果乳油用量。

计算：　$1000 \times 0.5\% \div 40\% = 12.5\ (mL)$

(2) 按稀释倍数计算

$$稀释倍数 = 稀释剂用量 / 原药剂用量$$

计算 100 倍以下时

$$稀释药剂重量 = 原药剂重量 \times 稀释倍数 - 原药剂重量$$

例：用 40%氧化乐果乳油 10mL 加水稀释成 50 倍药液，求稀释液重量。

计算：　$10 \times 50 - 10 = 490\ (mL)$

计算 100 倍以上时

$$稀释药剂重量 = 原药剂重量 \times 稀释倍数$$

例：用 80%敌敌畏乳油 10mL 加水稀释成 1500 倍药液，求稀释液重量。

计算：　$10 \times 1500 = 15\ (mL)$

(3) 多种药剂混合后的浓度计算　设第一种药剂浓度为 N_1，重量为 W_1；第二种药剂浓度为 N_2，重量为 W_2；…；第 n 种药剂浓度为 N_n，重量为 W_n，则

$$混合药剂浓度(\%) = \sum N_n \cdot W_n(浓度不带 \%) / \sum W_n$$

例：将12.5%福美砷可湿性粉剂2kg与12.5%福美锌可湿性粉剂4kg及25%福美双可湿性粉剂4kg混合在一起，求混合后药剂的浓度。

计算：　　(12.5×2+12.5×4+25×4)/(2+4+4)=17.5(%)

实验实训24 药液与毒土的配制

实训目标

掌握药液与毒土的配制方法，能配制并使用药液和毒土。

实训用具与材料

喷雾器、台称、量筒。

粉剂、可湿性粉剂、乳油等剂型的商品农药、清水、细土。

实训内容和方法

1. 准确计算农药制剂用量

(1) 按单位面积上的农药制剂用量计算

农药制剂用量（g或mL）=每667m² 面积农药制剂用量（g或mL）×施药面积（667m² 或hm²）

(2) 按单位面积上的有效成分计算

农药制剂用量(g或mL)=[每667或每公顷有效成分用量(g或mL)]/[制剂的有效成分含量(%)]×施药面积(667m² 或hm²)

(3) 按农药制剂稀释倍数计算

农药制剂用量(g或mL)=[配制药液量(g或mL)]/稀释药液倍数×施药面积(667m² 或hm²)

(4) 按农药制剂（mg/kg）计算

农药制剂用量(g或mL)=[mg/kg数×配制药液量(g或mL)]/10^6×有效成分含量(%)×施药面积(667m² 或hm²)

2. 准确量取农药制剂和稀释用水

固体农药要用秤称量，液体农药要用有刻度的量具量取（如量杯、量筒、吸液管等）。量取时，应避免药液流到筒或杯的外壁，要使筒或杯处于垂直状态，以免造成量取偏差；量取配药用水，如果用水桶或喷雾器药箱作计量器具时，应在其内壁用油漆画出水位线，标定准确的体积后，方可作为计量用具。

3. 正确配制药液、毒土

(1) 固体农药制剂的配制　商品农药的低浓度粉剂，一般不用配制可直接喷粉。但用作毒土撒施时需要用土混拌，选择干燥细土与药剂混合均匀即可使用；可湿性粉剂配制时，应先在药粉中加入少量的水（500g药粉约加250g左右的水），用木棒调成糊状，然后再加入较多一些水调匀，以上面没有浮粉为止，最后加完剩余的稀释水量。注意，不能图省事，把药粉趁势倒入大量的水中。

(2) 液体农药制剂的配制

注意水的质量　用于配制药剂的水，应选用清洁的江、河、湖、溪和沟塘的水，尽量不用井水，更不能使用污水、海水或咸水，以免对乳油类农药起破坏作用，影响药效或引起药害。

严格掌握药剂的加水倍数　每种农药都有一定的使用浓度要求。在配制时，应严格按规定的使用浓度加水，如果加水量过多，浓度降低，会影响药效；若加水量不足，致使药剂浓度增高，不但浪费农药，还可能引起药害。

注意加水方法　在按规定加入足量稀释水前，可先加入少量水配要母液，然后用剩余的水，分2～3次冲洗量器，冲洗水全部加入药箱中，搅拌均匀。需要注意的是，有的药剂在水中很容易溶解，但有的药剂虽也能溶解，但需要选用少量热水溶解后，再加入清水。

注意药剂的质量　在加水稀释配制乳油农药时，一定要注意药剂的质量。有的乳油由于贮存时间过长或者原来质量不好，已经出现分层、沉淀。对这种药剂，在配制前，应把药瓶轻轻摇振20～30次，静置后如能成均匀体，方可配制；如摇振后还不能成均匀体，就要把装乳油的药瓶放在温热水里，浸泡10多分钟（注意不能用开水，以防药瓶破碎），对分层、沉淀完全化开的药剂，可用少量的乳油农药，加入清水试验，若上无浮油，下无　沉淀，并成白色乳状液，则该药剂可以对水使用。

实训作业

简述药液与毒土配制的注意事项。

4.3.4　农药的合理使用

（1）正确选用农药　在了解农药的性能、防治对象及掌握害虫发生规律的基础上，正确选用农药的品种、浓度和用药量，避免盲目用药。一般选用高效、低毒、低残留的药剂。

（2）选择用药时机　用药时必须选择最有利的防治时机，既可以有效地防治害虫，又不杀伤害虫的天敌。例如，大多数食叶害虫初孵幼虫有群居危害的习性，而且此时的幼虫体壁薄，抗药力较弱，故防治效果较好；蛀干、蛀茎类害虫在蛀入后一般防治较困难，所以应在蛀入前用药；有些蚜虫在危害后期有卷叶的习性，对这类蚜虫应在卷叶前用药，以提高防治效果；而对具有世代重叠的害虫来说，则选择在高峰期进行防治。

无论是防治哪一种害虫，在用药前都应当首先调查天敌的情况。如果天敌的种群数量较大，足以控制害虫（如益/害≥1/5），就不必进行药剂防治；如果天敌的发育期大多正处于幼龄期，应当考虑适当推迟用药时间。

（3）交替使用农药　在同一地区长期使用一种农药防治某一害虫，会导致药效明显下降，即该虫种对这种农药产生了抗药性。为了避免害虫产生抗药性，应当注意交替使用农药。

交替用药的原则是：在不同的年份（或季节），交替使用不同类型的农药。但不是每次都换药，频繁换药的结果，往往是加快害虫抗药性的产生。

（4）混合使用农药　正确混合使用农药不仅可以提高药效，而且还可以延缓害虫抗药性的产生，同时防治多种害虫；反之，不仅会降低药效，还会加速害虫抗药性的产生。

正确混合使用农药的原则是：可以将不同类型的农药混合使用，如将有机磷类的敌敌畏与拟除菊酯类的溴氰菊酯混合使用或将杀菌剂的多菌灵与杀虫剂的敌百虫混合使用。不能将属于同一类型农药中的不同品种混合使用，以免导致交互抗性的产生，如将有机磷类的敌敌畏与甲胺磷混合使用或将有机氮类的巴丹和杀虫双混合使用都是不正确的。严禁将易产生化学反应的农药混合使用。大多数的农药属于酸性物质，在碱性条件下会分解失效，因此一般不能与碱性化学物质混合使用，否则会降低药效。

4.3.5　常用农药简介

1. 杀虫剂

园林植物常用杀虫剂的种类和性能见表 4-7。

表 4-7　园林植物常用杀虫剂的种类及性能

药剂类型	药剂名称	常见剂型	作用原理	防治对象	使用方法	性　质
有机磷杀虫剂	敌百虫(Trichlorfon)	90%晶体、2.5%粉剂	胃毒作用强，兼触杀作用	咀嚼式口器的害虫	喷雾、灌根、喷粉	高效、低毒、低残留、广谱，弱碱条件下可转变为敌敌畏

续表

<table>
<tr><th>药剂类型</th><th>药剂名称</th><th>常见剂型</th><th>作用原理</th><th>防治对象</th><th>使用方法</th><th colspan="2">性　质</th></tr>
<tr><td rowspan="4">有机磷杀虫剂</td><td>敌敌畏（Dichlorvos）</td><td>80%乳油、50%乳油</td><td>触杀、胃毒和熏蒸作用</td><td>多种园林植物害虫</td><td>喷雾、熏蒸</td><td colspan="2">广谱性，击倒力强，碱性和高温条件下分解快，不能与碱性农药和肥料混用</td></tr>
<tr><td>乐果（Dimithoate）</td><td>40%乳油</td><td>触杀、内吸作用，兼有胃毒作用</td><td>多种园林植物害虫</td><td>喷雾、涂抹</td><td colspan="2">高效、低毒、低残留、广谱，碱性溶液中迅速水解，不稳定，贮藏时可缓慢分解</td></tr>
<tr><td>辛硫磷（Phoxim）</td><td>50%乳油</td><td>触杀和胃毒作用</td><td>地下害虫、鳞翅目幼虫</td><td>喷雾、拌种、颗粒剂</td><td colspan="2">高效、低毒、残留危险性小，遇碱、光易分解</td></tr>
<tr><td>毒死蜱（乐斯本）（Chlorpyrifos）</td><td>48%乳油</td><td>触杀、胃毒和熏蒸作用</td><td>鳞翅目、蚜虫、害螨、潜叶蝇和地下害虫</td><td>喷雾</td><td colspan="2">高效、中毒、土壤中残留期长</td></tr>
<tr><td rowspan="2">氨基甲酸酯类杀虫剂</td><td>抗蚜威（Pirimicarb）</td><td>50%可湿性粉剂</td><td>触杀、熏蒸和内吸作用</td><td>多种蚜虫</td><td>喷雾</td><td colspan="2">高效、速效、中等毒性、低残留、选择性杀蚜剂</td></tr>
<tr><td>硫双威（Thiodicarb）</td><td>65%可湿性粉、36.5%胶悬剂</td><td>内吸、触杀和胃毒作用</td><td>棉铃虫、烟青虫、斜纹夜蛾等</td><td>喷雾</td><td colspan="2">经口毒性高，经皮毒性低，高效、广谱、持久、安全</td></tr>
<tr><td>沙蚕毒素类杀虫剂</td><td>杀虫双（Disultap）</td><td>25%水剂、3%颗粒剂</td><td>较强的胃毒和触杀作用，一定的熏蒸和内吸作用</td><td>多种园林植物害虫</td><td>喷雾，毒土、泼浇</td><td colspan="2">广谱、安全、残毒低，根部吸收力强</td></tr>
<tr><td rowspan="2">拟除虫菊酯类杀虫剂</td><td>溴氰菊酯（Deltamethrin）</td><td>2.5%乳油</td><td>强烈的触杀作用</td><td>多种园林植物害虫</td><td>喷雾</td><td>中毒</td><td rowspan="2">光稳定性好，酸性液中稳定，碱性液中易分解，高效、低毒，连用产生抗药性</td></tr>
<tr><td>功夫菊酯（Clocythrin cishatothrin）</td><td>2.5%，5%乳油</td><td>胃毒和触杀作用</td><td>鳞翅目害虫；蚜虫和叶螨等</td><td>喷雾</td><td>活性高，杀虫谱广，残效期长</td></tr>
<tr><td rowspan="3">特异性昆虫生长调节剂</td><td>灭幼脲（Chlorbenzuron）</td><td>25%悬浮剂</td><td>胃毒和触杀作用</td><td>桃小食心虫、柑橘全爪螨、小菜蛾等</td><td>喷雾</td><td colspan="2">低毒、遇碱和较强的酸易分解，常温下较稳定，对人、畜和天敌昆虫安全</td></tr>
<tr><td>除虫脲（Diflubenzuron）</td><td>20%悬浮剂</td><td>胃毒和触杀作用</td><td>鳞翅目幼虫、柑橘木虱等</td><td>喷雾</td><td colspan="2">对光、热稳定，遇碱易分解，低毒</td></tr>
<tr><td>噻嗪酮（Hexythiazox）</td><td>25%可湿性粉剂</td><td>胃毒和触杀作用</td><td>叶蝉、介壳虫和温室粉虱等</td><td>喷雾</td><td colspan="2">药效高，残效期长，残留量低，对天敌昆虫较安全</td></tr>
</table>

续表

药剂类型	药剂名称	常见剂型	作用原理	防治对象	使用方法	性　质
其他杀虫剂	吡虫啉 (Imidacloprid)	10%、25%可湿性粉剂	内吸、触杀和胃毒作用	蚜虫、飞虱和叶蝉	喷雾	速效，残效期长，对天敌昆虫安全
	氟虫睛(锐劲特)(Fipronil)	5%悬浮剂、0.3%颗粒剂	胃毒作用为主，兼有触杀、内吸作用	半翅目、鳞翅目、缨翅目和鞘翅目害虫	喷雾、拌种、撒施	中等毒性，杀虫谱广，残效期长
微生物杀虫剂	阿维菌素 (Abamectin)	0.3%，0.9%，1.8%乳油	触杀和胃毒作用，微弱的熏蒸作用	双翅目、鞘翅目、同翅目、鳞翅目和螨类	喷雾	高效、广谱杀虫杀螨剂
	苏云金杆菌 (Bt，Bacillus thuringiensis)	10^{10}活芽孢/g可湿性粉剂	胃毒作用	鳞翅目、双翅目、鞘翅目和直翅目害虫	喷雾	

2. 杀菌剂

园林植物常用杀菌剂的种类及特点见表 4-8。

表 4-8　园林植物常用杀菌剂的种类及特点

药剂类型	药剂名称	常见剂型	作用原理	防治对象	使用方法	特　点
无机杀菌剂	波尔多液 (Bordeaux mixture)	1∶0.5∶100，1∶1∶100，1∶2∶100	保护作用	多种园林植物病害，如霜霉病、疫病、炭疽病等	喷雾	杀菌力强，防病范围广，附着力强，残效期可达 15～20d
	石硫合剂 (Calcium polysulfides)	一般 24～32Be		多种园林植物白粉病、锈病、螨类、介壳虫等	喷雾	不能与忌碱性农药、铜制剂混用或连用
有机硫杀菌剂	代森锌 (Zineb)	60%，80%可湿性粉剂	保护作用	果树与蔬菜的霜霉病、炭疽病等	喷雾	吸湿性强，遇碱或含铜药剂易分解。对人畜低毒
	代森锰锌 (Mancozeb)	60%可湿性粉剂、25%悬浮剂		梨黑星病、轮纹病和炭疽病、白菜黑斑病等	喷雾	遇酸遇碱分解，高温时遇潮湿也易分解
	福美双 (Thiram)	50%可湿性粉剂		葡萄炭疽病、梨黑星病、瓜类霜霉病	喷雾	遇酸易分解，不能与含铜药剂混用
有机磷杀菌剂	乙膦铝 (Fosetyl-aluminium)	40%可湿性粉剂	保护和治疗作用	对卵菌纲霜霉属和疫霉好的防效	喷雾	溶于水，遇酸遇碱分解，双向传导

续表

药剂类型	药剂名称	常见剂型	作用原理	防治对象	使用方法	特点
取代苯类杀菌剂	甲霜灵（Metalaxyl）	25%可湿性粉剂	保护和治疗作用	对霜霉菌、腐霉菌、疫霉菌所致病害特效	喷雾	高效、强内吸性杀菌剂，可双向传导，极易引起抗药性
	百菌清（Chlorothaloni）	65%可湿性粉剂、40%悬浮剂	保护作用	苹果轮纹病、葡萄霜霉病、十字花科蔬菜霜霉病等	喷雾	附着性好，耐雨水冲刷，不耐强碱
	甲基硫菌灵（Thiophanate-methyl）	60%可湿性粉剂、36%悬浮剂	治疗作用	园林植物炭疽病、灰霉病、白粉病、梨轮纹病、茄子绵疫病等	喷雾	对光、酸较稳定，遇碱性物质易分解失效，极易引起抗药性
杂环类杀菌剂	多菌灵（Carbendazin）	25%，50%可湿性粉剂	治疗作用	子囊菌亚门和半知菌亚门真菌引起的病害	喷雾	遇酸遇碱易分解
	三唑酮（Triadimefon）	15%，25%可湿性粉剂	治疗作用	各种植物的白粉病和锈病、葡萄白腐病	喷雾	对酸碱都较稳定
	烯唑醇（Diniconazole）	5%和12.5%可湿性粉剂	保护和治疗作用	苹果和梨的黑星病、白粉病、菜豆锈病	喷雾	对光、热和潮湿稳定，遇碱分解失效
抗生素	农用链霉素	62%可溶性粉剂、15%可湿性粉剂	治疗作用	各种细菌引起的病害	喷雾	对人、畜低毒
	农用抗菌素	2%和4%水剂	保护和治疗作用	园林植物各种白粉病和炭疽病	喷雾	易溶于水，对酸稳定，对碱不稳定

3. 杀螨剂和杀线虫剂

园林植物常用杀螨剂和杀线虫剂的种类及其性能见表4-9。

表4-9 园林植物常用杀螨剂和杀线虫剂的种类及其性能

药剂名称	常见剂型	作用原理	防治对象	使用方法	性质
尼索朗（Hexythiazox）	5%乳油、5%可湿性粉剂	杀卵和幼、若螨，对成螨无效	主要用于防治叶螨，对锈螨、瘿螨防效较差	喷雾	残效期长，药效可保持50d左右
三唑锡（Azocyclotin）	8%乳油、20%悬浮剂、25%可湿性粉剂	触杀作用	多种园林植物害螨	喷雾	广谱，可杀若螨、成螨和夏卵，对冬卵无效

续表

药剂名称	常见剂型	作用原理	防治对象	使用方法	性　质
四螨嗪 (Clofentezine)	10%可湿性粉剂、20%和50%悬浮剂	触杀作用	主要防治全爪螨、叶螨、瘿螨，对跗线螨也有一定效果	喷雾	对螨卵有较好的防效，对幼螨、若螨有一定的活性，作用速率慢
硫线磷 (Cadusafos)	10%颗粒剂	触杀作用和熏蒸作用	各种线虫	沟施、穴施、撒施	毒性较高，遇强碱很快分解，进入植物体后水解快
威百亩 (Metham-sodium)	30%，33%，35%液剂	熏蒸作用	主要防治线虫，同时也具有杀真菌、杂草和害虫的效果	土壤处理	遇酸和金属盐易分解

实验实训25 常用农药的理化性状观察与检测

实训目标

明确常用农药理化性状特点和质量的简易检测方法，学习阅读农药标签和使用说明书。

实训用具与材料

实验药品：

(1) 杀虫剂

80%敌敌畏乳油、50%辛硫磷乳油、40.7%乐斯本乳油、2.5%溴氰菊酯乳油、10%吡虫啉可湿性粉剂、1.8%阿维菌素乳油、90%敌百虫可溶性粉剂、25%杀虫双水剂、3%呋喃丹颗粒剂、25%灭幼脲3号悬浮剂、磷化铝片剂、Bt乳剂、白僵菌粉剂；73%克螨特乳油、20%达螨酮乳油、25%三唑锡可湿性粉剂；

(2) 杀菌剂

50%乙烯菌核利（农利灵）可湿性粉剂、25%粉锈宁乳油、40%氟硅唑（福星）乳油、25%敌力脱乳油、72.2%丙酰胺（霜霉威、普力克）水剂、45%百菌清烟剂、56%靠山水分散颗粒剂、72%克露可湿性粉剂、42%噻菌灵悬浮剂等。

仪器用具：天平、牛角匙、试管、量筒、烧杯、玻璃棒等。

实训内容和方法

1. 农药理化性状的简易辨别方法

(1) 常见农药物理性状的辨别

辨别粉剂、可湿性粉剂、乳油、颗粒剂、水剂、烟雾剂、悬浮剂等剂型在颜色、形态等物理外观上的差异。

(2) 粉剂、可湿性粉剂质量的简易鉴别

取少量药粉轻轻撒在水面上，长期浮在水面的为粉剂，在1min内粉粒吸湿下沉，搅动时可产生大量泡沫的为可湿性粉剂。另取少量可湿性粉剂倒入盛有200mL水的量筒内，轻轻搅动放置30min，观察药液的悬浮情况，沉淀越少，药粉质量越高。如有3/4的粉剂颗粒沉淀，表示可湿性粉剂的质量较差。在上述药液中加入0.2～0.5g合成洗衣粉，充分搅拌，比较观察药液的悬浮性是否改善。

(3) 乳油质量简易测定

将2～3滴乳油滴入盛有清水的试管中，轻轻振荡，观察油水融合是否良好，稀释液中有无油层漂浮或沉淀。稀释后油水融合良好，呈半透明或乳白色稳定的乳状液，表明乳油的乳化性能好；若出

现少许油层，表明乳化性尚好；出现大量油层、乳油被破坏，则不能使用。

2. 农药标签和说明书

(1) 农药名称

包含内容有：农药有效成分及含量、名称、剂型等。农药名称通常有两种，一种是中（英）文通用名称，中文通用名称按照国家标准《农药通用名称命名原则》（GB 4839—1998）规定的名称，英文通用名称引用国际标准组织（ISO）推荐的名称；另一种为商品名，经国家批准可以使用。不同生产厂家有效成分相同的农药，即通用名称相同的农药，其商品名可以不同。

(2) 农药三证

农药三证指的是农药登记证号、生产许可证号和产品标准证号，国家批准生产的农药必须三证齐全，缺一不可。

(3) 净重或净容量

(4) 使用说明

按照国家批准的作物和防治对象简述使用时期、用药量或稀释倍数、使用方法、限用浓度及用药量等。

(5) 注意事项

包括中毒症状和急救治疗措施；安全间隔期，即最后一次施药距收获时的天数；储藏运输的特殊要求；对天敌和环境的影响等。

(6) 质量保证期

不同厂家的农药质量保证期标明方法有所差异。一是注明生产日期和质量保证期；二是注明产品批号和有效日期；三是注明产品批号和失效日期。一般农药的质量保证期是2～3年，应在质量保证期内使用，才能保证作物的安全和防治效果。

(7) 农药毒性与标志

农药的毒性不同，其标志也有所差别。毒性的标志和文字描述皆用红字，十分醒目。使用时注意鉴别（图4-2）。

图4-2 农药毒性标志

(8) 农药种类标识色带

农药标签下部有一条与底边平行的色带，用以表明农药的类别。其中红色表示杀虫剂（昆虫生长调节剂、杀螨剂、杀软体动物剂）；黑色表示杀菌剂（杀线虫剂）；绿色表示除草剂；蓝色表示杀鼠剂；深黄色表示植物生长调节剂。

实训作业

列表叙述主要农药的物化特性及使用特点（表4-10）。

表4-10 农药的物化特性及使用特点

药剂名称	中（英）文通用名	剂型	有效成分含量	颜色	气味	毒性	主要防治对象

测定1～2种可湿性粉剂及乳油的悬浮性和乳化性，并记述其结果。

实验实训26 波尔多液配制和石硫合剂的熬制

实训目的

掌握波尔多液配制和石硫合剂的熬制及鉴别其优劣的方法。

实训用具与材料

实验药品：硫酸铜（$CuSO_4 \cdot 5H_2O$）、生石灰、水、硫磺粉。

仪器用具：电炉、牛角勺、试管、天平、量筒、烧杯、玻棒、试管架、盛水容器、研钵、试管刷、小铁刀、石蕊试纸、台秤、玻璃棒、研钵、铁锅（或1000mL烧杯）、灶（电炉）、木棒、水桶、波美比重剂等。

实训内容和方法

1. 波尔多液的配制

波尔多液由硫酸铜和石灰乳配制而成，杀菌的主要成分是碱性硫酸铜，化学反应式为

$4CuSO_4 \cdot 5H_2O + 3Ca(OH)_2 \rightarrow [Cu(OH)_2] \cdot CuSO_4 + 3CaSO_4 + 20H_2O$

在波尔多液配制中，$CuSO_4$ 和 CaO 的配合比例因寄主种类、防治对象不同而异。通常使用的配合比例见表4-11。

(1) 配制方法

分别用以下方法配制1%等量式波尔多液（1∶1∶100）。

方法1 两液同时注入法：用1/2水溶解硫酸铜，用另1/2水消解生石灰，然后同时将两液注入第三容器，边倒边搅拌即成。

方法2 稀硫酸铜液注入浓石灰乳法：用4/5水溶解硫酸铜，用另1/5水消解生石灰，然后将硫酸铜液倒入生石灰乳中，边倒边搅拌即成。

方法3 生石灰乳注入硫酸铜液法：原料准备同法2，但将石灰乳注入硫酸铜液中，边倒边搅即成。

方法4 用风化已久的石灰代替生石灰，配制方法同方法2。

注意：若用块状石灰加水消解时，一定要用少量水慢慢加入，使生石灰逐渐消解化开。

(2) 质量鉴别

物态观察 观察比较不同方法配制的波尔多液的质地和颜色，质量优良的波尔多液应为天蓝色胶态乳状液。

酸碱测试 用pH试纸测定其酸碱性，以碱性为好，即试纸显蓝色。

置换反应 用磨亮的小刀或铁钉插入波尔多液片刻，观察刀面有无镀铜现象，以不产生镀铜现象为好。

沉淀测试 将制成的波尔多液分别同时装入100mL量筒中静置30min，比较其沉淀情况，沉淀越慢越好，过快者不可采用。将结果填表入4-12。

配置中切忌用浓的硫酸铜液与浓石灰液化合后再稀释，这样稀释的波尔多液质量差，易沉淀。配置后的波尔多液应装入木桶或塑料桶为宜。

波尔多液不能贮存，要随配随用，否则效果差，且易产生药害。

表4-11 波尔多液各式用料比例

原料	1%石灰半量式	1%石灰等量式	0.5%石灰倍量式	0.5%石灰等量式	0.5%石灰半量式
硫酸铜	1	1	0.5	0.5	0.5
生石灰	0.5	1	1	0.5	0.25
水	100	100	100	100	100

表4-12 波尔多液质量测试项目表

项目 / 方法	悬浮率			物态现象	酸碱测定	置换反应
	30min	60min	90min			
1						
2						
3						
4						

2. 石硫合剂的熬制

(1) 原料配比

原料配比大致有以下几种：硫磺粉2份、生石灰1份、水8份或者硫磺粉2份、生石灰1份、水10份或者硫磺粉1份、生石灰1份、水10份，熬出的原液浓度分别为28～30、26～28、18～21°Be。目前多采用2∶1∶10的重量配比。

(2) 熬制方法

称取硫磺粉100g，生石灰50g，水500g。先将硫磺粉研细，然后用少量热水搅成糊状，再用少量热水将生石灰化开，倒入锅中，加上剩余的水，煮沸后慢慢倒入硫磺糊，加大火力，至沸腾时再继续熬煮45～60min，直至溶液被熬成暗红褐色（老酱油色）时停火，静置冷却过滤即成原液。观察原液色泽、气味和对石蕊试纸的反应。熬制过程中应注意火力要强而匀，使药液保持沸腾而不外溢；熬制时应不停地搅拌；熬制时应先将药液深度做一标记，然后用热水随时补入蒸发的水量，切忌加冷水或一次加水过多，以免因降低温度而影响原液的质量，大量熬制时可根据经验事先将蒸发的水量一次加足，中途不再补水。

(3) 原液浓度测定

将冷却的原液倒入量筒，用波美比重计测定浓度，注意药液的深度应大于比重计之长度，使比重计能漂浮在药液中。观察比重计的刻度时，应以下面一层药液面所表明的度数为准。

具体的质量检测方法是：用波美比重计测得母液的浓度大约在22°Be以上，所熬制的石硫合剂基本符合要求。

石硫合剂在使用时应加水稀释。一般生长季节的使用浓度为0.3～0.5°Be左右；树木在落叶休眠期用作铲除剂使用时，浓度可以增至3～5°Be。石硫合剂的浓度用波美比重计计算。

在知道原液浓度的情况下，可按下列公式推算：

加水倍数 = 原液倍数 − 目的液倍数 / 目的液倍数

如原液浓度为25°Be，要配成0.5°Be，则

加水倍数 = 25 − 0.5/0.5 = 49(倍)

石硫合剂在高温季节使用易产生药害。对人畜无毒，但对皮肤有轻微的腐蚀性。

实训作业

1. 比较不同方法配成的波尔多液质量的优劣。
2. 简述石硫合剂的熬制方法及注意事项，调查石硫合剂的防治对象、稀释和使用方法。

4.3.6 药械

施用农药的机械称为植保机械，简称药械。

药械的种类很多，从手持式小型喷雾器到拖拉机牵引或自走式大型喷雾机；从地面喷洒机到装在飞机上的航空喷洒装置，形式多种多样。

1. 背负式手动喷雾器

背负式手动喷雾器构造（图4-3）。

背负式手动喷雾器工作原理是，当摇动手柄时，连杆带动活塞杆和皮碗，在泵筒内做上下运动，当活塞杆和皮碗上行时，出水阀关闭，泵筒内皮碗下方的容积增大，形成真空，药液箱内的药液在大气压力的作用下，经吸水滤网，打开了进水球阀，涌入泵筒中。当手柄带动活塞杆和皮碗下行时，进水阀被关闭，泵筒内皮碗下方容积减少，压力增大，所贮存的药液即打开出水球阀，进入空气室。由于活塞杆带动皮碗不断地上下运动，使空气室内的药液不断增加，空气室内的空气被压缩，从而产生了一定的压力，这时如果打开开关，气室内的药液在压力的作用下，通过出水接头，压向胶管，流入喷杆，经喷孔喷出。

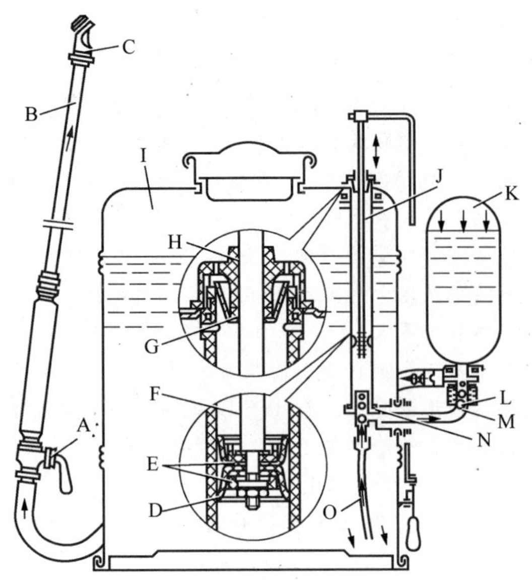

图 4-3　工农-16 型背负式手动喷雾器

A. 开关　B. 喷杆　C. 喷头　D. 螺母　E. 皮碗　F. 活塞　G. 毡圈　H. 泵盖　I. 药液箱　J. 泵筒　K. 空气室　L. 出水球阀　M. 出水阀座　N. 进水球阀　O. 吸水管

手动喷雾器使用时应注意的问题：

1）根据需要合理选择合适的喷头。喷头的类型有空心圆锥雾喷头和扇形雾喷头两种。选用时，应当根据喷雾作业的要求和植物的情况适当选择，避免始终使用一个喷头的现象。

2）注意控制喷杆的高度，防治雾滴飘失。

3）使用背负式喷雾器时要注意不要过分弯腰作业，防止药液从桶盖处流出溅到操作者身上。

4）加注药液时不允许超过规定的药液高度。

5）手动加压时应当注意不要过分用力，防止将空气室打爆。

6）手动喷雾器长期不使用时，应当将皮碗活塞浸泡在机油内，以免干缩硬化。

7）每天使用后，将手动喷雾器用清水洗净，残留的药液要稀释后就地喷完，不得将残留药液带回住地。

8）更换不同药液时，应当将手动喷雾器彻底清洗，避免不同的药液对植物产生药害。

2. 背负式喷雾喷粉机

背负式喷雾喷粉机是一种多功能的机动药械，既能够喷雾也能够喷粉。它具有轻便、灵活、效率高等特点。

背负式喷雾喷粉机主要由机架、离心风机、汽油机、油箱、药箱和喷洒装置等部件组成（图 4-4）。

背负式喷雾喷粉机进行喷雾作业时的工作原理是：离心机与汽油机输出轴直连，汽油机带动风机叶轮旋转，产生高速气流，其中大部分高速气流经风机出口流往喷管，而少量气流经进风阀门、进气塞、进气软管、滤网，流进药液箱内，使药液箱中形成一定的气压，药液在压力的作用下，经粉门、药液管、开关流到喷头，从喷嘴周围的小孔以一定的流量流出，

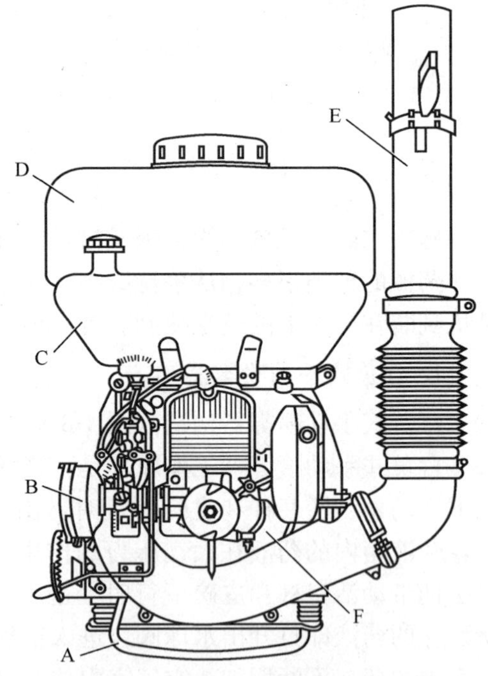

图 4-4　东方红-18 型喷雾喷粉机

A. 机架　B. 汽油机　C. 汽油箱　D. 药液箱　E. 喷管　F. 风机

先与喷嘴叶片相撞，初步雾化，在喷口中再受到高速气流的冲击，进一步雾化，弥散成细小雾粒，并随气流吹到很远的前方（图 4-5）。

背负式喷雾喷粉机进行喷粉作业时的工作原理是：汽油机带动风机叶轮旋转，所产生的大部分高速气流经风机出口流往喷管，而少量气流经进风阀门进入吹粉管，然后由吹粉管上的小孔吹出，使药箱中的药粉松散，以粉气混合状态吹向粉门。由于在弯头的出粉口处喷管的高速气流形成了负压，将粉剂吸到弯头内。这时粉剂随从高速气流，通过喷管和喷粉头吹向植物（图 4-6）。

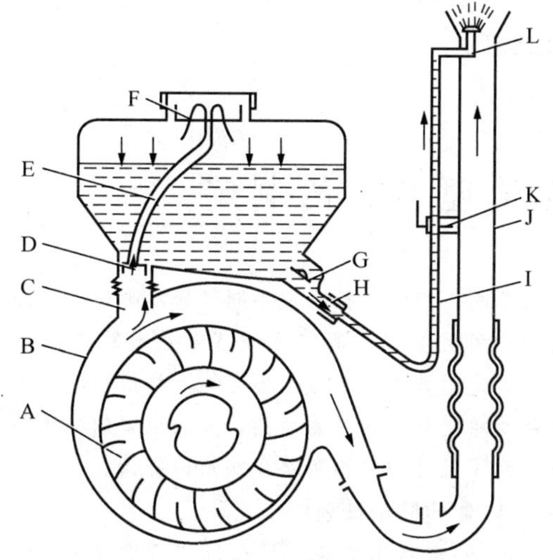

图 4-5　东方红-18 型喷雾喷粉机的喷雾作业

A. 叶轮　B. 风机　C. 进风阀门　D. 进气塞　E. 进气软管　F. 滤网　G. 粉门　H. 接头　I. 药液管　J. 喷管　K. 开关　L. 喷头

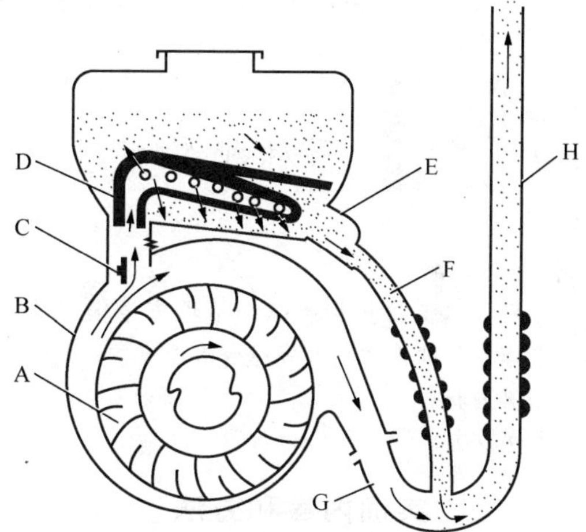

图 4-6　东方红-18 型喷雾喷粉机的喷粉作业

A. 叶轮　B. 风机　C. 进风阀门　D. 吹粉管　E. 粉门　F. 输粉管　G. 弯头　H. 喷管

喷雾作业时应注意的问题：

1）正确选择喷洒部件，以适合喷洒农药和植物的需要。

2）机具作业前应先按汽油机有关操作方法，检查其油路系统和电路系统后进行启动。确保汽油机工作正常。

3）作业前，先用清水试喷一次，保证各连接处无渗漏。加药不要太满，以免从过滤网出气口溢进风机壳里。药液必须洁净，以免堵塞喷嘴。加药后要盖紧药箱盖。

4）启动发动机，使之处于怠速运转。背起机具后，调整油门开关使汽油机稳定在额定转速左右，开启药液手把开关即可开始作业。

喷粉作业时应注意的问题：

1）关好粉门后加粉。粉剂应干燥无结块。不得含有杂质。加粉后旋紧药箱盖。

2）启动发动机，使之处于怠速运转。背起机具后，调整油门开关使汽油机稳定在额定转速左右。然后调整粉门操纵手柄进行喷撒。

3）使用薄膜喷粉管进行喷粉时，应先将喷粉管从摇把绞车上放出，再加大油门，使薄膜喷粉管吹起来。然后调整粉门喷撒。为防止喷管末端存粉，前进中应随进抖动喷管。

安全防护方面应注意的问题：

1）作业时间不要过长，应以 3～4 人组成一组，轮流作业，避免长期处于药雾中吸不到新鲜空气。

2）操作人员必须戴口罩，并应经常换洗。作业时携带毛巾、肥皂，随时洗脸、洗手、漱口。擦洗着药处。

3）避免顶风作业，禁止喷管在作业者前方以八字形交叉方式喷洒。

4）发现中毒症状时，应立即停止背机，并及时求医诊治。

5）背负式喷雾喷粉机是用汽油作燃料，应注意防火。

实验实训 27　园林植物病虫害综合治理方案的制定

实训目标

了解园林植物病虫害综合治理方案编制的内容，能编制园林植物病虫害综合治理方案。

实训用具与材料

相关文献。

实训内容和方法

园林植物病虫害综合治理是一个病虫控制的系统工程，方案的制订包括以下步骤：

1. 资料整理

包括调查资料、查阅文献资料、田间试验资料等。

1）调查当地园林病虫害发生种类及危害情况。

2）调查或查阅文献得出病虫害侵入途径。

3）调查当地园林植物种植情况，包括园林植物配置、园林植物种类、同一植物不同品种等。

4）调查当地园林植物感病情况。

5）调查当地栽培技术对病虫害发生消长变化的影响。

6）调查了解近几年病虫害预测预报资料。

7）调查了解当地对病虫害的防治情况。

2. 确定防治对象

根据调查资料确定防治对象。当前综合治理类型大体上有三种：一是以一种病虫为对象；二是以一种植物整个生育期的所有病虫为对象；三是以某一区域为对象。

3. 制定防治标准

由于各地情况不同，对园林植物和综合治理要求不同，则防治标准也不同。如对圃地等的园林植物的病虫害防治偏重于经济效益兼顾生态效益等，而处于城市、街道、公园等园林植物，以生态效益及绿化观赏效益为目的，其病虫害的防治不可单纯为了经济效益而忽略了病虫的防治。

4. 制定防治计划

1）制定防治方法。贯彻以“预防为主、综合防治”的植保方针，根据病虫活动规律、侵入特点、植物栽培管理技术以及植物各发育阶段的病虫发生情况和防治标准等，采取植物检疫、园林栽培技术等措施预防病虫害的发生，在病虫严重时采取化学防治等措施。要根据病虫轻重缓急进行考虑，明确关键时期的主攻对象，系统并有侧重地安排防治措施。初步构成一个因地制宜的防治系统。

2）制定防治时间。根据病虫害预测预报，针对植物主要受害的敏感期及防治指标，掌握有利时机，及时进行防治。

3）建立机构，组织力量。对病虫害防治工作，特别是大型的灭虫、治病活动应建立机构。说明需要的劳动力数量和来源，便于组织力量。

4）准备防治物资。事先准备好防治器械、药剂品种等，以免影响防治工作。

5）技术培训，按计划实施防治措施。对参加防治人员进行防治技术培训，确保每种防治措施的正确应用，保证防治效果。

6）做出预算，拟定经费计划。

实训作业

结合当地情况对某一种虫害或病害做出综合治理方案。

本章小结与习题

本章小结

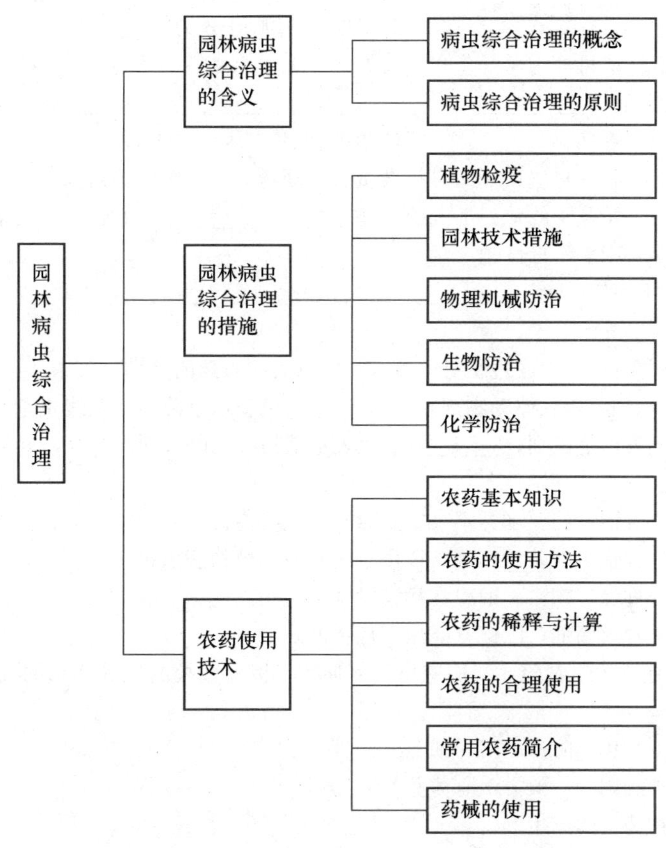

拓展学习资源

1. 许志刚．植物检疫学．北京：中国农业出版社，2003.
2. 吴文君．农药学原理．北京：中国农业出版社，2000.
3. 蒲蛰龙．害虫生物防治法的原理和方法．北京：科学出版社，1984.

复习思考题

(一) 填空题

(1) 综合治理的原则有________、________、________、________、________。

(2) 综合治理主要有五大技术措施，即：__________、__________、__________、和__________。

(3) 植物检疫又称为__________，指一个国家或地区用__________形式，禁止某些危险性的病虫、杂草人为地__________或__________或对已发生及传入的危险性病虫、杂草，采取有效措施消灭或控制蔓延。植物检疫实施的主要内容有________、________、________、__________。

(4) 园林技术措施防治主要包括____________、____________、____________、__________、__________、__________和__________。

(5) 物理机械防治常见的措施有________、________、________、__________。

(6) 用生物及其__________来控制病虫的方法，称为生物防治。生物防治的主要措施有__________、__________、__________、__________。

(7) 根据杀虫剂对昆虫的毒性作用及其侵入害虫的途径不同，可分为__________、__________、__________、__________、__________。杀菌剂按原料来源可分为______、__________、__________和__________；按杀菌剂性能可分为__________和__________。

(8) 常见的农药剂型有__________、__________、__________、__________、__________等。

(9) 农药的毒性是指农药对__________等产生的毒性。通常所说的农药的毒性，指的是急性毒性，常用致死中量来表示。致死中量（LD_{50}）是指被试验的动物______次口服某药剂后，产生__________中毒，有______数死亡时所需要的该药剂的量，单位为__________。致死中量数值越大，表示毒性越__________；数值越小，则表示毒性越__________。

(10) 常见的农药使用方法有__________、__________、__________、__________、__________、__________和__________等。

(11) 农药标签下部有一条与底边平行的色带，用以表明农药的类别。其中__________色表示杀虫剂（昆虫生长调节剂、杀螨剂、杀软体动物剂）；__________色表示杀菌剂（杀线虫剂）；__________色表示除草剂；__________色表示杀鼠剂；__________色表示植物生长调节剂。

（二）是非判断题

(1) 根据病虫害综合治理的要求并不一定要做到有虫必治。(　　)

(2) 植物检疫是一种强制性防治措施，适用于所有园林植物病虫害。(　　)

(3) 波尔多液是一种保护剂，一般应在病害发生前使用。(　　)

(4) 石硫合剂是一种杀菌剂，因此只能用于病害的防治。(　　)

(5) 对某种病虫有特效的农药，我们应该反复使用，以有效控制该种病虫的发生。(　　)

（三）简答题

(1) 比较生物防治与化学防治的优、缺点。

(2) 天敌昆虫保护利用的一般方法有哪些？

(3) 如何避免植物药害的产生？

(4) 如何合理使用农药？

(5) 手动喷雾器使用的注意事项有哪些？

(6) 喷雾喷粉机在喷雾作业、安全防护方面应注意哪些问题？

（四）问答题

(1) 如何利用园林技术措施来防治园林植物病虫害？

(2) 综合治理方案编制的一般步骤。

(3) 用 40%氧化乐果乳油 30mL 加水稀释成 1500 倍液防治松干蚧，需要稀释液重量多少千克？

第5章 常见园林植物害虫的防治 

教学目标

1. 能鉴别常见园林植物害虫的种类。
2. 了解常见园林植物害虫的发生规律。
3. 能制定园林植物害虫的防治方案并实施。

5.1 园林植物食叶害虫防治

园林植物害虫当中，种类最多的属食叶类，它们往往以幼虫或成虫危害健康植物致使植物生长衰弱，为蛀干害虫的侵入创造条件。食叶害虫大多生活场所比较裸露，只有少数生活在隐蔽之处（如袋蛾、卷蛾）。因此受外界气候条件影响较大，种群数量消长比较明显，有些会出现周期性大发生（如松毛虫、杨毒蛾等）。食叶害虫中大多数种类繁殖能力非常强，且有主动迁移、迅速扩散危害的能力，很容易暴发成灾。本节主要介绍我国园林植物食叶害虫包括蝶类、蛾类、甲虫类、蝗虫类和叶峰类。

5.1.1 蝶类

蝶类属鳞翅目昆虫。成虫色彩艳丽，以花蜜为食；而幼虫口器为咀嚼式危害植物叶片，是园林植物的常见害虫。

(1) 花椒凤蝶 *Papilio xuthus* Linnaeus　又名柑橘凤蝶、黄凤蝶、凤子蝶、春凤蝶等。属鳞翅目，凤蝶科。

分布与危害　国内除内蒙未见报道外，几乎各地均有发生。危害柑橘、金橘、柠檬、佛手、釉子、花椒、黄菠萝等。

识别特征

成虫　雌虫体长25～27mm，雄虫体长21～23mm。体黄色，背中线黑色。翅面除黑色外，其余斑纹均为黄色，前翅中室内有一组放射状黄色线纹，上方有2个黄色新月斑；前后翅中室外从前缘至后缘都有8个横列的黄色斑块，亚外缘线有黄色新月形斑，前翅8个，后翅6个，外缘都有黄色波形线纹；后翅黑带中有散生的蓝色鳞粉，臀角处有一橙黄色圆斑，斑内有一小黑点（图5-1）。

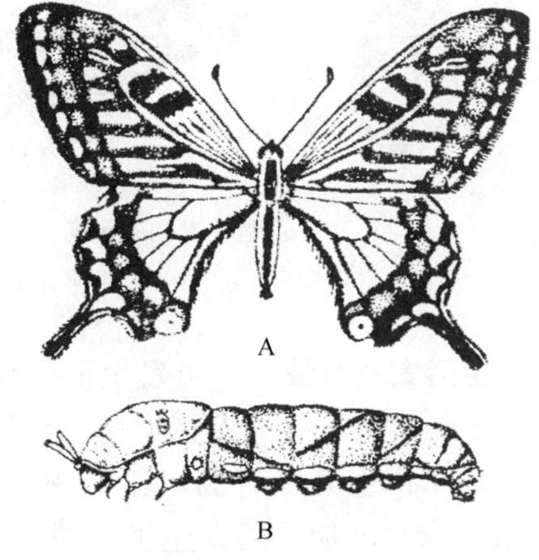

图5-1　花椒凤蝶
A. 成虫　B. 幼虫

卵　圆球形，直径约 1.2～1.3mm，初产时淡黄色，孵化前变黑。

幼虫　老熟幼虫体长 40～51mm，黄绿色，胸腹连接处稍膨大，后胸两侧有舌眼线纹，后胸与第一腹节间有蓝黑色带状斑，腹部第四和第五节两侧各有一条蓝黑色斜纹分别延伸至第五和第六节背面。头部臭丫腺为黄色。

蛹　纺锤形，前端有两个尖角，长 28～32mm。颜色多种，有淡绿、黄白、暗褐等。

生活史及习性　此虫发生代数因地而异，东北一般一年 2 代，长江流域及其以南地区一般一年 3～6 代不等，各地均以蛹悬于叶背、枝干及其隐蔽场所越冬。广州地区各代发生的时间为第一代 3～4 月；第二代 4 月下旬至 5 月；第三代 5 月下旬至 6 月；第四代 6 月下旬至 7 月；第五代 8～9 月；第六代 10～11 月。有世代重叠现象。成虫白天活动飞舞于花丛间，产卵于嫩芽、叶及枝梢上，散产，卵期 15～20d。初孵幼虫只有 1～2mm，2 龄以前体长可达 15mm 左右，黑褐色，背上有一白色斑纹，形似鸟粪，体上有肉刺。2 龄幼虫后黄绿色，3 龄后食量大增。各龄幼虫白天潜伏，夜晚活动取食。先食嫩叶，稍大后食老叶，一般由枝梢上部向下取食，轻则将叶吃成缺刻，重则可把叶片吃光，只剩下几条主脉和叶柄。受惊扰时即从第一胸节背面伸出臭丫腺，同时释放一种臭味。幼虫老熟后土丝缠绕于基物上化蛹。

(2) 白粉蝶 *Pieris rapae* Linnaeus　又名菜粉蝶、菜青虫。属鳞翅目，粉蝶科（图 5-2）。

分布与危害　分布全国各地。危害羽衣甘蓝、草桂花、醉蝶花、旱金莲、大丽花、花苞菜等。

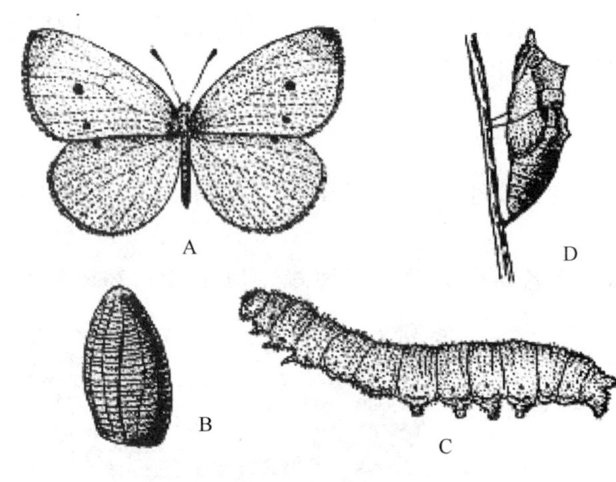

图 5-2　白粉蝶
A. 成虫　B. 卵　C. 幼虫　D. 蛹

识别特征

成虫　体黑色，有白色绒毛，长约 17mm，翅展约 50mm。前后翅为粉白色，前翅前缘、翅基半部及顶角等处常黑色，翅面上有 2 块黑斑。后翅前缘有一黑斑。

卵　长瓶形，高 1mm，黄绿色，表面有网纹。

幼虫　老熟时体长约 35mm，青绿色，背中线为黄色细线，体表密布黑色瘤状突起，其上着生短细毛。

蛹　体长 18～21mm，纺锤形，初为青绿色，后为灰褐色。体背有 3 条纵脊。

生活史及习性　此虫发生世代数因地而异，华北地区一年发生 4 代；华南一年发生 8 代，以蛹在向阳的篱笆，屋檐、墙角及枯枝下越冬。翌年 3～4 月成虫羽化，白天活动，卵多产在叶片背面，卵期约 7d。幼虫取食寄主芽、叶、花，严重时将叶片吃光，只留叶脉和叶柄。因发生世代重叠，所以每年 4～10 月均有幼虫为害，但以夏季危害严重。

(3) 曲纹紫灰蝶 *Chilades pandava* Horsfield　也称苏铁小灰蝶，属灰蝶科，是一种专门危害苏铁的检疫性害虫（图 5-3）。

分布与危害 国外主要分布于缅甸、马来西亚、斯里兰卡；国内分布于台湾、香港、广东、广西、海南、福建、浙江。曲纹紫灰蝶幼虫啃食苏铁新叶叶肉或咬食小叶，造成叶片缺损，严重时芽叶全部吃光，导致苏铁株顶无叶，或仅剩羽状复叶，影响观赏价值，甚至可导致整株枯死。

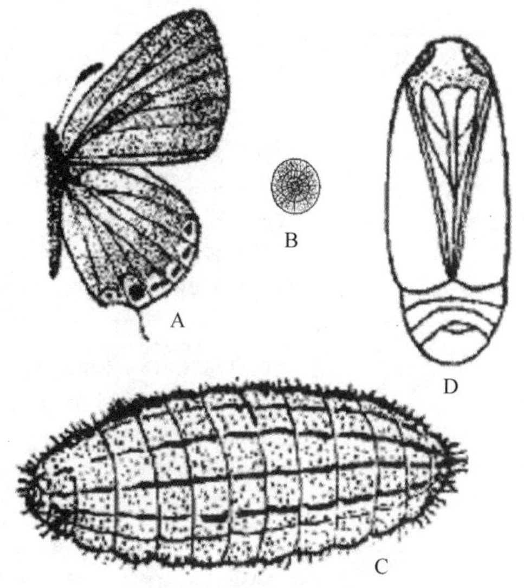

图 5-3 曲纹紫灰蝶

A. 成虫 B. 卵 C. 幼虫 D. 蛹

识别特征

成虫 雄蝶体长 12mm，翅展 28mm，雌虫略大。雄蝶翅蓝紫色，有金属光泽，翅外缘黑褐色，亚缘带由 1 列黑褐色斑点构成，尾突细长黑色，端部白色。雌蝶翅黑褐色，中后区域有青蓝色金属光泽，后翅亚缘带由 1 列黑斑组成，但 Cu_1 室黑斑的内侧为橙红色边。翅反面雌雄相同，均呈灰褐色，斑纹黑褐色并具白边；前翅外缘有两列斑带，外横斑列在 Cu_2 和 Cu_1 室的斑斜，中室端纹棒状；后翅外缘斑列在 2A、Cu_2 和 Cu_1 室的斑点黑色并有金黄色光泽鳞片散布，内侧的橙黄色斑纹向 M_3 室延伸，外横斑列曲折（故名曲纹紫灰蝶）且前端 1 黑斑显著，翅基有 4 个大小不等的黑斑。

卵 白色，扁球形，直径 0.4～0.5mm，精孔区凹陷，表面满布多角形雕纹。

幼虫 老熟幼虫体长 9～11mm，体紫红色或绿色，椭圆形而扁，边缘薄而中间厚。头小，缩在胸部内，足短，背面密布黑短毛。

蛹 体长 0.8～0.9mm，宽 0.3～0.4mm。黄褐色，有黑褐色斑纹，缢蛹，椭圆形，光滑。

生活史及习性 该虫在广东一年发生 6、7 代，在浙江可以发生 4 代以上，以幼虫或蛹在鳞片叶的缝隙间越冬以蛹越冬。世代重叠现象严重。从 4 月苏铁抽春叶开始至 11、12 月，凡有嫩叶均可见幼虫为害，但以夏、秋季为害最重（7～10 月）。成虫需补充营养，产卵于花蕾、嫩叶上，每只雌成虫产卵 20 余粒。幼虫孵化后便钻蛀取食，幼虫共四龄，1～2龄幼虫体小，藏匿于卷曲成钟表发条状的小叶内，啃食表皮和叶肉，留下另一层表皮，危害症状不明显，不易觉察，3 龄以上幼虫食量大增，可将整个嫩叶取食殆尽。幼虫有群集为害习性，常见几十头甚至上百头群集与新叶上为害，老熟后的幼虫在鳞片叶间化蛹。曲纹紫灰蝶的发生与苏铁的叶期密切相关，春叶期气温偏低，不太适宜灰蝶的生长发育，少见危害。夏秋叶期气温升高，且各株苏铁抽叶不整齐，给幼虫提供了源源不断的食物，是灰蝶猖獗危害时期，观察表明 25～35℃适宜灰蝶的生长发育。

常见种类还有赤蛱蝶 *Vanessa ndica* Herbst、榆黄黑蛱蝶 *Nymphalis xanthomelas*、铁刀木粉蝶 *Catopsilia pomona* Fabricius、麻斑樟凤蝶 *Graphium doson* Felder、香蕉弄蝶 *Erionota torus* Evans 等。区别见表 5-1。

表 5-1　五种蝶类比较

种　类	主要识别特征	主要生活习性
赤蛱蝶	成虫体长 20mm 左右，前翅外半部有数个白色小斑，中部有不规则的云状横纹；后翅暗褐色，外缘橙色，其中有 4 个黑斑，内侧与橙色交界处还有数个黑斑。背面还有 4、5 个眼状斑 老熟时体长 32mm 左右，背面黑色，腹部黄褐色。体上有黑褐色棘状枝刺，每枝刺上还有小分枝	一年发生 2 代，以成虫越冬，翌年 3～4 月开始活动，分散产卵。幼虫共 5 龄，喜食嫩叶，化蛹时幼虫先吐丝将尾端钩缀于叶片上倒悬，再行蜕皮化蛹
榆黄黑蛱蝶	成虫翅展 51～76mm 全体黑色，密被黄色绒毛，前后翅暗黄色，前翅上有 7～8 个黄色大斑，外缘有黄褐色宽带；后翅前缘中间有一灰黄色近圆形大斑 老熟幼虫体长 35～53mm，头黑色，两侧呈三角形突起，腹部每节有 6 根黑色枝刺	新疆地区 1 年发生一代，以成虫越冬，翌年 3 月下旬开始活动，卵多产于枝梢顶端，4 月下旬见幼虫，5 月上中旬危害最重，初孵幼虫有群集嫩叶吐丝结薄网的习性，食料不足时能迁移危害
铁刀木粉蝶	成虫特色多变，有纹形雌蝶翅表面显黄色；雄蝶前后翅基半部黄色，外半部白色，前翅底面中室端附近有 2 个眼状斑纹。无纹形雌蝶翅表面白色或黄白色，雄蝶前后翅同有纹形，但前翅底面中室端附近有黑色圆点 1 个	在海南 1 年发生 13～14 代，全年发生，有世代重叠现象，以 4～7 月发生最重。卵多产在叶背，幼虫栖息以叶背为多，老熟幼虫受惊扰时会弹跳落地，多在叶背化蛹
麻斑樟凤蝶	成虫体长 24mm，前后翅黑色，斑纹浅蓝绿色，除贯穿翅中央的一列斑纹外，前翅中室内及前后翅亚外缘有一列较小的斑纹 幼虫老熟时体长 22～45mm，浓绿色，后胸两侧各有一个小突起。蛹浅绿色，胸部背面突起较长	1 年代数不详，以蛹越冬，广州地区一般 3 月中旬见成虫，幼虫共 5 龄，约一个月左右完成一个世代
香蕉弄蝶	成虫体长 24～28mm 左右，体黑色或茶褐色。头部和胸部密被灰褐色鳞毛，前后翅均为黑色，缘毛白色。卵馒头形，红色，横径约 2mm。表面有放射状白色线纹老熟幼虫体长 50～64mm，体被白色蜡粉。蛹圆筒形，被白粉	1 年发生四代，以老熟幼虫在叶苞内越冬，翌年 3 月中下旬见成虫，各代幼虫大发生分别是 5 月、6 月中旬、7 月、8 月中旬至 9 月上旬。幼虫能吐丝将叶粘卷成筒形叶苞栖息其中，早晚探身苞外，取食叶片

关键与要点　蝶类害虫的综合防治措施

1. 人工捕捉　冬季清除植株附近围篱、建筑物上以及悬挂在枝、叶上的虫蛹。成虫出现期可用捕虫网捕捉成虫。从初夏起根据被害状和地面虫粪人工捕杀幼虫。

2. 药剂防治　在幼虫低龄期，喷洒 90%晶体敌百虫 800 倍液、80%敌敌畏乳油 1000 倍液、20%除虫菊脂乳油 2000 倍液，也可喷施每 mL 含孢子 100 亿以上青虫菌粉或浓缩液 500 倍。

3. 保护天敌　凤蝶金小蜂、广大腿小蜂、白粉蝶绒茧蜂、舞毒蛾黑疣姬蜂等都是蝶类蛹体寄生蜂，收集到的越冬蛹不要直接处死，应放在寄生蜂保护器中。

实验实训28 蝶类食叶害虫形态观察

实训目的

能够熟练识别蝶类食叶害虫的主要类群，认识本地区的重要害虫种类。

实训用具与材料

实体显微镜、扩大镜、镊子、解剖针等；

凤蝶、粉蝶、蛱蝶、弄蝶、灰蝶等本地区代表种类的生活史标本及针插标本、浸渍标本。

实训内容和方法

1. 蝶类成虫识别

将各种蝶类的针插标本在扩大镜或实体显微镜下观察比较，看体型及大小、翅的质地和鳞片上的斑纹等，对照相应的理论知识，鉴定出每个标本的所属科别。

2. 蝶类幼虫识别

将浸渍的蝶类幼虫标本取出，放在培养皿中观察它们刚毛及毛瘤的有无及着生方式、腹足的数量及着生位置、趾钩的形态等。

3. 蝶类其他虫态识别

观察本地区蝶类食叶害虫的生活史标本，注意卵的形状和蛹的类型。

实训作业

列表比较本地区主要蝶类食叶害虫的形态特征。

5.1.2 蛾类

蛾类食叶害虫属鳞翅目。种类极多，主要包括鳞翅目的枯叶蛾类、刺蛾类、袋蛾类、大蚕蛾类、天蛾类、尺蛾类、毒蛾类、夜蛾类、舟蛾类、螟蛾类、巢蛾类、灯蛾类、卷蛾类、菜蛾类等，他们的成虫大多昼伏夜出，口器为虹吸式，一般不对植物造成危害，幼虫俗称“毛毛虫”，其口器为咀嚼式，咬食植物叶片，大发生时常将植物叶片吃成一片精光，是园林植物重要害虫类群。

1. 枯叶蛾类

属鳞翅目，枯叶蛾科。是我国分布最广，危害最重的针叶类植物食叶害虫，是园林风景林中的重要害虫。

(1) 马尾松毛虫 *Dendrolimus punctatus* Walker

分布与危害 分布于广西、广东、云南、贵州、福建、湖南、湖北、四川、陕西、江西、浙江、安徽、台湾等省。幼虫主要危害马尾松，也危害黑松、湿地松、火炬松、加勒比松等，是我国危害松林最严重的历史性大害虫。

形态特征

成虫 体色变化很大，有灰白、灰褐、茶褐、黄褐等色，雌蛾体色比雄蛾浅。雌蛾体长18～30mm，触角短栉状，体和翅被灰褐色鳞毛，前翅中室白斑不明显，翅面有5条深褐色横线，外横线略呈波浪状，亚外缘斑列8～9个，黑褐色，内侧衬有黄棕色斑。腹部粗壮，末端圆；雄蛾体长20～28mm，触角羽毛状，一般茶褐色到黑褐色，前翅较宽，外缘呈弧形弓出，中室白斑显著，翅面上有3～4条向外弓起的横条纹，亚外缘斑列内侧呈褐色，腹部尖削。

卵 椭圆形，初产时粉红色，少淡紫色、淡绿色，孵化前紫黑色，卵面光滑无保护物。

幼虫　老熟幼虫体长 47～61mm，头黄褐色，体色随龄期不同而有差异，大致分棕红色和灰黑色两种，贴体倒伏鳞片有银白色和银黄色两种。中、后胸背毒毛带明显。

蛹　雌蛹长 26～33mm，雄蛹长 19～26mm。纺锤形，棕色或栗色，腹末臀棘细长，末端卷曲或卷成小圈。茧长椭圆形，30～45mm，灰白色或淡黄褐色，外有散生黑色短毒毛（图 5-4）。

生活史及习性　一年发生的世代数随地理位置的不同而有很大差异，在长江流域的各省区，每年发生 2、3 代，一般以 3、4 龄幼虫在松枝丛、树皮缝、地被物或表土处越冬。在温度较高的海南、广东、广西等部分地区，幼虫越冬现象不明显。翌年平均气温 10℃以上出蛰，幼虫一般为 6 龄。1、2 龄时有群集为害和吐丝下垂习性，啃食叶缘；3 龄后分散为害，取食整根针叶；5、6 龄食量最大。越冬代和第 1 代危害最大。成虫具有强烈的趋光性，一般在傍晚羽化，当晚即可交配，交尾后即可产卵。各代产卵量不一致，平均产卵量 300～400 粒。

马尾松毛虫主要发生在海拔 200m 以下的丘陵地带，在气候干燥、地被光秃、灌木稀少的 10 年生左右纯松林地带，易暴发成灾。

（2）油松毛虫 *Dendrolimus tabulaeformis* Tsai et Liu

分布与危害　主要分布于北京、河北、辽宁、山西、陕西、甘肃、山东、四川等省区，主要危害油松，也能危害樟子松、华山松及白皮松。

形态特征

成虫　雌蛾体长 23～30mm，雄蛾体长 20～28mm，体色有赤褐、棕褐、淡褐 3 种色型。雌蛾触角栉齿状，前翅中室有 1 不明显的白点，横线褐色，内横线不明显，中线弧度小，外横线弧度大略呈波状纹，中横线内侧和外横线外侧有一条颜色稍淡的线纹，亚外缘斑列黑色，各斑近似新月形；后翅淡棕色至深棕色。雄蛾触角羽毛状色深，前翅中室白点较明显，横线花纹明显，亚外缘黑斑列内侧呈棕色（图 5-5）。

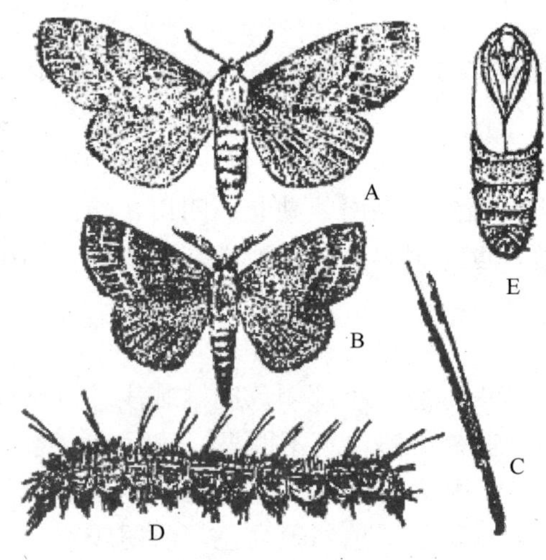

图 5-4　马尾松毛虫

A. 雌成虫　B. 雄成虫　C. 卵　D. 幼虫　E. 蛹

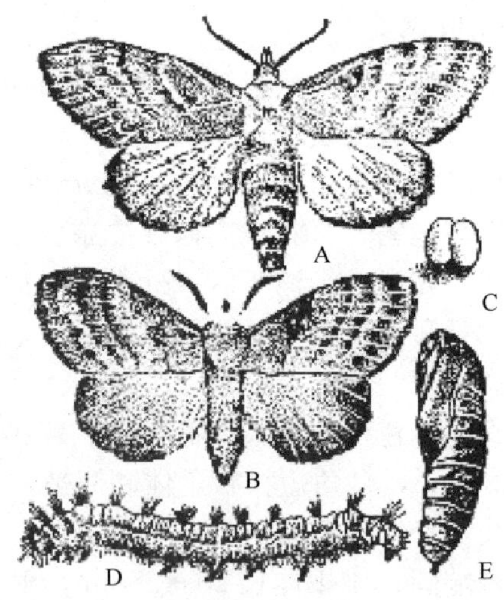

图 5-5　油松毛虫

A. 雌成虫　B. 雄成虫　C. 卵　D. 幼虫　E. 蛹

卵　椭圆形，长 1.75mm，宽 1.36mm。精孔一端为淡绿色，另一端为粉红色，孵化前呈紫色。

幼虫　老熟幼虫体长 55～72mm。初孵幼虫头部棕黄色，体背黄绿色。老龄时体灰黑色，额区中央有 1 块深褐斑，体侧具长毛。胸部背面毒毛带明显，身体两侧各有 1 条纵带，中间有间断，各节纵带上的白斑不明显，每节前方由纵带向下一斜斑伸向腹面；腹部背面无倒伏鳞片。

蛹　雌蛹长 24～33mm，雄蛹长 20～26mm。暗红色，臀棘短，末端稍弯曲。茧长椭圆形，灰白色，表面有一黑色毒毛（图 5-5）。

生活史及习性　山东、辽宁一年 1 代，北京地区每年发生 1、2 代，以 2 代居多，四川一年 2、3 代，多以 4、5 龄幼虫在树干基部的树皮裂缝、树干周围的枯枝落叶层、杂草或石块下越冬。一年 1 代地区，翌春 3 月末 4 月初越冬幼虫出蛰，先啃食芽苞，后取食针叶，为害至 6 月幼虫老熟在树冠下部枝杈或枯枝落叶中结茧化蛹，7 月上旬羽化成虫。当晚或次日晚交尾，卵成堆产于树冠上部当年生的松针上，每块 10～500 粒不等。成虫有趋光性，个别还具有从受害严重的林分向周围未受害林分迁飞产卵的习性，卵期 7～12 天。幼虫孵化后有取食卵壳的习性。1～2 龄幼虫有群聚性，并能吐丝下垂，3 龄后分散取食，9 月以后开始越冬。一年 2～3 代者，幼虫一直为害至 11 月份。

关键与要点　枯叶蛾类害虫综合防治技术措施

1. 园林技术防治　合理配置植物，尽量营造混交林，合理密植，以形成适宜的郁闭度，创造不利于松毛虫生长发育的生态环境。对林木稀疏，下木较多的松毛虫发生林地，应进行封山育林，禁止放牧和人为破坏、培育阔叶树种、保护冠下植被、增种蜜源植物，以丰富林地的生物群落，创造有利于天敌栖息的环境。

2. 物理防治　可采用摘卵、摘蛹或使用黑光灯诱集成虫的方法降低虫口密度。北方在冬季通过人工搂树盘，破坏松毛虫越冬场所或在春季幼虫上树前绑毒绳、抹毒环的方法阻隔幼虫上树取食。

3. 生物防治　应用白僵菌、苏云金杆菌（Bt）防治松毛虫幼虫。在虫口密度较低林龄较大的林分，可设置人工巢箱招引益鸟。布巢时间、数量、巢箱类型根据招引的鸟类而定。释放赤眼蜂，繁育优良蜂种，在松毛虫产卵始盛期，选择晴天无风的天气分阶段林间施放，3～10 万头/667m²。采用植物源杀虫剂 1.2%烟参碱喷烟防治幼虫，烟参碱与柴油的比例为 1∶20，用药量为 400mL/667m²。

4. 化学药剂防治　松毛虫防治原则上不使用化学农药，若必须采用，则应选择药剂，在大发生初期防治小面积虫源地，迅速压低虫口。在对下树越冬的松毛虫，在春季上树和秋季下树前，可采取在树干上涂、缚拟除虫菊酯类药剂制成的毒笔、毒纸、毒绳等毒杀下树越冬和上树的幼虫。氯氰菊酯触破式微胶囊剂在松毛虫上树之前采用喷毒环方式将药剂喷洒在树上，防治效果好。也可采用灭幼脲（30g/667m²）、杀蛉脲（5g/667m²）等进行喷雾，重点防治小龄幼虫。

2. 刺蛾类

刺蛾属鳞翅目，刺蛾科。是危害园林植物主要食叶害虫类群之一。

(1) 桑褐刺蛾 *Setora postornata* Hampson　又名红绿刺蛾、刺毛虫。

分布与危害　桑褐刺蛾主要分布于我国长江以南各省，如上海、江苏、浙江、福建、江西、河南、河北、湖北、四川、云南、台湾等地。危害悬铃木、玉兰、紫叶李、梅花、芍药、牡丹、木槿、悬铃木、珊瑚树、香樟、乌桕、重阳木、山茶花、腊梅、一串红、海棠、常春藤、大丽花等多种花木。

形态特征

成虫　雌虫体长 17.5～19.5mm，雄虫体长 17～18mm，体灰褐色带紫色，散布有雾状黑点，前翅自前缘中部有两条暗褐色横带，似“八”字形伸向后缘，前翅臀角附近有一近三角形棕色斑。雌虫体色较雄虫淡。

卵　黄色，扁椭圆形。

幼虫　老熟幼虫体长 23～35mm。体黄绿色，背线天蓝色，亚背线为黄色。每体节有 4 个黑点，体侧为红色或橘黄色宽带，中胸至第 9 腹节每节于亚背线上着生枝刺 1 对；其中以中胸、后胸和 1、5、8、9 腹节上的特别长。

蛹　灰褐色，莲子形，茧灰褐色，坚硬，长约 15mm（图 5-6）。

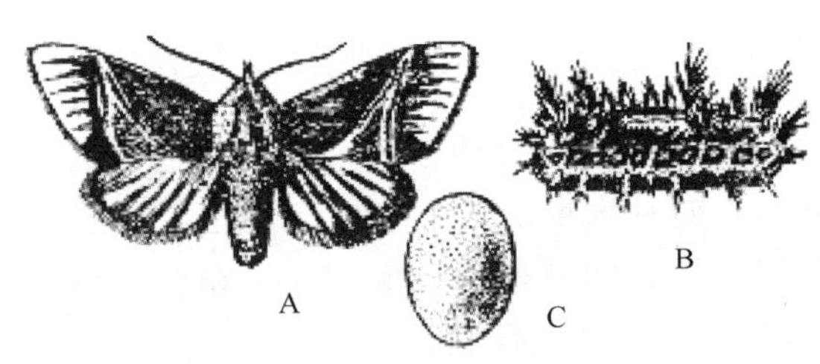

图 5-6　桑褐刺蛾

A. 成虫　B. 幼虫　C. 卵

生活史及习性　该虫在长江以南一年发生 1～3 代，以老熟幼虫在花木土中作茧越冬。翌年 4 月下旬化蛹，5 月成虫羽化，第二代成虫 7 月下旬出现，第三代为 9 月上旬，成虫夜间交尾，次日产卵，卵散产在叶背边缘处，卵期约 7 天。初龄幼虫均啃食叶肉，仅留一层表皮造成许多透明的斑点。稍大后蚕食叶片，出现大面积缺刻或穿孔。暴食期能将整个叶片吃光。幼虫共 8 龄，幼虫危害期 5～9 月，10 月以后幼虫爬行或坠地入土结茧越冬。由于近年气温偏高，干旱少雨，第一代部分老熟幼虫在茧内有滞育现象，翌年才能羽化，故出现一年 1 代现象。

(2) 黄刺蛾 *Cnidocampa flavescens*（Walker）　又名洋辣子、毒毛虫等（图 5-7）。

分布与危害　该虫分布很广，几乎遍及全国。是一种杂食性食叶害虫，危害杨、柳、榆、刺槐、枫杨、重阳木、茶花、悬铃木、樱花、石榴、三角枫、紫荆、梅、海棠、榆叶梅腊梅、月季、芍药、紫薇、珊瑚树、桂花、大叶黄杨、花曲柳、丁香等。幼虫体上有毒毛，易引起人的皮肤痛痒。是我国城市园林绿化、风景区、农田防护林、特种经济林及果树的重要害虫。

形态特征

成虫　体长 13～16mm，头和胸黄色，腹背黄褐色，前翅内半部黄色，外半部为褐色，有两条暗褐色斜线在翅尖上汇合于一点呈倒“V”字形，里面的一条伸至中室下角，为黄色与褐色的分界线，后翅灰黄色。

卵　扁平，椭圆形，淡黄色，长 1.4mm，宽 0.9mm。

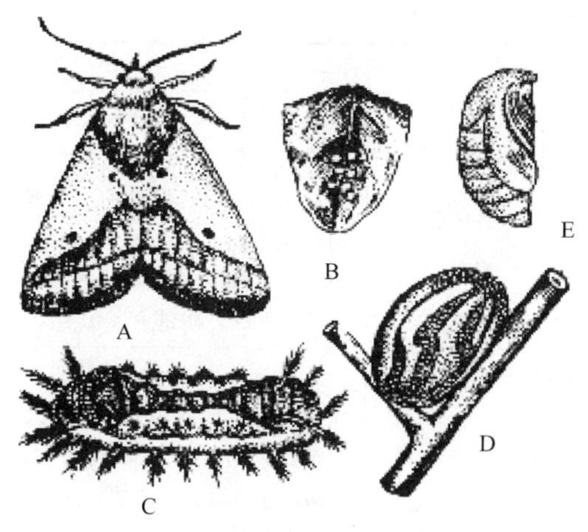

图 5-7 黄刺蛾
A. 成虫 B. 卵 C. 幼虫 D. 茧 E. 蛹

幼虫 老熟幼虫体长 19～25mm，头小，黄褐色，胸、腹部肥大，黄绿色，体背上有一块紫褐色“哑铃”形大斑。胴部第 2 节以下各节在亚背线上各有一对刺突，其中以胴部第 3、4、10、12 节上的刺突最大，第 4 节枝刺较小。体两侧下方还有 9 对刺突，刺突上生有毒毛。腹足退化，但具吸盘。

蛹 椭圆形。长 13～15mm，黄褐色，茧灰白色，质地坚硬，表面光滑，茧壳上有几道褐色长短不一的纵纹，形似雀蛋。茧均结在茎干分叉点或小枝杈上（图 5-7）。

生活史及习性 此虫在辽宁、陕西、河北省北部一年发生 1 代，在北京、江苏、安徽、河北省中部一年发生 2 代。以老熟幼虫在小枝分叉处、主侧枝以及树干的粗皮上结茧越冬。翌年 4、5 月间化蛹，5、6 月出现成虫。成虫羽化多在傍晚，产卵多在叶背。散产或数粒产在一起，每雌虫产卵 49～67 粒，卵期 7～10d。初孵幼虫取食卵壳，而后取食叶的下表皮及叶肉组织，留下上表皮，形成圆形透明小斑。虫口密度高时，危害的小斑即可接成块，进入 4 龄时取食叶片呈孔洞状，5 龄后可取食全叶，仅留主脉和叶柄，幼虫有 7 龄。7 月份老熟幼虫吐丝和分泌黏液做茧化蛹，一年 2 代地区，于 8 月份发生第二代幼虫，秋后在树上结茧越冬。第一代幼虫结的茧小而薄，第二代茧大而厚。

常见刺蛾种类还有褐边青刺蛾 *Parasa consocia* Waiker、丽绿翅蛾 *Layoia lepida* Cramer、中国绿刺蛾 *Parasa sinica* Moore、扁刺蛾 *Thosea sinensis* Waiker 等。其主要识别特点与生活习性见表 5-2。

表 5-2 四种刺蛾比较

害虫名称	主要识别特征	主要生活习性
褐边青刺蛾	成虫体长 18～20mm，体黄绿色，前翅绿色基部具褐色斑，外缘具褐色宽带，上有花纹，后翅黄色。幼虫体黄绿色，背具 10 对刺瘤，背线红色，亚背线淡黄色。茧棕褐色坚硬，在土中结茧	北京地区一年发生两代，以老熟幼虫在树枝分叉处、粗树皮树干基部或近建筑物上作茧越冬，翌年 6 月见成虫。产卵于叶背，7 月开始幼虫孵化，小龄幼虫群居叶片啃食叶肉，叶片呈灰色透明网状。8 月为第二代幼虫危害期
丽绿刺蛾	成虫体长 10～11mm，体较小，前翅绿色，前翅基部有一深褐色尖刀形斑纹，外缘有褐色带，后缘缘毛长。老熟幼虫体长 24～26mm 左右，体翠绿色，中胸及腹部第 8 节有一对蓝斑，背侧自中胸至第 9 腹节各着生枝刺 1 对。茧扁椭圆形，棕黄色，上有白色丝状物	广州地区一年发生 2、3 代，以老熟幼虫在树上结茧越冬，4 月出现成虫，产卵于叶背，幼虫 7 龄早期群居，后分散。小龄幼虫只取食叶下表皮及叶肉，留下上表皮，5 龄后取食全叶

续表

害虫名称	主要识别特征	主要生活习性
中国绿刺蛾	成虫体长 12～16mm，头顶和胸绿色，腹背灰褐色。前翅绿色，翅基与外缘褐色，基斑在中室下缘呈角状形外曲，外缘暗灰褐色，带向内呈齿形曲线。老熟幼虫体长 24～28mm，黄白色。背线由双行蓝绿色点纹组成，体背两侧有 5 对刺疣，腹部有 4 个黑点	一年发生 1、2 代，以老熟幼虫在茧内越冬。一年 1 代地区越冬幼虫 5 月化蛹，5 月中旬至 6 月中旬羽化，2 代成虫于 8 月上、中旬出现。成虫产卵于叶背。初孵幼虫群居，叶片受害部位呈枯黄的薄膜状，老熟幼虫于树干杈丫下方结茧
扁刺蛾	成虫体长 13～18m，体暗褐色，前翅灰褐带紫色，中室的前方有一条明显的暗褐色斜纹，自前缘顶角处向后缘斜伸。老熟幼虫体长 21～26m，体扁绿色，体边缘每侧有十个疣状突起，其上有刺毛	河北、陕西一代发生 1 代，长江中下游地区一年可发生 2、3 代，以老熟幼虫在树下土中越冬，一年 5 月见成虫，6、8 月为全年幼虫危害最重时期

关键与要点 刺蛾类防治方法

1. 消灭越冬虫茧 刺蛾以茧越冬历时很长，可结合抚育、修枝、松土等园林技术措施，铲除越冬虫茧。尤其黄刺蛾虫茧明显，可人工摘杀虫茧降低其虫口数。

2. 诱杀成虫 利用成虫的趋光性，设置黑光灯诱杀成虫。

3. 人工摘虫叶 利用初孵幼虫有群居习性、被害叶片呈透明枯斑，容易识别，可组织人力摘除虫叶，消灭幼虫。

4. 药剂防治 幼虫期喷施 50%敌敌畏乳油 800～1000 倍液、50%马拉硫磷乳油或 50%杀螟松乳油 1000～2000 倍液、90%敌百虫乳油或 25%亚胺硫磷 1500～2000 倍液、菊酯类农药 5000～6000 倍液，均取得较好防治效果。

5. 生物防治 用孢子含量 100 亿/g 以上的青虫菌可湿性粉剂，加水 500～1000 倍，对幼虫有较好的防治效果。幼虫感染致病后在 1～3 天内，虫体变黑，死于叶面。凡感染青虫菌死亡的虫尸，虽粘附在叶片，但其毒毛已失去毒力，对人体皮肤不再有毒害作用。

6. 保护和利用天敌 如上海青蜂、赤眼蜂、刺蛾紫姬蜂等。

3. 袋蛾类

属鳞翅目，袋蛾科。又称蓑蛾、避债蛾。

大袋蛾 *Cryptothelea variegata* Snellen 又名大衰蛾（图 5-8）。

分布与危害 大袋蛾分布于华东、中南、西南等地，山东、河南等省发生严重。该虫食性很杂，危害悬铃木、泡桐、刺槐、榆、重阳木、垂柳、扁柏、月季、海棠、蔷薇、十姐妹、梅、牡丹、芍药、菊花、唐菖蒲、美人蕉、山茶、杜鹃、桂花及各种果树等 600 余种植物，大发生时，幼虫能将树叶吃光，仅留树枝，致使枝条枯萎，甚至整株枯死。

形态特征

成虫 雌雄异型，雌虫体长 22～30mm，粗壮，肥胖，足与翅均退化，腹部第七、八节间有环状黄色茸毛；雄虫体长 15～20mm，黑褐色。胸部背面有 5 条黄色纵纹。

卵 椭圆形，长 0.8mm，宽 0.5mm，黄白色，产于雌蛾护囊内。

幼虫 初龄时黄色，斑纹很少。从3龄起，雌雄明显异形。雌性幼虫头部深棕色，头顶有环状斑，胸部背板骨化加强，亚背线、气门上线附近具大型赤褐色斑，呈深褐和淡黄相间的斑纹；腹部背面黑褐色，各节表面有皱纹。腹足趾钩呈缺环。雄虫体小，色较淡，头部中央有“八”字形白色纹。

蛹 雌蛹体长 22～23mm，头、胸部附器均消失，枣红色。雄蛹体细长，17～20mm，赤褐色，第三至八节背板前缘各具一横列的刺突，腹末有臀棘1对，小而弯曲。

护囊 呈纺锤形，雄虫护囊长约52mm，雌虫护囊长约62mm，护囊上常有较大的碎片和小枝条，排列不整齐（图5-8）。

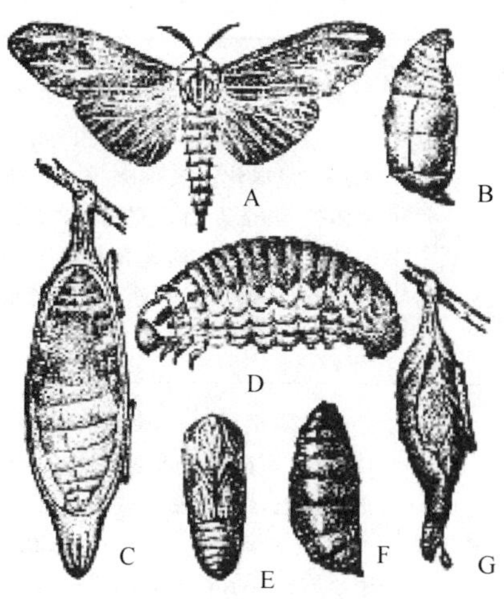

图 5-8 大袋蛾

A. 雄成虫 B. 雌成虫 C. 雌袋 D. 幼虫 E. 雄蛹 F. 雌蛹 G. 雄袋

生活史及习性 在华南地区一年2代，长江中下游地区则为一年1代以老熟幼虫在护囊中越冬，翌年3月下旬开始取食，4月下旬化蛹，5月中旬开始羽化，雄成虫羽化期稍早，雌虫羽化后，留在护囊内，雄蛾飞至囊上将腹部深入护囊交尾，产卵于囊内，每头雌虫平均产卵多达3000～4000粒，营养充足可达上万粒。产卵后雌体干缩死亡，卵期20d左右，6月中旬幼虫开始孵化，幼虫孵化后在囊内取食卵壳，约3～5d即蜂拥爬出，在枝叶上爬行或吐丝下垂，随风扩散，降落到适宜的寄主上后，以丝缀取叶子碎片或少量枝梗营囊护身。幼虫共5龄，藏匿于囊内，取食迁移时均负囊活动。幼虫喜光，故多聚集于树枝梢头为害。

大袋蛾在低矮的灌木丛林、苗圃地、茶园、果园以及路旁行道树中发生严重，并且受环境条件影响较大，冬季气温低，夏季多雨年份，不利于幼虫越冬和孵化，发生量明显减少；干旱年份常爆发成灾。大袋蛾幼虫还有较明显的忌避性和很强的耐饥饿性，在喷施某些防治药剂后就拒食；其耐饥饿力在活动取食期能存活三个星期，8月上旬令其断食后可生存2个月以上。

常见种类还有茶袋蛾 *Cryptothelea minuscula* Butler、小袋蛾 *Acanthopsyche* sp、白囊袋蛾 *Chalioides kondonis* Matsumura 等，区别见表5-3。

表 5-3 三种袋蛾比较

害虫名称	主要识别特征	主要生活习性	护囊
茶袋蛾	成虫雌雄异型，雌虫无翅，体粗壮，长 12～16mm，头小，其上生1对刺突。胸部各节背板明显。腹部大，第4至第7腹节周围有黄色茸毛。雄蛾体长 11～15mm，体和翅茶褐色。胸部背面有白色纵纹2条，前翅脉颜色较深，外缘有2块长方形透明斑。胸腹部密布鳞毛 老熟幼虫体长 16～26mm，头黄褐色具黑褐斑纹，体肉黄色，胸部各节背面有4个褐色长形斑，腹部各节背面均具有4个黑色小突起，列成“八”字形	该虫一年发生1～3代，以3～4龄幼虫在护囊内越冬。6月底至7月间出现成虫，雌蛾将卵集中产在囊内蛹壳中，孵化时幼虫从囊口拥出，吐丝随风力扩散在一处落脚后就不断吐丝粘附各种碎屑，开始营造护囊	丝质，纺锤状，枯枝色。幼时囊外贴以叶屑、枝皮碎片，稍大则有许多10～30mm 的小枝梗缀于囊外，整齐地纵向排列

续表

害虫名称	主要识别特征	主要生活习性	护囊
小袋蛾	成虫雌雄异形，雌成虫蛆形，体长6～8mm，无翅，足退化，头部咖啡色，胸腹部黄白色；雄虫体长4mm左右，翅黑色，后翅底面银灰色 幼虫乳白色，前胸背板咖啡色，中、后胸背面各有4个咖啡色斑纹，其中背面2个大。腹部第10节背面硬皮板深褐色	一年发生2代，以3～4龄幼虫在虫囊内越冬。第二年春暖时再继续活动为害。第一代幼虫为害期6月中旬至8月中旬，第二代在8月下旬至9月下旬	长7～12mm，囊外附有碎叶片和小枝皮。从幼虫老熟到化蛹后虫囊上端只有一根细长丝索与枝叶相连
白囊袋蛾	成虫雌雄异形，雌成虫蛆形，无翅，体长9～14mm，黄白色；雄成虫体长8～11mm体淡褐色，密布长毛，翅透明，后翅基部被白毛 老熟幼虫体长30mm，头褐色，有黑色点纹。中、后胸背板各分成两块，每块上都有深色点纹，腹部黄白色，各节背面两侧都有暗褐色小点，呈规则排列	一年1代，以幼虫在袋囊内越冬。翌年早春开始活动，7月出现成虫，10、11月越冬	细长呈纺锤形，灰白色。雄囊长30mm，雌囊长38mm，以丝缀成，较紧密，囊外不被枝叶

关键与要点　袋蛾类防治方法

1. 人工摘除袋囊　根据雌成虫无翅，产卵时集中产在虫囊内，加之袋蛾行动迟缓，又无毒害，结合日常管理摘除袋囊有很好的防治效果，尤其是在植株不高的绿化苗圃、花圃、茶园、果园更有意义。

2. 诱杀　用黑光灯或性信息激素诱杀雄成虫。

3. 生物防治　幼虫期用含孢量1～4亿/mL的青虫菌液喷雾；同时要保护利用天敌，如：食虫鸟类、寄生蜂、寄生蝇等，尤其伞裙寄生蝇的寄生率可高达50%以上。

4. 药剂防治　掌握在幼龄幼虫（3龄前）盛期及时喷药。常用药剂为50%辛硫磷乳油1000倍液，50%杀螟松乳油1000倍液，90%敌百虫、80%敌敌畏乳油1000～1500倍液，25%溴氰菊酯乳油5000～6000倍液；也可以用40%久效磷以5～15mL/株的药剂量实施根际注射；发生面积大时，用50%敌百虫油剂进行飞机超低容量喷雾，用药量为2.3～2.6kg/hm^2。

4. 大蚕蛾类

大蚕蛾属鳞翅目，大蚕蛾科，危害园林植物较重的有绿尾大蚕蛾和臭椿樗蚕蛾。

(1) 绿尾大蚕蛾 *Actias selene ningpoana* Felder　又名水青虫、绿色大蚕蛾、大青虫等(图5-9)。

分布与危害　分布于北京、上海、江苏、浙江、河南、河北、湖南、湖北、云南、贵州、四川、江西、广东及台湾等地。危害柳、枫杨、喜树、乌桕、胡桃、樱桃、木槿、苹果、梨等。

形态特征

成虫　体长30～40mm，翅展122mm，有浓厚的白色绒毛，翅粉绿色，前翅前缘紫褐

色，外缘黄褐色，前后翅中央均有1个眼状斑纹，足紫红色。

卵　卵形，暗褐色，长约2mm。

幼虫　1、2龄黑褐色，3龄橘黄色，4龄嫩绿色，老龄黄绿色，老熟幼虫体长90～105mm，头较小，浅褐色，气门上线有红色和黄色2条。体上每节有瘤状橙黄色突起。在第2、3节背上有4个。第11节背上有1个特别大。瘤突上有褐色和白色长毛，无毒。

蛹　体长45mm，赤褐色，额区有浅黄色三角斑1个，外被有树叶的丝质茧。

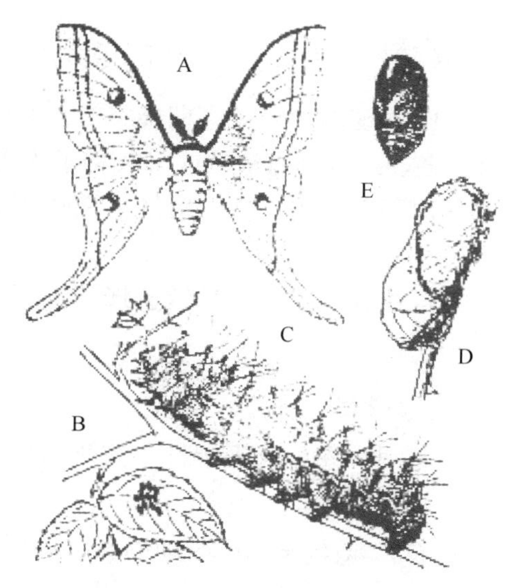

图5-9　绿尾大蚕蛾

A. 成虫　B. 卵　C. 幼虫　D. 茧　E. 蛹

生活史及习性　一年发生2代，在树木下部枝干分叉处结茧越冬。越冬蛹翌年4月中旬至5月上旬羽化成虫，成虫善飞翔，有趋光性，当晚交尾，次日可产卵，产卵量200～300粒。5月中旬幼虫孵化，1、2龄幼虫有群居性，较活跃，3龄后分散，食量大增，行动迟缓，6月上旬老熟幼虫开始化蛹，第1代成虫于6月末7月初羽化并产卵，7月底至9月初为第2代幼虫为害期，9月末幼虫老熟后结茧越冬。

(2) 臭椿樗蚕蛾 *Philosamia cynthia walkeri* Felder　又名樗蚕、乌桕樗蚕蛾（图5-10）。

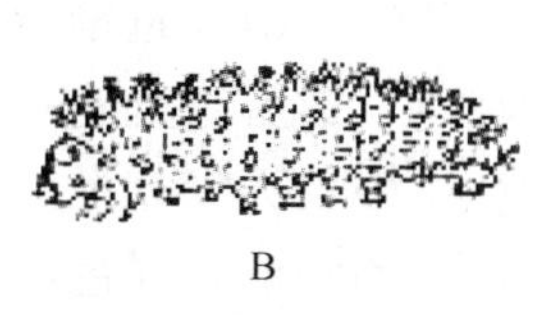

图5-10　臭椿樗蚕蛾

A. 成虫　B. 幼虫

分布与危害　该虫分布很广，在我国华南、西南、华中、华东、东北等地均有发生。主要危害臭椿、乌桕，其次还有悬铃木、香樟、梓树、盐肤木、冬青、柑橘、含笑、白兰花、刺槐、泡桐、枫杨、核桃等。

形态特征

成虫　为大型蛾子，体长30mm左右，翅展110～125mm，全体青褐色，翅黄褐色，上有粉红色斑纹，前翅顶角宽圆略突出，有一黑色圆斑，圆斑上方有弧形白色斑，前翅内、外线均为白色，有棕褐色边缘。中室端部有较大的新月形半透明斑。

卵　球形，稍扁，灰白色，直径约1.5mm。

幼虫　老熟幼虫体长75mm左右，头部黄色，体绿色，虫体附有白粉，各体节均有6根刺状突起，突起之间有黑褐色斑点。体粗大，头、前中胸及尾部较细。

蛹　棕褐色，长30mm左右。茧灰白色，橄榄形，上端开孔，茧柄长50～130mm。

生活史及习性　一年发生2代，以蛹在杂灌木上结茧越冬。翌年5月上、中旬羽化为成虫。有趋光性，飞翔力强。多产卵在叶背，卵粒排列不规则重叠交叉产在一起，成虫每次可产卵20多粒。初龄幼虫群集为害，5、6月和9、10月分别是各代幼虫期。幼虫在树上缀叶结茧，越冬代多在杂灌木上结茧。

关键与要点　大蚕蛾类防治方法

1. 物理防治　危害期检查叶片被咬食的缺刻和树冠下地面上虫粪，用人工捕杀幼虫；冬季结合修剪清园或采收种子人工采茧烧毁；成虫期用黑光灯诱杀。

2. 药剂防治　于低龄幼虫期喷洒 50%辛硫磷乳油 1500～2000 倍或 20%菊杀乳油 2000 倍液。

3. 生物防治　保护绒茧蜂等天敌。

5. 天蛾类

天蛾属鳞翅目，天蛾科。该科幼虫明显特征为体粗壮，体侧大都有斜纹一列，第八节腹节背面具尾角。

蓝目天蛾 *Smerinthus planus planus* Walker　又名柳天蛾、蓝目灰天蛾（图 5-11）。

图 5-11　蓝目天蛾
A. 成虫　B. 幼虫

分布与危害　在我国华北、东北、西北、华中、华东等地均有发生，危害杨柳及苹果、樱桃、梨等多种植物。幼虫食叶，大发生时叶子多被吃光，形成一片焦枯现象。

形态特征

成虫　体长 6～39mm，灰褐色。触角黄褐色栉齿状（雄虫发达）。翅灰褐色，前翅有数条横线，顶端有云状纹，中部近前缘有一半月形斑；后翅中央为紫红色，近后缘处有一大形眼状斑，其周围为淡紫灰色，中央为深蓝色。

卵　椭圆形，绿色，有光泽。

幼虫　老熟幼虫体长 60～90mm，绿色或黄绿色，头顶尖，两侧各具一黄色条纹。胸部和腹部1～8 节的两侧各具 1 条由细小颗粒形成黄色斜纹线。

蛹　长 33～46mm，长椭圆形，初化时暗红色，后为黑褐色。

生活史及习性　在东北、西北、华北一年发生 2 代；而江西、浙江等地每年发生 4 代，均以蛹在根际土壤中越冬。一年 2 代，次年 5 月中旬成虫羽化，卵多散产在叶背或枝条上，每雌蛾产卵 200～400 粒。卵期 7～14d。6 月上旬幼虫孵化危害，初孵幼虫先吃去大半卵壳，后爬向较嫩的叶片，将叶子吃成缺刻，到 5 龄后食量大而危害严重，常将叶子吃光，仅留叶柄，树下有成片绿色圆筒形虫粪。7 月下旬第一代成虫羽化，成虫具趋光性；8 月份为第二代幼虫害期，9 月上旬幼虫老熟入土 8cm 左右化蛹越冬。

常见种类还有刺槐天蛾 *Clanis bilineata tsingtauica* Mell、桃天蛾 *Marumba gaschkewitschii* Bremer et Grey、双线斜天蛾 *Theretra oldenlandiae* Fabricus、霜天蛾 *Psilogramma menephron*（Cramer）、云纹天蛾 *Callambulyx tatarinovi* Bremer et Grey 葡萄天蛾 *Ampelophaga rubiginosa* Bremer et Grey、红天蛾 *Pergesa elpenor lewisi*（Buller）等，区别见表 5-4。

表 5-4 七种天蛾比较

害虫名称	主要识别特征	主要生活习性
刺槐天蛾	成虫体长 40～45mm，米黄色，头及胸部暗褐色。前翅前缘近中央处有一淡白色半圆形大斑，中央及外缘有一部分颜色较深，有 6 条波状横纹，翅顶有一暗褐色斜纹将顶角平分为两半 老熟幼虫体绿色，有黄色短刺状颗粒，腹部自第一节起两侧有白色斜线，腹部末节背板上有一突起尾角	一年发生 1 代，以老熟幼虫钻入土中越冬。翌年 6 月下旬化蛹，7 月上旬成虫开始羽化，卵多散产于叶背，7 月下旬幼虫孵化，初孵幼虫能吐丝下垂，借风力飘散；1～3 龄幼虫白天多在叶背潜伏，夜间取食；3～4 龄幼虫吃叶肉，仅留叶脉。老熟后钻入土中 10～15cm 处越冬
桃天蛾	成虫体长 36～46mm，体深褐色。头、胸背面有一条浓褐色丛纹。前翅灰褐色，有三条较宽的褐色横纹，横纹之间淡褐色，后缘近臀角处有两个紫黑色的斑；后翅粉红色，近臀角处有两个紫黑色的斑纹 老熟幼虫体长 83mm，黄绿色。体节上有黄白色小颗粒，腹部两侧有 7 条黄白色斜线	一年发生 1～2 代，以蛹在土中越冬。次年 5 月成虫羽化，成趋光性，多昼伏夜出，卵散产于植物枝、干缝隙等隐蔽处，6 月为第一代幼虫危害期，幼虫食量很大，能把整枝的树叶吃光，仅留下叶柄。7～8 月为第二代幼虫危害期。老熟幼虫入土 6cm 左右深处化蛹越冬
双线斜天蛾	成虫体长 38mm 左右，褐绿色，前翅自顶角伸出很直的白色斜带直达后缘中部，其上下各有 2 条宽窄不同的褐色斜带，中室端有一小黑点。后翅黑褐色，有灰黄横带一条，缘毛白色 老熟幼虫体长 70～80mm，体色多变化，体长 45mm 左右时为深灰色，80mm 时为灰褐色，老熟时为紫黑色。头暗黑色。胸背有两行黄点，每行 9 个	一年发生 2 代，以蛹在土中越冬。翌年 7 月下旬成虫羽化，成虫有趋光性，交尾后把卵散产在叶上。8 月份为第一代幼虫危害期，幼虫主要集中在清晨取食，白天躲在植株的分叉处停息，虫口密度大时能把整个花叶食光。9 月中旬为第 2 代幼虫危害期。10 月以后幼虫入土化蛹越冬
霜天蛾	成虫体长 45～50mm，体翅暗灰色，混杂霜状白粉。前翅翅面有棕黑色波状纹，顶角有 1 个半月形纹，中室下方有黑色纵纹 2 条。后翅灰白色。前后翅外缘均由黑白相同的小长方块连成 老熟幼虫体长 60～90mm，圆筒形，较粗壮。有两种类型，一种是绿色，腹部 1～8 节两侧各有 1 条白斜纹，尾角绿色；另一种也是绿色，但头两侧有褐绿色纵带，前胸背板茶褐色，有褐色颗粒，尾角褐色，上生短刺	该虫一年发生 1～3 代，世代发生不整齐，以蛹在土中越冬。翌年 5 月羽化成虫，成虫具较强的趋光性，卵散产于叶背，多产在大树上，幼虫孵化后，先啃食叶表皮，随后蚕食叶片，咬成大的缺刻或孔洞，以 6、7 月危害最重，此时，地面上可见到大量的碎叶和大粒虫粪。10 月幼虫老熟入土化蛹越冬
云纹天蛾	成虫体长 30～33mm，胸背墨绿色，被侧面两个淡绿色三角形斑分成两段。翅面粉绿色，前翅顶角有大三角形深绿色斑 1 块。腹部背面绿色，每节后缘各有 1 条白色黄纹 老熟幼虫体长 80mm，鲜绿色。头部有散生小白点。腹部两侧第一节起有 7 个白斜纹，尾角赤褐色，有白色颗粒	一年发生 1、2 代，以蛹越冬。5～7 月出现成虫，成虫有很强趋光性。第 1 代幼虫出现于 6 月中旬到 7 月末，第 2 代幼虫出现于 8 月至 9 月上旬。第 2 代蛹期特长，需跨年长达 260 多天，直到翌年 6 月才能羽化成虫
葡萄天蛾	成虫体长 45mm 左右，体翅茶褐色。体背自前胸至腹部末端有 1 条红褐色纵线，前翅有几条深色横波纹，中线宽，外线细，顶角有一块暗褐色三角斑。老熟幼虫体长 80mm 左右，绿色，体表布有横纹和黄色颗粒，胴部背面末端有向后上方翘起的尾角	一年 2 代，以蛹在土中越冬。次年 5 月底至 6 月上旬成虫羽化，卵散产于叶背、蔓枝上。6 月下旬至 7 月中旬为幼虫危害期，蚕食叶片呈不规则状缺刻，严重时仅留叶柄。幼虫受惊时常头胸左右摇摆，口流绿水。9 月以后老熟幼虫入土 6cm 左右处化蛹过冬

续表

害虫名称	主要识别特征	主要生活习性
红天蛾	成虫体长 25～37mm，体翅红色，有红绿色闪光。头部两侧及背部有 2 条纵行的红色带。前翅基部黑色；后翅红色，靠近基半部黑色。腹部背线红色，两侧黄绿色，外侧红色。老熟时体长 80mm 左右，体褐色或绿色，体背由后胸至第 8 腹节有黑纹，第 1、2 腹节有眼状斑，尾角短小而下弯	每年发生 2 代，以蛹在土中越冬。6 月份见成虫，卵产在寄主嫩梢及幼叶叶背或叶端部，6、7 月为第 1 代幼虫危害期，9、10 月为第 2 代幼虫期。幼虫多清晨取食，白天潜伏在阴处。10 月末幼虫老熟入浅土层吐丝与土粒粘连成粗茧越冬

关键与要点　天蛾类防治方法

1. 人工捕杀　根据天蛾有土中化蛹习性，冬、春季在根部附近挖过冬蛹，消灭虫源。及时检查，根据植株为害状及树下虫粪随时捕杀幼虫。

2. 诱杀　根据成虫具有趋光性，可设置灯光诱杀成虫。

3. 药剂防治　虫口密度大时，可喷 50%辛硫磷乳油 1000～1500 倍液，90%敌百虫或 80%敌敌畏乳油 800～1000 倍液，20%菊杀乳油 2000 倍液。

4. 生物防治　应用 100 亿/mL 含孢量的青虫菌浓缩液加水 500～1000 倍液喷施，对刺槐天蛾、红天蛾均有良好效果。同时要注意保护胡蜂、螳螂、绒茧蜂等天蛾类天敌昆虫。

6. 尺蛾类

尺蛾又称尺蠖，属鳞翅目，尺蛾科。因幼虫只有 2 对腹足，着生于第六和第十腹节上，因此爬行时常首尾相接，屈曲前进，犹如量地，故称尺蛾。

(1) 国槐尺蛾 *Semiothisa cinerearia* Bremer et Grey　又名国槐尺蠖，俗称“吊死鬼”(图 5-12)。

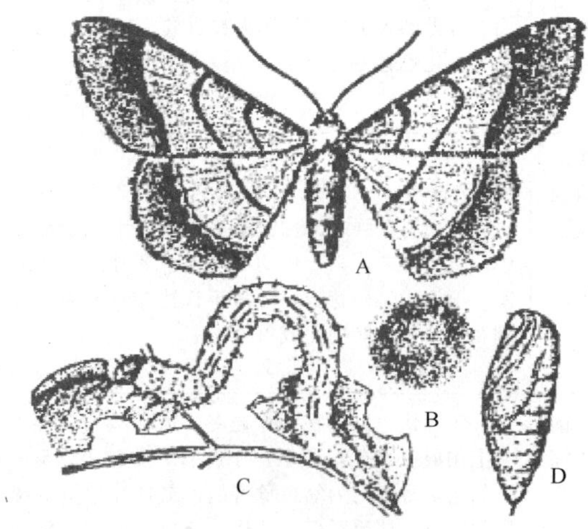

图 5-12　国槐尺蛾
A. 成虫　B. 卵　C. 幼虫　D. 蛹

分布与危害　北京、山东、河北、河南、陕西、山西、浙江、江苏、四川、沈阳、台湾等地均有发生。主要危害槐树、龙爪槐，有时也危害刺槐，以幼虫取食叶片，常将树叶蚕食一光，严重时可使整株死亡，并吐丝排粪，到处乱爬，影响城市环境卫生。是我国庭院绿化行道树种的重要食叶害虫。

形态特征

成虫　雌蛾体长 12～15mm，雄虫体长 14～17mm，体黄褐色，触角丝状，前翅具有 3 条明显的黑色波状横纹，近顶角处有一

近长方形褐色斑块。后翅具两条横线，外缘凸出，并呈锯齿状缺刻。前后翅外横线以外色较深。

卵　椭圆形，一端较平截，长 0.5～0.7mm 左右，卵壳上具蜂窝状花纹，初产时绿色，孵化前呈灰黑色。

幼虫　有春型和秋型之分，春型老熟幼虫体长 38～42mm，粉绿色，气门线以上密布黑色小点，有的气门线上有不连续的黑褐色带；秋型老熟幼虫体长 45～55mm，头黑色，背线黑色，每节中央呈黑色"十"字形，腹足趾钩 3 序单列，半环状。

蛹　体长 13～17mm，宽 5～6mm。初为绿色，渐变为紫褐色，具 2 根钩刺状臀棘，雄蛹 2 钩刺平行，雌蛹 2 钩刺向外呈分叉状。

生活史及习性　该虫在北京地区一年发生 3～4 代，沈阳一年发生 2 代，均以蛹在树冠投影下 4～6cm 深的松土层中越冬。翌年 4 月下旬至 5 月中旬为成虫羽化期，成虫有趋光性，白天静伏于槐树及灌木丛中，夜晚活动，喜在树冠顶端和外缘产卵，卵散产于叶片正面、叶柄和嫩枝上，一般每处只产 1 粒卵，每雌虫平均产卵量为 420 粒，成虫寿命 10 天左右，卵期 4～10d。第一代幼虫始见于 5 月上旬，幼龄幼虫将叶啃食出一些零星白点，3 龄以后能蚕食整个叶片，5 龄后食量剧增，占整个幼虫期食量的 90%以上，一头幼虫一生共吃树叶 10 片左右。受惊扰有吐丝下垂习性。老熟后吐丝或直接掉至地面，爬到干基及周围松土中化蛹。

(2) 黄连木尺蛾 *Culcula panterinaria* Bremer et Grey　又名木僚尺蛾、木僚步曲（图 5-13）。

分布与危害　分布于北京、河北、山东、河南、辽宁、内蒙古、山西、陕西、四川、云南、广西、台湾等省区。为杂食性害虫，主要危害黄连木、核桃、杨、柳、榆、槐、菊科、蔷薇科、锦葵科、蝶形花科等多种植物。大发生时，几天之内，将整片花木叶片吃光，属暴食性害虫之一。

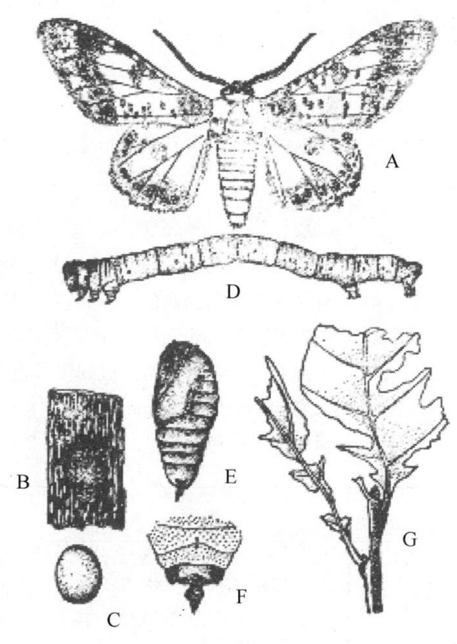

图 5-13　黄连森木尺蛾

A. 成虫　B. 卵块　C. 卵　D. 幼虫　E. 蛹　F. 蛹尾端　G. 被害状

形态特征

成虫　体长 18～22mm，翅展 54～72mm，雌蛾触角丝状，雄蛾触角羽毛状。翅底色为白色，上有灰色和橙色斑点。前翅基部有一个较大的橙黄色圆斑，前后翅外缘线由一串橙色和深褐色圆斑组成，中室具一大块灰色斑。

卵　长 1mm 左右，扁圆形，翠绿色，孵化前变为黑色，卵块上覆有一层棕黄色绒毛。

幼虫　老熟幼虫体长 65～85mm，体色常随寄主植物颜色的变化而变化，一般为黄绿、黄褐及黑色，头部密布粗的颗粒，体上散生颗粒状突起。头顶两侧呈圆锥状突起，头与前胸在腹面连接处具一块黑斑。

蛹　长 30mm 左右，纺锤形，黑褐色，体密布刻点。蛹体前端背面两侧各具一个耳状突起。肛孔与臀棘两侧各有 3 个峰状突起。

生活史及习性　一年 1 代，以蛹在土中越冬。次年 6 月初见成虫，7 月中下旬为羽化盛期，成虫具有趋光性，寿命 4～12d，白天静伏于树干、树叶等处，夜间活动，日落前较盛，卵产于叶背、树干、主枝粗皮裂缝或石块上，块产，其上覆盖雌虫腹末体毛。每雌虫可产卵 1000～1500 粒，最多达 3000 粒，卵期 9～10d。7 月下旬至 8 月上旬为幼虫为害盛期，初孵幼虫有群居性，一般先在叶尖取食叶肉，将叶啃成网状，2 龄后逐渐咬食叶片成缺刻或孔洞，幼虫受惊扰即吐丝下垂，可借风力转移为害，4～6 龄食量增大，可暴发成灾。9 月中下旬幼虫老熟入土化蛹越冬。该虫的发生与土壤湿度关系密切，以含水量 10%为最适宜，冬季干旱且 4、5 月份雨量较少的年份发生量大。北京香山公园曾两次大发生过，将成片黄栌树叶吃光，仅剩叶柄枝条，影响了观赏红叶的美丽秋景。

常见种类还有丝木棉尺蛾 *Calospilos suspecta*（Warren）、大造桥虫 *Ascotis selenaria* Schiffermuller et Denis、桑褶翅尺蛾 *Zamacra excavata* Dyar 等，区别见表 5-5。

表 5-5　三种尺蛾比较

害虫名称	主要识别特征	主要生活习性
丝木棉尺蛾	成虫雌虫体长 10～13mm，翅面底色银白色，其上不规则排列着大小不等的灰色斑纹。前翅由淡灰色斑组成连续外缘线，外横线上的淡灰色斑上端分叉，下端积成一大块黄褐斑，中室端部有一大块色斑 老熟幼虫体长 33mm 左右，体黑色。从背面看背线、亚背线、气门上线、气门线、亚腹线为 5 条蓝白或黄色纵线，纵线间有横线相连，纵横线连成方格状	上海地区一年发生 3～4 代，以蛹越冬。翌年 4 月下旬至 5 月上旬成虫羽化，成虫有弱趋光性，产卵于叶背、枝干、杂草中，卵块产。5 月初幼虫开始孵化，初龄幼虫黑色，群居，喜食顶端嫩叶叶肉，仅留一层透明表皮，幼虫共 5 龄，土中越冬
大造桥虫	成虫体长 15mm 左右，体较粗壮，体色变化较大，一般为浅灰褐色。触角雌虫细长，雄虫栉齿状，每节有丛毛。翅底面白色，有很多暗褐色小点，中室斑纹外有环，前后翅上的 4 个星及内外线为暗褐色，前缘中部有一椭圆形白斑，后翅淡褐色 老熟幼虫体长 40mm 左右，体色变异较大，可由黄绿变成青白色，第 2、8 腹节有 2 个较明显的毛瘤	一年发生 4～5 代，以老熟幼虫在土中化蛹越冬。4 月份见成虫，成虫有趋光性，昼伏夜出，卵散产于植物枝干、叶背等处。初孵幼虫能吐丝随风飘移，有拟态，常栖于植物枝干上，形似嫩枝，被害叶片呈缺刻状。土中越冬
桑褶翅尺蛾	成虫体长 16mm 左右，体灰褐至黑褐色。前翅狭长，银灰色，翅面有灰褐色带 3 条，静止时 4 翅皱叠竖起。 幼虫老熟时体黄绿色，体长 35mm，1～4 腹节背面有刺突	该虫在我国北方一年发生 1 代，以蛹在树干基部树皮上或表土下的茧内越冬。3 月中旬见成虫，4 月上旬幼虫孵化，幼虫受惊后，头向腹部隐藏呈“?”形，4～5 月为危害盛期，5 月中旬老熟幼虫入土作茧越冬

关键与要点 尺蛾类防治方法

1. 人工物理防治 ①结合整地换茬，进行冬耕深翻，以消灭土中的越冬虫蛹，从而降低尺蛾的繁殖基数。②经常检查，发现被害状及虫粪应及时捕捉幼虫。③槐尺蛾、杨尺蛾和黄连木尺蛾幼虫有吐丝下垂习性，可采用人工振落法捕杀幼虫。④尺蛾类成虫多具有趋光性，用黑光灯诱杀成虫是行之有效的方法。

2. 化学防治 于低龄幼虫期，以50%杀螟松乳油和80%敌敌畏乳油1000倍液、90%敌百虫晶体1500倍液、50%锌硫磷乳油2000倍液或2.5%溴氰菊酯3000倍液进行常量喷雾均有良好效果；超低容量喷雾时，用50%敌敌畏乳油与柴油1∶2混合，用量为6kg/hm^2。药剂防治一定要很抓第一代，以压低虫口密度。

3. 生物防治 ①用苏云金杆菌制剂，以1亿/mL的含孢量进行地面喷雾。也可用孢子含量100亿/g以上的青虫菌500～1000倍液喷洒，效果均很好。②寄生蝇、胡蜂、卵寄生蜂、土蜂、姬蜂等为尺蛾的天敌昆虫，应注意保护和利用。

7. 毒蛾类

毒蛾属鳞翅目，毒蛾科。其幼虫常具有特殊毒毛，故一般称为毒毛虫。

(1) 舞毒蛾 *Lymantria dispar* Linnaeus 又名秋千毛虫，柿毛虫等（图5-14）。

分布与危害 该虫广泛分布于东北、华北、华中、西北及西南等地区，为世界知名的大害虫。食性杂，危害500余种植物，其中以杨、柳、榆、栎、柿、桦、椴、苹果、杏、山楂、樱桃及落叶松等受害最重，以幼虫取食叶片，大发生时常将树叶吃光。

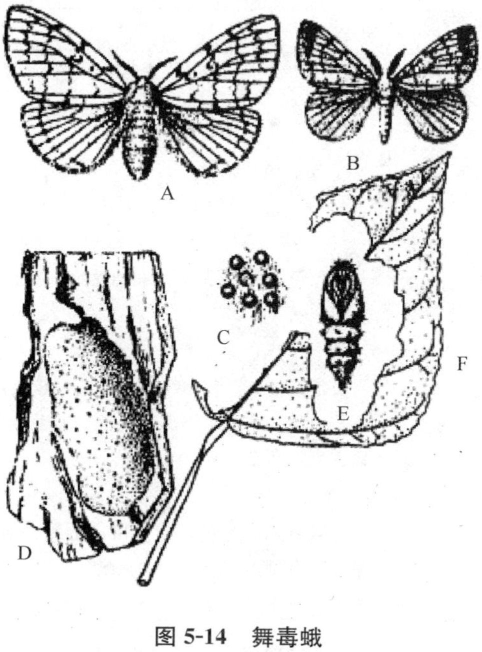

形态特征

成虫 雌雄异形，雌蛾体较大，污白色，体长22～30mm，翅展58～80mm，触角黑色双栉齿。前翅有4条锯齿状黑色横线，中室有1黑点，中室端部横脉上有“〈”形黑褐色纹，前后翅外缘脉间各有1黑褐点，缘毛均黑白相间。腹部粗大密被淡黄色毛，末端着生黄褐色毛丛。雄虫体小，棕褐色，体长16～21mm，翅展37～54mm，触角羽毛状，翅面具有与雌蛾相同的斑纹。

图5-14 舞毒蛾

A. 雌成虫 B. 雄成虫 C. 卵 D. 卵块 E. 蛹 F. 被害状

卵 黄色，球形，有光泽，直径0.8～1.3mm，卵成块状，卵块上盖有很厚的黄褐色绒毛。

幼虫 初孵幼虫体长约2mm，色较深，体毛较长，老熟幼虫体长50～70mm，头黄褐色有明显的“八”字形黑纹，背面 2 列毛瘤色泽鲜艳，前 5 对蓝黑色，后 6 对红色，毛瘤上生有棕黑色短毛。幼虫体色变化大，有黑、灰、黄多种色型。

蛹　体长 19～34mm，暗褐色或黑色，胸及腹部有不明显的毛瘤，着生稀而短的锈黄色毛丛。无茧。仅有几根丝束其蛹体与基物相连。

生活史及习性　该虫一年发生 1 代，以完成胚胎发育的幼虫在卵内越冬。翌年 4 月下旬至 5 月上旬幼虫孵化，初孵幼虫体轻毛长，群集于卵块上，有吃卵壳习性，以后爬到树冠上取食并可吐丝垂悬，借风的吹力转移寄主，扩大其取食范围。2 龄后白天藏在落叶、树枝、树洞、皮缝及石块下等处，黄昏后外出取食。4 龄后，幼虫食量大增，有较强的转移能力，大发生时能吃光老树叶。6 月中旬老熟幼虫于枝叶间、树皮裂缝、树洞、石块下等处吐少量丝缠固其身化蛹。成虫于 6 月中旬至 7 月上旬羽化，盛期在 6 月下旬。雌虫不大活动，常停留在树干上；雄虫活跃，日间常在林间成群飞舞，故称“舞毒蛾”。雌虫交尾后，将卵产在树干上或主枝、树洞、屋檐下等处，每雌虫产卵约 400～1200 粒。卵成块，上覆盖厚厚的雌虫腹末体毛。成虫具有趋光性。温暖、干燥、稀疏的林分利于舞毒蛾繁殖。

(2) 杨毒蛾 *Stilpnotia candida* Staudinger 和柳毒蛾 *Stilpnotia salicia*　危害杨柳树木的杨毒蛾与柳毒蛾常常相伴发生。两者不仅形态相似，其生活习性基本相同，区别见表 5-6。

表 5-6　杨毒蛾与柳毒蛾比较

各虫态	种类	
	杨毒蛾（杨雪毒蛾）	柳毒蛾（雪毒蛾）
成虫	1. 触角主干黑白相间 2. 翅面鳞片较厚，翅鳞阔而排密 3. 雄蛾胸部前足间无灰色毛	1. 触角主干纯白色 2. 翅上鳞片较薄，翅鳞狭而排列松 3. 雄蛾胸部前足间有灰色毛
卵	黑棕色，卵块表面的覆盖物灰白色，较粗糙，呈泡沫状	浅绿色，卵块覆盖物银白色，表面光滑
幼虫	头部淡褐色。背面纵带灰白色，较狭，中央有 1 条暗色背中线，两侧黑色纵条上的毛瘤为蓝黑色。只在夜间活动	头部黑色，背面为黄色宽纵带，其两侧各具 1 条黑褐色纵条，其上着生红色或棕黄色毛瘤。白天、黑夜都活动
蛹	棕褐色或黑褐色，无白斑，毛簇棕黄色。体表粗糙，有刻点和纹，土中化蛹	黑色，有白斑，具灰黄色细毛。体表光滑。在树上卷叶内化蛹

东北地区一年发生 1 代，在华北、华东、西北一年 2 代，少数一年 3 代，均 2～3 龄幼虫在树皮缝、枯枝落叶下、树洞等吐丝结一薄网把虫体隐藏起来越冬。翌年 4 月下旬至 5 月上旬，当杨柳树发芽时开始上树取食，幼虫白天潜伏于树皮裂缝、树洞、干基、杂草、石块等处，夜晚上树危害。幼虫危害时常常吐丝成网，把自己隐藏起来，成虫具有趋光性，卵大多产于树冠下部叶片背面，块产，卵块上有白色胶质状覆盖物，7 月为第一代

幼虫期、9 月为第二代幼虫期。

除上述种类外毒蛾类常见的食叶害虫还有桑毛虫 *Euproctis similis xanthocampa* Dyar、豆毒蛾、*Cifuna locuples* Walker、乌桕毒蛾 *Euproctis bipunctapex*（Hampson）、侧柏毒蛾等，区别见表 5-7。

表 5-7 四种毒蛾比较

害虫名称	主要识别特征	主要生活习性
桑毛虫	雌虫体长 18mm 左右，触角双栉齿状，体白色，腹部末端有金黄色的绒毛一丛；雄虫体长 12mm 左右，翅展 30mm，触角羽毛状，色橙褐，前后翅后缘有 2 个黑褐色斑纹 老熟幼虫体长可达 40mm，头黑色，胸腹部黄色，腹部第 1、2、8 节膨大且显著隆起毛瘤大而长。全体各节上均有许多突起，均生黑毛，背突起及侧突起生有褐色松枝状毒毛	每年发生代数因地而异，在东北一年发生 1 代，浙江、江苏、上海一带一年发生 3 代，广东地区可达 6 代。均以幼虫越冬。在上海约 5 月份化蛹，6 月上旬羽化成虫。成虫白天静伏隐蔽处，晚间活动，有趋光性。卵成块产于叶背，初孵幼虫群集叶背，受到惊扰就吐丝下垂，随风飘荡，扩散传播，越冬幼虫有营巢习性，多虫群集一巢，翌春活动时再营散居生活
豆毒蛾	成虫体黄褐色至暗褐色。雌蛾体长 18mm 左右触角短栉齿状。雄蛾体长 15mm，触角羽毛状，前翅区内前半褐色有白色鳞片，后半黄褐色 老熟幼虫体长 40mm 左右，头及身体黑褐色，全身有毛，身体前后两端和腹部前几节有成束的长毛，尤其是腹部前 2 节的毛束向两侧平伸，黑色，像飞机的两翼，故有飞机刺毛虫之称	一年发生 2～3 代，以幼虫越冬。4 月下旬见成虫，成虫有趋光性，产卵在叶背，初孵幼虫先群集为害，不久分散为害。幼虫老熟后在叶背吐丝结稀疏的薄茧化蛹。幼虫外长毛均有毒，能引起人体皮炎，斑疹等
乌桕毒蛾	雌虫体长 9～15mm，体黄色有褐色斑纹。前翅顶角和臀角处各有一块黄斑，顶角黄斑内有 2 个明显的黑色圆斑。雌虫腹末毛丛厚 老熟幼虫体长 24～30mm。头黑色，体黄褐色被有灰白色长毛。胸腹各节有黑色毛瘤，其上杂生棕黄色和白色长毛。体色、毛瘤颜色随虫龄和代别有变化	一年发生 2 代，以幼虫在枝杈处或树干凹陷处越冬。6 月上旬成虫羽化，成虫有趋光性，飞翔力很强，卵产于叶背，卵集中叠置成块。6 月下旬至 7 月上旬第一代幼虫孵化，9 月中、下旬孵出第 2 代幼虫。该幼虫共 10 龄，3 龄后食害全叶并啃食嫩皮，常将枝叶以丝网缀成一团，隐蔽其中取食
侧柏毒蛾	成虫体长 10～20m，体翅灰褐色、鳞片薄前翅具不明显的齿状波纹。老熟幼虫体长 20～30mm，体灰绿色，第 3、7、8、11 背面灰白色。各体节都有棕白色毛疣，其上生有褐色刚毛	一年 2 代，以卵或初孵幼虫越冬，幼虫昼伏夜出，6 月份见成虫，产卵于针叶间，堆产，有世代重叠现象

关键与要点　毒蛾类防治方法

1. 人工物理防治　于秋、冬或早春，采用煤焦油或石油加沥青（2∶1）涂抹越冬卵块，消灭越冬虫卵。还可将刮除的卵块放入保护器中，以便收集寄生蜂。搜杀越冬的毒蛾幼虫以减少危害的虫口数。低矮观赏植物或花卉上，结合养护管理，摘除卵块及初孵尚群集的幼虫。对于有上下树习性的幼虫，如舞毒蛾，杨、柳毒蛾等可用 2.5% 的溴氰菊酯毒笔在树干划 1cm 宽的阻隔环，也可绑毒绳阻止幼虫上下树。

2. 诱杀法　毒蛾成虫多具趋光性，可因地制宜地设置灯光诱杀。幼虫越冬前，可在干基堆草诱杀幼虫。

3. 生物防治　毒蛾的天敌很多，如桑毛虫绒茧蜂、黑卵蜂、姬蜂、广大肿腿蜂、追寄蝇等，应注意保护利用。另外，毒蛾类幼虫容易被核型多角体病毒所感染，因此可在幼虫发生期喷洒病毒液或将被病毒感染的虫尸磨碎稀释后喷洒，对害虫种群增殖有明显控制作用。

4. 化学防治　幼虫期可采用 50% 杀螟松乳油、90% 敌百虫晶体 1000 倍液、2.5% 的溴氰菊酯乳油 4000 倍液、25% 灭幼脲悬浮液 2500～5000 倍液进行喷杀。

8. 舟蛾类

属鳞翅目，舟蛾科。其幼虫大多颜色鲜艳，栖息时一般只靠腹足固着，头尾翘起，形如龙舟，故有舟形毛虫之称。

杨扇舟蛾 *Clostera anachoreta*（Fabricius）　又名白杨天社蛾(图 5-15)。

分布与危害　分布于全国各地，危害杨、柳，在海南危害母生。以幼虫取食叶片，严重时吃光全叶。

形态特征

成虫　雌虫体长 15～20mm；雄虫体长 13～17mm。体灰褐色。前翅有 4 条灰白色波状横纹，顶角处有 1 块褐色扇形大斑，斑下有一黑色圆点；后翅灰白色，中央有一条色泽较深的斜线。雄虫腹末具分叉的毛丛。

卵　馒头形，长 0.9mm 左右，初产时橙红色，孵化前灰黑色。

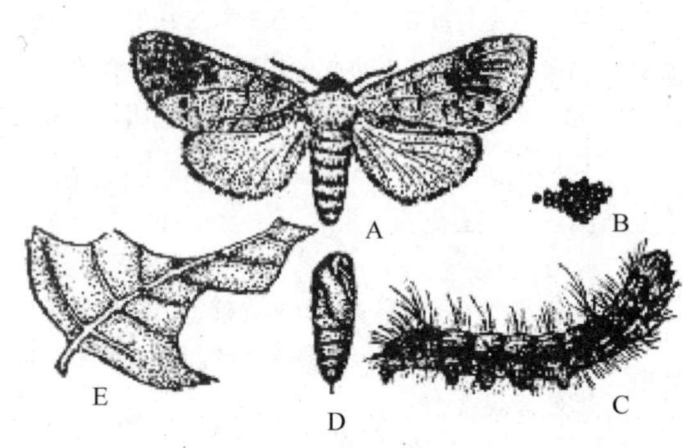

图 5-15　杨扇舟蛾

A. 成虫　B. 卵　C. 幼虫　D. 蛹　E. 被害状

幼虫　老熟幼虫体长 32～40mm，头黑褐色，体具白色细毛，背面淡黄绿色，体各节着生环形排列的橙红色瘤 8 个，腹部第一和第八节背面中央具有较大的枣红色肉瘤，腹背两侧有灰褐色宽带。

蛹　体长 13～18mm，红褐色，具光泽，腹末具 1 根臀棘。

生活史及习性　因各地气候条件的变化，发生世代数也不相同。东北一年 3 代，河南、河北一年 3～4 代，北京、山东、陕西一年 4～5 代，越往南发生代数越多，到

海南每年8～9代，且无越冬现象。其他各地均以蛹结薄茧在土中、树皮缝和落叶卷苞内越冬。次年3～4月间成虫羽化，成虫具有趋光性，未展叶前产卵于小枝上，展叶后产于叶背，卵单层排列呈块状，每雌虫产卵量平均400粒左右，卵期10d左右。初孵幼虫有群居性，常数十头或上百头群集在一枚叶片上，并向同一个方向剥食叶肉，使被害叶成网状，2龄以吐丝缀叶成苞，幼虫在其内躲藏，夜间出苞取食，幼虫共5龄。非越冬代在卷叶内吐丝结薄茧化蛹。条件适宜大约每月发生1代，有世代重叠现象。

常见种类还有：杨二尾舟蛾 *Cerura menciana* Moore、杨小舟蛾 Micromelalophu troglodyta、国槐羽舟蛾 *Pterostoma sinicum* Moore、黄掌舟蛾 *Phalera fuscescens* Butler 等，区别见表5-8。

表5-8 四种舟蛾比较

害虫名称	主要识别特征	主要生活习性
杨二尾舟蛾	成虫体长28～30mm，体灰白色，胸部背面对称排列着6个黑斑，前翅基部有2个黑斑。前翅有数列锯齿状黑色横线，中室端部有一个新月形环状纹 老熟幼虫体长50mm，青绿或紫褐色，前胸背板大而坚实，呈峰突状。前缘两侧各有一个黑斑。体背有紫红色三角形斑。臀足变成枝状，向后翘起，受惊时伸出红色翻缩腺	一年2～3代，以蛹在树干、枝的硬茧内越冬。一年2代者，次年5月成虫羽化，卵散产于叶片上，6月上、中旬第一代幼虫孵化危害，初孵幼虫非常活泼，不久即取食叶片，把叶咬成孔洞或缺刻。幼虫受惊便由树枝状尾伸出红色翻缩腺，以示警戒
杨小舟蛾	成虫体长11～14mm，体色变化较多，有黄褐、红褐和暗褐色等，前翅有3条灰白色横线，每线两侧具暗边，亚外缘线由一列深棕色斑列组成，后翅黄褐色，臀角有褐色小斑。老熟幼虫体长21～23mm，身体褐绿色，腹部第一和第八节背面中央具较大的灰色毛瘤	河南每年发生3～4代，以蛹越冬。翌年4月中旬见成虫，成虫有趋光性，卵产于叶背，呈块状，7～8月高温多雨季节危害甚重。初孵幼虫群居叶背危害，后期分散，发生严重时，将叶片吃光
国槐羽舟蛾	成虫体长约30mm，头、胸部灰黄褐色，腹部灰褐色。前翅后缘中央有一浅弧型缺刻，缺刻两侧缘毛密而较长。幼虫体长约55mm，光滑，圆筒形略扁。虫体背面为粉绿色，腹面为绿色，体侧通过气门有一条约1mm宽的淡黄色纵带，纵带上边缘为蓝黑色	一年发生2～3代，以老熟幼虫入土吐丝作茧化蛹越冬。次年4月下旬成虫羽化，喜在树冠上部枝梢顶端树叶上产卵，5月中旬第一代幼虫孵出为害，6月下旬第2代幼虫孵化危害；8月中旬第3代幼虫孵化危害，9月下旬至10月。老熟幼虫陆续下地寻找合适场所化蛹越冬
黄掌舟蛾	成虫体长18～22mm，头顶淡黄色，胸背前半部黄褐色，后半部灰白色有2条暗红褐色横纹，腹部黄褐色。前翅灰褐具银色光泽，顶角有一明显的淡黄色斑，似掌形。老熟时体长50mm左右。头部黑褐色，体被白色细长毛，体底色青白色，背面纵贯青黑色条纹，体侧具青黑色短斜条纹	每年1代，以蛹在土中越冬。翌年5、6月间羽化成虫，卵产于叶背面。初孵幼虫群集叶背啃食叶肉，被害叶呈锣网状。幼虫静止时，头朝同一方向整齐排列，尾部上翘，遇惊常吐丝下垂；叶吃光后可成群迁移另一植株继续危害。9月中、下旬幼虫老熟陆续入土化蛹越冬

关键与要点　舟蛾类防治方法

1. 人工防治　结合松土挖除虫蛹，杨二尾舟蛾可于冬、春季在树皮、建筑物等处刮虫茧，消灭越冬蛹。根据舟蛾类害虫有成块产卵和群集结苞的习性，可人工摘卵块、剪除虫苞。黄掌舟蛾幼虫有假死性，可采用振落法收杀害虫。

2. 灯光诱杀　根据成虫的趋光性，设置黑光灯等诱杀。

3. 药剂防治　幼虫发生初期可喷1000倍20%灭幼脲1号；幼虫稍大些喷80%敌敌畏、50%杀螟松乳油1000倍液，对槐羽舟蛾效果好；90%敌百虫晶体1000倍液，或20%杀菊乳油2000倍液，或50%辛硫磷乳油1500～2000倍液对各种舟蛾都有效。

4. 生物防治　利用自然天敌，如黑卵蜂、舟蛾赤眼蜂、小茧蜂等；还可喷500～1000倍的每mL含孢子100亿以上Bt乳剂杀幼虫。

9. 灯蛾类

灯蛾属鳞翅目，灯蛾科。其成虫趋光性强，幼虫体具密而长的次生刚毛，多为杂食性，危害各种园林植物。

美国白蛾 *Hyphantria cunea* Drury　又名秋幕毛虫（图5-16）。

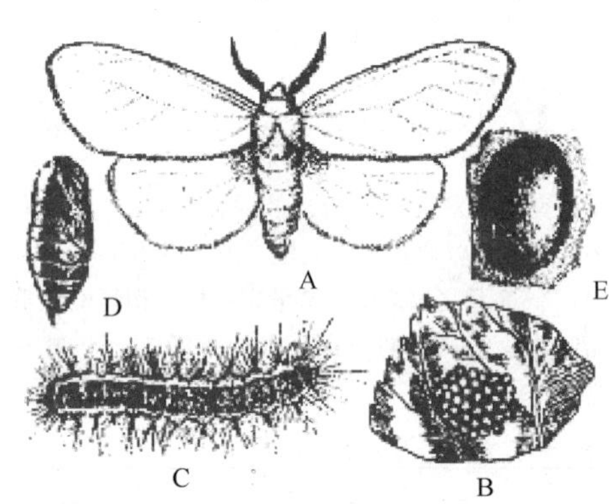

图5-16　美国白蛾

A. 成虫　B. 卵　C. 幼虫　D. 蛹　E. 茧

分布与危害　此虫原产北美，是世界性检疫害虫。国外分布美国、意大利、墨西哥、匈牙利、捷克斯洛伐克、前南斯拉夫、罗马尼亚、奥地利、前苏联、波兰、法国、意大利、土耳其、日本、朝鲜、韩国。我国于1997年在辽宁丹东首次发现，后又传至山东、天津、河北、上海、陕西等地。以幼虫常群集在寄主植物叶上吐丝作网幕，取食叶片。危害寄主有糖槭、悬铃木、桑树、白桦、榆树、香椿、臭椿、山楂、水曲柳、美国白蜡树、刺槐、杨属、柳属、李属、梨属、苹果属、槐树、板栗、枫杨、毛泡桐、核桃楸、丁香、枣树、葡萄、文冠果等行道树、果树及各种观赏树木达几百种，是一种杂食性害虫，同时还具有繁殖量大、抗逆性强、传播途径广等特点。

形态特征

成虫　为白色中型蛾子，雌虫体长9.5～15mm，翅展30～42mm；雄虫体长9～13.5mm，翅展25～36.5mm。雌蛾触角锯齿状，翅纯白色；雄蛾触角双栉齿状，前翅翅面多散生黑褐色斑点，也有的个体无斑。前后翅M_1、M_2脉共柄由中室后角上方发出。前足基节、腿节橘黄色，胫节及跗节大部黑色。前足胫节端具1对短齿；后足胫节无中距，只有端距。

卵　近球形，直径0.5mm，表面具许多规则的小刻点，初产时绿色或黄绿色，有光

泽，后变成灰绿色，近孵化时灰褐色，顶部黑褐色。卵块大小为 2～3cm，表面覆盖雌蛾脱落的毛和鳞片，呈白色。

幼虫 分红头型和黑头型，我国目前发现的多为黑头型，头黑褐色有光泽，老熟幼虫体长 28～35mm，头宽约 2.5mm。背部两侧线之间有 1 条灰褐色至灰黑色的宽纵带，体侧和腹面灰黄色，气门上线和气门下线浅黄色，背部有黑色毛疣，毛疣上着生白色长毛，混杂少量黑色、棕黄色长毛。胸足发达黑色，臀足发达。

蛹 体长 9.0～12mm，暗红褐色，椭圆形。臀棘 8～17 根呈喇叭口状。茧灰白色，薄、松、丝质，混以幼虫体毛。

生活史及习性 该虫在我国一年发生 2 代，以蛹在树皮裂缝或枯枝层越冬。次年 5 月开始羽化，雄蛾比雌蛾羽化早 2～3d，成虫具有趋光性，白天静伏在寄主叶背和草丛中。傍晚和黎明活动，交尾 1～2h 后，在寄主叶背上产卵，卵单层排列成块状，覆盖有白色鳞毛，每卵块 500～600 粒，最多可达 2000 粒。雌蛾产卵期间和产卵完毕后，始终静伏于卵块上，遇惊扰也不飞走直至死亡。初孵幼虫有取食卵壳的习性，并在卵壳周围吐丝拉网，1～3 龄群集取食寄主叶背的叶肉组织，留下叶脉和上表皮，使被害叶片呈白膜状；4 龄开始分散，同时不断吐丝将被害叶片缀合成网幕，网幕随龄期增大而扩展，有的长达 1～2m；5 龄以后开始抛弃网幕分散取食，食量大增，仅留叶片的叶柄和主脉。5 龄以上的幼虫耐饥能力达 8～12d，这一习性使美国白蛾很容易随货物或货物包装物的运输或附在交通工具上作远距离传播，幼虫共 7 龄。6～7 月为第一代幼虫危害盛期，8～9 月为第二代幼虫危害盛期。9 月以后老熟幼虫陆续化蛹越冬。

美国白蛾喜生活在阳光充足而温暖的地方，在交通线两旁、公园、果园、村落周围及庭院等处的树木常集中发生，林缘发生较重，尤其是光照与积温，可以决定此虫在一个地区能否存活下来及可能完成的世代数。

常见种类还有星白雪灯蛾 *Spilosoma menthastri* （Esper）、人纹污灯蛾 *Spilarctia subcarnea* Walker，区别见表 5-9。

表 5-9 两种灯蛾比较

害虫名称	主要识别特征	主要生活习性
星白雪灯蛾	成虫体长 14～18mm，前翅表面黄白色，散布黑色斑点，黑点数因个体差异各不相同，前足腿节背面黄色，后足胫节有 2 对距。腹部背面黄色，每腹节中央有 1 黑斑，两侧各有 1 黑斑。 幼虫土黄至黑褐色，背面有灰色或灰褐色纵带，气门白色，密生棕黄色至黑褐色长毛	一年发生 2～3 代，以蛹在土中越冬。翌年 4～6 月羽化成虫，卵成块产于叶背，初孵幼虫群集叶背，取食叶肉，留下上表皮，稍大后分散为害，4 龄后食量大增，蚕食叶片，仅留叶脉和叶柄。幼虫共 6 龄，老熟幼虫遇振动有卷曲假死性
人纹污灯蛾	成虫体长约 20mm，胸部和前翅白色，前翅面上有两排黑点，停栖时黑点合并成“人”字形，前足腿节与前翅基部均为红色。 老熟幼虫体长约 40mm，黄褐色，背部有暗绿色线纹；各节有 10～16 个突起，其上簇生红褐色长毛	一年发生 2～6 代，以蛹在土中越冬。翌年 4 月成虫羽化，有世代重叠现象，卵成块或成行产于叶背面初孵幼虫群集叶背取食叶肉，3 龄后分散为害，蚕食叶片，仅留叶脉和叶柄。幼虫有假死性

关键与要点　灯蛾类防治方法

1. 加强植物检疫，并做好虫情监测　一旦发现检疫害虫，应尽快查清发生范围，并进行封锁和除治。

2. 人工摘除网幕　美国白蛾幼虫在4龄前群集于网幕中，危害状比较明显，应抓住这一时机发动人工摘除网幕，消灭幼虫。5龄后，在离地面1m处的树干上围草诱集幼虫化蛹，然后集中烧毁。

3. 诱杀　根据灯蛾成虫具有趋光性，于成虫羽化期设置灯光诱杀。美国白蛾还可用性引诱剂诱杀成虫。

4. 药剂防治　幼虫期，用80%敌敌畏乳油800～1000倍液、90%敌百虫晶体1000倍液20%菊杀乳油2000倍液进行喷雾。

5. 生物防治　可用苏云菌杆菌（1亿孢子/mL）和灯蛾核型多角体病毒防治幼虫。还可释放周氏啮小蜂防治美国白蛾。同时要保护和利用灯蛾绒茧蜂、小花蝽、草蛉、胡蜂、蜘蛛、鸟类等天敌。

10. 巢蛾类

巢蛾属鳞翅目，巢蛾科。幼虫一般吐丝成网巢，群居为害。

(1) 卫矛巢蛾 *Yponomeuta polystigmellus* Felder　异名 *Yponomeuta cognatella* Hubner（图5-17）。

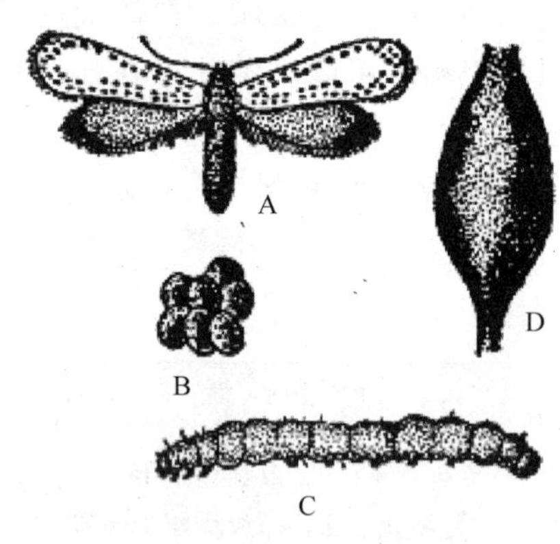

图5-17　卫矛巢蛾
A. 成虫　B. 卵　C. 幼虫　D. 茧

分布与危害　我国北部、西部、东南部均有发生。危害卫矛、大叶黄杨、栎树、山花楸等园林植物。

形态特征

成虫　体长约11mm，体翅均为白色，触角丝状细长灰黑色，有金属光泽。胸部背板有4个黑点，前翅狭长白色，其上有40左右个大小不同的黑点排列成4纵行。后翅灰色，缘毛白色。

卵　扁圆形，乳黄色，直径0.4mm左右。

幼虫　老熟时体长20～24mm，淡绿色，各节背板和侧板都生有黑色毛瘤。腹足4对，臀足1对黑色。

蛹　体长12mm左右，纺锤形，黄褐色。外包灰白色半透明长扁圆形丝质茧。

生活史及习性　一年发生1代，以幼虫在树皮裂缝或小枝腋内越冬。翌年4月当寄主萌发新叶时继续活动为害。2龄幼虫吐丝将几片嫩叶网在一起作成网巢，数头幼虫群居其中取食周围叶片，4龄后进入暴食期，并单独结网生活，幼虫共5龄，老熟后向大枝干分杈处吐丝结茧化蛹，蛹期7天左右。6月上旬至7月上旬成虫羽化，次日可产卵，将卵产于叶片背面，卵块排列不规则，每头雌虫可产卵200粒左右。

(2) 大叶黄杨巢蛾 *Yponomeuta* sp. 见图 5-18。

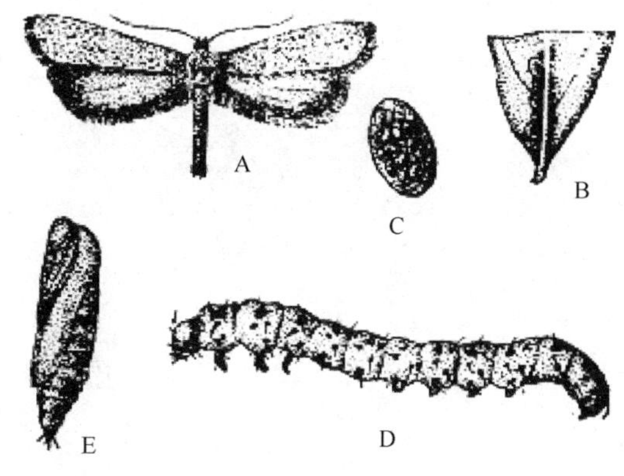

图 5-18 大叶黄杨巢蛾

A. 成虫 B. 卵块 C. 卵放大 D. 幼虫 E. 蛹

分布与危害 主要分布上海、浙江一带，危害大叶黄杨。

形态特征

成虫 体长约 9mm，全体灰白色，触角丝状。胸部背面有 5 个黑点，前翅有 30 多个黑点，纵向排列成数行，外缘呈深褐色边缘，前后翅均有较长缘毛。

卵 扁椭圆形，淡黄色，卵壳表面有皱纹。

幼虫 老熟时体长 15～20mm，体青黑色，胴部末端两侧呈黄色。前胸背面黑色，中线米黄色，胴部每节两侧各有 1 块黑斑，有的还附有 2、3 个黑点。腹足 4 对，臀足 1 对黑色。

蛹 体长 9mm，纺锤形，淡黄褐色。外包白色扁椭圆形丝质茧。

生活史及习性 该虫在上海一年发生 4 代，以蛹越冬。翌年 4 月上、中旬羽化成虫，成虫羽化后经过 1 周左右产卵，卵产于寄主叶片主脉两侧，呈不规则块状，卵期 7 天左右。初孵幼虫钻入叶肉取食，2 龄后钻出叶面，在枝叶上吐丝结网，群集为害，4 龄为暴食期，可将叶片吃光，全株枯萎。第 1 代幼虫为害期 5 月初至 6 月中旬；第 2 代 6 月下旬至 7 月中、下旬；第 3 代 8 月上旬至 9 月中旬；第 4 代 9 月下旬至 11 月中、下旬。幼虫老熟后到避风处作茧化蛹。

关键与要点 巢蛾类防治方法

1. 物理防治 抓住巢蛾幼龄幼虫结网群居期，人工收集丝网及幼虫一并烧毁。

2. 药剂防治 幼虫危害期喷 90%敌百虫、40%乙酰甲胺磷、50%杀螟松各 1000 倍液；或 25%西维因可湿粉 500 倍液；或 20%杀灭菊酯乳油 2000 倍液，均有良好效果。

3. 生物防治 保护寄生蜂、蠼螋、蓝山雀等巢蛾的天敌昆虫。

11. 夜蛾类

属鳞翅目，夜蛾科。幼虫大多光滑少毛，体色较深，危害方式多样，有白天潜伏在土中，夜间出来活动咬断植物根茎的；有全天暴露在植物上日夜活动取食的；还有少数钻蛀型的。

(1) 斜纹夜蛾 *Prodenia litura* Fabricius 又称莲纹夜蛾、夜盗虫（图 5-19）。

分布与危害 我国各地均有分布，以长江流域和黄河流域各省危害最重。此虫食性杂，危害月季、百合、仙客来、香石竹、大丽花、木槿、菊花、枸杞、仙客来、丁香、睡莲、荷花、山茶花、细叶结缕草等多种园林植物及蔬菜。

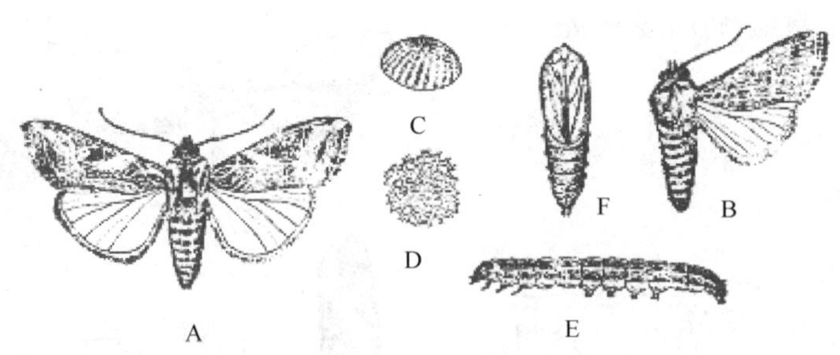

图 5-19　斜纹夜蛾

A. 雌成虫　B. 雄成虫　C. 卵块　D. 卵放大　E. 幼虫　F. 蛹

形态特征

成虫　体长 15～20mm，翅展 35～43mm，胸部背面有白色毛丛。前翅黄褐色，多斑纹，内外横线间从前缘中部到后缘有 3 条白色斜纹，故名为斜纹夜蛾。后翅白色仅翅脉及外缘暗褐色。

卵　半球形，直径 0.5mm，卵壳上有网状纹，初产黄白色，孵化前灰色，卵成块。卵块外覆有黄白色绒毛。

幼虫　老熟幼虫体长 36～51mm，体色多变，初孵时呈绿色，渐变黄绿色，老熟时常暗绿或黑褐色，背面具有不规则的灰色斑纹，背线、亚背线、气门下线灰白色，每节在亚背线内侧有 1 对半月形黑褐斑。

蛹　体长 18～20mm，赤褐色或暗褐色，圆筒形。腹部气门后缘锯齿状，腹部末端有 1 对臀棘，基部分开，尖端不呈钩状。

生活史及习性　此虫发生世代数因地而异，北方一年 4～5 代，各地每年 4 月至 11 月是幼虫危害期，南方发生 7～9 代，一年四季均有危害。该虫以蛹在土中越冬，也有少数以幼虫在杂草间或土中越冬的。成虫昼伏夜出。白天常隐藏在植物茂密处、草丛及土壤缝隙内，傍晚出来活动，以晚间 8～12 时活动最盛。成虫趋光性不明显，但对发酵物（糖、醋、酒、果汁）等趋性很强。成虫将卵成块产在叶背，每头雌虫可产卵 3～5 块，产卵量 1000～2000 粒。卵期 3～6d。初孵幼虫群居叶背取食叶肉，留下叶脉和上表皮。2 龄后常吐丝下垂，随风转移分散，4 龄进入暴食期，晴天躲在阴凉处，晚上出来取食。老熟后入土化蛹，蛹期 8～17d，成虫寿命一般 7～15d。

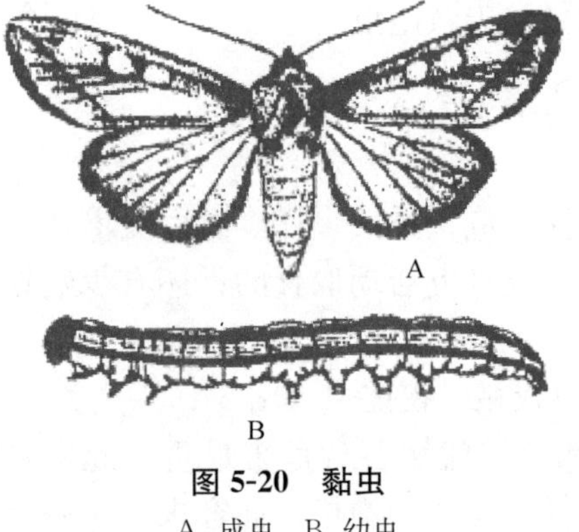

图 5-20　黏虫

A. 成虫　B. 幼虫

(2) 黏虫 *Mythimua separata* Walker　又名行军虫。与劳氏黏虫 *Leucania loreyi*、白脉黏虫 *L. venalba* 伴随发生，是世界的禾谷类害虫，也是园林草坪中的重要害虫（图 5-20）。

分布与危害　黏虫是世界性的禾本科植物大害虫，在我国除西藏和新疆尚无报道外，全国各地均有分布。除危害禾本科作物外，还危害黑麦草、早熟禾、剪股颖、高羊茅、结缕草等，是一种暴食性害虫，大发生时将整片地吃成光秃。

形态特征

成虫 体长15～17mm，灰褐色或黑褐色，雄蛾色较深。前翅内横线只有几个小黑点，外横线由7～9个小黑点组成，排列成弧形，在中室外端内、外横线之间有2个淡黄色圆斑，外方圆斑的下面有1个小白点，其两侧各有一个小黑点，自顶角至后缘的1/3处，有一条斜行黑褐纹；后翅内方淡褐色，向外方渐带棕色。

卵 馒头形，直径0.5mm，初产时白色，渐呈黄褐色，孵化前变黑色。

幼虫 老熟幼虫体长38mm，体色变化较大，发生量小时，体色较淡，呈黄褐色或灰褐色。头部中央沿蜕裂线有褐色纵纹，呈"八"字形。胴部圆筒形，体背有5条纵纹；背线白色较细，两侧各有两条黄褐色至黑色纵线，上下镶有灰白色细线的宽带，腹面污白色，腹足基部有阔三角形褐色斑。大发生年体色较深，呈浓黑色。

蛹 体长约20mm，长锥形，褐色，末端具1对强大尾刺，其两侧各有小刺2根。

生活史及习性 黏虫每年发生的世代数和发生期因地区和气候的变化而异。东北、华北北部一年发生2～3代，华北、西北南部、长江以北地区一年4～5代，长江以南每年发生5～8代。黏虫完成一个世代约需40～50d。

成虫昼伏夜出，白天潜伏于草丛、墙缝中，夜晚出来取食、交尾、产卵，卵喜产于寄主叶片尖端或枯心苗、病株的枯叶缝间及叶鞘里，卵排列成行或由黏液黏结成堆。成虫产卵前需进行补充营养，取食花蜜、昆虫分泌的蜜露以及腐烂果汁和淀粉发酵物等。对糖醋液有很强的趋性。并且有远距离迁飞的能力，一次可飞行500km左右。据研究，黏虫越冬代蛾每年2～4月间在北纬33度以南的虫源区相继羽化，3月下旬向北迁移，到4～5代发生区，在小麦等作物上危害，形成第一代幼虫严重危害期，5月下旬6月初一代成虫大量羽化，向北迁飞到2～3代发生区繁殖危害。8月中旬进入幼虫暴食期，9月上中旬成虫出现，大部分向南方虫源地迁飞，繁殖危害并进行越冬。

黏虫幼虫食性很杂，1～2龄幼虫白天隐藏于草的心叶或叶鞘中，夜晚取食叶肉，形成麻布眼状的小条斑，3龄后将叶缘咬成缺刻，此时，有假死和潜入土中的习性。6龄为暴食期，其食量占整个幼虫期食量的90%以上。发生量大时，幼虫常成群结队由一块地向另一块地转移危害。

常见种类还有银纹夜蛾 *Argyogramma aganata* Staudinger、梨剑纹夜蛾 *Acronicta rumicis* Linnaeus、桃剑纹夜蛾 *Acronicta incretata* Hampson、桑夜蛾 *Acronicta major* Bremer、玫瑰巾夜蛾 *Parallelia grctotaenia* Guen'ee、石榴巾夜蛾 *Paralleia stuposa* Fabricius、臭椿皮蛾 *Eligma narcissus* Gramer 等，区别见表5-10。

表5-10 七种夜蛾比较

害虫名称	主要识别特征	主要生活习性
银纹夜蛾	成虫体长15～17mm，体与前翅灰褐色，胸部背面有两丛直立的棕褐色毛丛，前翅有2条银色波状横纹，翅中央有一"U"形银色纹，和一个近三角形的银色斑 老熟幼虫体长25～32mm，体绿色，头小，尾部宽。背线白色双线，亚背线白色	一年发生代数因地而异，成虫昼伏夜出，有趋光性，但对化学味道不敏感。多产卵于叶背，近散产，初孵幼虫多在叶背取食叶肉，剩下一层上表皮。老熟幼虫多在叶背吐丝作粉白色茧化蛹

续表

害虫名称	主要识别特征	主要生活习性
梨剑纹夜蛾	成虫体长 14～17mm，体、翅暗棕色，有白色斑纹。前翅基线、内线、外线为双曲黑线，在中脉处有一白色新月形纹 幼虫老熟时体长约 30mm，头部黑色，体褐色，体背具黑斑一列，其中央斑点橘红色，各节具毛瘤和簇生褐色长毛	一年发生 3～4 代，以蛹在土中结茧越冬。翌年 5 月成虫羽化，产卵于叶上，卵期 7d 左右。6～7 月间为第 1 代幼虫期，幼虫常分散在叶背取食。幼虫共 3 龄，夏季在叶片上吐丝结黄色茧化蛹
桃剑纹夜蛾	成虫体长 18～20mm，体、翅暗灰色，前翅基线在前缘处有 2 黑条，基剑纹黑色，树枝形；内线暗褐色，双线波状；环纹、肾纹灰色，具黑边，翅外缘有 1 列黑点 老熟幼虫体长 36～40mm，深棕红色，第 1 腹节有一黑色瘤状突起，其上生有刺毛，第 1～8 节腹节体侧毛斑上各有大小不等的白斑 2 个	一年发生 2 代，以蛹在土中越冬。翌年 5～6 月出现成虫，成虫有较强的趋光性，卵产于枝叶上。第 1 代幼虫 6 月中、下旬出现，初龄幼虫多群集在叶背取食叶肉，被害叶呈网状，稍大后分散取食，沿叶缘取食，造成不规则缺刻。第 2 代幼虫 8～9 月出现，9 月下旬老熟幼虫陆续入土作茧化蛹越冬
桑夜蛾	成虫体长 27～29mm，头、胸部灰白略带褐色。前翅灰白色，基剑纹黑色端部分叉，外线双线锯齿状；端线为一列黑点。后翅淡褐色，翅脉深褐色 幼虫头红褐色，体灰白色，散布淡褐色圆斑，每体节背面各具褐斑一个。气门黑色	一年发生 1 代，以蛹在土中越冬。翌年 7～8 月份羽化成虫，成虫有趋光性，卵散产于叶背，每头雌虫可产卵 800 粒左右，卵期 7 天。幼虫取食叶片，共 6 龄，老熟后入根际土中吐丝粘及其他残屑作粗茧，其内化蛹越冬
玫瑰巾夜蛾	成虫体长 18～20mm，全体暗灰褐色。前后翅均具有白色中带，前翅中带略窄，外缘灰白色；后翅中带锥形，外缘中后部白色，缘毛灰白色 老熟幼虫体长 60mm 左右，青褐色，有红褐色细点。第 1 腹节背面有 1 对黄白色小眼状小斑；第 8 腹节背面有 1 对黑色小斑	每年发生 3～4 代，以蛹在土中越冬。世代发育不整齐，5～10 月均可见到幼虫为害，幼虫一般喜食嫩叶、花蕾和花瓣，食物不足时也会蚕食老叶，仅留叶脉。6 月份出现成虫，成虫有趋光性，白天在草丛或其他植物的叶背躲藏，夜间出来活动，卵散产于叶片上
石榴巾夜蛾	成虫体长 18～20mm，体褐色。前后翅均具有白色中带。前翅中带两头宽中间窄，中带内外均为黑棕色，肾纹为一黑棕色长点，外线外侧衬白色，顶角有 2 个齿形黑棕斑；后翅暗棕色，端区褐灰色，中带与前翅中带相连 幼虫老熟时体长 43～50mm 头部灰褐色，胴部背面棕褐色，密布不规则斑纹，酷似石榴皮	一年发生 3～4 代，以蛹越冬。世代不整齐，翌年 4～5 月，石榴新叶开放时羽化成虫，成虫有趋光性，卵散产于叶片上，初龄幼虫啃食嫩叶和新芽，虫龄较大后则蚕食叶片，仅留叶脉。幼虫白天栖息于树干下部，晚间活动取食。其颜色与树皮相似，不易发觉。老熟后入浅土层作土室化蛹
臭椿皮蛾	成虫体长 26～28mm，头、胸背面为褐色，前翅狭长，翅中央近前方自基部至翅顶有一白色纵带，把翅分为两部分，前半部灰黑色，后半部黑褐色 幼虫老熟时体长 48mm 左右，橙黄色，腹面淡黄色。各节背面有一条黑纹，沿黑纹处有瘤状突起，上生灰白色长毛	每年发生 2 代，以蛹结薄茧在枝干上越冬。翌年 4 月臭椿树刚放叶时羽化成虫，成虫有趋光性，将卵散产于叶背面，5～6 月幼虫孵化为害，幼龄喜食嫩叶，受惊能弹跳，稍大后蚕食叶片，严重时把叶吃光。8 月上旬第 2 代幼虫孵化

关键与要点 夜蛾类防治方法

1. 人工捕捉 结合园林养护管理，摘除卵块、枝叶上的幼虫和茧、挖出土中越冬虫蛹，一并处死，可降低一定的虫口密度。对于有拟态习性，体色与树皮颜色相似很难发觉的幼虫（如玫瑰巾夜蛾和石榴巾夜蛾等）、应倍加仔细，可根据新叶有无缺刻或稀少及土面有无虫粪进行寻找。

2. 诱杀 ①灯光诱杀。利用夜蛾成虫有趋光性，在成虫羽化高峰期，采用黑光灯诱杀，灯下放置盛水的盆或缸，撒上农药或机油。若能使用频振杀虫灯效果更好。②糖醋液诱杀。某些夜蛾成虫对糖醋味道有一定的趋性（如黏虫、斜纹夜蛾、银纹夜蛾等），可用糖醋液进行诱杀，配方为：白糖 6 份、米醋 3 份、白酒 1 份、水 2 份，加入少量的敌百虫，天黑前放置在草坪或花圃中，第二天清晨收回，并将收回的蛾子深埋。此法也可用于预测预报。

3. 药剂防治 发现初孵幼虫及时喷药，喷药宜在午后及傍晚进行。常用药剂有 90％敌百虫晶体、50％敌敌畏乳油 800～1000 倍液，50％辛硫磷乳油 1000～2000 倍液，20％杀灭菊酯 2000～3000 倍液。草坪中喷药宜在成虫产卵期间进行连同成虫一起杀死。

4. 生物防治 夜蛾的天敌很多，如盾脸姬蜂、广赤眼蜂、黑卵蜂、绒茧蜂、多胚跳小蜂寄蝇等要注意保护和利用。

12. 螟蛾类

螟蛾属鳞翅目，螟蛾科。

（1）棉大卷叶野螟 *Sylepta derogata* Fabricius 又名棉卷叶螟、卷叶虫、打包虫（图 5-21）。

分布与危害 分布于全国各地，危害木槿、木棉、大花秋葵、芙蓉、女贞、蜀葵、海棠等园林植物。初孵幼虫食叶肉，3 龄后转移危害，把叶片卷成筒状，在其内取食危害，使叶片破烂不堪，影响观赏价值。

形态特征

成虫 体长 10～15mm，翅展 22～30mm，体淡黄色，有绢丝般光泽，胸部背面有 12 个综黑色小点排列成 4 行。前翅中央接近前缘处有似“OR”形的褐色斑，前后翅的内横线、外横线、亚外缘线及外缘线均为褐色波状纹。腹部尾端具黑色横纹。

卵 椭圆形，扁平，长 0.09～0.12mm，初产时乳白色，以后变为淡绿色。

幼虫 老熟幼虫体长 25～26mm，头部棕黑色，体绿色，有稀疏长毛。老熟时变为桃红色。

蛹 长 13～14mm，红棕色，呈竹笋状，末端有 4 对钩刺。

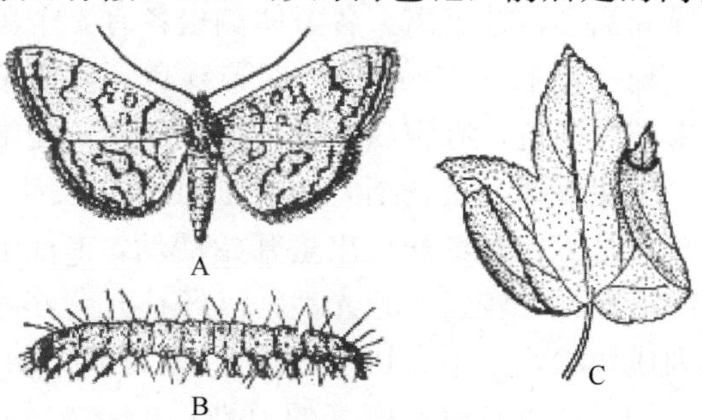

图 5-21 棉大卷叶野螟
A. 成虫 B. 幼虫 C. 被害状

生活史及习性 发生代数因地区而不

同，华东一年发生 3～4 代，华南一年发生 5～6 代，以老熟幼虫在杂草丛中、茎秆、枯枝层及皮缝中越冬。各地一般 5 月份见成虫，成虫具趋光性，卵多散产植株上部叶片背面以叶脉边缘较多，卵期约 4d。初孵幼虫多聚集于叶背啃食叶肉，3 龄后分散取食，将叶片卷成筒状，幼虫潜藏其中危害，幼虫很活跃，打开卷叶时即吐丝下垂，屈曲跳跃，并有转叶危害的习性。幼虫老熟后以丝将尾端粘于叶上，在卷叶内化蛹。各虫态发育不整齐，5～10 月均有幼虫为害。11 月份幼虫越冬。

(2) 黄杨绢野螟 *Diaphania perspectalis* Walker　又称黄杨野螟(图 5-22)。

分布与危害　分布于浙江、江苏、山东、上海、陕西、北京、广东、贵州、西藏等地。危害黄杨、雀舌黄杨、瓜子黄杨等黄杨科植物。幼虫常以丝连接周围叶片作为临时性巢穴，在其中取食，发生严重时，将叶片吃光，造成整株死亡。

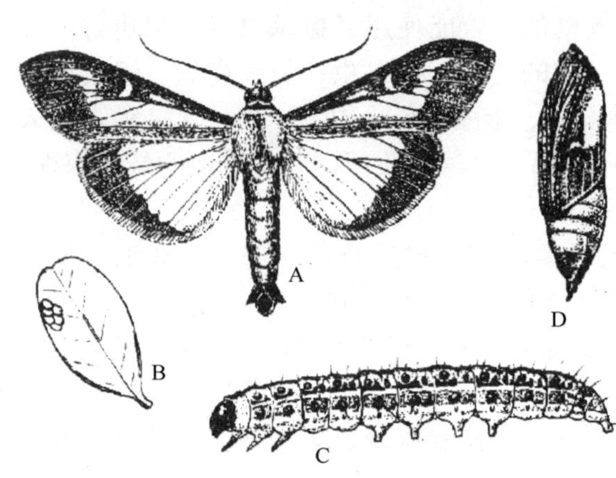

图 5-22　黄杨绢野螟
A. 成虫　B. 卵　C. 幼虫　D. 蛹

识别特征

成虫　体长 20～30mm；翅展 30～50mm。头部暗褐色。头顶触角间鳞毛白色，触角褐色。前胸、前翅前缘、外缘、后翅外缘均有黑褐色宽带，前翅前缘黑褐色宽带在中室部位具 2 个白斑，近基部一个较小，近外缘白斑新月形，翅其余部分均为白色，半透明，并有紫色闪光。腹部白色，雄蛾腹部末端有黑褐色尾毛丛，翅缰仅 1 根；雌蛾腹部较粗壮，无尾毛丛，翅缰 2 根。

卵　扁椭圆形，底面平，表面略隆起。长径 1.5mm，宽径约 1mm。初产时淡黄色，半透明，后渐变暗，近孵化时卵内可见黑色斑点。

幼虫　老熟幼虫体长约 35mm。头部黑褐色，胸、腹部黄绿色。背线深绿色，亚背线和气门上线黑褐色，气门线淡黄绿色，亚背线和气门上线间青灰色。中、后胸背面各有 1 对黑褐色圆锥形瘤突。腹部各节背面各有 2 对黑褐色瘤突，前一对圆锥形，较接近；后一对横椭圆形，较远离。各节体侧也各有 1 个黑褐色圆形瘤突，各瘤突上均有刚毛着生。

蛹　长 18～20mm，初期翠绿色，后渐变为黄白色，羽化前翅部出现成虫翅的斑纹，腹末端黑褐色，有臀棘 8 根，排成 1 列，先端卷曲。

发生规律　黄杨绢野螟在浙江 1 年发生 5 代，以各代 3、4 龄幼虫缀叶结薄茧越冬。翌年 3 月下旬越冬幼虫出蛰开始活动，4 月中旬化蛹，4 月下旬 5 月上旬成虫羽化。成虫夜间活动，有较强的趋光性，需经补充营养才能正常产卵。卵多产在叶片背面，呈鱼鳞状排列成块状，一个卵块多的达 50 多粒卵。幼虫一般为 6 龄，滞育幼虫蜕皮次数增加 1～3 次；初孵幼虫有取食卵壳的习性；1、2 龄幼虫只能啃食叶肉，导致被取食的嫩叶枯黄卷曲；三龄幼虫仅将嫩叶咬成小孔，四龄幼虫后可取食整叶；各代幼虫都有部分幼虫吐丝缀连 2～3 张叶片成虫苞，幼虫在其内结椭圆形、瓜子形的薄茧滞育到来年再恢复活动。老

熟幼虫多在树冠内膛中下部吐丝缀合老叶、枯残枝叶成一个疏松的薄茧，在茧内化蛹。一年中以5～9月份为害最重。黄杨绢野螟的全世代有效积温常数为500.98日度，发育起点温度为13.10℃。黄杨绢野螟的发生程度与树种、树龄、种植密度有着直接的关系。黄杨绢野螟在大龄灌木上的发生重于树龄较小的幼苗，成片栽植的重于单株种植的，栽植密度大的重于栽植密度少的，雀舌黄杨、瓜子黄杨受害重于大叶黄杨。主要天敌昆虫有甲腹茧蜂、绢野螟长绒茧蜂、广大腿小蜂和一些寄蝇。

危害园林植物叶片的主要螟蛾还有樟叶瘤丛螟 *Orthaga achatina* Butler、竹织叶野螟 *Algedonia coclesalis*（Walker）、松梢螟 *Dioryctria rubella* Hampson、瓜绢野螟 *Diaphania indica*（Saunders）等，发生概况见表5-11。

表5-11 其他常见螟蛾类害虫的发生概况

种类	寄 主	发生概况
樟叶瘤丛螟	为害樟树、山苍子、山胡椒、刨花楠、银木、红楠、舟山新木姜子等树种	在浙江一年发生2代，以老熟幼虫在树冠下的浅土层中结茧越冬。翌年春季化蛹。6月上旬第1代幼虫孵出为害。第2代幼虫8月中旬前后孵出为害。该虫有世代重叠现象，6～11月虫巢中均有不同龄期幼虫为害，10月老熟幼虫陆续下树入土结茧越冬。成虫有趋光性，卵产于两叶靠拢处较荫蔽的叶面。初孵幼虫群集吐丝缀合小枝、嫩叶成虫包，匿居其中取食。随着虫龄增大，幼虫不断叶丝缀连新枝和新叶，使虫苞不断扩大，形成巢。老熟幼虫吐丝下垂到地面，或坠地入土2～4cm处结茧化蛹。少数亦可在巢中作圆形丝织蛹室在其中化蛹
竹织叶野螟	毛竹、刚竹、淡竹、青皮竹、撑篙竹等	竹织叶野螟每年发生4代，以老熟幼虫在土茧中越冬。每年4月、6月、8月和10月是幼虫发生盛期。成虫多在晚上羽化，具有较强的趋光性，羽化后寻找蜜源植物进行补充营养，常见的蜜源植物有板栗、栎类、合欢、夏枯草及菊科植物等。卵多产于新竹梢头叶背。幼虫孵化后爬行或挂丝至新抽出竹叶的喇叭口上，吐丝缠叶数道后爬入；或在新叶正面吐丝缠叶成苞爬入，取食竹叶。幼虫老熟后在虫苞内或吐丝落地入土2～5cm深处结土茧化蛹。越冬代老熟幼虫均入土在土茧内越冬
松梢螟	马尾松、黑松、黄山松、雪松等	在江苏、浙江、上海1年发生2代，以幼虫在被害梢上或枝条基部的伤口内越冬。翌年3月底越冬幼虫开始活动，5月上旬在被害梢内化蛹，5月下旬成虫羽化。成虫有趋光性。卵产在嫩梢针叶上。幼虫孵化后蛀梢为害，蛀道长15～30cm，有转移为害习性。第二代成虫8、9月出现。11月份后幼虫越冬
瓜绢野螟	葫芦科植物，常春藤、木槿、梧桐等	在广州每年发生5～6代，以老熟幼虫或蛹在寄主的枯卷叶内或表土越冬。翌年4月下旬成虫羽化。成虫稍有趋光性。卵粒多产在叶片背面。幼虫孵出后，首先取食叶片背面的叶肉，被食害的叶片呈灰白色网状斑块。3龄后能吐丝将叶片缀合，匿居其中取食，或蛀入幼果及花中为害，幼虫为害盛期8、9月。老熟后在被害卷叶内作白色薄茧化蛹，或在根际表土中化蛹

关键与要点 螟蛾类防治方法

1. 物理防治 发生面积小时可人工摘虫苞，杀死幼虫。结合园林管理将寄主附近可以隐藏虫体的枯枝落叶清除烧毁。消灭潜伏和越冬的幼虫。

2. 诱杀 在成虫发生期设置灯光诱杀。

3. 药剂防治 发现幼虫及时用80%敌敌畏乳油800～1000倍液、90%敌百虫晶体500～800倍液或80%敌敌畏乳油与25%灭幼脲3号（1∶1）混合后稀释1000倍液喷杀幼虫。另外用20%桃小灵乳剂2000倍液防治棉卷叶野螟幼虫效果更佳。

4. 生物防治 螟蛾类天敌有绒茧蜂、姬蜂、寄生蝇、螳螂、草蛉、小花蝽等，注意保护利用。

13. 卷蛾类

卷蛾属鳞翅目，卷蛾科。幼虫常吐丝将几个叶片缠缀在一起或卷叶危害。

（1）苹褐卷叶蛾 *Pandemis heparana* Denis & Schiffermiiller 又名褐带卷蛾（图5-23）。

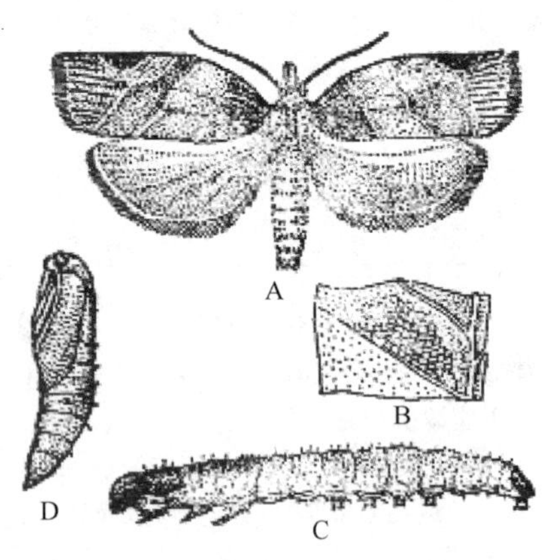

图5-23 苹褐卷叶蛾

A. 成虫 B. 卵块 C. 幼虫 D. 蛹

分布与寄主 该虫在东北、华北、西北、华中及华东等地区均有分布。危害月季、蔷薇、绣线菊、大丽花、万寿菊、小叶女贞、樱花等花卉及苹果、梨、海棠、樱桃等果树。

形态特征

成虫 体长8～11mm，翅展18～25mm，体及前翅褐色，下唇须前深。翅面具网状纹，基斑、中带和端纹均为深褐色，中带下半部增宽，内侧中部呈角状突出，端纹半圆形。后翅灰褐色。

卵 扁平，椭圆形，初产淡黄色，近孵化前褐色，卵块呈鱼鳞状。

幼虫 老熟幼虫体长18～22mm，体绿色，头近似长方形，前胸背板后缘两侧各有1黑斑。

蛹 体长9～11mm，纺锤状，背部深褐色，腹面捎带绿色，腹部第二、三、七节背面各有两列刺突。

生活史及习性 在辽宁一年发生2代，北京、山东一带一年发生3代。各代均以幼龄幼虫在皮缝里结小白茧越冬。次年4月中旬，幼虫开始活动，危害新芽、嫩叶。5月下旬出现成虫，成虫有较弱趋光性而对糖醋味敏感。白天隐蔽在叶背或草丛中，夜晚进行交尾产卵活动。卵多产在叶面上，每雌虫可产卵140粒左右。初孵幼虫群栖叶上，将叶啃成灰白色网状。长大后分散危害，并吐丝将叶粘成筒状。如叶与果实接连，则吐丝将叶粘于果上，咬食果皮果肉。幼虫活泼，受惊后从卷叶内退出而落。7、8月为第二代幼虫期；9月间第三代幼虫孵化危害。10月开始越冬。

（2）苹黑痣小卷蛾 *Rhopobota naevana* Hubner 见图5-24。

分布与危害 我国黑龙江、辽宁、河北、湖北、浙江、江西、广东、福建有分布。主要危害苹果、小蜡和金叶女贞，幼虫嚼食其嫩叶和芽。

识别特征

成虫 体色有红褐和黑褐色两种。体长 5～6mm，翅展 11～13mm。下唇须前伸，略向下垂。前翅灰褐色，有黑褐色斑纹。外缘在顶角下深凹，顶角高度突出，呈钩状。基斑明显；中带由前缘 1/2 处开始斜向后缘近臀角处形成一条斜条，在中室末端地方特别凸出像一个黑痣。前缘上有许多白色钩状纹；后翅褐色，基部稍淡。雄后翅反面具一大片深黑色鳞片。

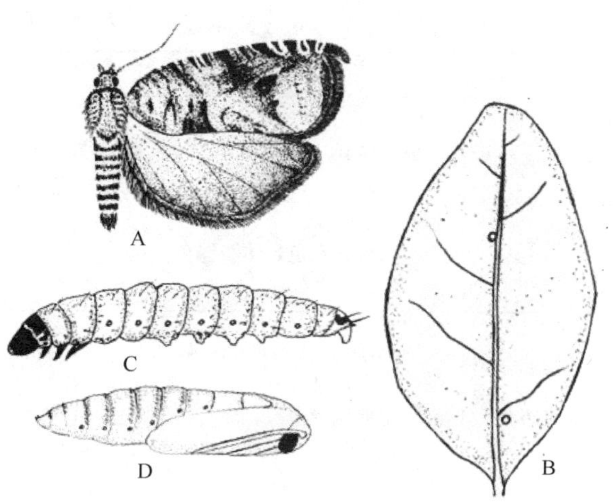

图 5-24 苹黑痣小卷蛾

A. 成虫 B. 卵 C. 幼虫 D. 蛹

卵 椭圆形扁平，卵长 0.7mm，初产淡黄色半透明，近孵化时色较暗。越冬卵色较深。

幼虫 老熟幼虫体长 9～12mm，黄绿色至绿褐色略带有红色；头、前胸背板黑色，前胸侧面有两块褐色斑，臀板上有一个“U”形褐斑，臀栉具 2～3 个深色齿；胸足褐色。幼虫共 5 龄。

蛹 蛹体长 6～7mm，黄褐色。腹部背面除第一节外每节近前缘和后缘各有一行刺，腹部末节的一行刺最为明显，一般为 4～6 枚。腹部气门突出。

生活史及习性 苹黑痣小卷蛾在浙江丽水 1 年发生 8 代，以卵在小蜡叶片上越冬。翌年 3 月上旬越冬卵孵化，3 月下旬化蛹，4 月初第一代成虫出现。其他各代成虫发生盛期分别为：5 月中旬、6 月上旬、7 月上旬、8 月中旬、9 月中旬、10 月中旬、11 月下旬，12 月上旬产卵越冬。成虫对糖醋酒液有趋性。成虫寿命 4～7d。卵常产在老叶上，正、背面均有，常见于叶片正面主脉上或叶背主脉两侧，散产。幼虫共 5 龄，初孵幼虫先啃食产卵叶片上的叶肉，常将叶肉嚼食成一条沟，幼虫在沟内取食，其上覆有丝网和虫粪，后转移到顶梢为害。幼虫可以蛀食顶芽或吐丝将顶梢的几个嫩叶缀成虫苞幼虫藏匿其中为害，有时可见两个嫩梢缀织在一起为害。幼虫有转梢为害的习性，一个幼虫可以为害 6～7 个嫩梢。幼虫遇惊迅速逃遁。幼虫老熟后寻找一张未被危害的叶片吐丝卷成饺子状在其内织一薄茧化蛹，或在枯枝落叶层上结茧化蛹。天敌昆虫主要有横纹茧蜂（*Clinocentrus sp.*）、广黑点瘤姬蜂［*Xanthopimpla punctata*（Fabricius)］、角马蜂（*Polistes chinensis* Perez）、黄腰壁泥蜂科氏亚种［*Sceliphron*（*Sceliphron*）*madrapatanum kohli* Sickmann］、双斑截尾寄蝇［*Nemorilla maculosa*（Meigen)］等。

常见种类还有：忍冬双斜卷蛾 *Clepsis*（*siclobola*）*semialbana* Guenee、茶长卷蛾 *Homona magnanima* Diakonoff 等，区别见表 5-12。

表 5-12　两种卷蛾形态与习性比较

害虫名称	主要识别特征	主要生活习性
忍冬双斜卷蛾	成虫体长 15～19mm。雄虫前翅棕褐色，有狭窄前缘褶；基斑、中带和端纹深棕褐色，后翅具有波纹 幼虫头深褐色，体淡绿色	该虫一年可发生多代，以幼虫越冬。初龄幼虫大都在初展顶叶上为害，稍大后吐丝将叶缘卷缀或 2 片叶粘叠在一起，藏身其内啃食叶肉，留下表皮，呈网眼状。6 月份见成虫，将卵成块产于叶上。8 月份为害最重
茶长卷蛾	成虫体长 10～12mm，雄蛾前翅黄色有褐色斑，前缘宽大，基斑退化，中带和端纹清楚，中带在前缘附近色泽变黑，然后断开形成一块黑斑 幼虫老熟时体长 20mm 左右，头黄褐色，体暗绿色	一年发生 3～4 代，以幼虫在卷叶或枯枝层中越冬。次春气候转暖后继续活动为害。世代重叠很明显。成虫晚间活动，卵成块产于叶表面，常与忍冬双斜卷叶蛾混合发生。8 月份为害最重

关键与要点　卷蛾类防治方法

1. 搞好花卉越冬场地的清理　清除杂草、枯枝落叶，轻刮枝、干上的翘皮，集中处理，消灭越冬幼虫。在发生量不大时，可根据幼虫为害习性，摘除粘卷在一起的虫叶，其中有幼虫也有蛹。因幼虫很活跃操作过程中勿使之逃逸。

2. 诱杀　根据成虫有趋光性，有条件地区可设置黑光灯光诱杀成虫；对苹褐卷叶蛾可用糖醋液诱杀成虫。

3. 药物防治　初危害期喷 20%菊杀乳油 1000～1500 倍液，或 50%敌敌畏乳油、50%杀螟松乳油 1000 倍液等均有较好防治效果。

实验实训 29　园林植物蛾类食叶害虫形态观察

实训目标

掌握园林植物蛾类食叶害虫的形态特征，能识别园林植物主要蛾类食叶害虫及危害症状。

实训用具与材料

解剖镜、放大镜、镊子、培养皿、解剖刀、蜡盘。

各种蛾类食叶害虫的生活史标本及被害状。

实训内容和方法

1. 枯叶蛾类害虫观察

观察马尾松毛虫、油松毛虫的生活史标本及被害植物，观察时注意从体色、前翅中室白斑、翅面横线等方面区分松毛虫成虫特征；从体色、体背纵线及有无倒伏鳞片等方面区分松毛虫幼虫特征。

2. 刺蛾类害虫观察

观察桑褐刺蛾、黄刺蛾的生活史标本及被害植物，识别刺蛾类害虫各虫态形态特征。观察时注意从体色、翅面斑纹上区分各种成虫；幼虫特征注意体背的斑纹及枝刺。

3. 袋蛾类害虫观察

观察大袋蛾、茶袋蛾、小袋蛾、白囊袋蛾的生活史标本及被害植物，识别各虫态形态特征。袋蛾类成虫一般雌雄异型，雄具翅，翅上稀被毛和鳞片，触角羽毛状，雌无翅，触角、口器和足皆退

化；幼虫肥胖，腹足5对，吐丝缀枝叶作袋囊。被害植物叶片呈孔洞、网状，严重时仅留叶脉。观察时注意袋蛾护囊上的区别。

4. 大蚕蛾类害虫观察

观察绿尾大蚕蛾、臭椿蚕蛾的生活史标本及被害植物，识别大蚕蛾类害虫各虫态形态特征。大蚕蛾属鳞翅目昆虫中体形最大的一类，色泽鲜艳，成虫翅上有透明的眼斑，幼虫体型很大，体表有枝刺。观察时注意各种类卵、幼虫及蛹的特征。

5. 天蛾类害虫观察

以蓝目天蛾为例，识别天蛾类害虫。天蛾类成虫一般体粗壮腹末尖，触角末端弯曲成钩状，喙发达，后翅小；幼虫肥大，第8腹节背面有一尾角。被害植物叶片呈缺刻状。观察时从体长、体色及翅面特征区分各种成虫；从体是否具颗粒或体侧的斜纹和眼状斑上区分各种幼虫。

6. 尺蛾类害虫观察

观察丝木棉尺蛾、国槐尺蛾的生活史标本及被害植物，识别尺蛾类害虫各虫态形态特征。尺蛾类成虫一般体细长，翅大而薄，前后翅颜色相似并常有波纹相连；幼虫光滑无毛，腹足2对，着生于第6和第10腹节，行走时身体弓起。被害植物叶片呈缺刻状或被食光。观察时注意从翅面横线及斑块上区分各种成虫。

7. 毒蛾类害虫观察

观察舞毒蛾、杨毒蛾、柳毒蛾、侧柏毒蛾的生活史标本及被害植物，识别毒蛾类害虫各虫态形态特征。毒蛾类成虫一般翅较圆钝，鳞片很薄，雌虫腹末常有毛簇；幼虫体多毒毛，常见毛瘤、毛丛或毛刷，腹部第6～7节各有一个翻缩腺。被害植物叶片呈缺刻状或被食光。观察时注意区分成虫特征，尤其杨毒蛾和柳毒蛾很相像，杨毒蛾成虫鳞片较厚，触角主干黑白相间，其幼虫头淡褐色，背面纵带灰白色，较狭；而柳毒蛾成虫鳞片较薄，触角主干纯白色其幼虫头黑色，背面有黄色宽带。

8. 夜蛾类害虫观察

观察斜纹夜蛾、银纹夜蛾的生活史标本及被害植物，识别夜蛾类害虫各虫态形态特征。夜蛾类成虫一般体翅多暗色，常具斑纹；幼虫体粗壮，光滑少毛，颜色较深，腹足3～5对，第1、2对常退化或消失。被害植物叶片被食呈缺刻或孔洞。观察时从前翅的“三斑五线”上区分各种成虫；幼虫的区别主要是体色和背线。

9. 舟蛾类害虫观察

观察杨扇舟蛾、杨二尾舟蛾生活史标本及被害植物，识别舟蛾类害虫各虫态形态特征。舟蛾类成虫前翅后缘中央常有突出的毛丛，腹部较长；幼虫上唇缺刻成角状，臀足不发达或特化呈枝状，静止时头尾翘起似小船。被害植物叶片呈缺刻或被食光。

10. 灯蛾类害虫观察

观察美国白蛾的生活史标本及被害植物。

识别灯蛾类害虫。灯蛾类成虫一般体色较鲜艳，腹部多为黄或红色，且有黑点，翅多为白、黄或灰色；幼虫密被毛丛，且长短较整齐。观察时注意美国白蛾与其他白色蛾子的区别。

美国白蛾成虫雌蛾触角锯齿状，翅纯白色；雄蛾触角双栉齿状，前翅翅面多散生黑褐色斑点，前足基节、腿节橘黄色，胫节及跗节大部黑色。幼虫头黑褐色有光泽，背部两侧线之间有1条灰褐色至灰黑色的宽纵带，体侧和腹面灰黄色，气门上线和气门下线浅黄色，背部有黑色毛疣，毛疣上着生白色长毛，混杂少量黑色、棕黄色长毛。蛹暗红褐色臀棘8～17根呈喇叭口状。

11. 螟蛾类

以樟巢螟、棉卷叶野螟为例识别螟蛾类害虫。螟蛾类成虫一般体瘦长，触角丝状，前翅狭长，腹部末端尖削；幼虫体细长，光滑，无次生刚毛。被害植物叶片被卷叶或呈孔洞。

12. 卷蛾类

观察苹褐卷叶蛾，成虫前翅褐色，下唇须前深，翅面具网状纹；后翅灰褐色。卵块呈鱼鳞状。幼虫前胸背板后缘两侧各有1黑斑。被害植物叶片常被啃食成灰白色网状并吐丝粘连成筒状。

实训作业☞

列表比较本地区主要蛾类食叶害虫的形态特征。

5.1.3　叶甲类

危害植物叶片的甲虫类害虫中最常见的是鞘翅目，叶甲科。因成虫体色艳丽，具很强的金属光泽，所以又有金花虫之称。幼虫寡足型，体上常具肉质刺及瘤状突起物。成、幼虫均对植物造成为害。

(1) 椰心叶甲 *Brontispa longissima* Gestro

分布与危害　椰心叶甲（图 5-25）是一种重大危险性外来有害生物，属毁灭性害虫。在国家林业局最新公布的 19 种林业检疫性有害生物名单中名列第三位。它在寄主上的危害部位为最幼嫩的心叶，叶片受害后出现枯死被害状，严重时植株死亡。主要分布于广东、海南等地。寄主植物主要有：椰子、槟榔、假槟榔（亚历山大椰子）、山葵（皇后葵）、省藤、鱼尾葵、散尾葵、西谷椰子、大王椰子（雪棕、王棕）、棕榈、华盛顿椰子（大丝葵）、卡喷特木、油椰、蒲葵、短穗鱼尾葵（丛立孔雀椰子）、软叶刺葵、象牙椰子、酒瓶椰子、公主棕、红槟榔、青棕、海桃椰子、老人葵、海枣、短蒲葵、红棕搁、刺葵（糠椰）、岩海枣、孔雀椰子、日本葵、克利巴椰子。

图 5-25　椰心叶甲成虫与幼虫

形态特征

成虫　体扁平狭长，体长 8～10mm，宽处约 2mm，体形稍扁。头部、复眼、触角均呈黑褐色，前胸背面橙黄色，鞘翅蓝黑色具有金属光泽，其上有由小刻点组成的纵纹数条，腹面黑褐色，足黄色。触角 11 节，末 4 节深褐色，其余黄褐色。

幼虫　白色至灰白色。

卵　褐色，长约 1.5mm，宽约 1mm，长形，两端宽圆，卵壳表面有细网纹。蛹与幼虫相似，但个体稍粗，出现翅芽和足，腹末仍有尾突，但基部的气门开口消失。

生活史及习性　椰心叶甲每年发生 3～6 代，世代重叠。完成一个世代约需要 52d，代数及发育速度因地而异。成虫选择心叶的基部产卵，产下单个或排成纵行，一端粘附在叶面上。卵期 4～5d，幼虫有 4、5 个龄期，历经 30～40d。蛹期 5～7d。成虫羽化后约 12 天发育成熟。雌虫产卵约 100 粒，寿命 2～3 个月。

椰心叶甲一般喜在3～6年的幼树上危害，在尚未开放的心叶中取食，一个未开放心叶中可能有多达几十头乃至成百上千头幼虫，将一处心叶吃尽后即转向别处心叶。一旦心叶展开，成虫便飞离被害叶片寻找新的寄主，而且成虫飞行力不强，转移寄主时一般只能飞行300～500m。

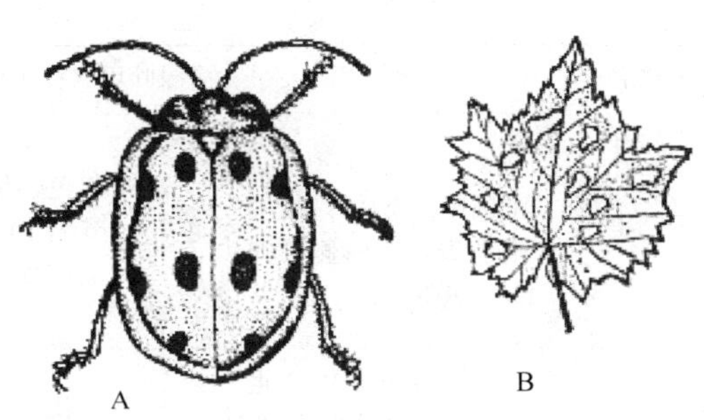

图5-26 葡萄十星叶甲
A. 成虫 B. 被害状

(2) 葡萄十星叶甲 *Oides decempunctata* Billbery 又名葡萄金花虫、十星圆大叶虫（图5-26）。

分布与危害 分布于广东、湖南、四川、江苏、陕西、山东、河北、吉林等地。危害葡萄、地锦、爬山虎、芍药、牡丹、美人蕉、紫藤等观赏植物。

形态特征

成虫 体长12mm，宽8mm，黄色，半球形，似瓢虫。鞘翅密布小刻点，鞘翅上共有10个圆形黑斑，每翅鞘各5个。

卵 椭圆形，长1mm，初为草绿色，渐变为褐色和黄褐色。

幼虫 老熟时体长8mm左右，黄色、近梭形，略扁平，胸背面有两行褐色突起，每行4个。

蛹 长约12mm，金黄色。

生活史及习性 一年发生1代；华南、西南地区一年发生2代，以卵在被害植物根际表土层中越冬。翌年5月下旬到6月上旬孵化，幼虫孵出后沿墙体或寄主藤蔓向上爬，寻找幼芽、嫩叶为害，啃食表皮，仅留下一层薄的丛毛及叶脉，被害处呈锣网状。幼虫白天潜伏，早晚活动。6月底入土化蛹，蛹期9～10天。7月间出现成虫。成虫有假死性，一经触动，即分泌黄色恶臭黏液，白天取食，寿命很长，一直可为害到9月后产卵于根际土中过冬。每雌虫可产卵700～1000粒。

常发生的种类还有：榆紫叶甲 *Ambrostoma quadriimpressum* Motschulsky、榆绿叶甲（榆毛胸莹叶甲）*Pyrrhalta*（*Galerucella*）*maculicollis* Motschulsky、白杨叶甲 *Chrysomela populi* Linnaeus 和柳蓝叶甲 *Plagiodera versicolora*（Laicharting），比较见表5-13。

表5-13 四种叶甲比较

害虫名称	榆紫叶甲	榆绿叶甲（榆毛胸莹叶甲）	白杨叶甲	柳蓝叶甲
寄主	榆树	榆树	杨、柳	杨、柳
成虫	体长10～11mm长卵形，紫色杂有金绿色和紫红色条纹	体长7～8.5mm近长方形，黄褐色。鞘翅蓝绿色，前胸背板具3个黑斑	体长10～15mm，前胸背板蓝紫色，小盾片蓝黑色，三角形。鞘翅红色，近翅1/4处略收缩	体长3～5mm，椭圆形，深蓝色，有强金属光泽。前胸背板光滑，前缘呈弧形凹入

续表

害虫名称	榆紫叶甲	榆绿叶甲（榆毛胸萤叶甲）	白杨叶甲	柳蓝叶甲
幼虫	体白色，头顶有 4 个黑斑，前胸背板有 2 个黑斑，体两侧具淡黄色纵带	体深黄色，体背漆黑色，各节背面有毛瘤，10 个臀板深黄色	体清白色，各节背面有黑色点 2 列，各节两侧具黑色瘤起	体色灰黄。胴部 2～3 节背面各有 6 个黑色瘤状突起，腹部每节 4 个瘤状突起，两侧有乳突
主要习性	一年 1 代，以成虫在表土中越冬。4 月上中旬活动，5 月幼虫危害，幼虫有越夏习性，6 月下树入土化蛹	一年 2 代，以成虫在屋檐、墙缝、土中等处越冬，3 月下至 4 月上旬开始活动。幼虫化蛹时群居树干上	一年 1 代，以成虫在落叶下或表土内越冬。4 月上旬活动，取食芽、叶，幼龄群居取食，成虫有越夏习性，秋季为害	一年 4～5 代，以成虫在落叶层下或土隙内越冬。翌年 4 月上旬开始活动。幼虫群集为害，剥食叶肉，被害处呈网状

关键与要点　叶甲类防治方法

1. 加强检疫　椰心叶甲是检疫对象，应严防从疫区传入保护区。

2. 人工捕杀　冬春季在墙角缝隙、砖石堆、枯枝落叶层等处搜集越冬成虫杀死。根据越冬后成虫假死性较强，可于早春成虫上树集中补充营养期间实施人工振落，事先在树下铺好塑料布，收集成虫集中消灭。

3. 毒绳防治　于早春叶甲出蛰上树及 8 月份成虫解除夏眠上树之前，用绑毒绳的方法阻杀成虫。

4. 使用叶甲清粉剂挂包防治椰心叶甲　挂包法的操作方法是：危害严重的植株挂药 2 小包，其中 1 包放置在心叶基部幼嫩叶片内侧，塞入心叶与旁侧叶片之间，并用挂包线固定在 1.5m 以上长的心叶（一般为第 2 片心叶）叶梗上，用于杀死藏于心叶内的幼虫、成虫和卵。另 1 包固定在为害较严重的心叶上方内侧，再把心叶和周围几片心叶捆绑在一起，用于杀死叶片上部的害虫。如心叶上部未发现成虫或成虫少于 20 头，则该树用药一包，该药包置于新叶基部。然后在药包上部缓慢淋水，让水慢慢渗入有虫的叶片和心叶深处。危害不严重的只在心叶底端挂一包药。

5. 药剂防治　卵期用 50％辛硫磷乳油 1000～1500 倍液喷雾；幼虫、成虫期喷 90％敌百虫 800～1000 倍液、20％菊杀乳油 2000 倍液或 2.5％敌杀死乳油 4000～6000 倍液均有良好防治效果。

6. 保护和利用天敌　如跳小蜂、寄生蝇及食虫鸟等。海南几年前也开始引进椰扁甲啮小蜂和椰甲截脉姬小蜂来防治椰心叶甲。

5.1.4　蝗虫类

属直翅目，蝗虫科，是草坪的常见害虫。

(1) 短额负蝗 *Atractomorpha sinensis* Bolivar　又名小尖头蚱蜢，属直翅目，蝗虫科（图 5-27）。

分布与危害　该虫分布于长江流域等各省、市。危害一串红、凤仙花、鸡冠花、千日红、金鱼草、冬珊瑚、菊花、月季、茉莉大丽花、扶桑等多种花卉。

形态特征

成虫　雌性体长41～43mm，雄虫体长26～31mm，触角顶端刚超过前胸背板的中部。体绿色或枯草色。头部呈锥形，头顶较短，颜面颇倾斜和头顶成锐角，颜面隆起呈狭长的纵沟。复眼卵形，褐色，位于头中部，复眼向后沿前胸背板侧叶下缘具一列圆形颗粒，复眼至头顶端的距离为复眼直径的1.1倍。胸腹板板突长方形，呈片状，前翅绿色，超过后足腿节顶端，其超出部分的长度为全翅长度1/3，翅顶较尖；后翅略短于前翅，基部玫瑰色，后足胫节内侧具刺12个，外侧具刺11个，具内外端刺，胫节向端部逐渐扩大。跗节爪间中垫超出爪之中部。肛板长三角形，尾须锥形，下生殖板短锥形，顶端较钝。雌虫产卵瓣粗短，上缘具锯齿，端部呈沟状。

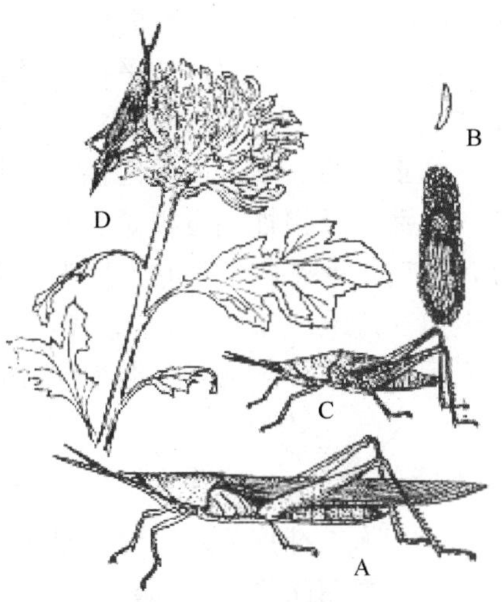

图5-27　短额负蝗

A. 成虫　B. 卵　C. 若虫　D. 被害状

若虫　初孵若虫体淡绿色，布有白色斑点，触角末节膨大，颜色较其他节深。复眼黄色。前、中足有紫红色斑点呈鲜明的红绿色彩。

卵　卵壳表面具有明显的脊所围成的肉状花纹小室，在脊的交接处具有小瘤状突起。卵囊呈筒状，较粗短，长约为宽的3倍。在卵室内，卵粒与卵囊纵轴近平行状堆积排列。

生活史及习性　该虫在东北一年发生1代，华北一年发生2代，以卵越冬。5月上旬开始孵化，5月中旬至6月上旬为孵化盛期，7～8月间成虫大量出现，成虫喜在植被多，湿度大的环境中栖息。初龄若虫喜群集叶部，被害叶片呈现网状，稍大后分散取食造成孔洞缺刻。卵产在较坚实的土中，块产，卵块外有黄褐色分泌物封固。

(2) 东亚飞蝗 *Locusta migratoria manileensis*（Meyen）见图5-28。

分布与危害　全国各地均有发生，喜吃多种杂草及禾本科粮食作物。

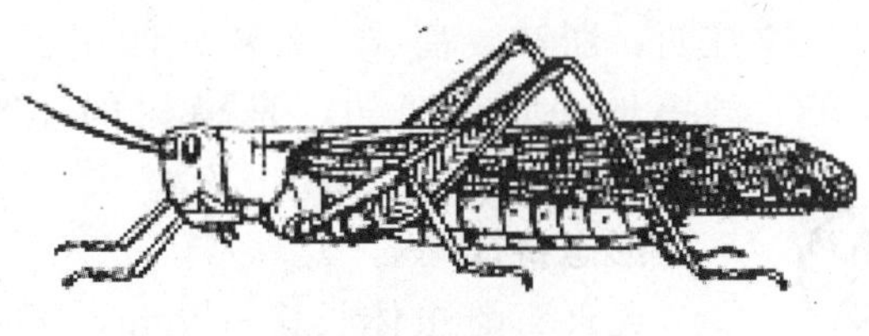

图5-28　东亚飞蝗

形态特征

成虫　雌成虫体长39.5～51.5mm，雄虫体长35.5～41.5mm，体色随环境变化而有所差异。通常为绿色或黄褐色。颜面垂直。触角淡黄色，复眼卵形，其前下方常有暗色条纹，后有较狭的淡色纵条纹，有时不明显。前胸背板中隆线发达，从侧面看，散居型略呈弧形，群居型微凹，两侧常具有暗色斑纹。后足腿节雌虫长19.0～28.7mm；雄虫17.5～23.5mm，群居型的腿节上侧有2个不明显的暗色条纹，散居型常消失或不明显，腿节内侧基部之半在隆线之间呈黑色，近顶端处具明显较狭的暗色横纹，后足胫节通常橘红色，群居型色稍淡，沿外缘通常具10～11个刺。

卵　卵块黄褐色，长筒形，中间略弯，其1/5部分为海绵状胶质，其下部藏卵粒，卵粒呈圆锥形，稍弯曲，长平均6.5mm，宽1.6mm，卵粒间有胶质粘附，在卵室中呈斜排列成4行。

若虫　共5龄，可根据触角节数及翅芽大小等区别龄期。

生活史及习性　飞蝗是我国历史上最严重的大害虫。其种群中有群居型和散居型之分，两型在形态、生理和习性上均有不同，但在一定条件下可以互变。在黄河、淮河、海河至长江流域一年发生2～3代，以卵囊在土中越冬。飞蝗在发生基地种群密度超过一定程度后，形成群居型，常群集向外迁飞，下落后常造成严重灾害。

关键与要点　蝗虫类防治方法

1. 人工捕捉　蝗虫发生量不大时，用捕虫网地面捕捉，可减轻危害。

2. 毒饵防治　用麦麸（米糠）100份＋水100份＋1.5%敌百虫粉剂2份（或40%氧化乐果乳油0.15份）混合拌匀，每公顷112.5kg；也可用鲜草100份切碎加水30份拌入上述药量，每公顷112.5kg。随配随撒，不要过夜。阴雨、大风和温度过高或过低时不宜使用。

3. 药剂防治　发生量较多时可采用药剂防治，常用的药剂有1.5%敌百虫粉剂、50%马拉硫磷乳剂、75%杀虫双乳剂、40%氧化乐果乳油，以1000～1500倍液喷雾。

4. 生物防治　保护和利用好蝗虫的天敌，主要有鸟类、蛙类、益虫、螨类和病原微生物等。

5.1.5　叶蜂类

叶蜂属膜翅目昆虫。幼虫体具横皱，除3对胸足外，通常有6～8对腹足，大多为植食性。

(1) 樟叶蜂 *Mesoneura rufonota* (Rohwer)　属膜翅目，叶蜂科（图5-29）。

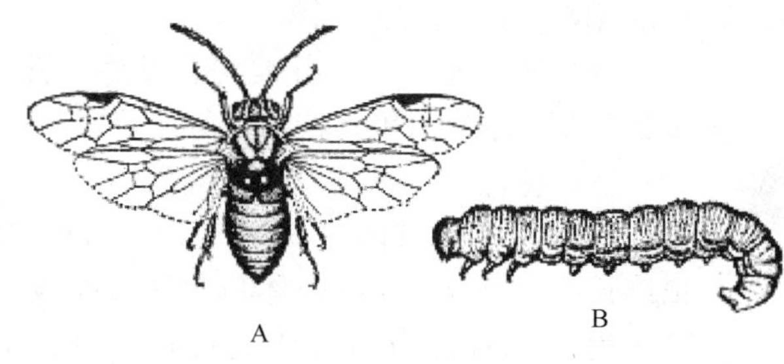

图5-29　樟叶蜂
A. 成虫　B. 幼虫

分布与危害　分布于广东、广西、江西、浙江、福建、湖南、四川、台湾等地。危害樟树，是樟树的主要害虫。

形态特征

成虫　雌虫体长7～9mm，翅展16～18mm；雄虫体长5～7mm，翅展13～15mm。头黑褐色，触角丝状9节。唇基黑色，其前缘中央有一浅凹列。上唇黄褐色，其前缘成弧形。中胸发达，棕黄色，后缘呈三角形，上有"X"形凹纹。翅膜质透明，翅脉明晰可见。足转节，前足的腿节基部和端部，中足的基节、腿节基部和端部、胫节、跗节，后足的基节、腿节端部、胫节基部为浅黄色，其余部分为黑褐色。腹部蓝黑色，略有光泽。

卵　乳白色，长约1mm，初产时肾形，孵化前变为卵圆形，并可见黑褐色眼点。

幼虫　老熟幼虫体长13～17mm，初孵时乳白色，头浅灰色。稍大后头变成黑色，体呈绿色，全身多皱纹。胸部及腹部1、2节背面密被黑色小点，胸足黑色，腹部末端弯曲。

蛹　椭圆形，长6～10mm，初为淡黄色，后变为暗褐色。茧为丝混泥土作成，黑褐色。

生活史及习性　发生代数各地不一，浙江、四川、江西一年1～2代，福建2～4代，广东一年1～7代，世代重叠，以3代为主。以老熟幼虫在土中结茧越冬。成虫白天羽化，飞翔力强，卵产于枝梢嫩叶上或芽苞上，产卵时，雌虫伸出锯状产卵器锯破叶片表皮，将卵产于伤痕内，产卵处叶面稍向上隆起，每雌虫可产卵75～158粒。成虫能孤雌生殖，寿命约4天，卵期3～6d。初孵幼虫取食叶背表皮及叶肉，留下上表皮，稍大后即可将叶吃成孔洞和缺刻，并可转移至另一叶危害，老熟时能食全叶。幼虫共4龄。预蛹期有滞育现象。

（2）月季叶蜂 *Arge pagana* Panzer　又名蔷薇三节叶蜂、田舍三节叶蜂、黄腹虫。属膜翅目，三节叶蜂科（图5-30）。

分布与危害　分布于北京、广东、江苏等地，危害蔷薇、月季、十姐妹、白玉棠、黄刺梅等。以幼虫取食嫩叶，大发生时常将嫩叶吃光或仅剩粗叶脉，严重影响花卉的观赏效果。

形态特征

成虫　雌虫体长7.5～8.6mm，翅展17～19mm，头、胸黑色，触角第三节向端部加粗，唇基黑褐色，其前缘中央呈弧形凹陷。腹部橙黄色，第1、2及4节背面中央有横纹；雄虫略小，触角第3节长于胸部，腹部第1、2、3、及7节背面中央有褐色横纹。

卵　椭圆形，淡绿色，长约1.1～1.3mm。

幼虫　老龄幼虫体长13.5～24mm，头宽1.5～2.0mm。头淡黄色，胴部个绿色。胸部各节背面又2、3列黑色毛片，腹部背面第一节有2列，第二至第九节背面各有3列黑色毛片，毛片上有许多刚毛。腹足6对，分别着生于腹部第2～6节及10节上。

蛹　体长6.0～10.3mm，淡黄色，羽化头胸变成黑色。茧淡黄色，卵圆形，丝质。

生活史及习性　一年代数因地而异，均以老熟幼虫在土中作茧越冬。最早地区翌年3月中旬出现成虫，卵单个产于嫩梢组织内呈“八”字排列。产卵时，用产卵器将寄主嫩梢纵向锯一开口，卵产于其中，每嫩梢上产卵10～30粒，多达64粒，3～5d后切痕纵列，卵粒外露，被

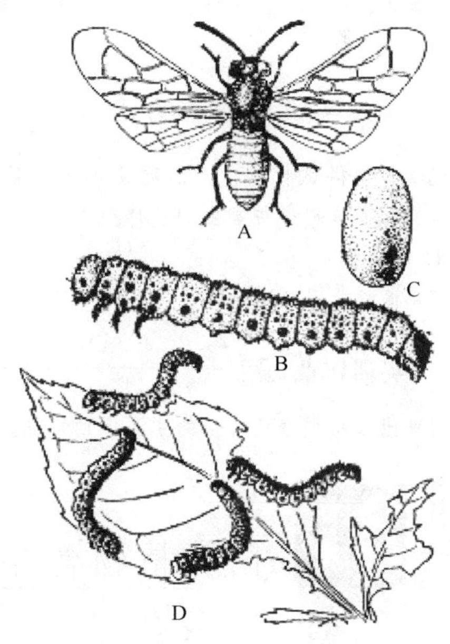

图5-30　月季叶蜂

A. 成虫　B. 幼虫　C. 茧　D. 被害状

害新梢破裂变黑，易倒折。幼虫共 5～6 龄，3 龄前有较强的群聚性，只在取食、寻找食物或结茧前活动，其余时间大多在叶缘或叶面靠胸足攀缘、翘起腹部而栖息。

关键与要点　叶蜂类防治方法

1. 人工物理防治　冬、春季在被害寄主附近土中挖茧消灭越冬虫蛹。及时摘除产卵枝梢、叶片以及群集取食的幼虫，集中处理。

2. 化学防治　幼虫为害期喷洒 50%杀螟松乳油、40%乙酰甲胺磷各 1000 倍液或 20%杀灭菊酯 2000 倍液。

3. 生物防治　喷施每 mL 含孢子量 100 亿以上的青虫菌粉或浓缩液 200～400 倍液。

实验实训 30　园林植物其他食叶害虫形态观察

实训目标

掌握园林植物其他食叶害虫的形态特征，能识别常见园林植物其他食叶害虫种类及危害症状。

实训用具与材料

解剖镜、放大镜、镊子、培养皿、解剖刀、蜡盘。

甲虫类、直翅类、叶蜂类害虫的生活史标本及被害状。

实训内容和方法

观察各种供试标本，对照理论内容所述的害虫形态特征，鉴别每种害虫的名称。

1. 叶甲类

观察榆黄叶甲、榆紫叶甲、白杨叶甲、柳蓝叶甲、葡萄十星叶甲的生活史标本及被害植物，识别各虫态形态特征。观察时注意区分各种成虫、幼虫。

2. 蝗虫类

观察本地常见蝗虫种类的生活史标本，识别其卵、若虫及成虫的形态特征。注意从头的形状、颜面与头顶倾斜角度、胸部侧片、足、翅、外生殖器等特征上区分各种蝗虫成、若虫；卵的观察注意其形状及卵在卵囊中的排列方式。

3. 叶蜂类害虫观察

观察樟叶蜂、月季叶蜂的生活史标本及被害植物，识别各虫态形态特征。观察时注意叶蜂幼虫外形很像鳞翅目幼虫，但腹足 6～8 对且无趾钩。被害植物叶片呈孔洞、缺刻或被食光，个别种类形成虫瘿。

实训作业

列表比较所观察的害虫的主要识别特征。

实验实训 31　园林植物食叶害虫防治

实训目标

学会毒绳的制作和使用，会利用喷雾法和施放寄生蜂方法防治食叶害虫的基本技能。

实训用具与材料

超低量喷雾喷粉机、常量喷雾器、塑料盒、电炉、量筒、特制剪刀、周氏啮小蜂、松毛虫赤眼蜂卵卡、硫磺粉、2.5%溴氰菊酯、3号润滑油、柴油、4号纸绳、各种杀虫剂。

实训内容和方法

1. 毒绳的制作和使用

在使用前3～5d，用2.5%溴氰菊酯乳油或20%氰戊菊酯乳油、3号润滑油、柴油或机油，按1∶1∶8的比例加热混合均匀，再将3号商业包装用纸绳投入药液中浸30min，捞出控干装入塑料袋，将口扎紧备用。

选择有松毛虫或其他害虫上下树时，用绑毒绳的特制剪刀在每株树干胸径处将毒绳环树一周系好即可。

2. 释放松毛虫赤眼蜂

选择松毛虫发生地块，调查基础上，掌握好松毛虫产卵的时间。一般检查赤眼蜂的眼睛是否变红，若已变红，还有2～3d可出蜂。放蜂次数一般2次，在松毛虫卵初期和盛期，数量比例分别为30%、70%，一般每公顷放75万～150万头。

挂卵卡时，为了保持一定湿度，用树叶卷包蜂卡，用大头针将蜂卡钉在树枝的背阴面或树干逆风向举手高处。蚂蚁常吃掉蜂卡上的卵粒，可用机油和硫磺粉（3∶1）混合剂涂在枝条上，以防蚁害。按蜂的活动效能（放蜂半径10m）每667m^2设6～8个放蜂点即可。放蜂时注意天气情况，大风、大雨不宜放蜂。

3. 喷雾法防治食叶害虫

先将各种药剂按要求进行稀释，用超低量喷雾喷粉机或常量喷雾器将药剂均匀喷洒在植株上。观察防治效果。

实训作业☞

根据实际发生的食叶害虫种类，拟定防治方案，并完成防治实施工作报告。

5.2　园林植物吸汁害虫防治

园林植物吸汁害虫可分为两大类群，一类是昆虫纲中同翅目、缨翅目、半翅目的一些昆虫，另一类群是蜘蛛纲中蜱螨目的各种红蜘蛛。除少数蚜虫、螨类等形成虫瘿在植物组织中危害外，多数种类聚集在植物幼嫩部位，以刺吸式口器吸取植物汁液，不仅造成枝叶枯萎，整株死亡，其分泌物还能诱发煤污病的发生，多数种类是传播病毒病的媒介，这类害虫多因个体小，发生初期危害状不明显，往往被人们所忽视，条件适宜的情况下，繁殖能力强，发生世代多，扩散蔓延速度快，在防治中如果不抓好有利时机，采取有效防治方法，很难达到防治效果。

5.2.1　同翅类

同翅类包括蝉类、蚜虫类、介虫类、粉虱类和木虱类等昆虫，是吸汁害虫种类最多的一类，他们除刺吸汁液危害植物外，还产卵于植物幼嫩枝条，造成枝条干枯，甚至死亡。

1. 蝉类

大青叶蝉 *Cicadella viridis*（Linnaeus）又名大绿浮尘子、桑浮尘子，属同翅目、叶蝉科（图 5-31）。

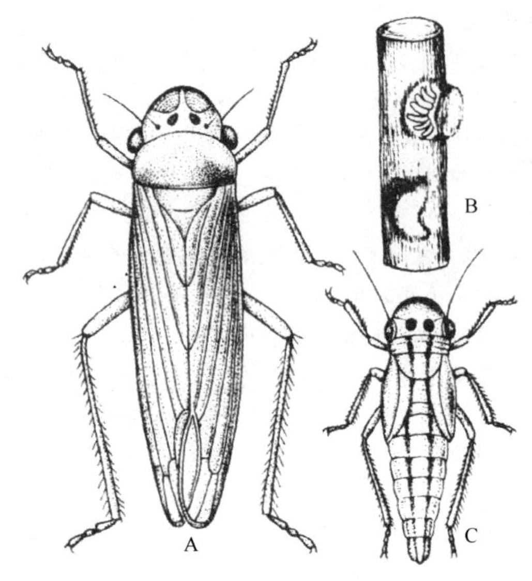

图 5-31　大青叶蝉
A. 成虫　B. 卵　C. 若虫

分布与危害　分布广泛，食性杂，危者多种植物，如木芙蓉、杜鹃花、梅、李、樱花、海棠、杨、柳、槐、桑、竹、柏、梧桐、构树、扁柏、桃、李、苹果、梨等共 39 科 166 种。主要是产卵危害，把卵产于树木皮层内，形成伤口，冬天易梢条枯干，严重影响树木生长。

形态特征

成虫　雌虫体长 9.4～10.1mm，雄虫体长 7.2～7.3mm，头部颜面淡褐色，两颊微青，在颊区近唇基缝处左右各有 1 个小黑斑；触角窝上方、2 单眼之间有 1 对黑斑。复眼三角形、绿色。前胸背板淡黄绿色，后半部深青绿色。前翅绿色带有青蓝色泽，前缘淡白，端部透明，翅脉为青黄色，具有狭窄的淡黑色边缘。后翅烟黑色，半透明。

卵　长卵圆形，长 1.6mm、宽 0.4mm，白色微黄，中间微弯曲，一端稍细，表面光滑。

若虫　共 5 龄，1～2 龄若虫体色灰白而微带黄绿色，2 龄色略深，头冠部皆有 2 黑色斑纹，胸腹部背面无条纹。3 龄若虫体色黄绿，除头冠部具 2 黑斑外，胸、腹部背面出现 4 条暗褐色条纹，翅芽出现。5 龄若虫中胸翅芽后伸，几乎与后胸翅芽等齐。

生活史及习性　我国北方及江苏均 1 年发生 3 代，以卵越冬。在北京各代发生期为 4 月上中旬孵化，若虫孵化后常喜群集在草上取食。偶然受惊便斜行或横行，由叶面向叶背逃避，如惊动太大，便跳跃而逃。第二代成虫发生在 7～8 月间，9～11 月为第三代成虫出现，危害一段时间，10 月中旬开始在枝条上产卵，产卵时以产卵器刺破枝条表皮，呈半月形伤口，将卵产于其中。成虫趋光性很强。

常见种类还有二星叶蝉 *Erythroneura apicalis* Nawa 又名葡萄斑叶蝉、黑尾叶蝉、蚱蝉 *Cryptoympana atrata*（Fabricius）又名知了，区别见表 5-14。

表 5-14　三种蝉类比较

害虫名称	主要识别特征	主要生活习性
二星叶蝉	成虫体长约 3.7mm，全体淡黄色，头顶有两个圆形小黑斑，故名二屋叶蝉 若虫孵化时白色，老熟时黄白色	北京 1 年 2 代，以成虫在石缝、墙缝、杂草或落叶等处过冬。翌年 4 月开始活动，6 月中、下旬第 1 代若虫出现。8 月第 2 代若虫出现，受害叶片上有一层白，严重的整个叶片呈灰白色

续表

害虫名称	主要识别特征	主要生活习性
黑尾叶蝉	成虫体长4.5～5.5mm，黄绿或绿色，头顶弧形，在二复眼间有一条黑色横带纹。雄虫前翅端部1/3处黑色，腹部黑色 若虫共5龄，3龄后出现翅芽，中后胸背面各有倒“八”字形斑纹	一年发生世代各地不同，有世代重叠现象。以若虫和少量成虫在杂草上越冬，以成虫和若虫刺吸植物叶片，受害叶片出现点线状白色小点
蚱蝉	成虫体长44～48mm，体黑色，有光泽，被金色绒毛。头部中央及颊上方有红黄色斑纹；中胸背板宽大，中央有黄褐色的“X”形隆起 末龄若虫体长约35mm，黄褐色，前足开掘式	北京数年完成1代，以卵和若虫过冬。幼虫一生都在土中生活。6月间羽化成虫，7月中下旬开始产卵，多产于4～5mm粗的枝梢上，用产卵器把枝条刺破，造成爪状产卵孔。树木枝梢被刺伤失水而干枯，严重时秋天满树都有枯枝梢

关键与要点 蝉类害虫防治措施

1. 园林技术防治 加强管理，勤除草，清洁庭园，结合修剪，剪除受害枝以减少虫源。

2. 物理防治 于冬季或早春在其卵孵化前，剪除产卵枝梢集中烧毁。在成虫危害期，利用灯光诱杀，消灭成虫。发动群众傍晚或在早晨捉新羽化的知了成虫。

3. 药剂防治 在若虫、成虫危害期，可喷40%氧化乐果、50%杀螟松、50%辛硫磷乳油、90%晶体敌百虫1000～1500倍液或2.5%溴氧菊酯乳油2000倍液。

2. 蚜虫类

属同翅目、蚜总科。以成虫和若虫聚集在植物幼嫩部位吸食危害，常使芽稍枯萎、叶片变色、皱缩卷曲或形成虫瘿，影响植物生长。蚜虫还大量分泌蜜露，不但影响植物正常光合作用，还常常诱发煤污病的发生；有些种类还是植物病毒病的传播者。

绵蚜 *Aphis gossypii* Glover 绵蚜属同翅目、蚜科（图5-32）。

分布与危害 分布全国各地。寄主植物近300种。危害扶桑、木槿、蜀葵、石榴、一串红、倒挂金钟、茶花、菊花、牡丹、常春藤、紫叶李、垂竹、夹竹桃、兰花、梅、大丽花、紫荆、仙客来、鸡冠花、玫瑰等花木。以成虫和若虫群集在寄主的嫩梢、花蕾、花朵和叶背，吸取汁液，使叶片皱缩，影响开花，同时诱发煤污病。

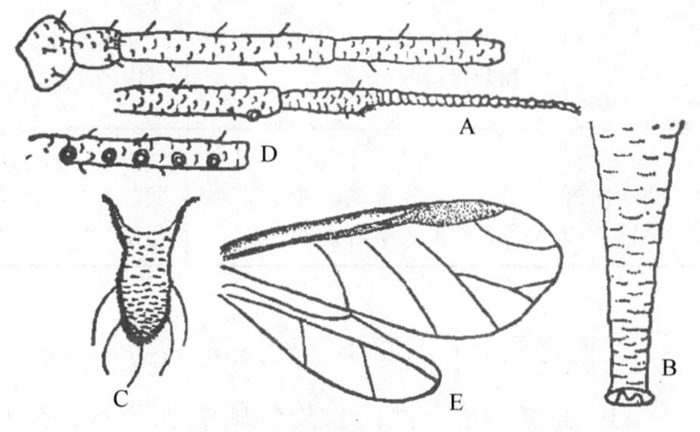

图5-32 绵蚜

无翅孤雌蚜：A. 触角 B. 腹管 C. 尾片

有翅孤雌蚜：D. 触角Ⅲ E. 前后翅

形态特征

成虫 无翅胎生雌蚜体长1.5～1.8mm，夏季黄绿色，春秋季棕色至黑色，体外被有蜡粉；复眼黑色；触角 6 节，仅第 5 节端部有 1 感觉圈；腹管圆筒形，基部较宽，尾片圆锥形，近中部收缩。有翅胎生雌蚜体长 1.2～1.9mm，黄色、浅绿色或深绿色，前胸背板黑色，腹部两侧有 34 对黑色斑纹；触角 6 节，感觉圈着生在第 3、5、6 节上，第 3 节上有成排的感觉圈 5～8 个；腹管黑色，圆筒形，上有覆瓦状纹；尾片黑色，形状同无翅型。

卵　椭圆形，长约 0.5mm，漆黑色，有光泽。

若蚜　无翅若蚜复眼红色，无尾片，夏季多为黄白色至黄绿色，秋季蓝灰色至蓝绿色。有翅若蚜虫体被蜡粉，体两侧有短小的褐色翅芽，夏季黄褐或黄绿色。

生活史及习性　1 年发生 20 代，以卵在木棒、石榴等的校条上越冬，翌春 3～4 月卵孵化为干母，在越冬寄主上进行孤雌胎生，繁殖 3～4 代，4～5 月间产生有翅胎生雌蚜，飞到菊花、扶桑、茉莉、瓜叶菊或棉叶等夏季寄主上危害，并继续孤雌生殖。晚秋 10 月间产生有翅迁移蚜，从夏寄主迁移到冬寄主上，产生有性无翅雌蚜和有翅雄蚜，交配后产卵，以卵越冬。捕食性天敌有各种瓢虫（如七星瓢虫、异色瓢虫、十三星瓢虫等）、大草蛉、丽草蛉、食蚜蝇、食蚜瘿蚊、蚜茧蜂等。

常见种类还有月季长管蚜 *Macrosiphum rosivorum*、菊小长管蚜 *Macrosiphoniella sanborni*（Gillette）、桃蚜 *Myzus persicae*（Sulzer）等，区别见表 5-15。

表 5-15　三种蚜虫比较

害虫	月季长管蚜	菊小长管蚜	桃蚜
寄主	月季、蔷薇、玫瑰等	菊属、艾属等	桃、李、梅花、月季、夹竹桃等
识别特征	无翅孤雌蚜长 4.2mm，淡绿色，有时红色；腹管长管状，黑色，端部具网状纹。尾片长圆锥形。有翅孤雌蚜长 3.5mm，草绿色，中胸土黄色。触角、腹管黑色，第 8 腹节有大宽横带 1 个	无翅孤雌蚜长 1.5mm，赫褐色至黑褐色，腹管、尾片和尾板黑色。触角第 3 节淡色；有翅孤雌蚜长 1.7mm。胸黑色，腹淡色，有灰色斑纹	无翅孤雌蚜长 2mm，黄绿色。复眼红色，腹管较长，圆筒形。有翅孤雌蚜长 2.2mm。头、胸部黑色，腹背有黑斑
生活史	1 年发生多代，以成蚜在叶芽和叶背越冬	1 年发生多代，以成蚜在温室内越冬	1 年 10～30 代，以卵在枝梢、芽腋和树皮缝或以孤雌蚜在温室中越冬
为害时期	每年 4 月中、下旬至 5 月和 9～10 月为危害高峰期。多群集危害花蕾、新梢和嫩叶	每年 4～6 月和 8 月为危害时期，为害经茎、幼叶，影响开花	翌年 3 月中旬越冬卵孵化，并群集芽上为害，展叶后于叶背取食，每年 4～5 月危害最重

关键与要点　蚜虫类防治方法

1. 加强检疫　严防检疫性蚜虫随苗木、接穗和果实的调运传入。

2. 物理防治　盆栽花卉上零星发生时，可用毛笔蘸水刷掉。刷下的蚜虫，要及时处理干净，以防蔓延；木本花卉上的蚜虫，可在早春刮除老树皮及剪除受害枝条，消

灭越冬卵；凡有检疫对象如葡萄根瘤蚜等发生的地区，严禁苗木和插条外运，特殊需要外运的，必须经严格检疫和彻底消毒处理。

3. 利用色板诱杀 在花卉栽培地或温室内，可放置黄色黏胶板，诱载有翅蚜虫。还可采用银白锡纸反光，拒栖迁飞的蚜虫。

4. 化学防治 蚜虫发生量大时，可喷40%氧乐果、1.2%烟参碱液500～800倍液、10%吡虫啉可湿性粉剂1000倍液或50%抗蚜威可湿性粉剂7000倍液喷雾，均有良好防效。

5. 保护和利用天敌 蚜虫的天敌种类很多，常见的有瓢虫、草蛉、食蚜蝇、蚜茧蜂、蚜小蜂等。天敌真菌中，最重要的是蚜霉菌属，它在蚜虫的体外寄生。适当栽培一定数量的开花植物，有利于天敌活动。施用农药，应在天敌极少、且不足以控制蚜虫密度时为宜。

3. 蚧类

蚧类属同翅目蚧总科。通称介壳虫，与园林关系密切的有珠蚧、蜡蚧、粉蚧、绵蚧和盾蚧等。

(1) 草履蚧 *Drosicha corpulenta* (Kuwana) 草履蚧属同翅目、硕蚧科（图5-33）。

分布与寄主 分布于黑龙江、辽宁、吉林、河北、河南、山西、江苏、浙江、湖南、湖北、广东、广西等地区。危害杨、柿、核桃、泡桐、白蜡、广玉兰、罗汉松、珊珊树、樱花、无花果等花木。若虫和成虫常聚集在树干基部或嫩枝、幼芽等处，吮吸汁液危害，影响花木生长；其排泄物使树体一片污黑，不仅使植物光合作用受到影响，也降低了植物的观赏性。

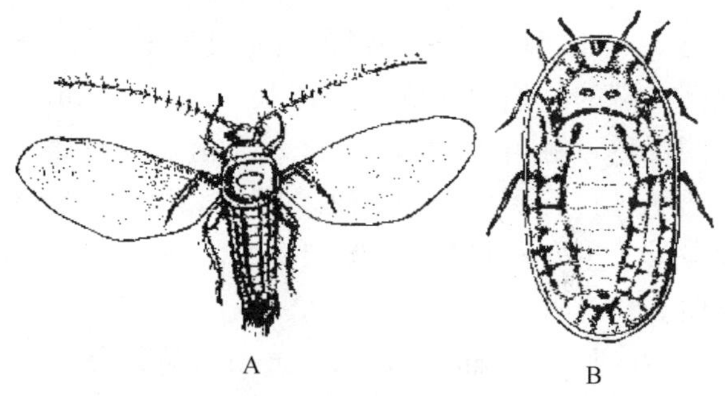

图5-33 草履蚧

A. 雄成虫 B. 雌成虫

形态特征

成虫 雌成虫体长椭圆形，长7.8～10.0mm，黄褐色或红褐色，体被细毛和白色蜡粉，腹部有横皱褶和纵沟，形似草鞋，故称草履蚧；体节分节明显，腹部背面可见8节；触角多为8节，少数9节；胸气门2对，腹气门9对，孔口圆形；口器发达；虫体背、腹两面有体刺和体毛分布。雄成虫紫红色，长54mm，翅1对，淡黑色，触角丝状10节。

卵 椭圆形。初产时黄白色，渐变为黄赤色。卵产于卵囊中，卵囊白色。

幼虫 除体型小之外，外形与雌成虫相似。

蛹 雄蛹圆筒形，褐色，外被白色绵状物。

生活史及习性 1年发生1代，以卵囊在树根附近的土中越冬。长江流域各省，越冬卵在当年的12月份和次年1月份孵化，但若虫仍留于卵囊中，2、3月温度回升后，若虫上树危害，多集中在 1～2 年生枝上吸食危害，以 4 月份危害最烈。4 月下旬雄虫做茧化蛹，5 月上旬羽化成虫。交配后的雌成虫于 5 月下旬开始，寻找附近疏松的土表或树皮缝隙等处形成卵囊产卵。每雌可产卵 40～60 粒，以卵越夏过冬。

（2）日本松干蚧 *Matsucoccus matsumurae*（Kuwana）又名松干蚧（图 5-34）。

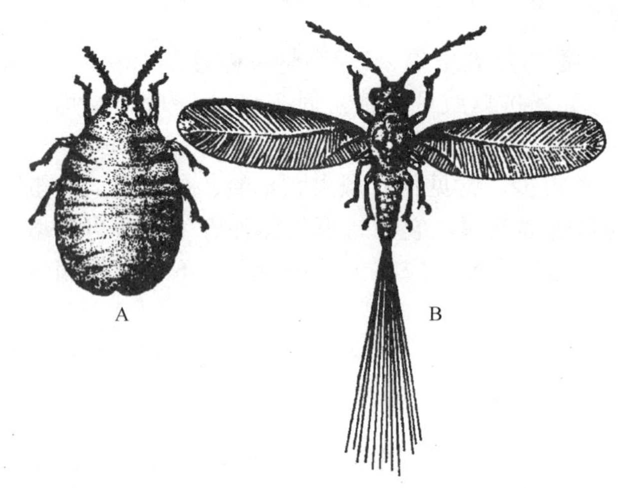

图 5-34　日本松干蚧
A. 雌成虫　B. 雄成虫

分布与寄主　原产日本，1942 年在辽宁旅顺口老铁山首次发现，现分布于山东、辽宁、吉林、江苏、安徽、浙江和上海等地。主要为害赤松、油松、马尾松，也危害黄山松、千山赤松及黑松等，造成树干倾斜弯曲或枝条软化下垂，树皮翘裂，针叶枯黄，芽梢萎蔫。

识别特征

成虫　雌成虫卵圆形，体长 2.5～3.3mm，橙褐色。体壁柔韧，体节不明显，头端较窄，腹端肥大。触角 9 节，基部 2 节粗大。口器退化，黑色。胸足 3 对，胸气门 2 对，腹气门 7 对，在第 2～7 腹节背面有圆形的背疤排成横列，全身的背、腹面皆有双孔腺分布，生殖孔在腹部末端的凹陷内。雄成虫体长 1.3～1.5mm，翅展 3.5～3.9mm。头、胸部黑褐色，腹部淡褐色。触角 10 节，基部 2 节粗短；复眼大而突出，紫褐色；口器退化。前翅发达，半透明，具有明显的羽状纹，后翅退化成平衡棒。腹部 9 节，第 8 节背面有一马蹄形的硬片，其上生有柱状管腺 10～18 根，分泌白色长蜡丝；腹部末端有一钩状交尾器，向腹面弯曲。

卵　长 0.24mm，宽 0.14mm，椭圆形，初产时黄色或橙黄色，后渐变暗黄色。孵化前，在卵的 1 端可透见 2 个黑色眼点。卵粒包被于白色椭圆形的卵囊中。

幼虫　初孵若虫长椭圆形，橙黄色，胸足发达，腹末有长短尾毛各 1 对。1 龄寄生若虫梨形或心脏形，橙黄色。2 龄无肢若虫触角和足消失，口器特别发达，虫体周围有长的白色蜡丝，雌雄分化显著。雌若虫扁圆形，橙褐色；雄若虫椭圆形，褐色或黑褐色。3 龄雄若虫长椭圆形，橙褐色，外形与雌成虫相似，但腹部不如雌成虫宽大，腹部背面无背疤，腹末不向内凹入。

雄蛹　头、胸部淡黄褐色，腹部褐色，眼紫褐色，附肢和翅灰白色。包被于白色椭圆形小茧中。

生活史及习性　1 年 2 代，以 1 龄寄生若虫越冬（或越夏）。各代的发生期因我国南北方气候不同而有差异。在山东、辽宁越冬代 1 龄寄生若虫到次年树液流动开始活动，4 月下旬雄虫开始变伪蛹，5 月上旬至 6 月中旬出现越冬代的雌、雄成虫。5 月下旬至 6 月下旬第 1 代若虫寄生，从 7 月上旬至 10 月中旬出现第 1 代雌雄成虫。第 2 代若虫寄生后于 10～12 月上旬越冬。南方早春气温回暖早，越冬代 1 龄寄生若虫发育成 2 龄无肢若虫的时

期也较早，到达成虫期比北方早1个多月。而南方夏季高温持续期较长，第1代1龄寄生若虫越夏的时间也延长，第1代成虫期比北方晚1个多月。北方秋季气温下降早，第2代1龄寄生若虫进入越冬期比南方为早。

成虫一般在晴朗、气温高的天气羽化数量较多，雄成虫羽化后，多沿树干爬行或作短距离飞行，寻觅雌成虫交尾。雌成虫交尾后沿树干爬行，寻找隐蔽场所，分泌白色蜡丝，逐渐形成卵囊。一般交尾后第2天即可产卵，每雌平均产卵223～268粒。未经交尾的雌成虫不能产卵，只能分泌蜡丝形成较薄的卵囊。

1龄初孵若虫较活泼，爬行1～2d后，开始固定寄生，体形由梭形变成梨形或心脏形，此期因虫体小而营隐蔽寄生，故称为隐蔽期。1龄寄生若虫蜕皮后，雌雄分化明显，由于虫体迅速增大而显露在树皮缝外，称为显露期。2龄无肢雄若虫蜕壳后，为3龄雄若虫，雄若虫出壳后，寻找隐蔽场所，分泌白色蜡丝，结茧化蛹。松干蚧有喜湿忌干的习性，其卵囊很轻，易被风吹散而传播。

常见种类还有红蜡蚧 *Ceroplastes rubens* Maskell、日本龟蜡蚧 *Ceroplastes japonicus* Green、吹绵蚧 *Icerya purehasi* Maskell 等，区别见表5-16。

表5-16 三种介壳虫比较

害虫名称	红蜡蚧	日本龟蜡蚧	吹绵蚧
分布	分布长江以南各地，北方温室内也有发生。危害多种植物	分布于全国各地。食性杂，危害多种植物	分布于热带和温带较温暖的地区。危害多种植物
主要识别特征	雌成虫体椭圆形，暗红色，长2.5mm。介壳近椭圆形，蜡质坚厚，长3～4mm，初玫瑰红色，后呈紫红色。老熟时背面隆起呈半球形，顶部凹陷，有4条白色蜡带向上卷起；雄成虫体长1mm	雌成虫体宽卵圆形，红褐色，体长约4mm，体表覆盖灰白色蜡壳，雌虫产卵时，可见背面1块蔷薇色的中心板和8块褐红色的缘板，状如龟背；雄成虫体棕褐色，长椭圆形，长约1mm	雌成虫橘红色，椭圆形，长4～7mm，背面隆起，呈龟甲状。体外被有白色而微带黄色之蜡质粉及絮状纤维。腹部后方有白色半卵形卵囊，初时甚小，后随产卵而增大；雄成虫体小而细长，橘红色，长约3mm
生活史	1年1代，以受精雌成虫在枝干上越冬	1年发生1代，以受精雌成虫在枝条上越冬	每年发生的世代数因地而异。在浙江黄岩1年发生2～3代，广东3～4代，以雌成虫或若虫在枝干上越冬
危害时期	浙江一带，越冬雌成虫于5月下旬至6月上、中旬产卵、孵化，7～8月份是危害最重时期。多在寄主植物光线较强的外侧枝叶上危害，而内层枝叶上较少发生	在南京，越冬雌成虫于翌年5月中旬大量产卵，若虫于6月上旬大量孵化。初孵若虫多寄生于叶片，少数也寄生于嫩枝和叶柄上	在上海，越冬雌成虫于翌春3月开始产卵，5月下旬至6月上旬为若虫盛孵期，成虫于7月中旬发生较多。第2代8月上旬为孵化盛期，若虫8～9月最盛。初孵若虫多寄居于新梢及叶背的叶脉两旁。2龄后渐向大枝及主干爬行，群集危害

蚧虫也是北方温室植物发生普遍一类重要害虫。常见种类有广食褐软蚧（*Coccus hesperidum* L.）、苏铁褐点并盾蚧（*Pinnaspia aspidistrae* Signoret）、康氏粉蚧（*Pseudococcus comstocki* Kuwana）等，区别见表 5-17。

表 5-17 北方温室三种介壳虫比较

害虫名称	广食褐软蚧	苏铁褐点盾蚧	康氏粉蚧
寄主	夹竹桃、月季、无花果、桂花等 100 余种植物	百合、茶、兰、石楠、禾本科等 80 余种植物	夹竹桃、茉莉、石榴等多种植物
主要识别特征	雌虫长 1.5～4.5mm，无介壳，黄绿、黄褐或褐色，体扁平，壁薄而软，前狭后宽。体背具黑色成网状横带五条；雄虫长 1mm，黄绿色	雌虫介长 2～2.8mm，长梨形，前尖后宽圆，常弯曲，质地薄，壳点 2 个，淡褐色；雄虫介壳长条形，长约 1mm，背具纵脊 3 条，壳点 1 个，淡黄色	雌虫长 3～5mm，椭圆形，红色，体被一层较薄的白色蜡粉，体缘周有白色蜡丝 17 对；雄虫长 1mm，紫褐色，具尾须 1 对
生活史	在北方温室 1 年发生 3、4 代，以初龄若虫和雌虫越冬。各代若虫初孵期分别到为 5 月下旬、7 月中旬和 10 月上旬	1 年发生 1～3 代，以受精成虫越冬。1 年 2 代者，其成虫分别于 7、8 月和 10 月间出现	1 年发生 2～4 代，以卵囊在枝干皮缝或面缝土块等处越冬，各代若虫于 5 月中下旬、7 月中下旬、8 月下旬出现
危害时期	每年的 5 月下旬至 10 月中旬均可危害	每年的 5 月上旬、6 月下旬和 8 月下旬危害最重	每年的 6、8 月危害盛期

关键与要点 蚧类防治方法

1. 检疫 在自然情况下，蚧虫是不活泼或不活动的种类，其自身传播扩散能力有限。但由于其本身特点，极易随苗木、果品、花卉的调运与交换传播各地，因此在引进和调出苗木、接穗、果品等植物材料时，要严格执行植物检疫措施，防止检疫性有害生物的传人或传出。对于带虫的植物材料，应立即进行消毒处理。常用的熏蒸剂有溴甲烷，用药量 20～30g/m^3，时间 24h。经过认真防治后方可调运。否则，要集中烧毁。

2. 园林栽培措施防治 主要是通过园林栽培措施来改变和创造不利于蚧虫发生的环境条件，不仅有直接防治的作用，还有积极的预防作用。在温室管理中，合理疏枝，保持通风、透光等良好的生态环境，可以减少或削弱害虫危害。采用一些简易方法，也有很好效果。如冬季或早春，结合修剪，剪去部分有虫枝，集中烧毁，以减少越冬虫口基数，对个别枝条或叶片上的蚧虫，可用软刷轻轻刷除。

3. 化学防治 介壳虫发生量大、危害严重时，可采用药剂防治。

喷药 冬季和早春植物发芽前，可喷施一次 3～5 波美度石硫合剂，3%～5%柴油乳剂、10～15 倍的松脂合剂，以消灭越冬若虫和雌虫。

涂干法　于幼龄若虫发生期，在树干上刮1个宽20～30cm宽的树环，老皮见白，嫩皮见绿，所用农药有40%氧化乐果（对梅、桃、李等蔷薇科植物会有药害）和10%吡虫啉等，每株树原药用量，中、小树2～3mL，大树5mL，农药稀释倍数为5～10倍。

注药　先用直径约1cm的电钻头或尖头凿，在树干离地面30～50cm处，或主干近第一分枝下方，对准大主枝打孔，再用废弃的医用注射器或吸管滴注药液，每树用药量视树大小，常用药有40%氧化乐果乳油、10%吡虫啉乳油5～10倍液打孔注入受害株基部，注入后用湿泥或胶带封住注孔。常用原药2～3mL或2～3g，稀释5～10倍，夏季高温时可稀些。1个生长季节可注药2～5次，每次间隔约1个月，同一孔注药数次后，可适当加深，以加速药液渗入，停药后用水泥堵塞孔。

喷雾法　在初孵若虫发生盛期，使用化学农药喷洒树冠1～3次。常用的药剂有10%吡虫啉乳油1000倍液、1.8%阿维菌素乳油2500～3500倍液、40%毒死蜱乳油1000倍液、20%氰戊菊酯乳油1500倍液、对于在枝干上越冬的蚧，可在早春树液开始流动时，使用3°～5°Be石硫合剂，或95%机油乳剂80倍液防治越冬蚧虫。

根施　在树周围细根最多处挖放射状沟或挖3～5个弧形沟，沟内均匀撒3%呋喃丹颗粒剂，或15%涕灭威（铁灭克）颗粒剂，用药量按树胸径而定，每厘米胸径针叶树为5～8g，阔叶树为3～5g，灌木按冠丛直径每厘米施药0.15～0.25g，各药剂拌细干土50倍，以便施药均匀。根施法在近水源地不宜用。

4. 保护和利用天敌　蚧虫天敌多种多样，种类十分丰富，如澳洲瓢虫可捕食吹绵蚧；大红瓢虫和红缘黑瓢虫可捕食草履蚧；红点唇瓢虫可捕食褐软蚧本龟蜡蚧、绵蚧等多种蚧虫。寄生盾蚧的小蜂有蚜小蜂、跳小蜂、缨小蜂等。

4. 粉虱类

属同翅目，粉虱科，是我国设施花卉重要害虫类群之一。主要以若虫群集在叶背吸汁危害，使被害叶片发黄，严重时导致叶片凋萎、干枯。成虫、若虫能分泌蜜露，诱发煤污病害，有的种类还能传播植物病毒病。

（1）温室白粉虱 *Trialeurodes vaporariorum* Westwood　又名白粉虱，属同翅目、粉虱科（图5-35）。

分布与危害　分布于东北、华北，江浙一带。是一种分布很广的露地和温室害虫。危害瓜叶菊、天竺葵、茉莉、扶桑、倒挂金钟、金盏花、万寿菊、一串红、一品红、月季、牡丹、绣球、大丽花等70多种观赏植物。主要以成虫和若虫群集在寄主植物叶背，吮吸汁液危害。严重时，导致叶片褪色、凋萎，直至干枯，直接影响植物光合作用。此外，该虫能分泌蜜露，诱发煤污病。

形态特征

成虫　体淡黄白色，体长1.0～1.2mm，复眼赤红色，触角短丝状，7节，翅2对，膜质，覆盖白色蜡粉，前翅有一长一短2条脉，后翅有1条脉。

卵　初产淡黄色，后变紫黑色。卵表面覆盖白色蜡粉。

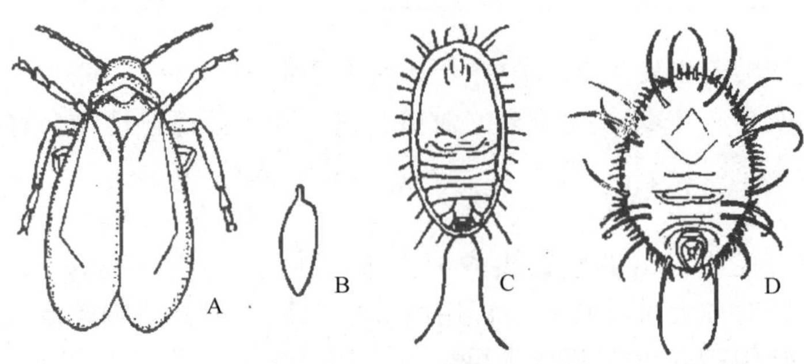

图 5-35　温室白粉虱

A. 成虫　B. 卵　C. 若虫　D. 蛹壳

幼虫　体长约 0.5mm，扁平，椭圆形，黄绿色。体缘及体背具数十根长短不一的蜡丝，2 根尾须稍长。腹背末端具浅褐色排泄孔。

蛹　椭圆形，中央突起，淡黄色。踊体周围有纵向榴皱，蜗背有 10～11 对刚毛状蜡刺，蜡刺易断裂。

生活史及习性　1 年发生 10 多代，在温室内可终年繁殖，繁殖快，产卵量大，世代重叠严重，以各种虫态在温室植物上越冬。成虫喜欢群集在上部嫩叶背面取食和产卵，随着植物生长，成虫不断躲避上部嫩叶片上转移。一般是最上部嫩叶以成虫和初产卵最多，稍下部叶片为即将孵化的卵和初孵若虫，再往下为 2～3 龄幼虫，最下部叶片以蛹为多。每雌可产卵 100～200 粒，卵期约 6～8d，幼虫期 8～9d，蛹期 6～7d。成虫营有性生殖和孤雌生殖。成虫具有趋，趋黄色和嫩绿色的特性。

(2) 黑刺粉虱 *Aleurocanthus spiniferus* Quaintance　又名橘刺粉虱，属同翅目、粉虱科（图 5-36）。

分布与危害　分布于浙江、江苏、广东、广西、福建、台湾等地。危害月季、蔷薇、白兰、米兰、玫瑰、榕树、樟树、山茶、柑橘等花木。以若虫群集在叶片背面吸食汁液，严重发生时每片叶片上有虫数百头。其排泄物能诱发煤污病使枝叶发黑，枯死脱落，有碍观赏。

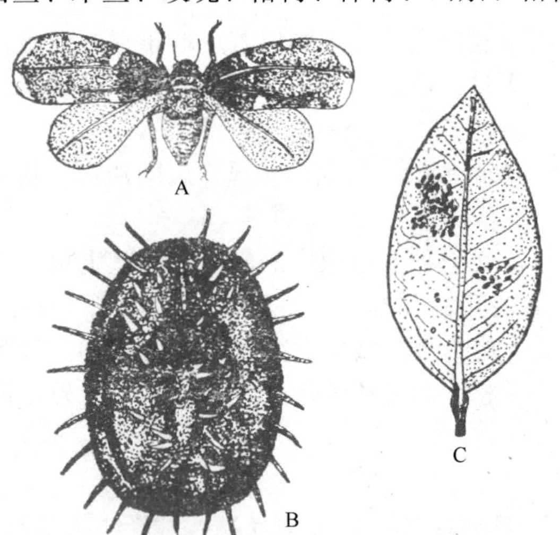

图 5-36　黑刺粉虱

A. 雌成虫　B. 雌蛹壳　C. 被害状

形态特征

成虫　体长约 1.0～1.3mm，体橙黄色，覆有蜡质白色，粉状物。前翅紫褐色，有 7 个不规则的白斑，后翅无斑纹，较小，淡紫褐色。复眼红色。

卵　长肾状形，基部有 1 小柄，黏附在叶片背面。初产时淡黄色，孵化前呈紫黑色。

若虫　共 3 龄。初孵若虫椭圆形，体扁平，淡黄色，体周缘呈锯齿状，尾端有 4 根尾毛，后渐转黑色，并在体躯周围分泌 1 白色蜡圈，随虫体增大，蜡圈也增粗。老熟若

虫体深黑色，体背有 14 对刺毛，周围白色蜡圈明显。

蛹　椭圆形，初化蛹时乳黄色，透明，后渐变黑色。蛹壳黑色有光泽，椭圆形，周围附有白色绵状蜡质边缘，背面中央有 1 隆起的纵脊，体背盘区胸部有 9 对刺，腹部有 10 对刺，两侧边缘雌蛹有刺 11 对，雄蛹 10 对，向上竖立。

生活史及习性　在浙江、安徽 1 年发生 4 代，以老熟若虫在叶背越冬。翌年 3 月化蛹，4 月上、中旬成虫开始羽化。各代若虫发生盛期分别在 5 月下旬、7 月中旬、8 月下旬、9 月下旬至 10 月上旬，第 13 代发生比较整齐，有世代重叠现象。成虫白天活动，卵多产于叶背，每雌产卵约 20 粒，有孤雌生殖现象。天敌有粉虱寡节小蜂、刺粉虱黑蜂、草蛉及红点唇瓢虫等。

关键与要点　粉虱防治方法

1. 加强植物检疫工作　注意检查进入塑料大棚和温室的各类花木，尽可能避免将虫带入。

2. 园林技术防治　清除园林温室和大棚周围的杂草，以减少虫源；适当修枝，保持通风光的环境，可减轻该类害虫的危害。

3. 物理防治　白粉虱成虫对黄色有强烈趋性，可在植株旁悬挂或插黄色木板或塑料板，并在板上涂黏油，振动花卉枝条，使飞舞的成虫趋向和黏到黄色板上，起到诱杀作用。

4. 药剂防治　在若虫盛发期或成虫盛发期可喷洒 40％氧化乐果、10％吡虫啉、50％杀螟松各 1000 倍液，或 2.5％鱼藤精 4000 倍液。要狠抓第 1 代防治。喷时注意药液均匀，叶背处更应周到喷射。

5. 生物防治　注意保护天敌。如丽蚜小蜂、长棒角蚜小岭、中华草蛉、红点唇瓢虫等。

5. 木虱类

属同翅目、木虱科。体小型。成虫能飞善跳，若虫群栖，有分泌蜡丝或蜜习性。大多数种类食性专一，只危害一种或相近种植物。以成虫、若虫刺吸嫩枝嫩叶危害，受害植物长势衰弱，枝叶枯萎。其分泌物招致煤污病发生。

梧桐木虱 *Thysanogyna limbata* Enderlein　见图 5-37。

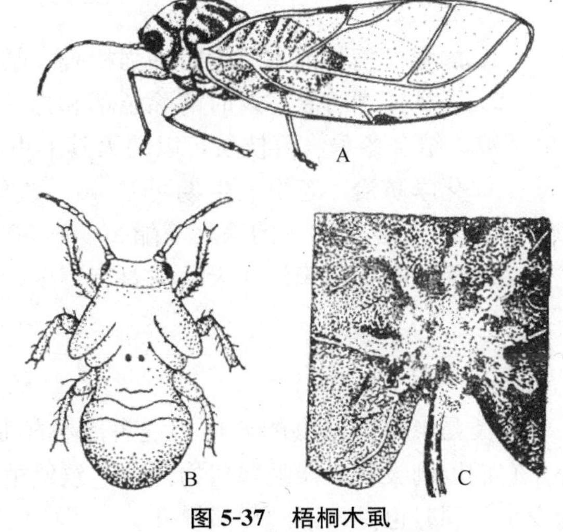

图 5-37　梧桐木虱

A. 成虫　B. 若虫　C. 被害状

分布与危害　分布于陕西、山东、江苏、浙江、北京、河南及华南各省。只危害梧桐。常以成虫和若虫群集于嫩梢或枝叶上，尤以嫩梢和叶背居多，吮吸汁液，若虫分泌白色棉絮状蜡质物，影响树木光合、呼吸作用同时诱发煤污病。危害严重时，树叶早落，枝梢干枯。

形态特征

成虫　雌体黄绿色，体长 4～5mm，翅展约 13mm。复眼深赤褐色，触角黄色，最后 2 节黑色。末端具 2 刺毛。前胸背板弓形，前后缘黑褐色，中胸背盾片上具淡褐色纵纹两条，中央有 1 浅沟，盾板具有纵纹 6 条，中胸小盾片淡黄色，后缘色较暗，后胸盾片处生有 2 个圆锥状突起。足淡黄色，附节暗褐色，爪黑色。前翅无色透明，脉纹茶黄色。腹部背板浅黄色，各背板前缘饰以褐色横带。雄虫体色和斑纹大致与雌虫者相似，但体稍小。

卵　略呈纺锤形，1 端稍尖，长约 0.7mm，初产时淡黄白色或黄褐色，孵化前变为红褐色。

若虫　共 3 龄。1 龄若虫体扁、略呈长方形，淡茶黄色，半透明，体被薄蜡质，触角 6 节；2 龄若虫体色较前略深，触角 8 节，前翅芽色深；3 龄若虫体略呈长圆筒形，被较厚的白色蜡质，全体灰白而微带蓝色，触角 10 节，翅芽发达，透明，淡褐色。

生活史及习性　在陕西省武功地区，1 年发生 2 代，以卵越冬。翌年 4 月底 5 月初越冬卵陆续开始孵化，若虫共 3 龄，于 6 月上、中旬开始羽化为成虫，下旬为羽化盛期。第 2 代若虫发生期在 7 月中旬，于 8 月上、中旬羽化，8 月下旬开始产卵于枝上越冬。具世代重叠现象。成虫和若虫均有群集性。若虫期都潜居于自身所分泌的白色蜡质絮状物中，行动迅速，无跳跃能力。新羽化成虫暂时亦栖息于絮状分泌物中 1～2d 后方离开而移至无分泌物处继续吸食汁液。其觅食求偶，总是爬行，很少飞翔，如受惊扰，即跳跃以助飞翔，卵一般产于主枝下面（阴面）靠近主干处，或于侧枝下方接近主枝处，或主侧枝表皮粗糙处，也有产在主干的阴面，或叶背及叶柄着生处的。每雌一生可产卵 50 粒左右。

关键与要点　木虱类防治方法

1. 加强检疫　苗木调运时加强检查，禁止带虫材料外运。

2. 园林技术防治　及时清除杂草和枯枝落叶，破坏木虱的越冬场所，降低越冬虫口基数，结合冬季修剪枝条，以消灭其上虫卵。

3. 化学防治　若虫发生期可喷 40%氧化乐果 1000 倍液、50%杀螟松、10%吡虫啉乳油 1000 倍或 20%的杀灭菊酯 2000～3000 倍液。

4. 保护和利用天敌　天敌主要有寄生蜂及捕食性的赤星瓢虫、草岭、食蚜蝇等。

5.2.2　蝽类

蝽类是半翅目昆虫的通称，危害园林植物的主要有蝽科、盲蝽科、网蝽科、缘蝽科等。它们以刺吸式口器吸取植物汁液，致使植物枝叶枯萎，其分泌物污染叶片，诱发煤污病发生，同时也是病毒的传播媒介。

(1) 绿盲蝽 *Lygocoris lucorum* Meyer-Dur　又名棉青盲蝽、青色盲蝽、小臭虫、破叶

疯、天狗蝇等（图 5-38）。

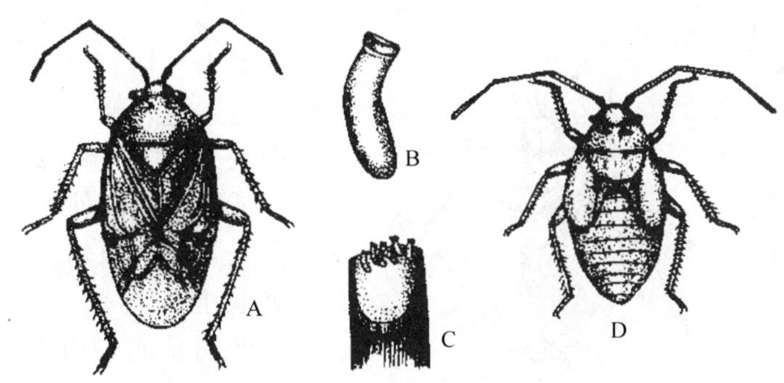

图 5-38 绿盲蝽

A. 成虫 B. 卵 C. 枯枝内的越冬卵 D. 若虫

分布与危害 分布在全国各地。危害茶、苹果、梨、桃、石榴、葡萄等。成、若虫刺吸茶树等幼嫩芽叶，用针状口器吸取汁液，受害处出现黑色枯死状小点，后随芽叶伸展变为不规则状孔洞，孔边有一圈黑纹，叶缘残缺破烂，叶蜷缩畸形，受害重。

形态特征

成虫 体长约 5mm，宽约 2.2mm，绿色，密被短毛。头部三角形，黄绿色，复眼黑色突出，无单眼，触角 4 节丝状，较短，约为体长 2/3，第 2 节长等于 3、4 节之和，向端部颜色渐深，1 节黄绿色，4 节黑褐色。前胸背板深绿色，布许多小黑点，前缘宽。小盾片三角形微突，黄绿色，中央具 1 浅纵纹。前翅膜片半透明暗灰色，余绿色。足黄绿色，腿节末端、胫节色较深，后足腿节末端具褐色环斑，雌虫后足腿节较雄虫短，不超腹部末端，跗节 3 节，末端黑色。

卵 长 1mm，黄绿色，长口袋形，卵盖奶黄色，中央凹陷，两端突起，边缘无附属物。

若虫 5 龄，与成虫相似。初孵时绿色，复眼桃红色。2 龄黄褐色，3 龄出现翅芽，4 龄超过第 1 腹节，2、3、4 龄触角端和足端黑褐色，5 龄后全体鲜绿色，密被黑细毛；触角淡黄色，端部色渐深。眼灰色（图 5-38）。

生活史及习性 在江西 1 年发生 6、7 代，以卵在树皮或断枝内及土中越冬。翌春 3、4 月卵开始孵化。成虫寿命长，产卵期 30～40 天，发生期不整齐。成虫飞行力强，喜食花蜜，羽化后 6、7d 开始产卵。非越冬代卵多散产在嫩叶、茎、叶柄、叶脉、嫩蕾等组织内，外露黄色卵盖。有春、秋两个发生高峰。主要天敌有寄生蜂、草蛉、捕食性蜘蛛等。

(2) 杜鹃冠网蝽 *Stephanitis pyrioides* (Scott) 又名梨网蝽、梨花网蝽。分布全国各地（图 5-39）。

分布与危害 以若虫、成虫危害杜鹃、月季、山茶、含笑、茉莉、蜡梅、紫藤等盆栽花木。成虫、若虫都群集在叶背面刺吸汁液，受害叶背面出现很类似被玷污的黑色黏稠物。这一特征易区别于其他刺吸害虫。整个受害叶背面呈锈黄色，正面形成很多苍白斑点，受害严重时斑点成片，以至全叶失绿，远看一片苍白，提前落叶，不再形成花芽。

形态特征

成虫　体长 3.5mm 左右，体形扁平，黑褐色。触角丝状，4 节。前胸背板中央纵向隆起，向后延伸成叶状突起，前胸两侧向外突出成羽片状。前翅略呈长方形。前翅、前胸两则和背面叶状突起上均有很一致的网状纹。静止时，前翅叠起，由上向下正视整个虫体，似由多翅组成的“X”字形。

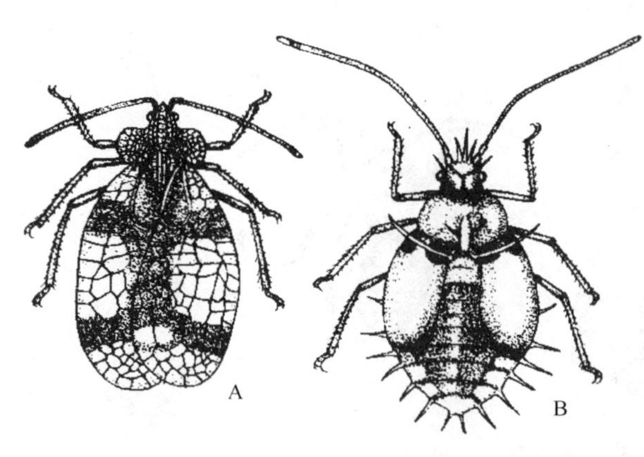

图 5-39　杜鹃冠网蝽

A. 成虫　B. 若虫

卵　长椭圆形，一端弯曲，长约 0.6mm，初产时淡绿色，半透明，后变淡黄色。

若虫　初孵时乳白色，后渐变暗褐色，长约 1.9mm。3 龄时翅芽明显，外形似成虫，在前胸、中胸和腹部 3～8 节的两侧均有明显的锥状刺突。

生活史及习性　1 年发生代数在长江流域 4、5 代，各地均以成虫在枯枝、落叶、杂草、树皮裂缝以及土、石缝隙中越冬。4 月上中旬越冬成虫开始活动，集中到叶背取食和产卵。卵产在叶组织内，上面附有黄褐色胶状物，卵期半个月左右。初孵若虫多数群集在主脉两侧为害。若虫脱皮 5 次，经半个月左右变为成虫。第一代成虫 6 月初发生，以后各代分别在 7 月旬、8 月初、8 月底 9 月初，因成虫期长，产卵期长，世代重叠，各虫态常同时存在。一年中 7、8 月为害最重，9 月虫口密度最高，10 月下旬后陆续越冬。成虫喜在中午活动，每头雌成虫的产卵量因寄主不同而异，可由数十粒至上百粒，卵分次产，常数粒至数十粒相邻，产卵处外面都有 1 个中央稍为凹陷的小黑点。

(3) 常见其他蝽类害虫　其他常见蝽类害虫的发生概况见表 5-18。

表 5-18　常见其他蝽类害虫的发生概况

种类	寄主	发生概况
麻皮蝽	榆、樟、悬铃木、柑橘等	1 年 2 代，以成虫在墙缝、树皮下等处越冬。次年 3 月下旬出蛰活动，4 月下旬至 5 月中旬产卵。全年以 5～7 月为害最烈。11 月上旬开始陆续越冬。成虫飞翔能力强，有弱趋光性，卵聚产于叶背，初孵若虫群集叶背，3 龄后分散
樟脊冠网蝽	樟	1 年发生 4 代，以卵在寄主叶片组织内越冬。飞翌年 4 月孵化。成、若虫群集叶背吸食，卵产于叶背主脉第一分脉两侧的组织内，上覆灰褐色胶质或褐色排泄物
瓦同缘蝽	樟、合欢、山茶等	1 年 2、3 代，以成虫在枯草丛或树木茂密枝叶处越冬。第 2 年 4 月中旬开始活动。成虫喜荫蔽，畏强光。受害叶出现小褐斑

关键与要点 螨类防治方法

1. 清除越冬虫源 冬季彻底清除落叶、杂草，并进行冬耕、冬翻。

2. 物理防治 对茎干较粗并较粗糙的植株，涂刷白涂剂。

3. 药剂防治 在成、若虫发生盛期可喷50%杀螟松1000倍液，或43%新百灵乳油（辛·氰氯氰乳油）1500倍液，或10%～20%拟除虫菊酯类1000～2000倍液，或10%吡虫啉可湿性粉剂或20%灭多威乳油或5%抑太保乳油或25%广克威乳油2000倍液。每隔10～15d喷施1次，连续喷施2～3次。

4. 生物防治 保护和利用天敌。

5.2.3 蓟马类

蓟马是缨翅目昆虫的通称。大多为植食性害虫，以其舐吸式口器刮破植物表皮，口针插入组织内吸食汁液，受害处常呈黄色斑纹，发至嫩芽、心叶凋萎，叶片卷曲、皱缩，甚至全叶枯黄。植物花器（如雌蕊、雄蕊、子房等）被蓟马危害后，花朵很快就凋谢。有的蓟马在危害植物的同时还可传播植物病毒。

（1）花蓟马 *Frankliniella intonsa* Trybom 又名台湾蓟马。危害香石竹、唐菖蒲、大丽花、美人蕉、木槿、菊花、紫薇、兰花、荷花、夹竹桃、月季、茉莉、橘等（图5-40-A～D）。

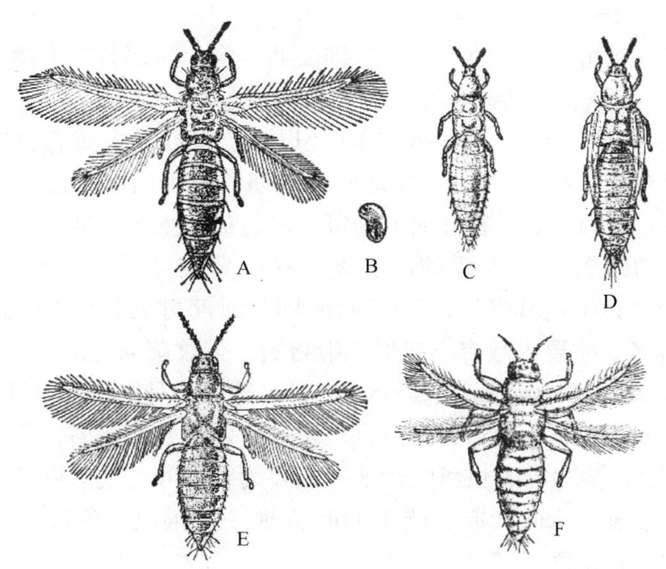

图5-40 蓟马

A～D. 花蓟马（A. 成虫 B. 卵 C. 若虫 D. 蛹） E. 烟蓟马 F. 茶黄蓟马

发生与危害 成虫和若虫危害园林植物的花，有时也危害嫩叶。

识别特征

成虫 体长约1.3mm，褐色带紫，头胸部黄褐色；触角较粗壮，第三节长为宽的2.5倍并在前半部有一横脊；头短于前胸，后部背面皱纹粗，颊两侧收缩明显；头顶前缘在两复眼间较平，仅中央稍突；前翅较宽短，前脉鬃 20～21 根，后脉鬃 14～16 根；第 8 腹节背面后缘梳完整，齿上有细毛；头、前胸、翅脉及腹端鬃较粗壮且黑。

若虫　二龄若虫体长约 1mm，基色黄；复眼红；触角 7 节，第 3、4 节最长，第 3 节有覆瓦状环纹，第 4 节有环状排列的微鬃；胸、腹部背面体鬃尖端微圆钝；第 9 腹节后缘有一圈清楚的微齿。

生活史及习性　在我国南方年发生 11～14 代，以成虫越冬。成虫有趋花性，卵大部分产于花内植物组织中，如花瓣、花丝、花膜、花柄，一般产在花瓣上。每雌产卵约 180 粒。产卵历期长达 20～50d。

(2) 烟蓟马 *Thrips tabaci* Lindeman　又名棉蓟马、瓜蓟马（图 5-40-E）。

分布与危害　分布几遍全国各地。可危害 300 多种植物，其中危害较重的有香石竹、芍药、冬珊瑚、李、梅，葡萄、柑橘以及多种锦葵科植物。烟蓟马的直接危害使茎叶的正反两面出现失绿或黄褐色斑点斑纹。使其他花卉水分较多的叶组织变厚变脆，向正面翻卷或破裂，以致造成落叶，影响生长。花瓣也会出现失色斑纹而影响质量。

识别特征

成虫　体长 1.0～1.3mm，黄褐色，背面色深。触角 7 节，复眼紫红，单眼 3 个，其后两侧有一对短鬃。翅狭长，透明，前脉上有鬃 10～13 根排成 3 组；后脉上有鬃 15～16 根，排列均匀。

卵　乳白，长 0.2～0.3mm，肾形。

若虫　体淡黄，触角 6 节，第 4 节具 3 排微毛，胸、腹部各节有微细褐点，点上生粗毛。4 龄翅芽明显，不取食可活动，称伪蛹。

生活史及习性　山东 6～10 代，华南 10 代以上。多以成虫或若虫在土缝或杂草残株上越冬，少数以蛹在土中越冬。5、6 月是危害盛期。成虫活跃，能飞善跳，扩散快，白天喜在隐蔽处为害，夜间或阴天在叶面上为害，多行孤雌生殖。卵多产在叶背皮下或叶脉内，卵期 6～7d。初孵若虫不太活动，多集中在叶背的叶脉两侧为害，一般气温低于 25℃，相对湿度 60％以下适其发生，7～8 月间同一时期可见各虫态，进入 9 月虫量明显减少，10 月开始越冬。主要天敌有小花熔、姬猎蝽、带纹蓟马等。

(3) 茶黄蓟马 *Scirtothrips dorsalis* Hood　又名茶叶蓟马（图 5-40-F）。

发生与危害　分布湖北、贵州、云南、广东、广西、台湾等省。危害台湾相思、守宫木、山茶、葡萄等。以成虫、若虫舐吸汁液，主要为害嫩叶。受害叶背主脉两侧现两条或多条纵列的红褐色条痕，叶面凸起，严重的叶背现一片褐纹，致叶片向内纵卷，芽叶萎缩，严重影响植物生长发育。

识别特征

成虫　雌成虫体长 0.9mm，体橙黄色。触角暗黄色 8 节。复眼略突出，暗红色。单眼鲜红色，排列成三角形。前翅橙黄色，窄，近基部具 1 小浅黄色区，前缘鬃 24 根，前脉鬃基部 4＋3 根，端鬃 3 根，其中中部 1 根，端部 2 根，后脉鬃 2 根。腹部背片第 2～8 节具暗前脊，但第 3～7 节仅两侧存在，前中部约 1/3 暗褐色。腹片第 4～7 节前缘具深色横线。

卵　浅黄白色，肾脏形。

若虫　初孵化时乳白色，后变浅黄色，形似成虫，但体小于成虫，无翅。

生活史及习性　1年生5～6代，以若虫或成虫在粗皮下或芽的鳞苞里越冬。翌年4月开始活动，5月上中旬若虫在新梢顶端的嫩叶上为害。茶黄蓟马可进行有性生殖或孤雌生殖。雌蓟马羽化后2～3d，可把卵产在叶背叶脉处或叶肉中；每雌产卵数十粒至百多粒。若虫孵化后均伏于嫩叶背面刺吸汁液为害，行动迟缓。成虫活泼，善跳，受惊时能进行短距离飞迁。

关键与要点　蓟马类防治方法

1. 人工防治　春季彻底清除杂草，可有效降低蓟马的为害。少数植株被害时，可用手捏杀成虫或若虫，或用肥皂水冲洗。

2. 化学防治　蓟马为害高峰初期喷洒10%吡虫琳可湿性粉剂2500倍液、40%七星保乳油600～800倍液、2.5%保得乳油2000～2500倍液、10%大功臣可湿性粉剂每667m^2用有效成分2g、40%乐果乳油或50%辛硫磷乳油或95%巴丹可溶性粉剂1000～1500倍液。

5.2.4　螨类

属蛛形纲 *Arachnida* 蜱螨目 *Acariformnes*。多数种类以成螨和若螨刺吸危害叶片，使叶片失绿，呈现斑点、斑块、卷曲或皱缩，严重时整片叶子枯焦、脱落或引起虫瘿。

朱砂叶螨 *Tetranychus cinnabarinus* Boisduval 俗称红蜘蛛，是叶螨科 Teteanychidae 的常见种类，危害菊花、月季、桂花、串红、香石竹、凤仙花、、山梅花、牡丹等百余种植物。受害叶初呈黄白色小斑点，后逐渐扩展到全叶，造成叶片卷曲，枯黄脱落(图5-41)。

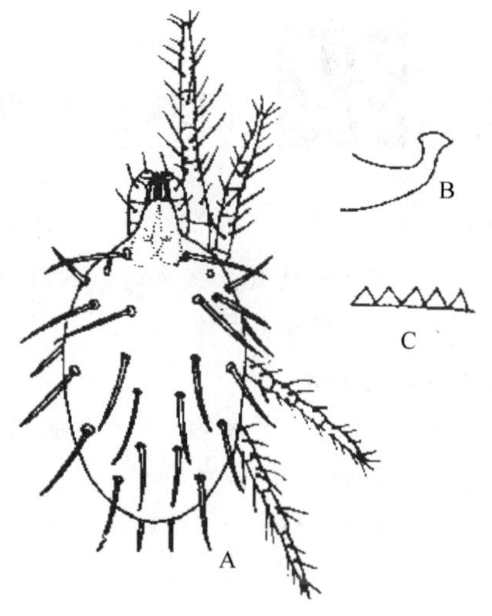

图5-41　朱砂叶螨

A. 雌成虫背面　B. 阳具　C. 肤纹突

识别特征　雌成螨体长0.5mm，卵圆形，朱红或锈红色，体两侧各有1黑褐色斑纹。雄成螨体长0.4mm，菱形，红色或浅黄色，卵球形。

生活习性　北方地区1年发生12～15代，以受精雌成螨在树皮缝隙、杂草根际及土块处越冬。翌年春季开始危害与繁殖。且多集中在叶反面吐丝结网危害，受害叶片部呈黄白色小斑点，后出现红斑，使叶片呈现红色脱落，7～8月高温少雨时繁殖迅速，为害猖獗，易暴发成灾。10月越冬。

关键与要点　螨类防治方法

1. 加强检疫　加强检疫，对苗木、接穗、插条等严格检疫，发现有螨，须进行药物处理再行引种栽植，防止调运带有害螨的栽植材料，以杜绝其蔓延和扩散。

2. 采取园林技术措施　及时清除枯枝落叶和杂草，减少螨源；改善园地生态环境，保持圃地和温室通风凉爽，避免干旱及温度过高。初发生期，可结合喷水进行冲洗。

3. 越冬期防治　叶螨越冬的虫口基数直接关系到翌年的虫口密度，因此必须做好有关防治工作，以杜绝虫源。对木本植物刮除粗皮、翘皮，结合修剪剪除虫枝，树干束草诱集越冬雌螨，集中烧毁。对于花圃地要结合翻耕整地、冬季灌水、清除残枝落叶，以消灭越冬虫口。

4. 药剂防治　①早春花木发芽前喷施晶体石硫合剂 50 倍液，控制越冬螨繁殖。②为害期喷施 40%氧化乐果乳油 1000 倍液或用 40%三氯杀螨醇乳油 1000 倍液，也可喷施 5%霜螨灵或 20%罗素发 1000 倍液。喷药时要尽量做到细致周到，要喷及植株的中下部及叶背等处。如果叶螨发生严重，每隔 10～15d 喷一次，连喷 2～3 次，有较好的防治效果。③对受螨害的球根，在收获后，贮藏前，用 40%三氯杀螨醇乳油 1000 倍液浸泡 2min，有较好效果。此外，家庭养花的盆栽花卉发现叶片有灰黄斑点，可试用葱或蒜的浸泡液喷洒受害植物。

5. 生物防治　注意保护瓢虫、小花蝽、草蛉、植绥螨等均可不同程度地捕食各种害螨。

实验实训 32　园林植物吸汁害虫形态及危害状观察

实训目标

掌握园林植物吸汁害虫的识别特点，能识别常见园林植物吸汁害虫种类。

实训用具与材料

体视显微镜、显微镜、放大镜、镊子、挑针、载玻片、盖玻片、蒸馏水等。

吸汁类害虫标本、植物被害状标本、微型昆虫玻片标本。

实训内容和方法

1. 蝉类形态及被害状观察

识别大青叶蝉、黑尾叶蝉、蚱蝉、山东蜡蝉、沫蝉特点，比较其体形大小、颜色、前胸背板和小盾片上的斑纹数目、颜色、形状。

植物被害状：采集叶蝉为害的植物被害特征观察，可见一般以成虫、若虫刺吸植物汁液，受害叶片呈现小白斑，严重时全叶苍白。

2. 蚜虫类形态观察

用显微镜观察供试蚜虫实物标本或模式标本，注意观察体色、蜡粉、额瘤特点、触角上的感觉器、腹管和尾片的形态、构造。观察有翅蚜翅脉的构造特点、区别所示标本的差异。

植物被害状：受害叶片向叶背横卷，新梢、嫩叶背面布满蚜虫，叶子皱缩不平，变成红色。

3. 蚧类形态观察

观察介壳虫实物标本和模式标本的形态特征，雌虫体呈卵圆形、圆形或长形，分节不明显，被有

各种介壳和蜡质物及蜡粉；雄虫一般有1对翅，翅脉简单，后翅退化为平衡棒。注意区分上述各种雌雄介壳虫的体形特点。

植物被害状观察，造成植物叶片发黄、枝梢枯萎，引起落叶，甚至全株枯死。并能诱发煤污病。

4. 木虱类形态观察

观察当地采集的木虱标本，注意其体型大小、颜色、体表的棉絮状蜡粉、胸节背板特点、腹部末端形状。

植物被害状：观察若虫群集嫩梢、叶背，吸汁危害，若虫分泌白色棉絮状蜡质物及诱发的煤污病。

5. 粉虱类形态观察

识别白粉虱注意观察其体形大小、颜色、体被蜡粉、前后翅翅脉形状。

植物被害状：采集被害植物观察，成、若虫群集植物叶背，刺吸汁液危害，使叶片卷曲、褪绿发黄，被害处形成黄斑，甚至干枯。成虫和若虫分泌蜜露，诱发煤污病。

6. 蝽类形态观察

观察杜鹃冠网蝽的特点，比较其体型大小、体色、前胸背板形状、翅及翅脉的特征。

植物被害状：成、若虫在叶背刺吸汁液，被害处有许多斑斑点点的褐色虫粪，叶背呈锈黄色，正面形成苍白色斑点。

7. 蓟马类昆虫形态观察

观察供试蓟马标本，注意两种蓟马体形、体色、翅及前胸背板的特征。

植物被害状观察，以成、若虫为害植物的花，被害后常留下灰白色的点状痕。

8. 螨类形态观察

用显微镜观察识别朱砂叶螨的标本特点，观察虫体的体形、颜色；须肢端感器的形状、长度；背毛的数目。

植物被害状观察，被害叶出现黄白色小斑，苍灰色，有时造成叶片卷曲，枯黄脱落。

实训作业

列表比较园林植物吸汁害虫的形态识别特征。

实验实训 33 园林植物吸汁害虫防治

实训目标

学会利用涂干法、打孔注药法、喷雾法、根际施药法、诱杀法防治吸汁害虫的基本技能。

实训用具与材料

BG305D型背负式打孔注药机、钻头、注射器、吸管、喷雾器、胶带、黄色广告粉、黏虫胶、薄木板、铁丝、橡胶手套、口罩、板刷、镊子、铁铲等用具及氧化乐果、吡虫啉、递灭威、阿维菌素、石硫合剂、氰戊菊酯、呋喃丹等药剂。

实训内容和方法

1. 涂干法防治害虫

选择有吸汁害虫发生的植株，在树干上刮1个宽20～30cm宽的树环，老皮见白，嫩皮见绿，将40%氧化乐果或10%吡虫啉药剂稀释5～10倍液，用板刷均匀涂抹在树环上，每株树原药用量，中、小树2～3mL，大树5mL。

2. 注药法防治害虫

将40%氧化乐果乳油或10%吡虫啉乳油稀释5～10倍液，用直径约1cm的电钻头，在树干离地面30～50cm处，或主干近第一分枝下方，对准大主枝打孔，再用废弃的医用注射器或吸管滴注药液，每树用药量视树大小，一般为原药2～3mL或2～3g，打孔注入受害株基部，注入后用湿泥或胶带封住注孔。

3. 喷雾法防治害虫

选择害虫发生植株，于初孵若虫发生盛期，用喷雾器将化学农药喷洒树冠。常用的药剂有10%吡虫啉乳油1000倍液、1.8%阿维菌素乳油2500～3500倍液、20%氰戊菊酯乳油1500倍液、对于在枝干上越冬的蚧，可在早春树液开始流动时，使用3°～5°Be 石硫合剂防治越冬蚧虫。

4. 根际法防治害虫

在树周围细根最多处挖放射状沟或挖 3～5 个弧形沟，将 3%呋喃丹颗粒剂或 15%涕灭威（铁灭克）颗粒剂与细土以 1∶50 的比例拌匀，均匀施入沟中，用药量按树胸径而定，每厘米胸径针叶树为 5～8g，阔叶树为 3～5g，灌木按冠丛直径每厘米施药 0.15～0.25g，施入后将挖出的覆土填回沟中，轻轻拍平后浇水以利根系吸收药剂。

5. 诱杀法防治害虫

将黄色广告粉均匀涂刷在事先准备好的薄木板两侧，再将黏虫胶涂于表面制成黄色黏虫板，于吸汁害虫成虫期，将其挂在被害植株枝条上，诱杀成虫。

实训作业

拟定吸汁害虫防治方案，并写出防治实施报告。

5.3　园林植物钻蛀性害虫防治

钻蛀性害虫是指为害树干和枝梢的害虫。它们多为周期性，危害树势衰弱或濒临死亡的植物。常以幼虫蛀食植物韧皮部和木质部，严重影响输导组织的功能，并蛀成许多虫道，导致树势更加衰弱或遭风折而死亡。这类害虫除成虫裸露在外，其他各虫态均在枝干内营隐蔽生活，因此受外界环境影响比较小，种群数量相对较稳定，可连年为害，植物一旦受侵害，很难恢复生机。

5.3.1　天牛类

天牛属鞘翅目，天牛科。主要以幼虫钻蛀植物茎干，在韧皮部和木质部蛀道为害，是园林植物重要的蛀茎干害虫。

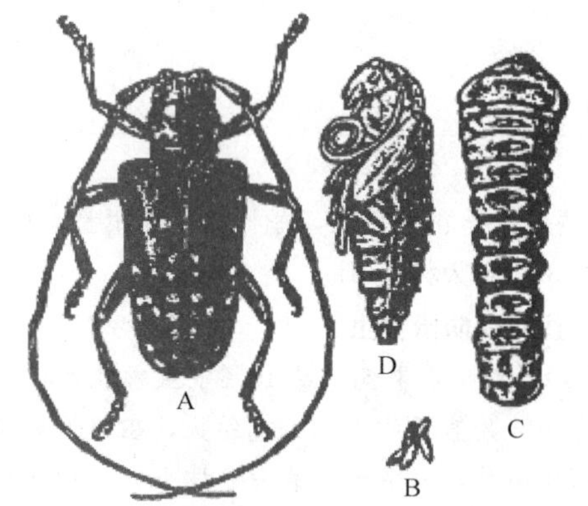

图 5-42　星天牛

A. 成虫　B. 卵　C. 幼虫　D. 蛹

星天牛 *Anoplophora chinensis*（Forster）　又名柑橘星天牛（图 5-42）。

分布与危害　该虫在南方发生普遍且严重，此外在辽宁、山东、河南、河北、陕西、山西、甘肃等地也有分布。危害柑橘、杨、柳、榆、刺槐、悬铃木、无花果、木芙蓉、相思树、樱花、海棠、榕树、紫薇等。成虫啃食枝干嫩皮；初龄幼虫在产卵疤附近取食，3 龄后注入木质部，影响树木生长，被害严重的树，易风折枯死。

形态特征

成虫　体长 27～41mm，体翅黑色有光泽，触角鞭状 12 节，第 1、2 节黑色，3～11 节每节基部呈蓝灰色，端部黑色，雄虫触角特别长，超过体长 1 倍。每鞘翅有大小不等的白色绒毛 20 左右个，鞘翅基部密布黑色小颗粒。

卵　长椭圆形，约 5～6mm，初产时乳白色，后渐变黄白至灰褐色。

幼虫　老熟幼虫体长 38～60mm，乳白色至淡黄色，头部褐色。前胸背板前方左右各有一个黄褐色飞鸟形斑纹，后方有一块黄褐色“凸”字形斑纹，略呈隆起。

蛹　乳白色，裸蛹，长 30～38mm，羽化前变褐色。

生活史及习性 南方一年1代，北方2～3年1代，以老熟幼虫在枝干内越冬。翌年5月中、下旬化蛹，蛹期约20d。成虫5～7月间出现，成虫白天飞翔，咬食枝条嫩皮补充营养，10～15d后才交尾，交尾后3～4d于树干近地面处咬一"T"形或"八"字形刻槽，每槽产1粒卵，产卵后分泌一种胶状物质封口，每雌虫可产卵20～30粒，最多可达71多粒，卵多产于树干离地0.3～0.7范围内，产卵处树皮常裂开、隆起。卵期9～15d。初孵幼虫先在刻槽附近蛀食于表皮和韧皮部，形成不规则虫道，虫道内充满虫粪，2个月以后向木质部蛀食，并有木屑排出。11月以后越冬。

常见种类还有：光肩星天牛 *Anoplophora glabripennis*（Motsch）、桃红颈天牛 *Aromia bungii* Fald、青杨天牛和云斑天牛 *Batocera horsfieldi*（Hope），形态比较见表5-19。

关键与要点 天牛类的防治方法

天牛类害虫生活场所隐蔽，化学药剂难以直接发挥作用；天敌资源又少，自然控制作用较弱；其成虫主动扩散能力较强，一旦在一个新生境定居成功，种群的数量就会稳定增长。而且天牛为害初、中期不易察觉，待发现后就已经造成了严重灾害。因此防治天牛应注重检疫与栽培管理措施，做到以预防为主，防患于未然。

表5-19 四种天牛形态生活习性

害虫名称	主要识别特征		寄主	生活习性
	成虫	幼虫		
光肩星天牛	体长20～35mm，黑色有光泽，前胸两侧各有一个刺状突起，鞘翅上有大小不同的白色绒毛斑20个左右	体长50～60mm，圆筒形、乳白色，前胸背板上有凸形褐色斑纹	危害杨、柳、榆、桑、水杉、刺槐、槭树、苹果、梨、樱桃等	次年3月下旬越冬幼虫开始取食，成虫6月上旬开始出现，7月份为产卵盛期，产卵时成虫咬椭圆形刻槽。卵期12天。幼虫孵化后取食腐烂变质韧皮部，3龄以后蛀食木质部蛀食的坑道，形状不规则呈S形或U形。受害的木质部被蛀空，易造成树干风折或整株枯死
桃红颈天牛	体长28～37mm，全体黑色有光泽，前胸棕红色，两侧各有刺突1个	体长50mm，乳白色稍黄色。前胸背板前缘中间有一棕褐色长方形突起	为害榆叶梅、碧桃、山桃、樱桃、桃、杏、李等观赏植物及果树的枝干	成虫在6月间出现，卵产于主干和大树新粗皮和裂缝内机械伤、流胶和裂皮多的树干上重复产卵，故造成幼虫为害部位集中和发生数量集中，幼虫孵化后，先在树皮下为害，以后蛀入木质部，严重时树干被蛀空
青杨天牛	体长11～14mm，黑色，密布金黄色绒毛，前胸上面有三条纵向黄色带，鞘翅上各有4个距离几乎相等的黄色绒毛斑	体长13～15.5mm，前胸背板黄褐色，背中央有1条淡色纵线。	主要危害杨树	3～5年受害重。该虫4月上旬化蛹，5月上旬出现成虫。卵产于1～3年生的幼干和枝梢上。产卵前在枝干上咬一倒马蹄形刻痕被害枝条形成穗形虫瘿。幼虫一直为害到10月上旬开始越冬

续表

害虫名称	主要识别特征		寄主	生活习性
	成虫	幼虫		
云斑天牛	体长 34～61mm，黑褐色至黑色，密被灰白色和灰褐色绒毛。前胸背板中央有一对白色或淡黄色肾形斑，两侧各有一粗大尖刺突。每个鞘翅上均有白色或淡黄色大小不等的云状绒毛斑	老熟幼虫体长 70～80mm，乳白色或淡黄色。前胸背板上有一大的“凸”形纹，前方中线两侧各有一黄白色小圆点	为害杨、柳、榆、桑、悬铃木、泡桐、女贞、乌桕、枫杨、桉树、核桃、板栗、枇杷、木麻黄等多种行道树和庭院树	5 月份成虫大量出现，卵大多产于树干离地 1.7m 左右处，产卵前在树皮上咬椭圆形刻槽，初孵幼虫先在韧皮部或边材蛀食，受害处树皮胀裂，流出树汁和粪屑。其后逐渐蛀入木质部，深达随心，再转向上蛀食，蛀道略弯曲。老熟幼虫在蛀道末端做蛹室化蛹

关键与要点　天牛类的防治方法

1. 加强检疫　对调运的苗木、接穗、插条及原木等应严格施行检疫，发现有侵入孔、排泄孔和粪屑者要禁止外运，并及时进行处理，有虫严重的要集中烧毁，轻微的可用磷化铝或溴甲烷熏蒸。

2. 栽培管理措施　选育抗虫品种，加强管理，增强树势；清除园内枯立木、风折木，以减少虫源；定期检查及时剪除受害枝梢，被菊小筒天牛为害植物应连根拔除。

3. 物理防治　①寻找产卵刻槽，用锤击卵。②发现有新鲜木屑和虫粪排出的孔洞，用铁丝或其他利器钩杀幼虫。③成虫羽化后，最好是未产卵前可进行人工捕捉。最好在雨后天晴的中午进行，菊小筒天牛可在清晨进行。④饵木诱杀：在天牛发生地块，放置天牛喜吃的植物作诱饵，引诱天牛产卵，然后将饵木剥皮烧毁。⑤灯光诱杀：多数天牛成虫具有趋光性，可设置黑光灯诱杀，尤其是天气闷热的夜晚，诱捕量明显增加。

4. 药剂防治　①涂抹或堵塞虫孔，用 80%敌敌畏乳油、50%杀螟硫磷乳油涂抹虫孔或用磷化铝可塑性丸剂（每孔 0.1g）堵虫孔，外用黄泥封口，熏杀幼虫；也可用 2.5%溴氰菊酯乳油制成毒签插入蛀孔中，外用黄泥封口，毒杀幼虫。②干基注射，树木高大喷雾防治困难的林分，可采用树干打孔注药法，注射 20%康福多（吡虫啉）、40%氧化乐果乳油原液防治幼虫。方法是：在树干离地面 30cm 处，用高压注射器打下斜孔深达木质部，用药量一般 0.3～0.9mL/cm，针眼布置尽量面向主枝以利于输导。③成虫期喷 2.5%溴氰菊酯触破式微胶囊。

5. 树干涂白　用石灰 10kg＋硫磺 1kg＋盐 10g＋水 20～40kg 制成白涂剂，涂于枝干上，可预防天牛产卵。

6. 生物防治　林间挂鸟巢招引益鸟，同时要积极开展如花绒金龟、肿腿蜂的应用。

5.3.2 吉丁虫类

属鞘翅目，吉丁虫科。其幼虫大多数在树皮下、枝干或根内钻蛀，俗称“溜皮虫”、“串皮虫”。

(1) 六星吉丁虫 *Chrysobothris succedenes* Saund　见图 5-43。

分布与危害　分布于浙江、江苏、上海等地。危害悬铃木、重阳木、枫杨等园林树木。

形态特征

成虫　体长 10mm 左右，茶褐色，体略呈纺锤形，有金属光泽。鞘翅有 6 个绿色斑点，腹面金绿色。

卵　椭圆形，乳白色。

幼虫　老熟幼虫体长约 30mm，身体扁平，头小，胴部白色，胸部第 1 节特别膨大，中央黄褐色“人”形纹，第 3、4 节短小，以后各节逐渐增大。

蛹　乳白色，体形大小与成虫相似。

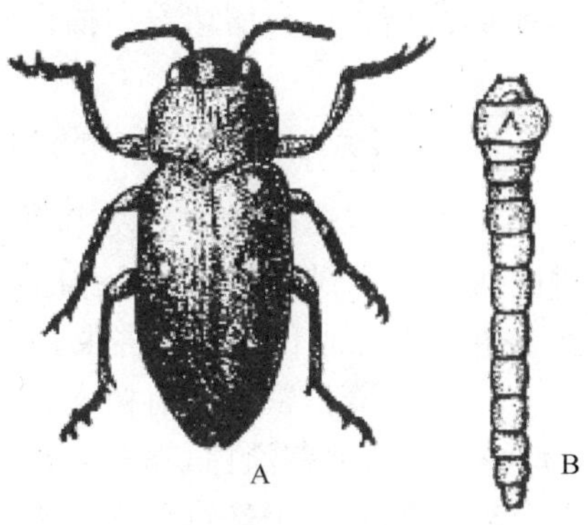

图 5-43　六星吉丁
A. 成虫　B. 幼虫

生活史及习性　一年发生 1 代，以幼虫越冬。翌年 5 月中旬出现成虫，成虫于晨露未干前较迟钝，并有假死性，中午时飞翔活跃，觅偶交尾，将卵产于皮层缝隙间，产卵期较长。幼虫先在皮层为害，排泄物不排向外面，幼虫围绕干部串食皮层，使树皮外表呈现红褐色，树皮干裂翘起，极易与木质部剥离，韧皮部全部被破坏，其中充满红褐色粪屑。幼虫为害韧皮部时间较长，6 月下旬开始直至 9 月。有时全株树木已死亡，但幼虫仍在其中活动。幼虫到老熟化蛹时蛀入木质部为害，虫粪呈现白色。在钻入木质部之前，先将木质部咬一新月状羽化孔，孔口附近有虫粪堵塞，翌年羽化的成虫咬破虫孔飞出。

(2) 柳吉丁虫 *Agrilus* sp.　见图 5-44。

分布与危害　分布于山东、河南、湖北等省。为害柳树衰弱木及新栽植的柳树枝干。以幼虫在皮下蛀食，受害部位的皮层初期流出黑褐色的树液，腐烂后龟裂呈鳞状。枝干形成层遭破坏后，养料不能输送，严重时整株死亡，是柳树缓苗期的主要枝干害虫。

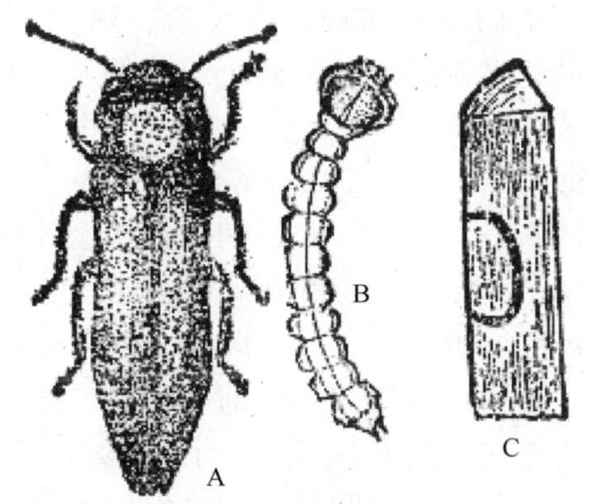

图 5-44　柳吉丁
A. 成虫　B. 幼虫　C. 被害状

形态特征

成虫　体狭长 4～6mm，青铜色，有红、蓝、紫等金属光泽。头小，触角锯齿状 11 节。前胸发达，鞘翅褐色，密布小刻点。足跗节 4 节，具爪。

卵　椭圆形，黄褐色，略扁。

幼虫　体长 11mm 左右，细长扁平，淡黄白色，头黑褐色，前胸背板发达，中央隆起，中间有一褐色“∧”字形纹，腹末有 1 对褐色尾铗。

蛹　裸蛹，体长 6～8mm，纺锤形，乳白色。

生活史及习性　一年 1 代，以幼虫在被害枝干木质部内越冬。翌年 2 月下旬至 4 月初活动，5 月初开始化蛹，6 月上旬羽化成虫。成虫略有趋光性，有假死性，喜在温度较高的气候条件下活动，以取食柳树叶片补充营养，产卵多数在生长衰弱以及新栽植柳树的皮孔边缘，卵散产，每处最多 3～4 粒，卵期 1 周左右。6 月中下旬为幼虫孵化盛期，新孵化幼虫蛀食皮层，被害处变为黑褐色并流出红褐色胶状液，3～5d，黑褐色虫斑上有圆形小鳞片翘起。随着幼虫长大，在木质部表面蛀成长而扁平的浅槽，把粪屑堵塞在槽内到了秋季钻入木质部内越冬。

关键与要点　吉丁虫类的防治方法

1. 掏除成虫和幼虫。发生面积小或少量树木被害时，可用人工掏虫，发现树干上树皮翘裂，一剥即落并有虫粪时，立即掏掉，既而可发现成虫或幼虫钻入木质部，顺着隧道用小刀或利器戳死害虫。

2. 加强养护管理。对树木尤其新栽树木，应不断补充水分，使之生长旺盛。并于 3 月中旬进行严密涂白，防止成虫产卵。及时处理将已枯萎死亡的树木或被害枝条。

3. 杀幼虫。于幼虫危害初期，往被害处涂煤油和溴氰菊酯混合液（1∶1），杀树皮内幼虫；虫口密度大时，可在幼虫危害期，用高压注射器往树体内注射 10 倍的 40% 氧化乐果乳油，药量为 15～20mL/cm 干径。

4. 杀成虫。于成虫羽化期往树冠、枝干上喷 20%菊杀乳油 1500～2000 倍液杀成虫。

5.3.3　小蠹虫类

小蠹虫属鞘翅目，小蠹虫科。其成虫和幼虫蛀食树皮和木质部构成各种图案的坑道系统。是园林公园、绿地及风景林中常发生的害虫类群。

(1) 松纵坑切梢小蠹 *Tomicus piniperda* Linnaeus　见图 5-45。

分布与危害　遍布我国南北各省区，危害马尾松、赤松、华山松、油松、樟子松、黑松等。以成虫和幼虫蛀害松树嫩梢、枝干或伐倒木。凡被害梢头，易被风吹折断。

形态特征

成虫　体长 3.5～4.5mm，椭圆形，全体黑褐或黑色，具光泽密布刻点和灰黄色茸毛。头部半球形，黑褐色，额中央有一纵隆线；触角端部膨大呈锤状。前胸背板近梯形，前狭后宽。鞘翅棕褐色，基部与端部的宽度相似，长约为宽的 3 倍，其上有由刻点组成的明显行列，斜面上第二列间部凹陷，小瘤和茸毛消失，雄虫较雌虫显著。

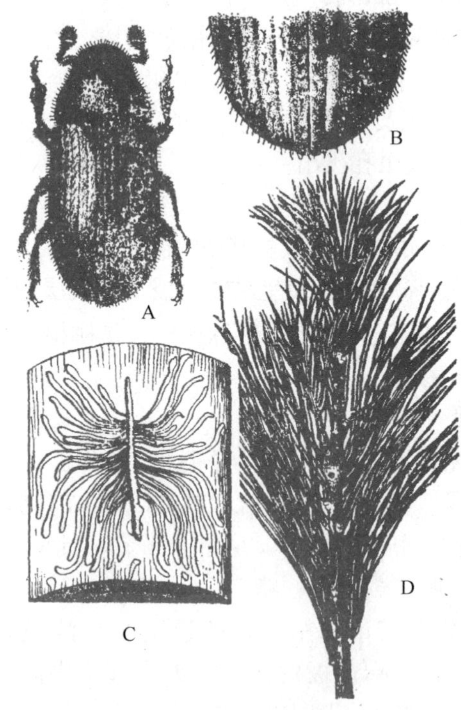

图 5-45　松纵坑切梢小蠹
A. 成虫　B. 成虫鞘翅末端
C、D. 干、枝被害状

卵 淡白色、椭圆形。

幼虫 体长5～6mm，乳白色，无腹足，体粗壮多皱纹、微弯曲

蛹 为裸蛹，长约4.5mm，白色。

生活史及习性 1年发生1代，以成虫在被害枝梢内越冬。越冬成虫于翌年3月下旬到4月中旬离开越冬处，侵入松枝梢头髓部进行补充营养，以后在健康的树梢、衰弱树或新伐倒的树木上筑坑、交配、产卵。卵于4月中旬孵化，幼虫孵出后即行蛀食为害，形成坑道，坑道为单纵坑，在树皮下层，微触及边材，坑道长一般为5～6cm，子坑道在母坑道两侧，与母坑道垂直，长而弯曲，通常10～15条。幼虫期约1个月。5月中旬化蛹，蛹室位于子坑道的末端。5月下旬到6月上旬出现新成虫，再侵入新梢进行补充营养。成虫在梢枝上蛀入一定距离后随即退出，另蛀新孔，在1条枝梢上侵入孔可多达14个。

(2) 柏肤小蠹 *Phloeosinus aubei* Perris 见图5-46。

分布与危害 我国华北、西北、华中、华东、华南均有分布。主要为害侧柏、圆柏等的枝干树皮和木质部表面，破坏树木水分和养分的输导，易造成整枝或整株枯死。

形态特征

成虫 体赤褐色或黑褐色，无光泽，长2.5～3.5mm，宽1.2～1.5mm，长扁圆形。体密被刻点及黄色细毛。鞘翅上各有9条纵纹并有栉状齿。雌雄的区别除外表体形一大一小外，主要是雌虫额面短阔较平突，颗粒较多，鞘翅斜面的栉状齿较小。雄虫额面狭长凹陷，光滑，鞘翅斜面的栉状齿较大。

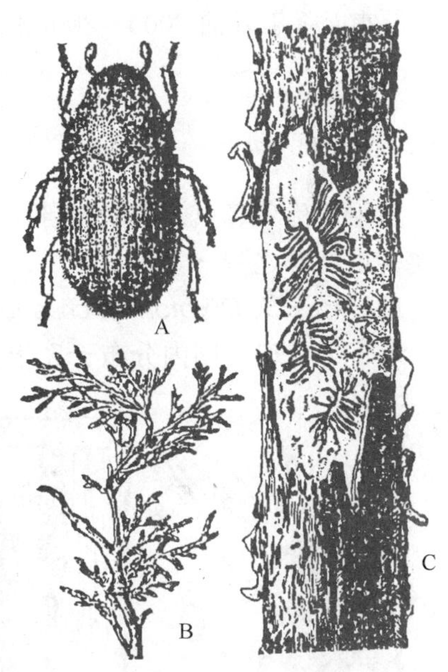

图5-46 柏肤小蠹
A. 成虫 B、C. 小枝与干被害状

卵 初产的卵为椭圆形，长约0.5mm，宽0.3mm，白色透明，表面很光滑。后期卵粒一端出现一个黄色下陷的凹点，卵粒皱褶明显。

幼虫 老熟幼虫体长5mm，体乳白色，有许多皱褶。头淡褐色。

蛹 乳白色，体长3～4mm，尾端有两个尖。

生活史及习性 1年发生2～3代，以幼虫及成虫越冬。越冬成虫于翌年4月上旬飞出活动，越冬幼虫也相继发育成蛹，羽化成虫，5月中旬为越冬代成虫侵入盛期。第1代卵于4月上旬产出，6月上旬出现第1代蛹，6月中旬开始羽化，7月中旬为羽化盛期；第2代卵始见于6月中旬，8月上旬出现第2代成虫；9月下旬前羽化的第2代成虫可以产出第3代卵，并发育为幼虫，早期幼虫于9月下旬发育为蛹，进一步发育为成虫，10月下旬羽化结束，此代成虫大多数不再侵害新寄主，并连同第2～3代幼虫进入越冬期。成虫多侵害长势衰弱的濒死木、枯死木及健康立木的枯死枝杈部。成虫具补充营养的习性，羽化后的成虫常在健康柏树的树冠上部或外缘枝梢上咬蛀侵入孔并向下蛀食，补充营养。然后再寻找寄主，在较粗的枝干上侵蛀为害；雌性成虫先行侵蛀，后雄性成虫飞来共同筑坑、交尾。雌性成虫边蛀坑边行产卵活动，幼虫孵出后又向两侧不断蛀食。世代重叠现象严重。

关键与要点　小蠹虫类的防治措施

1. 预防措施　加强养护管理，适时合理的修枝、间伐，改善园内卫生状况，增强树势，提高树木本身的抗虫能力。

2. 饵木引诱　根据小蠹虫的发生特点，可在成虫羽化前或早春设置饵木，以带枝饵木引诱效果较好。并经常检查饵木内的小蠹虫的发育情况并及时处理。

3. 伐除被害木　及时运出园外，减少虫源，并对虫害进行剥皮处理。

4. 防治越冬　成虫，利用成虫在树干根际越冬的习性（如松纵坑切梢小蠹等），于早春 3 月下旬，在根际撒氧化乐果、辛硫磷等粉剂，然后在干基培土高 4～5cm 以上的小土堆，杀虫率达 90％以上。

5. 药物防治　在成虫羽化盛期或越冬成虫出蛰盛期，喷施 2.5％溴氢菊酯乳油、20％速灭杀丁乳油 2000～3000 倍液。

5.3.4　象甲类

象甲通称象鼻虫。属鞘翅目，象甲科。其成虫、幼虫均对植物造成危害，是园林植物重要害虫类群之一。

(1) 杨干象 *Cryptorrhynchus lapathi* L.　又称杨干隐喙象（图 5-47）。

分布与寄主　国内分布于辽宁、吉林、黑龙江、内蒙古、河北、山西、陕西、甘肃等地；国外如日本、朝鲜、前苏联、德国、英国、美国、加拿大等国家也有分布。危害杨、柳及桦树等。是杨树的毁灭性害虫，也是国内检疫性有害生物之一。

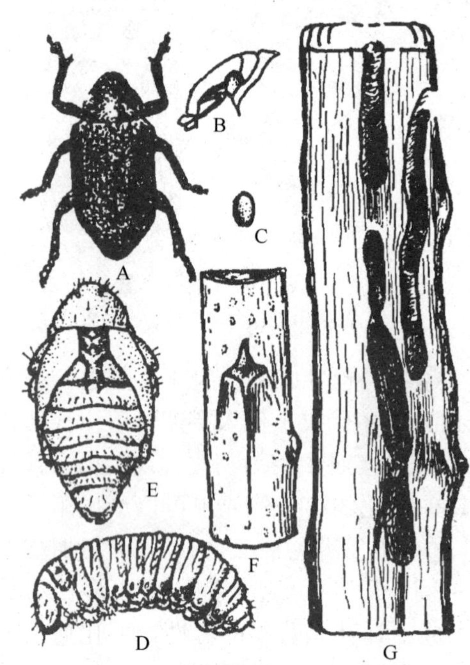

图 5-47　杨干象

A. 成虫　B. 头部侧面　C. 卵　D. 幼虫　E. 蛹　F. 卵状　G. 被害状

形态特征

成虫　体长 7～10mm，黑褐色或棕褐色，无光泽。全体密被灰褐色鳞片，期间散布白色鳞片。头部较小，呈半球形，头顶中间具略明显的隆线。前胸背板宽大于长，两侧近圆形。鞘翅末 1/3 处白色鳞片较密，向后倾斜并逐渐萎缩形成一个三角形斜面。

卵　椭圆形，乳白色，长 1.3mm，宽 0.8mm。

幼虫　老熟幼虫体长 9～13mm，乳白色，头部黄褐色。身体有许多横皱纹和稀疏黄色短毛。胴部弯曲呈马蹄形。

蛹　乳白色，长 8～9mm。前胸背板有数个突起的刺，腹部背面散生许多小刺，腹部末端具 1 对向内弯曲的褐色小钩。

生活史及习性　该虫在我国 1 年 1 代，以卵

和初孵幼虫在枝干韧皮部内越冬。翌年4月越冬幼虫开始活动，卵也相继孵化。初孵幼虫先取食韧皮部，从树皮表面针状小孔中排出黑褐色丝状物。随着幼虫发育，逐渐深入韧皮部和木质部之间环绕树干蛀成圆形蛀道，同时又咬出较大的孔，排出更多的黑褐色丝状物，孔口常渗出树液，坑道处表皮颜色变深呈油浸状，随树龄增大，坑道处形成一圈似刀砍状的裂口，使树枝易干枯或遭风折。5月中、下旬幼虫在蛀道的末端蛀入木质部作椭圆形的蛹室，用细木屑封闭孔口化蛹。7月中旬为成虫羽化盛期。成虫具有假死性，善爬行，很少起飞。补充营养时，在树干上留下许多针刺状小孔。成虫多在3年生以上的幼树或枝条上产卵，卵多产于叶痕、枝痕、树皮裂缝及皮孔处，每雌虫平均产卵44粒，卵期平均22天。当年以卵或初孵幼虫越冬。

(2) 臭椿沟眶象 *Eucryptorrhynchus brandti* Haroid　见图5-48。

分布与危害　分布广泛，东北、华北、西北、华中、华东等地均有分布。危害臭椿、千头椿等，是椿树的主要害虫。

形态特征

成虫　体长11.5mm左右，黑色，头部刻点小而密。前胸背板白色，近光滑，鞘翅坚硬，上有很密的刻点，鞘翅肩部和后端部白色。

与此虫相近似的种为沟眶象，二者的区别是：沟眶象体长约18.5mm，前胸背板大部分为黑或赤褐色，小部分为白色，其上具大而深的刻点。鞘翅的肩部和后端部白色中掺有赤褐色。

卵　长圆形，黄白色。

幼虫　长约12mm，乳白色。

蛹　黄白色，长11mm左右。

生活史及习性　1年发生1代，以幼虫和成虫在树干内和土中越冬。以幼虫越冬的，次年5月间化蛹，6、7月成虫羽化外出活动。以成虫越冬的活动较早。成虫有假死性，产卵前取食嫩梢、叶片、叶柄等补充营养，造成折枝、伤叶、损坏皮层。为害1个月左右开始产卵，产卵前咬破树皮，将卵产于其中，并用喙将卵推到树皮内层，卵期8天左右。初孵化幼虫先咬食皮层，稍大后钻入木质部内为害，老熟后在坑道内化蛹，蛹期12天左右。由于虫态不整齐，后孵化的幼虫未等化蛹便可越冬。苗圃幼林、臭椿、千头椿纯林及零散栽植的树木受害较重。

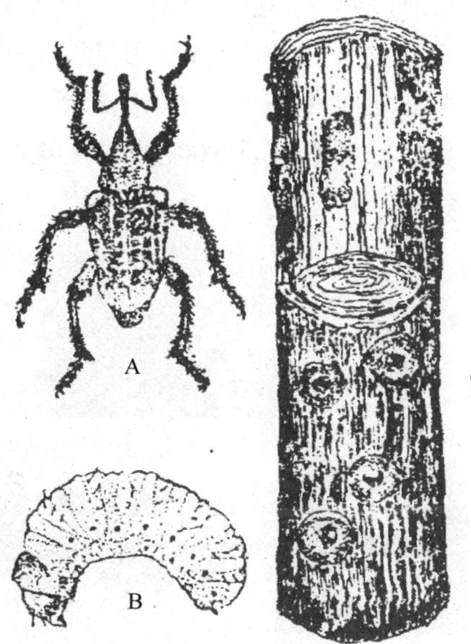

图5-48　臭椿沟眶象

A. 成虫　B. 幼虫　C. 被害状

(3) 竹笋象

危害竹笋的一些象虫种类。有竹直锥大象（*Cyrtotrachelus longimanus* Fabr.）、竹小象（*Otidognathus nigripictus* Fairmaire）、一字竹象（*Otidognathus davidis* Fair）。危害竹类的竹象，其主要特征见表5-20。

表 5-20　三种竹象甲的特征比较

虫名＼虫态		竹直锥大象	一字竹象	竹小象
成虫	体　长	21～23mm，雄虫略小	12～21mm，雄虫略小	7～9mm，雄虫略小
	体　色	红褐色，体表有光泽	雌虫乳白色至淡黄色，雄虫赤褐色	赤褐色
	前胸背板	后缘中央有一长方形黑斑，肩部各有一黑斑	有一字形黑斑	有一字形黑斑，小盾片黑色
	鞘　翅	各由点刻组成 9 条纵纹	各有 2 个黑斑	各有 5 个黑斑
卵		椭圆形，长 3mm，光滑无毛透明	长圆形，约 3mm	长圆形，约 1.5mm，乳白色
幼　虫		乳黄色，长 20～45mm，头棕色，体肥胖，多皱纹，有 1 条掸淡灰色背线	黄色，长 20mm，头赤褐色，口器黑色，体多皱纹	乳黄色，长 15～21mm，头褐色，口器黑色，体肥胖多皱纹
蛹		白色，长约 30mm，体长约 15mm，尾部有 2 个突起	淡黄色，长约 15mm，尾部有 2 个突起	乳白色，长约 8mm

生活史及习性　三种象甲生活史及习性很相近。均为 1 年 1 代，以成虫在土茧内越冬。次年 6 月中、下旬破茧出土，7 月下旬至 8 月上旬出土最盛。成虫出土后多栖息于竹林的阴凉处，有假死性，不善飞翔，每天上午 8～11 时；下午 3～5 时活动最盛，在新笋上部咬食笋箨补充营养，取食处呈孔洞状，一笋上最多有十几个孔洞。成虫经 2～3d 补充营养后，在竹笋和笋梢上交尾产卵，产卵前，成虫在笋梢部咬孔，每孔产 1 粒卵，产卵后再用口吻咬笋箨纤维堵塞孔口，每头雌虫可产卵 13～21 粒，卵期 2～7d。初孵幼虫向下钻蛀为害，虫道内塞满虫粪，引起笋肉腐烂。幼虫共 5 龄，幼虫期 28～33d。老熟后咬破笋箨，落在地面钻入土中化蛹，蛹期 11～23d。成虫羽化后在茧内越冬。

(4) 红棕象甲 *Rhyncophorus ferrugineuss* Fab.　见图 5-49。

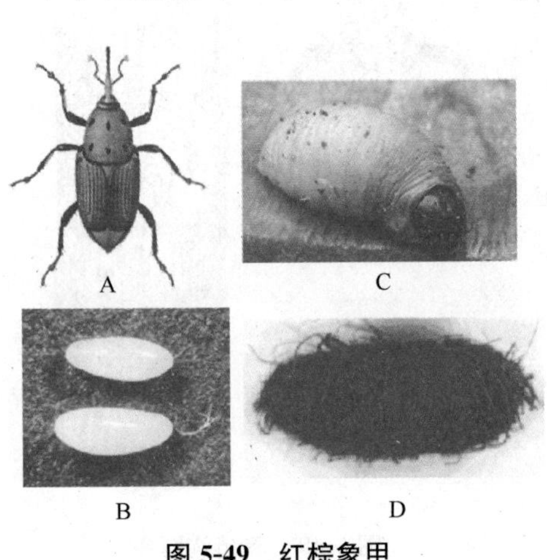

图 5-49　红棕象甲

A. 成虫　B. 卵　C. 幼虫　D. 茧

分布与危害　在我国主要分布在海南、广西、广东、云南、福建、浙江、上海、香港、台湾、西藏（墨脱）的部分地区。主要寄主为加拿利海枣、华棕、大王椰子等。

形态特征

成虫　体长为 28～35mm，体宽 10～12mm，锈褐色；喙和头部的长度约为体长的 1/3；前胸前缘小，向后逐渐扩大略呈椭圆形，背面有黑色斑 6 个，分前后行排列各 3 个，6 个斑点连在一体总体上呈“水”字形，有的种类后排中间黑色斑分成靠的很近两小斑。翅鞘短具褐色天鹅绒光泽，每一鞘翅上具 6 条纵沟，腹

部末端外露，雄成虫在喙背面近端部覆有一丛短的褐色毛，而雌成虫的喙无毛且较细长并弯曲。

幼虫　乳白色，无足，呈弯曲状，老熟幼虫体长30～45mm，头部黄褐色，体黄白，腹部末端扁平。

蛹　长椭圆形，平均长30mm，宽15mm，初时为乳白色，后呈褐色，喙长达前足胫节，触角及复眼显著突出，蛹外被一束纤维构成呈椭圆形桶状的茧。

卵　乳白色，长椭圆形，表面光滑，平均长2.6mm，宽1.1mm，孵化前略膨大。

生活史及习性　红棕象甲在热带地区1年大约发生2、3代，世代重叠。雌虫通常在幼年椰树上产卵，产卵时将长且锐利的产卵器深深插入植株组织中。一头雌虫一生可产卵162～350粒。幼虫9龄，幼虫取食植株多汁部位，并不断向深层部位取食，在树体内形成纵横交错的隧道。导致受害组织坏死腐烂，并产生特殊气味。老熟幼虫用吃剩的植株纤维结茧，并在其中化蛹。

关键与要点　象甲类的防治方法

1. 加强检疫工作　对调运的寄主苗木须经过严格的检疫，特别是3年以上的幼树更应慎重检疫，以防杨干象或红棕象甲传入新区。

2. 勿栽植带虫苗木　一旦发现虫株及时除治，以减少虫源和防止其蔓延。

3. 灭越冬成虫和杀幼虫　冬季劈山松土，破坏竹笋象的越冬土室，消灭越冬成虫。夏季可在竹笋象产卵孔的下方，用刀轻轻剥开笋壳，刺杀卵和幼虫。

4. 振落　利用象甲成虫多在树上活动、不善飞翔及假死性等特点，可用振落法捕杀成虫。

5. 药剂防治　于4月下旬至5月中旬，用50%杀螟硫磷乳油30～50倍液或40%氧化乐果乳油15倍液点涂幼虫排粪孔和蛀食隧道，毒杀幼虫。此法对杨干象有效；于幼虫初孵化期，往被害处涂煤油溴氰菊酯混合液（1∶1），毒杀树皮内为害的幼虫。此法可应用于杨干象和沟眶象；用毛笔蘸40%氧化乐果乳油加水3～6倍液涂刷产卵孔，毒杀幼虫。此法对竹笋象有效。成虫羽化盛期均可喷1000倍液50%辛硫磷乳油。

5.3.5　木蠹蛾类

木蠹蛾类属鳞翅目，木蠹蛾科。幼虫钻蛀树干和枝梢。

(1) 咖啡木蠹蛾 *Zeuzera coffeae* Nietner　咖啡木蠹蛾又称咖啡豹蠹蛾（图5-50）。

分布及危害　分布于江苏、浙江、上海、江西、福建、广东、湖北、四川、台湾等地。危害广玉兰、山茶、杜鹃、贴梗海棠、重阳木、冬青、木槿、悬铃木、红枫等。初孵幼虫多从新梢上部芽腋蛀入，沿髓部向上蛀食成隧道，不久被害新梢枯死，幼虫钻出后重新转迁邻近新梢蛀入，经多次转蛀，当年新梢可全部枯死，影响观赏价值。

形态特征

成虫　体长11～26mm，翅展30～50mm。雌虫触角丝状；雄虫触角基部羽毛状，端

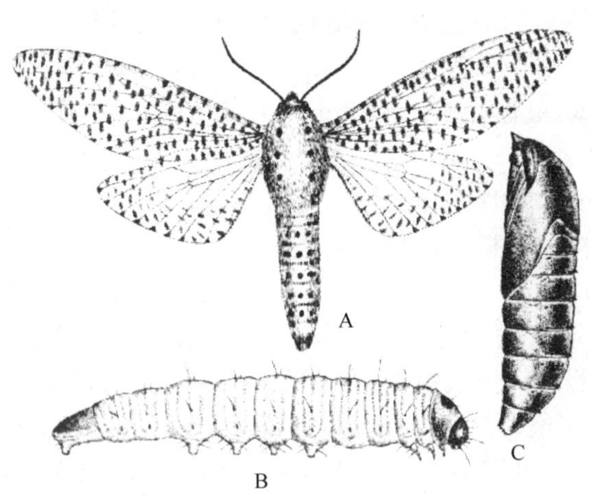

图 5-50　咖啡木蠹蛾

A. 成虫　B. 幼虫　C. 蛹

部丝状。体粗壮，密被灰白色鳞毛，胸部背面有青蓝色斑点 6 个。翅灰白色其间亦密布青蓝色的斑点。

卵　长椭圆形，淡黄色。

幼虫　老熟幼虫体长 17～35mm，红色，前胸背板黑褐色，近后缘中央有 3～5 行向后呈梳状的齿列。臀板黑色。

蛹　蛹长 16～27mm，黄褐色，头部有一个突起。

生活史及习性　1 年 2 代，以老熟幼虫在被害枝条内越冬。每年 3～4 月越冬幼虫化蛹，4～5 月成虫羽化，卵单粒或数粒聚产在寄主枝干伤口或裂皮缝隙中，初孵幼虫多自枝梢上方的腋芽蛀入，蛀入处的上方随即枯萎，经 5～7d 后又转移为害较粗的枝条。幼虫蛀入时先在皮下钻蛀成横向同心圆形的坑道，然后沿木质部向上蛀食，每隔 5～10cm 向外咬一排粪孔，状如洞箫。被害枝梢上部常干枯，易于辨认。老熟幼虫在蛀道中作蛹室化蛹。8、9 月，第 2 代成虫羽化飞出。成虫具趋光性。

(2) 芳香木蠹蛾东方亚种 *Cossus sossus orientalis* Gaede　见图 5-51。

分布与危害　我国华北、东北、西北、华东等地均有发生。危害杨、柳、榆、槐树、白蜡、栎、核桃、苹果、香椿、梨等。幼虫孵化后，蛀入皮下取食韧皮部和形成层，以后蛀入木质部，向上向下穿凿不规则虫道，被害处可有十几条幼虫，蛀孔堆有虫粪，幼虫受惊后能分泌一种特异香味。

形态特征

成虫　体长 24～40mm，翅展 80mm，体灰乌色，触角扁线状，头、前胸淡黄色，中后胸、翅、腹部灰乌色，前翅翅面布满呈龟裂状黑色横纹。

卵　近圆形，初产时白色，孵化前暗褐色。

幼虫　老龄幼虫体长 80～100mm，初孵幼虫粉红色，大龄幼虫体背紫红色，侧面黄红色，头部黑色，有光泽，前胸背板淡黄色，有两块黑斑，体粗壮，有胸足和腹足，腹足有趾钩，体表刚毛稀而粗短。

蛹　长约 50mm，赤褐色。

生活史及习性　2～3 年 1 代，以幼龄幼虫在树干内及末龄幼虫在附近土壤内结茧越

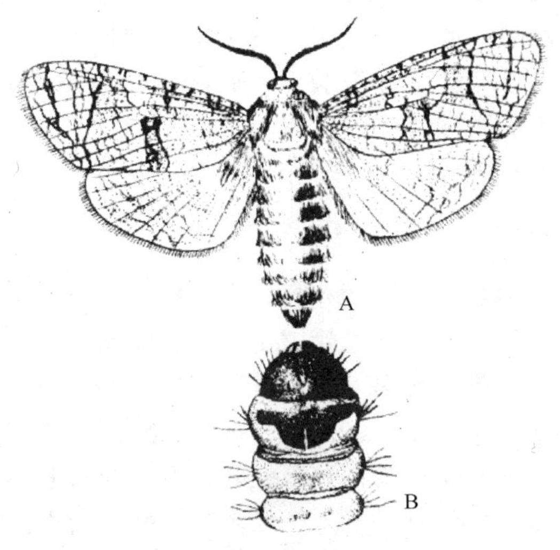

图 5-51　芳香木蠹蛾东方亚种

A. 成虫　B. 幼虫头部及胸部

冬。5～7 月发生，产卵于树皮缝或伤口内，每处产卵十几粒。幼虫孵化后，蛀入皮下取食韧皮部和形成层，以后蛀入木质部，向上向下穿凿不规则虫道，被害处可有十几条幼虫，蛀孔堆有虫粪，幼虫受惊后能分泌一种特异香味。

关键与要点 木蠹蛾类的防治方法

1. 诱杀成虫 成虫羽化期间设置灯光、性外激素诱捕器诱杀。

2. 人工防治 剪除被害枝条。用钢丝从下部的排粪孔穿进，向上钩杀幼虫。树干涂白防止成虫在树干上产卵。及时发现和清理被害枝干，消灭虫源。

3. 生物防治 用“海绵吸附法”往蛀道最上方的排粪孔施放昆虫病原线虫 2000～4000 条/头虫，不仅高效、无污染，而且有利蛀道的愈合。或以 1 亿～8 亿孢子/g 白僵菌黏膏涂排粪孔。

4. 药剂防治 抓准成虫羽化盛期、卵盛孵期和幼虫转移为害的盛期，用 80%敌敌畏乳剂 1000 倍液、40%水胺硫磷乳油 500 倍液、2.5%敌杀死或 10%兴棉宝乳剂 1500 倍。

5.3.6 透翅蛾类

透翅蛾属鳞翅目，透翅蛾科。以幼虫钻蛀木本植物的茎、枝，常造成严重危害。

(1) 白杨透翅蛾 *Parathrene tabaniformis* Rottenberg 见图 5-52。

分布与危害 分布于东北、华北、西北、华东等地。主要为害杨、柳树种，其中以加拿大杨、银白杨、中东杨、毛白杨、小叶杨被害最重。以幼虫钻蛀树干和顶梢，被害组织增生形成瘤状虫瘿，影响植物的生长及观赏价值。尤其苗木受害后，可随调运传播到新区，损失更加严重。

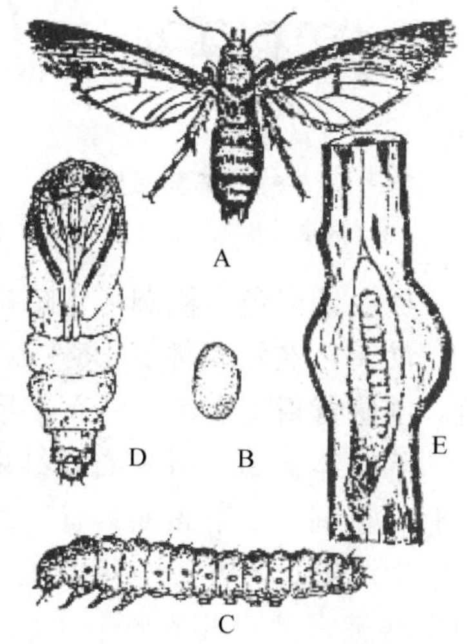

图 5-52 白杨透翅蛾

A. 成虫 B. 卵 C. 幼虫 D. 蛹 E. 被害状

形态特征

成虫 体长 11～21mm，翅展 22～39mm，青黑色，外形似胡蜂。头半球形，黑色，头和胸部之间有橙黄色鳞片围绕，头顶有一束黄褐色毛簇。触角近棍棒状，端部稍弯曲。胸部背面青黑色，两侧有橙黄色鳞片。前翅狭长，黑褐色，覆以赤褐色鳞片，中室与后缘略透明；后翅扇形，全部透明，缘毛灰褐色。腹部圆筒形，黑色。雌蛾腹部有 5 条橙黄色环带，末节有 2 条黄纵带；雄蛾腹部有 6 条黄色环带，末节无纵带。

卵 椭圆形，黑色，长 0.62～0.95mm。上有灰白色不规则多角形刻纹。

幼虫 老熟幼虫体长 30～33mm，圆筒形。初龄幼虫淡红色，老熟时黄白色。臀板背

面有 2 个深褐色刺，略向背前方翘起。

蛹　体长 12～23mm，纺锤形，褐色。腹部第 2～7 节背面各有两排横列的刺，第 9、10 节各具一排刺。腹末具臀棘。

生活史及习性　多为一年 1 代，少数一年 2 代，以幼虫在枝干隧道内越冬。翌年 4 月中旬，越冬幼虫恢复取食，5 月上、中旬开始化蛹，化蛹前，老熟幼虫在排粪孔附近咬一羽化孔道，吐丝缀木屑封闭羽化孔，并在其末端做圆筒形蛹室，然后吐丝结茧化蛹，蛹期平均 20d。6 月份开始羽化成虫，羽化时蛹壳 2/3 伸出孔外，经久不落，是识别该虫的主要特征。成虫有趋光性，并喜在林缘或苗木稀疏的地方活动，飞翔能力很强且极为迅速，阴天、夜间及早晚温度低时静伏在叶片或枝条上不动。卵多产于幼树叶柄基部、旧羽化孔、伤口及树干缝隙内，每雌虫产卵平均 440 粒以上，卵期 10d 左右。幼虫孵化后爬行迅速，寻找适宜部位先侵入表皮和韧皮部为害，4 龄后蛀入木质部钻蛀虫道，被害处形成瘤状虫瘿。蛀入孔有幼虫排出的粪便和碎屑。幼虫共 8 龄，一般不转移为害。9 月底停止取食，以木屑将隧道封闭，吐丝结薄茧越冬。

(2) 葡萄透翅蛾 *Parathrene regalis* Butler　见图 5-53。

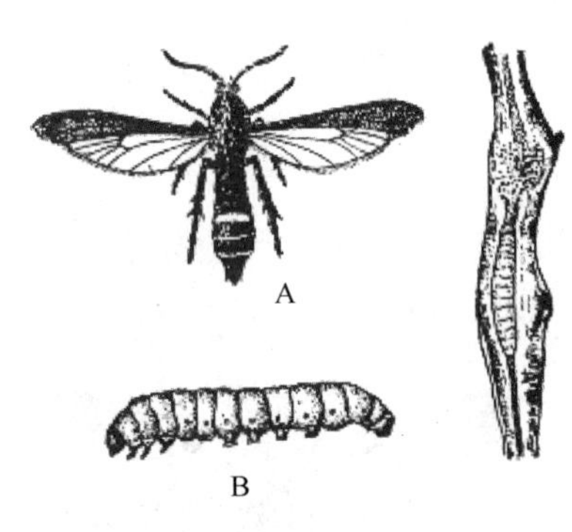

图 5-53　葡萄透翅蛾
A. 成虫　B. 幼虫　C. 被害状

分布与危害　分布于辽宁、河北、河南、山东、陕西、内蒙古、吉林、四川、湖北、江苏、浙江、安徽、上海、北京等地。危害各种葡萄。以幼虫蛀食葡萄髓部，受害处膨大如瘤，致使葡萄叶变黄，茎干容易折断，甚至枯死。

形态特征

成虫　体长 18～20mm，翅展 25～36mm，全体蓝黑色。头部颜面白色，头顶、下唇须前半部、颈部以及后胸两侧黄色，触角紫黑色。前翅红褐色，前缘及翅脉黑色，后翅透明。腹部具有 3 条黄色横带，以第 4 节的一条为最宽。雄蛾腹部末端有一束长毛丛。

卵　紫褐色，椭圆形，略扁平，长约 1.1mm。

幼虫　老熟时体长 35～40mm，圆筒形。头部红褐色，胴部淡黄白色，老熟时带紫色，前胸背板上有倒“八”字形纹。

蛹　体长 18mm 左右，红褐色，椭圆形。腹部第 2～6 节背面有两行刺，第 7～8 节背面有一行刺，末节腹面具有一列刺。

生活史及习性　一年发生 1 代，以老熟幼虫在葡萄粗蔓内越冬。翌年 5 月上旬越冬幼虫在被害茎内侧先咬一个圆形羽化孔以丝封闭，然后作茧化蛹。6 月上旬至 7 月上旬成虫羽化，羽化时蛹壳 2/3 露于孔外。成虫有趋光性，白天静伏在叶背面或草丛中，夜晚活动，静止时两翅展开。卵产于新梢叶腋或嫩茎上，每雌虫产卵 40～50 粒，卵期 10 天。幼虫孵化多从叶柄基部蛀入新梢内为害，当年生嫩枝条蛀空后，转移为害其他枝条或粗茎，被害处膨大成瘤，蛀孔附近堆有褐色虫粪。幼虫为害至 9、10 月即在枝条内越冬。

关键与要点 透翅蛾类防治方法

1. 加强植物检疫 对调出、调入的苗木、枝条，把好挖苗、割条、剪条，扦插、栽苗等环节，及时清除有虫苗和虫瘿的苗木，以防传播。

2. 消灭越冬幼虫 可结合修剪将受害严重且藏有幼虫的枝蔓剪除，或用小刀将虫瘤剥开，杀死幼虫。

3. 6～7 月份检查嫩梢 发现有虫粪或枯萎新枝条及时剪除，如果被害枝条较多，不宜全部剪除时，可用铁丝从蛀孔处刺入，杀死初龄幼虫。

4. 药物防治 幼虫期用 50%磷胺水可溶剂或 50%杀螟松乳油 20～30 倍液喷干毒杀幼虫；或用 50%杀螟松乳油加柴油（1∶5 或 1∶10）涂抹虫孔；或用 40%氧化乐果原液蘸棉球堵塞虫孔，外用黄泥封闭熏杀幼虫。

5. 诱杀 在成虫发生期，使用性信息素诱捕成虫，剂量为 800～1600μg，诱捕器悬挂于林内、林缘 1m 高度，可诱捕 100～150m 范围内的雄蛾。

6. 保护天敌 人工招引益鸟，保护自然天敌。

5.3.7 螟蛾类

螟蛾属鳞翅目，螟蛾科。其幼虫多为植食性，喜隐蔽生活。危害园林植物的螟蛾除卷叶、缀叶的食叶性害虫外，还有钻蛀性的。

（1）微红梢斑螟 *Dioryctria rubella* Hampson 见图 5-54。

分布与危害 我国大部分地区均有分布，危害马尾松、黑松、油松、赤松、华山松、黄山松、云南松、火炬松、加勒比松、卵果松、湿地松等各种松树，是我国松林产区的重要害虫。以幼虫钻蛀主梢及侧梢，顶梢被害后变黄枯萎，引起侧枝丛生，连年受害，则树冠易成扫帚状。

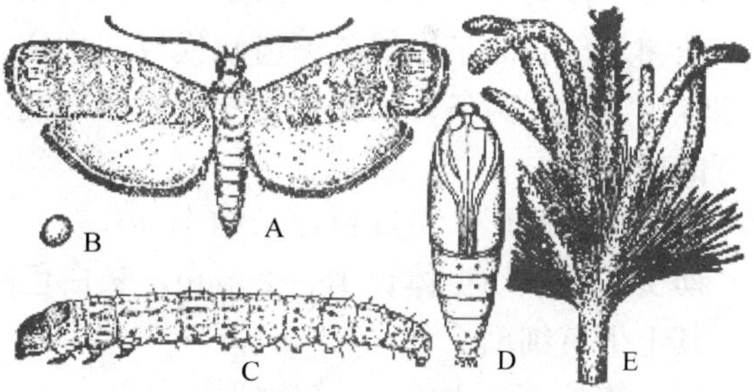

图 5-54 微红梢斑螟

A. 成虫 B. 卵 C. 幼虫 D. 蛹 E. 被害状

形态特征

成虫 体长 10～16mm，翅展 23mm 左右。前翅灰褐色，中室端部有一肾形大白斑，白斑与翅基之间有 2 条白色波状横纹，白斑与外缘之间有 1 条波状横纹；外缘具黑色点列。后翅灰白色，无斑纹。

卵 椭圆形，长 0.8～1.0mm，有光泽。初产时黄白色，孵化前暗赤色。

幼虫 老熟幼虫体长 23～27mm。头和前胸背板红褐色。腹部淡褐色或淡绿色，各节有毛片 4 对，呈梯形排列，背面 2 对较小，侧面 2 对较大，毛片上各生有 1 根刚毛。

蛹 红褐色，体长 11～15mm，腹末有一块黑褐色波状钝齿，其上生有 6 根臀棘，端部卷曲，中央 2 根较长。

生活史及习性　此虫发生世代数因地而异，从北向南一年 1～5 代，各世代发育不整齐，均以幼虫在被害梢的蛀道内越冬。次年 3～4 月幼虫开始活动，在被害梢内继续向下为害，部分越冬幼虫转入新梢为害。5 月中旬老熟幼虫在被害梢内做蛹室化蛹，蛹期 11～18d。6 月初成虫羽化。成虫有趋光性，白天静伏，夜晚活动。产卵与松针基部，散产，一般每个新梢产 1 粒卵，少数 2、3 粒，每雌虫产卵平均 50 粒左右，卵期约 10d。6 月中旬幼虫孵化，初孵幼虫爬行迅速，寻找新梢为害，先咬食皮鞘，被咬处有松脂凝结，以后钻入髓部为害，先往尖端蛀食，到顶端后再往下蛀食，并咬一圆形排粪孔，直至将髓心蛀空，排粪孔周围常有大量松脂和粪屑堆积。被害枝梢变为灰黄至橘红色，向下弯曲枯死，其侧梢发育成丛枝状。松梢螟多发生在地势平坦、气温较高的南坡或东南坡，6～10 年生的幼林被害较重。

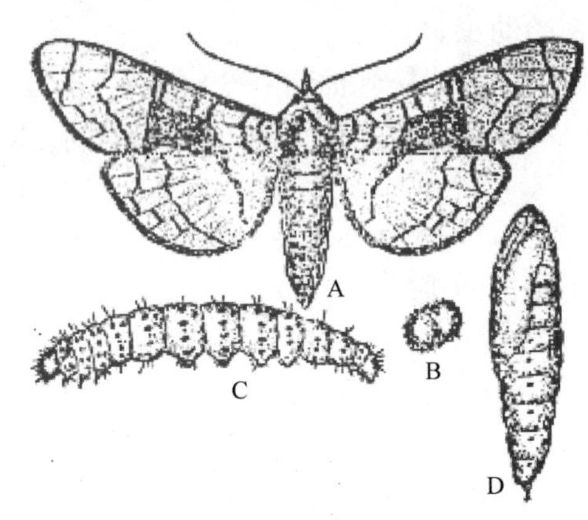

图 5-55　楸螟

A. 成虫　B. 卵　C. 幼虫　D. 蛹

（2）楸螟 *Omphisa plagialis* Wileman　又名楸蠹野螟，见图 5-55。

分布与危害　东北、华北、西北、华东、华中等地均有发生。危害楸树、梓树、黄金树、臭梧桐等观赏大乔木的枝条。以幼虫蛀食枝梢，严重时造成树冠上部大量枝条枯尖，影响树木的观赏价值。

形态特征

成虫　体长 14～16mm，翅展 35～37mm。头部褐色，胸腹部灰褐色微带白色。翅白色，前翅基部有 2 条黑褐色锯齿状横纹，中室下方有一块不规则黑褐色大斑，近外缘处有深棕红色波状纹两条；后翅中横线黑褐色与前翅黑斑相接，前后翅亚外缘线和外缘线相连并弯曲成波状。

卵　扁椭圆形，微红色，长约 1mm。

幼虫　老熟幼虫体长 15～20mm，灰白色略带红色。前胸背板黑褐色，各节有灰色毛斑，其上生有细毛。

蛹　体长 15～18mm，纺锤形，褐色。

生活史及习性　一年 1～2 代，以幼虫在一二年生枝条或幼苗茎内越冬。翌年 4 月开始为害并化蛹。5 月上旬出现成虫，成虫有趋光性，夜晚产卵，卵散产于枝条尖端叶芽或叶柄间，每雌虫产卵 40～110 粒，卵期 4d 左右。5 月中旬幼虫孵化，初孵幼虫从嫩梢叶柄处钻入枝条内蛀食髓部，并从排粪孔排出黄白色虫粪和木屑，被害枝条萎蔫，随后干枯，梢尖变黑，弯曲下垂，影响观赏。6 月上旬幼虫老熟，在枝条内化蛹。6 月中、下旬第一代成虫羽化。7 月份为第二代幼虫为害期。一直到 11 月份老熟幼虫在枝条内越冬。

常见种类还有：大理菊螟 *Ostrinia furnacallis* Guenee、桃蛀螟 *Dichocrocis punctiferalis* Guenee，比较见表 5-21。

表 5-21 两种螟蛾比较

害虫名称	主要识别特征	主要生活习性
大理菊螟	成虫体长 13～15mm，头、胸黄色。雌蛾体粗壮，前翅鲜黄色，上有 2 条褐色波状横纹；雄虫体消瘦，前翅深黄色，翅面波纹暗褐色。 老熟幼虫体长 19～21mm，圆筒形，头红褐色，体背面呈淡红褐色，具 3 条暗色纵条纹	一年 2～3 代，以幼虫在茎秆内越冬。翌年 5 月底羽化成虫，喜在花芽和叶柄产卵，卵块呈鱼鳞状排列，6 月上、中旬幼虫孵化，初孵幼虫从花芽和叶柄基部钻入茎内为害，钻入孔周围呈黑色。孔外粘有黑色虫粪，受害植株上部萎蔫而死。第 2～3 代幼虫分别在 8 月中旬和 9 月中旬出现而且危害比较严重。10 月底幼虫开始越冬
桃蛀螟	成虫体长 11～13mm 金黄色。前后翅及胸腹背面有黑色斑点，腹部 1～5 节背面各节各有 3 个横列的黑斑腹末有黑色毛丛。 老熟幼虫体长 25mm 左右，体色变化较大，背面紫红色，前胸背板褐色	此虫一年发生 2～3 代，以老熟幼虫在树皮缝隙、树洞、向日葵花盘内越冬。每年 5 月份出现成虫，幼虫为害桃最严重，主要蛀食果肉，被蛀的果实有虫粪堆积在孔外。危害向日葵，时常将种子吃光，并钻入花盘内蛀食。一直到 9 月下旬越冬

关键与要点 螟蛾类防治方法

1. 诱杀 成虫羽化期用黑光灯诱杀。

2. 物理防治 及时剪除虫株、虫果、被害枝梢，集中烧毁，消灭虫源。

3. 药剂防治 幼虫期往树梢上喷 40%氧化乐果乳油、50%杀螟松乳油 1000 倍液或 2.5%溴氰菊酯乳油 3000 倍液。5、6 月间幼虫初为害期往被害处涂 1∶10 的 80%敌敌畏浆，杀初蛀入茎内的幼虫。

4. 保护和利用天敌 如招引益鸟、施放赤眼蜂等。

5.3.8 夜蛾类

夜蛾属鳞翅目 *Lepidoptera*，夜蛾科 *Noctuidae*。夜蛾中有些以幼虫钻蛀茎干内为害的种类。常见有竹笋夜蛾、棉铃虫、贪夜蛾、烟夜蛾等。

棉铃虫 *Heliothis armigera* Hübner 又名棉铃实夜蛾（图 5-56）。

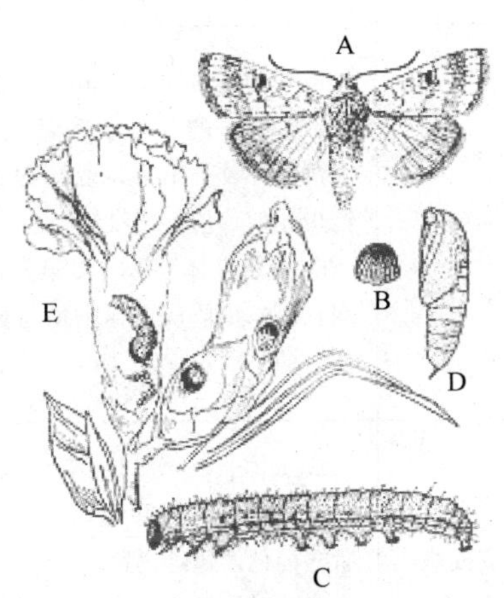

图 5-56 棉铃虫

A. 成虫 B. 卵 C. 幼虫 D. 蛹 E. 被害状

分布与危害 全国分布。危害美人蕉、一串红、鸡冠花、万寿菊、大丽花、小理花、木槿、香石竹、月季、五彩椒、蜀葵、大花秋葵、向日葵等。幼虫食嫩叶和花朵，并蛀食花蕾，造成孔洞及花朵凋落，影响花卉生产与观赏。

形态特征

成虫 体长 17～19mm，翅展 35mm 左右。体青灰色或灰褐色。前翅长度等于体长，基线双线不清晰，内线双线褐色锯齿形，环形斑和肾形斑褐色，肾纹前方的前缘脉上有2个褐色纹，中线由肾纹下斜伸至翅后缘，末端达环纹正下方，亚端线的锯齿较均匀，距外缘的宽度较一致。后翅灰黄色，翅脉褐色，外缘有茶褐色宽带，宽带靠近外缘处有2个相连的灰白色斑，斑与缘毛有褐色隔离。

卵　半球形，卵高大于宽，表面有网纹。

幼虫　老熟幼虫体长45mm左右。体色变化较大，体表有黄色网纹斑，背线2～4条，体侧有白色横线。

生活史及习性　该虫在华北地区一年发生2～3代。以蛹在土室内越冬。翌年4月成虫羽化。成虫昼伏夜出，有很强的趋光性，常聚集在新枯萎的杨树枝叶上，产卵于嫩叶及花蕾上，卵期约5d。初孵幼虫先啃食卵壳，后食嫩叶，以后蛀食花蕾、果实，幼虫共6龄，有假死、自相残杀、转移为害的习性。每年以7～9月为害严重。10月幼虫陆续老熟，在土中作蛹室化蛹越冬。华南地区一年发生6代，世代重叠严重。

常见种类还有：竹笋禾夜蛾 *Oligia vulgaris*（Butler）、烟夜蛾 *Heliothis assulta* Guenee、贪夜蛾 *Laphygma exigua* Hübner等，区别见表5-22。

表5-22　三种夜蛾比较

害虫名称	主要识别特征	主要生活习性
竹笋禾夜蛾	成虫雌虫体长17～21mm，雄虫略小。雌蛾翅棕褐色，亚外缘线、楔状纹与外缘线在顶角处组成灰黄色斑；雄蛾翅灰白色，肾状纹淡黄色，肾状纹外缘白纹与前缘、亚外缘线组成一个倒三角形深褐色斑 老熟幼虫体长36～50mm，头橙红色，腹部第二节前半段缺，末节背面有6块小黑斑在背线两边分别以三角形排列，中间两块特别大	一年发生1代，以卵在禾本科杂草枯叶中越冬。次年2月下旬幼虫孵化，在禾本科、莎草科杂草中取食，一株草食完后，可转移为害，初孵幼虫耐饥力强，30余天不致饿死。被害杂草有枯心白穗症状
烟夜蛾	成虫体长15～18mm，体黄褐色，前翅长度短于体长，有明显的环状纹和肾状纹，中线向翅后缘直伸，末端达环纹外下方，亚端线锯齿参差不齐。此虫与棉铃虫相似，但各线纹清晰 老熟幼虫体长31～35mm，头部黄色，具不规则的网状斑，虫体从头到尾均有褐色、白色、深绿色或宽或窄的条纹	华北地区一年发生3～4代，以蛹在土中越冬。次年5月下旬幼虫孵化，先取食嫩叶，后钻蛀花蕾为害，造成花蕾不能开放。幼虫有假死性和转移为害的习性。每年6月至9月为害最严重，秋季菊花受害重
贪夜蛾	成虫体长12～14mm，前翅锈褐色，内线为黑色双线锯齿形，剑纹黑色，环纹和肾纹粉黄色，有黑边。后翅白色，边缘褐色 老熟时体长24～28mm，体色变异较多，胴部第4～11节气门后上方有白色长圆形略鼓起的斑纹	一年可发生5代，以蛹在土中越冬。4月份见成虫，初孵幼虫群集在卵块周围，稍大后先取食嫩头再蛀入花蕾，啮食花蕊、花冠，严重影响切花质量。幼虫有假死性，受惊即落地

关键与要点 夜蛾类的防治方法

1. 灭越冬虫蛹 花圃可进行冬春季耕翻，消灭夜蛾越冬虫蛹。

2. 灭越冬虫卵 结合抚育清除竹笋禾夜蛾的中间寄主，清除的杂草以8月份成虫产卵之后和次年2月份卵未孵化之前为最好，并将杂草堆积沤肥，消灭越冬虫卵。

3. 挖除被害笋 经常巡视竹林，发现虫笋及时挖除，不仅消灭害虫降低虫口密度，竹笋还可利用。

4. 诱杀法 根据夜蛾成虫有趋光性，可于成虫羽化期设置黑光灯进行诱杀。对于棉铃虫还可在圃间堆积杨树枯枝诱杀成虫。

5. 药剂防治 幼虫为害期喷施30%灭蛉灵乳油1000倍液、80%敌敌畏乳油1000～1500倍液或40%氧化乐果乳油800～1000倍液。防治竹笋禾夜蛾应在4月上旬幼虫转株为害时喷施效果最佳。

6. 生物防治 释放螳螂、赤眼蜂、黄足绒茧蜂等天敌昆虫。

5.3.9 辉蛾类

蔗扁蛾 *Opogona sacchari* Bojer 见图5-57。

分布与危害 南方各省均有发生，近年来逐渐向北方扩散，在北京、辽宁危害较为严重。主要寄主为巴西木、发财树、鹅掌柴、三色变叶木、苏铁、鹤望兰、棕竹、一品红、袖珍椰子、凤梨、甘蔗、百合等近50种观赏植物。

形态特征

成虫 黄褐色，体长约7.5～9mm，翅展22～26mm，前翅披针形，深褐色，中室端部上方及后缘1/2处有1个黑斑点，后缘有毛束，停息时毛束翘起如鸡尾状。后足胫节具长毛。

卵 淡黄色，卵圆形。

幼虫 乳黄色，近透明，老熟幼虫体长约30mm。

蛹 暗红褐色，长10mm。

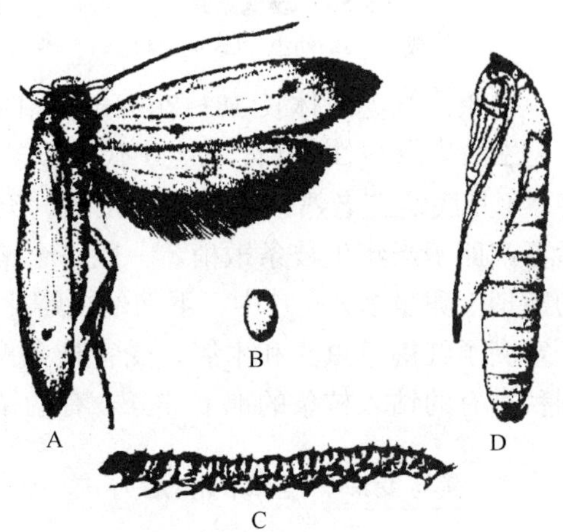

图5-57 蔗扁蛾

A. 成虫 B. 卵 C. 幼虫 D. 蛹

生活史及习性 南方1年发生多代，北方发生3、4代，以幼虫在土中越冬。次年春天幼虫上树蛀干为害，可将皮层及部分木质部蛀空，仅剩外表皮，皮下充满粪屑，表皮上咬排粪孔，有粪屑排出，羽化前蛹体顶破丝茧和树表皮，一半外露，羽化后蛹壳仍矗立其上，极易识别。成虫爬行迅速，可短距离跳跃。卵散产或集中块产。幼虫孵化后吐丝下垂，很快钻入树皮下为害。

关键与要点　辉蛾类防治方法

1. 防虫体扩散　加强植物检疫，防止虫体扩散。

2. 药物防治　在越冬季节，用 90%敌百虫晶体 1∶200 倍与沙土混匀制成毒土撒于寄主根际附近，共 2、3 次；或浇灌 50%辛硫磷乳油 1000 倍液，对降低虫口密度有明显效果；花卉生长季节可喷施 40%氧化乐果乳油 1000 倍液或 20%菊杀乳油 2000 倍液，每 10～15d 喷施一次，连续 2、3 次。

3. 生物防治　可采用性引诱剂诱杀成虫；用斯氏线虫防治幼虫。

5.3.10　茎蜂类

属膜翅目，茎蜂科。以幼虫钻蛀茎部为害。

玫瑰茎蜂 *Sylista similis* M.　见图 5-58。

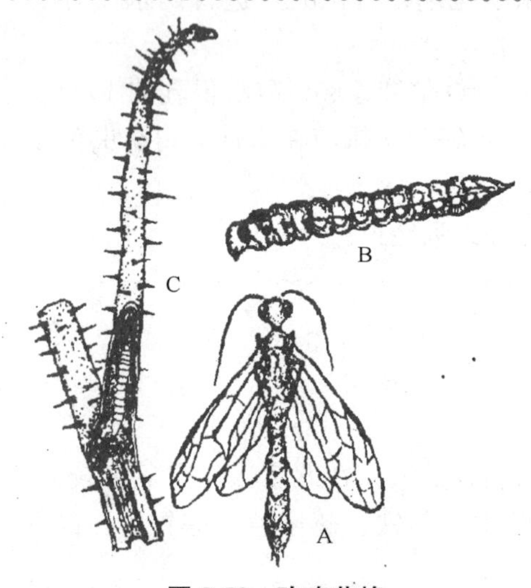

图 5-58　玫瑰茎蜂

A. 成虫　B. 幼虫　C. 被害状

分布与危害　全国各地均有发生。危害玫瑰和月季。

形态特征

成虫　体长 20mm 左右，翅展 25mm 左右，体黑色，有光泽。触角丝状，长 7mm 左右，黑色，基部黄绿色。两复眼之间有 2 个小黄绿点。翅茶色，半透明，略闪紫色光泽。腹部第 1～3 节每节侧面各有一黄绿斑，腹部末端有一根尾刺，长约 1mm，两旁各生 1 根短刺。

卵　椭圆形，乳白色。

幼虫　老熟时体长 18～20mm，乳白色。头浅黄色，尾端有一褐色尾刺。足不发达。

生活史及习性　1 年发生 1 代，以幼虫在被害枝条内越冬。次年 4 月越冬幼虫开始为害，4 月底幼虫老熟，在枝条内化蛹。5 月上、中旬（柳絮盛飞期）成虫羽化外出，交尾后喜产卵于当年生枝条嫩梢，一般每个嫩梢上产卵 1 粒，生长旺盛的枝条或新萌生较粗壮的嫩梢上卵量多。5 月中、下旬幼虫孵化，从嫩梢钻入枝条的髓部往下为害，枝条蛀空部分塞满了红褐色虫粪和木屑。受害枝条嫩梢先萎蔫，后干枯，以后尖端变黑并向下弯曲。到秋季有的钻入枝条的地下部分，有的钻入上年生较粗的枝条里去作茧过冬。

关键与要点　茎蜂的防治方法

1. 消灭越冬虫源　于秋、冬季节剪除被害虫枝，集中烧毁，消灭越冬幼虫。

2. 园艺措施　适时浇水，合理施肥以增强植株长势。5、6 月间发现嫩梢萎蔫的枝条要及时剪除并处理，以减少幼虫为害。

3. 药剂防治　幼虫孵化期喷洒 20%杀灭菊酯乳油 3000 倍液。

4. 生物防治　茎蜂幼虫和蛹的寄生蜂很多，寄生率常达 50%，应注意保护和利用。

5.3.11 蝇类

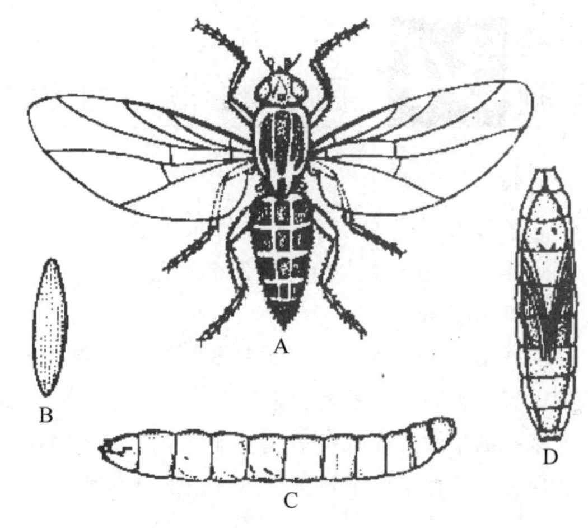

图 5-59 麦秆蝇
A. 成虫 B. 卵 C. 幼虫 D. 蛹

我国危害草坪的秆蝇类害虫主要有麦秆蝇、瑞典秆蝇等，均属双翅目，秆蝇科。

麦秆蝇 *Meromyza salatrix* 见图 5-59。

分布与危害 主要分布于内蒙古、河北、陕西、山西、甘肃、宁夏、青海、新疆、四川、云南、广东等地。危害草坪禾草、雀麦、早熟禾、马唐、披碱草、白草、狗尾草、赖草、绿毛鹅观草、细叶苔、异穗苔等。

形态特征

成虫 体长3.5～4.5mm，黄绿色。胸部背面有3条纵带，中央纵带宽而长，直至腹末第3节，两侧纵带略细，在后端分2叉。后足腿节显著膨大，内缘有黑刺列，胫节明显弯曲。

卵 梭形，长1mm左右，白色，表面有许多纵纹。

幼虫 老熟幼虫体长6～6.5mm，蛆型，细长，黄绿色，前气门呈扇状，其上有6～9个气门小孔，多数为7个。

蛹 为围蛹。黄绿色，稍扁，体长4.3～5.3mm，蛹壳半透明。

生活史及习性 发生世代因地而异，华北地区1年2代，以幼虫在禾草茎内越冬。次年3、4月幼虫开始化蛹，蛹期3～12d。成虫早晚及夜间栖息于叶片背面，且多在植株下部；上午10：00左右气温升高，开始大量活动交配；中午前后，日光强烈，温度过高，又潜伏植株下部；下午14：00以后又开始活动，15：00～16：00活动最盛。羽化后平均5.5天开始产卵，最长达19d，大多数卵产于叶面基部与叶脉呈平行状，散产，每雌虫平均产卵11.8粒，最多可达41粒，卵期4～7d。初孵幼虫从叶鞘与茎间潜入，在心叶处蛀食幼嫩组织，使心叶外露部分干枯变黄成为“枯心苗”；或在穗节基部1/5～1/4处或近基部呈螺旋状向下蛀食，造成烂穗、坏穗或白穗。幼虫在苗茎中为害约经20余天成熟化蛹。7月下旬第一代成虫羽化。山西晋南、山西关中地区1年发生4代，以幼虫在禾草和麦苗寄主内越冬。南方冬季较暖之地无越冬现象。

关键与要点 秆蝇类防治方法

1. 园林措施 选择抗虫品种，因地制宜地进行深翻土地，合理密植，适当浅播，适期灌水，合理施肥，及时修剪，消灭杂草等一系列栽培措施，创造有利于草坪生长发育而不利于秆蝇生长繁殖的条件，从而达到减轻为害的目的。

2. 清除杂草 及时清除幼虫越冬的杂草寄主，如看麦娘、毛毛草、棒头草等，以降低来年的虫口密度。

3. 药剂防治 抓住第一代幼虫孵化盛期，用20%杀灭菊酯乳油2000倍液、50%马拉硫磷乳油2000倍液、40%氧化乐果乳油1000倍液喷雾，对成虫、幼虫效果均很好。

4. 生物防治 姬蜂和小蜂是秆蝇幼虫的寄生蜂，应注意保护和利用。

实验实训34 园林植物钻蛀性害虫形态观察

实训目标

掌握园林植物钻蛀性害虫的识别特征。能识别本地常见钻蛀性害虫的种类及危害状。

实训用具与材料

实体显微镜、镊子、解剖针等；每组1套本地区蛀干害虫天牛、小蠹虫、象甲、吉丁虫、透翅蛾、木蠹蛾、蝙蝠蛾、螟蛾类等主要害虫的成虫针插标本、幼虫浸渍标本和生活史标本及被害状标本。

实训内容和方法

观察各种供试标本，对照理论内容所述的害虫形态特征，鉴别每种害虫的名称。

1. 天牛类害虫观察

观察星天牛、光肩星天牛、桃红颈天牛、双条衫天牛的生活史标本及被害枝干，注意各种天牛成虫的大小、体色，胸背斑纹、点刻、刺突等特征以及幼虫的大小、体色、前胸背板特征等，掌握区分相近种的主要依据。观察天牛的危害状，被害枝蛀孔的特点。

2. 吉丁虫类害虫观察

观察六星吉丁虫、柳吉丁的生活史标本及被害枝干，注意各虫态形态特征。

3. 木蠹蛾类害虫观察

观察芳香木蠹蛾、柳干木蠹蛾的生活史标本及被害枝干，比较其成虫大小、体色、鳞片、翅面斑纹等特征，注意区分相近种；观察木蠹蛾类的危害状，注意其蛀孔、排泄物的特点。

4. 透翅蛾类害虫观察

观察葡萄透翅蛾、白杨透翅蛾的生活史标本及被害枝干，比较两种透翅蛾成虫的区别。观察被害枝干时注意羽化孔及瘿瘤形状。

5. 螟蛾类害虫观察

观察楸螟、大理菊螟、桃蛀螟等的生活史标本及被害枝梢，注意比较成虫体长、体色、斑纹；幼虫各体节毛片等特征。

6. 夜蛾类害虫观察

观察棉铃虫、烟夜蛾、贪夜蛾的生活史标本及被害植物，从体色及翅面上斑纹、斑线比较各种成虫的特征；幼虫应注意体色的变化、臀棘、头部颜色及其上的网状纹。

实训作业☞

列表比较本地区主要枝干害虫的识别特征。

实验实训35 园林植物钻蛀性害虫防治

实训目标

学会利用堵塞虫孔、性引诱剂、释放寄生蜂和打孔注药方法防治蛀干害虫的基本技能。

实训用具与材料

BG305D型背负式打孔注药机、镊子、电炉、量筒、烧杯、药匙、天平、玻璃盘、搪瓷盘、诱捕器。主要材料有铁丝、钉子、铅油、磷化铝片、黄泥、肿腿蜂、阿拉伯树脂胶、草酸、磷化锌、滤纸、竹签、氧化乐果、吡虫啉等。

实训内容和方法

1. 利用堵虫孔的方法防治害虫

选择有蛀干幼虫危害的林分，找到侵入孔。将有效成分含量为56%的磷化铝片剂（每片3.3g）用刀分成0.1～0.3g小颗粒（如果用0.1或0.3g的可塑性丸剂就不必切割），将0.1～0.3g的小颗

粒塞入虫孔，用黄泥封口，若为可塑性丸剂则不必堵泥。

2. 制作毒签并利用毒签防治害虫

1）取竹材制作长 10cm，粗 0.15cm 的竹签若干。

2）称取阿拉伯树脂胶 2 份，每份 31.2g；再用量筒量取 21.8mL 和 19.8mL 水各 1 份。

3）将胶和水倒入烧杯中，2 份分别加热熔化。

4）待冷却至 80℃时，21.8mL 水的烧杯中加入磷化锌粉 24g，另 1 杯加入草酸 72g，搅拌均匀。

5）用竹签先蘸取磷化锌液，要求药段长 2～3cm，直径 2～3mm，然后倒插入盛有细砂的搪瓷盆上。

6）冷却阴干后，将药签再插入草酸胶液中，然后再倒插入砂中。

7）待药签阴干后，用塑料袋密封避光保存。

8）选择有蛀干幼虫侵入的树木，先用针通一下虫孔，再插入毒签，剩余部分留在外面。

9）用黄泥堵死其他排粪孔和毒签周围的缝隙。

3. 利用性信息素诱杀白杨透翅蛾雄成虫

在成虫羽化期前，选择有白杨透翅蛾危害的杨树林进行。方法：在林分中按 25 个/hm^2 的密度等距离设计设置点；将诱捕器挂在距地面 1.3～1.5m 向阳面的树干或树枝上；也可在距地面1.3～1.5m 处的树干向阳面涂刷 50～200cm^2 的黏虫胶，再在胶面中部钉上 1 枚诱芯，在成虫羽化期观察诱蛾数量，并记载结果。

4. 干基注药法防治害虫

利用山东临沂农药机械厂生产的 BG305D 型背负式打孔注药机在树下离地面 0.5～1m 处向下倾斜 15°～45°钻孔，将药液注射到钻孔中，（药剂可选择氧化乐果或吡虫啉等内吸型杀虫剂，使用原液或稀释 3～5 倍液），之后用黄泥封口。

实训作业

根据实际发生的害虫种类，拟定钻蛀性害虫防治方案，并完成防治实施工作报告。

5.4 园林植物地下害虫防治

园林植物地下害虫在苗圃地发生非常普遍，种类很多如金龟子类、蝼蛄类、地老虎类、金针虫类、种蝇等。危害幼树根部或近地面部分，猖獗时常造成严重缺苗现象，给育苗工作带来重大威胁。

5.4.1 蛴螬类

属鞘翅目、金龟子总科幼虫的通称。别名“白土蚕”，寡足类型，静止时常呈“C”字形。蛴螬食性很杂，可危害多种植物地下部分，还可食害萌发的种子，咬断幼苗的根茎，造成花木幼苗枯死，蛴螬的危害，其端口整齐。除幼虫危害外许多种类的成虫还危害植物的叶、花等器官，直接影响其观赏价值。

华北大黑鳃金龟 *Holotrichia oblita*（Faldermann） 又名朝鲜黑金龟子、东北大黑鳃金龟（图 5-60）。

分布与危害 偏北方种类，自内蒙古、黑龙江至甘肃、宁夏、陕西及沿海各省，南界大致在秦岭附近。成虫取食杨、榆、柳、桑、栎、刺槐、核桃、苹果等树叶，幼虫危害松树、落叶松和一些阔叶树的根部。

识别特征

成虫 体长 16～21mm，宽 8～121mm。长椭圆形，黑色或黑褐色，有光泽。胸、腹

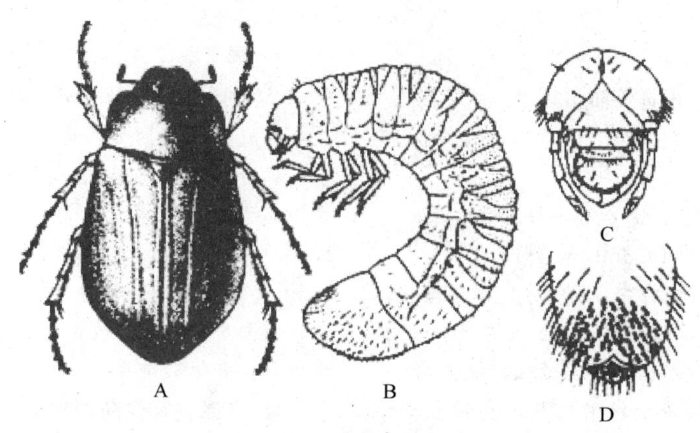

图 5-60　东北大黑鳃金龟

A. 成虫　B. 幼虫　C. 幼虫头部　D. 幼虫臀节腹面

部生有黄色长毛。鞘翅上散布刻点，每一鞘翅上有 3 条纵隆起线。前足胫节外侧有 3 个齿，中、后足胫节末端有距 2 根。雄虫末节腹面中央凹陷，雌虫隆起（图 5-43）。

卵　椭圆形，乳白色。

幼虫　幼虫体长 35～45mm，乳白色。肛门孔呈 3 裂状，腹末钩状毛区约占腹毛区的 1/3～1/2。

蛹　黄白色，椭圆形，尾节有 1 对突起。

生活史及习性　东北、西北和华东地区 2 年 1 代；华中及江浙等地 1 年 1 代。东北地区，以成虫和幼虫在土中越冬。次年 5 月上、中旬幼虫上移表土危害，幼虫 3 龄，均有相互残杀习性。7～8 月间在约深 30cm 的土中化蛹，成虫羽化后即在原处越冬。越冬成虫在 4 月中、下旬出土活动，5 月中旬至 7 月下旬为活动盛期，6 月上旬至 7 月下旬为产卵盛期。成虫白天在土中潜伏，黄昏活动；有多次交尾和陆续产卵习性；有假死及趋光性。卵散产于 6～15cm 深的湿润土中，每雌虫平均产卵 102 粒。卵期为 19～22d。老熟幼虫化蛹于土室中，蛹期 15d 左右。

常发生的种类还有东北大黑金龟子、铜绿金龟子、黑绒金龟子、红脚绿丽金龟等。区别见表 5-23。

表 5-23　四种金龟子比较

害虫名称	东北大黑鳃金龟子	铜绿丽金龟子	黑绒鳃金龟子	红脚绿丽金龟
成虫形态	体长 16～21mm，体黑褐色或黑色，前翅有纵线 3 条，会合线隆起，前足胫节外缘齿 3 个	体长 18～21mm 体色铜绿色，有光泽，前翅有纵隆 3 条，会合线平坦，前足胫节外侧有齿 2 个	体长 8～10mm 体色黑褐色，有黑色微弱丝绒般闪光，前翅每侧有 10 列刻点前足胫节外方有 2 齿	体长 18～26mm，体绿色，腹部紫红色。鞘翅边缘稍向上卷起，且带紫红色光泽，末端各有小突起。
幼虫形态	体长 31mm 左右，乳白色臀节腹面只有散乱钩状毛群	体长 30～33mm 白色臀节腹面具刺状毛每列由 13～14 根长锥刺组成，2 列刺尖相交或相遇	体长 14～16mm，乳白色臀节腹面刺毛列由 20～23 根锥状刺组成弧形横带	体长 40～50m，乳白色，臀节腹面的刺毛列由长针状刺毛和端锥状刺毛组成

续表

害虫名称	东北大黑鳃金龟子	铜绿丽金龟子	黑绒鳃金龟子	红脚绿丽金龟
生活史	二年1代以成虫及幼虫越冬	一年1代以幼虫在土中越冬	一年1代，以成虫在土中或落叶层下越冬	一年1代，以老熟幼虫在土层约30cm深处越冬
发生时期及危害特点	越冬成虫5月上、中旬开始出土，成虫末期可延到8月下旬。幼虫取食根茎地下部分及播下的种子，造成缺苗和死苗。成虫喜欢取食杨、榆、柳、苹果等树叶	次年5月化蛹，成虫5月中旬～6月中旬始见，盛期在6～8月间。幼虫咬食苗木近地面茎部，主根和侧根。成虫危害柏、柳、榆、枫杨、核桃等树叶	越冬成虫4月上旬出土，交尾盛期在5月中旬，6月中旬初孵幼虫出现，8月初化蛹。幼虫危害各种苗木根部。成虫食害杨、柳、榆、苹果等阔叶树叶、花和芽	翌年3、4月份化蛹，5月初见成虫，6、7月份为出土盛期，成虫昼夜取食嫩叶和花蕊。幼虫咬食苗根。危害多重阔叶树

关键与要点 蛴螬类害虫防治措施

1. 园林技术措施 ①苗圃地必须使用充分腐熟的厩肥做底肥；冬季翻耕将虫体翻至土表冻死。②利用蛴螬不耐水淹特点，适当进行冬灌或秋罐，可减轻危害。③有些金龟子嗜吃蓖麻叶片，食饱后麻痹中毒，甚至死亡，可在苗圃地周围种植蓖麻做诱杀带，有一定防治效果。

2. 人工捕杀 金龟子成虫一般都有假死性，可用人工振落捕杀大量成虫。苗床可于傍晚成虫出土活动时发动群众进行捕捉。

3. 灯光诱杀 夜出性金龟子成虫大多数有趋光性，可设置黑光灯诱杀。

4. 化学防治 ①可用50%辛硫磷乳油250mL加3～5倍水，喷拌在25～30kg的细土中制成毒土，播种前均匀撒于床面或施入沟中，可预防害虫发生。②苗木生长期发现幼虫危害，可用50%辛硫磷乳油1000～1500倍液进行灌根，注意效果与药量多少关系很大，如药液被表土吸收而达不到蛴螬活动处，效果就差。③成虫发生盛期可喷洒2.5%功夫乳油3000～5000倍液、40%氧化果乳油800倍液、75%辛硫磷、25%爱卡士乳油800～1200倍液，效果良好。

5. 生物防治方法 ①金龟子的天敌很多，如各种食虫鸟类、寄生性天敌、病原微生物等，对控制其危害有一定的作用。②利用细菌杀虫剂防治蛴螬也有一定效果。如日本芽孢杆菌的应用；目前，我国河北地区从阔胸锶金龟子 *Pentodkm patruelis* 的3龄幼虫上分离到了类似病原 Bacillas sp，用这类病原制剂拌种防治蛴螬，初试杀虫率高达6%左右，很有利用前途。

5.4.2 地老虎类

属鳞翅目、夜蛾科（图5-61、图5-62）。俗称土蚕、切根虫。以幼虫危害，傍晚或夜间切断近地面的茎秆或咬食未出土的幼苗，使整株死亡，亦能啃食叶片成孔洞或缺刻。发生量大时，常造成缺苗断垄，是一类危害严重的地下害虫。

危害园林植物和草坪的地老虎主要有：小地老虎 *Agrotis ypsion* Rottemberg、大地老

虎 *A. tokionis* Butler、黄地老虎 *A. segetum* (Dains et Schiffermuller)。

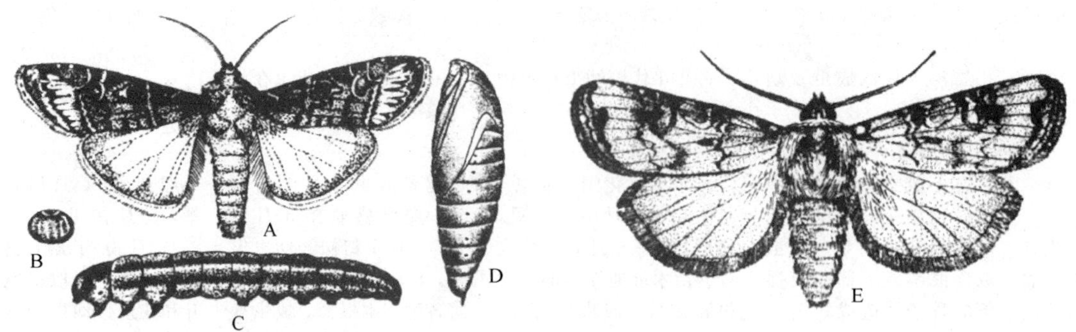

图 5-61 小地老虎与大地老虎

A～D. 小地老虎（A. 成虫 B. 卵 C. 幼虫 D. 蛹） E. 大地老虎

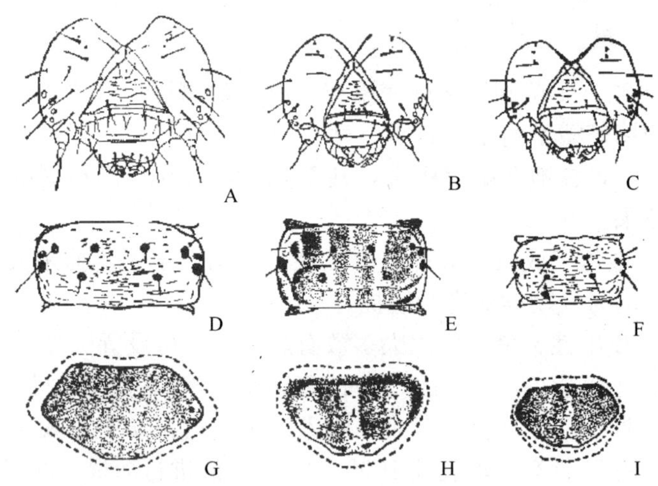

图 5-62 三种地老虎幼虫的区别特征

A、D、G. 大地老虎的头部、第四腹节背面的毛片、臀板

B、E、H. 小地老虎的头部、第四腹节背面的毛片、臀板

C、F、I. 黄地老虎的头部、第四腹节背面的毛片、臀板

形态特征

三种地老虎形态特征比较见表 5-24。

表 5-24 三种地老虎形态特征比较

	小地老虎	大地老虎	黄地老虎
成虫	体长 18～24mm 暗褐色，肾状纹外有 1 个尖长楔形斑，亚缘线上也有 2 个尖端向里的楔形斑。3 斑相等为主要特征。后翅灰白色，翅脉及边缘黑褐色，缘毛灰白色	体长 20～30mm，暗褐色，肾状纹和环状纹外为褐色边。后翅灰黄色外边有很宽的黑褐色边，缘毛淡色	体长 15～18mm，黄褐色横线不明显，有肾状纹和环状纹，无楔形纹。后翅灰白色，翅脉及边缘呈黄褐色

续表

	小地老虎	大地老虎	黄地老虎
幼虫	体长 37～50mm，灰褐色。唇基底边等于斜边，不达颅顶。各节背板上的 2 对毛片，气门前面 1 对小于后面 1 对。臀板菱形，黄褐色，有深色纵线 2 条	体长 41～60mm，黑褐色底边大于斜边，不达颅顶。各节两对毛片大小约相等；臀板椭圆形，几乎全部为深褐色	体长 33～34mm，黄色。底边大于斜边，直达颅顶。各节 2 对毛片大约相等。臀板椭圆形，为两大块黄褐色斑

生活史及习性

小地老虎 一年 2～3 代，以蛹越冬。越冬成虫高峰期在 4 月下旬；第一代成虫高峰期在 6 月中下旬，第二代成虫高峰期在 8 月上中旬；5 月下旬至 6 月上旬和 6 月中下旬、7 月中下旬是幼虫危害期。初孵幼虫群集于幼苗上啃食嫩叶，3 龄后分散为害，夜出咬断苗茎，拖入土层内供食。当植株木质化后则改食嫩芽和叶片。

大地老虎 一年 1 代，以幼虫在土中越冬。北京地区 4 月中下旬开始为害，幼虫于 5、6 月间进入夏眠，夏眠时间各地有差异，幼虫共 7 龄，幼龄群居，3 龄后分散。幼虫昼伏夜出，但其活动较小地老虎迟钝。

黄地老虎 一年 2～3 代，以幼虫在 10cm 左右土层中越冬。4～6 月是第 1 代为害期。第 1 代幼虫数量最大，为害最重，约 30～40d，幼虫一般 6 个龄期，1～2 龄幼虫群集幼苗嫩叶处取食，3 龄以后分散为害，昼伏夜出。咬断苗茎，拖入土穴内供食。地老虎喜湿，土壤低湿地区一般发生量大。

关键与要点 地老虎类防治措施

1. 减少虫源 及时清除苗床及圃地杂草。

2. 诱杀成虫 在春季成虫羽化盛期，用糖醋液诱杀成虫。糖醋液配制比为糖 6 份，醋 3 份，水 10 份加适量敌百虫或用红薯 1.5kg 煮熟捣烂加少量酵面发酵至带酸味，加等量水调成糊状，再加醋 0.5kg 及 25%西维因可湿性粉剂 50g，盛于盆中，于近黄昏时散于苗圃地中；用黑光灯诱杀成虫；在播种前或幼苗出土前，用幼嫩多汁的新鲜杂草 70 份与 25%西维因可湿性粉剂 11 份配制毒饵，于傍晚撒于地面，诱杀 3 龄以上幼虫。

3. 人工捕杀 清晨巡视苗圃，发现断苗时，刨土捕杀幼虫。

4. 药杀幼虫 幼虫危害期喷洒 2.5%功夫乳油 3000～5000 倍液、25%爱卡士乳油 800～1200 倍液；也可用 50%辛硫磷乳油 1000 倍液、40%乐果乳油 500 倍液喷浇苗间及根际附近的土壤。

5.4.3 蝼蛄类

属直翅目、蝼蛄科，俗称拉拉蛄、土狗等（图 5-63）。是典型的地下害虫，其前足开掘式，适宜于挖掘土壤和切碎植物的根部，喜居于温暖、潮湿、腐殖质含量多的壤土或砂

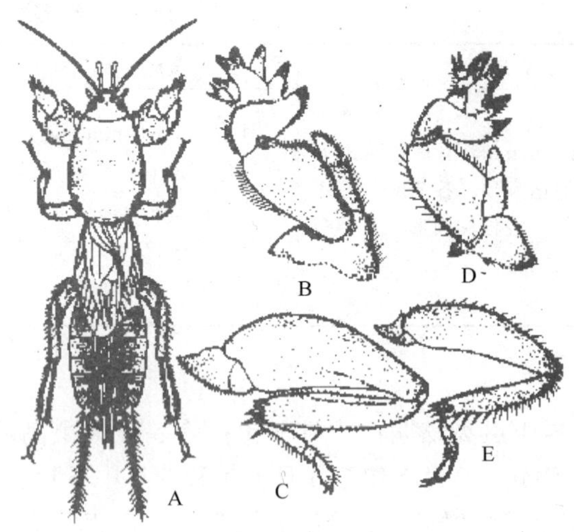

图 5-63 华北蝼蛄和东方蝼蛄

华北蝼蛄：A. 成虫 B. 前足 C. 后足

东方蝼蛄：D. 前足 E. 后足

土内，常以成虫或若虫在土中咬食刚播下的种子，特别是刚发芽的种子；取食植物根部，受害部位呈乱麻状。土壤湿度较大时，还在土表穿行，形成许多地表隆起的隧道，使幼苗和土壤分离，失水干枯而死，形成更大危害，国内主要种类有华北蝼蛄 *Gryllotalpa unispina* Saussure、东方蝼蛄 *G. orientalis* Burmeister，见表 5-25。

蝼蛄活动与土壤温湿度关系很大，土温 16～20℃，含水量在 22%～27%为最适宜，所以春秋两季较活跃，雨后或灌溉后危害较重。土中大量施未腐熟的厩肥、堆肥，易导致蝼蛄发生。蝼蛄除具趋湿、趋光习性外，还对香、甜等物质和未腐烂的有机质表现强烈趋性。

表 5-25 两种蝼蛄比较

	华北蝼蛄	东方蝼蛄
成虫形态	成虫体长 39～45mm 腹部近圆筒形，后足胫节背侧内缘有刺 1～2 个或消失	成虫体长 29～31mm，腹部近纺锤形，后足刺 3、4 个
若虫形态	体黄褐色，腹部近圆筒形，后足 5～6 龄以上同成虫	体色灰黑，腹部近纺锤形，后足 2～3 龄以上同成虫
生活史	三年 1 代。以成虫及 7 龄以上若虫在 60～120cm 土中越冬	二年 1 代。以成虫或 6 龄若虫越冬
发生时期及危害特点	次年 3～4 月开始活动，5～6 月为害期，6～7 月做土室，8～9 月活动为害，10～11 月越冬。次年 3～4 月开始活动，秋季再越冬，第 3 年秋季羽化为成虫	3 月下旬开始上升土表活动，4～5 月危害盛期，5 月下旬至 6 月上旬产卵盛期，6 月中旬孵化盛期，10 月下旬越冬

关键与要点 蝼蛄类防治措施

1. 减少虫卵 施用厩肥、堆肥等有机肥料要充分腐熟，可减少蝼蛄产卵。

2. 灯光诱杀成虫 特别在闷热天气，雨前的夜晚最有效。可在 19：00～22：00 时点灯诱杀。

3. 毒饵诱杀 用 80%敌敌畏乳油或 50%辛硫磷乳油 0.5kg 拌入 50kg 煮至半熟或炒香的饵料（麦麸、米糠等）中作毒饵，傍晚均匀撒于苗床上。但要注意防人畜误食。

4. 鲜马粪或鳞草诱杀 在苗床的步道上每隔 20m 左右挖一小土坑，将马粪、鲜草放入坑内，次日清晨捕杀或施药毒杀。

5. 灌药毒杀 在受害植株根际或苗床浇灌 50%辛硫磷乳油 1000 倍液。

5.4.4 金针虫类

金针虫属鞘翅目，叩头虫科（图 5-64）。俗称铁丝虫，黄夹子虫。属鞘翅目、叩头虫科。在苗圃中常咬食苗木嫩茎、嫩根或种子，受害幼苗主根一般很少被咬断，被害部位不整齐或形成与体型适应的细小孔洞。幼苗受害后逐渐枯死。常见种类有沟金针虫 *Pleonomus canaliculatus*（Faldermann）、细胸金针虫 *Melanotus caudex* Leweis。

形态特征

两种金针虫形态特征比较见表 5-26。

表 5-26 两种金针虫比较

害虫	成虫形态	幼虫形态	生活史
沟金针虫	体长 14～17mm，体色深栗色密被金黄色细毛	体长 20～30mm，体色金黄色体背面中央有 1 条细纵沟，尾部分叉	三年 1 代，以幼虫或成虫在地下越冬
细胸金针虫	体长 7～9mm，体色暗褐色密被灰色绒毛	体长 23mm，体细长，圆筒形色淡黄尾节背上有 4 条褐色纵纹，基部两侧各有一个褐斑	二年 1 代，以幼虫或成虫越冬

生活史及习性

沟金针虫　在整个生活史中，以幼虫期最长。越冬成虫 4 月上旬开始活动，4 月上旬至 6 月上旬为产卵期。卵期 35～42d，幼虫发育到第三年 8～9 月土中化蛹，9 月初羽化为成虫。幼龄幼虫主要取食草本植物的幼根，老龄幼虫啃食播下的各种树种的种子，芽以及幼苗根部，因而发生缺苗现象。成虫只食一些禾谷类和豆类等作物的嫩叶。

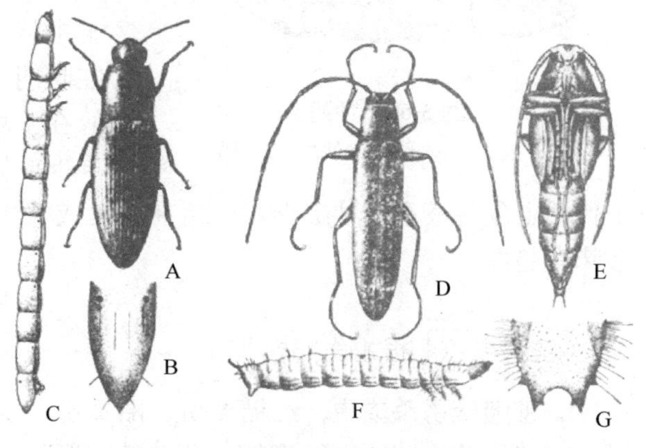

图 5-64 沟金针虫和细胸金针虫

A～C. 细胸金针虫（成虫、幼虫尾部、幼虫）
D～G. 沟金针虫（成虫、蛹、幼虫、幼虫尾部）

细胸金针虫　次年 5～6 月成虫出土活动，6 月末至 7 月末卵产土中，卵期约 15 天。幼虫发育到第二年 7～8 月才化蛹，8～9 月羽化为成虫。幼虫危害各种苗木的根、嫩茎和刚发芽的种子。

关键与要点　金针虫类防治措施

1. 食物诱杀　利用金针虫喜食甘薯、土豆、萝卜等，在发生较多的地方，每隔一段挖一小坑，将上述食物切成细丝放入坑中，上面覆盖草屑，可以大量诱集成虫或幼虫。

2. 翻耕土地　结合翻耕，检出成虫或幼虫。

3. 毒饵诱杀　用豆饼碎渣、麦麸等 16 份，拌和 90％晶体敌百虫 1 份，制成毒饵，具体用量为 15～25kg/hm^2。

4. 药剂防治　沟施或穴施 3％呋喃丹颗粒剂，具体用量为 50～55kg/hm^2 或用 40％乐果乳油、50％辛硫磷乳油 1000 倍液喷浇苗间及根际附近的土壤。

5.4.5 根蛆类

又称地蛆，属于双翅目、花蝇科。可危害播种后的种子，幼根、地下茎和花木插条的愈伤组织。种子受害后不能发芽；危害地下幼茎时常钻入茎内向上蛀食，以致幼苗不能出土或幼苗整苗枯死。花圃、盆花均有发生。

种蝇 *Hylemyia platnta meigen* 见图5-65。

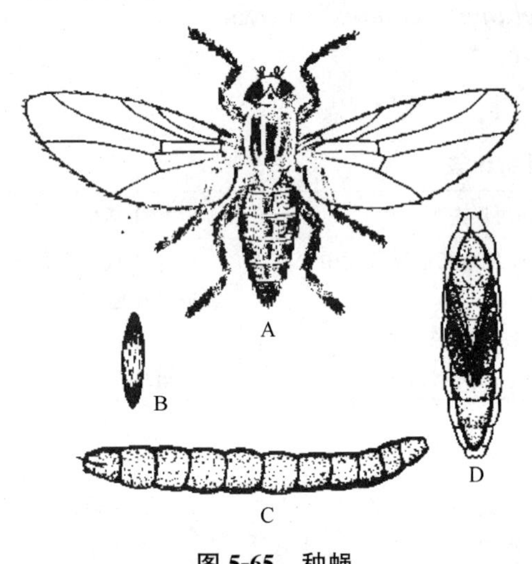

图5-65 种蝇

A. 成虫 B. 卵 C. 幼虫 D. 蛹

形态特征

成虫 体长4.0～6.0mm，体灰黄色至褐色。胸部前翅基背毛短，中足胫节外侧上方只有一根刚毛，雄虫较雌虫略小，暗褐色，胸部背面有8条明显的黑色纵纹。

幼虫 体长8～10mm，乳白色，老熟幼虫尾节（从背面看）有肉质突起7对，第7对很小；第5、6对等长。

生活史及习性 种蝇一年2～6代，以蛹在土中越冬。北方成虫于3～4月间羽化，成虫喜在晴朗干燥的天气活动，早晚及多风天气大都躲在土块缝隙或其他隐蔽场所。常聚集在肥料堆上或田间地表的人畜粪堆上，并在那里产卵，第1代幼虫危害最重。种蝇喜欢生活在腐臭或发酸的环境中，对腐烂有机质及糖醋液发生的酸味有趋性。

关键与要点 根蛆类防治措施

1. 糖醋液诱杀成虫 红糖2份、醋2份、水5份加适量敌百虫。

2. 药物防治 幼虫发生期，用2.5%溴氢菊酯乳油3000倍液或50%辛硫磷乳油1000～2000倍液浇灌消灭幼虫；成虫发生期，每隔1周左右用80%敌敌畏乳油1000～1500倍液喷洒植株周围地面或根际附近，连喷2～3次。

5.4.6 白蚁类

等翅目昆虫的通称，分土栖、木栖和土木栖3大类（图5-66）。主要分布长江以南及西南各省。它除了危害房屋、桥梁、枕木、船只、仓库、堤坝等之外，还是园林植物的重要害虫。主要种类有家白蚁 *Coptotermes formosanus* Shiraki（属鼻白蚁科）、黑翅土白蚁 *Odontotermes formosanus*（Shiraki）（属白蚁科），见表5-27。

生活习性 黑翅土白蚁栖于有杂草的地下，有翅成虫于3月初出现于蚁巢内，4～6月间靠近蚁巢附近的地面出现成群的分群孔，分群孔是由许多小土粒黏结而成。在气温达22℃以上，相对湿度达95%以上的闷热天气或雨前，有翅成虫于19：00前后爬出羽化孔突。经过群飞和脱翅的成虫，雌雄配对钻入地下建新巢，成为新巢的蚁王和蚁后。蚁巢

位于地下 0.3～2m 处。在 1 个大巢群内成长工蚁和兵蚁以及幼蚁的数量可以达到 200 万只以上。

表 5-27 两种白蚁比较

害虫	家白蚁	黑翅土白蚁
有翅成虫	体长 13.5～15mm，背面黄褐色，腹面黄色，翅淡黄色，前翅鳞明显大于后翅鳞	体长 12～14mm，背面黑色，腹面棕黄色，翅黑色，全身覆盖浓密的毛。前胸背板中央有 1 淡色的“十”字形纹，纹的两侧前方各有一椭圆形的淡色点，纹的后方中央有带分校的淡色点
兵蚁	体长 5.3～5.9mm。头浅黄色，腹部乳白色，有较密集的毛。上颚镰刀形，左上颚基部有 1 深凹刻，其前另有 4 个小突起。额面其他部位光滑无齿	体长 5～6mm。头暗深黄色，被稀毛。胸腹部淡黄至灰白，上颚镰刀形，左上颚中点的前方有 1 显著的齿，右上颚内缘的相当部位有 1 微齿，极小而不明显

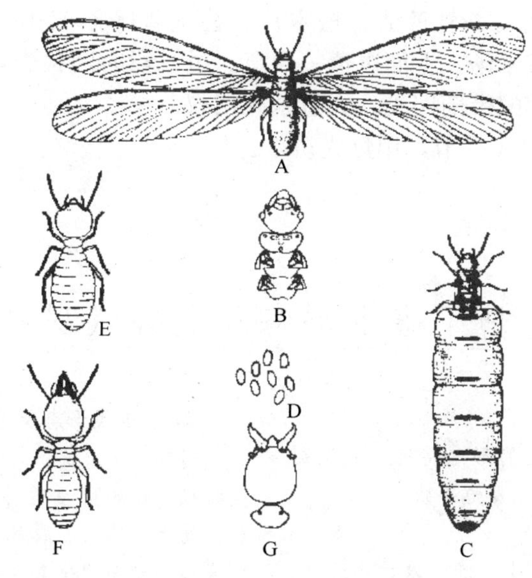

图 5-66 黑翅土白蚁

A. 有翅成虫 B. 有翅成虫的头部及胸部 C. 蚁后 D. 卵 E. 工蚁 F. 兵蚁 G. 兵蚁的头部和前胸

家白蚁 土、木两栖，营群体生活，喜阴暗潮湿。在室内或野外筑巢，巢的位置大多在树干内、夹墙内、屋梁、猪圈内或锅灶下，也可筑巢于地下 1.3～2m 深的土壤内。主要取食木材、木材加工品及树木。蚁道的标志是：墙上有水湿痕迹，木材上油漆变色，沿途有一些针尖大小的透气孔，或木材表面有泥被。

关键与要点　白蚁类防治方法

1. 物理防治　①利用有翅成虫的趋光性，设置黑光灯诱杀。②人工防治。凡是地面上有鸡坳菌的地方，地下常有蚁巢，据此，可以判断蚁巢位置。

2. 化学防治　①喷粉灭蚁。常用药剂是灭蚁灵，最好在主巢或白蚁很多的副巢施药。②播种时用 50%氯丹乳剂 400 倍液浸种，或用 0.3～0.4kg 氯丹乳剂兑水 1000kg 淋浇于圃地上，可驱杀白蚁。③苗木生长期受害，可用 75%辛硫磷 800～1000 倍液淋根保苗。

3. 压烟灭蚁　找到通向蚁巢的主道口，将压烟筒的出烟管插入主道，用泥封住道口，以防烟雾外逸，再把杀虫烟剂（可用敌敌畏插管烟剂）放入筒内点燃，扭紧上盖，烟便自然沿蚁道压人蚁巢，杀虫效果很好。

4. 磷化铝熏蒸　在找到白蚁隧道后，将孔口稍加扩大，然后取一端有节的竹筒，其中装磷化铝 6～10 片，从开口一端压向孔道口，并迅速用泥封住，以防磷化氢气体逸出。在气温高于 24℃时，2～3d 可熏蒸完毕，如低于 15℃，相对湿度又较低时，则需 5～6d。磷化铝有剧毒，施药时要遵守操作规程，注意安全。

5. 食饵诱杀　在白蚁发生时，于受害处附近，挖 1 个深 30cm、长 40cm、宽 20cm 的诱集坑。然后把桉树皮、甘蔗渣、松木片、芒基骨等捆成小束，埋入坑内作诱饵，上洒以稀薄的红糖水或米汤，上面再覆一层草。过一段时间检查，如发现有白蚁诱来，可向坑内喷灭蚁灵，使蚁带药回巢，大量杀死白蚁。

6. 诱杀　在白蚁群飞季节，用灯光诱杀。

实验实训 36　园林地下害虫形态及危害状观察

实训目标

掌握园林植物地下害虫的形态特征，能识别本地区常见园林植物地下害虫及危害状。

实训用具及材料

显微镜、双目解剖镜、放大镜、镊子、挑针、昆虫分类检索表等用具及蝼蛄类、金龟子类、地老虎类及白蚁等各虫态标本和被害状标本。

实训内容和方法

观察主要地下害虫形态及其危害状

1. 蛴螬类害虫形态观察

肉眼观察金龟子成虫及幼虫形态，对照挂图识别其幼虫为害苗木根系，成虫为害叶片后形成的孔洞。

2. 老虎类形态及危害状观察

观察小地老虎、大地老虎、黄地老虎的成、幼虫特征，比较成虫的体长、前后翅斑纹、触角形状；幼虫的体长、唇基、毛片、臀板形态。对照挂图或被害幼苗识别其为害状。

3. 蝼蛄形态及危害状观察

肉眼观察蝼蛄成、若虫及卵的形态，比较成、若虫特征。观察蝼蛄为害状，根部和幼茎被咬食状及苗床虚土隆起的不规则隧道特征。

4. 蚁类形态及危害状观察

观察黑翅土白蚁、台湾乳白蚁、黄翅大白蚁的生活史标本，识别各种白蚁的成、若虫特点。观察白蚁为害的腐朽木及蚁巢特点。

实训作业

列表比较所观察的地下害虫各虫态的形态特征及危害状。

实验实训37 地下害虫的虫情调查与防治

实训目标

掌握本地区主要地下害虫的调查方法；学会用药枝、鲜草、毒饵和糖醋液诱杀地下害虫的方法。

实训用具与材料

实体显微镜、扩大镜、镊子、采集箱、标本瓶、铁锹、枝剪、天平、量筒、炒锅、电炉、塑料盘等。本地区苗圃主要地下害虫种类的生活史标本、幼虫浸渍标本、成虫针插标本及为害状标本；糖、醋、白酒；50%辛硫磷乳油、90%敌百虫；搅拌器具。

实训内容和方法

1. 苗圃地下害虫虫情调查

调查时间应在春末至秋初，地下害虫多在浅层土壤活动时期为宜。抽样方式多采用对角线式或棋盘式。样坑数量因地而异，一般每0.2～0.3hm² 圃地挖样坑1个。样坑大小为0.5m×0.5m或1m×1m，按0～5cm、5～15cm、15～30cm、30～45cm、45～60cm段等不同层次分别进行调查，并填写苗圃地下害虫调查表（表5-28），计算虫口密度。

2. 地下害虫防治方法

土壤消毒法

福尔马林消毒　称取福尔马林50mL，兑水6～12L，在播种前10～20d洒在1m² 的苗床上，然后用塑料布覆盖严，闷1～2周后掀开，等药味散尽可播种。

硫酸亚铁消毒　用2%～3%的硫酸亚铁水溶液9L/m² 喷洒在苗床。若雨季，可用硫酸亚铁干粉按2%～3%比例与细干土拌成药土，撒在苗床上，用药量为1500～2250kg/hm²。

用药枝法诱杀金龟子成虫　①在成虫出土期将新鲜刚出芽的杨树枝条剪成1m长段，6、7根捆成小把，阴干。②将杨树枝条蘸入80%敌百虫200倍液。③在晚间20：00时前插在田间或地边，每10～15m插1把，每667m² 用5把插在苗圃地。④第2天清晨检查杨树把，统计诱虫数量。

用鲜草诱集地老虎成虫　在播种前或幼苗出土前，①将柔嫩多汁的杂草或树叶称取50kg。②称取90%敌百虫0.5kg加水2.5～5kg将其溶解。③将药液倒入鲜草中搅拌均匀。④在傍晚撒于圃地。⑤次日清晨检查诱集情况。

用毒饵防治蝼蛄　将麦麸或米糠用锅炒香加入80%敌敌畏乳油（二者的比例为100：1～2），做成毒饵。于傍晚将毒铒均匀撒于苗床上。

用糖醋液诱杀地老虎成虫　将白糖、醋、白酒、水、90%敌百虫（以6：3：1：10：0.1的比例）放到容器中搅拌均匀后装入敞口塑料盘中，于傍晚放于圃地离地面0.7～1m高处。

表5-28　苗圃地下害虫调查表

调查日期	调查地点	土壤植被情况	样坑号	样坑深度	害虫名称	虫期	害虫数量	调查面积	虫口密度/(头/m²)	备注

实训作业

1. 写出苗圃地下害虫虫情调查分析报告。
2. 根据实际发生的害虫种类拟定地下害虫防治方案，写出防治实施工作报告。

本章小结与习题

本章小结

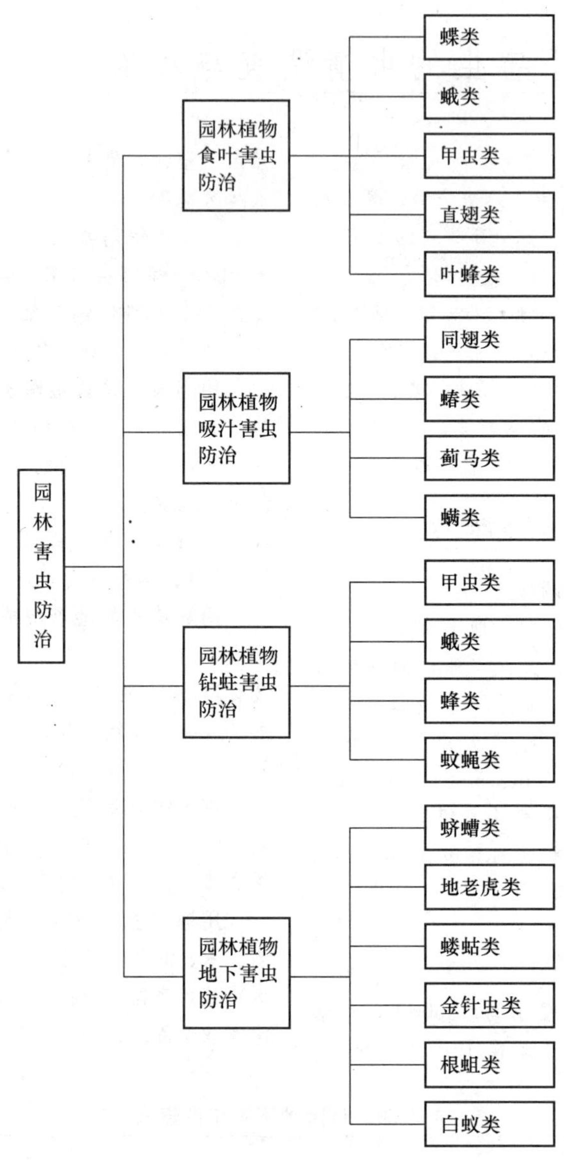

拓展学习资源

1. 徐公天，杨志华．中国园林害虫．北京：中国林业出版社，2007.
2. 杨子琦，曹华国．园林植物病虫害防治图鉴．北京：中国林业出版社，2002.
3. 蒋杰贤，严巍．城市绿地有害生物预警及控制．上海：上海科学技术出版社，2007.

复习思考题

（一）填空题

（1）桑褐刺蛾主要分布于我国________各省区，该虫1年发生________代，以老熟幼虫在________作茧越冬。

（2）黄刺蛾属________目，________科。该虫在辽宁、陕西、河北等地1年发生________代，以________在枝杈及树干上结茧越冬。

（3）大袋蛾俗称________，其幼虫共________龄，有喜光性，故多聚集于________危害。

（4）蓝目天蛾发生世代数因地而异，但均以________在________越冬。

（5）尺蛾幼虫有______对腹足，着生于第六和第十节上，因此爬行时常______，屈曲前进，犹如量地。

（6）黏虫属________目，________科。除危害________作物外，还危害草坪草，是一种暴食性害虫。

（7）美国白蛾又名________，属鳞翅目，________科，是世界性________害虫。

（8）杨二尾舟蛾在我国1年发生________代，以________在________越冬。

（9）马尾松毛虫在我国每年发生________代，以________在________越冬。

（10）黄褐天幕毛虫在我国1年发生________代，以________在________越冬。初孵幼虫在卵块附近取食嫩叶，稍大后于________吐丝结成的丝网呈天幕状，故此得名。

（11）柑橘凤蝶成虫白天活动，卵散产于________上，初孵幼虫________色，长大惊扰时即伸出________释放一种臭味。

（12）榆紫叶甲在我国的生活史为1年________代，以________在________越冬。越冬后成虫________性很强，因此可用人工振落法防治。

（13）叶蜂类幼虫为多足型，除具有3对胸足外，通常有________对腹足。

（14）日本松干蚧危害幼树，可造成轮枝________和树干________。

（15）日本松干蚧1年发生________代，以________龄寄生若虫越冬。

（16）粉虱主要以若虫群集在________吸汁危害，使被害叶片________。成虫、若虫能分泌蜜露，诱发________害，有的种类还能传播植物病毒病。

（17）叶螨俗称________，体形微小，体长一般在________ mm以下。

（18）蚜虫成虫具有趋光，趋________色的特性，可以用该颜色的黏虫板诱杀。

（19）园林植物钻蛀性害虫是指危害________和________的害虫，多为次期性，常以幼虫蛀食植物的________部和________部，严重影响输导组织的功能，并蛀成许多虫道，导致树势更加衰弱或遭风折而死亡。

（20）白杨透翅蛾在我国________年发生________代，以________在________越冬。

（21）芳香木蠹蛾东方亚种在东北地区2年发生1代，第一年以小龄________在枝干内越冬；第二年以________在________越冬。

（22）杨干象在我国1年发生________代，以________在枝干韧皮部越冬。

（23）园林植物地下害虫主要有________类、________类、________类、金针虫类和蟋蟀类等。

（24）蛴类危害花卉幼苗根茎部，造成的伤口比较________。

（25）蝼蛄危害植物幼苗根茎部，被害切口________。

（26）老虎类属于____________目、____________科昆虫，可以用____________液诱杀其成虫。

（二）单项选择题

（1）大袋蛾幼虫喜光，常聚集到（　　）危害。

A. 树干上　　B. 树杈处　　C. 树枝梢头

（2）在东北地区1年发生1代并以小幼虫越冬的是下列哪种毒蛾（　　）。

A. 侧柏毒蛾　　B. 杨毒蛾　　C. 舞毒蛾

(3) 下列害虫中其幼虫有吐丝拉网幕习性的是（　　）。

A. 美国白蛾　　B. 蓝目天蛾　　C. 榆紫叶甲

(4) 用“烟草水”喷洒植株，可有效防治（　　）。

A. 蚜虫　　B. 红蜘蛛　　C. 粉虱

(5) 木虱类的若虫能分泌（　　）色絮状蜡质物，影响树木光合。

A. 白　　B. 黄　　C. 黑

(6) 蓟马是（　　）目昆虫的通称。

A. 脉翅　　B. 同翅　　C. 缨翅

(7) 大青叶蝉在枝条上的产卵刻痕呈（　　）形。

A. 马蹄　　B. 月牙　　C. 锯齿

(8) 网蝽类害虫常以成虫和若虫在叶片（　　）刺吸危害。

A. 叶脉处　　B. 正面　　C. 背面

(9) 下列天牛种类中危害针叶树的是（　　）。

A. 星天牛　　B. 黄斑星天牛　　C. 云斑天牛　　D. 双条衫天牛

(10) 杨干透翅蛾羽化时蛹壳（　　）。

A. 全部露在羽化孔外　　B. 1/2～1/3 在羽化孔外　　C. 2/3 在羽化孔外

(11) 青杨天牛产卵刻槽的形状为（　　）。

A. 椭圆形　　B. “T”字形　　C. 马蹄形

(12) 玫瑰茎蜂的越冬虫态是（　　）。

A. 成虫　　B. 幼虫　　C. 蛹

(13) 白杨叶甲产卵的方式为（　　）。

A. 散产　　B. 块产

(14) 三节叶蜂类幼虫腹足对数为（　　）。

A. 5 对　　B. 6 对　　C. 8 对

(15) 在表土钻筑隧道，形成隆起墟土的是（　　）。

A. 蝼蛄　　B. 蟋蟀　　C. 地老虎

(16) 在（　　）天气或雨前夜晚灯诱蝼蛄效果更好。

A. 温暖　　B. 凉爽　　C. 闷热

(17) 腹部近纺锤形，后足胫节外侧有 3～4 个刺的是（　　）。

A. 华北蝼蛄　　B. 非洲蝼蛄　　C. 大蟋蟀

(18) 小地老虎 1～2 龄幼虫群集在（　　）昼夜取食。

A. 幼苗顶心嫩叶处　　B. 根际　　C. 土表杂草上

(19) 诱杀小地老虎的糖醋液配比为糖∶醋∶白酒∶水各（　　）份。

A. 6∶1∶3∶10　　B. 6∶3∶1∶10　　C. 10∶6∶3∶1

(20) 炒香的饵料诱杀蝼蛄时可加入（　　）效果较好。

A. 敌百虫　　B. 氧化乐果　　C. 磷化铝

(21) 金针虫是（　　）幼虫的通称。

A. 鳞翅目夜蛾科　　B. 双翅目花蝇科　　C. 鞘翅目叩甲科

(三) 问答题

(1) 简述食叶害虫发生特点。

(2) 调查本地区常发生的刺蛾种类，说明其危害特点及防治方法。

(3) 如何识别大袋蛾、茶袋蛾与白囊袋蛾的护囊特征，并说明袋蛾类防治方法。

(4) 以国槐尺蛾为例说明尺蛾类害虫危害特点及防治方法。
(5) 针对美国白蛾在我国的分布与危害特点，简述如何开展综合防治工作。
(6) 结合本地区常发生的叶甲种类及危害特点，说明叶甲类害虫的防治方法。
(7) 调查本地区松毛虫种类，描述其形态特征，拟定其综合防治方法。
(8) 园林植物吸汁害虫有哪些类？发生特点如何？怎样进行综合防治？
(9) 如何识别蚧类、蚜类害虫？针对它们的生物学特性，应采取哪些防控措施？
(10) 比较白杨透翅蛾与杨干透翅蛾的被害状，简述透翅蛾类害虫的防治方法。
(11) 指出杨干象的危害特征，并简述象甲类害虫的防治方法。
(12) 如何识别天牛的成虫和幼虫？怎样控制天牛的危害？
(13) 比较本地区常见危害林木的天牛种类的成、幼虫形态、习性和被害状。
(14) 如何识别金龟子、蝼蛄、地老虎和叩甲的成虫与幼虫？
(15) 比较蛴螬、蝼蛄、地老虎和金针虫的危害状及危害时期。
(16) 如何鉴别东方蝼蛄、华北蝼蛄？它们有何习性？如何防治？
(17) 如何防治蛴螬？
(18) 谈谈苗圃地下害虫的综合防治。

第6章 常见园林植物病害的防治 

教学目标 ☞

1. 能鉴别常见园林植物病害的种类。
2. 了解常见园林植物病害的发生规律。
3. 能制定园林植物病害的防治方案并实施。

6.1 园林植物叶部病害防治

叶部病害是指感病部位主要在叶部的一类病害统称，叶部病害除了危害叶部，有的还危害花、果或嫩枝等。据报道，有70%左右的园林植物病害属于叶部病害。叶部病害一般情况下，很少能引起园林植物的死亡，但叶片的斑驳、枯死、变形等，却直接影响园林植物的观赏价值，尤其是对观叶植物的影响更严重。叶部病害还常常导致园林植物提早落叶，减少光合作用产物的积累，削弱花木的生长势，并诱发其他病虫害的发生。

引起园林植物的叶部病害的病原既有侵染性病原（寄生性种子植物除外），也有非侵染性病原，但大多数是由侵染性病原引起的。侵染性病原包括真菌、细菌、病毒、植原体、寄生性线虫，以真菌为主。有些侵染性病原引起的叶部病害（如病毒病等），往往发病比较重，危害比较大。

园林植物叶花果病害的症状类型很多，主要有：斑点、白粉、锈粉、煤污、灰霉、畸形、变色等。

园林植物叶花果病害根据病原和症状不同，可分为不同类型，常见的有：叶斑病、变形病、白粉病、锈病、煤污病、灰霉病、病毒病等。

园林叶花果病害侵染循环的主要特点：

- 初侵染的主要来源是病落叶、被害枝条、冬芽等器官上越冬的病菌菌丝体、子实体、休眠体。
- 潜育期一般较短，大都在7～15d左右，许多叶部病害在整个生长季节中有多次再侵染。再侵染来源单纯，均来自于初侵染所形成的病部。
- 多数叶部病害的病原物是通过气流传播，有的还通过雨水、昆虫、人类活动等传播。
- 侵入途径主要有直接侵入、自然孔口侵入和伤口侵入几种。

园林叶花果病害的防治原则：集中清除侵染来源和喷药保护是防治园林植物叶部病害的主要措施，改善园林植物生长环境是控制病害发生的根本措施。

6.1.1 斑点类

这一类病害往往是叶片组织受病菌的局部侵染后，会形成各种类型斑点，常统称为叶斑病。根据病斑的颜色、形状，又可分为黑斑病、褐斑病、圆斑病、角斑病、斑枯病、轮斑病、炭疽病等种类。这类病害的大多数，后期往往在病斑上产生各种小颗粒或霉层。叶斑病严重影响叶片的光合作用效果，并导致叶片的提早脱落，影响植物的生长和观赏效果。

1. 桂花枯斑病（图 6-1）

分布与危害 褐斑病在我国广州、杭州、南京、上海、济南、福州、北京、台湾等省市均有报道，常引起早落叶，削弱植株生长势，降低桂花产花量，造成经济损失。

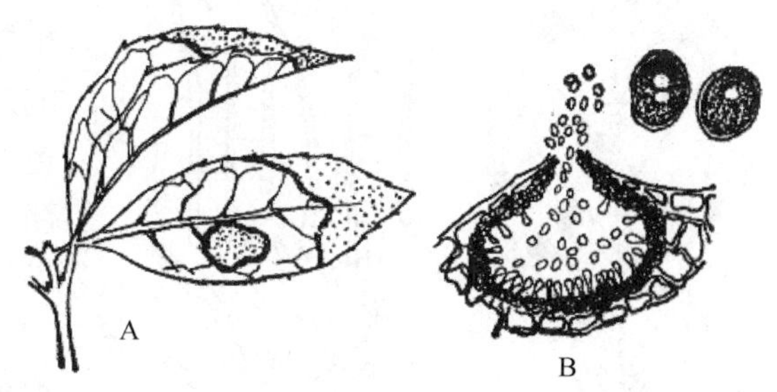

图 6-1 桂花枯斑病

A. 症状图 B. 分生孢子器及分生孢子

症状 枯斑病往往多从叶缘、叶尖端发病。发病初期，叶片上出现褐色小斑点，逐渐向内扩大成为不规则的大型病斑。病斑灰褐色至红褐色，病斑边缘为深褐色。发病后期，病斑上产生许多黑色小点，即病原菌的分生孢子器。发病严重时，病斑相互连接形成大枯斑，干枯面积达叶片的 1/8～1/2，叶片卷曲、破裂。

病原 病原菌是木犀叶点霉（*Phyllosticta osmanthicola* Trin.），属半知菌亚门、腔孢菌纲、球壳孢目、叶点霉属。

叶点霉属病菌引起的常见病害见表 6-1。

表 6-1 叶点霉属病菌引起的常见病害

病害名称	病　原	症　状
风铃草叶斑病	*Phyllosticta alliariifolia*	病菌多从叶缘侵入，病斑多数为小型病斑，圆形，边缘清晰，一般在 5mm 以下，病斑相互融合为大病斑，为不规则形病斑，病斑后期有小黑点即分生孢子器
山茶褐斑病	*Phyllosticta camelliaecola* Brun.	主要危害叶片、叶芽和花蕾。病菌多从叶片和苞片间侵入，初期病斑多呈黄褐色小斑，扩展后色逐渐转深，边缘暗褐色，内部黄褐色，最后成为赤褐色不规则形大斑，病斑内有深褐色隆起线与健部界限明显，后期病斑表面散生许多灰褐色的小粒点
鱼尾葵黑斑病	*Phyllosticta caryotae* Shen.	初期在叶片上出现黑褐色小圆斑，后逐渐扩大成圆形、长圆形大斑，病斑黑褐色，边缘略隆起，叶片两面散生稀疏的小黑点，即病菌的分生孢子器。发病严重时，一片叶子常多个病斑相互联合成不规则大斑
橡皮树灰斑病	*Phyllosticta* sp.	病斑初为小灰斑，扩大后呈不规则状，边缘黑褐色，内灰白色，后期病斑干枯破裂并出现黑色粒状物，即病原菌的分生孢子器
荷花斑枯病	*Phyllosticta hydrophlla* Sacc.	主要危害荷花叶片。发病初期，叶片上出现许多褪绿的小斑点，以后逐渐扩大形成不规则形的大病斑。病斑中部组织红褐色，病斑干枯后呈浅褐色至深棕色，并具有轮纹。发病后期，病斑上散生着许多黑色的小点粒，即病原菌的分生孢子器

发病规律　病原菌菌丝体和分生孢子器在病残体中越冬。翌年当环境条件适合时，即产生大量分生孢子，借风雨传播侵害，可多次重复侵染。桂花枯斑病发生在 7～11 月份。越冬后的老叶及植株下部的叶片发病重。高温、高湿、通风不良的环境条件有利于病害的发生；植株生长不良的树发病较重。温室花房中，病害周年都可发生，往往引起叶片枯死提早脱落。

2. 樱花褐斑病（图 6-2）

分布与危害　樱花褐斑病在樱花栽培区发生普遍，常引起樱花叶片穿孔、早落，不仅影响观赏，而且植株生长不良。日本等国早有报道。我国上海、南京、西安、太原、苏州、天津、成都、济南、长沙、连云港、武汉、台湾等省市均有发生，其中武汉等市发病严重。

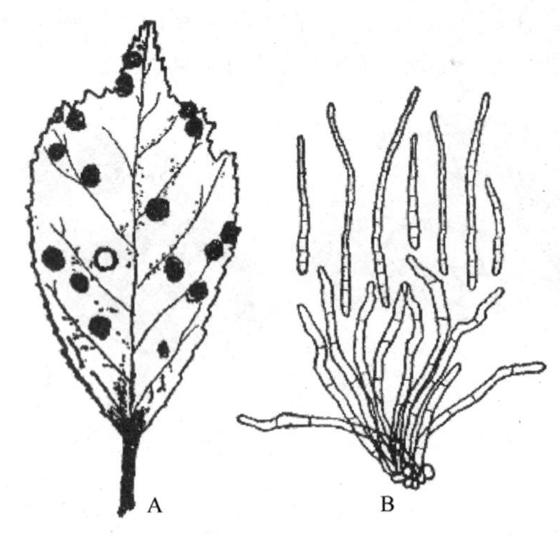

图 6-2　樱花褐斑病

A. 症状　B. 分生孢子及分生孢子梗

症状　褐斑病主要危害樱花叶片，也侵染嫩梢。发病初期，叶片正面出现针尖大小的紫褐色小斑点，逐渐扩大形成直径为 3～5mm 的圆形或近圆形斑。病斑褐色至灰白色，病斑边缘紫褐色。病斑后期有小霉点着生，即病原菌的分生孢子及分生孢子梗。病斑常脱落，呈穿孔状，穿孔边缘整齐（图 6-2）。

病原　病原菌是核果尾孢菌（*Cercospora circumscissa* Sacc.），属半知菌亚门、丝孢菌纲、丛梗孢目，尾孢属。

尾孢属真菌引起的病害见表 6-2。

发病规律　病原菌以菌丝体在枝梢病部，或者以子囊壳在病落叶上越冬；孢子由风雨传播；从气孔侵入。该病通常先在老叶上发生，或树冠下部先发病逐渐向树冠上部扩展。据日本报道，日本樱花每年 6 月份左右开始发病，8～9 月份危害严重，10 月上旬病斑上有子囊壳形成。大风、多雨的年份发病严重；夏季干旱，树势衰弱发病也重。日本樱花和日本晚樱等树种抗病性弱，发病重。

该病还侵害樱桃、梅花、桃等核果类观赏树木。

表 6-2　尾孢属真菌引起的常见病害

病害名称	病　　原	症　状　特　点
大叶黄杨褐斑病	*Cercospora destructive* Rav.	病菌侵染叶片。发病初期，叶片上出现黄色小斑点，后变为褐色，并逐渐扩展成近圆形或不规则形的病斑。最后病斑变成灰褐色或灰白色，有轮纹，边缘色深，病斑上散生许多黑色的小霉点，即病菌的分生孢子梗和分生孢子
杜鹃褐斑病	*Cercospora rhodoendri* Guba.	病菌主要侵染叶片。发病初期，叶片是出现红褐色小斑点，病斑逐渐扩大，由于受叶脉的限制，形成不规则的多角形、黑褐色病斑。后期，病斑中央变为灰白色。病斑正面色较深，背面色较浅。在潮湿情况下，叶正面着生许多褐色小霉点，即病菌的分生孢子梗和分生孢子。发病严重时病斑相互连接导致叶片枯黄、早落

续表

病害名称	病　　原	症　状　特　点
紫荆角斑病	*Cercospora chionea* Ell. et Ev. *Cercospora cercidicola* Ell.	病害发生在叶片上，病斑受叶脉限制，呈多角形，褐色到黑色。病斑上有淡黑色细小霉点，此即病原菌的子座。病斑可相互连接成片，最后造成叶片枯死
百日草白星病	*Cercospora zinniae* Eu. et Mart.	白星病危害叶片。发病初期，叶片上出现针尖大小的白色小点，逐渐扩大形成圆形的、椭圆形的、或不规则的病斑，直径为 0.5～6.0mm；病斑中央组织为白色或灰色，边缘红褐色至紫红色，稍隆起。在叶片正面的病斑上密生着许多黑色霉层，即病原菌的分生孢子及分生孢子梗。多在下部叶上发病，严重时叶卷枯，病斑背面也有少量的霉层。有的后期病组织脱落，可形成穿孔
南天竹红斑病	*Cercospora nandinae* Nagatomo	病斑常发生于叶片上，一般从叶尖或叶缘开始发生，初时是褐色至深褐色小点，后扩大为圆形或楔状形病斑。褐色至深褐色，病斑周围有深褐色的边，其周围有较宽大的鲜红色晕圈，后期在病斑上簇生灰绿色至深绿色煤污状的块状物，此即病原菌的分生孢子梗及分生孢子

3. 香石竹叶斑病（图 6-3）

分布与危害　又名香石竹茎腐病、香石竹黑斑病，是一种世界性病害。它在露地栽培中发生很重，对温室栽培的香石竹危害也很大。发病严重时，全株叶片枯死，甚至导致整株死亡。

症状　病害主要侵害香石竹叶片和茎干，也能侵染花器。病害始发于下部叶片，产生淡绿色水渍状小圆斑，后变成紫色。病斑扩大后，中央变成灰白色，边缘为褐色，直径为 4～5mm。多个病斑连成不规则形大斑，致使整片叶子变黄、干枯，扭曲干枯的叶片倒挂在茎干上不脱落。潮湿时，病部产生黑色霉层，即病菌的分生孢子梗和分生孢子器。茎上病斑多发生在节及枝条分叉处或摘芽产生的伤口部位，灰褐色，不规则形，严重时可环割茎部使其上部枝叶枯死，并呈褐色干腐。花梗上出现椭圆形病斑，致使花蕾枯死。萼片上出现椭圆形、黄褐色水渍状病斑，常使花朵不能正常开放。受侵染的花瓣上出现椭圆形、水渍状褐色病斑。在天气潮湿情况下，所有发病部位均可以产生黑色霉层。

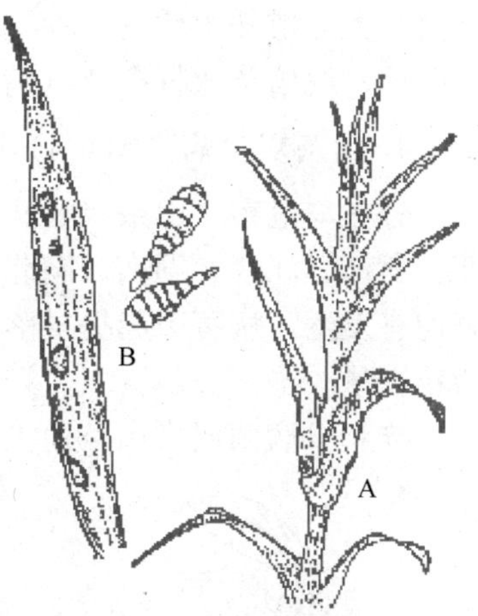

图 6-3　香石竹叶斑病
A. 症状图　B. 分生孢子

病原　病原菌为香石竹链格孢菌（*Alternaria dianthi* Stev. et Hall.），属半知菌亚门、丝孢菌纲、丛梗孢目、链格孢属。分生孢子梗暗色；分生孢子卵形、棍棒形，有纵横分隔，分隔处缢缩；分生孢子常呈短链。

链格孢属病菌引起的常见病害见表 6-3。

表 6-3 链格孢属病菌引起的常见病害

病害名称	病　　原	症 状 特 点
圆柏叶枯病	*Aoternaria tenuis* Nees.	病菌主要危害当年生针叶、新梢。发病初期，针叶由深绿色变为黄绿色，无光泽，最后针叶枯黄、早落。嫩梢发病初期，发生褪绿黄化，最后枯黄，枯梢当年不掉落
丁香黑斑病	*Aoternaria* sp.	发病初期，叶片上有褪绿斑，后逐渐扩大成圆形或近圆形病斑，褐色或暗褐色，有轮纹但不明显。最后变成灰褐色，病斑上密生黑色霉点，即病菌的分生孢子梗和分生孢子
大丽花褐斑病	*Aoternaria alternata* (Fr.) Keissl	病斑多发生于叶缘，圆形、半圆形或不规则形，后期成暗褐色大斑，有时病斑上散生轮纹。中央部呈灰色，散生黑色小点。枝梢、花器为为暗褐色，灰褐相间的病斑，不能正常开花
鸢尾叶斑病	*Aoternaria iridicola* (Ell. Et Ev)	大小病斑相似，逐渐连片。中心浅灰色，边缘深褐。病斑多发生于中片上半部。初期，微小的带有水渍状边缘的褐色斑
睡莲黑斑病	*Aoternaria nelumbii* (Ell. Et Ev) Enlows et Rand	叶片上病斑散生，近圆形或不规则形，浅褐色至紫褐色，病斑内部由灰白色至灰褐色，具同心轮纹，上生黑色霉层，严重时病斑相互联合成大斑，变褐色枯黄

发病规律 病菌以菌丝体和分生孢子在土壤中的病残体上越冬，存活期一年。分生孢子借助于风雨传播，由气孔和伤口侵入或直接侵入。潜育期 10～60d。露地栽培的香石竹发病期为 4～11 月，一年中发病有两个高峰，即梅雨季节和 9 月台风发生期。温室栽培情况下病害整年都可发生。不同品种间抗病性有差异，一般细叶小花、植株挺硬的品种，比叶宽花大、植株柔软的品种抗病性强。老叶发病多而且重，新叶则发病少而且轻。连作发病严重。组培苗比扦插苗抗病。

4. 山茶炭疽病（图 6-4）

分布与危害 山茶炭疽病是庭园及盆栽山茶上普遍发生的重要病害。我国的四川、江苏、浙江、江西、湖南、湖北、云南、贵州、河南、陕西、广东、广西、天津、北京、上海均有发生。病害引起提早落叶、落蕾、落花、落果和枝条回枯，削弱山茶生长势，影响切花产量。

症状 病菌侵染山茶地上部分的所有器官，主要危害叶片、嫩枝。

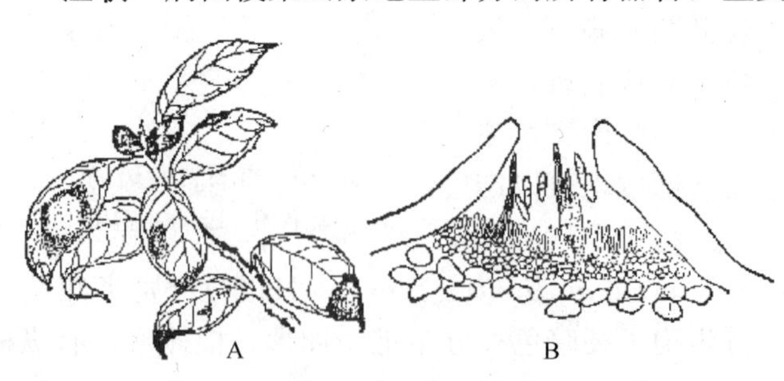

图 6-4 山茶炭疽病

A. 症状图 B. 分生孢子盘

叶片 发病初期，叶片上出现浅褐色小斑点，逐渐扩大成赤褐色或褐色病斑，近圆形，直径 5～15mm 或更大。病斑上有深褐色和浅褐色相间的轮纹。叶缘和叶尖的病斑为半圆形或不规则形。病斑后期呈灰白色，边缘褐色。病斑上轮生或散生许多红褐色至黑褐色的小点，即病菌的分生孢子盘，在潮湿

情况下，从其上溢出粉红色黏孢子团。

梢　病斑多发生在新梢基部，少数发生在中部，椭圆形或梭形，略下陷，边缘淡红色，后期呈黑褐色，中部灰白色，病斑上有黑色小点和纵向裂纹。病斑环梢一周，梢即枯死。

枝干　病斑呈梭形溃疡或不规则下陷，常具同心轮纹，削去皮层后木质部呈黑色。

花蕾　病斑多在茎部鳞片上，不规则形，黄褐色或黑褐色，无明显边缘，后期变为灰白色，病斑上有黑色小点。

果实　病斑出现在在果皮上，黑色，圆形，有时数个病斑相连成不规则形，无明显边缘，后期病斑上出现轮生的小黑点。

病原　病菌无性阶段为山茶炭疽菌（*Colletotrichum camelliae* Mass.），属半知菌亚门、腔孢菌纲、黑盘孢目、炭疽菌属。

病菌有性阶段为围小丛壳菌［*Glomerella cingulata*（Ston）Spauld et Schtenk.］，属子囊菌亚门、核菌纲、球壳菌目、小丛壳属。

炭疽菌属引起的常见病害见表6-4。

表6-4　炭疽菌属引起的常见病害

病害名称	病　原	症　状
樟树炭疽病	*Glomerella cingulata* (Stonem) Spauld. et Schrenk *Collrtotrichum* sp.	病菌危害叶片、果实和枝干。叶片和果实上的病斑为圆形，多个病斑相连成不规则形，暗褐色至黑色。嫩叶上布满病斑，皱缩变形。后期病斑上着生有许多黑色小点，即病菌的分生孢子盘。嫩枝、主干上的病斑圆形或椭圆形，初为紫褐色，逐渐变为黑色，病斑下陷。多个病斑相互连接导致枝干枯死。侧枝的病斑可以向主干蔓延，导致整株枯死。在潮湿情况下病部产生桃红色的粘质分生孢子团
梅花炭疽病	*Colletotrichum mume* (Hori) Hemmi	病菌主要危害叶片，也侵染嫩梢。叶片上的病斑圆形或椭圆形，黑褐色。后期病斑变为灰色或灰白色，边缘红褐色，其上着生有轮状排列的黑色小点，即病菌的分生孢子盘，在潮湿情况下子实体上溢出胶质物。病斑可形成穿孔，病叶易脱落。嫩梢上的病斑为椭圆形的溃疡斑，边缘稍隆起
兰花炭疽病	*Colletotrichum orchidaerum* Allesoh. *C. orchidaerum* f. *eymbidii* Allesoh.	病菌主要侵害叶片，也侵害果实。发病初期，叶片上出现黄褐色稍凹陷的小斑点，后扩大为暗褐色圆形或椭圆形病斑，较大。发生在叶尖、叶缘的病斑呈半圆形或不规则形。发生在叶尖的病斑向下扩展，枯死部分可占叶片的1/5～3/5，发生在叶基部的病斑导致全叶或全株枯死。病斑中央灰褐色，有不规则的轮纹，其上着生许多近轮状排列的黑色小点，即病菌的分生孢子盘。潮湿情况下，产生粉红色粘孢子团。果实上的病斑不规则形，稍长
米兰炭疽病	*Glomerella cingulata* (Ston.) Spauld et Schtenk. *Colletotrichum gloesporioides* Penz.	炭疽病主要侵害米兰的叶片，叶柄和嫩梢部位也发病。叶片上的病斑多发生在叶尖和叶缘，初为黄褐色，逐渐变为灰白色，呈半圆形或不规则形，有皱缩波纹状，病斑边缘为稍隆起的褐色线纹。叶片中部的病斑为圆形。病斑大的，有时占据整个叶面。病斑上散生着许多黑色的小点粒，即病原菌的分生孢子盘。叶柄上的病斑向叶片蔓延扩展，支脉、主脉乃至整个叶片变成褐色，也向复叶叶柄扩展蔓延，导致小枝、枝干枯死。常引起米兰的早落叶

发病规律　病菌以菌丝、分生孢子或子囊孢子在病蕾、病芽、病果、病枝、病叶上越冬。翌年春天温湿度适宜时，产生分生孢子，成为实侵染来源。分生孢子借风雨传播，从伤口和自然孔口侵入。在一个生长季节里有多次再侵染。一年中，一般 5～11 月都可以发病，7～9 月为发病高峰。病害发生与温湿度关系密切，旬平均温度达 16.9℃左右，相对湿度 86%时，开始发病；温度 25～30℃，旬平均相对湿度 88%时，出现发病高峰。山茶的不同品种间抗病性有差异。

5. 散尾葵叶斑病（图 6-5）

分布与危害　分布于广东、江西等地。是庭园绿化树种常见的病害，危害散尾葵、假槟榔、鱼尾葵、软叶刺葵、大王椰子等棕榈科植物。此病引起叶片变色凋萎，降低观赏价值。

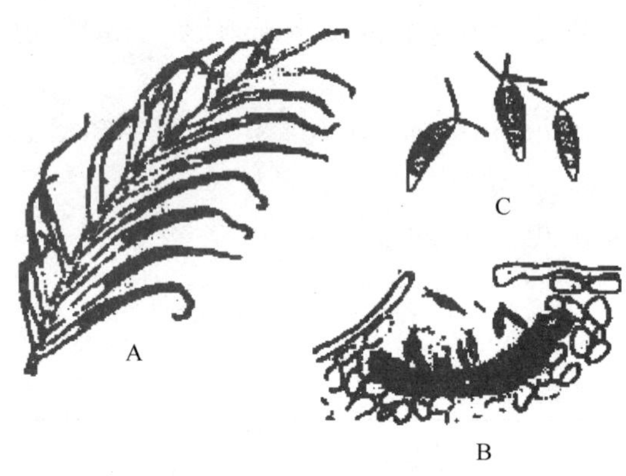

图 6-5　散尾葵叶斑病
A. 症状　B. 分生孢子盘　C. 分生孢子

症状　病菌侵染叶片，多从叶尖、叶缘侵入。病害发生初期为黄褐色小点，随着病害的发展，逐渐扩展成条斑。病斑中部暗色或灰白色，边缘有深色线条围绕。病斑间可相互连接成不规划的大斑，成坏死斑块。发病严重时，多数叶片有一半以上干枯蜷缩。后期病部散生小黑点。

病原　散尾葵叶斑病菌 *Pestalotia palmarum* Cooke，属半知菌亚门腔孢纲黑盘孢盘多毛孢属。分生孢子盘先埋生后外露。分生孢子椭圆形至棒形，有 5 个细胞，中部 3 个细胞褐色，两端的细胞无色，顶端有 2、3 根鞭毛，基部有柄。

盘多毛孢属病菌引起的常见病害见表 6-5。

表 6-5　盘多毛孢属病菌引起的常见病害

病害名称	病　　原	症　　状
罗汉松灰枯病	*Pestalotia podocarpi* Laughton	病害多发生于罗汉松枝梢的嫩叶上，但老叶亦可受害。叶片染病后，色发红，病斑不规则，由叶尖向叶基蔓延，造成叶片先端半段枯死，并可蔓延及整个枝条及全株。病斑后期为淡褐色，病部与健部分界明显。后期病叶正反面均产生小黑点，即病原菌的分生孢子盘
山茶灰斑病	*Pestalotia guepini* Desm.	主要危害山茶花的叶和嫩梢。叶片上病斑主要发生在成叶或老叶上。病菌多从叶尖或叶缘侵入，初为黄绿色小点，逐渐扩大成近圆形、半圆形或不规则的大斑，黑褐色，边缘明显隆起，病部和健部界限明显。后期病斑上产生浓黑色小点，散生或不明显的轮纹状排列。在潮湿情况下，从小黑点中涌出黑色的胶状物，此即分生孢子角
银杏叶斑病	*Pestalotia ginkgo* Hori.	病害发生于叶片周缘，逐渐发展成扇形或楔状的病斑，色褐或浅褐，后成灰褐色。病健组织交界处有一鲜明的黄色带。病害后期，在叶片的正面产生散生的黑色小点，有时成轮状排列。阴雨潮湿时，从小点处出现黑色带状或角状的黏块

发病规律 病菌在病残体组织上越冬。翌年春暖产生分生孢子借分雨开始侵染危害。广东地区5～11月此病均常发生，高温多雨有利于病害的发展和蔓延。

6. 菊花褐斑病（图6-6）

分布与危害 该病又名菊花斑枯病，是菊花栽培品种上常见的重要病害。我国菊花产地均有发生，上海、杭州、西安、广州、沈阳等地发病严重。该病侵染菊花，削弱菊花植株的生长，减少切花的产量，降低菊花的观赏性；还侵染野菊、杭白菊、除虫菊等多种菊科植物。

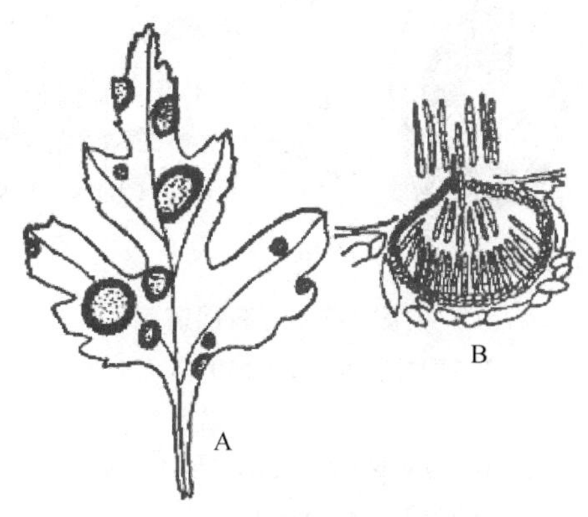

图6-6 菊花褐斑病
A. 症状图 B. 分生孢子器

症状 褐斑病主要危害菊花的叶片。发病初期，叶片上出现淡黄色的褪绿斑，或紫褐色的小斑点，逐渐扩大成为圆形的、椭圆形的、或不规则形的病斑，褐色或黑褐色，直径。后期，病斑中央组织变为灰白色，病斑边缘为黑褐色。病斑上散生着黑色的小点粒，即病原菌的分生孢子器。病斑的大小和颜色与菊花品种密切相关，如“登龙门”、紫金荷”等品种上的病斑小，褐色，而“银峰铃”、“紫云风”、“初樱”等品种上的病斑大，褐色。

发病严重时叶片上病斑相互连接，使整个叶片枯黄脱落，或干枯倒挂于茎秆上。

病原 病原菌是菊壳针孢菌（*Septoria chrysanthemella* Sacc.），属半知菌亚门、腔孢菌纲、球壳孢目、壳针孢属。

发病规律 病原菌以菌丝体和分生孢子器在病残体或土壤中的病残体上越冬，成为次年的初侵染来源。分生孢子器吸水涨发溢出大量的分生孢子；由风雨传播；分生孢子从气孔侵入，潜育期约20～30d。潜育期长短与菊花品种的感病性、温度有关，温度高潜育期较短，抗病品种潜育期较长。病害发育适宜温度为24～28℃。褐斑病的发生期是4～11月份，8～10月份为发病盛期。

秋雨连绵、种植密度或盆花摆放密度大、通风透光不良，均有利于病害的发生。连作，或老根留种及多年栽培的菊花发病均比较严重。

菊花品种抗病性差异很显著。据杭州、广州等地报道，桃花红、登龙门。雪涛、瑞雪、白面绿心、银峰铃、虎龙角、紫蝴蝶、爱鹤、新大白、火舞、蟹爪黄、香白梨、西施醉舞、青光等品种感病；抗病品种有春水绿波、银托桂、紫云飞、芳菊、寿、长船、残雪四岭、八州、白乐、珠玉、雪晃殿、湖上月、迎春舞、秋色、玉桃、紫雁飞霜，紫桂等品种。

7. 芍药褐斑病（图6-7）

分布与危害 又称芍药红斑病。是芍药上的一种重要病害。我国的四川、河北、河南、浙江、江苏、陕西、吉林、山东、山西、兰州、乌鲁木齐、上海、天津、北京、大连等地均有发生。该病也能侵害牡丹。常引起叶片早枯，致使植株矮小、花小且少，严重的会造成植株死亡。

症状 病菌主要危害叶片，也能侵染枝条、花、果实。发病初期，叶背出现针尖大小

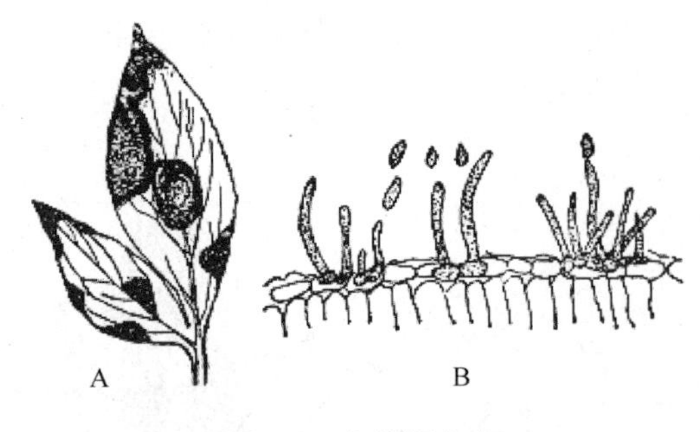

图 6-7　芍药褐斑病

A. 症状图　B. 分生孢子及分生孢子梗

的凹陷的斑点，逐渐扩大成近圆形或不规则形的病斑，叶缘的病斑多为半圆形。叶片正面的病斑为暗红色或黄褐色，有淡褐色不明显的轮纹。叶背的病斑一般为淡褐色（因品种而异）。严重时病斑连接成片，叶片皱缩、枯焦。在湿度大时，叶背的病斑上产生墨绿色的霉层，即为病菌的分生孢子梗和分生孢子。幼茎、枝条、叶柄上的病斑长椭圆形，红褐色。叶柄基部、枝干分叉处的病斑呈黑褐色溃疡斑。病害在花上表现为紫红色的小斑点。

病原　病原菌为牡丹枝孢霉（*Cladosporium paeoniae* Pass.），属半知菌亚门、丝孢纲、丛梗孢目、枝孢菌属。

发病规律　病菌主要以菌丝体在病部或病株残体上越冬。翌年春天，在潮湿情况下产生分生孢子，借风雨传播，一般从伤口侵入，也可从表皮细胞直接侵入。潜育期短，一般为 6d 左右，但病斑上子实体的形成时间很长，大约在病斑出现后 1.5～2 个月左右时间才出现子实体，因此一般在一个生长季节只有一次再次侵染。该病的发生与春天降雨情况、立地条件、种植密度关系密切。春雨早、雨量适中，发病早、危害重；土壤贫瘠、含沙量大，植物生长势弱，发病重；种植过密、株丛过大，致使通风不良，加重病害发生。芍药的栽培品种之间抗病性差异很大。东海朝阳、紫袍金带、小紫玲、兰盘银菊、粉霞点翠、凤落金池等品种抗病性强，紫芙蓉、胭脂点玉、无暇玉、娃娃面、粉边金鱼、粉珠盘、黑紫含金等品种最感病。

8. 月季黑斑病（图 6-8）

分布与危害　月季黑斑病是月季上的一种重要病害，我国各月季栽培地区均有发生。月季感病后，叶片枯黄、早落，导致月季第二次发叶，严重影响月季的生长，降低切花产量，影响观赏效果。该病也能危害玫瑰、黄刺梅、金樱子等蔷薇属的多种植物。

症状　病菌主要危害叶片，也能侵害叶柄、嫩梢等部位。在叶片上，发病初期正面出现褐色小斑点，后逐渐扩大成圆形、近圆形、不规则形的黑紫色病斑，病斑边缘呈放射状，这是该病的特征性症状。病斑中央灰白色，其上着生许多黑色小颗粒，即病菌的分生孢子盘。病斑周围组织变黄，在有些月季品种上黄色组织与病斑之间有绿色组织，这种现象称为“绿岛”。嫩梢、叶柄上的病斑初为紫褐色的长椭圆形斑，后变为黑色，病斑稍隆起。花蕾上的病斑多为紫褐色的椭圆形斑。

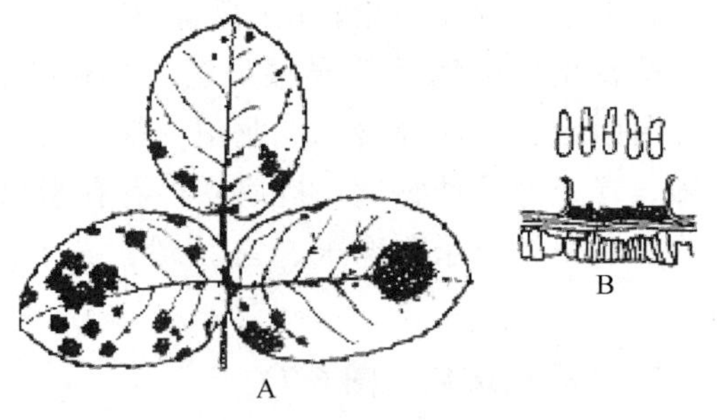

图 6-8　月季黑斑病

A. 被害叶片　B. 分生孢子盘及分生孢子

病原　病原菌为蔷薇放线孢菌［*Actinonema rosae*（Lib.）Fr.］，属半知菌亚门、腔孢菌纲、黑盘孢目、放线孢属。病菌的有性阶段为蔷薇双壳菌（*Diplocarpan rosae* Wolf.），

一般很少发生。

发病规律 本病以菌丝体或分生孢子盘在芽鳞、叶痕及枯枝落叶上越冬。早春展叶期，产生分生孢子，通过雨水、喷灌水或昆虫传播。孢子萌发后直接穿透叶面表皮侵入。潜育期7～10d。不久即可产生大量的分生孢子，继续扩大蔓延，进行再侵染。在一个生长季节中有多次再侵染。该病在长江流域一带一年中有5～6月和8～9月两个发病高峰，在北方地区只有8～9月一个发病高峰。在丽水4月中旬发病，6月梅雨季节和9月秋雨连绵时发病严重。雨水是该病害流行的主要条件。据观察，地势低洼积水处，通风透光不良，水肥不当、植株生长衰弱等都有利发病。多雨、多雾、露水重则发病严重。老叶较抗病，展开6～14d的新叶最感病。月季的不同品种之间其抗病生也有较大的差异，一般浅黄色的品种易感病。

9. 松针褐斑病（图6-9）

分布与危害 分布于福建、广东、浙江等地，主要危害长叶松、湿地松、火炬松，也危害加勒比松、黑松等多种松树。针叶感病后枯死、脱落，导致树冠稀疏，影响树木生长势和观赏效果。是检疫对象。

症状 病菌侵害松树的针叶。发病初期，感病针叶产生褪色小段斑，随后段斑中央开始变褐，迅速扩大形成褐色圆形斑点。同一针叶上常多处产生病斑，形成绿、黄、褐相间的斑纹，最后针叶先端枯死。褐色病斑上产生黑色小点状子实体，初埋于寄主表皮下，成熟时逐渐突破表皮外露，成一黑色小颗粒。

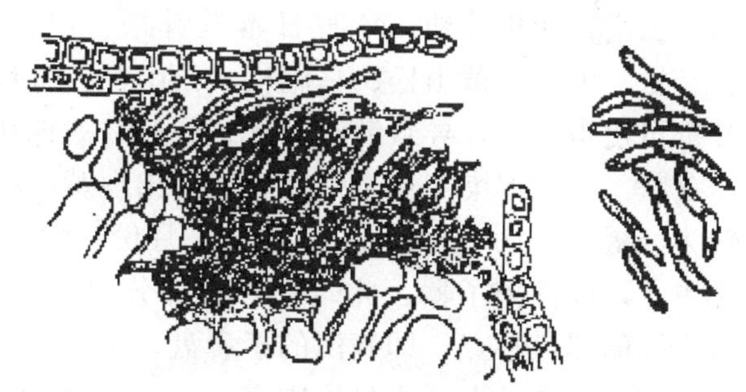

图6-9 松针褐斑病病原菌

病原 松针褐斑病菌有性阶段为子囊菌亚门、腔菌纲、座囊菌目、瘤状座囊菌属的［*Scirrhia acicola*（Dearn.）Siggers］。无性阶段为半知菌亚门、腔孢纲、黑盘孢目、褐柱孢属的［*Lecanosticta acicola*（Thum.）Syd.］。

发病规律 病菌以菌丝和子座在病叶上越冬。枯死的针叶可在树上保留1年或多年不脱落。分生孢子借雨水的飞溅传播，2d以上的连续降雨能造成大量的孢子飞散。常年多雨的地区发病重，常年干旱的地区可免于危害。子囊孢子借气流传播，它是春季的侵染源，但侵染率低。孢子萌发后从气孔侵入。具有多次再侵染。

10. 水仙大褐斑病（图6-10）

分布与危害 水仙大褐斑病是世界性病害，我国水仙栽培区发生普遍。水仙受害后，轻者叶片枯萎，重者降低鳞茎的成熟度，影响鳞茎质量。该病也可危害朱顶红、文珠兰、百支莲、君子兰等多种园林植物。

症状 病菌侵染水仙的叶片和花梗。发病初期，叶尖出现水渍状斑点，后扩大成褐色病斑，病斑向下扩展至叶片的1/3或更大。再侵染多发生在花梗和叶片中。初为褐色斑，后变为浅红褐色，病斑周围的组织变黄色，病斑相互连接成长条状大斑。在潮湿情况下，

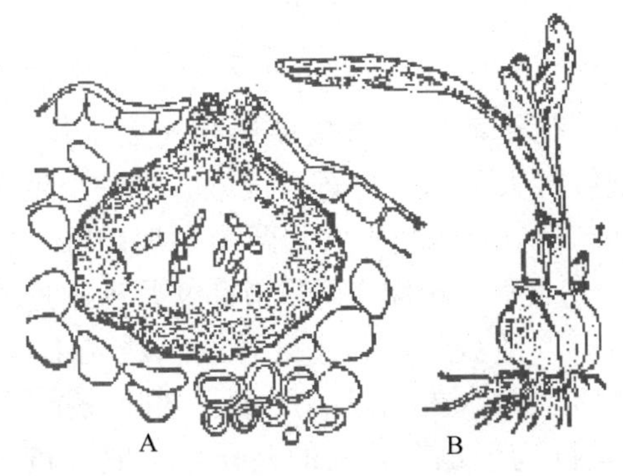

图 6-10　水仙花大褐斑病
A. 分生孢子器　B. 症状

病部密生黑褐色小点，即病菌的分生孢子器（图 6-10）。

病原　病原菌为水仙大褐斑病菌［*Stagonospora curtisu*（Berk.）Sacc. ＝S. parcissi Holls.］，属半知菌亚门、腔孢菌纲、球壳菌目、壳多隔孢属。

发病规律　病菌以菌丝体或分生孢子在鳞茎表皮的上端或枯死的叶片上越冬或越夏。分生孢子由雨水传播，自伤口侵入，潜育期 5～7d。病菌生长最适温度是 20～26℃。4、5 月份气温偏高、降雨多则发病重。连作发病重。崇明水仙最感病，黄水仙、臭水仙、青水仙、喇叭水仙等较抗病。

11. 五针松落针病（图 6-11）

分布与危害　分布于辽宁、吉林、黑龙江、河北、陕西、江苏、安徽、浙江、湖北、广东、云南、四川等地。危害日本五针松、银杉、白皮松、红松、樟子松、油松、华山松、赤松、黑松、黄山松、马尾松、云南松、金钱松等。对五针松的苗木、幼树及成株的针叶都可侵染发病，导致针叶黄化、脱落，病株死亡。

症状　此病侵染 2 年生针叶，初期出现黄绿相间的斑纹，到 8 月上旬病斑扩大，由黄绿转为经褐色，病叶开始脱落，到 11 月份，病叶由经褐色转黄褐色，并在病斑上产生许多小黑点，即性孢子器，此时针叶大部分脱落，部分次年脱落，3、4 月间在落叶上产生具有光泽的黑色小点，即病菌的子囊盘，子囊盘突破表面组织，形成黑痣，盘中央有 1 条纵向裂缝。每片叶上子囊盘少则有 4、5 个，多则可有 10～30 个。

病原　五针松落针病的病原菌为 *Lophodermium pinastri*（Schrad.），属子囊菌亚门盘菌纲星裂盘菌目散斑壳属。子囊棒状，有柄 。侧丝线状，略长于子囊，前端弯曲成钩状。每个子囊内有 8 个子囊孢子。子囊孢子线状，无色透明，顶端稍钝。

发病规律　秋季子囊盘在落叶上形成，也有部分在残留病针、枝条上出现。此菌以初生双核菌丝的原始子实体越冬。翌春产生子囊孢子，作为初次侵染来源。4、5 月份子囊盘陆续成熟，在雨天或湿度大时，有利于子囊孢子放散、萌发和侵染。子囊孢子借气流传播。从气孔侵入。此菌潜育期较长，从针叶感染至性孢子器出现，经过 28～102d，平均 50d，子囊盘是在性孢子器形成后 60d，有时 1 年后才出现，平均 3 个月，子囊盘成熟期约需 1.5～4 个月。梅雨季节利于孢子的散放和侵入，是发病的有利时期。

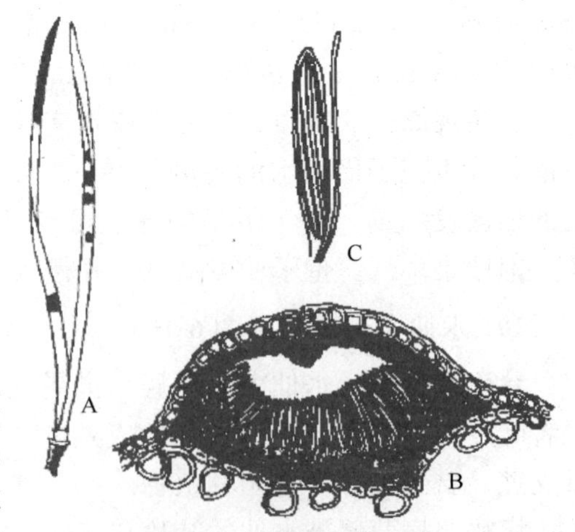

图 6-11　五针松落针病
A. 症状　B. 子囊盘　C. 子囊与侧丝

12. 白杨黑斑病（图 6-12）

分布与危害 分布于吉林、辽宁、内蒙古、河北、河南、陕西、新疆、江苏等地。危害杨属植物。发生严重时，往往使育苗失败，轻者病苗提前落叶，大树感染常造成早期落叶，影响生长，重则全叶变黑，甚至全株枯死。

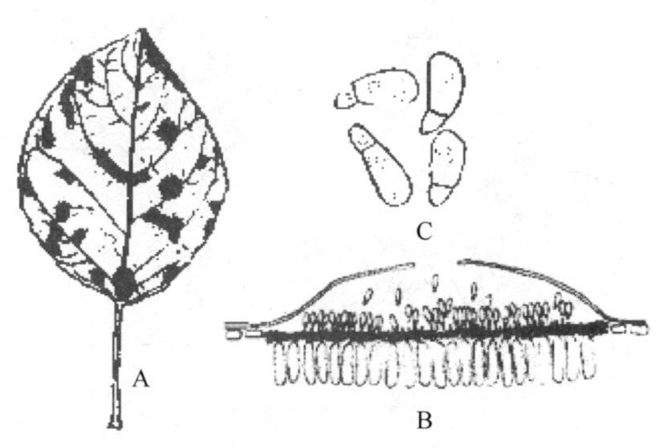

图 6-12 白杨黑斑病

A. 症状 B. 分生孢子盘 C. 分生孢子

症状 病害主要发生在叶片上，也危害叶柄及嫩梢。先由下部的叶片发生，初期叶背有褐色至黑色小点，以后正面也发生。黑点逐渐扩大，中央有灰白色小点，后期病斑常扩展连结成不规则状的大型病斑。

病原 白杨黑斑病菌（*Marssonina populicola* Miura），属半知菌亚门腔孢纲黑盘孢目盘二孢属。

发病规律 病原菌在被害的落叶或枝条上越冬。翌年 4 月下旬始发病，6～8 月危害严重，10 月后停止蔓延。病原菌借风雨传播，分生孢子传播到叶片上，萌发芽管由气孔侵入叶肉组织，逐渐形成病斑。3～4d 分生孢子再侵染，通常 6 月末，在寄主植物长出 3～4 枚真叶时发病，7～8 月为发病盛期，9～10 月底为病害发生末期。降雨量大和降雨次数多的年份，苗期发病重。苗圃重茬地病情严重。

13. 桃细菌性穿孔病（图 6-13）

分布与危害 桃细菌性穿孔病在浙江、江苏、江西、广东、广西、上海、辽宁、河北，陕西、四川、云南、山西、湖北、湖南、河南、山东等省市均有发生，是造成早期落叶的原因之一。

症状 病害主要发生在叶片上，枝梢及果实也能受害，引起穿孔。受害叶片初期出现淡褐色水渍状圆形，多角形病斑，周围有淡黄色晕圈。边缘容易产生离层，造成圆形穿孔。许多病斑连在一起时，穿孔形状即成不规则形。严重时一叶病斑可达数十个，病叶提前脱落。果受害后生油渍状褐色小点，后病斑扩大，颜色加深，最后呈黑色凹陷龟裂。病枝以皮孔为中心产生水渍状带紫褐色的斑点，后凹陷龟裂。

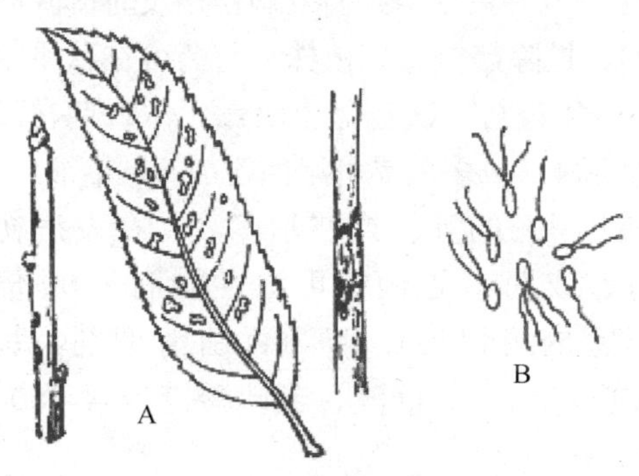

图 6-13 桃细菌性穿孔病

A. 症状 B. 病原

病原 为核果黄单胞杆菌［*Xanthomonas pruni*（Smith）Dowson］。

发病规律 4～5 月开始发生，6 月即可见到穿孔。病原细菌在老病斑（溃疡）上越冬，5 月份起细菌开始侵染新叶、新梢及幼果并可继续侵染秋梢。温暖多雨、多雾，气候潮湿时容易病重。下部萌生枝多发病重，老树发病重。管理不善，桃林荒芜，通风、透光不良，树势衰弱时病重。有叶蝉、蚜虫危害时也会加重病情。

图 6-14 山茶藻斑病

A. 症状 B. 游动孢子和孢子囊

14. 山茶藻斑病（图 6-14）

分布与危害 藻斑病主要发生在我国长江以南地区园林植物上，寄主主要有山茶、白兰、玉兰、桂花、含笑、柑橘等。藻斑病主要影响植物的光合作用，使植株生长不良。

症状 藻斑病侵害叶片和嫩枝。发病初期，叶片上出现针头大小的灰白色、灰绿色、黄褐色的圆斑，后扩大成圆形或不规则形的隆起斑，病斑边缘为放射状或羽毛状，病斑上有纤维状细纹和绒毛。藻斑的颜色因寄主不同而异，在含笑上为暗绿色，在山茶上为橘黄色。

病原 藻斑病的病原物是头孢藻（*Cephaleuros virescsns* Kunze.）和寄生藻（*C. parasitus* Karst.），两者均为绿藻纲、桔色藻科、头孢藻属。

发病规律 头孢藻以线网状营养体在寄主组织内越冬。孢子囊及游动孢子在潮湿条件下产生，由风雨传播。高温高湿有利于游动孢子的产生、传播、萌发和侵入。一般来说，栽植密度及盆花摆放密度过大、通风透光不良、土壤贫瘠、淹水、天气闷热、潮湿均能加重病害的发生。

关键与要点 叶斑病类的防治措施

1. 加强栽培管理，营造不利于病害发生的环境条件 控制栽植密度或盆花摆放密度，及时修剪，以利于通风透光，降低温度；改进灌水方式，以滴灌取代喷灌；多施磷、钾肥，适当控制氮肥，提高寄主的抗病力。选用抗病品种和健壮苗木。

2. 选种抗病品种和健壮苗木 园林植物特别是花卉的栽培品种很多，各栽培品种之间抗病性存在较大差异，在园林植物配置上，可选用抗性品种避免种植感病品种，可减轻病害的发生。不同的培育方式的苗木抗病性也存在差异。如香石竹的组培苗比扦插苗抗病，选用组培苗可减轻叶枯病的发生。

3. 清除侵染来源 彻底清除病株残体及病死植株，并集中烧毁。发病初期及时摘除病叶，剪除枯枝（应从病斑下 5cm 的健康组织处剪除），挖除严重感病植株。芍药可在秋季割除地上部分并集中烧毁，可减轻来年病害的发生。每年进行一次花盆土消毒。休眠期在发病重的地块喷洒 3°Be 的石硫合剂，或在早春展叶前喷洒 50%多菌灵可湿性粉剂 600 倍液。

4. 药剂防治 当新叶展开、新梢抽出后，喷洒 1%的等量式波尔多液；在发病初期及时喷施如 50%托布津可湿性粉剂 1000 倍液、或 50%退菌特可湿性粉剂 1000 倍液，或 65%代森锌可湿性粉剂 800 倍液。在温室内可以使用 45%百菌清烟剂，每 667m^2 用药 250g。细菌病害还可用或 72%农用链霉素 2500 倍液、或硫酸链霉素 3500 倍液或新植霉素 3500 倍液喷雾。

5. 加强检疫 松针褐斑病等是检疫性病害，要防治病害的蔓延，注意不要从疫区购进松类苗木，也不要向保护区出售松类苗木。

6.1.2 畸形类

此类病害统称叶畸形病，主要是由子囊菌亚门的外子囊菌和担子菌亚门的外担子菌引起的。寄主受病菌侵害后组织增生，使叶片肿大、皱缩，加厚，果实肿大、中空成囊状，引起落叶、落果，严重的引起枝条枯死，影响观赏效果。

1. 桃缩叶病（图 6-15）

分布与危害 我国各地均有发生，浙江地区发生较重。除危害桃树外，还危害樱花、李、杏、梅等园林植物。发病后引起早期落叶、落花、落果，减少当年新梢生长量，严重时树势衰退，容易受冻害。

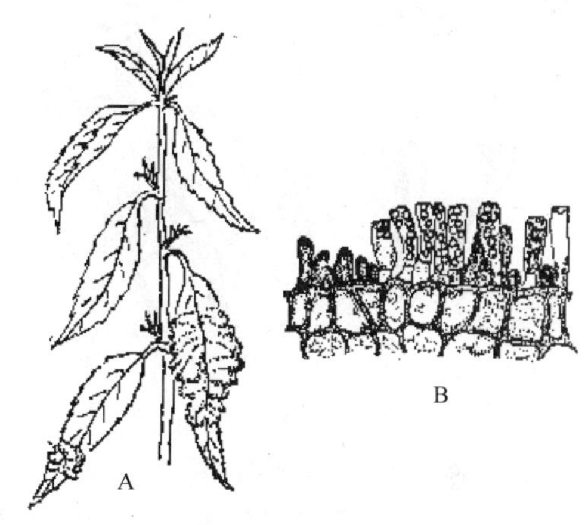

图 6-15 桃缩叶病
A. 症状 B. 子囊及子囊孢子

症状 病菌主要危害叶片，也能侵染嫩梢、花、果实。叶片感病后，一部分或全部波浪状皱缩卷曲，呈黄色至紫红色，加厚，质地变脆。春末夏初，叶片正面出现一层灰白色粉层，即病菌的子实层，有时叶片背面也可见灰白色粉层。后期病叶干枯脱落。病梢为灰绿色或黄色，节间短缩肿胀，其上着生成丛、卷曲的叶片，严重时病梢枯死。幼果发病初期果皮上出现黄色或红色的斑点，稍隆起，病斑随果实长大逐渐变为褐色，并龟裂，病果早落。

病原 病原菌为畸形外囊菌［*Taphrina deformans*（Berk.）Tul.］，属子囊菌亚门、半子囊菌纲、外子囊菌目、外囊菌属。

发病规律 病菌以厚壁芽孢子在树皮、芽鳞上越夏和越冬。翌年春天，成熟的子囊孢子或芽孢子随气流等传播到新芽上，自气孔或上、下表皮侵入。病菌侵入后，在寄主表皮下或在栅栏组织的细胞间隙中蔓延，刺激寄主组织细胞大量分裂，胞壁加厚，病叶肥厚皱缩、卷曲并变红。

早春温度低、湿度大有利于病害的发生。如早春桃芽膨大期或展叶期雨水多、湿度大，发病重；但早春温暖干旱时，发病轻。缩叶病发生的最适温度为 10～16℃，但气温上升到 21℃，病情减缓。此病于 4、5 月份为发病盛期，6、7 份后发病停滞。无再次侵染。

2. 杜鹃饼病（图 6-16）

分布与危害 又称叶肿病。此病为杜鹃花上的一种常见病。分布于我国江南地区及山东、辽宁等地。除危害杜鹃外，还危害茶、石楠科植物，导致叶、果及梢畸形，影响园林植物观赏效果。

症状 病菌主要危害叶片、嫩梢，也危害花和果实。发病初期叶片正面出现淡黄色、半透明的近圆形病斑，后变为淡红色。病斑扩大，变为黄褐色并下陷，而叶背的相应位置则隆起成半球形，产生大小不一菌瘿，小的直径 3～10mm，大的直径 23mm 左右，表面产生灰白色粉层，即病菌的子实层，灰白色粉层脱落，菌瘿成褐色至黑褐色。后期病叶枯黄脱落。受害叶片大部分或整片加厚，如饼干状，故称饼病。新梢受害，顶端出现肥厚的

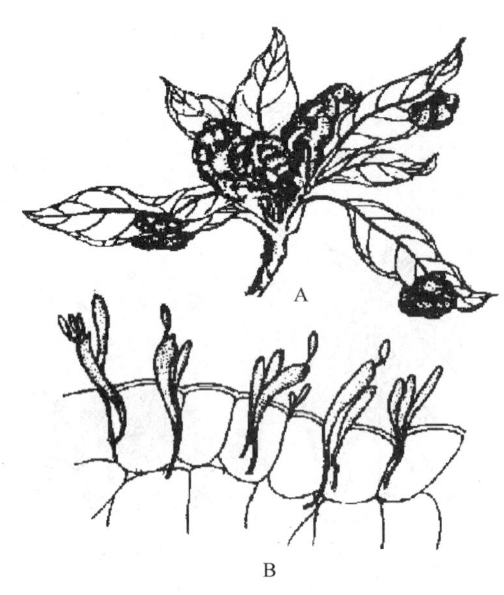

图 6-16　杜鹃饼病
A. 症状　B. 病原菌的担子和担孢子

叶丛或形成瘤状物。花受害后变厚，形成瘿瘤状畸形花，表面生有灰白色粉状物。

病原　杜鹃饼病是由担子菌门、层菌纲、外担子菌目、外担子菌属（*Exobasidium*）的真菌引起的，常见的有二种：半球外担子菌（*E. hemisphaericium* Shirai）；日本外担子菌（*E. japonicium* Shirai）。

发病规律　病菌以菌丝体在病叶组织内越冬，次年环境条件适宜时，产生担孢子，随风雨吹送到杜鹃嫩叶上。如果叶片上有充分水分，担孢子便可萌发侵入。脱落的担孢子萌发前形成中隔，变成双胞，发芽时各细胞长出一个芽管，当芽管侵入叶片组织，在寄主组织不断发展菌丝，经过 7～17d 左右产生病斑，在浙江丽水 4 月中旬产生病斑，5 月初可见子实层。本病在生长季节可多次重复侵染，不断蔓延，但其担孢子寿命很短，对日光抵抗力甚弱，一般几天后，便会失去萌发能力。因此病菌以菌丝体形式在病组织内越冬和越夏，病组织内潜伏的菌丝是发病的来源。带菌苗木为远距离传播的重要来源。

该病是一种低温高湿病害，低温高湿，荫蔽、日照少，管理粗放的花圃或盆栽植株有利病害发生。其发生的适宜温度为 15～20℃，适宜相对湿度为 80%以上。在一年中有两个发病高峰，即春末夏初和夏末秋初。高山杜鹃容易感病。

3. 茶饼病（图 6-17）

分布与危害　茶饼病在我国的湖南、广西、广东、湖北、河南、浙江、江西、贵州、四川等地均有发生。常造成花、叶畸形、枯梢和病叶早落，影响观赏效果。

症状　病菌侵害嫩叶、嫩梢、花及子房。病叶正面初生淡黄色、半透明、近圆形病斑，病斑扩大，使病部叶背肥肿，有的略卷曲；后期病部产生一层白色粉状物，即病菌的子实层。白色粉状物飞散后，病叶枯萎脱落。嫩梢感病后肥肿而粗短，由淡红色变为灰白色，后出现白色粉状物，最后嫩梢枯死。子房感病后肿大如桃，中空，比正常果实大数倍，初为白色，最后变黑腐烂。

病原　病原菌为细丽外担子菌［*Exobasidium gracile*（Shirai）Syd.］，属担子菌亚门、层菌纲、外担子菌目、外担子菌属。

发病规律　病原菌是一种强寄生菌。以菌丝体在寄主组织内越冬。翌年春天产生担孢子，随风传播。潜育期约为 7～17d。病害一般一年发生一

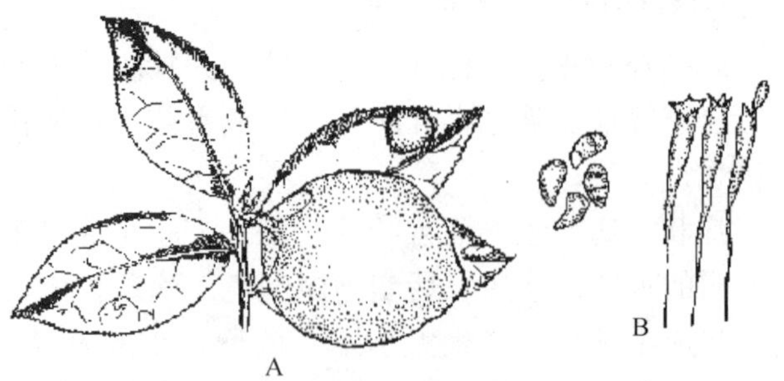

图 6-17　茶饼病
A. 症状　B. 担子及担孢子

次。常在3月中旬开始发病，4、5月为发病盛期。病菌喜在温度较低、雨量较多、阴湿的条件下生长繁殖。

4. 阔叶树毛毡病（图6-18）

分布与危害 阔叶树毛毡病在我国各地均有发生。主要危害杨、柳、白蜡、槭、枫杨、樟、榕树、青岗栎等绿化树种，也侵害梨、柑橘、葡萄、梅花、丁香、鹊梅、蝙蝠兰等观赏树种。毛毡病影响树木叶片的光合作用效率，使叶片枯黄、早落，树木生长衰弱，影响绿化和观赏效果。

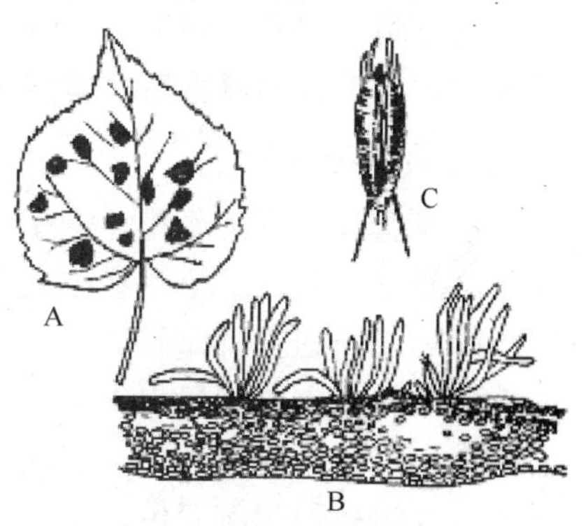

图6-18 椴树毛毡病
A. 症状 B. 叶背毛毡状物 C. 瘿螨

症状 毛毡病侵染树木的叶片。发病初期，叶片背面产生白色、不规则形病斑，之后发病部位隆起，病斑上密生毛毡状物，灰白色。最后毛毡状物变为红褐色或暗褐色，有的为紫红色。病斑主要分布在叶脉附近，也能相互连接覆盖整个叶片。毛毡状物是寄主表皮细胞受病原物的刺激后伸长和变形的结果。发病严重时，叶片发生皱缩或卷曲，质地变硬，引起叶片早落。

病原 病原物是瘿螨（*Eriophyes* sp.），属蛛形纲、瘿螨总科、绒毛瘿螨属。常见的毛毡病病原有：椴叶瘿螨（*E. tiloise-liosoma* Nal.）；槭叶瘿螨（*E. macrochelus eriobius* Nal.）；毛白杨瘿螨（*E. dispar* Nal.）；胡桃楸瘿螨（*E. tristriatus enineus* Nal.）；葡萄瘿螨（*E. vitis* Nal.）。

发病规律 瘿螨以成虫在芽鳞内或在病叶及枝条的皮孔内越冬。翌年春天，当嫩叶抽出时瘿螨便随叶片的展开爬到叶背面进行危害、繁殖。在瘿螨危害的刺激下，寄主植物表皮细胞伸长、变形，成茸毛状，瘿螨在其中隐蔽危害。在高温干燥条件下，瘿螨繁殖快。夏秋季为发病盛期。天气干旱有利于病害发生。

关键与要点 叶畸形病类防治措施

1. 清除侵染来源 生长季节发现病叶、病梢和病花，要在灰白色子实层产生以前摘除并烧毁，防止病害进一步传播蔓延。

2. 加强栽培管理，提高植株抗病力 种植密度或花盆摆放不宜过密，使植株间有良好的通风透光条件。选择弱酸性且土质疏松的土壤栽培杜鹃，不要积水，促进植株生长，提高抗病能力。

3. 药剂防治 在重病区，发芽展叶前，喷洒3°～5°Be的石硫合剂保护；发病期喷洒0.5°Be的石硫合剂，或65%代森锌可湿性粉剂400～600倍液，或0.5%的波尔多液，或0.2%～0.5%的硫酸铜液3～5次。毛毡病还可用73%克螨特乳油2000倍液，20%三氯杀螨醇乳油600～800倍液，40%氧化乐果乳油1500～2000倍液防治瘿螨。

6.1.3　变色类

变色类病害主要由病毒、类病毒、植原体等引起，尤其病毒病在园林植物上普遍存在且严重。寄主受病毒侵害后，常导致叶色、花色异常，器官畸形，植株矮化。

1. 唐菖蒲花叶病

分布与危害　唐菖蒲花叶病是世界性病害，我国凡是种有唐菖蒲的地方均有发生。该病使唐菖蒲球茎退化、植株矮小、花穗短小、花少且小，严重影响切花产量，是我国唐菖蒲打入国际市场的主要障碍。该病除侵害唐菖蒲外还侵害多种蔬菜和园林植物。

症状　病毒主要侵染叶片，也可侵染花器。发病初期，叶片上出现褪绿的角斑或圆斑，后变为褐色，病叶黄化、扭曲。花器受害后，花穗短小，花少且小，发病严重时抽不出花穗，有的品种花瓣变色，呈碎锦状。叶片上也有深绿和浅绿相间的块状斑驳和线纹。初夏的新叶症状明显，盛夏时症状不明显。

病原　引起唐菖蒲花叶病的病毒主要有 2 种，即菜豆黄花叶病毒（Bean yellow mosaic virus）和黄瓜花叶病毒（Cucumber mosaic virus）。

发病规律　两种病毒均在病球茎及病植株体内越冬。由蚜虫和汁液传播，自微伤口侵入。种球茎的调运是远距离传播的媒介。两种病毒的寄主范围都较广，菜豆黄花叶病毒可侵染美人蕉、曼陀罗、克利芙兰烟及多种蔬菜，黄瓜花叶病毒能侵害美人蕉、金盏菊、香石竹、兰花、水仙、百合、萱草、百日草等 40～50 种花、草。

2. 郁金香碎锦病（图 6-19）

图 6-19　郁金香碎锦病

分布与危害　郁金香碎锦病是世界性病害，我国郁金香栽培地区均有发生。该病引起郁金香鳞茎退化、花变小、单色花变杂色花，影响观赏效果，严重时有毁种的危险。

症状　病毒侵害叶片及花冠。受害叶片上出现淡绿色或灰白色的条斑；受害花瓣畸形，原为色彩均一的花瓣上出现淡黄色、白色条纹或不规则斑点，称为“碎锦”。受害花的花色因品种、发病时间、环境条件不同而不同。病鳞茎退化变小，植株矮化，生长不良。

病原　引起郁金香碎锦病的病毒为郁金香碎锦病毒（Tulip breaking virus）。

发病规律　该病毒在病鳞茎内越冬，由桃蚜和其他蚜虫作非持久性传播。寄主范围广，能侵害山丹、百合、万年青等多种花卉。

3. 美人蕉花叶病（图 6-20）

分布与危害　美人蕉花叶病是美人蕉上的主要病害，分布十分广泛。欧洲、美洲、亚洲等许多温带国家都有记载。我国上海、北京、杭州、成都、武汉、哈尔滨、沈阳、福州、珠海、厦门等地区均有该病发生。被该病侵害的美人蕉植株矮化，花少、花小；叶片着色不匀，撕裂破碎，丧失观赏性。

症状 该病侵染美人蕉的叶片及花器。发病初期，叶片上出现褪绿色小斑点，或呈花叶状，或有黄绿色和深绿色相间的条纹，条纹逐渐变为褐色坏死，叶片沿着坏死部位撕裂，叶片破碎不堪。某些品种上出现花瓣杂色斑点或条纹，呈碎锦。发病严重时心叶畸形、内卷呈喇叭筒状，花穗抽不出或很短小，其上花少、花小；植株显著矮化。

病原 美人蕉花叶病病原菌是黄瓜花叶病毒（Cucumber mosaic virus）。另外，我国有关部门还从花叶病病株内分离出美人蕉矮化类病毒（Canna dwarf virus），初步鉴定为黄化类型症状的病原物。

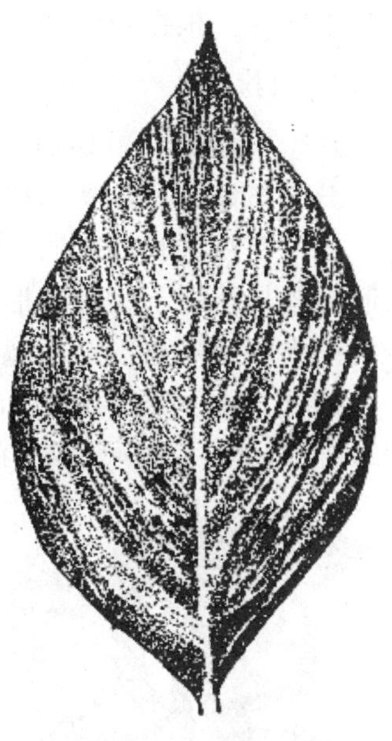
图 6-20 美人蕉花叶病

发病规律 黄瓜花叶病毒在有病的块茎内越冬。该病毒可以由汁液传播，也可以由棉蚜、桃蚜、玉米蚜、马铃薯长管蚜、百合新瘤额蚜等媒介昆虫传播。或由病块茎做远距离传播。黄瓜花叶病毒寄主范围很广，能侵染 40～50 种花卉。美人蕉品种对花叶病的抗性差异显著。大花美人蕉、粉叶美人蕉、美人蕉均为感病品种；红花美人蕉抗病，其中的“大总统”品种对花叶病是免疫的。蚜虫虫口密度大，寄主植物种植密度大，枝叶相互摩擦发病均重。美人蕉与百合等毒源植物为邻，杂草、野生寄主多，均加重病害的发生。挖掘块茎的工具不消毒，也容易造成有病块茎对健康块茎的感染。

关键与要点 变色类病害的防治措施

1. 加强检疫 防止病苗和带毒繁殖材料进入无病地区，切断病害长距离传播的途径，防止病害扩散、蔓延。兰花病毒病防治就是通过采用烧毁病株以达到减少传毒源的目的。

2. 培育无毒苗 选用健康无病的枝条、种球作为繁殖材料；建立无毒母本园以提供无毒健康系列材料；采用茎尖脱毒法通过组织培养繁殖脱毒幼苗。

3. 加强栽培管理 加强对园林工具的消毒，修剪、切花等的园林工具及人手在园林作业前必须用3%～5%的磷酸三钠溶液、酒精或热肥皂水反复洗涤消毒，以防止病毒通过园林操作传播。及时清除染病植株。对于菊花矮化病要注意圃地卫生，及时清除枯落叶，因为类病毒能在干燥病落叶中存活。

4. 防治昆虫 及时防治刺吸式口器昆虫（详见刺吸式口器害虫防治办法）。

5. 药剂防治 根据实际情况可选用病毒 A、病毒特、病毒灵、83 增抗剂、抗病毒 1 号等对病毒有效的药剂。

6.1.4 粉状物类

这一类病害往往是植物组织受病菌的局部侵染后，在病部出现很多粉状物，如白粉状、锈状物、黑粉状。常造成提早落叶、花果畸形、嫩梢易折，影响植物的生长，降低植物的观赏性。根据粉状物的颜色，又可分为白粉病、锈病、煤污病。

1. 白粉病

月季白粉病（图 6-21）

分布与危害　月季白粉病是一种常见病害，在我国各地均有发生。该病对月季危害较大，轻则使月季长势减弱、嫩叶片扭曲变形、花姿不整，影响生长和失去观赏价值，重则引起月季早落叶、花蕾畸形或不完全开放，连续发病则使月季枝干枯死或整株死亡，造成经济损失。该病也侵染玫瑰、蔷薇等植物。

症状　大多发生在植株的嫩叶、幼芽、嫩枝及花蕾上。老叶较抗病。发病初期病部出现褪绿斑点，以后逐渐变成白色粉斑，逐渐扩大为圆形或不规则形的白粉斑，严重时病斑相互连接成片。犹如覆盖着一层白粉，即病菌的分生孢子。最后粉斑上长出许多黄色小圆点。随后，小圆点颜色逐渐变深，直至呈现黑褐色，即病菌的闭囊壳。月季芽受害后，病芽展开的叶片上、下两面都布满了白粉层，叶片皱缩、反卷、变厚，呈紫绿色，感病的叶柄及皮刺上的白粉层很厚，难剥离。嫩梢和叶柄发病时病斑略肿大，节间缩短，病梢弯曲、有回枯现象。花蕾染病时表面被满白粉，不能开花或花姿畸形。严重时，叶片干枯，花蕾凋落，甚至整株死亡。

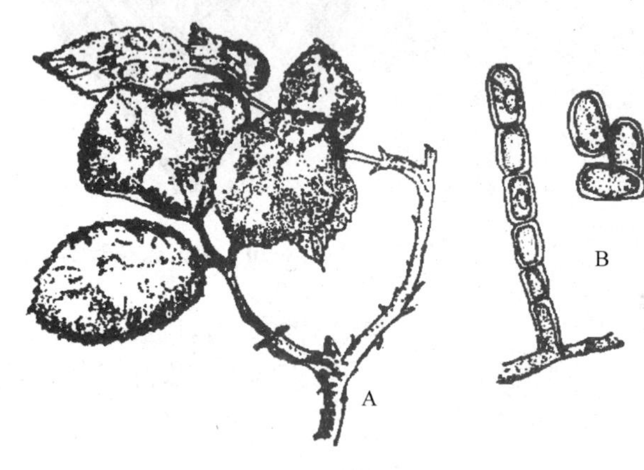

图 6-21　月季白粉病
A. 症状图　B. 白粉菌粉孢子

病原　引起此病的病原常见的有以下两种：

叉丝单囊壳菌［*Podosphaera oxyaconthae*（DC.）Debary］　属子囊菌亚门、核菌纲、白粉菌目、叉丝单囊壳属。无性阶段为山楂粉孢霉（*Oidium crataegi* Grogn）。

单囊白粉菌［*Sphaerotheca fulinea*（Schlecht.）Salm］　属子囊菌亚门、核菌纲、白粉菌目、单囊白粉菌属。闭囊壳壳壁的细胞特大，附属丝 5～10 根，菌丝状，褐色，有隔膜。子囊短椭圆形或近球形。子囊孢子 8 个，椭圆形，无色透明。无性阶段为粉孢霉属的真菌（*Oidium*sp.）；粉孢子串生，椭圆形，无色。

引起的常见病害见表 6-6。

表 6-6　白粉菌目病菌引起的常见病害

病害名称	病　原	症　状
瓜叶菊白粉病	*Erysiphe eichoracearum* DC.	此病主要危害叶片，严重时也可发生在叶柄、嫩茎以及花蕾上。发病初期，叶面上出现不明显的白色粉霉状病斑，后来成近圆形或不规则形黄色斑块，上覆一层白色粉状物，严重时多个病斑相连白粉层覆盖全叶。在严重感病的植株上，叶片和嫩梢扭曲，新梢生长停滞，花朵变小，有的不能开花，最后叶片变黄枯死。发病后期，叶面的白粉层变为灰白色或灰褐色，其上可见黑色小点粒——病菌的闭囊壳

续表

病害名称	病　原	症　状
紫薇白粉病	*Uneinuliella australiana* MoAlp.	主要侵害紫薇的叶片，嫩叶比老叶易感病。嫩梢和花蕾也会受侵染。叶片展开即可受侵染。发病初期，叶片上出现白色小粉斑，扩大后为圆形病斑，白粉斑可相互连接成片，有时白粉层覆盖整个叶片。叶片扭曲变形，枯黄早落。发病后期白粉层上出现由白而黄，最后变为黑色的小点粒——闭囊壳
大叶黄杨白粉病	*Oidium euonymi-japonicae* (Arc.) Sacc *Microsphaera* sp.	白粉多分布于大叶黄杨的叶面，也有生长在叶背面的。单个病斑圆形，白色，愈合之后不规则。将表生的白色粉状菌丝和孢子层拭去时原发病部位呈现黄色圆形斑。严重时新梢感病可达100%。有时病叶发生皱缩，病梢扭曲畸形，甚至枯死
黄栌白粉病	*Uncinola uernieiferae* P. Henn.	主要危害叶片。发病初期，叶片正面出现针尖大小的白色粉点，逐渐扩大成为污白色的圆斑，犹如雨滴溅起的泥浆所形成的泥斑，不易发现，但病斑最后发展成典型的白粉斑，病斑边缘略呈放射状。发病严重时，白粉斑往往相连成片，整个叶片被厚的白粉层所覆盖。发病后期白粉层上出现白色、黄色、黑色的小点粒，即闭囊壳，此时白粉层逐渐消解（图6-28）。叶片褪绿，不变红而呈黄色，引起早落叶。发病严重时嫩梢也被害。连年发生导致树势削弱

发病规律　病原菌主要以菌丝体在芽中越冬，闭囊壳也可以越冬，但一般情况下，月季上较少产生闭囊壳。翌年春季病菌随芽萌动而开始活动，侵染幼嫩部位，3月中旬产生粉孢子。粉孢子主要通过风的传播，直接侵入。在温度20℃、湿度97%～99%的条件下，粉孢子2～4h就能萌发，3d左右就又能形成新的孢子。潜育期短，人工接种为5～7d。病原菌生长的最适温度为21℃；最低温度为3℃，最高温度为33℃。粉孢子萌发的最适湿度为97%～99%。露地栽培月季以春季4～6月份和秋季9、10月份发病较多，温室栽培可整年发生。

温室内光照不足、通风不良、空气湿度高、种植密度大，发病严重；氮肥施用过多，土壤中缺钙或过干的轻沙土，有利于发病；温差变化大、花盆土壤过干等，使寄主细胞膨压降低，都将减弱植物的抗病力，有利于白粉病的发生。月季的品种不同，白粉病的发生也有所不同，芳香族的多数品种不抗病，尤其是红色花品种极易感病。一般光叶、蔓生、多花的品种较抗病。抗病品种叶片中磺基丙氨酸含量高，而感病品种的嫩叶中有β-丙氨酸，抗病品种和感病品种的老叶中则没有β-丙氨酸。

2. 锈病

锈病是园林植物中的一类常见病害。园林植物受害后，发病部位产生黄褐色锈状物。

(1) 玫瑰锈病（图6-22）

分布与危害　玫瑰锈病为世界性病害。我国的北京、山东、河南、陕西、安徽、江苏、广东、云南、上海、浙江、吉林等地均有发生。该病还可危害月季、野玫瑰等园林植物，感病植物提早落叶，削弱植物生长势，影响观赏效果，减少切花产量。

症状　病菌主要危害叶片和芽。玫瑰芽受害后，展开的叶片布满鲜黄色粉状物，叶背出现黄色的稍隆起的小斑点（锈孢子器）。小斑点最初生于表皮下，成熟后突破表皮，散

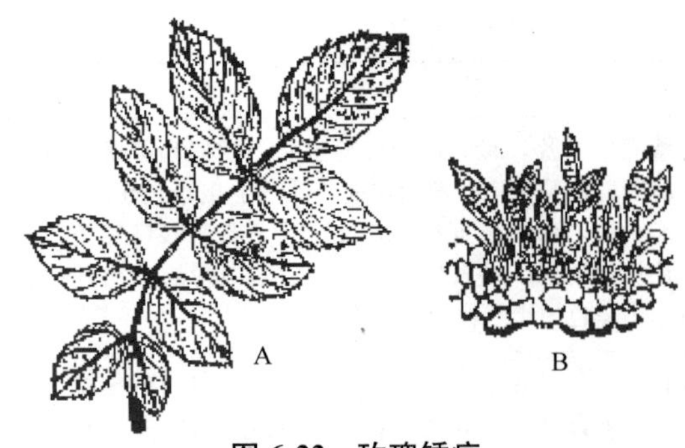

图 6-22 玫瑰锈病
A. 症状图 B. 冬孢子堆

出橘红色粉末，病斑外围往往有褪色环圈。叶正面的性孢子器不明显。随着病情的发展，叶片背面（少数地区叶正面也会出现）出现近圆形的橘黄色粉堆（夏孢子堆）。发病后期，叶背出现大量黑色小粉堆（冬孢子堆）。

病菌也可侵害嫩梢、叶柄、果实等部位。受害后病斑明显地隆起，嫩梢、叶柄上的夏孢子堆呈长椭圆形，果实上的病斑为圆形，果实畸形。

病原 引起玫瑰锈病的病原种类很多，国内已知有 3 种均属担子菌亚门、冬孢菌纲、锈菌目、多胞菌属（*Phraymidium*）分别为短尖多胞锈菌［*Ph. mucronatum*（Pers.）Schlecht.］、蔷薇多胞锈菌（*Ph. rosae-multiflorae* Diet.）、玫瑰多胞锈菌（*Ph. rosaerugprugosae* Kasai）。

其中短尖多胞锈菌［*Ph. mucronatum*（Pers.）Schlecht.］危害大、分布广。

发病规律 该病原菌为单主寄生（在玫瑰上可完成其整个生活史）。病原菌以菌丝体在病芽、病组织内或以冬孢子在病落叶上越冬。翌年芽萌发时冬孢子萌发产生担孢子，侵入植株幼嫩组织，在南京地区 3 月下旬出现明显的病芽，在嫩芽、嫩叶上产生橙黄色粉状的锈孢子。4 月中旬在叶背产生橙黄色的夏孢子，经风雨传播后，由气孔侵入进行第一次侵染，以后条件适宜时叶背不断产生大量夏孢子进行多次再侵染，病害迅速蔓延。发病的最适温度为 18～21℃。一年中以 6、7 月发病比较重，秋季有一次发病小高峰。

温暖、多雨、多露、多雾的天气有利于病害的发生；偏施氮肥会加重病害的危害。

(2) 海棠锈病 又名梨桧锈病（图 6-23）。

分布与危害 主要危害海棠及其仁果类观赏植物和桧柏。该病在我国发生普遍，各地均有发生。该病使海棠叶片病斑密布、枯黄早落，造成桧柏针叶小枝干枯、树冠稀疏，影

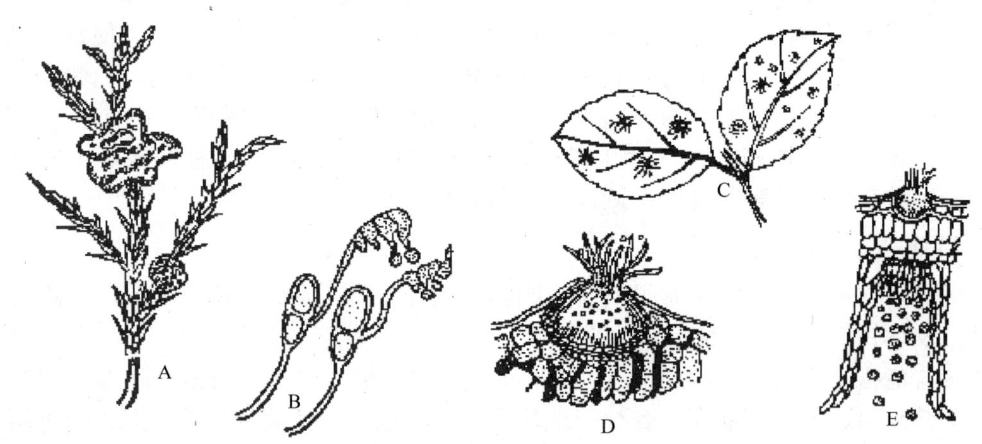

图 6-23 海棠锈病
A. 桧柏上的菌瘿 B. 冬孢子萌发 C. 海棠叶上的症状 D. 性孢子器 E. 锈孢子器

响观赏效果。

症状 病菌主要危害海棠的叶片，也可危害叶柄、嫩枝、果实。感病初期，叶片正面出现橙黄色、有光泽的小圆斑，病斑边缘有黄绿色的晕圈，其后病斑上产生针头大小的黄褐色小颗粒，即病菌的性孢子器。大约3周后病斑的背面长出黄白色的毛状物，即病菌的锈孢子器。叶柄、果实上的病斑明显隆起，多呈纺锤形，果实畸形并开裂。嫩梢发病时病斑凹陷，病部易折断。

秋冬季病菌危害转主寄主桧柏的针叶和小枝，最初出现淡黄色斑点，随后稍隆起，最后产生黄褐色圆锥形角状物或楔形角状物，即病菌的冬孢子角，翌年春天，冬孢子角吸水膨胀为橙黄色的胶状物，犹如针叶树“开花”。

病原 病原菌主要有2种：山田胶锈菌（*Gymnosporangium yamadai* Miyabe）和梨胶锈菌（*G. haraeanum* Syd.），均属担子菌亚门、冬孢菌纲、锈菌目、胶锈菌属。引起的常见病害见表6-7。

表6-7 锈菌目病菌引起的常见病害

病害名称	病　原	症　状
萱草锈病	*Puccinia hemerocallidis* Thum.	病害在叶片背面及花梗上，先产生黄色疱状斑点，为病菌的夏孢子堆。表皮破裂后散出黄褐色的粉状物，便是夏孢子，夏孢子堆周围往往失绿而呈淡黄色。严重时叶上布满夏孢子堆，整叶变黄。后期在病部产生黑褐色长椭圆形或条状的冬孢子堆，埋生于表皮下，非常紧密，表皮不破裂。锈病严重危害时全株叶片枯死，花梗变红褐色。花蕾干瘪或凋谢脱落
杨叶锈病	*Melampsora magnusiana* Wagner *M. rostrupii* Wagner *Uredo tholopsora* Cummis	毛白杨春天发芽时，病芽早于健康芽2～3d发芽，上面布满锈黄色粉状物，形成锈黄色球状畸形病叶，远看似花朵，严重时经过3周左右就干枯变黑。正常叶片受害后在叶背面出现散生的橘黄色粉状堆，是病菌进行传播和侵染的夏孢子。受害叶片正面有大型枯死斑。嫩梢受害后，上面产生溃疡斑。早春在前一年病落叶上可见到褐色、近圆形或多角形的疱状物，为病菌的冬孢子堆
草坪草锈病	*Puccinia zoysiae* Diet.	该病主要发生在结缕草的叶片上，发病严重时也侵染草茎。早春叶片一展开即可受侵染。发病初期叶片上下表皮均可出现疱状小点，逐渐扩展形成圆形或长条状的黄褐色病斑——夏孢子堆，稍隆起。夏孢子堆在寄主表皮下形成，成熟后突破表皮裸露呈粉堆状，橙黄色。夏孢子堆长1mm左右。冬孢子堆生于叶背，黑褐色、线条状，长1～2mm，病斑周围叶肉组织失绿变为浅黄色。发病严重时整个叶片枯黄、卷曲干枯

发病规律 病菌以菌丝体在桧柏上越冬，可存活多年。翌年3、4月份冬孢子成熟，春雨后，冬孢子角吸水膨大成花朵状，当日平均气温达10.6～11.6℃以上，旬平均温度达8.2～8.3℃以上时，萌发产生担孢子；担孢子借风雨传播到海棠的嫩叶、叶柄、嫩枝、果实上，萌发产生芽管直接由表皮侵入；经6～10d的潜育期，在叶正面产生性孢子器；约3周后在叶背面产生锈孢子器。锈孢子借风雨传播到桧柏上侵入新梢越冬。因该病菌无夏孢子，故生长季节没有再侵染。

该病的发生与气候条件关系密切。春季多雨气温低或早春干旱少雨发病轻，春季温暖

多雨则发病重。

该病发生与园林植物的配置关系十分密切。该病菌需要转主寄生才能完成其生活史，故海棠与桧柏类针叶树混栽发病就重。

3. 煤污病

煤污病也是园林植物上的常见病害。发病部位的黑色“煤烟层”是煤污病的典型特征。由于叶面布满了黑色“煤烟层”使叶片的光合作用受到抑制，既削弱植物的生长势，又影响的植物的观赏效果。

图 6-24 山茶煤污病

A. 病叶 B. 山茶小煤炱的子囊壳

C. 茶煤炱菌的子囊腔、子囊及子囊孢子

花木煤污病（图 6-24）

分布与危害 煤污病在南方各省份的花木上普遍发生，常见的寄主有：山茶、米兰、扶桑、木本夜来香、白兰花、蔷薇、夹竹桃、木槿、桂花、玉兰、紫背桂、含笑、紫薇、苏铁、金橘、橡皮树等。发病部位的黑色“煤烟层”削弱植物的生长势，影响观赏效果。

症状 病菌主要危害植物的叶片，也能危害嫩枝和花器。病菌的种类不同引起的花木煤污病的病状也略有差异，但黑色“煤烟层”是各种花木煤污病的典型特征。

病原 引起花木煤污病的病原菌种类有多种。常见的病菌其有性阶段为子囊菌亚门、核菌纲、小煤炱菌目、小煤炱菌属的小煤炱菌（*Meliola* sp.）和子囊菌亚门、腔菌纲、座囊菌目、煤炱菌属的煤炱菌（*Capnodium* sp.），其无性阶段为半知菌亚门、丝孢菌纲、丛梗孢目、烟霉属的散播霉菌（*Fumago vagans* Pers)。煤污病病原菌常见的是无性阶段。

发病规律 病菌主要以菌丝、分生孢子或子囊孢子越冬。翌年温湿度适宜，叶片及枝条表面有植物的渗出物、蚜虫的蜜露、介壳虫的分泌物时，分生孢子和子囊孢子就可萌发并在其上生长发育。菌丝和分生孢子可由气流、蚜虫、介壳虫等传播，进行再次侵染。病菌以昆虫的分泌物或植物的渗出物为营养，或以吸器直接从植物表皮细胞中吸取营养。

病害的严重程度与温、湿度、立地条件及蚜虫、介壳虫的关系密切。温度适宜、湿度大，发病重；花木栽植过密，环境阴湿，发病重；蚜虫、介壳虫危害重时，发病重。

在露天栽培的情况下，一年中煤污病的发生有二次高峰，3～6 月和 9～12 月。温室栽培的花木，煤污病可整年发生。

关键与要点 粉状物类病害防治措施

1. 清除侵染来源 秋冬季结合清园扫除枯枝落叶，生长季节结合修剪整枝及时除去病芽、病叶和病梢，以减少侵染来源。

2. 选用抗病品种，合理配置园林植物 尽可能的选择抗病品种，繁殖时不使用感病株上的枝条或种子。例如月季可选白金、女神、爱斯来拉达、爱、金凤凰等抗白粉病的品种。

3. 合理配置园林植物是防止转主寄生的锈病发生的重要措施 为了预防海棠锈病，在园林植物配置上要避免海棠和桧柏类针叶树混栽；如因景观需要必须一起栽植，则应考虑将桧柏类针叶树栽在下风向，或选用抗性品种。

4. 加强栽培管理，提高园林植物的抗病性 适当增施磷、钾肥，合理使用氮肥；种植不要过密，适当疏伐，以利于通风透光；及时清除感病植株，摘除病叶，剪去病枝，是减少棚室花卉粉状物类病害发生的一条有效措施；加强温室的温湿度管理，特别是早春保持较恒定的温度，防治温度的忽高忽低，有规律地通风换气，使湿度不至于过高，营造不利于白粉病发生的环境条件。

5. 喷药防治 盆土或苗床、土壤药物杀菌，可用50%甲基硫菌灵与50%福美双（1∶1）混合药剂600～700倍液喷洒盆土或苗床、土壤，可达杀菌效果。发芽前喷施3°～4°Be的石硫合剂（瓜叶菊上禁用）；生长季节用25%粉锈宁可湿性粉剂2000倍液、30%的氟菌唑800～1000倍液、80%代森锌可湿性粉剂500倍液、70%甲基托布津可湿性粉剂1000～1200倍液、50%退菌特800倍液或15%绿帝可湿性粉剂500～700倍液进行喷雾，每隔7～10d喷1次，喷药时先叶后枝干，连喷三四次，可有效地控制病害发生。在温室内可用45%百菌清烟剂熏烟，每667m^2用药量为250g，也可将硫磺粉涂在取暖设备上任其挥发，能有效地防治月季白粉病（使用硫磺粉的适宜温度为15～30℃，最好夜间进行，以免白天人受害）。喷洒农药应注意，整个植株均要喷到，药剂要交替使用，以免白粉菌产生抗药性。喷施杀虫剂防治蚜虫、介壳虫的危害（详见蚜虫、介壳虫的防治）是防治煤污病的重要途径。

6. 生物防治 锈菌的夏孢子堆在不同时期常被枝孢霉属（*Cladosporium* sp.）、单端孢属（*Trichothecium* sp.）、交链孢属（*Alternaria* sp.）等真菌所侵染，以致夏孢子被消解，这类真菌在自然界中有减少侵染的作用，但其利用可能性尚有待研究。

6.1.5 霉状物类

霉状物类最常见的是危害草本观赏植物的灰霉病，尤其对保护地栽培植物危害最大。灰霉病的病征很明显，在潮湿情况下病部会形成显著的灰色霉层。灰葡萄孢霉（*Botrytis cinerea*）是最重要的病原菌，该菌寄主范围很广，几乎能侵染每一种草本观赏植物。

1. 仙客来灰霉病（图6-25）

分布与危害 仙客来灰霉病世界性病害，尤其是温室花卉发病十分普遍，我国仙客来栽培地区均有发生。还能危害月季、倒挂金钟、百合、扶桑、樱花、白兰花、瓜叶菊、芍药等多种园林植物，造成叶、花腐烂，严重时导致植株死亡。

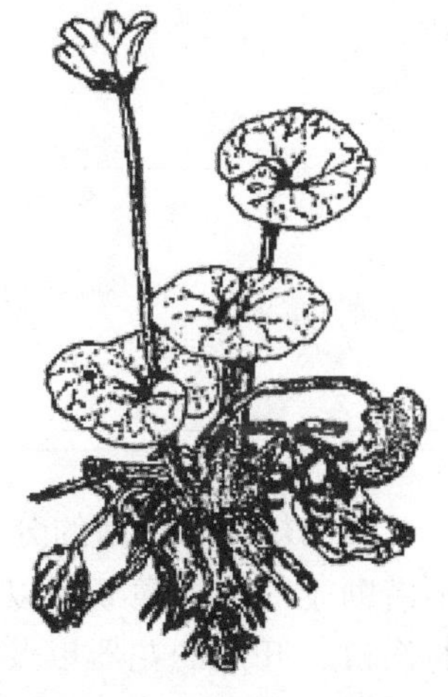

图6-25 仙客来灰霉病

症状 仙客来的叶片、叶柄、花梗和花瓣均可发生此病。叶片发病初期，叶缘出现暗绿色水渍状病斑，病斑迅速扩展，可蔓延至整个叶片。病叶变为褐色，以至干枯或腐烂。叶柄、花梗和花瓣受害时，均发生水渍状腐烂。在潮湿条件下，病部产生灰色霉层，即病原菌的分生孢子和分生孢子梗。

病原 病原菌为灰葡萄孢霉（*Botrytis cinerea* Pers et Fr.），属半知菌亚门、丝孢纲、丛梗孢目、葡萄孢属。

该病菌有性阶段属子囊菌亚门的富氏葡萄盘菌［*Botryotinia fuckeliana* (de Bary) Whetzel.］。

2. 葡萄孢属引起的常见病害

葡萄孢属引起的常见病害见表6-8。

表6-8 葡萄孢属引起的常见病害

病害名称	病　原	症　状
月季灰霉病	*Botrytis cinerea* Pers et Fr.	病菌可侵害叶片、花蕾、花瓣和幼茎，但以危害花器为主。叶片受害，在叶缘和叶尖出现水渍状淡褐色斑点，稍凹陷，后扩大并发生腐烂。花蕾受害变褐枯死，不能正常开花。花瓣受害后变褐皱缩和腐烂。幼茎受害也发生褐色腐烂，造成上部枝叶枯死。在潮湿条件下，病部长满灰色霉层，即病原菌的分生孢子和分生孢子梗
兰花灰霉病	*Botrytis cinerea* Pers. Et Fr.	蝴蝶兰灰霉病主要危害花器，萼片、花瓣、花梗，有时也危害叶片和茎。发病初期，花瓣、花萼受侵染后，24 h即可产生小型半透明水渍状斑，随后病斑变成褐色，有时病斑四周还有白色或淡粉红色的圈。每朵花上病斑的数量不一，但当花朵开始凋谢时，病斑增加很快，花瓣变黑褐色腐烂。湿度大时，从腐烂的花朵上长出绒毛状、鼠灰色生长物，即病原菌的分生孢子梗和分生孢子。花梗和花茎染病，早期出现水渍状小点，渐扩展成圆至长椭圆形病斑，黑褐色，略下陷。病斑扩大至绕茎一周时，花朵即死之。危害叶片时，叶尖焦枯。该病每年多在早春和秋冬出现2～3个发病高峰。严重时花上病斑累累，灰霉触目皆是，这对于“赏叶盛似赏花”或“专门赏花”的兰花来说，是毁灭性的灾难。气温高时，病害仅限于较老的正在凋谢的花上。花开始衰老或已经衰弱时，多种兰花均可感染此病
牡丹灰霉病	*Botrytis paeooiae* Oad-em	幼苗被害时茎基呈水渍状腐烂，褐色倒伏，病部产生灰色霉层。花芽受侵染时变黑或花瓣枯萎，腐烂变褐，被覆有灰色霉状物。在叶及叶柄上发生时，在叶尖、叶缘形成近圆形，半圆形病斑，紫褐色或褐色，具不规则轮纹，茎受害时，植株易折倒。在病茎上有时可见到菌核，小而光滑、黑色球形

发病规律 病菌的分生孢子、菌丝体、菌核在病组织或随病株残体在土中越冬。翌年借助于气流、灌溉水以及园艺措施等途径传播到侵染点，直接从表皮侵入，或由老叶的伤口、开败的花器以及其他的坏死组织侵入。病部所产生的分生孢子是再侵染的主要来源。

该病一年中有两次发病高峰，即2～4月和7、8月。温度20℃左右，相对湿度90%以上，有利于发病。温室大棚温度适宜、湿度大，适宜该病的发生，如果管理不善，该病整年都可以发生且严重。室内花盆摆放过密、施用氮肥过多引起徒长、浇水不当以及光照不足等，都可加重病害的发生。土壤黏重、排水不良、光照不足、连作的地块发病重。

关键与要点 霉状物类病害的防治措施

1. 控制温室湿度 为了降低棚室内的湿度，应经常通风，最好使用换气扇或暖风机。

2. 清除侵染来源 种植过有病花卉的盆土，必须更换掉或者经消毒之后方可使用。要及时清除病花、病叶，拔除重病株，集中销毁，以免扩大传染。

3. 加强肥水管理，注意园艺操作 定植时要施足底肥，适当增施磷钾肥，控制氮肥用量。要避免在阴天和夜间浇水，最好在晴天的上午浇水，浇水后应通风排湿。一次浇水不宜太多。在养护管理过程中应小心操作，尽量避免在植株上造成伤口，以防病菌侵入。

4. 药剂防治 于生长季节喷药保护，可选用70%甲基托布津可湿性粉剂800～1000倍液，或50%多菌灵可湿性粉剂1000倍液，或50%农利灵可湿性粉剂1500倍液，进行叶面喷雾。每两周喷1次，连续喷3～4次。有条件的可试用10%绿帝乳油300～500倍液或15%绿帝可湿性粉剂500～700倍液。为了避免产生抗药性，要注意交替和混合用药。在温室大棚内使用烟剂和粉尘剂，是防治灰霉病的一种方便有效的方法。用50%速克灵烟剂熏烟，每667m^2的用药量为200～250g，或用45%百菌清烟剂，每667m^2的用药量为250g，于傍晚分几处点燃后，封闭大棚或温室，过夜即可。有条件的可选用5%百菌清粉尘剂，或10%灭克粉尘剂，或10%腐霉利粉剂喷粉，每667m^2用药粉量为1000g。烟剂和粉尘剂每7～10d用1次，连续用2～3次，效果很好。

实验实训38 园林植物叶部病害症状及病原形态观察

实训目标

通过对白粉病、锈病、灰霉病、叶斑病、叶畸形、病毒病等病害的症状特点和病原形态的识别，掌握上述叶部病害的症状特点及病原类型。

实训用具与材料

显微镜、镊子、无菌水、纱布、放大镜、挑针、刀片、载玻片、盖玻片等。

叶部病害的盒装标本、浸渍标本、病原菌的玻片标本、新鲜的叶部病害标本、叶部病害挂图、幻灯片等。

实训内容和方法

1. 叶部病害症状观察

(1) 白粉病类

观察瓜叶菊白粉病、月季白粉病、紫薇白粉病、大叶黄杨白粉病、黄栌白粉病的症状。这类病害有一共同特点被害部位表面长出一层白色粉状物，并在其上产生产黄褐色最后变为黑褐色的颗粒状小粒点，即病菌闭囊壳。

病原特征：用挑针挑取病叶上的白色粉状物和子实体制片置显微镜下观察，可见病菌菌丝表生、分生孢子相似，在短的分生孢子梗上单生或串生分生孢子。而闭囊壳的附属丝不同，内部的子囊及子囊孢子有差异。注意镜检各种白粉病的附属丝、子囊、子囊孢子的特征，根据白粉菌目检索表鉴定出病原的种类。

(2) 锈病类

观察玫瑰锈病、草坪草锈病、杨叶锈病、海棠锈病、萱草锈病征状。这类病害的共同特征是被害部位产生锈色粉状物。

病原特征：取玫瑰锈病、草坪草锈病、杨叶锈病、海棠锈病、萱草锈病的病叶切片观察病原菌的特征。

(3) 煤污病类

观察山茶煤污病征状，可见受害叶片布满黑色煤烟状物。

病菌形态观察，挑取病叶上的黑色煤层制片置于显微镜下观察，注意菌丝形态、分生孢子梗、分生孢子着生情况，有性阶段闭囊壳的特征。区分引起煤污病的小煤炱菌与煤炱菌的差异。

(4) 灰霉病类

观察仙客来灰霉病、牡丹灰霉病或四季海棠灰霉病征状，受害叶片初期出现水渍状斑点，逐渐扩大到全叶，使叶片变成褐色腐烂，最后全叶褐色干枯。在潮湿条件下病部产生灰色霉层。

病原特征：取仙客来灰霉病叶制片观察，可见病菌分生孢子梗直立丛生，具隔膜，顶端树枝状分枝。小分枝末端膨大，上有小突起，分生孢子单生于小突起上，椭圆形或卵圆形，聚集成葡萄穗状。

(5) 叶斑病类

叶斑病种类很多，其病斑大小、颜色、形状各异，其共同特点是叶面上产生圆形、不规则形褐色至黑褐色的坏死斑，后期病部中央颜色变浅，并产生大量小黑点或霉层，即病菌的子实体。注意观察不同病害的症状差异。

病原特征：取材料切片镜检，注意识别分生孢子盘、分生孢子器、分生孢子梗及分生孢子形态。

(6) 畸形类

观察桃缩叶病、茶饼病、杜鹃饼病的症状。其特点是叶片感病后皱缩扭曲、病处肥大增厚变形，质地变脆。病部会出现一层灰白色粉层，即病菌的子实体。

病原特征：挑取桃缩叶病叶片上病菌制片观察可见子囊直接从菌丝上产生，裸露于寄主表皮外，排列成子实层。子囊圆筒形，无色，端部平截。子囊孢子多为 8 个，球形至卵形，无色。杜鹃饼病叶片制片观察可见菌丝体生长于寄主体内，担子突破寄主表皮而出，呈圆柱形或棍棒形，顶端生有 3～5 个小梗，担孢子无色，单胞。

(7) 变色类

观察唐菖蒲花叶病、郁金香碎锦病、美人蕉花叶病等病害症状特点，可见感病植株叶片褪色、花叶状，花瓣上有碎色杂纹，或出现褪色花。有的株型、叶片、花朵均变小。

由于病毒个体微小，普通显微镜观察不到，要用电子显微镜才能观察。

2. 徒手切片的制作

徒手切片时，先选取病状典型、病征明显的病组织材料，在病征明显处切取病组织小块（边长 5～8mm），放在表面很平的小木块上。用食指轻轻压住材料，随着手指慢慢地向后退，用刀片将材料切成薄片。切下的薄片，随即放在盛有清水的培养皿中或载玻片上的水滴中，用挑选好的镜检。

注意：作徒手切片，应用右手（如果是右手执刀）平稳地拿住刀片，刀从外向内切，刃口从左向右移动，以均匀的动作，从刀片刀口下方起，斜着向后拉切。切时用臂力而不是腕力，且不必太用力，否则就不易切薄。

在切的过程中，决不能以刀片来回拉割材料，并且要始终保持材料与刀片在垂直状态，否则会由于切面偏斜而影响观察。

徒手切片要切得很薄，要切到所需要检查的结构，但并不一定要求切片的完整。

用沾有浮载剂的挑针或接种针挑取薄而合适的材料放在一干净载玻片上的浮载剂液滴中央，盖上盖玻片，仔细擦去多余的浮载剂，即制成一张临时玻片。

实训作业

1. 列表比较供试病害的症状特征。
2. 绘出主要病害病原形态特征图。

实验实训 39 园林植物叶部病害的防治

实训目标

掌握叶部病害清除侵染来源的方法，能正确选择防治药剂，能进行生长季节喷药防治，能进行温室熏蒸操作。

实训用具与材料

整枝剪、喷雾器、相关农药。

实训内容和方法

1. 清除侵染来源

彻底清除病株残体及病死植株，并集中烧毁。发病初期及时摘除病叶，剪除枯枝（应从病斑下5cm的健康组织处剪除），挖除严重感病植株。每年进行一次花盆土消毒。休眠期在发病重的地块喷洒3°Be的石硫合剂，或在早春展叶前喷洒50%多菌灵可湿性粉剂600倍液。

2. 生长季节喷药防治

当新叶展开、新梢抽出后，喷洒1%的等量式波尔多液；在发病初期及时喷施如50%托布津可湿性粉剂1000倍液、或50%退菌特可湿性粉剂1000倍液，或65%代森锌可湿性粉剂800倍液。

粉状物类病害可用生长季节用25%粉锈宁可湿性粉剂2000倍液、30%的氟菌唑800～1000倍液。

细菌病害还可用或72%农用链霉素2500倍液、或硫酸链霉素3500倍液或新植霉素3500倍液喷雾。

毛毡病还可用73%克螨特乳油2000倍液，20%三氯杀螨醇乳油600～800倍液，40%氧化乐果乳油1500～2000倍液防治瘿螨。

病毒病可选用病毒A、病毒特、病毒灵、83增抗剂、抗病毒1号等。

3. 温室熏蒸

用50%速克灵烟剂熏烟，每667m^{2}的用药量为200～250g，或用45%百菌清烟剂，每667m^{2}的用药量为250g，于傍晚分几处点燃后，封闭大棚或温室，过夜即可。有条件的可选用5%百菌清粉尘剂，或10%灭克粉尘剂，或10%腐霉利粉剂喷粉，每667m^{2}用药粉量为1000g。烟剂和粉尘剂每7～10d用1次，连续用2、3次。

实训作业

1. 喷药防治的注意事项。
2. 温室熏蒸的注意事项。

6.2 园林植物枝干病害防治

不论是草本花卉的茎，还是木本花卉的枝条或主干，在生长过程中也会遭受各种园林植物茎干病害的危害。虽然园林植物茎干病害种类不如叶部病害多，但其危害性很大，轻者引起枝枯，重者导致整株枯死，严重影响观赏效果和城市景观。如近年来在我国沿海地区许多地方扩展蔓延的松材线虫病，导致大面积的松林枯死；主要行道树樟树、杜英的日灼病日趋严重等，已成为制约城市绿化的主要因素。

引起园林植物茎干病害的病原包括侵染性病原（真菌、细菌、植原体、寄生性种子植物、线虫等）和一些非侵染性病原（如日灼、冻害等）。其中真菌仍然是主要的病原。

园林植物茎干病害的病状类型主要有：腐烂、溃疡、枝枯、肿瘤、丛枝、黄化、萎蔫、流脂流胶等。

园林植物茎干病害的侵染循环具有以下特点：

- 病原物在感病植物的病斑、病株残体、转主寄主上及土壤内越冬。
- 病原物的侵入途径因种类而异。真菌、细菌大多通过伤口、坏死的皮孔侵入；寄生性种子植物、锈菌是直接侵入；病毒、植原体只能通过伤口侵入。
- 病原物的传播方式：真菌、细菌性病害多借助风雨和气流传播，植原体、线虫及某些真菌可借助昆虫传播，寄生性种子植物可由土壤和鸟类传播。人类活动是茎干病害长距离传播的媒介。
- 茎干病害的潜育期通常较叶、花、果病害长，一般多在半个月以上，少数病害可长达 1～2 年或更长时间。有些腐烂病、腐朽病、溃疡病具有潜伏侵染的特点。

园林植物茎干病害的防治原则：清除侵染来源、有些锈病需铲除转主寄主、病毒、植原体病等需消除媒介昆虫，是减少和控制病害发生的重要手段；加强养护管理，提高园林植物的抗病力，是防治弱寄生性病原物引起的病害和环境不适引起的病害的有交手段；选育抗病品种是防治危险性茎干病害的良好途径。

6.2.1　坏死病类

这类病害是指茎干皮层局部坏死的病害，常见的是腐烂、溃疡病。典型的溃疡病是茎干皮层局部坏死，坏死后期因组织失水而稍凹陷，周围为稍隆起的愈伤组织所包围。有的溃疡病病部扩展极快，不待植株形成愈伤组织就包围了茎干，使植株的病部以上部分枯死，在枯死过程中，病部继续扩大，大部分皮层坏死，这种现象称为腐烂病或烂皮病。当病斑发生在小枝上，小枝迅速枯死，常不表现为典型的溃疡症状，一般称为枝枯病；当病斑发生在苗木根茎部时表现为茎腐。引起茎干腐烂、溃疡病的病原主要是真菌，少数病害也由细菌引起，冻害、日灼及机械损伤也可致病。病菌借风雨传播或借昆虫传播。大部分溃疡病的病菌为兼性寄生菌，经常在寄主的外皮或枯枝上营腐生生活，当有利于病害发生的条件出现时，即侵染危害。病菌多自伤口侵入。腐烂、溃疡病的流行常常是由于寄主受某种原因的影响而生长势减弱的结果。腐烂、溃疡病是园林植物上的一类重要病害，常造成植株死亡。

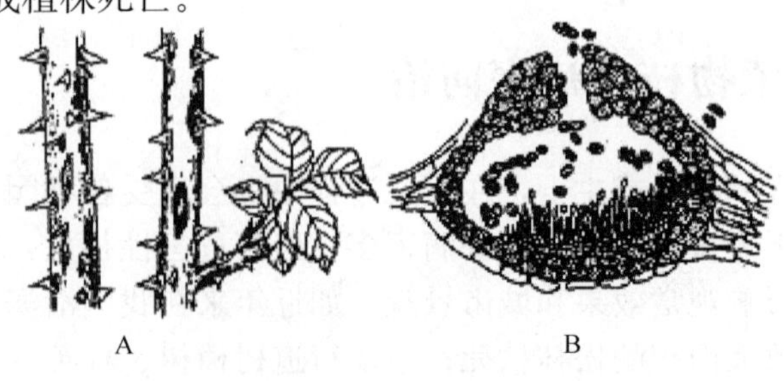

图 6-26　月季枝枯病

A. 枝条上的症状　B. 病原菌的分生孢子器

分布与危害　又名月季普通茎溃疡病。我国上海、江苏、浙江、湖南、河南、陕西、山东、天津、安徽、广东等地均有发生，危害月季、玫瑰、蔷薇等蔷薇属多种植物，常引起枝条顶梢部分枯死，严重的甚至全株枯死。

症状　病菌主要侵染枝干。发病初

期，枝干上出现灰白、黄或红色小点，后扩大为椭圆形至不规则形病斑，中央灰白色或浅褐色，有小突起，边缘为紫色和红褐色，与茎的绿色对比十分明显。后期表皮纵向开裂，着生有许多黑色小颗粒，即病菌的分生孢子器，潮湿时涌出黑色孢子堆。病斑环绕枝条一周，引起病部以上部分枯死。

病原 病原菌为蔷薇盾壳霉（*Coniothyrium fucklii* Sacc.），属半知菌亚门、腔胞纲、球壳孢目、盾壳霉属。

发病规律 病菌以菌丝和分生孢子器在枝条的病组织中越冬。翌年春天，在潮湿情况下分生孢子器内的分生孢子大量涌出，借雨水融化，风雨传播，成为初侵染来源。病菌为弱寄生菌，主要通过休眠芽和伤口侵入寄主，极少数可直接通过无伤害表皮侵入。管理不善、过度修剪、生长衰弱的植株发病重。潮湿的环境，或受干旱，有利于发病。

2. 仙人掌茎腐病（图 6-27）

分布与危害 是我国仙人掌类园林植物上普遍而严重发生的病害，危害仙人掌、仙人球、霸王鞭、麒麟掌、量天尺等多种植物，常引起茎部腐烂，最后导致全株枯死。

症状 病菌主要危害幼嫩植株茎部或嫁接切口组织。多从茎基部开始侵染，向上逐渐蔓延，上部茎节处也能发生侵染。初为黄褐色或灰褐色水渍状斑块，并逐渐软腐。病斑迅速发展，绕茎一周，使整个茎基部腐烂。后期茎肉组织腐烂失水，剩下一层干缩的外皮，或茎肉组织腐烂后仅留髓部。最后全株枯死。病部产生灰白色或紫红色霉状物，或黑色颗粒状物，即病菌的子实体。

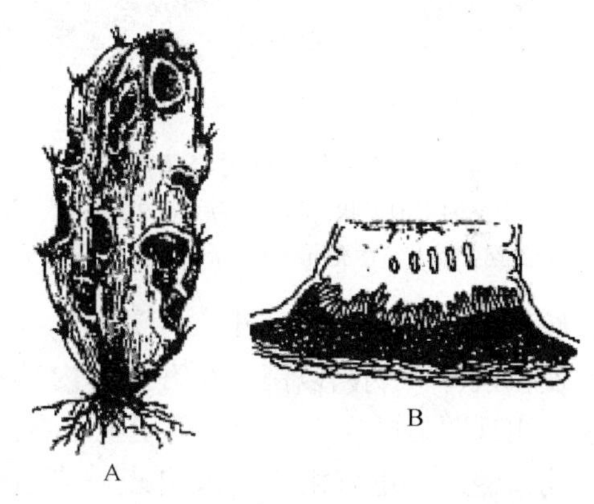

图 6-27 仙人掌茎腐病

A. 病害症状 B. 病原菌的分生孢子盘和分生孢子

病原 仙人掌茎腐病的病原有三种：尖镰孢（*Fusarium oxysporum* Schlecht.）、茎点霉菌（*Phoma* sp.）、大茎点霉菌（*Macrophoma* sp.）。

主要是尖孢镰，属于半知菌亚门、丝孢纲、瘤座孢目、镰孢霉属（镰刀菌属）。茎点霉菌、大茎点霉菌属腔孢纲、球壳孢目、球壳孢科。

发病规律 尖镰孢以菌丝体和厚垣孢子在病株残体上或土壤中越冬，茎点霉及大茎点霉则以菌丝体和分生孢子在病株残体上越冬。尖镰孢可在土壤中存活多年。通过风雨、土壤、混有病残体的粪肥和操作工具传播，带病茎是远程传播源。多由伤口侵入。高温高湿有利于发病。盆土用未经消毒的垃圾土或菜园土，施用未经腐熟的堆肥，嫁接、低温、受冻以及虫害造成的伤口多时，均有利于病害的发生。

3. 杨树溃疡病（图 6-28）

分布与危害 杨树溃疡病在我国分布较广，以天津、北京、上海、唐山、石家庄、郑州、西安、太原等市危害严重。该病危害苗木和幼树，轻则影响生长，重则引起枯梢，甚至整株死亡。在北京地区主要危害北京杨、小美旱杨、白皮加杨等多种杨树。

症状 病害主要发生在树干基部 0.2～2.5m 高度范围内树干和主枝上。感病植株多

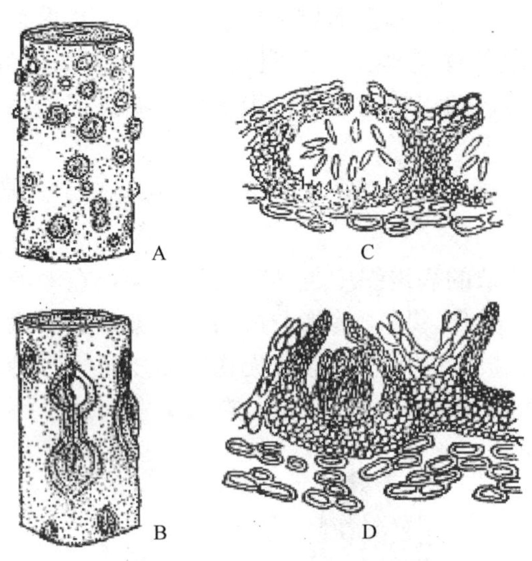

图 6-28 杨树溃疡病

A. 树干上的水泡症状 B. 病害后期的溃疡斑 C. 病菌的分生孢子器及分生孢子 D. 子囊腔、子囊及子囊孢子

在皮孔边缘形成近圆形水泡状溃疡斑，初期极小，不明显，其后变大呈典型水泡状，直径约 0.5～1.5cm。泡内充满淡褐色液体，水泡破裂，液体流出后遇空气变为黑褐色，并残留在病斑处。最后病斑干缩下陷，中央有一纵裂小缝。后期病斑上长出许多针头状黑色小点，即病菌分生孢子器。受害严重的病斑密集，并可相互连片，病部皮层变褐腐烂，植株逐渐枯死。秋后在老病斑处出现较粗的黑点，即病菌的子座及子囊壳。通常光皮树种水泡型症状明显，粗皮树种不形成水泡，仅树皮下变褐腐烂，并流出红褐色液体。

病原 病原为群生小穴壳菌（*Dothiorella gregaria* Sacc.），属半知菌亚门、腔胞纲、球壳孢目、小穴壳属。

发病规律 病菌以菌丝在寄主体内越冬，翌春气温升到 10℃以上，菌丝开始活动，杨树表皮出现明显的病斑。分生孢子及子囊孢子也可在病组织内越冬。孢子借风雨传播；主要通过伤口侵入，也可由皮孔或自表皮直接侵入。潜育期为 1 个月左右。北京地区每年 4 月上旬开始发病，6 月中、下旬至 6 月初达到发病高峰，7、8 月由于气温偏高，病势减缓，9 月再次出现高峰，10 月后逐渐停止发展。南京地区于 3 月下旬开始发病，4 月中旬至 5 月上旬为发病高峰，6 月下旬至 6 月初基本停止，10 月又略有发展。东北地区发病时间稍晚。在假植、运输、移栽过程中，树皮失水越多，移栽后灌水不及时，往往发病越严重。树势衰弱的植株易发病，生长健壮的发病少。一般光皮树种发病重，粗皮树种发病轻。青杨派、青杨派和黑杨派的派间杂种最易感病，如青杨、大官杨、北京杨、加青杨等高度感病；黑杨派发病较轻，如沙兰杨、健杨、1、2 月杨等较抗病；白杨派的毛白杨、新疆杨和银白杨抗病。就树龄而言，以 4～12 年生苗木和幼树发病多，3 年生以下的苗木及 15 年生以上的大树发病少或不发病。病菌具有潜伏侵染的特性，试验表明有 65%以上的苗木枝条带菌。凡影响苗木生长的各种不利立地条件、栽培管理技术措施，均易诱发此病。

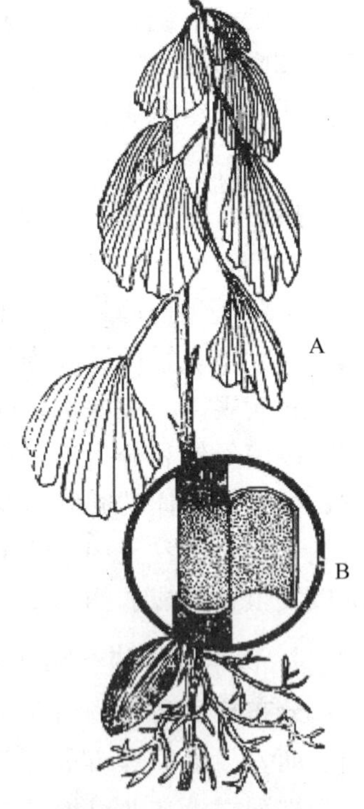

图 6-29 苗木茎腐病

A. 茎腐病状 B. 病部小菌核

4. 银杏茎腐病（图 6-29）

分布与危害 分布于山东、安徽、江苏、浙江、江西、福建、湖南、湖北、广东、广西和新疆等地，以长江流域以

南地区发生普遍严重。除危害银杏外，还危害扁柏、香榧、杜仲、鸡爪槭、马尾松、金钱松、水杉、柳杉、板栗、枫香、刺槐、乌桕、桑树等多种阔叶树苗木，其中以银杏、扁柏、香榧、杜仲、鸡爪槭受害最重。有的地区苗木感病后死亡率达到90%。

症状 一年生苗木发病初期，茎基部近地面处变成深褐色，叶片失绿，稍下垂。后期病斑包围茎基并迅速向上扩展，引起整株枯死，叶片下垂不落。苗木枯死3～5d后，茎上部皮层稍皱缩，内皮层组织腐烂，呈海绵状或粉末状，浅灰色，其中有许多细小的黑色小菌核。病菌侵入木质部和髓部后，髓部变褐色，中空，也生有小菌核。最后病害蔓延至根部，使整个根系皮层腐烂。此时，若拔苗则根部皮层脱落，留在土壤中，仅拔出木质部。二年生苗也感病，有的地上部分枯死根部仍保持健康，当年自根茎部能发出新芽。

病原 病原菌为菜豆壳球孢菌［*Macrophomina phaseoli*（Tassi.）Goid］，属半知菌亚门、腔孢纲、球壳孢目、壳球孢属。

发病规律 病菌是一种土壤习居菌，平时在土壤中营腐生生活，在适宜条件下，自伤口侵入寄主。寄主的生长状况、环境条件与病害的发生关系密切。夏季炎热、土温升高、苗木根茎部灼伤，是病害发生的诱因。在南京，苗木一般在梅雨结束后10～15d开始发病，以后发病率逐渐增加，到9月中旬停止发病。因此可以根据梅雨季节的早迟，梅雨期的长短和气温的变化，来预测当年该病害发生的早迟和严重程度。

5. 槐树溃疡病（图6-30）

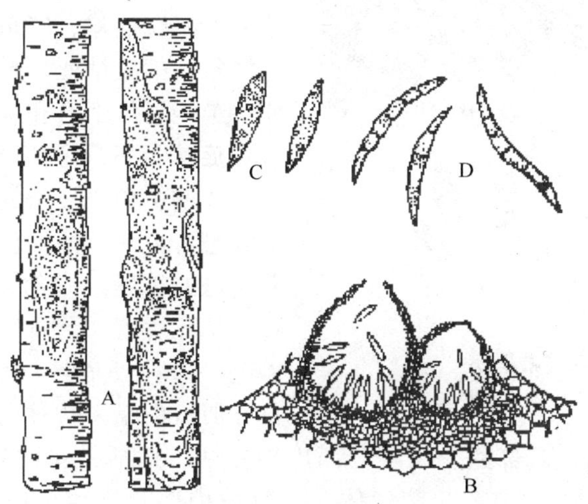

图6-30 国槐溃疡病

A. 由小穴壳菌引起的幼干上的病斑 B、C. 小穴壳菌的分生孢子器和分生孢子 D. 镰刀菌的分生孢子

分布及危害 又名槐树烂皮病或腐烂病，在槐树栽培区都有发生，常引起幼苗、幼树的枯死和大树的枝枯。

症状 槐树溃疡病是由两种病原菌引起的，其症状表现也不同。

镰孢霉属（*Fusarium*）真菌引起的溃疡病 枝干上最初出现黄褐色水渍状、近圆形病斑，后扩展成梭形。较大的病斑中央略下陷，有酒糟味，呈典型的湿腐状。后期病斑中央渐呈橘红色，约20d，橘红色分生孢子堆突破表皮而出。病斑常可环切主茎，致使病斑以

上部分枯死。若病斑未能环切主茎，通常病斑能当年愈合。

小穴壳属（*Dothiorella*）真菌引起的溃疡病　初期与镰孢菌引起的溃疡病相似，但病斑颜色较深，边缘为紫黑色，病斑扩展迅速。后期病斑上产生许多黑色小点状的分生孢子器。病斑逐渐干枯下陷或开裂，其周围很少产生愈伤组织。

病原　病原菌有两种。三隔镰孢菌［*F. tricinctum*（Corda）Sacc.］，属半知菌亚门、丝孢纲、瘤座孢目、镰孢霉属。多主小穴壳菌（*D. ribis* Gross et Du），属半知菌亚门、腔孢纲、球壳孢目、小穴壳属。

发病规律　病菌有潜伏侵染的特性，病菌终年存在于健康的绿色树皮内。病菌以分生孢子越冬，早春多自皮孔侵入，也可从伤口、叶痕、死芽等处侵入，潜育期约一个月，无再次侵染。病害多发生在 2～4 年生幼树的绿色主干及大树的 1～2 年生绿色枝条上。镰孢菌型腐烂病 3 月开始发病，4 月达到发病盛期，6、7 月停止发展，小穴壳菌型腐烂病发生较晚。

病菌为弱寄生菌，植株生长衰弱是诱发该病的原因之一，当土壤瘠薄、干旱、虫害严重，管理粗放，或移栽时根系损伤过多，根幅过小，苗木严重失水，植后不及时灌足水等均会导致国槐溃疡病的发生。

6. 毛竹枯梢病（图 6-31）

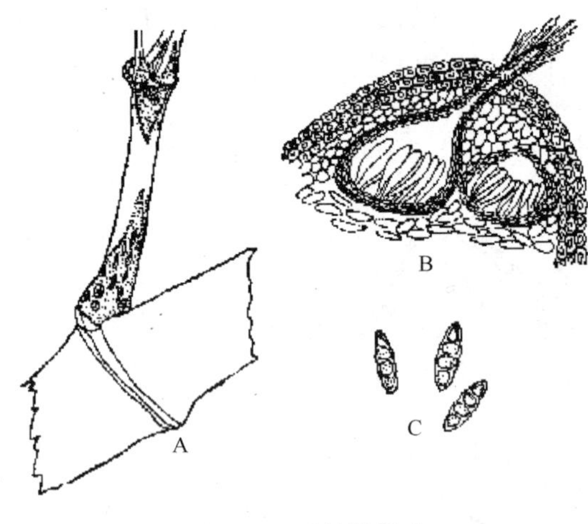

图 6-31　毛竹枯梢病

A. 病枝　B. 病菌子囊腔　C. 子囊孢子

分布与危害　毛竹枯梢病是毛竹的一种危险性侵染病害。分布于浙江、安徽、江苏、上海、福建、广东、江西等地。被害毛竹枝条、梢头枯死，严重时引起成片竹林枯死，影响毛竹生产和绿化景观。

症状　病菌危害当年新竹枝条、梢头。发病初期主梢或枝条的分叉处出现舌状或梭形病斑，色泽由淡褐色逐渐变为深褐色。随着病斑的扩展，病部以上叶片变黄、纵卷、直至枯死脱落。严重发病的竹林，前期竹冠赤色，远看似火烧，后期竹冠灰白色，远看竹林似戴白帽。竹林内病竹，最终因发病部位是在枝条、主梢或树冠基部的分叉处，而出现枝枯、梢枯、株枯三种类型。剖开病竹，腔内病斑处组织变褐，长有棉絮状菌丝体。病竹枝梢部叶片和小枝脱落后，不再萌生新叶。翌年春天，林内病竹染病部位可出现不规则状或长条状突起物，后纵裂或不规则开裂，从裂口处长出 1 至数根黑色棘状物，即病菌的子囊壳。有时病部也散生、圆形突起的小黑点，即病菌的分生孢子器。

病原　病原菌为竹喙球菌（*Ceratophaeria phyllostachydis* Zhang），属子囊菌亚门、核菌纲、球壳菌目、喙球菌属。

发病规律　病菌以菌丝体在林内历年老竹病组织内越冬。林内 1～3 年病竹均能产生子实体，其中以前 2 年的病竹产生的子实体最多。每年 4 月雨量充足，月平均气温达 15℃以上，病菌子实体在林间开始产生，于 5 月上旬至 6 月中旬成熟。随风雨传播，自伤口或直接侵入当年新竹，潜育期 1～3 个月，有的长达 1～2 年，7 月开始产生病斑，7、8 月高温干旱

季节为发病高峰期，10 月以后病害停止扩展。4、5 月气温回升快、5、6 月雨水多、7、8 月 30℃以上高温干旱的时间长的年份发病重。山冈、林缘、阳坡、纯林内的新竹发病重。

7. 棕榈干腐病（图 6-32）

分布与危害 棕榈干腐病又叫枯萎病、腐烂病、烂心病，是棕榈的重要病害。分布于浙江、江西、湖南、福建、上海等地，常造成棕榈枯萎死亡。

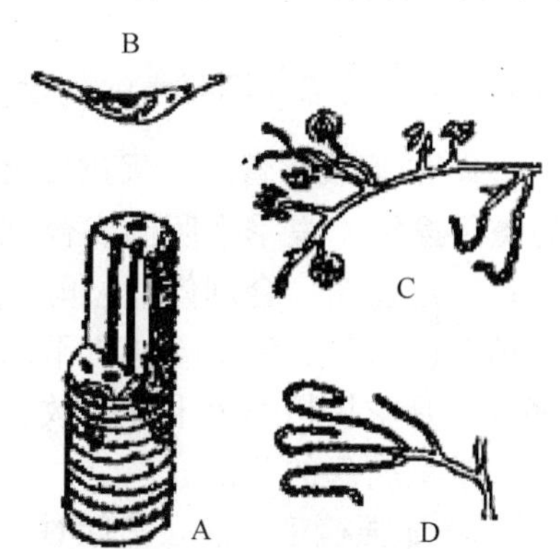

图 6-32 棕榈干腐病

A. 病干断面示组织坏死 B. 病叶柄横断面示组织坏死 C、D. 病菌分生孢子

症状 病害多从叶柄基部开始发生。首先产生黄褐色病斑，并沿叶柄向上扩展到叶片，病叶逐渐凋萎枯死。以后病斑扩大到树干并产生紫褐色病斑，致使维管束变色坏死，树干腐烂，树干上叶片枯黄萎蔫下垂，植株渐趋死亡。在棕榈干梢部位发病，其幼嫩组织腐烂，则更为严重。发病后期，在潮湿条件下，枯叶及叶柄基部长出白色菌丝。当地上部分枯死后，地下根系也很快随之腐烂，全部枯死。

病原 病原菌为拟青霉菌（*Paecilomyces varitoti* Bain），属半知菌亚门、丝孢纲、丛梗孢目、拟青霉属。

发病规律 病菌在轻病株上过冬。每年 5 月中旬开始发病，6 月逐渐增多，7 至 8 月为发病盛期，至 10 月底，病害逐渐停止蔓延。人工试验，病害潜育期约 4 个月。该病对小树和大树均有危害。棕榈树遭受冻伤或剥棕太多，树势衰弱易发病。

8. 鸢尾细菌性软腐病（图 6-33）

分布与危害 细菌性软腐病是鸢尾的常见病害，无论是球茎鸢尾或根状茎鸢尾均可发生，分布于美国、加拿大、日本。我国上海、杭州、合肥和青岛等市均有发生。病害导致球茎腐烂，全株立枯。该菌寄主范围很广，除鸢尾外，还危害仙客来、风信子、百合及郁金香等多种花卉植物。

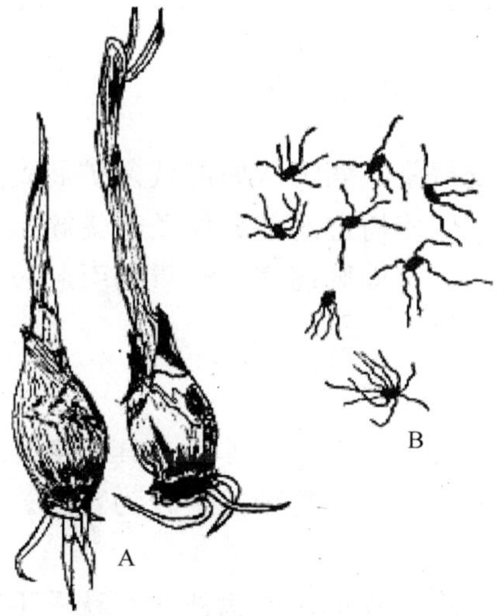

图 6-33 鸢尾细菌性软腐病

A. 症状 B. 病原（仿园林植物保护学）

症状 感病植株，最初叶片先端开始出现水渍状条纹，逐渐黄化、干枯。根茎部位发生，水渍状更明显。球茎初期出现水渍状病斑，逐渐发生糊状腐败，初为灰白色，后呈灰褐色，有时留下一完整的外皮。腐败的球茎或根状茎，具有恶臭气味。这种恶臭是诊断此病的重要依据。由于基部溃烂，病叶容易拔出地面。

病原 鸢尾软腐病的病原已知有 2 种，即胡萝卜软腐欧文氏菌胡萝卜致病变种［*Erwinia carotouora* pv. *Carotouora*（Jones）Bergey］和海芋欧文氏菌［*E. aroideae*（Townsend）Holl.］，二者均属真细菌目，欧文氏菌属。

发病规律 病原细菌在土壤中和病残体上越

冬。通过伤口侵入寄主，尤其是鸢尾钻心虫的幼虫在幼叶上造成的伤口，或分根移栽造成的伤口，都为细菌的侵入打开了方便之门；病害借雨水、灌溉水和昆虫传播，当温度高、湿度大，尤以湿度大时发病严重；种植过密、绿阴覆盖度大的地方球茎易发病；连作地发病严重。一般德国鸢尾和澳大利亚鸢尾发病较普遍。

关键与要点　坏死类的防治措施

1. 加强栽培管理，促进园林植物健康生长，增强树势，是防治茎干腐烂、溃疡病的重要途径　夏季搭荫棚或合理间作或及时灌水降温，可以有效防止银杏茎腐病的发生；适地适树、合理修剪、剪口涂药保护、避免干部皮层损伤、随起苗随移植，避免假植时间过长、秋末冬初树干涂白，防止冻害、防治蛀干害虫等措施，对防治槐树溃疡病、月季枝枯病都十分有效。用无菌土作栽培土、厩肥充分腐熟、合理施肥是防治仙人掌茎腐病的关键。

2. 加强检疫，防止危险性病害的扩展蔓延　茎干溃疡、腐烂病中有些是危险性病害，是检疫对象，如毛竹枯梢病等，要防止带病苗木、种竹、毛竹传入无病区，一旦发现，立即烧毁。

3. 清除侵染来源　及时清除病死枝条和植株，结合修剪去除其他枯枝或生长衰弱的植株及枝条，刮除老病斑，减少侵染来源，可减轻病害的发生。毛竹枯梢病在初春钩去病梢，就是一项有效防治措施。

4. 药剂防治　树干发病时可用 50%代森铵、50%多菌灵可湿性粉剂 200 倍液，或 80%“402”抗菌素 200 倍液喷，或 2°Be 的石硫合剂射树干或涂抹病斑。茎、枝梢发病时可喷洒 50%退菌特可湿性粉剂 800～1000 倍液，或 50%多菌灵可湿性粉剂 800～1000 倍液，或 70%百菌清可湿性粉剂 1000 倍液，或 65%代森锌可湿性粉剂 1000 倍液和 50%苯来特可湿性粉剂 1000 倍液的混合液（1∶1）。

6.2.2　畸形类

此类病害通常是由植原体、真菌引起的，大多是系统侵染，病害从局部枝条扩展到全株需数年或十数年。寄主受病菌侵害后引起组织增生，有的使树冠的部分枝条密集簇生呈扫帚状或鸟巢状、即丛枝病；有的使被害树干局部形成瘤肿，即肿瘤病，严重的引起枝条枯死，影响观赏效果。

1. 竹丛枝病（图 6-34）

分布与危害　分布于我国竹子产区，江苏、浙江、安徽、上海、湖南、山东均有发生。危害刚竹属、短穗竹属、麻竹属中的部分竹种，以刚竹属中的竹种发生较为普遍。病竹生长衰弱，出笋减少。危害严重者，整株枯死。

症状　发病初期，个别细弱枝条节间缩短，叶退化呈小鳞片形，后病枝在春秋季不断长出侧枝，形似扫帚，严重时侧枝密集成丛，形如雀巢，下垂。4、5 月，病枝梢端、叶鞘内产生白色米粒状物，为病菌菌丝和寄主组织形成的假子座。雨后或潮湿的天气，子座

上可见乳状的液汁或白色卷须状的分生孢子角。6月间假子座的一侧又长出1层淡紫色或紫褐色的垫状子座。9、10月，新长的丛枝梢端叶鞘内，也可产生白色米粒状物。但不见子座产生。病竹从个别枝条丛枝发展到全部枝条发生丛枝，致使整株枯死。

病原 病原菌为竹瘤座菌［*Balansia take*（Miyake）Hara］，属子囊菌亚门、核菌纲、球壳菌目、瘤座菌属。

发生规律 病菌以菌丝体在竹的病枝内越冬，翌年春天在病枝新梢上产生分生孢子成为初侵染源。分生孢子借雨水传播，由新梢的心叶侵入生长点，刺激新梢在健康春梢停止生长后仍继续生长而表现出症状，2～3年后逐渐形成鸟巢状或扫帚状的典型症状。郁闭度大，通风透光不好的竹林，或者低洼处，溪沟边，湿度大的竹林以及抚育管理不善的竹林，病害发生较为常见。病害大多发生在4年生以上的竹林内。

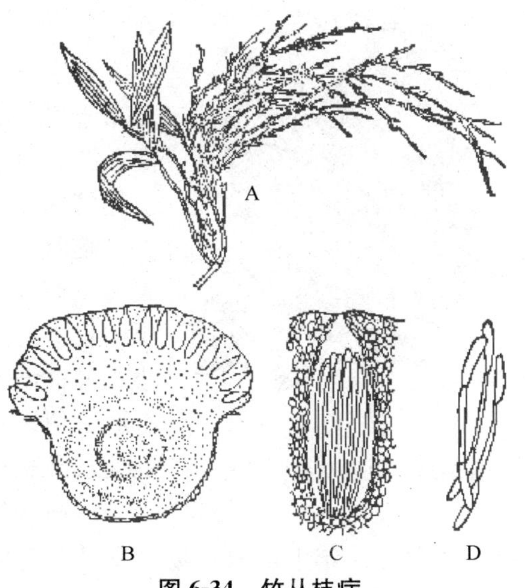

图6-34 竹丛枝病

A. 病枝 B. 假菌核和子座切面
C. 子囊壳和子囊 D. 子囊孢子

2. 枫杨丛枝病（图6-35）

分布与危害 我国江苏、安徽、浙江、山东、河南等地均有发生。病株受害后，侧枝丛生，树木逐渐枯死，破坏绿化效果和城市景观。据报道，云南的核桃、吉林的核桃楸也会发生此病。

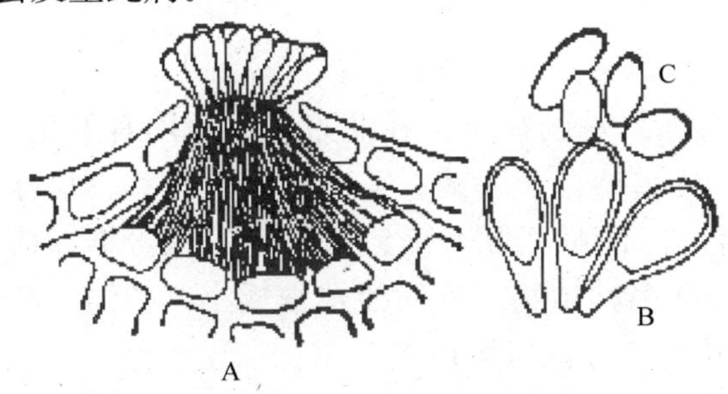

图6-35 枫杨丛枝病病原

A. 子座 B. 分生孢子梗 C. 分生孢子

症状 病害多发生在侧枝上。感病枝条簇生如扫帚状，基部稍肿大，病叶小并呈黄绿色，边缘略卷曲，初生叶略带红色。每年5月病叶背面密生白色粉层，即病菌子实体，有时见于叶面。有的非丛枝的叶片背面也会产生白色粉层，到晚秋这种叶的枝条上会形成较多的侧芽，来年萌发后形成丛枝状。6月后病叶焦黄、脱落，当年再萌生新叶。9、10月，部分病叶上又会产生白粉，但量较少。病枝连年发病丛枝不断扩大，整个树冠都形成丛枝，树木生长衰弱、枯死。

病原 病原菌为核桃微座孢［*Microstroma juglandis*（Bereng.）Sacc.］，属半知菌亚门、丝孢纲、丛梗孢目、微座孢属。

发病规律 枫杨丛枝病的发病规律目前尚不清楚。在自然情况下，病树与健树相邻，病枝与健枝虽相互交错，但经过几年，健株仍未见发病。

图 6-36　泡桐丛枝病病状

3. 泡桐丛枝病（图 6-36）

分布与危害　泡桐丛枝病在我国泡桐栽培区普遍发生，分布于江苏、浙江、江西、河北、河南、陕西、安徽、湖南、湖北、山东等地。以华北平原危害最严重。发病严重时引起植株死亡。

症状　病菌危害泡桐的树枝、干、根、花、果。幼树和大树发病，多从个别枝条开始，枝条上的腋芽和不定芽萌发出不正常的细弱小枝，小枝上的叶片小而黄，叶序紊乱，病小枝又抽出不正常的细弱小枝，表现为局部枝叶密集成丛。有些病树多年只在一边枝条发病，没有扩展，仅由于病情发展使枝条枯死。有的树随着病害逐年发展，丛枝现象越来越多，最后全株都呈丛枝状态而枯死。病树须根明显减少，并有变色现象。一年生苗木发病，表现为全株叶片皱缩，边缘下卷，叶色发黄，叶腋处丛生小枝，发病苗木当年即枯死。有的病株花器变形，即柱头或花柄变成小枝，小枝上的腋芽又抽出小枝，花瓣变成小叶状，整个花器形成簇生小丛枝状。

病原　病原物为植原体（MLO）。植原体圆形或椭圆形，直径 200～820nm，无细胞壁，但具 3 层单位膜，内部具核糖核蛋白颗粒和脱氧核糖核酸的核质样纤维。

发病规律　植原体大量存在于韧皮部输导组织的筛管内，随汁液流动通过筛板孔而侵染到全株。病害由刺吸式口器昆虫（如茶翅蝽、叶蝉等）在泡桐植株之间传播；带病的种根和苗木的调运是病害远程传播的重要途径。病害的发生与育苗方式、地势、气候因素及泡桐种类有关。种子繁殖的实生苗发病率低；行道树发病率高；相对湿度大、降雨量多的地区发病轻；白花泡桐、川桐、台湾泡桐较抗病。

4. 翠菊黄化病

分布与危害　黄化病是翠菊种植区普遍而又严重的病害。在北京、上海均有发生。该病寄主范围甚广，除翠菊外还危害瓜叶菊、矢车菊、天人菊、美人蕉、天竺葵、福禄考、金盏菊、金鱼草、长春花、菊花、非洲菊、百日草、万寿菊、矮雪轮、大岩桐、荷花、香石竹、蔷薇、茉莉、牡丹等 40 个科的 100 多种植物。该病使植株矮小、萎缩，叶片黄化，花瓣变绿、畸形或无花，严重影响切花生产和花坛景观。

症状　翠菊感病后生长初期幼叶沿叶脉出现轻微黄化，而后叶片变为淡黄色，病叶向上直立，叶片和叶柄细长狭窄，嫩枝上往往腋芽增多，形成扫帚状的丛枝；植株矮小、萎缩；花序颜色减退，花瓣通常变成淡黄绿色，花小或无花。

病原　翠菊黄化病是由植原体（MLO）引起的。菌体为球形或椭圆形，有时形态变异为蘑菇形或马蹄形，菌体大小为 80～800mm，壁厚 8mm。

发病规律　病原物主要是在雏菊、春白菊、大车前、飞蓬、天人菊、苦苣菜等各种多年生植物上存活和越冬，并主要通过叶蝉从这些植物传播到翠菊或其他寄主上侵染危害。此外，菟丝子也能传毒；但种子不带毒，汁液和土壤不传毒。潜育期长短与气温有关，温度 25℃时潜育期为 8～9d，气温 20℃时潜育期 18d，10℃以下则不显症状。7、8 月份发病严重。

5. 松瘤锈病（图 6-37）

分布与危害 又称松栎锈病。分布于黑龙江、吉林、辽宁、河南、河北、山西、江苏、浙江、江西、贵州、安徽、广西、云南、四川、内蒙古等许多松树分布区。危害樟子松、油松、赤松、兴凯湖松、黑松、马尾松、黄山松、云南松、华山松、巴山松等，转主寄主有麻栎、栓皮栎、蒙古栎、槲栎、白栎、木包树、板栗、波罗栎等，尤其麻栎、栓皮栎、蒙古栎更普遍。松树感病后树干畸形，生长缓慢，严重的可引起侧枝、主梢枯死，甚至整株死亡。

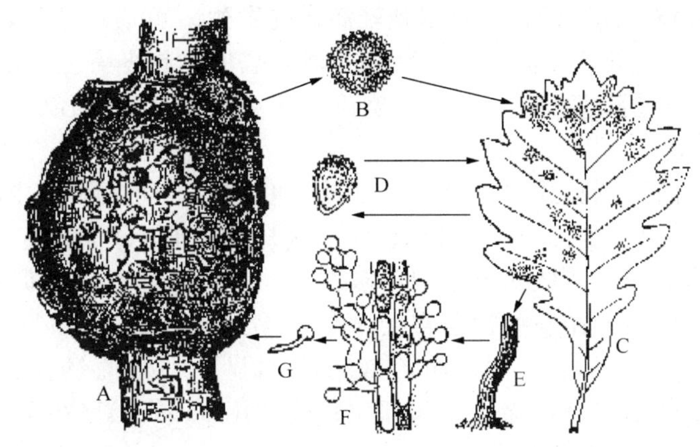

图 6-37 松瘤锈病

A. 病瘤上的疱囊 B. 锈孢子 C. 蒙古栎叶上的冬孢子柱 D. 夏孢子
E. 冬孢子柱放大 F. 冬孢子萌发产生担子及担孢子 G. 担孢子萌发状态

症状 病菌主要侵害松树的主干、侧枝和栎类的叶片。松树枝干受侵染后，木质部增生形成瘿瘤。通常瘿瘤为近圆形，大小不等，小的直径 5cm，在的直径 60cm。每年春夏之际，瘿瘤的皮层不规则破裂，自裂缝中溢出蜜黄色液滴，其中混有性孢子。第二年在瘤的表皮下产生黄色疱状锈孢子器，后突破表皮外露。锈孢子器成熟后破裂，散放出黄粉状的锈孢子。破裂处当年形成新表皮，来年再形成锈孢子器、再破裂。连年发病后瘿瘤上部的枝干枯死，或易风折。

锈孢子侵染栎树叶片，在栎叶的背面初生鲜黄色小点，即夏孢子堆，叶面的相对位置色泽较健康部分淡。一个月后在夏孢子堆中生出许多近褐色的毛状物，即冬孢子柱。

病原 病原菌为栎柱锈菌［*Cronartium quercum*（Berk.）Myiabe］，属担子菌亚门、冬孢菌纲、锈菌目、柱锈菌属。性孢子无色，混杂在黄色蜜液内，自皮层裂缝中外溢。锈孢子器扁平、疱状，橙黄色；锈孢子球形或椭圆形，黄色或近无色，表面有粗疣。夏孢子堆黄色，半球形；夏孢子卵形至椭圆形，内含物橙黄色，壁无色，表面有细刺。冬孢子柱褐色，毛状；冬孢子长椭圆形，黄褐色，冬孢子互相连结成柱状。冬孢子萌发产生担子及担孢子。

发病规律 病菌的冬孢子成熟后不经休眠即萌发产生担子和担孢子。担孢子随风传播，落到松针上萌发产生芽管，自气孔侵入，后由针叶进入小枝再进入侧枝、主干，在皮层中定殖。有的担孢子直接自伤口侵入枝干，以菌丝体越冬。病菌侵入皮层第 2～3 年，春天可在瘤上挤出混有性孢子的蜜滴，第 3～4 年产生锈孢子器，成熟后，锈孢子随风传播到栎叶上，萌发后由气孔侵入。5～6 月产生夏孢子堆，7～8 月产生冬孢子柱，8～9 月冬孢子萌发产生担子和担孢子，当年侵染松树。病害与温、湿度关系密切，夏秋季节气温较低，加上连续空气湿度饱和，容易发病。

关键与要点　畸形类的防治措施

1. 加强检疫　禁止将疫区的苗木、幼树运往无病区，防治危险性病害的传播。

2. 栽植抗病品种或选用培育无毒苗、实生苗　是防治植原体病的重要手段。

3. 及时剪除病枝，挖除病株，可以减轻病害的发生　可通过清除转主寄主，不与转主寄主植物混栽等有效途径防治松瘤锈病。清除病原物越冬寄主是防治翠菊黄化病的重要手段。在病枝基部进行环状剥皮，宽度为所剥部分枝条直径的 1/3 左右，以阻止植原体在树体内运行。

4. 喷药防治　防治刺吸式口器昆虫（如蚜、叶蝉等）可喷洒 50％马拉硫磷乳油 1000 倍液或 10％安绿宝乳油 1500 倍液、40％速扑杀乳油 1500 倍液，可减少植原体病害传染；植原体引起的丛枝病可用四环素、土霉素、金霉素、氯霉素 4000 倍液喷雾。真菌引起的丛枝病可在发病初期直接喷 50％多菌灵或 25％三唑酮的 500 倍液进行防治，每周喷 1 次，连喷 3 次，防治效果很明显。对松瘤锈病用松焦油原液、70％百菌清乳剂 300 倍液直接涂于发病部位；幼林用 65％代森锌可湿性粉剂 500 倍液、或 25％粉锈宁 500 倍液喷雾。

6.2.3　枯萎病类

枯萎病是由病原物侵入寄主的输导组织而引起的一类病害。枯萎病主要由真菌、细菌、病原线虫引起。病原物借风雨、昆虫传播，自伤口侵入茎干，在植物的输导组织内大量繁殖，以阻塞或毒害或以其他方式，破坏植物的输导组织，导致整个植株枯萎。是园林植物上的又一类重要病害。

1. 香石竹枯萎病（图 6-38）

分布与危害　枯萎病是香石竹上发生普遍而严重的病害，天津、广东、浙江、上海等地均有发生，危害香石竹、石竹、美国石竹等多种石竹属植物，引起植株的枯萎死亡。

症状　植株生长发育的任何时期都可受害。首先是植株下部叶片枝条变色、萎蔫，并迅速向上蔓延，叶片由正常的深绿色变为淡绿色，最终呈苍白的稻草色。整个植株枯萎，有时表现为一侧枝叶枯萎。纵切病茎可看到维管束中有暗褐色条纹，从横断面上可见到明显的暗褐色环纹。

图 6-38　香石竹枯萎病病原菌
A. 症状　B. 大型分生孢子

病原　病原菌为石竹尖镰孢［*Fusarinm oxysporum* Schlecht. F. sp. *dianthi*（Prill. et

Del.) Snyder & Hansen]，属半知菌亚门、丝孢纲、瘤座孢目、镰孢霉属。

发病规律 病原菌在病株残体或土壤中越冬。在潮湿情况下产生子实体。孢子借风雨传播，通过根和茎基或插条的伤口侵入，病菌进入维管束系统并逐渐向上蔓延扩展。繁殖材料是病害传播的重要来源，被污染的土壤也是传播来源之一。高温高湿有利于病害的发生。酸性土壤以及偏施氮肥有利于病菌的侵染和生长。

2. 松材线虫病（图 6-39）

分布与危害 又称松枯萎病，是松树的一毁灭性病害。该病在日本、韩国、美国、加拿大、墨西哥等国均有发生，但危害程度不一，其中以日本受害最重。此病 1982 年我国在南京市中山陵首次发现，在安徽、广东、山东、浙江、台湾、香港等省（区）局部地区发现并流行成灾，对松林资源、自然景观和生态环境造成严重破坏。主要危害黑松、赤松、马尾松、海岸松、火炬松、黄松、湿地松、琉球松、白皮松等植物。

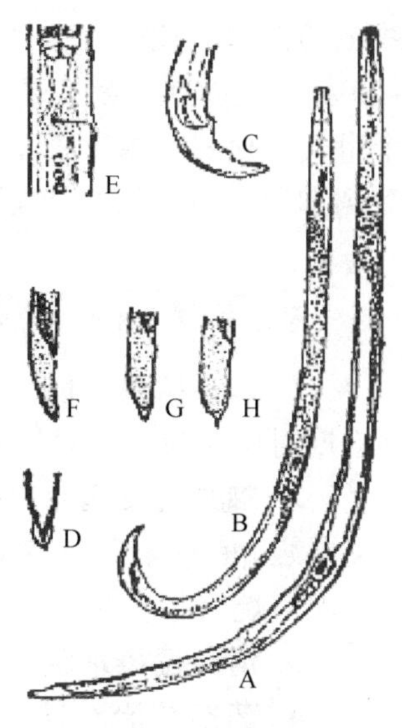

图 6-39 松材线虫

A. 雌成虫 B. 雄成虫 C. 雄虫尾部 D. 交合器 E. 雌虫阴门 F～H. 雌虫尾部

症状 病原线虫侵入树体后，松树的外部症状表现为针叶陆续变色（5～7 月），松脂停止流动，萎蔫，而后整株干枯死亡（9～10 月），枯死的针叶红褐色，当年不脱落。发病和死亡过程的时间是该病诊断的重要依据之一。但在寒冷地区，松树当年感染了松材线虫也可能在第二年才枯死。松材线虫侵入树体后不仅使树木蒸腾作用降低，失水，木材变轻，而且还会引起树脂分泌急速减少和停止。当病树已显露出外部症状之前的 9～14 天，松脂流量下降，量少或中断，在这段时间内病树不显其他症状，因此从泌脂状况还可以作为早期诊断的依据。松材线虫病征状发展过程可分为四个阶段：首先外观正常，但树脂分泌量减少或停止，蒸腾作用下降；接着针叶开始变色，树脂分泌停止，通常能够观察到天牛或其他甲虫危害和产卵的痕迹；再就是大部分针叶变为淡褐色，萎蔫，可见到甲虫蛀屑；最后针叶全部变为黄褐色或红褐色，病树整株枯死，此时树体一般有多种次生性的害虫栖居。

病原 该病由松材线虫［*Bursaphelenchus xylophilus*（Steiner & Buhrer）Nickle］引起。松材线虫属于线形动物门，线虫纲，垫刃目，滑刃科。成虫体细长约 1mm，唇区高，缢缩显著，基部略微增厚。中食道球卵圆形，占体宽的 2/3 以上。食道腺细长，叶状，覆盖于肠背面。排泄孔的开口大致与食道和肠交接处平行。半月体在排泄孔后约 2/3 体宽处。雌虫尾部亚圆锥形，末端钝圆，少数有微小的尾尖突。卵巢前伸，卵呈单行排列。阴门开口于虫体中后部体长的 73％处，上覆以宽的阴门盖。雄虫交合刺大，弓形，喙突显著，远端膨大如盘状。尾部似鸟爪，向腹部弯曲，尾端为小的卵形交合伞包裹。

发病规律 松材线虫病多发生在每年 5～9 月份。高温干旱气候适合病害发生和蔓延，低温则能限制病害的发展；土壤含水量低，病害发生严重。在我国，传播松材线虫的主要媒介是松墨天牛（*Monochamus alternatus*）。松墨天牛一般 4～5 月羽化，从罹病树中羽化出来的天牛几乎 100％携带松材线虫，天牛体内的松材线虫均为耐久型幼虫，这阶段幼虫抵抗不良环境能力很强，它们主要分布在天牛的气管中，每只天牛都可携带成千上万条线虫，最高可达28万条。当天牛在树上咬食作补充营养时，线虫幼虫就从天牛取食造成的伤口进入树脂道，然后蜕皮成为成虫。被松材线虫侵染的松树往往又是松墨天牛的产卵对象。翌年，在罹病松树内寄生的松墨天牛羽化时又会携带大量线虫，并“接种”到健康的树上，导致病害的扩散蔓延。病原线虫近距离由天牛携带传播，远距离则随调运带有松材线虫的苗木、枝杈、木材及松木制品等传播。松树线虫雌雄虫交尾后产卵，每雌虫产卵约100粒。虫卵在温度25℃下30h孵化。幼虫共4龄。在温度30℃时，线虫3d即可完成一个世代。松材线虫生长繁殖的最适温度为20℃，低于10℃时不能发育，28℃以上繁殖会受到抑制，在33℃以上则不能繁殖。

关键与要点 枯萎病类的防治措施

1. 加强检疫 防治危险性病害的扩展与蔓延。香石竹枯萎病、松材线虫病都属于检疫对象，应加强对传病材料的监控。

2. 加强对传病昆虫的防治是防止松材线虫扩散蔓延的有交手段 防治松材线虫的主要媒介——松墨天牛，可在4月份天牛从树体中飞出时用0.5%杀螟松乳剂或乳油。用溴甲烷（40～60g/m^3）或水浸100d，可杀死松材内的松墨天牛幼虫。

3. 清除侵染来源 及时挖除病株烧毁并进行土壤消毒可有效控制病害的扩展。

4. 药剂防治 防治香石竹枯萎病可在发病初期用50%多菌灵可湿性粉剂800～1000倍液，或50%苯来特500～1000倍液，灌注根部土壤，每隔10d一次，连灌2～3次。防治松材线虫病可在树木被侵染前用丰索磷、克线磷、氧化乐果、涕灭威等进行树干注射或根部土壤处理。

6.2.4 寄生性种子植物害

寄生性种子植物害是园林植物上的一类较常见病害，是菟丝子科和桑寄生科植物寄生园林植物引起的，寄生性种子植物从寄生植物上吸取水分、矿物质、有机物供自身生长发育需要，而导致园林植物生长衰弱，严重的导致植物死亡。

1. 菟丝子害（图6-40）

分布与危害 菟丝子害在全国各地均有分布，主要危害一串红、金鱼草、菊花、扶桑、榆叶梅、玫瑰、珍珠梅、紫丁香、台湾相思树、千年桐、木麻黄、小叶女贞、人面果、红花羊蹄角等多种园林植物，危害轻者使之生长不良，重者导致园林植物死亡，严重影响观赏效果。

症状 菟丝子为全寄生种子植物。它以茎缠绕在寄主植物的茎干，并以吸器伸入寄主茎干或枝干内与其导管和筛管相连接，吸取全部养分。因而导致被害植物生长不良，通常表现为植株矮小、黄化，甚至植株死亡。

病原 菟丝子又名无根藤、金丝藤，园林植物上常见的有4种。

中国菟丝子（*Cuscuta chinensis* Zam） 茎纤细、丝状，直径约1mm，橙黄色；花淡

黄色，头状花序；花萼杯状，长约1.5mm；花冠钟形，白色，稍长于花萼，短五裂；蒴果近球形，内有种子2～4枚；种子卵圆形，长约1mm，淡褐色，表面粗糙。

日本菟丝子（*C. japonica* Choisy） 茎粗壮，直径2mm，分枝多，黄白色，并有突起的紫斑；在尖端及以下3节上有退化的鳞片状叶；花萼碗状，有瘤状红紫色斑点；花冠管状，白色，长3～5mm，5裂；蒴果卵圆形，内有种子1～2枚；种子微绿至微红色，表面光滑。

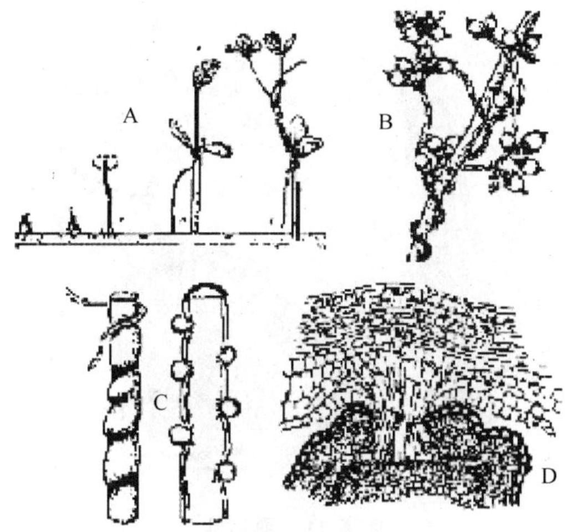

图6-40 菟丝子

A. 菟丝子自种子萌发至缠绕寄主的过程 B. 菟丝子的茎和果实 C. 枝条被害状态 D. 寄主和菟丝子茎切面

田间菟丝子（*C. campestris* Juncker） 茎丝状有分枝，淡黄色，光滑；花序球形；花萼碗状，长2～2.5mm，黄色，背部有小的瘤状突起；花冠坛状，白色，长于花萼，深5裂；蒴果近球形，顶端微凹；种子椭圆形，褐色。

单柱菟丝子（*C. monogyne* Vahl.） 茎较粗，直径2mm，分枝众多，略带红色，并有紫色瘤状突起；穗状花序，花萼半圆形，5裂几乎达到基部，背部有紫红色的瘤状突起；花冠坛状，长3～3.5mm，紫红色；蒴果卵圆形，长约4mm；种子圆形，直径3～3.5mm，暗棕色，表面光滑。

发病规律 菟丝子以成熟种子脱落在土壤中或混杂在草本花卉种子中休眠越冬，也有以藤茎在被害寄主上越冬的。以藤茎越冬的，翌年春温湿度适宜时即可继续生长攀缠为害。越冬后的种子，次年春末初夏，当温湿度适宜时种子在土中萌发，长出淡黄色细丝状的幼苗。随后不断生长，藤茎上端部分作旋转向四周伸出，当碰到寄主时，便紧贴在其上缠绕，不久在其与寄主的接触处形成吸盘，并伸入寄主体内吸取水分和养料。此后茎基部逐渐腐烂或干枯，藤茎上部与土壤脱离，靠吸盘从寄主体内获得水分、养料，不断分枝生长缠绕植物，开花结果，不断繁殖蔓延为害。

夏秋季是菟丝子生长高峰期，11月份开花结果。菟丝子的繁殖方法有种子繁殖和藤茎繁殖两种。靠鸟类传播种子，或成熟种子脱落土壤，再经人为耕作进一步扩散；另一种传播方式是借寄主树冠之间的接触由藤茎缠绕蔓延到邻近的寄主上，或人为将藤茎扯断后有意无意的抛落在寄主的树冠上。

2. 桑寄生害（图6-41）

分布与危害 桑寄生科植物多分布于热带、亚热带地区，我国西南、华南最常见。通常危害山茶、悬铃木、水杉、石榴、木兰、蔷薇、榆、山毛榉及杨柳科等园林植物，导致生长势衰弱，严重时全株枯死。

症状 桑寄生科的植物为常绿小灌木，它寄生在树木的枝干上非常明显，尤以冬季寄主植物落叶后更为明显。由于寄生物夺走的部分无机盐类和水分，并对寄主产生毒害作

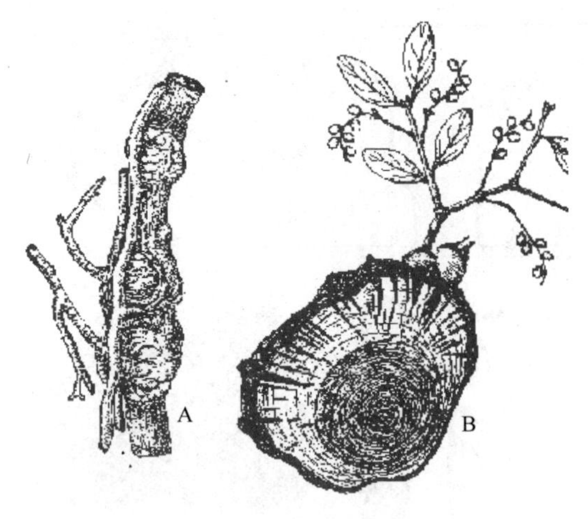

图6-41 桑寄生

A. 被害枝条 B. 被害枝的横断面，示桑寄生的枝、叶果、吸盘及侵入寄主木质部的吸根

用，因而，导致受害园林植物叶片变小，提早落叶，发芽晚，不开花或延迟开花，果实易落或不结果。植物枝干受害处最初；略为肿大，以后逐渐形成瘤状，木质部纹理也受到破坏，严重时枝条或全株枯死。

病原 园林植物上的桑寄生科植物主要有桑寄生属（*Loranthus*）和槲寄生属（*Visscum*）。

桑寄生属（*Loranthus*）植物 树高1m左右，茎褐色；叶对生、轮生或互生，全缘；花两性，花瓣分离或下部合生成管状；果实为浆果状的核果。我国常见的有桑寄生［*L. parasiticu*（L.）Merr.］和樟寄生（*L. yadoriki* S. et Z.）两种。

槲寄生属（*Viscum*）植物 枝绿色；叶对生，常退化成鳞片状；花单性异株，极小，单生或丛生于叶腋内或枝节上，雄花被坚实；雌花子房下位，1室，柱头无柄或近无柄，垫状；果实肉质，果皮有黏胶质。我国有14种，常见的有槲寄生（*V. album* L.）和无叶枫寄生（*V. articulatum* Burm.）。

发病规律 桑寄生科植物以植株在寄主枝干上越冬，每年产生大量的种子传播危害。鸟类是传播桑寄生的主要媒介。小鸟取食桑寄生浆果后，种子被鸟从嘴中吐出或随粪便排出后落在树枝上靠外皮的黏性物质黏附有树皮上，在适宜的温度和光线下种子萌发，萌发时胚芽背光生长，接触到枝干即在先端形成不规则吸盘，以吸盘上产生的吸根自伤口或无伤体表侵入寄主组织，与寄主植物导管相连，从中吸取水分和无机盐。从种子萌发到寄生关系的建立需时约10～20d。与此同时，胚芽发育长出茎叶。如有根出条则沿着寄主枝干延伸，每隔一定距离便形成一吸根钻入寄主组织定殖，并产生新的植株。

关键与要点 寄生性种子植物害的防治措施

1. 园林措施防治 在菟丝子种子萌发期前进行深翻，将种子深埋在3cm以下的土壤中，使其难以萌芽出土。经常巡查，一旦发现病株，应及时清除。在种子成熟前，结合修剪，剪除有种子植物寄生的枝条，注意清除要彻底，并集中烧毁。严禁随手乱扔菟丝子的藤茎。

2. 药剂防治 对有菟丝子发生较普遍园地，一般于5～10月，酌情喷药1～2次。有效的药剂有：10%甘磷水剂400～600倍液加0.3%～0.5%硫酸铵，或48%地乐胺乳油600～800倍液加0.3%～0.5%硫酸铵。国外报道，防治桑寄生可用氯化苯氨基醋酸、2·4-D和硫酸铜。

实验实训40 园林植物枝干病害症状及病原形态观察

实训目标

熟悉和掌握园林植物枝干病害的症状及病原菌形态。

实训用具与材料

显微镜、放大镜、镊子、挑针、培养皿、载玻片、盖玻片、无菌水等。

主要园林植物枝干病害、主要病害病原菌的玻片标本。

实训内容和方法

1. 枝干坏死类

观察月季枝枯病、杨树溃疡病、仙人掌茎腐病、银杏茎腐病、槐树溃疡病、鸢尾细菌性软腐病、棕榈干腐病的症状，主要特征是病部水渍状，病斑组织软化，皮层腐烂，失水后产生下陷，病部开裂。后期病斑上产生许多小粒点，既病菌子实体。比较其病斑形状、颜色、边缘及病菌子实体形态的差异。

用显微镜观察金黄壳囊孢、群生小穴壳菌、三隔镰孢菌、极毛杆菌、莱豆壳球孢菌、尖镰孢菌、铁锈薄盘菌、伏克盾壳霉、落叶松球座菌、竹喙球菌等病原菌玻片标本，了解其形态。

2. 畸形类

观察竹丛枝病、枫杨丛枝病、泡桐丛枝病、翠菊黄化病征状，典型症状叶变小而革质化，腋芽萌发，节间缩短，形成丛枝，花器返祖，花变叶变绿色，生长发育受阻，整个植株矮化等。

观察松瘤锈病的症状特点，这类病害大多出现大量锈色、橙色、黄色甚至白色的病斑，以后表皮破裂露出铁锈色孢子堆，有的产生肿瘤。及观察在转主寄主上的特征。

用显微镜观察上述锈病病原菌形态，比较其各类孢子的差异。

3. 枯萎病类

观察松材线虫病、香石竹枯萎病征状特征。

在显微镜下观察病原线虫的特点和石竹尖镰孢的特点。

4. 寄生性种子植物害类

观察寄生性种子植物的形态特征及其危害。

实训作业

描述所观察园林植物枝干病害症状和病原形态特点。

实验实训41 园林植物枝干病害的防治

实训目标

掌握清除枝干病害侵染来源的方法，能进行枝干病害病斑的刮除，能正确配制和使用伤口消毒剂和保护剂，能进行白涂剂的配制和涂干作业。

实训用具与材料

木桶、刷子、小刀、台称、量筒等。

石硫合剂、生石灰、硫酸铜、动物油、盐、升汞、盐酸等。

实训内容和方法

1. 清除侵染来源

及时清除病死枝条和植株，结合修剪去除其他枯枝或生长衰弱的植株及枝条，刮除老病斑，减少侵染来源，可减轻病害的发生。毛竹枯梢病在初春钩去病梢。通过清除转主寄主，不与转主寄主植物混栽等有效途径防治松瘤锈病。清除病原物越冬寄主是防治翠菊黄化病的重要手段。在病枝基部进行环状剥皮，宽度为所剥部分枝条直径的1/3左右，可以阻止植原体在树体内运行。

在菟丝子种子萌发期前进行深翻，将种子深埋在3cm以下的土壤中，使其难以萌芽出土。发现病株，应及时清除。在种子成熟前，结合修剪，剪除有种子植物寄生的枝条，注意清除要彻底，并集中烧毁。

2. 白涂剂的配制与使用

配制：称取生石灰5kg，石硫合剂原液0.5kg，盐0.5kg，动物油0.1kg，水20kg。用少量热水将生石灰和盐分别化开，然后将两液混合并倒入剩余的水中；再加入石硫合剂、动物油搅拌均匀即成。

使用：在10月中下旬，选择校园内乔木树种，在离地面1.3～1.5m左右高度树干上，用刷子均匀涂刷白涂剂，直至树基部。

3. 刮斑涂药

（1）刮除病斑　枝干上的个别病斑，可用小刀刮除，刮除的深度一般为到达新鲜的木质部，周边要刮至健康绿皮的0.5cm处。

（2）涂药　刮除病斑后，为了病菌的侵染，要用消毒剂消毒和保护剂保护。

酸性升汞液伤口消毒剂的配制：称取升汞50g，浓盐酸200mL，水1000mL。将升汞溶于浓盐酸中，然后加水稀释。

波尔多液伤口保护剂的配制：称取硫酸铜1kg，生石灰3kg，动物油0.4kg，水15L。将生石灰用水化开，加水至8L；将硫酸铜溶于7L水中；将两液同时倒入另一桶中，充分调和，加入动物油。

实训作业☞

白涂剂、升汞消毒剂、波尔多液保护剂的配制方法。

6.3　园林植物根部病害防治

虽然园林植物的根部病害是园林植物各类病害中种类最少的，但其危害性却很大，常常是毁灭性的。染病的幼苗几天即可枯死，幼树在一个生长季节可造成枯萎，大树延续几年后也可枯死。根部病害主要破坏植物的根系，影响水分、矿物质、养分的输送，往往引起植株的死亡，而且由于病害是在地下发展的，初期不容易被发觉，等到地上部分表现出明显症状时，病害往往已经发展到严重阶段，植株也已经无法挽救了。

园林植物根部病害的症状类型可分为：根部及根茎部皮层腐烂，并产生特征性的白色菌丝、菌核、菌索；根部和根茎部肿瘤；病菌从根部侵入并在输导组织定植导致植株枯萎；根部或干基腐朽并可见大型子实体等。根部病害发生后的地上部分往往表现出叶色发黄、放叶迟缓、叶形变小、提早落叶、植株矮化等症状。

引起园林植物根部病害的病原，一类是非侵染性病原，如土壤积水、酸碱度不适、土壤板结、施肥不当等；另一类是侵染性病原，如真菌、细菌、寄生线虫等。

园林植物根部病害的发生特点：

- 病原物主要在土壤、病株残体和病根上越冬。根部病害的病原物大多属土壤习居性或半习居性微生物，寄主范围广，腐生能力强，可在土壤中存活多年，防治困难。
- 病原物的传播主要靠雨水、灌溉水、病根与健根之间的相互接触，线虫及菌索的主动传播，远距离传播主要靠种苗的调运。
- 病原物通过伤口或直接穿透表皮而侵入根内。
- 潜育期长短不一，一般来说，一、二年生草本植物潜育期要比多年生木本植物潜育期要短。

• 根部病害的诊断一般较困难，一是因为根部病害早期不易发现，待地上部分表现出明显症状时病害已进入后期，已死的根部有大量的腐生菌；二是因为根部病害的发生与土壤关系密切，直接原因难以确定。

园林植物根部病害的防治原则。严格实施检疫措施、土壤消毒、病根清除和植前处理，是减少侵染来源的重要措施；加强栽培管理，促进植物健康生长，提高植株抗病力，对土壤习居菌引起的病害有十分重要的意义；开展以菌治病工作，探索根部病害防治的新途径。

6.3.1 坏死类

坏死类是园林植物上的常见病害，包括根腐病、白绢病、白纹羽病、紫纹羽病、苗木立枯病等，主要是由真菌和非侵染性病原引起的，常导致植株的死亡。

1. 幼苗猝倒和立枯病（图6-42）

分布与危害 是园林植物的常见病害之一，全国各地均有此病发生。寄主范围很广，主要危害杉属、松属、落叶松属等针叶树苗木，并危害杨树、臭椿、榆树、枫杨、银杏、桑树等多种阔叶树幼苗和瓜叶菊、蒲包花、彩叶草、大岩桐、一串红、秋海棠、唐菖蒲、鸢尾、香石竹等多种花卉，是育苗中的一大病害。

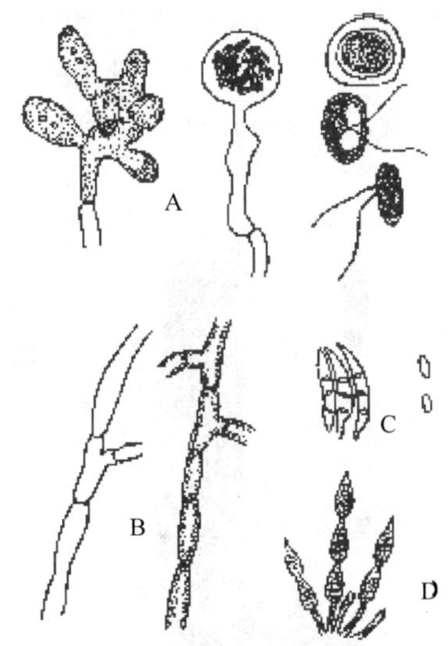

图6-42 幼苗猝倒病病原菌

A. 腐霉菌的孢囊梗、孢子囊、游动孢子和卵孢子 B. 丝核菌的幼、老菌丝 C. 镰孢菌的大、小分生孢子 D. 镰格孢菌的分生孢子梗及分生孢子

症状 自播种至苗木木质化后均可能被侵害，但各阶段受害状况及表现特点不同，种子在播种后至幼苗出土前，种子和芽受病菌侵染发生腐烂，表现为种芽腐烂，苗床上出现缺行断垄现象；幼苗出土期，若湿度大或播种量多，苗木密集，或揭除覆盖物过迟，被病菌侵染，幼苗茎叶粘结，表现为茎叶腐烂；苗木出土后至嫩茎木质化之前，苗木根茎部被害，根茎处变褐色并发生水渍状腐烂，表现为幼苗猝倒，这是本病的典型特征；苗木茎部木质化后，根部被害，皮层腐烂，苗木不倒伏，直立枯死，据此称为苗木立枯病。

病原 引起本病的原因有非侵染性病原和侵染性病原两大类。非侵染性病原包括：圃地积水，排水不良，造成根系窒息；土壤干旱，土壤黏重，表土板结；覆土过厚，平畦播种揭开草帘子时间过晚；地表温度过高，根茎灼伤；农药污染等。侵染性病原主要是真菌中的腐霉菌（*Pythium* spp.）、丝核菌（*Rhizoctonia* spp.）、镰刀菌（*Fusarium* spp.）。

腐霉菌属于鞭毛菌亚门、卵菌纲、霜霉目、腐霉属。常见的有危害松、杉幼苗的德巴利腐霉（*Pythium debaryanum* Hesse.）和瓜果腐霉［*P. aphanidermatum*（Eds.）Fitz.］。

镰刀菌属半知菌亚门、丝孢纲、瘤座菌目、镰孢属。常见的是危害松、杉幼苗的腐皮镰孢［*Fusarium solani*（Mart.）App. et Wollenw.］和尖镰孢（*F. oxysporum* Schl.）。

丝核菌属半知菌亚门、丝孢纲、无孢菌目、丝核菌属。常见的是危害松、杉幼苗的立枯丝核菌（*Rhizoctonia solani* Kühn）。

发病规律　引起幼苗猝倒和立枯病的病原菌都有较强的腐生能力，平时能在土壤的植物残体上腐生且能存活多年，它们分别以卵孢子、厚垣孢子和菌核渡过不良环境。病菌借雨水、灌溉水传播一旦遇到合适的寄主便侵染危害。病菌主要危害 1 年生幼苗，尤其是苗木出土后至木质化之前最容易感病。发病程度与以下因素有关：①前作感病。前作是马铃薯、棉花、茄子、番茄、大豆、烟草、瓜类等感病植物，病株残体多，病菌繁殖快，苗木易于发病。②雨天操作。无论是整地、作床或播种，若在雨天进行，因土壤潮湿、板结，不利于种子生长，种芽容易腐烂。③圃地粗糙，土壤黏重，床面不平，不利于苗木生长，苗木生长纤弱，抗病力差，病害易于发生。④肥料未腐熟。施用未经腐熟的有机肥料，肥料在腐熟过程中，易烧坏幼苗，且肥料中，常混有病株残体，病菌会蔓延危害苗木。⑤播种过迟。幼苗出土较晚，出土后若遇阴雨，湿度大，有利于病菌生长，加上苗茎幼嫩，抗病力差，病害容易发生。⑥揭草过晚。如果种子质量差，种子发芽势弱，幼苗出土不齐，因而不能及时揭除覆草。因为揭草不及时，幼苗生长细弱，抗病力差，易发病。⑦苗木过密。育苗时，一般播种量稍多，以预防因病、虫、鸟、兽危害而缺苗，但若间苗过迟，苗木过密，苗间湿度较大，有利于病菌蔓延，病害易发生。⑧天气干旱。苗木缺水或地表温度过高，根茎烫伤，有利于病害发生。

2. 花木紫纹羽病（图 6-43）

分布与危害　又称紫色根腐病。是园林植物、树木、果树、农作物上的常见病害。我国东北各省、河北、河南、安徽、江苏、浙江、广东、四川、云南等地均有发生。松、杉、柏、刺槐、杨、柳、栎、漆树、橡胶、芒果等都易受害。苗木受害后，病害发展很快，常导致苗木枯死；大树发病后，生长衰弱，个别严重的植物会因根茎腐烂而死亡。

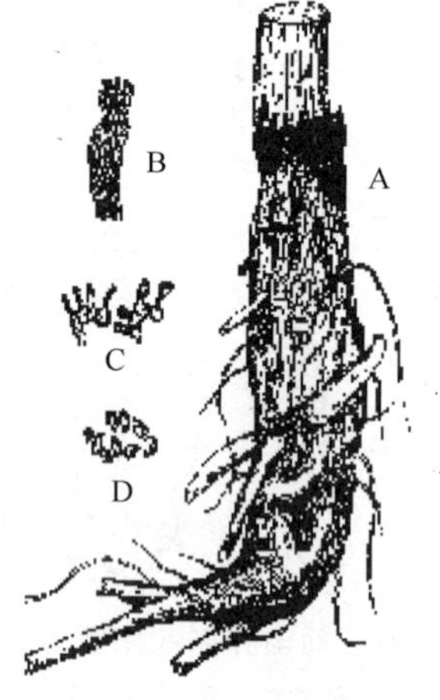

图 6-43　苗木紫纹羽病

A. 病根症状　B. 病菌的菌丝束
C. 病菌的担子　D. 病菌的担孢子

症状　从小根开始发病，逐渐蔓延至侧根及主根，甚至到树干基部，皮层腐烂，易与木质部剥离，病根及干基部表面有紫色网状菌丝层或菌丝束，有的形成一层质地较厚的毛绒状紫褐色菌膜，如膏药状贴在干基处，夏天在上面形成一层很薄的白粉状孢子层。在病根表面菌丝层中有时还有紫色球状的菌核。

病株地上部分表现为：顶梢不发芽，叶形变小、发黄、皱缩卷曲，枝条干枯，最后全株死亡。

病原　病原菌为紫卷担子菌［*Helicobasidium purpureum*（Tul.）Pat.］，属担子菌亚门、层菌纲、银耳目、卷担子菌属。在未发现其有性阶段以前，曾以它的菌丝体的特点命名为紫纹丝核菌（*Rhizoctonia crcorum* Fr.）

发病规律　病原菌利用它在病根上的菌丝体和菌核潜伏在土壤内。菌核有抵抗不良环境条件的能力，能在土壤中长期存活，待环境条件适宜时，萌发菌丝体。菌丝体集结成束能在土内或土表延伸，接触到健康林木的根后就直接侵入。病害也可以通过病、健根的相互接触而传染蔓延。担孢子在病害传播中不起重要作用。4 月开始发病，6～8 月为发病盛期，有明显的发病中心。地势低洼，排水不良的地方容易发病。但在北京香山公园较干旱

的山坡侧柏干基部也有发现。

3. 花木白纹羽病（图 6-44）

分布与危害 分布于我国辽宁、河北、山东、江苏、浙江、安徽、贵州、陕西、湖北、江西、四川、云南、海南等省。寄主有栎、栗、榆、槭、云杉、冷杉、落叶松、银杏、苹果、梨、泡桐、垂柳、腊梅、雪松、五针松、大叶黄杨、芍药、风信子、马铃薯、蚕豆、大豆、芋等。常引起根部腐烂，造成整株枯死。

症状 病菌侵害根部，最初须根腐烂，后扩展到侧根和主根。被害部位的表层缠绕有白色或灰白色的丝网状物，即根状菌索。近土表根际处展布白色蛛网状的菌丝膜，有时形成小黑点，即病菌的子囊壳。栓皮呈鞘状套于根外，烂根有蘑菇味。植株地上部分，叶片逐渐枯黄、凋萎，最后全株枯死。

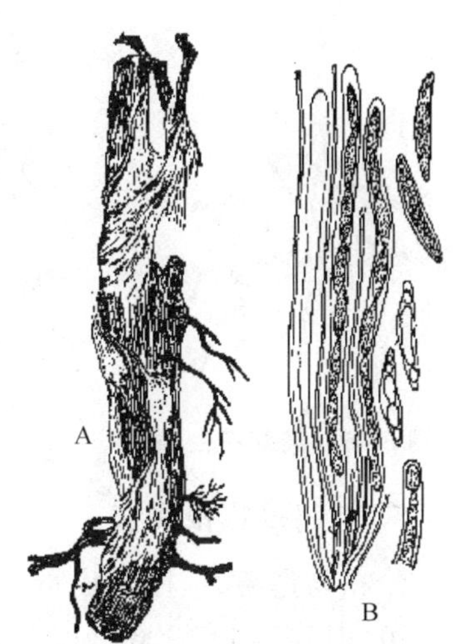

图 6-44 白纹羽病
A. 病根上羽纹状菌丝片
B. 病菌的子囊和子囊孢子

病原 病原菌为褐座坚壳菌［*Rosellinia necatrix* (Hart.) Berl.］，属子囊菌亚门、核菌纲、球壳菌目、座坚壳属。

发病规律 病菌以菌核和菌索在土壤中或病株残体上越冬。病害的蔓延主要通过病、健根的接触和根状菌索的延伸。病菌的孢子在病害传播上作用不是很大。当菌丝体接触到寄主植物时，即从根部表面皮孔侵入。一般先侵害小侧根，后在皮层下蔓延至大侧根，破坏皮层下的木质细胞，但深层组织不受侵害。根部死亡后，菌丝穿出皮层，在表面缠结成白色或灰褐色菌索，以后形成黑色菌核，有时亦形成子囊壳及分生孢子。菌索可蔓延到根皮土壤中，或铺展在树干基部土表。一般 3 月中、下旬开始发病，6～8 月发病盛期，10 月以后停止发生。病害发生较重与土壤条件有密切关系。土质黏重、排水不良、低洼积水地，发病重；土壤疏松、排水良好的地，发病极少。高温有利于病害的发生。

4. 花木白绢病（图 6-45）

分布与危害 分布于我国长江以南各省。危害 60 多个科中的 200 多种植物。园林植物上常见的寄主有芍药、牡丹、凤仙花、吊兰、美人蕉、水仙、郁金香、香石竹、菊、福禄考和许多乔、灌木观赏树种如油茶、油桐、楠、茶、泡桐、青桐、橄、梓、乌桕、柑橘、苹果、葡萄、松树等。植物受害后轻者生长衰弱，重者植株死亡。

症状 白绢病主要发生于植物的根、茎基部。木本植物，一般在近地面的根茎处开始发病，而后向上部和地下部蔓延扩展。病部首先呈褐色，进而皮层腐烂。受害植物叶片失水凋萎，枯死脱落，植株生长停滞，花蕾发育不良，僵萎变红。主要特征是病部呈水渍状，黄褐色至红褐色湿腐，其上被有白色绢丝状菌丝层，多呈放射状蔓延，常常蔓延到病部附近土面上，病部皮层易剥离，基部叶片易脱落。君子兰和兰花等则发生于叶茎部及地下肉质茎处。有球茎、鳞茎的花卉植物，则发生于球茎和鳞茎上。发病的中后期，在白色

图 6-45　茉莉花白绢病

菌丝层中常出现黄白色油菜籽大小的菌核，后变为黄褐色或棕色。

病原　病原菌有性阶段为［*Pellicularia rolfsii*（Sacc.）West.］，属担子菌亚门、层菌纲、隔担子菌目、薄膜革菌属，有性阶段较少见。无性阶段为齐整小核菌（*Sclerotium rolfsii* Sacc.），属半知菌亚门、丝孢纲、无孢目、小核菌属。

发病规律　白绢病以菌丝与菌核在病株残体、杂草上或土壤中越冬，菌核可在土壤中存活 5 至 6 年。在环境条件适宜时，由菌核产生菌丝进行侵染。病菌可由病苗、病土和水流传播。直接侵入或从伤口侵入。潜育期 1 周左右。病菌发育的适宜温度为 32～33℃，最高温度 38℃，最低温度 13℃。在江、浙一带 5、6 月份梅雨季节为发病高峰，北方地区 8、9 月为发病高峰。高温、高湿是发病的主要条件。土壤疏松湿润、株丛过密有利于发病；介壳虫危害可加重病害的发生；连作地发病重；酸性砂质土也会促进病害的发生。

5. 杜鹃疫霉根腐病

分布与危害　杜鹃疫霉根腐病在国外发生较普遍，美、英、日等国均有报道。该病寄主范围广，约有 900 种以上，其中许多是园林植物，如杜鹃属、马醉木属、紫杉属的植物，日本山茶、雪松、山月桂、白松、桧柏等。通常削弱寄主植物的生长势，严重的全株枯萎。

症状　病菌侵染杜鹃的根系或根茎部。发病初期营养根先出现坏死，地上部分生长不良，展叶比正常植株迟，叶片变小，无光泽，发黄，老叶早衰脱落；发枝数少，新梢纤细短小，比健株明显瘦小；主根和根茎受侵染后均为褐色腐烂，表皮常常剥离脱落，叶片凋萎下垂，全株枯死。

病原　病原菌为樟疫霉（*Phythophtora cinnamomii* Rands），属鞭毛菌亚门、卵菌纲、霜霉目、疫霉属。

发病规律　病菌以厚垣孢子、卵孢子在病株残体上或在土壤中越冬，无寄主时休眠体长期存活，据美国报道厚垣孢子能在土中存活 84～365d。病菌由水流、病土、病苗传播。土壤温度 15～28℃均可发病，22℃时最适于发病。土壤湿度是病害发生轻重的关键，土壤水势 0Pa 左右时孢子囊最易形成，土壤排水不良或淹水均能加重该病发生。杜鹃品种间抗病性差异显著，樟疫霉最容易侵染 2～3 年生以下的苗木及移植的植株。病株残体多、连作的苗圃地发病重。

6. 花木根朽病（图 6-46）

分布与危害　根朽病是一种著名的根部病害，可侵害 200 多种针、阔叶树种，樱花、牡丹、芍药、杜鹃、香石竹等也能危害。导致根系或根茎部分腐朽，严重的全株死亡。

症状　病菌侵染根部或根茎部，引起皮层腐烂和木质部腐朽。针叶树被害后，在根茎部产生大量流脂，皮层和木质部间有白色扇形的菌膜；在病根皮层内、病根表面及病根附

近的土壤内，可见深褐色或黑色扁圆形的根状菌；秋季在濒死或已死亡的病株干茎和周围地面，常出现成丛的蜜环菌的子实体。杜鹃被害的初期症状，表现为皮层的湿腐，具有浓重的蘑菇味；黑色菌索包裹着根部；紧靠土表的松散树皮下有白色菌扇；也形成蘑菇。根系及根茎腐烂，最后整株枯死。

病原　病原菌为小蜜环菌（假蜜环菌）[*Armillariella mellea*（Vahl. ex Fr.）Karst.]，属担子菌亚门、层菌纲、伞菌目、小蜜环菌属。

发病规律　蜜环菌腐生能力强，可以广泛存在于土壤或树木残桩上。成熟的担孢子可随气流传播侵染带伤的衰弱木。菌索可在表土内扩展延伸，当接触到健根时，可以以机械、化学的方法直接侵入根内，或通过根部表面的伤口侵入。植株生长衰弱，有伤口存在，土壤黏重，排水不良，有利于病害的发生。

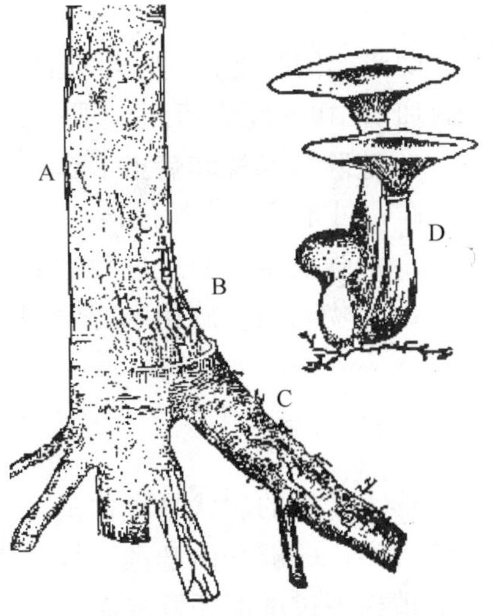

图 6-46　花木根朽病

A. 皮下的菌扇　B. 皮下的菌索　C. 根皮表面的菌索　D. 子实体

关键与要点　根部坏死类病害的防治措施

1. 加强育苗技术措施防治苗木猝倒和立枯病　①选好圃地，要求不积水，透水性良好，不连作，前作不要是茄科等最易感病植物。②圃地深翻、耙平，施好底肥（充分腐熟的农家有机肥），做高床条播，播种沟内撒入75%敌克松4～6g/m²。③精细选种，播种前用0.2%～0.5%的敌克松等拌种。④适时播种，使苗木能在雨季发病敏感期之前木质化，增强苗木的抗病能力。⑤播种后控制灌水，在不影响生长的情况下尽量少灌水，减少发病；出现苗木感病时，在苗木棍颈部用75%敌克松4～6g/m² 灌根。苗木出圃时严格检查，一经发现带病苗木立即销毁。栽植前，将苗木根部浸入70%甲基托布津500倍溶液中10～30min，进行根系消毒处理。

2. 加强栽培管理提高植株抗病力　选栽抗病品种。注意前作，防止连作；改良土壤，加强水肥管理，增施有机肥，促进根系生长；开好排水沟，雨季及时排涝，降低相对湿度；在病、健树之间开沟，沟深1m，宽40cm，防止病害蔓延。

3. 病树治疗　当地上部初现异常症状如枯萎，叶小发黄时，应及时挖土检查，并采取相应措施。如为白绢病，则先将根茎部病斑彻底刮除，并采取相应措施，用抗菌剂402的50倍液或1.9%的硫酸铜液进行伤口消毒，然后涂保护剂；如为白纹羽病、紫纹羽病、根朽病，则应切除霉烂根。刮下、切除的病根组织均应带出园外销毁。病根周围土壤掘出，换上无病新土。病根周围灌注500～1000倍的70%的甲基托布津药液，或50%多菌灵可湿性粉剂500～1000倍液，或50%的代森锌200～400倍液，或福尔马林400倍液、或2°Be石硫合剂，也可使用草本灰。病株周围土壤用二硫化碳浇灌处理，既消毒了土壤又促进绿色木霉菌（*Trichoderma virid*）的大量繁殖，以抑制蜜环菌的发生。病树处理及施药时期要避开夏季高温多雨季节，处理后加施腐熟人粪尿或尿素，尽快恢复树势。

幼苗猝倒和立枯病，可在苗木出土后马上喷施青霉素（80 万单位注射用青霉素钠一瓶加水 10kg 配成药液），隔 10～15d，连续喷 5～6 次，有比较好的防治效果。

4. 挖除重病株和病土消毒　病情严重及枯死的植株，应及早挖除，并做好土壤消毒工作，可于病穴土壤灌浇 40%甲醛 100 倍液，每株（大树）30～50kg。

5. 加强检疫　防止危险性病害的扩展、蔓延。

6. 生物防治　施用木霉菌制剂或 5406 抗生菌肥料覆盖根系促进植株健康生长。

6.3.2　畸形类

畸形类常见的症状是园林植物的根部或根茎部出现瘤状突起。主要有根癌病和根结线虫病两大类。一般是由细菌、线虫引起的，常导致植物生长不良，植株矮小，叶色发黄，严重的植株因过度消耗营养而死亡。

1. 仙客来根结线虫病（图 6-47）

分布与危害　仙客来根结线虫病在我国发生普遍，其寄主范围很广除危害仙客来外，还危害六棱柱、桂花、海棠、仙人掌、菊、石竹、大戟、倒挂金钟、栀子、唐菖蒲、木槿、绣球花、鸢尾、天竺葵、矮牵牛、蔷薇等，使寄主植物生长受阻，严重时可导致植株死亡。

症状　线虫侵害仙客来球茎及根系的侧根和支根。球茎上形成大的瘤状物，直径可达 1～2cm。侧根和支根上的瘤较小，一般单生。根瘤初为淡黄色，表皮光滑，以后变为褐色，表皮粗糙，切开根瘤，在剖面上可见发亮的白色颗粒，即为梨形的雌虫体。地上部分植株矮小，叶色发黄，严重时叶片枯死。

病原　病原物为南方根结线虫（*Meloidogyne incognita* Chitwood）。

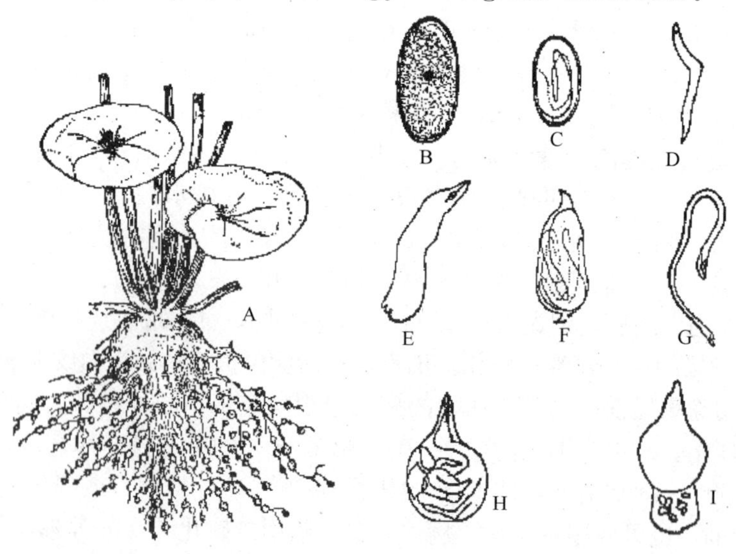

图 6-47　仙客来根结线虫病

A. 病害症状　B. 卵　C. 卵内孕育的幼虫　D. 二龄幼虫　E. 未成熟雌虫　F. 成熟雌虫　G. 雄虫　H. 含有卵的雌虫　I. 产卵的雌虫

发病规律 线虫以二龄幼虫或卵在土壤中或土中的根结内过冬。当土壤温度达到20～30℃，湿度在40%以上时，线虫侵入根部危害，刺激寄主形成巨型细胞，并形成根结，从入侵到形成根结大约1个月。幼虫几经脱皮发育为成虫，雌雄交配产卵或孤雌生殖产卵。完成1代约需30～50d，1年可发生多代。通过流水、肥料、种苗传播。土壤内幼虫如3周遇不到寄主，死亡率可达90%。温度高湿度大发病严重，在沙壤土中发病也较重。

2. 樱花根癌病（图6-48）

分布与危害 根癌病在我国分布很广，寄主范围也很广，菊、石竹、天竺葵、樱花、月季、蔷薇、柳、桧柏、梅、南洋杉、银杏、罗汉松等均能危害，寄主多达59个科、142属、300多种。受害植物生长缓慢，叶色不正，严重的引起死亡。

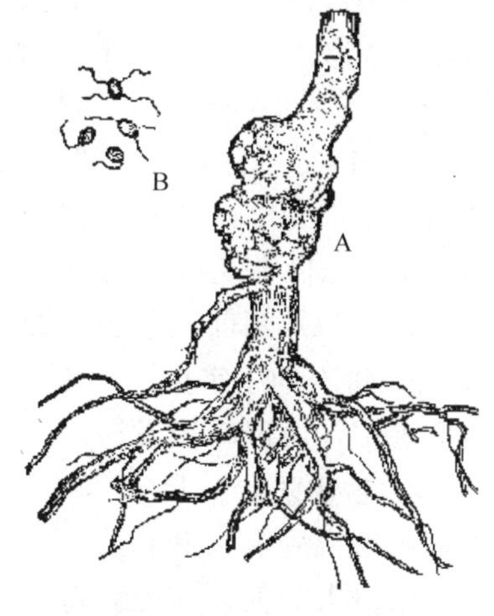

图6-48 桃花根癌病
A. 根茎部被害状 B. 病原细菌

症状 本病主要发生在根茎部，也可发生在主根、侧根及地上部的主干和侧枝上。病部膨大呈球形的瘤状物。幼瘤为白色，质地柔软，表面光滑，后瘤状物逐渐增大，质地变硬，褐色或黑褐色，表面粗糙、龟裂。由于根系受到破坏，重者引起全株死亡，发病轻的造成植株生长缓慢、叶色不正。

病原 病原菌为根癌土壤杆菌［*Agrobacterium tumefaciens*（Smith et Towns.）Conn.］，又名根癌农杆菌。

发病规律 病菌在癌瘤组织的皮层内越冬，或在癌瘤破裂脱皮时，进入土壤中越冬，病菌能在土壤中能存活一年以上。雨水和灌溉水是传病的主要媒介。此外，地下害虫如蛴螬、蝼蛄、线虫等在病害传播上也起一定的作用。其中苗木带菌是远距离传播的重要途径。病菌通过伤口侵入寄主。病菌会引起寄主细胞异常分裂，形成癌瘤。从病菌侵入到显现病瘤所需的时间，一般由几周到一年以上。适宜的温、湿度是根癌病菌进行侵染的主要条件。病菌侵染与发病随土壤湿度的增高而增加，反之则减轻。土壤理化性质：土壤为碱性时有利于发病，酸性土壤对发病不利。在pH6.2～8范围内均能保持病菌的致病力。但当pH5或更低时，带菌土壤则不能使植物发病，同时也不能由此病土中分离到有致病力的根癌细菌。土壤黏重、排水不良的发病多，土质疏松、排水良好的砂质壤土则发病少，此外，耕作不慎或地下害虫危害使根部受伤，有利于病菌侵入，增加发病机会。

关键与要点 根瘤病类的防治措施

1. 改进育苗方法，加强栽培管理 选择无病土壤作苗圃，实施轮作，间隔2～3年。苗圃地应进行土壤消毒，防治细菌性根瘤病可用每平方米施硫磺粉50～100g，或5%福尔马林60g，或漂白粉100～150g对土壤进行处理；防治根结线虫可用日光曝晒和高温干燥方法进行处理，或用克线磷、二氯异丙醚、丙线磷（益收宝）、苯线磷（力满库）、棉隆（必速灭）等颗粒剂进行土壤处理。碱性土壤应适当施用酸性肥料或增施有机肥料，如绿肥等，以改变土壤 pH，使之不利于病菌生长。雨季及时排水，以改善土壤的通透性。中耕时应尽量少伤根。苗木检查消毒：凡调出苗木都应在未抽芽之前将根茎部以下部位，用 1%硫酸铜溶液浸 5min 或用 3%次氯酸钠液浸泡 3min，再放入 2%石灰水中浸 2min；仙客来根结线虫病可将染病种球在 46.6℃水中浸泡 60min 或在 50℃水中浸泡 10min 杀死线虫。

2. 病株处理　在定植后的果树上发现病瘤时，先用快刀彻底切除病瘤，然后用 100 倍硫酸铜溶液或 50 倍抗菌剂 402 溶液消毒切口，再外涂波尔多液保护；也可用 400 单位链霉素涂切口，外加凡士林保护；切下的病瘤应随即烧毁。病株周围的土壤可用抗菌剂 402 的 2000 倍溶液灌注消毒。防治根结线虫可在生长期对病株可将 10%力满库施于根际附近，每公顷 45～75kg，可沟施、穴施或撒施，也可把药剂直接施入浇水中；此药是当前较理想的触杀及内吸性杀线虫剂。

3. 防治地下害虫　地下害虫危害，造成根部受伤，增加发病机会。因此及时防治地下害虫，可以减轻发病。

4. 生物防治　自 1973 年来，澳大利亚、新西兰、美国等广泛应用 K84 防治核果类和蔷薇根癌病，获得良好的防治效果。K84 只是一种生物保护剂，只有在发病前，即病菌侵入前使用才能获得良好的防治效果。

实验实训 42　园林植物根部病害症状及病原形态观察

实训目标

熟悉和掌握园林根部病害的症状及病原菌形态。

实训用具与材料

显微镜、放大镜、镊子、挑针、培养皿、载玻片、盖玻片、无菌水等。

主要根部病害标本、主要病害病原菌的玻片标本。

实训内容和方法

1. 坏死类

(1) 苗木猝倒病和立枯病征状观察

种芽腐烂型、猝倒型、立枯型、叶枯型病状观察，掌握其生长不同时期的症状。

用显微镜观察腐霉菌、丝核菌、镰刀菌玻片标本，了解这些病菌的形态。

(2) 苗木紫纹羽病征状及病原观察

植物被害后根部表面产生紫红色丝网状物或紫红色绒布状菌丝膜，有的可见细小紫红色菌核。病根皮层腐烂，极易剥落。病株顶梢不抽芽，叶形短小，发黄皱缩卷曲，枝条干枯，全株枯萎。

显微镜观察病原菌特点，子实体膜质，紫色或紫红色，子实层向上，光滑。担孢子单细胞，肾形，无色。

(3) 花木白纹羽病征状及病原观察

被害部位的表层缠绕有白色或灰白色的丝网状物，即根状菌索。近土表根际处展布白色蛛网状的菌丝膜，有时形成小黑点，即病菌的子囊壳。栓皮呈鞘状套于根外，烂根有蘑菇味。植株地上部分，叶片逐渐枯黄、凋萎，最后全株枯死。

显微镜观察病原菌特点，孢梗具横隔膜，上部分枝，顶生或侧生 1～3 个分生孢子；分生孢子无色，单胞、卵圆形；老熟菌丝在分节的一端膨大，以后形成圆形的厚垣孢子。

(4) 花木白绢病征状及病原观察

观察花木白绢病的症状，根茎部皮层变褐坏死，病部及周围根际土壤表面产生白色绢丝状菌丝体，并出现菜籽状小菌核。

显微观察病原菌特点，菌丝体白色，菌核球形或近球形，表面茶褐色，内部灰折色。

(5) 花木根朽病征状及病原观察

皮层和木质部间有白色扇形的菌膜；在病根皮层内、病根表面及病根附近的土壤内，可见深褐色或黑色扁圆形的根状菌；秋季在濒死或已死亡的病株干茎和周围地面，常出现成丛的蜜环菌的子实体。

病原菌特点，子实体伞状，多丛生，菌体高5～10cm，菌盖淡蜜黄色，上表面具有淡褐色毛状小鳞片；菌柄位于菌盖中央，实心，黄褐色，上部有菌环；菌褶直生或延生；担孢子卵圆形，无色。

(6) 杜鹃疫霉根腐病病状及病原观察

感病植株叶片变小，无光泽，发黄，老叶早衰脱落；发枝数少，新梢纤细短小；主根和根茎受侵染后均为褐色腐烂，表皮常常剥离脱落，叶片凋萎下垂，全株枯死。

观察樟疫霉的孢子囊的特点。

2. 畸形类

(1) 根结线虫病征状及病原观察

观察仙客来根结线虫病特征，被害嫩根产生许多大小不等的瘤状物，剖开可见瘤内有白色透明的小粒状物，既根瘤线虫的雌成虫。病株叶小，发黄，易脱落或枯萎。

根结线虫特征观察，雌雄异形，雌虫乳白色，头尖腹圆，呈梨形，雄虫蠕虫形，细长，尾短而钝圆，有两根弯刺状的交合刺。

(2) 根癌病征状及病原观察

病部膨大呈球形的瘤状物。幼瘤为白色，质地柔软，表面光滑，后瘤状物逐渐增大，质地变硬，褐色或黑褐色，表面粗糙、龟裂。由于根系受到破坏，重者引起全株死亡，发病轻的造成植株生长缓慢、叶色不正。

病原菌观察　菌体短杆状，大小为1.2～5μm×0.6～1μm，具1～3根极生鞭毛。革兰氏染色阴性反应，在液体培养基上形成较厚的、白色或浅黄色的菌膜；在固体培养基上菌落圆而小，稍突起半透明。

实训作业☞

描述园林植物根部病害症状及病原形态特征。

实验实训43　园林植物根部病害的防治

实训目标

了解根部病害防治的一般方法，能进行土壤处理、种苗浸根、病树治疗、药剂灌根等处理，能正确选择使用的药剂。

实训用具与材料

小刀、手锯、锄头等。相关的药剂。

实训内容和方法

1. 土壤处理

苗圃地应进行土壤消毒，防治细菌性根瘤病可用每平方米施硫磺粉50～100g，或5%福尔马林60g，或漂白粉100～150g对土壤进行处理；防治根结线虫可用日光曝晒和高温干燥方法进行处理，或用克线磷、二氯异丙醚、丙线磷（益收宝）、苯线磷（力满库）、棉隆（必速灭）等颗粒剂进行土壤处理。碱性土壤应适当施用酸性肥料或增施有机肥料，如绿肥等，以改变土壤pH值，使之不利于细菌生长。

挖除病株后的可于病穴土壤灌浇40%甲醛100倍液，每株（大树）30～50kg。

2. 种苗浸根

将苗木根部浸入70%甲基托布津500倍溶液中10～30min，进行根系消毒处理；或用1%硫酸铜溶液浸5min或用3%次氯酸钠液浸泡3min，再放入2%石灰水中浸2min。仙客来根结线虫病可将染病种球在 46.6℃水中浸泡 60min 或在 50℃水中浸泡 10min 杀死线虫。

3. 病树治疗

当地上部初现异常症状如枯萎，叶小发黄时，应及时挖土检查，并采取相应措施。如为白绢病，则先将根茎部病斑彻底刮除，并采取相应措施，用抗菌剂 402 的 50 倍液或 1.9%的硫酸铜液进行伤口消毒，然后涂保护剂；如为白纹羽病、紫纹羽病、根朽病，则应切除霉烂根。刮下、切除的病根组织均应带出园外销毁。病根周围土壤掘出，换上无病新土。病树处理要避开夏季高温多雨季节，处理后加施腐熟人粪尿或尿素，尽快恢复树势。病情严重及枯死的植株，应及早挖除。

发现病瘤时，先用快刀彻底切除病瘤，然后用 100 倍硫酸铜溶液或 50 倍抗菌剂 402 溶液消毒切口，再外涂波尔多液保护；也可用 400 单位链霉素涂切口，外加凡士林保护；切下的病瘤应随即烧毁。

4. 药剂灌根

病根周围灌注 500～1000 倍的 70%的甲基托布津药液，或 50%多菌灵可湿性粉剂 500～1000 倍液，或 50%的代森锌 200～400 倍液，或福尔马林 400 倍液、或 2°Be 石硫合剂，也可使用草本灰。病株周围土壤用二硫化碳浇灌处理，既消毒了土壤又促进绿色木霉菌（*Trichoderma virid*）的大量繁殖，以抑制蜜环菌的发生。防治根结线虫可在生长期对病株可将 10%力满库施于根际附近，每公顷 45～75kg。

实训作业

病树处理的一般步骤。

本章小结与习题

本章小结

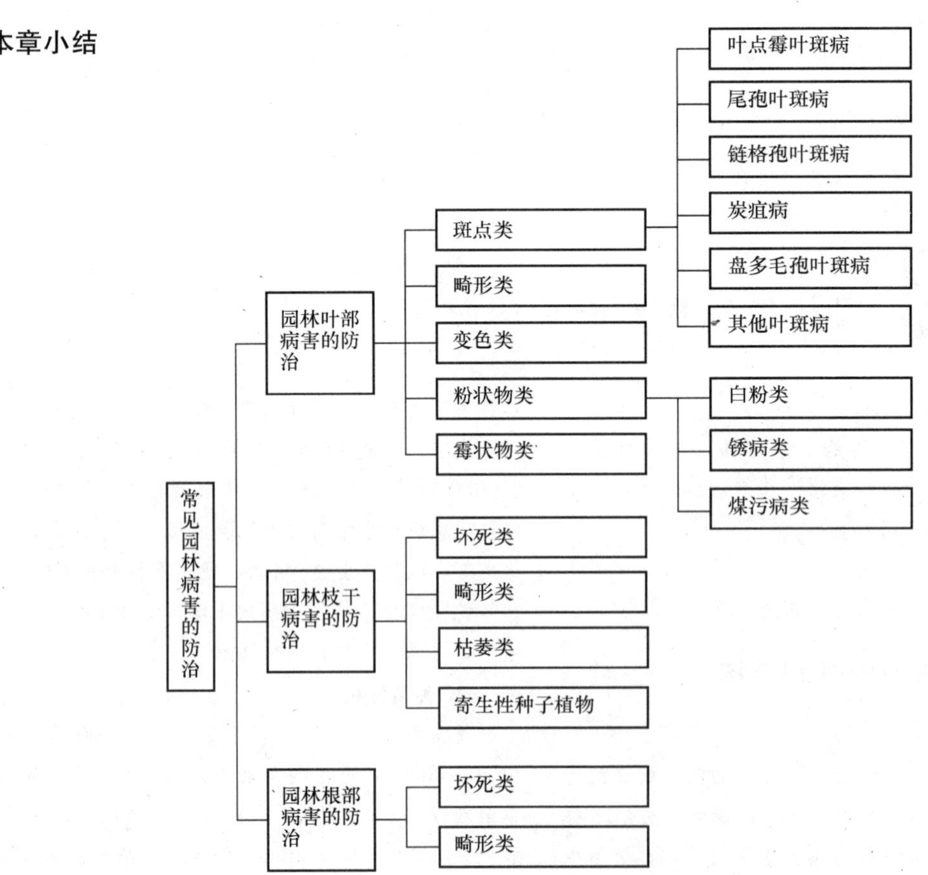

拓展学习资源

1. 杨子琦，曹华国．园林植物病虫害防治图鉴．北京：中国林业出版社，2002.
2. 吴时英．城市森林病虫害图鉴．上海：上海科学技术出版社，2005.

复习思考题

（一）判断题

（1）叶斑病的潜伏期较短，一般在3～7天。（　　）

（2）淋雨或浇水过多，是仙人掌茎腐病发生的主要原因。（　　）

（3）大部分溃疡病的病菌为兼性寄生菌，经常在寄主的外皮或枯枝上营腐生生活，当有利于病害发生的条件出现时，即侵染危害。（　　）

（4）冬季低温冻伤根茎是银杏茎腐病发生的诱因。（　　）

（5）毛竹枯梢病病菌以子囊壳在林内历年老竹病组织内越冬。（　　）

（6）槐树溃疡病叶部病斑周围一般有黄色或黄绿色的晕圈。（　　）

（7）圆柏叶枯病在同一针叶上常多处产生病斑，形成绿、黄、褐相间的斑纹。（　　）

（8）松瘤锈病的担孢子借风传播，落到松树上萌发产生芽管，大多数由气孔、少数直接侵入松树树干皮层。（　　）

（9）植原体引起的丛枝病可用四环素、土霉素、金霉素、氯霉素等药剂防治。（　　）

（10）在我国传播松材线虫的主要媒介是松纵坑切梢小蠹。（　　）

（11）石竹尖镰孢［*Fusarinm oxysporum* Schlecht. F. sp. *dianthi*（Prill. et Del.）Snyder & Hansen］是专一引起香石竹维管束病害的病原。（　　）

（12）秋季，在因花木白绢病而濒死或已死亡的病株干茎和周围地面，常出现成丛的蜜环菌的子实体。（　　）

（二）多项选择题

（1）以下病害中由植原体引起的有（　　）。
A. 竹丛枝病　B. 枫杨丛枝病　C. 泡桐丛枝病　D. 翠菊黄化病

（2）以下哪些锈病中已发现转主寄主的有（　　）。
A. 玫瑰锈病　B. 松瘤锈病　C. 海棠锈病　D. 杨叶锈病

（3）以下园林病害中由担子菌引起的病害有（　　）。
A. 花木根癌病　B. 花木紫纹羽病　C. 桃缩叶病
D. 杜鹃饼病　E. 花木白纹羽病

（4）以下病害中由线虫引起的病害有（　　）。
A. 花木根癌病　B. 花木根结线虫病
C. 松萎蔫病　D. 香石竹枯萎病

（5）以下病害中由细菌引起的病害有（　　）。
A. 杨树溃疡病　B. 花木根癌病
C. 杜鹃疫霉根腐病　D. 香石竹蚀环病

（6）引起园林植物白粉病的常见病原菌是（　　）。
A. 白粉菌属（*Erysiphe*）　B. 单囊壳属（*Sphaerotheca*）
C. 内丝白粉菌属（*Leveillula*）　D. 叉丝壳属（*Microsphaera*）
E. 叉丝单囊壳属（*Podosphaera*）

（7）园林植物叶锈病中常见的病原菌有（　　）。
A. 柄锈属（*Puccinia*）　B. 单胞锈属（*Uromyces*）

C. 多胞锈属（*Phraymidium*） D. 胶锈属（*Gymnosoporagium*）

E. 柱锈属（*Cronartium*）

（三）填空题

(1) 园林植物叶部病害的症状的主要类型有：__________等。

(2) 灰霉病的病征很明显，在潮湿情况下病部会形成显著的__________。其中__________是最重要的病原菌，该菌寄主范围很广，几乎能侵染每一种草本观赏植物。它属__________亚门、__________纲、__________目、__________属。其分生孢子__________形，成__________聚生于分生孢子梗上。__________是诱发灰霉病的主要原因。

(3) 叶斑病是__________的一类病害的总称。叶斑病又可分为__________等种类。这类病害的后期往往在__________上产生各种小颗粒或霉层。

(4) 花木紫纹羽病的病原物是，属__________纲、__________科、__________属。

(5) 藻斑病的病原物是__________和__________，两者均为__________纲、__________科、__________属。

(6) 炭疽病其主要症状特点是子实体呈轮状排列，在潮湿情况下病部有__________出现。炭疽病主要是由__________的真菌引起的，

(7) 叶畸形病主要是由子囊菌亚门的__________和担子菌亚门的__________引起的。

(8) 引起唐菖蒲花叶病的病毒主要有 2 种，即__________和__________。两种病毒均在__________及__________越冬。由__________和汁液传播，自__________侵入。__________的调运是远距离传播的媒介。

(9) 香石竹病毒病是世界性病害，在各栽培区均有发生。常见的病毒病为__________、__________、__________和__________。

(10) 加强对园林工具的消毒，修剪、切花等的园林工具及人手在园林作业前必须用__________、__________或__________消毒，以防止病毒通过园林操作传播。

(11) 毛竹枯梢病的病原菌为__________，属__________亚门、__________纲、__________目、球座菌属。病菌侵染__________。

(12) 仙人掌茎腐病的病原有三种：__________、__________、__________。

(13) 国槐溃疡病的病原菌有__________、__________二种。

(14) 菟丝子又名无根藤、金丝藤，园林植物上常见的有 4 种：__________、__________、__________、__________。

(15) 园林植物上的桑寄生科植物主要有__________和__________。

(16) 苗木猝倒和立枯病的侵染性病原主要是真菌中的__________、__________、__________。

(17) 花木白纹羽病的病菌侵害根部，最初__________腐烂，后扩展到__________。被害部位的表层缠绕有白色或灰白色的丝网状物，即__________。近土表根际处展布白色蛛网状的菌丝膜，有时形成小黑点，即__________。栓皮呈鞘状套于根外，烂根有__________味。植株地上部分，叶片逐渐枯黄、凋萎，最后全株枯死。

（四）简答题

(1) 园林叶部病害侵染循环的主要特点是什么？

(2) 叶斑病类的防治措施有哪些？

(3) 园林枝干病害的侵染循环的特点有哪些？

(4) 园林枝干病害的防治原则有哪些？

(5) 园林根部病害的发生特点有哪些？

(6) 简述苗木猝倒和立枯病的症状特点及防治措施。
(7) 花木白绢病的发病规律如何?
(8) 根结线虫病的发病规律如何?
(9) 海棠锈病的发病规律如何?
(10) 月季枝枯病的症状特点?
(11) 试述松材线虫病的症状特点。

主要参考文献

彩万志，等．2001. 普通昆虫学［M］. 北京：中国农业大学出版社．

蔡邦华，萧刚柔，等．1983. 中国森林昆虫［M］. 北京：中国林业出版社．

关继东等．2007 林业有害生物控制技术［M］. 北京：中国林业出版社．

黄少彬．2006. 园林植物病虫害防治［M］. 北京：高等教育出版社．

陆家云．1997. 植物病害诊断［M］. 2 版．北京：中国农业出版社．

山东省林业学校．1992. 森林昆虫学［M］. 2 版．北京：中国林业出版社．

上海市园林学校．1990. 园林植物保护学（上、下册）［M］. 北京：中国林业出版社．

邵力平．1984. 真菌分类学［M］. 北京：中国林业出版社．

佘德松．2007. 园林植物病虫害防治［M］. 杭州：浙江科学技术出版社．

石方召．1989. 森林病理学［M］. 2 版．北京．中国林业出版社．

宋建英，等．2005. 园林植物病虫害防治［M］. 北京：中国林业出版社．

宋瑞清，董爱荣．2001. 城市绿地植物病害及其防治［M］. 北京：中国林业出版社．

孙广宇，宗兆锋．2002. 植物病理学实验技术［M］. 北京：中国农业出版社．

王金生．2000. 植物病原细菌学［M］. 北京：中国农业出版社．

武安三．2007. 园林植物病虫害防治［M］. 2 版．北京：中国林业出版社．

忻介六．1985. 昆虫形态分类学［M］. 上海：复旦大学出版社．

徐公天，杨志华．2007. 中国园林害虫［M］. 北京：中国林业出版社．

徐公天．2003. 园林植物病虫害防治原色图谱［M］. 北京：中国农业出版社．

徐洪富．2003. 植物保护学［M］. 北京：高等教育出版社．

徐明慧，等．1993. 园林植物病虫害防治［M］. 北京：中国林业出版社．

许志刚．1997. 普通植物病理学［M］. 北京：中国农业出版社．

杨子琦，等．2002. 园林植物病虫害防治图鉴［M］. 北京．中国林业出版社．

张青文，刘开建，王刚，等．1999. 草坪虫害［M］. 北京：中国林业出版社．

张随榜．2001. 园林植物保护［M］. 北京：中国农业出版社．

张孝羲．1985. 昆虫生态及预测预报［M］. 北京：中国农业出版社．

张中社，等．2005. 园林植物病虫害防治［M］. 北京：高等教育出版社．

周仲铭，等．2006. 林木病理学（修订版）［M］. 北京：中国林业出版社．

朱天辉，等．2003. 园林植物病理学［M］. 北京：中国农业出版社．